高等学校教材

概率论与数理统计

缪柏其　张伟平　主编

中国教育出版传媒集团
高等教育出版社

内容简介

本书内容包括概率论的基本概念和方法，数理统计的点估计、区间估计、参数和非参数假设检验以及线性回归等内容。本书的特点是突出统计思想，对基本概念和方法都有如何理解、应用的阐述和例子，例子和习题大部分来自实际生活，有助于读者把统计方法用于实际数据的处理和解读。

每章后都有大量的习题供读者练习以巩固相关的概念，还提供了开阔读者视野的扩展阅读材料。重点概念和方法配备了视频讲解和在线模拟实验。

本书可以作为理工科专业概率论与数理统计课程的教材，也可以供金融工程、大数据、生物统计等业内工程技术人员和科学研究人员参考。

图书在版编目（CIP）数据

概率论与数理统计 / 缪柏其，张伟平主编. --北京：高等教育出版社，2022.9（2023.1重印）

ISBN 978-7-04-059162-0

Ⅰ.①概… Ⅱ.①缪… ②张… Ⅲ.①概率论-高等学校-教材②数理统计-高等学校-教材 Ⅳ.①O21

中国版本图书馆 CIP 数据核字（2022）第 139090 号

Gailülun yu Shuli Tongji

策划编辑 李 蕊　　责任编辑 李 蕊　　特约编辑 朱 瑾　　封面设计 王 洋
版式设计 李彩丽　　责任绘图 于 博　　责任校对 刘娟娟　　责任印制 韩 刚

出版发行 高等教育出版社
社　　址 北京市西城区德外大街4号
邮政编码 100120
印　　刷 运河（唐山）印务有限公司
开　　本 787mm × 1092mm 1/16
印　　张 26.25
字　　数 590千字
购书热线 010-58581118
咨询电话 400-810-0598
网　　址 http://www.hep.edu.cn
　　　　 http://www.hep.com.cn
网上订购 http://www.hepmall.com.cn
　　　　 http://www.hepmall.com
　　　　 http://www.hepmall.cn
版　　次 2022年9月第1版
印　　次 2023年1月第2次印刷
定　　价 55.00元

物 料 号 59162-00

前　　言

生活中唯一确定的事就是不确定性, 不确定性无处不在。概率论和数理统计是以不确定性为研究对象的科学, 为人们认识随机现象提供了重要的思维模式和解决问题的方法。英国作家威尔斯 (Herbert George Wells, 1866—1946) 曾预言:“统计的思维方法, 就像读与写的能力一样, 将来有一天会成为现代公民的必备能力。”而这一天已经来到! 万维钢在《万万没想到: 用理工科思维理解世界》一书中说: “概率论是比万有引力和基因复制更重要的知识, 是现代公民的必备常识, 有没有这种思维, 直接决定一个人的‘开化’程度。”这句话虽然听起来有些夸大其词, 但事实确实如此。概率论刻画了不确定性的本质, 而数理统计则试图通过现实观测数据去理解和运用这种本质。在信息爆炸的今天, 概率和统计已经成为人们进行最佳决策的必备工具。因此, 学会用概率思维和统计方法去看待、分析、解决实际生活问题, 已经成为现代公民必备的基本科学素质之一。

数据是人们认识和理解不确定性的媒介。在当今大数据时代, 能够有效地收集、整理和分析数据是现代大学生必须要具备的基本能力。数理统计通过研究受随机因素影响的数据, 从中寻找确定性的规律, 加以利用并创造价值。因此, 凡是有一定量数据出现的地方, 都会用到数理统计, 例如, 科学实验中有效数据的获得和分析、经济数据的调查和分析、保险费费率的计算、管理决策、生命科学中的基因识别、精准医疗、人工智能、语音识别、网络中黑客攻击、流量计算以及军事方面等。所以, 概率论与数理统计课程已经成为大学本科教学中的必修课程。如何有效地收集和处理数据, 并对所考虑的问题作出判断和预测? 一是要有概率论的基础知识, 二是能正确使用统计方法和统计软件来有效地处理数据, 得到科学的结论。

学习概率论的过程中要注重构建知识框架。概率论是建立在公理化体系之上的数学分支, 是一套研究随机事件发生规律的数学框架。因此, 它有着自己特有的符号表示、运算规则和演绎式推理方法。我们在学习中要抓住对基本概念、基本原理和基本技巧的理解和应用。概率论是与实际联系最紧密的数学分支之一, 学习时要注重对社会和科学研究的应用。对一个实际问题, 要注重建立其和概率模型之间的联系, 进而使用相应的数学方法去解决问题。

学习数理统计的过程中要培养统计思想。统计思想的要点是“随机”, 数据是随机的, 任何一个事件的发生或任何一个结论都不是 100% 确定的, 所以统计中充满了辩证法。从方法论看, 统计学是归纳思维, 处理任何一个事件, 都要具体问题具体分析, 条件不同, 场合不同, 统计结论不必相同。我们应该从大量发生的事件中, 找出有规律性的结论。从统计学的角度出发, 通过对数据的分析和处理得出的结论和决策都不是确定的, 每一个都包含了人为的因素。同样一批数据, 站在不同的立场, 用不同的方法分析, 会得出大相径庭的结论。如果不懂统计学, 就不可能理解这种现象, 会认为统计学与谎言没有区别。所以统计学不仅是一门科学, 也是一门艺术。

本书前四章讲述概率论的基础知识。从第五章起, 讲述有关统计学的概念、统计推断和统计模型。本书试图把概率统计与物理学、微积分和线性代数的知识联系起来, 这将有助于知识的融合和今后的应用。在内容上, 对有关的概念作了较为深入的解释。例如, 为什么事件运算可以等同于集合运算? 独立的本质是什么? 分布的用途是什么? 随机变量的数字特征有什么意义? 如何用好样本的二重性? 我们特别加强了用几何的直观来解释相关系数、方差下界和线性回归系数的最小二乘估计, 给出了如何设立原假设和备择假设的原则, 拒绝原假设和接受原假设的统计含义等。

在内容组织上, 我们在每章开始设有学习目标的导读, 让读者明白本章学习的目的。在每章的结束, 我们给出了知识点结构图和重点概念总结, 帮助读者梳理概念的内涵, 以及重点和难点, 也指出了在此基础上进一步学习的方向。对一些主要的概念和重点难点, 读者可以通过扫描页边上的二维码学习有关的视频讲解和模拟实验分析。在学习时, 不是每一章的全部内容都需要精读, 一般按导读的学习目标和指出的重点、难点学习即可, 其余内容是为了满足希望更深入了解概率统计原理和方法的读者的需求。

在介绍概率论和数理统计理论知识前, 我们加了一点简史, 感兴趣的读者可以继续阅读有关参考书, 加强自己对概率统计有关概念和方法的溯源。在书中, 我们也力图体现统计思想, 力图给出问题背景, 力图使用生活中的例子, 力图培养读者的统计思维能力, 也尽可能地扩展概率统计知识, 但是一定会有许多不足之处, 望大家能够不吝赐教。

本书选编的习题分为两部分, 其中大部分是为了巩固本章的学习内容而设。另一部分带“*”的习题, 有些是概率统计中非常重要的内容, 但是超出了课程教学大纲的范围, 为了拓展读者的知识面, 我们加上提示后放在习题中; 有些涉及微积分等其他学科知识, 且需要一定的技巧才能得出答案, 这些习题可以更深程度地锻炼读者的思维能力。部分习题参考了国内外教科书, 也有若干习题参考了国内考研试题。读者只有独立完成一定量的习题, 才能完全掌握概率论与数理统计的思想和方法。在此, 感谢中国科学技术大学统计与金融系概率统计教研室各位同仁为本书编写提出的建议, 以及提供的大量习题和丰富多彩的扩展阅读材料。

线性模型是统计应用中用得最多的一种统计模型, 所以我们对这部分内容作了一个简单介绍, 目的是让初学者了解有这个统计模型, 在许多场合下可以进行实际数据的处理。考虑到对本课程的学时安排, 实际教学可以有如下两种安排: 如果每周 3 学时, 那么可以讲完第九章“非参数假设检验”, 而“相关分析和回归分析”这一章的内容可供参考阅读; 如果每周 4 学时, 那么可以讲完本书中关于线性回归的基础知识。

在此, 感谢韦来生教授和审稿专家仔细审阅了本书, 并提出了非常宝贵的意见和建议。

缪柏其　张伟平
2022.3

在线模拟实验简介

本书提供了概率和统计重要知识点的配套交互式在线模拟实验. 精心设计这些在线模拟实验目的是帮助读者直观理解重要的概率和统计概念, 以及进行统计推断. 书中的重要概念或应用方法处均注有如何使用相应在线模拟实验的说明. 例如

实验 1 三门问题

实验 *扫描实验 1 的二维码进行三门问题模拟实验, 重复实验, 观察胜率的变化.*

下面我们简要说明这些在线模拟实验.

- **三门问题**模拟实验演示了条件概率的应用.
- **二项分布、负二项分布、泊松分布、均匀分布、指数分布、正态分布、χ^2 分布、t 分布和 F 分布**等概率分布实验演示了不同参数下这些概率分布的密度函数和分布函数形状.
- **大数定律和中心极限定理**实验演示了样本均值在不同参数与不同样本量设置下的分布特点. 例如在**中心极限定理**实验中, 我们可以观察对不同的分布类型, 样本均值随样本量增加时的分布情况, 观察其与正态分布曲线之间的关系, 从而直观上理解中心极限定理.

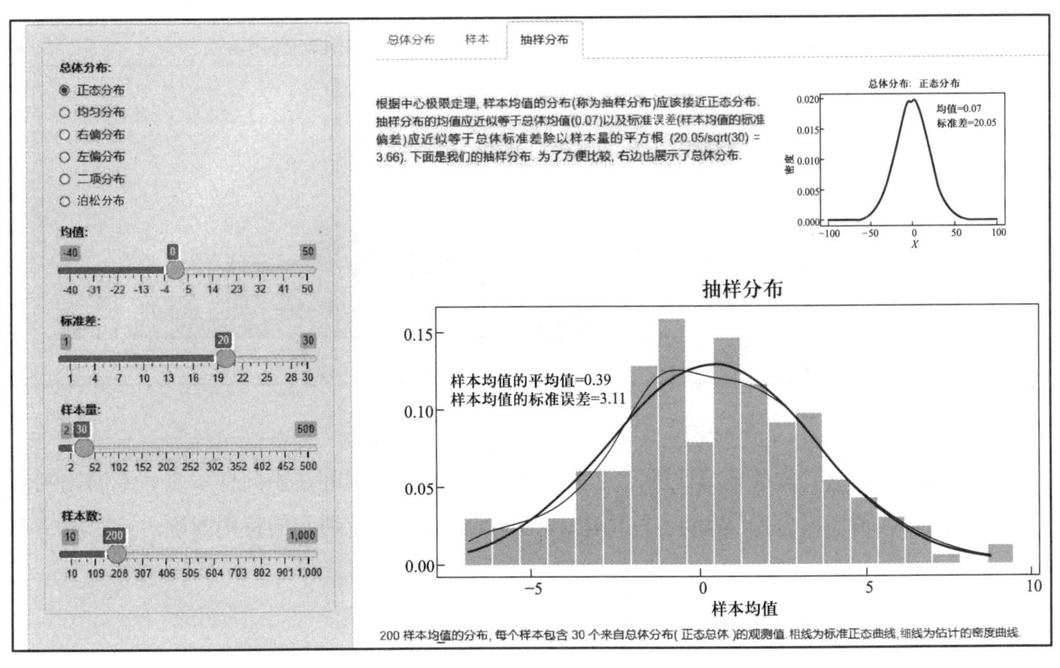

- 总体与样本实验从可视化角度解释了总体与样本之间的关系，以及总体是如何抽象为随机变量的．抽样分布实验则对不同类型的总体分布，揭示了常见统计量的分布情况，以及其与总体特定特征之间的关系．

- 最大似然估计实验演示了使用梯度算法从给定初始值出发求解似然函数最大值点的数值迭代过程．德军坦克问题实验模拟了通过样本最大值估计总体最大取值的性能．

- 置信水平与覆盖率实验则通过重复模拟计算置信区间，并得出实际覆盖率．以帮助读者直观上理解置信区间与置信水平的含义．

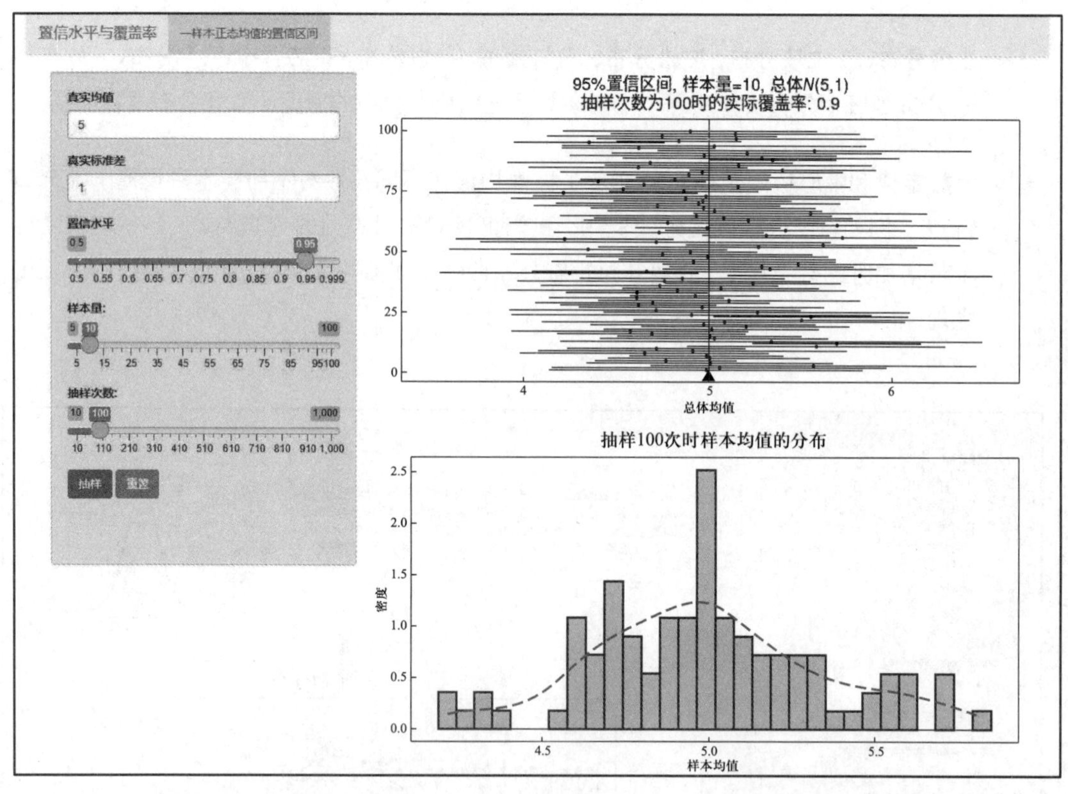

- 比例的置信区间实验模拟比较了总体比例的 10 种置信区间在不同样本量、不同比例值下的实际覆盖率差别，揭示了对构建比例的置信区间时所遇到的特别问题．

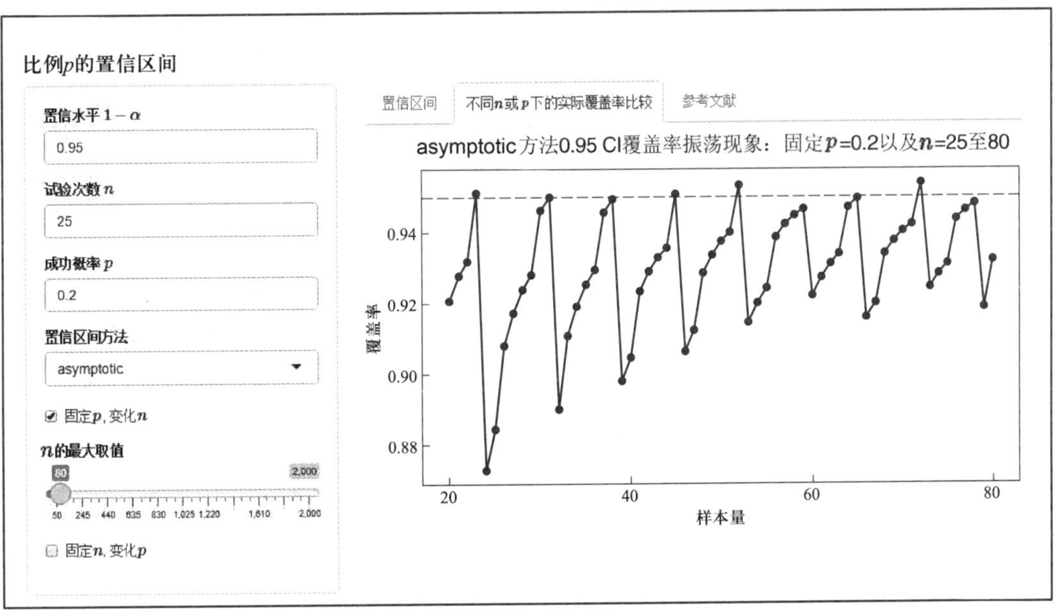

- 功效函数实验可视化了检验的两类错误，拒绝域的形状以及检验在不同参数值处的功效．**一样本 Z 检验、一样本 t 检验、两样本 t 检验、正态方差的检验、比例 p 的检验和两样本比例的检验**等这些实验提供了相关检验的计算过程以及拒绝域的图示．

- **拟合优度检验和正态性评估**实验对总体分布类型的检验问题提供了可视化和量化工具．

- **相关性分析、最小二乘简单线性回归和多重线性回归分析**等实验使得两个变量之间的线性关系，最小二乘估计的直观想法，以及多重回归分析的参数估计、变量选择和模型诊断过程更加可视化．

在线模拟实验手机扫码建议横屏观看．

目 录

第一章 事件及其概率 …… **1**

1.1 概率论简史 …… 1

1.2 随机试验和随机事件 …… 3

1.3 概率的定义和性质 …… 9

1.4 条件概率 …… 19

1.5 独立性 …… 29

1.6* 扩展进阶: 求概率的一些方法 …… 33

1.7 扩展阅读 1: 贝叶斯公式和垃圾邮件识别 …… 36

1.8 扩展阅读 2: 三门问题 …… 38

本章总结 …… 40

习题 …… 41

第二章 随机变量及其分布 …… **46**

2.1 随机变量的概念 …… 46

2.2 离散型随机变量的分布 …… 47

2.3 连续型随机变量的分布 …… 59

2.4 随机变量函数的分布 …… 72

2.5 扩展阅读: 正态分布的由来 …… 76

本章总结 …… 80

习题 …… 81

第三章 多维随机变量及其分布 …… **88**

3.1 多维随机变量及其分布 …… 88

3.2 边缘 (际) 分布 …… 95

3.3 条件分布 …… 99

3.4 相互独立的随机变量 …… 102

3.5 随机向量函数的分布 …… 105

3.6 扩展阅读: 辛普森悖论 …… 113

本章总结 …… 115

习题 ···························· 116

第四章 随机变量的数字特征和极限定理 ···························· 123

4.1 数学期望和中位数 ···························· 123

4.2 方差和矩 ···························· 135

4.3 熵的基本概念 ···························· 149

4.4 大数定律和中心极限定理 ···························· 154

4.5 扩展阅读: 数学期望的计算 ···························· 165

本章总结 ···························· 170

习题 ···························· 171

第五章 统计学基本概念 ···························· 180

5.1 统计学发展简史 ···························· 180

5.2 基本概念 ···························· 183

5.3 抽样分布 ···························· 191

5.4 扩展阅读 1: 民意调查 ···························· 199

5.5 扩展阅读 2: 双盲对照试验 ···························· 202

本章总结 ···························· 203

习题 ···························· 204

第六章 参数点估计 ···························· 207

6.1 参数点估计的概念 ···························· 207

6.2 矩估计法 ···························· 208

6.3 最大似然估计 ···························· 210

6.4 优良性准则 ···························· 215

6.5 点估计量的大样本理论 ···························· 225

6.6 扩展阅读: 德军坦克问题 ···························· 227

本章总结 ···························· 229

习题 ···························· 230

第七章 区间估计 ···························· 240

7.1 基本概念 ···························· 240

7.2 枢轴变量法 ···························· 243

7.3 大样本方法 ···························· 248

7.4 自助法置信区间 ···························· 253

7.5 置信限 …… 257
7.6 扩展阅读: “足球赛会杀人”的真假 …… 258
本章总结 …… 260
习题 …… 261

第八章 假设检验 …… 266
8.1 问题的提法和基本概念 …… 266
8.2 正态总体参数检验 …… 273
8.3 比例 p 的检验 …… 289
8.4 似然比检验 …… 294
8.5 p 值 …… 299
8.6 扩展阅读: 多重假设检验 …… 302
本章总结 …… 304
习题 …… 305

第九章 非参数假设检验 …… 315
9.1 拟合优度检验 …… 315
9.2 威尔科克森秩和检验 …… 326
9.3 符号检验 …… 329
9.4 其他非参数检验概述 …… 331
9.5 扩展阅读: 正态性检验 …… 333
本章总结 …… 337
习题 …… 338

第十章 相关分析和回归分析 …… 341
10.1 相关分析 …… 342
10.2 回归分析 …… 348
10.3 多元回归中自变量的选择和模型诊断简述 …… 366
10.4 扩展阅读: 相关与因果 …… 369
10.5 附录 …… 371
本章总结 …… 374
习题 …… 375

索　引 ································ **386**

附　表 ································ **390**

附表 1　标准正态分布表 ································ 390
附表 2　t 分布表 ································ 391
附表 3　χ^2 分布表 ································ 392
附表 4　F 分布表 ································ 394
附表 5　泊松分布表 ································ 403
附表 6　符号检验临界值表 ································ 404
附表 7　秩和检验临界值表 ································ 405

参考文献 ································ **406**

第一章　事件及其概率

学习目标

- 了解概率论发展简史
- 理解概率的定义, 掌握古典概型问题的计算方法
- 理解条件概率, 熟练使用全概率公式和贝叶斯公式进行概率计算
- 理解事件的独立性并应用其计算概率

1.1　概率论简史

概率 (probability), 又称或然率、几率, 是表示某个事件出现的可能性大小的一种数量指标, 介于 0 和 1 之间. 这个概念笼统地说起来很容易理解, 但是如果从理论上或哲学上去分析和理解, 就可以提出许多问题, 所以它的数学理论基础很晚才建立, 然而对概率的研究应该说很早就开始了. "概率" 这个概念形成于 16 世纪, 与掷骰子进行的赌博活动有关, 现在也难以确定此概念最早由何人提出. 当时相当多的数学家对赌博中的问题 (不是赌博本身) 产生了浓厚的兴趣, 其中最著名的是 1654 年帕斯卡 (Blaise Pascal, 1623—1662) 与费马 (Pierre de Fermat, 1601—1665) 就赌博中的数学问题所展开的讨论. 在讨论中提出了 "期望" 的概念. 在讨论中, 假设有两个赌徒相约赌若干局, 谁先赢 s 局就算赢. 但是赌局因故没有赌满 s 局, 其中赌徒 A 和 B 分别赢了 a 局和 b 局 $(a+b<2s-1)$, 问赌本该如何分? 这里不妨简单地假设: 规则为五局三胜制且没有平局, 现在赌徒 A 和 B 的赌本都是 150 元, 在分别赢了 2 局和 1 局后赌博因故停止, 问赌本如何分比较合理? 一种方法认为, 以双方赢率 (odds)$2:1$ 来分比较合理, 即 A 得 $300\times 2/3=200$ 元, B 得 $300\times 1/3=100$ 元. 另一种分赌本的方法是, 设想他们再继续赌下去, 则第 4 局和第 5 局的结果有 4 种可能

$$AA, AB, BA, BB.$$

这 4 种可能结果中, 只有 1 种结果 B 能赢, 而其余 3 种结果都是 A 赢. 所以赌本更合理的分发应该按 $3:1$ 来分, 即 A 得 225 元, B 得 75 元.

之后, 几个数学大家惠更斯 (Christian Huygens, 1629—1695), 伯努利 (Jacob Bernoulli, 1655—1705), 棣莫弗 (Abraham De Moivre, 1667—1754) 等都研究了这样的问题. 惠更斯于 1657 年出版的《论赌博中的计算》可以说是概率论发展史上的第一部专著. 18 世纪, 伯努利对 "频率接近概率" 这一事实给出了理论解释的这一奠基性工作, 使概率论逐步成为独立的数学分支. 1713 年, 伯努利的著作《猜度术》成为概率论发展史上影响深远的名著, 他成为被

公认的概率论的主要创始人之一.

1812 年, 法国的拉普拉斯 (Pierre-Simon Laplace, 1749—1827) 在著作《分析概率论》中最早叙述了概率论的几个基本定理, 给出了古典概率的明确定义, 建立了观测误差理论及最小二乘法. 他从统计角度指出, 法国邮局因信封上地址不明或完全没有地址的信件数目在许多年间几乎保持不变. 1814 年, 拉普拉斯在《概率的哲学探讨》一书中, 记载了一个有趣的统计事例. 他根据伦敦、圣彼得堡、柏林和全法国的统计资料, 得出几乎完全一致的男婴和女婴的出生比例为 22 : 21, 即约为 104.76 : 100. 可奇怪的是, 当他统计 1745—1784 年整整 40 年间巴黎男婴出生率时, 却得到另一个男婴和女婴的出生比例 25 : 24 (约为 104.17 : 100), 比一般的男婴出生率要低一点, 什么原因? 他调查了巴黎教堂中死去的男婴后, 发现巴黎人有遗弃男婴的陋习, 如果把这些遗弃的男婴计入出生的男婴中, 则巴黎男婴和女婴的出生比例又回到了 22 : 21.

但是概率论的公理化体系没有像数学中的其他分支一样发展起来, 数学家们解决的都是特殊问题. 1900 年, 希尔伯特 (David Hilbert, 1862—1943) 在巴黎召开的第二届国际数学家大会上提出了 23 个著名的数学问题, 主题是对新世纪数学发展方向的探讨. 他指出: "只要一门科学分支中充满大量问题, 它就充满生命力, 缺少问题则意味着死亡或独立发展的终止." 所谓展望未来, 指出数学未来发展的方向, 在很大程度上就取决于是否能提出体现和推动新世纪数学发展的问题. 希尔伯特的这些问题引领了 20 世纪数学前进的方向. 其中建立概率论的公理化体系是他提出的第 6 个问题"借助公理来研究那些在其中数学起重要作用的物理科学, 首先是概率和力学"中的一部分*.

此后, 经过庞加莱 (Jules Henri Poincaré, 1854—1912)、博雷尔 (Emile Borel, 1871—1956)、切比雪夫 (Pafnuty Chebyshev, 1821—1894)、马尔可夫 (Andrei Andreyevich Markov, 1856—1922)、李雅普诺夫 (Aleksandr Lyapunov, 1857—1918)、莱维 (Paul Lévy,1886—1971)、费勒 (William Feller, 1906—1970)、辛钦 (Aleksandr Khinchin, 1894—1959) 等数学大家的努力, 在 1933 年, 苏联数学大家科尔莫戈罗夫 (Andrey Kolmogorov, 1903—1987) 集大成, 提出了概率论的公理化体系. 经过科尔莫戈罗夫、伯恩斯坦 (Sergei Bernstein, 1880—1968)、辛钦、斯卢茨基 (Eugen Slutsky, 1880—1948) 和莱维等人的努力, 概率论的一整套基本概念被完全置于集合论、函数论和测度论等观点下, 为现代概率论的迅速发展打下了坚实基础.

许宝騄 (Pao-Lu Hsu, 1910—1970) 先生是我国早期从事数理统计和概率论研究并达到世界先进水平的一位杰出学者. 自 1940 年起, 他对样本方差分布的渐近展开和特征函数进行了深入研究. 1947 年, 他和罗宾斯 (Herbert Robbins, 1915—2001) 合作提出的"完全收敛"是后来一系列有关强收敛速度研究的起点†.

20 世纪 50 年代以来, 在现代技术和统计发展的强烈需求推动下, 概率论的理论和应用都

* 中国科学院自然科学史研究所数学史组, 中国科学院数学研究所数学史组, 1981. 数学史译文集 [M]. 郑惟厚, 译. 上海: 上海科学技术出版社.

† 中国大百科全书总编辑委员会《数学》编辑委员会, 1988. 中国大百科全书: 数学 [M]. 北京: 中国大百科全书出版社: 183.

有较快的发展. 1951 年, 日本的伊藤清 (Kiyosi Itô, 1915—2008) 建立了关于布朗运动的随机微分方程的理论. 1953 年, 杜布 (Joseph Leo Doob, 1910—2004) 的名著《随机过程论》问世, 随机过程理论得到迅速发展. 近年来, 随着鞅论的进展, 关于半鞅的研究和应用得到进一步发展. 20 世纪 60 年代, 法国学派基于马尔可夫过程和位势理论, 在相当大的程度上发展了随机过程的一般理论, 我国学者在这方面也有较好的工作‡. 近年来, 我国学者在随机过程、高维数据的理论与方法等概率论各领域都取得了很好的工作.

1.2 随机试验和随机事件

概率论以随机现象为研究对象, 所谓"随机", 是指其结果不可预先确定. 为了方便描述问题, 我们首先给出下述有关的几个基本概念.

定义 1.1 随机试验

随机现象是自然界和社会中一类结果不可预先确定的客观现象. 当人们观测它时, 所得结果不能预先确定, 仅仅是多种可能结果中的一种. 对随机现象的实现或对它的某个特征的观测过程即称为随机试验, 简称试验. ♣

在自然界和社会中, 存在着大量的随机现象. 例如, 观测掷一枚硬币, 会出现正面 (H) 或反面 (T), 但是在掷之前, 无法确定结果是正面还是反面; 购买一张彩票, 未开彩之前不知道是否会中奖; 某工厂生产的灯管寿命; 经常食用燕麦片能否降低胆固醇; 某种药物对治疗某种疾病是否有效等.

由上述定义, 随机试验的结果不唯一, 在试验前不知道会出现哪个结果. 此外, 随机试验一般在相同条件下是可以重复的. 例如, 掷一枚硬币 3 次, 可能的结果有 8 种: HHH,HHT, HTH,THH,HTT,THT,TTH,TTT. 在掷完硬币前, 我们不知道是 8 种可能结果中的哪一种, 但是试验后出现的结果是这 8 种结果之一. 这样的试验可以重复进行. 这种在相同条件下的可重复性, 为我们通过观察分析有限次试验结果来了解随机试验结果发生的可能性大小提供了可能.

定义 1.2 样本空间与事件

随机试验的每一个可能出现的结果称为基本事件, 它是随机试验结果的最小单位, 不能再分拆. 而由若干个基本事件组成的一个结果称为随机事件 (简称事件). 事件通常用英文大写字母 $A, B, \cdots$ 来表示. 随机试验中所有基本事件所构成的集合称为样本空间 (sample space), 通常用 Ω 或 S 来表示. 样本空间的元素称为样本点, 通常用 ω 表示. 显然, 每个样本点即为一个基本事件. ♣

‡ 中国大百科全书总编辑委员会《数学》编辑委员会, 1988. 中国大百科全书: 数学 [M]. 北京: 中国大百科全书出版社: 642.

视频 扫描视频 1 的二维码观看关于样本空间与事件的讲解.

视频 1 样本空间与事件

由上述定义, 一个随机试验的样本空间 Ω 是由该试验所有可能结果所组成的集合. 根据样本空间 Ω 的大小, 可以将样本空间分为三类: 有限样本空间 (仅含有有限个样本点)、可数无穷样本空间 (含有无穷且可数个样本点) 和不可数样本空间 (含有无穷且不可数个样本点).

例 1.1 掷 3 次硬币的随机试验中, 样本空间

$$\Omega=\{HHH,HHT,HTH,THH,HTT,THT,TTH,TTT\}.$$

这是一个有限样本空间, 所有 8 个可能结果都是基本事件, 而"恰好出现一次正面"是试验中的一个事件, 它由 3 个基本事件 HTT,THT,TTH 组成. 如果试验是"研究掷出三个正面所需掷的次数", 那么样本空间为 $\Omega=\{1,2,\cdots\}$, 这是一个可数无穷样本空间.

例 1.2 在灯管的寿命试验中, 样本空间 $\Omega=\{t:t>0\}$, 这是一个不可数样本空间. 而 $\omega=\{t=500\}$ 表示"灯管寿命恰为 500 h"这个基本事件, $A=\{t>500\}$ 表示"灯管寿命超过 500 h"这一事件.

例 1.3 著名的意大利物理学家、天文学家伽利略 (Galileo Galilei, 1564—1642) 曾被人请教过如下问题: 一次投掷 3 个骰子, 3 个骰子点数之和为 9 有 6 种不同情况, 点数之和为 10 也有 6 种不同情况, 这两种结果应该有相同的概率, 但由试验知道点数之和为 9 的结果比点数之和为 10 的结果明显要少. 这是为什么?

解 伽利略深入思考后指出, 如果把 3 个骰子分别标上 1,2,3 的记号, 就能解释此现象. 记 $\langle i,j,k\rangle$ 为 3 个骰子掷出的点数, $\Omega_1=\{\langle i,j,k\rangle:1\leqslant i\leqslant j\leqslant k\leqslant 6\}$, 即 $\langle i,j,k\rangle$ 为 Ω_1 中的基本事件. 记 $D(m)=\{3$ 个骰子掷出的点数之和 $=m\}$, 它由满足 $i+j+k=m$ 的基本事件 $\langle i,j,k\rangle$ 组成. 具体如下:

$m=i+j+k$	$\langle i,j,k\rangle$ 的个数	$m=i+j+k$	$\langle i,j,k\rangle$ 的个数
3	1	11	6
4	1	12	6
5	2	13	5
6	3	14	4
7	4	15	3
8	5	16	2
9	6	17	1
10	6	18	1

如果每个基本事件出现的机会是相同的, 那么 $D(9)$ 的概率与 $D(10)$ 的概率相同, 都是 6/56. 伽利略的思路是: 把 3 个骰子分别标上 1,2,3 的记号 (可区分), 以 (i,j,k) 表

示第 1,2,3 号骰子分别掷出的点数为 i,j,k, 考虑的样本空间为 $\Omega_2=\{(i,j,k): i,j,k=1,2,\cdots,6\}$, 容易算出此样本空间有 $6\times6\times6=216$ 个基本事件. 如果 $\langle i,j,k\rangle$ 中 i,j,k 全不相同, 那么 $\langle i,j,k\rangle$ 由 Ω_2 中 6 个基本事件构成, 如果有 2 个骰子出现相同点数, 即 $\langle i,i,k\rangle$ 或 $\langle i,k,k\rangle, i<k$, 那么由 Ω_2 中 3 个基本事件构成, 而 $\langle i,i,i\rangle$ 由 Ω_2 中 1 个基本事件构成. 由此可以算得, Ω_1 中的事件 $D(9)$ 由 Ω_2 中 $6+6+3+3+6+1=25$ 个基本事件组成, $D(10)$ 由 Ω_2 中 $6+6+3+6+3+3=27$ 个基本事件组成, 当 Ω_2 中基本事件满足等可能性时, 由上述结果可以得出 $D(9)$ 比 $D(10)$ 的概率要小. 试验结果说明伽利略的考虑是正确的. □

例 1.4 (伯川德悖论) 法国数学家伯川德 (Joseph Bertrand, 1822—1900) 在 1889 年提出一个有趣的问题: 在单位圆内随机取一条弦, 其长度超过该圆内接等边三角形边长的概率是多少?

这个问题产生了不同的答案, 原因在于“随机取一条弦”不够具体, 不同的“等可能性假定”导致了不同的样本空间. 例如, 可以假定弦的中点在直径上均匀分布, 直径上的点组成样本空间; 或者假定弦的另一端在圆周上均匀分布, 圆周上的点组成样本空间; 又或者假定弦的中点在圆内均匀分布, 圆内的点组成样本空间.

注 (1) 基本事件的定义依赖于随机试验的精度、我们关注什么样的结果, 以及能否方便计算有关事件的概率等. 例如, 在掷 3 次硬币的试验中, 如果我们仅仅关注每次掷完后有几次正面向上, 那么我们可以定义基本事件 A_i={试验中恰有 i 次正面向上}, $i=0,1,2,3$, 样本空间由 4 个基本事件组成. 但是后面会看到, 这样定义基本事件后, 每个基本事件发生的可能性不一样, 不太好计算事件发生的概率, 所以常用考虑“正面出现在哪一次”的样本空间, 其中有 8 个基本事件, 这 8 个基本事件发生的可能性是一样的. 目的是计算我们感兴趣的事件的概率, 所以要选择好样本空间.例 1.3 和例 1.4 就说明了选择适当样本空间的重要性.

(2) 在可以用排列或组合来计算样本空间中基本事件个数时, 首先要选择好是用排列还是组合来计算 (两种都可以使用时, 用组合得出的基本事件是由用排列得到的若干个基本事件合起来构成的事件), 选定以后不能改变.

(3) 上述事件的定义并没有考虑是否可以对其赋予概率的问题. 当我们视事件为样本空间子集时, 如果样本空间包含有限或者可数个样本点, 那么其所有可能的子集 (包括全集和空集) 都可以被赋予概率. 但是当样本空间包含不可数个样本点时, 问题变得比较复杂. 在不可数样本空间的所有子集上定义概率很可能会导致逻辑上的困难, 即对样本空间的一些子集 (称为不可测集) 很可能无法定义概率. 因此, 需要对能够定义概率的样本空间子集给出明确的定义, 这相当于给出概率的“定义域”. 人们通过考虑在样本空间的子集上定义适当的代数结构, 使得逻辑严密且自洽, 为定义概率提供便利. 由样本空间所生成的 σ 代数 $\mathcal{F}$ 满足我们定义概率的要求, 它由样本空间中的所有可测集及其可数交、并以及补运算来产生§, 详细讨论见 (苏淳 等, 2020) 或者 (张颢, 2018). 因此, 更准确地说, σ 代数 $\mathcal{F}$ 中的元素称为事件.

事件的运算

对事件 A, 如果随机试验的结果恰好出现在 A 中, 那么我们就称事件 A 在此次随机试验下发生, 简称事件 A 发生. 为了方便事件概率的计算, 我们需要了解不同事件之间运算的规律.

首先考虑事件的两种极端情况.

定义 1.3 必然事件和不可能事件

样本空间本身称为必然事件, 因其在随机试验中必然会发生, 通常用 Ω 或 S 来表示. 空集称为不可能事件, 由于其不包含任何样本点, 故在随机试验中不可能发生, 通常用 $\varnothing$ 表示. ♣

例如, 有人问, 明天下雨吗? 回答: 明天可能下雨, 也可能不下雨. 他把天气的各种情况都说了, 这是一个必然事件, 当然预报就非常准确. 例如, 在掷 3 次硬币的试验中, "出现 4 次正面" 是不可能事件.

注 习惯上, 人们将必然事件发生的概率设置为 1, 将不可能事件发生的概率设置为 0. 但是发生概率为 1 的事件未必是必然事件, 发生概率为 0 的事件未必是不可能事件.

除了这两种特殊事件外, 其余的事件在随机试验中可能发生, 也可能不发生.

如果随机试验的样本空间足够大, 我们就可以把使得 A 发生的全部试验结果集合 A' 和事件 A 建立一一对应, 把随机试验所有可能结果构成的集合和必然事件 Ω 对应, 不含随机试验结果的集合 $\varnothing$ 和不可能事件 $\varnothing$ 对应, 那么事件的运算可以转化为集合的运算.

下面我们定义有关事件运算中的几个基本概念.

定义 1.4 事件的和

事件 A 和事件 B 中至少有一个发生, 记为 $A \cup B$, 称为 A 与 B 的和. 事件的和运算等同于集合运算 "并". 两个事件和的运算可以推广到 n 个 (或可数个) 事件 $A_1, A_2, \cdots, A_n$ 的和 $A_1 \cup A_2 \cup \cdots \cup A_n$, 简记为 $\bigcup\limits_{i=1}^{n} A_i$, 表示这 n 个事件中至少有一个事件发生. ♣

记试验的结果为样本点 ω, 则 "事件 $A \cup B$ 发生" 描述了样本点 ω 包含于 $A \cup B$ 中, 即 $\omega \in A \cup B$ 表示 $\omega \in A$ 或 $\omega \in B$, 因此事件 A 和事件 B 中至少有一个发生. 图 1.1 的维恩图 (Venn diagram) 中阴影部分表示了 $A \cup B$.

---

§ Ω 的子集组成的集类 $\mathcal{F}$ 称为 σ 代数, 是指满足 (1) $\varnothing \in \mathcal{F}$; (2) 若 $A_1, A_2, \cdots \in \mathcal{F}$, 则 $\bigcup\limits_{k=1}^{\infty} A_k \in \mathcal{F}$; (3) 若 $A \in \mathcal{F}$, 则 $A^c \in \mathcal{F}$.

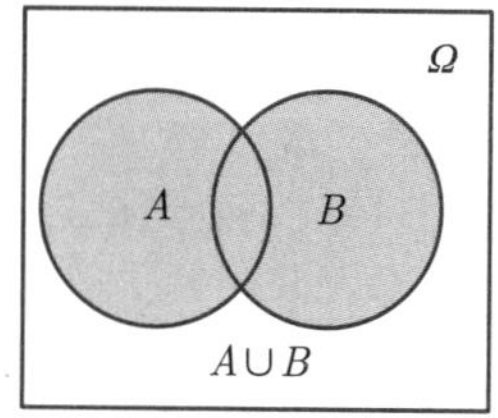

图 1.1 事件的和

定义 1.5 事件的差

事件 A 发生而事件 B 不发生, 记为 $A-B$ 或 $A\overline{B}$, 称为 A 与 B 的差. ♣

记试验的结果为样本点 ω, 则 $\omega \in A-B$ 表示 $\omega \in A, \omega \notin B$. 如图 1.2 中阴影部分所示.

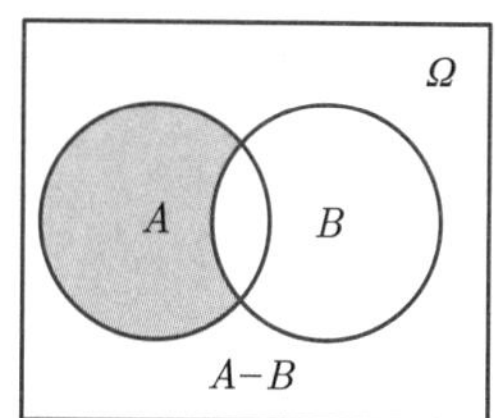

图 1.2 事件的差

定义 1.6 事件的积

事件 A 和事件 B 同时发生, 记为 $A\cap B, A\cdot B$ 或 AB, 称为 A 与 B 的积. 事件的积运算等同于集合运算“交”. 两个事件积的运算可以推广到 n 个 (或可数个) 事件 $A_1, A_2, \cdots, A_n$ 的积 $A_1\cap A_2\cap\cdots\cap A_n$, 简记为 $\bigcap\limits_{i=1}^{n} A_i$ 或 $\prod\limits_{i=1}^{n} A_i$, 表示这 n 个事件同时发生. ♣

记试验的结果为样本点 ω, 则 $\omega \in A\cap B$ 表示 $\omega \in A, \omega \in B$. 如图 1.3 中阴影部分所示.

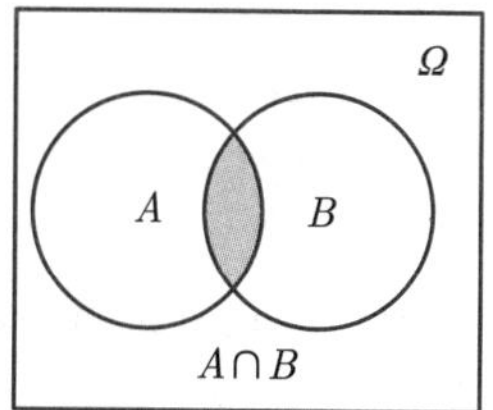

图 1.3 事件的积

定义 1.7　不相容事件

事件 A 和事件 B 不能同时发生, 即 $A\cap B=\varnothing$, 称为事件 A 和事件 B 不相容 (incompatible) 或互斥 (mutually exclusive). 若一列事件中任意两个事件不相容, 则称其为两两不相容事件列. ♣

图 1.4 表示了事件 A 和事件 B 不相容.

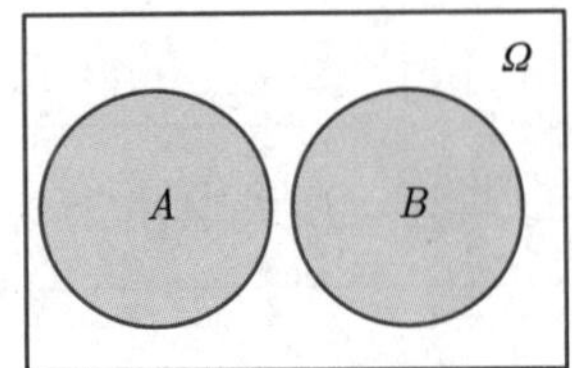

图 1.4　不相容事件

当事件 $A_1,A_2,\cdots,A_n$ 两两不相容时, 可以把"并"运算符号改写为通常的加号

$$\bigcup_{k=1}^{n}A_k=\sum_{k=1}^{n}A_k.$$

定义 1.8　对立事件

{事件 A 不发生} 这一事件称为 A 的对立事件 (或余事件), 记为 $\overline{A}$ 或 A^c. ♣

图 1.5 中阴影部分表示了事件 A 的对立事件 $\overline{A}$.

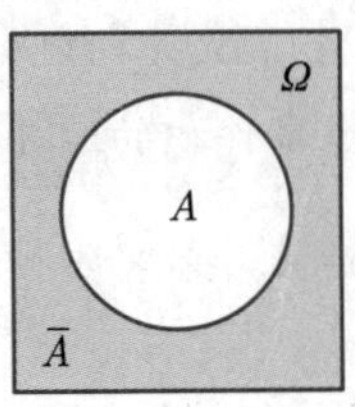

图 1.5　对立事件

根据事件与集合的对应关系以及上面事件的基本运算, 我们可以容易地导出下面事件的运算公式:

$$A\cup A=A,$$

$$A\cap A=A,$$

$$A\cup BC=(A\cup B)(A\cup C),$$

$$A\cap(B\cup C)=AB\cup AC,$$

$$(A\cup B)(C\cup D)=AC\cup BC\cup AD\cup BD,$$

$$\left(\bigcup_{k=1}^{n} A_k\right)^c = \bigcap_{k=1}^{n} A_k^c,$$

$$\left(\bigcap_{k=1}^{n} A_k\right)^c = \bigcup_{k=1}^{n} A_k^c.$$

上面最后两个公式称为德摩根 (Augustus De Morgan, 1806—1871) 对偶法则.

n 个事件的和也可以分拆为 n 个两两不相容的事件之和:

$$\bigcup_{k=1}^{n} A_k = A_1 + \overline{A}_1 A_2 + \cdots + \overline{A}_1 \overline{A}_2 \cdots \overline{A}_{n-1} A_n = \sum_{k=1}^{n} A_k \bigcap_{j=1}^{k-1} \overline{A}_j.$$

注 证明两个事件 A, B 相同, 只要证明 A 中每个基本事件都在 B 中, 反之亦然. 即 $\forall \omega \in A \Rightarrow \omega \in B$, 反之, $\forall \omega \in B \Rightarrow \omega \in A$.

例 1.5 证明 $(A \cup B)^c = A^c \cap B^c$.

证

$$\begin{aligned} \omega \in (A \cup B)^c &\Leftrightarrow \omega \notin A \cup B \\ &\Leftrightarrow \omega \notin A \text{ 且 } \omega \notin B \\ &\Leftrightarrow \omega \in A^c \text{ 且 } \omega \in B^c \\ &\Leftrightarrow \omega \in A^c \cap B^c. \end{aligned}$$

证毕. ■

例 1.6 设 A, B, C 是三个事件, 试表示下列事件:

(1) 事件 A, B 发生而 C 不发生;

(2) 事件 A, B, C 不同时发生;

(3) 事件 A, B, C 中至多有一个发生;

(4) 事件 A, B, C 中至少发生两个;

(5) 事件 A, B, C 中恰好发生两个.

解 利用事件的运算关系易知 (1) $AB\overline{C}$; (2) $\overline{ABC}$; (3) $\overline{A}\ \overline{B} \cup \overline{A}\ \overline{C} \cup \overline{B}\ \overline{C}$;(4) $AB \cup AC \cup BC$; (5) $AB\overline{C} + A\overline{B}C + \overline{A}BC$. □

1.3 概率的定义和性质

什么叫概率? 习惯上有如下定义.

定义 1.9 概率的直观定义

概率是随机事件发生可能性大小的数字表征, 取值于区间 [0,1]. ♣

换言之, 概率是事件的函数. 因为事件与集合有一一对应关系, 所以概率可以视为集合的函数. 设 A 为一个事件, 用 $P(A)$ 表示事件 A 发生的概率. 则由概率定义, $0 \leqslant P(A) \leqslant 1$, 以

及 $P(\Omega)=1$ 和 $P(\varnothing)=0$.

上面的定义没有告诉我们如何求一般事件的概率. 为了求出有关事件的概率, 我们必须对样本空间和事件有进一步的了解.

1.3.1 古典概型

假设样本空间 Ω 中试验结果只有有限个, 记为 $|\Omega|=N$(样本点个数), 且每个基本事件发生的可能性相同. 若事件 A 中的基本事件个数 $|A|=M$ (称为事件 A 的有利场合数, 因为这些基本事件的发生对事件 A 的发生“有利”), 则事件 A 的概率定义为

$$P(A)=\frac{|A|}{|\Omega|}=\frac{M}{N}.$$

在有限性和等可能性下定义概率的模型称为古典概型. 例 1.3 中的 Ω_2 满足有限性和等可能性, 而 Ω_1 不满足等可能性. 由古典概型的定义知道, 此时概率的计算关键是数清样本空间中基本事件的个数 N 和事件 A 中基本事件的个数 M. 一般这涉及排列、组合的知识. 具体计算中还可能涉及事件的运算.

常用的排列、组合知识可以归纳为:

1. 计数原理

- **加法原理**: 完成一件事情有 n 类办法, 在第一类办法中有 m_1 种不同的方法, 在第二类办法中有 m_2 种不同的方法, $\cdots\cdots$, 在第 n 类办法中有 m_n 种不同的方法, 那么完成这件事共有 $N=m_1+m_2+\cdots+m_n$ 种不同的方法.
- **乘法原理**: 完成一件事情需要分成 n 个步骤, 做第一步有 m_1 种不同的方法, 做第二步有 m_2 种不同的方法, $\cdots$, 做第 n 步有 m_n 种不同的方法, 那么完成这件事有 $N=m_1\times m_2\times\cdots\times m_n$ 种不同的方法.

利用加法原理和乘法原理, 容易得到下述排列、组合结果:

(1) 从 n 个不同的元素中, 有放回地取出 r 个元素组成的可重复排列的不同方式有 n^r 种. 从 n 个不同的元素中, 不放回地取出 r 个元素组成的不重复排列的不同方式有 $n(n-1)\cdots(n-r+1)=P_n^r$ 种, 这种排列称为选排列. 特别 $r=n$ 时, 称为全排列.

(2) 从 n 个不同的元素中, 不放回地取 r 个元素组成的组合, 不同方式个数为

$$\binom{n}{r}=\frac{n(n-1)\cdots(n-r+1)}{r!}=\frac{n!}{r!(n-r)!}=\mathrm{C}_n^r.$$

(3) 从 n 个不同的元素中, 有放回地取 r 个元素组成的组合 (不考虑顺序), 不同方式个数为

$$\binom{n+r-1}{r},$$

这个数称为重复组合数.

2. 盒子模型

把 r 个球随机放到不同编号的 n 个盒子中去.

(1) 球可辨, 每个盒子中不限球的个数. 此为重复排列, 不同的放法个数为 n^r.

(2) 球可辨, 每个盒子中至多放一个球. 此为选排列, 不同的放法个数为 $\dfrac{n!}{(n-r)!}$.

(3) 球不可辨, 每个盒中不限球的个数. 此时不同方法的区别在于哪个盒子里有球以及含有球的数目. 我们用 $n-1$ 个竖板 "|" 把直线分为 n 个区间, 从左至右各区间依次对应编号的盒子, 用 "$*$" 表示球:

$$\underbrace{*\ *\ *\ \cdots\ *}_{r\text{ 个球}}\quad\underbrace{|\,|\,|\,|\ \cdots\ |\,|}_{n-1\text{ 个竖板}}$$

则问题等价于求 $n-1$ 个 "|" 和 r 个 "$*$" 这两类元素排成一排的不同排法, 即从所有 $n-1+r$ 个位置中选出 r 个位置放 "$*$", 其余位置放 "|", 不同的排法个数为

$$\frac{(n-1+r)!}{(n-1)!r!}=\binom{n-1+r}{r}.$$

(4) 球不可辨, 每个盒子中至多放一个球. 此为一般的组合, 不同的放法个数为 $\dbinom{n}{r}$.

3. 多组组合

把 n 个不同的元素分为有序的 k 个部分, 第 i 部分有 r_i 个元素, $i=1,2,\cdots,k, r_1+r_2+\cdots+r_k=n$, 则不同的分法个数为

$$\frac{n!}{r_1!r_2!\cdots r_k!},$$

称为多项式系数, 它是 $(a_1+a_2+\cdots+a_k)^n$ 展开后 $a_1^{r_1}a_2^{r_2}\cdots a_k^{r_k}$ 前面的系数.

4. 不尽相异元素的排列

有 n 个元素, 属于 k 个不同的类, 同类元素之间不可辨认, 各类元素分别有 $n_1, n_2, \cdots, n_k$ 个, 其中 $n_1+n_2+\cdots+n_k=n$, 要把它们排成一列, 则一共有

$$\frac{n!}{n_1!n_2!\cdots n_k!}$$

种不同的排法.

盒子模型和多项式系数在统计物理建模中起重要作用. 麦克斯韦–玻尔兹曼 (Maxwell-Boltzmann) 统计与盒子模型 (1) 及多项式系数有关; 玻色–爱因斯坦 (Bose-Einstein) 统计与盒子模型 (3) 有关; 费米–狄拉克 (Fermi-Dirac) 统计与盒子模型 (4) 有关, 其中球表示粒子, 盒子表示能态. 可参见 (张颢, 2018) 和 (费勒, 1964).

例 1.7 试求 r 个人中至少有 2 人生日相同的概率. (一年按 365 天计.)

解 这类问题的关键是确定样本空间，然后计数. 本题中，把一年 365 天排序为 $1,2,\cdots,365$. 样本空间 $\Omega=\{x_1,x_2,\cdots,x_r\}$，其中 x_k 为第 k 个人的生日,$k=1,2,\cdots,r$. 由盒子模型可知，$|\Omega|=365^r$，记 A={至少有两人生日相同}，则 $\overline{A}$={每人生日都不同}，事件 $\overline{A}$ 发生的概率是容易计算的,

$$|\overline{A}|=\binom{365}{r}r!=\frac{365!}{(365-r)!},$$

$$P(\overline{A})=\frac{365!}{(365-r)!365^r}=\frac{365\times364\times\cdots\times(365-r+1)}{365\times365\times\cdots\times365}$$

$$=\left(1-\frac{1}{365}\right)\left(1-\frac{2}{365}\right)\cdots\left(1-\frac{r-1}{365}\right).$$

用近似公式

$$\ln P(\overline{A})=\sum_{k=1}^{r-1}\ln\left(1-\frac{k}{365}\right)\approx-\frac{1}{365}\sum_{k=1}^{r-1}k=-\frac{r(r-1)}{730}.$$

当 $r=30,50$ 时，计算可得

$$\ln P(\overline{A})=-\frac{30\times29}{730}\approx-1.19,\quad P(A)=1-P(\overline{A})\approx1-0.303\ 7=0.696\ 3,$$

$$\ln P(\overline{A})=-\frac{50\times49}{730}\approx-3.356,\ P(A)=1-P(\overline{A})\approx1-0.034\ 9=0.965\ 1.$$

□

注 上面计算得出的概率有点意外，主要是我们主观认为 30 人的生日应该“均匀”分布在 365 天中. 实际上，每个人的出生日期对别人的出生日期没有影响，所以容易产生随机扎堆. 这就是随机性，是重要的统计 (概率) 思维. 统计学家拉奥**(C. R. Rao, 1920—) 在《统计与真理》(劳, 2004) 一书中讲述了这样一个试验. 他让学生们做一个假想试验：某医院出生 1 000 个婴儿，按出生时间写出婴儿的性别，然后与医院实际出生婴儿的性别作比较. 在学生的假想试验中，连续出生男婴或连续出生女婴的数量显著小于医院实际连续出生男婴或连续出生女婴的数量. 医院实际连续出生男婴数量最多为 10 个，女婴为 9 个，还出现了 2 次. 而学生们写的最大数量为 5—6 个. 所以我们需要加强随机性的统计思维. 多一点统计思维，会少犯一点错误. 例如一个人到赌场去赌博，即使赌博过程相对公平，但是长期赌的后果是此人一定输！设此人和赌场的赌本分别为 a 和 b，理论上可以证明长期赌博后此人输的概率为 $\frac{b}{a+b}$，要知道个人的赌本与赌场的赌本相比是微不足道的，所以该比值几乎为 1，即几乎必输！(计算可以参见本章习题.)

例1.8 有 n 根短绳，现把它们的 $2n$ 个端头两两任意连接. 试求如下各事件的概率: (1) n 根短绳恰好结成 n 个圈; (2) n 根短绳恰好结成 1 个圈.

解 分别以 A 和 B 表示上述两个事件. 样本空间 Ω 应当由一切可能的连接方式组成.

** 作者劳与拉奥为同一人.

我们先来考虑 $|\Omega|$ 的求法. 可以设想把 $2n$ 个端头排成一行, 然后规定将第 $2k-1$ 个端头与第 $2k$ 个端头相连接, $k=1,2,\cdots,n$, 于是每一种排法对应一种连法, 得 $|\Omega|=(2n)!$.

(1) 在事件 A 中, 每根短绳的两端自行连接, 这相当于在 $2n$ 个端头的排列中, 每根短绳的两端都相邻放置, 于是可先对 n 根短绳进行排列, 以确定各根短绳的先后位置, 再考虑每根短绳的两端的前后位置, 得知 $|A|=n!(2!)^n$. 因此

$$P(A)=\frac{|A|}{|\Omega|}=\frac{n!2^n}{(2n)!}=\frac{1}{(2n-1)!!}.$$

(2) 在事件 B 中, 对每个 k $(k=1,2,\cdots,n)$, 在第 $2k-1$ 个位置上与第 $2k$ 个位置上所放置的端头都不属于同一根短绳. 我们来对每个 k 逐一考虑. 在第 $1,2$ 两个位置上, 不能放同一根短绳的两端, 所以各有 $2n$ 和 $2n-2$ 种选法 (在第 2 个位置上不能放第 1 个位置上所放短绳的另一端). 为了考察在第 $3,4$ 两个位置上的放法数目, 我们设想已经将放在第 $1,2$ 两个位置上的端头连接, 于是还剩下 $n-1$ 根短绳. 这时就又回到开始的情况, 知道最初的两个位置各有 $2n-2$ 和 $2n-4$ 种选法 (在第 3 个位置上, 可以任意从 $2n-2$ 个端头中选取 1 个; 在第 4 个位置上不能放第 3 个位置上所放短绳的另一端); 循此下去, 可知第 $2k-1$ 个位置上与第 $2k$ 个位置上各有 $2n-2(k-1)$ 和 $2n-2k$ 种选法. 所以有 $|B|=(2n)!!(2n-2)!!$.

综合上述, 得

$$P(B)=\frac{|B|}{|\Omega|}=\frac{(2n)!!(2n-2)!!}{(2n)!}=\frac{(2n-2)!!}{(2n-1)!!}.$$ □

例 1.9 为加强教学管理, 让教师真心投入教学, 让学生真心努力学习, 教育部每年对高校硕士毕业生的硕士毕业论文进行合格抽查. 设某高校 2020 年有 500 名硕士毕业, 其中 480 篇是合格论文, 20 篇论文通不过教育部的检查. 假设随机抽查了该高校 10% 的论文, 如果被抽查论文不合格的比例不超过被抽查论文的 5%, 那么该校可以通过合格抽查. 求该校能通过合格抽查的概率.

解 由题意, 从该高校硕士论文中随机抽取了 50 篇. 被鉴定为不合格的论文不能超过 2 篇. 本题样本空间 Ω={不考虑排序, 从 500 篇论文中任取 50 篇的不同取法}, 记

A={被抽取的 50 篇硕士论文中被鉴定为不合格的论文不超过 2 篇},

A_i={被抽取的 50 篇硕士论文中被鉴定为不合格的论文恰为 i 篇}, $i=0,1,2$,

则 $A=A_0+A_1+A_2$. 注意到

$$|\Omega|=\binom{500}{50},\quad |A_i|=\binom{480}{50-i}\binom{20}{i}, i=0,1,2,$$

由于 A_i 两两不相容, 故

$$P(A_i)=\frac{\dbinom{480}{50-i}\dbinom{20}{i}}{\dbinom{500}{50}}, i=0,1,2,$$

$$P(A) = P(A_0 + A_1 + A_2) = P(A_0) + P(A_1) + P(A_2)$$
$$= 0.116\ 4 + 0.270\ 1 + 0.291\ 0 = 0.677\ 5.$$

由上面计算知道, 该校能通过合格抽查的概率仅为 2/3 左右. 可以算一下, 若把被抽查论文不合格的比例定为不超过被抽查论文的 6%, 则该校能通过合格抽查的概率为 87% 左右. □

例 1.10 某中医医馆的消化内科专家周医生在某一周曾接诊了 9 位患者, 调查知该医馆周一休息, 而这 9 位患者都是在周二和周四来看病的. 问该专家在该医馆的门诊时间有无规定?

解 若专家周医生的门诊时间没有规定, 即周二到周日都有可能. 在这样的假设下, 样本空间 $\Omega = \{r_2, r_3, \cdots, r_7\}$, r_i 表示第 i 个患者就诊的时间, $r_i = 2, 3, \cdots, 7, i = 1, 2, \cdots, 9$, 设 $A = \{9$ 人都在周二和周四来看病$\}$, 则

$$|\Omega| = 6^9, \qquad |A| = 2^9,$$
$$P(A) = \left(\frac{2}{6}\right)^9 = 5.080\ 5 \times 10^{-5}.$$

在假设周医生的门诊时间没有规定的情况下, 事件 A 发生的概率非常小, 其不太可能在一次试验中就发生, 因此, 我们有理由认为专家周医生在该医馆的门诊时间是有规定的. □

在这里我们要强调以下几点:

一个小概率事件在一次试验中是几乎不可能发生的, 但在多次重复试验中几乎是必然发生的, 数学上称之为小概率原理. 那么什么叫小概率事件? 什么叫小? 设 $P(A) = \alpha$, 若 α 小于某个给定的很小的数 c, 则该事件称为小概率事件. 在概率统计中常用的 c 有两个, $c = 0.01$ 和 $c = 0.05$, 我们可以分别称为严标准和宽标准, 当然 c 等于多少要根据实际情况来定, 不能一概而论.

小概率原理指出小概率事件在一次试验中几乎不会发生, 但这并不等于说该事件永远不会发生. 有很多例子说明这类小概率事件会发生, 例如购买彩票中奖是个小概率事件, 但是总有人会中奖, 有些人还会中两次.

如何理解小概率事件的发生? 如某地修了两条防洪大坝, 一条大坝能抵御百年一遇的洪水, 另一条能抵御二十年一遇的洪水, 如何理解这两条大坝抵御洪水的水平? 所谓百年一遇的洪水, 有两种理解. 一是从历史资料看, 该河流发生超过该大坝高度的洪水平均而言是一百年一次, 二是发生超过修筑大坝高度洪水的概率不超过 0.01. 二十年一遇是指该河流发生超过该大坝高度的洪水平均而言是二十年一次, 或发生超过修筑大坝高度洪水的概率不超过 0.05.

1.3.2 概率的统计定义

古典概型中有两个限制, 如果去掉有限性, 保留基本事件的等可能性, 就称为几何概型. 例 1.4 就是关于在几何概型下概率的计算. 几何概型相当于把样本空间视为一块质量为 1 的均匀木块, 事件 A 视为木块中的某部分, 则 $P(A)$ 就是该部分的质量. 也可以视为线段、平面

图形或立体图形中某部分与整体长度、面积或体积的比值. 如果去掉等可能性, 保留有限性, 那么无法定义概率, 所以我们从另一个角度给出如下的定义.

定义 1.10 概率的统计定义

设事件 A 发生的概率为 p, 为了确定它, 把该试验在相同的条件下独立重复做 n 次, 用 n_A 表示事件 A 出现的频数, n_A/n 称为事件 A 的频率. 当 $n \to \infty$ 时, 频率 n_A/n 会在某个数 p 附近波动, 且慢慢稳定下来, 我们就称该数为事件 A 发生的概率, 记为 $P(A) = p$. ♣

概率的统计定义有着重要意义: 一是提供了一种估计概率的方法, 二是提供了理论是否正确的标准. 历史上, 布丰 (Georges Buffon, 1707—1788) 和皮尔逊 (Karl Pearson, 1857—1936) 等人用投掷硬币验证了硬币的均匀性, 布丰用投针得出了 π 的近似值. 由于英语字母被使用的频率是相当稳定的, 如空格为 0.2, 高频区有 E,T,O,A,N,I,R,S,D, 中频区有 D,L,U,C,M, 低频区有 P,F,Y,W,G,B,V, 其余属于罕见频区, 且高频字母群和中频字母群之间有一个明显的频率间断点. 在第二次世界大战时, 破译对方密码的过程中就利用了这些频率特点以及字母连缀特点. 在小说《福尔摩斯探案集》“跳舞的小人”这个故事中, 福尔摩斯就是利用英文字母的频率特点和缜密的分析破译了用“跳舞小人”所表达的密码.

1.3.3 主观概率的定义

在概率的统计定义中, 有心的读者会想到, 如果试验不能在相同的条件下独立重复很多次时该如何定义概率? 有些试验可以做思想试验, 即可以想象做下去会如何, 如测量一物体的质量. 有些则不能, 如口袋中有 7 个红球、3 个白球, 规定摸出红球可以赢得一万元, 否则输一万元. 如果你资产丰厚, 可以放心地赌下去, 因为规则对你有利. 如果只赌一局, 而你又没有足够资产, 尽管这个规则对你有利, 你也不敢冒险去赌. 可见在许多实际场合, 单凭大量重复试验的频率, 不一定能作为决定现实问题的合理依据. 还有, 人们在谈论种种实际出现机会的大小时, 这些事件根本不能重复, 例如, 某项工程能在一年内完成的概率有多大? 火星上有生命的概率有多大? 我们也常常用一个数字去估计这类概率的大小, 而心目中并不把它与频率相连. 这种概率称为主观概率.

定义 1.11 主观概率定义

一个事件发生的概率规定为某人在主观上相信该事件会发生程度的数字衡量. ♣

例如, 某人说火星上有生命的概率为 0.01, 这表明根据目前他了解到的有关知识, 他不太相信火星上有生命, 但是他也不绝对否定其可能性, 他相信的程度只有 0.01, 这讲清了他对这个问题的看法. 日常生活中, “某事发生的可能性有多大”一类的说法, 都是这类主观概率的表达, 可见这个概念有相当的生活基础.

以上所述反映了这样一种观点: 主观概率是认识主体根据其掌握的知识、信息和证据, 对某种情况出现可能性大小所做出的数量判断. 当然在判断中不能排除他的信仰和倾向的因素, 其影响对自然科学性质的问题要小些. 说一个人立场客观, 在某种程度上可以理解为, 他在做出这种主观概率判断时, 能尽可能排除这类因素的影响. 关于主观概率的本质, 一直是一个有争议的问题, 上述看法也许代表了一种主流的看法 (陈希孺, 2000).

主观概率在管理科学中起着重要作用, 例如, 在经济投资决策时有些情况是无法确切掌握的, 有些是将来的情况, 目前只能预测, 这都是一次性事件, 无法通过试验去考察和验证, 只能在投资环境和条件等不完全掌握的基础上, 加进去主观判断的成分. 如果要进行数量上的计算, 那么这种主观判断还要量化, 即用到主观概率. 例如, 原材料涨价 20% 以上的概率有多大? 产品的市场容量有多大? 都得有数量上的估计, 这样对整个项目前景的估量才能达到定量的水平.

主观概率的另一个重要应用是在数据分析方面, 特别在人工智能的算法中起着重要作用. 这种数据分析的方法发源于 18 世纪英国学者贝叶斯 (Thomas Bayes, 1702—1761), 而在 20 世纪得到发扬光大, 并形成了数理统计中的贝叶斯学派. 贝叶斯学派就是在用不用主观概率这点上有别于传统的统计学派 (频率学派).

从这点而言, 研究主观概率, 并以这种观点来处理统计问题, 有着非常重要的现实意义. 但是从目前的情况看, 基于概率的频率解释的统计学, 仍占据着主导地位, 我们下面也将以此为基础来讨论问题.

1.3.4 概率的公理化定义

以上介绍了在样本空间中事件概率如何定义, 但是如何从理论上来给出定义? 1933 年, 苏联的数学大家科尔莫戈罗夫综合诸多数学家的研究, 提出了概率的公理化体系. 该公理化体系给出了一些简单的基本规则, 而不是给出具体概率如何定义.

定义 1.12 概率的公理化定义

设 $P(\cdot)$ 是定义在样本空间 Ω 中事件上的一个实函数, 它取值在 0 和 1 之间, 满足: 若 A 是样本空间上的一个事件[①], 则

(1) (非负性) $0 \leqslant P(A) \leqslant 1$;

(2) (规范性) 设 Ω 为必然事件, 则 $P(\Omega)=1$;

(3) (可数可加性) 对 Ω 中的两两不相容事件列 $A_1, A_2, \cdots, A_k, \cdots$, 即 $A_i \cap A_j = \varnothing, \forall i \neq j, i, j=1,2,\cdots$, 有

$$P\Big(\bigcup_{k=1}^{\infty} A_k\Big)=\sum_{k=1}^{\infty} P(A_k), \tag{1.1}$$

则 $P(\cdot)$ 称为一个概率函数, 简称概率.

①由前面的注释, 严格来说, 事件 A 须为可测事件, 即 A 为 Ω 所生成的 σ 域 $\mathcal{F}$ 中的元素. ♣

视频 2 概率的定义与计算

视频 扫描视频 2 的二维码观看关于概率的定义与计算的讲解.

由概率的公理化定义, 可以得到有关概率的一些性质. 以下讨论的事件均为同一样本空间 Ω 中的可测事件.

性质 (1) $P(\varnothing)=0$.

证 记 $A_1=\Omega, A_n=\varnothing, n\geqslant 2$, 则 $\{A_n\}$ 为两两不相容事件列, 且 $\Omega=\bigcup\limits_{n=1}^{\infty}A_n$, 因此, 由概率的可数可加性和规范性有

$$P(\Omega)=P\Big(\bigcup_{n=1}^{\infty}A_n\Big)=\sum_{n=1}^{\infty}P(A_n)=P(\Omega)+\sum_{n=2}^{\infty}P(\varnothing).$$

即有 $\sum\limits_{n=2}^{\infty}P(\varnothing)=0$, 从而由概率的非负性立证. ■

(2) (有限可加性) 若 $A_k, k=1,2,\cdots,n$ 且两两不相容, 则

$$P\Big(\sum_{k=1}^{n}A_k\Big)=\sum_{k=1}^{n}P(A_k).$$

(3) (可减性) 若 $A\subset B$, 则 $P(B-A)=P(B)-P(A)$.

(4) (单调性) 若 $A\subset B$, 则 $P(A)\leqslant P(B)$.

(5) $P(\overline{A})=1-P(A)$.

(6) (加法定理, 也称容斥原理 (inclusion-exclusion principle)) 对任意的事件 $A_1, A_2,\cdots, A_n$, 有

$$P\Big(\bigcup_{k=1}^{n}A_k\Big)=\sum_{k=1}^{n}P(A_k)-\sum_{1\leqslant i<j\leqslant n}P(A_iA_j)+\sum_{1\leqslant i<j<k\leqslant n}P(A_iA_jA_k)-\cdots+(-1)^{n-1}P(A_1A_2\cdots A_n).$$

证 应用数学归纳法. $n=2$ 时, 由于 $A_1\cup A_2=A_1+(A_2-A_1\cap A_2)$, 根据性质 (2) 和性质 (3) 有

$$P(A_1\cup A_2)=P(A_1)+P(A_2-A_1\cap A_2)=P(A_1)+P(A_2)-P(A_1A_2).$$

假设对 $n=k-1$ 成立, 当 $n=k$ 时, 应用归纳假设前提有

$$\begin{aligned}P\Big(\bigcup_{i=1}^{k}A_i\Big)&=P\Big(\Big(\bigcup_{i=1}^{k-1}A_i\Big)\cup A_k\Big)\\&=P\Big(\bigcup_{i=1}^{k-1}A_i\Big)+P(A_k)-P\Big(\Big(\bigcup_{i=1}^{k-1}A_i\Big)\cap A_k\Big)\\&=P\Big(\bigcup_{i=1}^{k-1}A_i\Big)+P(A_k)-P\Big(\bigcup_{i=1}^{k-1}(A_iA_k)\Big)\end{aligned}$$

$$= \sum_{i=1}^{k} P(A_i) - \sum_{1 \leqslant i<j \leqslant k} P(A_iA_j) + \sum_{1 \leqslant i<j<l \leqslant k} P(A_iA_jA_l) - \cdots + (-1)^{k-1} P(A_1A_2\cdots A_k).$$

从而得证. ■

(7) (次可加性) 对任意的事件列 $A_1, A_2, \cdots, A_n, \cdots$, 有 $P\Big(\bigcup\limits_{n=1}^{\infty} A_n\Big) \leqslant \sum\limits_{n=1}^{\infty} P(A_n)$.

(8)* (下连续性) 若事件列满足 $A_n \subset A_{n+1}, n = 1, 2, \cdots$, 则

$$P\Big(\bigcup_{n=1}^{\infty} A_n\Big) = \lim_{n\to\infty} P(A_n).$$

证 由于事件列单调上升, 因此记 $B_n = A_n - A_{n-1} (n \geqslant 1)$, $A_0 = \varnothing$, 则事件列 $\{B_n\}$ 为两两不相容事件列, 从而根据概率的可数可加性有

$$\begin{aligned} P\Big(\bigcup_{n=1}^{\infty} A_n\Big) &= P\Big(\bigcup_{n=1}^{\infty} B_n\Big) \\ &= \sum_{n=1}^{\infty} P\Big(B_n\Big) = \lim_{n\to\infty} \sum_{i=1}^{n} P(B_i) \\ &= \lim_{n\to\infty} \sum_{i=1}^{n} \Big[P(A_i) - P(A_{i-1})\Big] \\ &= \lim_{n\to\infty} P(A_n). \end{aligned}$$

■

(9)* (上连续性) 若事件列满足 $A_n \supset A_{n+1}, n = 1, 2, \cdots$, 则

$$P\Big(\bigcap_{n=1}^{\infty} A_n\Big) = \lim_{n\to\infty} P(A_n).$$

例 1.11 设 A, B, C 为样本空间 $\varOmega$ 中的三个事件. 已知 $P(A) = P(B) = 1/4$, $P(C) = 2/5$, $P(AB) = 0$, $P(AC) = P(BC) = 1/6$, 求 $P(\overline{A}\,\overline{B}\,\overline{C})$.

解 由概率的性质有

$$\begin{aligned} P(\overline{A}\,\overline{B}\,\overline{C}) &= 1 - P(A \cup B \cup C) \\ &= 1 - [P(A) + P(B) + P(C) - P(AB) - P(AC) - P(BC) + P(ABC)] \\ &= 1 - \frac{9}{10} + \frac{2}{6} = \frac{13}{30}. \end{aligned}$$

□

例 1.12 求证: 对样本空间 $\varOmega$ 中任意 n 个事件 $A_1, A_2, \cdots, A_n$ 有

$$P\Big(\bigcap_{k=1}^{n} A_k\Big) \geqslant \sum_{k=1}^{n} P(A_k) - n + 1.$$

证 由概率的性质和事件的运算有

$$1-P\Big(\bigcap_{k=1}^{n}A_k\Big)=P\Big(\bigcup_{k=1}^{n}\overline{A}_k\Big)\leqslant\sum_{k=1}^{n}P(\overline{A}_k)=n-\sum_{k=1}^{n}P(A_k).$$

整理后即证. ■

例1.13 重复投掷一枚骰子. 记 N_1 为掷得 1 点的次数. 证明: $P(N_1=\infty)=1$.

证 我们来证明 $P(N_1<\infty)=0$. 首先注意到 $\{N_1<\infty\}=\bigcup\limits_{n\geqslant 1}B_n$, 其中 $B_n=\{$第n次投掷后不再出现 1 点$\}$. 因此, 只需对所有的 n, 证明 $P(B_n)=0$. 而 $B_n=\bigcap\limits_{m>0}C_{n,m}$, 其中 $C_{n,m}=\{$第$n+1,\cdots,n+m$次投掷没有 1 点$\}$ 为递减事件列, 即对任意 $m\geqslant 1$ 有 $C_{n,m}\supset C_{n,m+1}$. 当 $m\to\infty$ 时, $P(C_{n,m})=\left(\dfrac{5}{6}\right)^m\to 0$. 因此, $P(B_n)=\lim\limits_{m\to\infty}P(C_{n,m})=0$, 即证. ■

1.4　条件概率

1.4.1　条件概率的定义

严格地讲, 任何一个试验都是在一定的条件下进行的, 在概率的计算中, 随机试验的那些基础条件看成是一成不变的, 如果没有其他条件, 那么事件的概率为“无条件概率”. 当说到条件概率时, 总是指在试验中再附加一定条件下, 感兴趣事件发生的概率. 其形式总可归结为“事件 B 发生的条件下事件 A 发生”. 附加的条件一般就是某种信息. 例如, 记事件 $A=\{$某上市公司股票明天股价上涨$\}$, $P(A)=0.50$, 如果你得到“该上市公司明天披露财务报表”的信息, 那么在此信息下, 明天该股票上涨的概率可能变化为 0.62. 0.62 称为条件概率. “该上市公司明天披露财务报表”这个信息就是一个事件, 记为 B, 我们把该条件概率记为 $P(A\mid B)$.

定义 1.13　条件概率

设 A,B 为样本空间 Ω 中的两个事件, $P(B)>0$, 称

$$P(A|B)=\frac{P(AB)}{P(B)}\tag{1.2}$$

为已知事件 B 发生的情况下, 事件 A 发生的条件概率. ♣

视频3 条件概率

视频 扫描视频 3 的二维码观看关于条件概率的讲解.

这个定义是否合理? 可以从两方面来考虑. 首先观察图 1.6.

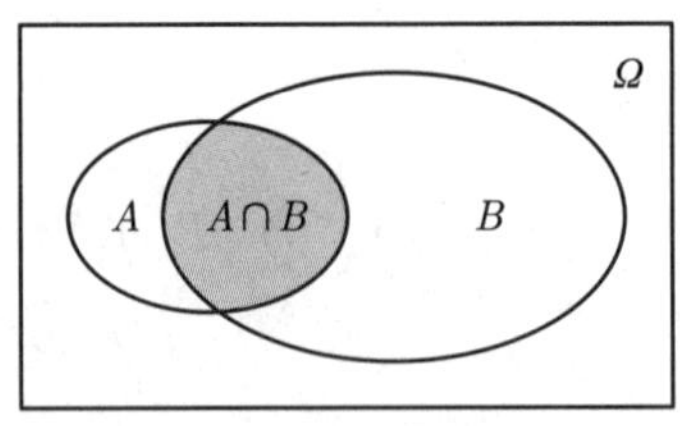

图 1.6　条件概率

把概率理解为图中给定部分的面积, 我们知道, 某部分的概率就是该部分面积与总面积的比值, 图中总面积 (Ω 的面积) 为一个单位. 现在知道 B 发生了, 即只考虑 B, $\overline{B}$ 不考虑, 所以 $P(A|B)$ 就是 A 在 B 中的面积 $P(AB)$ 与 B 的面积 $P(B)$ 的比值, 即 $P(A|B) = P(AB)/P(B)$. 另一种理解是从概率的统计定义出发. 设把包含事件 A 和事件 B 的试验独立重复做了 n 次, 其中 $|A| = n_A, |B| = n_B, |AB| = n_{AB}$, 则在已知事件 B 发生的情况下事件 A 发生的频率为

$$\frac{n_{AB}}{n_B} = \frac{n_{AB}/n}{n_B/n},$$

当 $n \to \infty$ 时, 由概率的统计定义, 该频率稳定在 $P(AB)/P(B)$. 由上面分析可知, 条件概率的定义是合理的.

条件概率与无条件概率不是一回事. 例如, 某洗衣机厂 A 由于发展良好, 兼并了另一家洗衣机厂 B, 生产同一品牌的洗衣机, 但是 B 厂生产的产品质量要稍稍差于原厂 A, 设该品牌统一的合格品率为 0.98. 如果知道某商场销售的洗衣机是 A 厂生产的, 那么可以知道该商场销售的该品牌洗衣机的合格品率要高于 0.98, 反之, 如果了解到另一个商场销售的是 B 厂生产的, 那么销售的该品牌洗衣机的合格品率要低于 0.98.

例 1.14 保险业务中的每个年龄的死亡率也是条件概率. 某保险公司有如下某城市存活人数的死亡率数据:

年龄/岁	每十万活产新生儿中的存活人数	每千个存活者的死亡率/‰
60	90 649	6.51
61	90 059	7.10
62	89 420	7.74
63	88 728	8.46
64	87 977	9.24
65	87 164	10.08
66	86 285	10.94
67	85 341	11.81
68	84 333	13.10
69	83 228	14.73
70	82 002	

记 $A=\{$一个人至少活到 60 岁$\}, B=\{$一个人在 60 到 61 岁之间死亡$\}$, 注意到 $AB=B$, 则

$$P(A)=0.906\ 49, \quad P(\overline{A})=0.093\ 51,$$

$$P(B)=\frac{90\ 649-90\ 059}{100\ 000}=0.005\ 90,$$

$$P(B|A)=\frac{P(AB)}{P(A)}=\frac{0.005\ 90}{0.906\ 49}=0.006\ 51.$$

即每一年龄的死亡率是已知达到给定年龄的人在下一年死亡的条件概率, 第三列剩余数值类似计算可得.

例 1.15 抽检某工厂的产品, 设 10 件被抽检的产品中有 3 件一等品、7 件二等品. 现从这 10 件产品中做不放回抽检, 求第一次抽检为一等品后, 抽检的第二件也是一等品的概率.

解 设

$$A_k=\{\text{抽检的第 } k \text{ 件为一等品}\}, \quad k=1,2,$$

本题中样本空间有两种选择: $\Omega_1=\{$从 10 件产品中不计顺序任取 2 件的不同取法$\}$; $\Omega_2=\{$从 10 件产品中有序抽取 2 件的不同取法$\}$. 由题意, 要考虑到抽检中一等品出现的顺序, 所以我们选择以排列来计数的样本空间 Ω_2. 此时

$$|\Omega_2|=10\times 9=90,$$

$$|A_k|=3\times 9=27, k=1,2,$$

$$|A_1A_2|=3\times 2=6,$$

故

$$P(A_2|A_1)=\frac{P(A_1A_2)}{P(A_1)}=\frac{6}{27}=\frac{2}{9},$$

注意, $P(A_2)=27/90=0.3\neq P(A_2|A_1)$. □

例 1.16(数学家、信息论的创建者之一韦弗 (Warren Weaver, 1894—1978) 于 1950 年发表在《科学美国人》杂志上的一个科普读品) 桌上有大小、颜色相同的三张卡片和一顶帽子. 第一张卡片两面都画一个圈, 第二张一面画一个圈、一面画一个点, 第三张两面都画一个点. 庄家把卡片放在帽子中摇晃后, 让玩家任取一张放在桌上. 设该卡片上面画的是圈, 然后庄家与玩家以对等的赌金赌卡片下面的图案与上面的图案是否相同 (相同就算庄家赢). 庄家说这个赌博是非常公平的, 因为玩家抽出的卡片上、下面图案不可能是“点点”, 因此, 图案要么是“圈圈”, 要么是“圈点”, 都有 1/2 的概率. 请问该赌博是否公平?

解 记 $A=\{$取出卡片的上面是圈$\}, B=\{$取出卡片的下面是圈$\}$, 我们要计算条件概率 $P(B|A)$. 由于卡片有两面, 我们以“+”表示卡片的一面, 以“−”表示卡片的另一面. 以

e_1, e_2, e_3 记第一, 二, 三张卡片, 以卡片向上一面为第一坐标, 则样本空间

$$\Omega = \{\text{任取一卡片上、下面的各种可能}\},$$

可以记为

$$\Omega = \{(e_1^+, e_1^-), (e_1^-, e_1^+), (e_2^+, e_2^-), (e_2^-, e_2^+), (e_3^+, e_3^-), (e_3^-, e_3^+)\},$$

那么, $A = \{(e_1^+, e_1^-), (e_1^-, e_1^+), (e_2^+, e_2^-)\}$, $AB = \{(e_1^+, e_1^-), (e_1^-, e_1^+)\}$, 由条件概率的定义, 得

$$P(B|A) = \frac{P(AB)}{P(A)} = \frac{2}{3}.$$

这说明这个赌博不公平, 有利于庄家. 本题的关键是把样本空间想清楚. □

根据条件概率的定义, 我们有

定理 1.1　乘法公式

由 $P(B|A) = \dfrac{P(AB)}{P(A)}$, 可以推出

$$P(AB) = P(A)P(B|A).$$

♡

这称为乘法公式. 用数学归纳法, 容易推广到 n 个事件积的乘法公式:

若 $P(A_1A_2\cdots A_{n-1}) > 0$, 则有

$$P(A_1A_2\cdots A_n) = P(A_1)P(A_2|A_1)\cdots P(A_n|A_1A_2\cdots A_{n-1}). \tag{1.3}$$

注意, 这里不依赖于脚标顺序, 只需要有 $n-1$ 个事件同时发生的概率非零, 然后以此 $n-1$ 个事件为条件, 乘法公式即成立.

例 1.17　n 个学生排队领课本, 他们选择用抽签的方式决定先后顺序. 求学生张三恰好是第 k 个领取课本的概率.

解　记 $A_k = \{\text{张三是第 } k \text{ 个领取课本的}\}, k = 1, 2, \cdots, n$, 则由题意有

$$\begin{aligned}
&P(\text{张三恰好第 } k \text{ 个领取课本})\\
&= P(\overline{A}_1\overline{A}_2\cdots\overline{A}_{k-1}A_k)\\
&= P(\overline{A}_1)P(\overline{A}_2|\overline{A}_1)\cdots P(\overline{A}_{k-1}|\overline{A}_1\overline{A}_2\cdots\overline{A}_{k-2})P(A_k|\overline{A}_1\overline{A}_2\cdots\overline{A}_{k-1})\\
&= \frac{n-1}{n}\frac{n-2}{n-1}\cdots\frac{n-(k-1)}{n-(k-1)+1}\frac{1}{n-k+1} = \frac{1}{n}.
\end{aligned}$$

这个概率与排序无关. □

例 1.18　将 n 根短绳的 $2n$ 个端头任意两两连接, 试求恰好连成 n 个圈的概率.

解　我们曾在例 1.8 中给出过本题的两个解答, 现在利用概率的乘法公式给出另一个解答. 以 Ω 表示所有不同连接结果的集合, 设想把 $2n$ 个端头排成一行, 然后规定将第 $2k-1$ 个端头与第 $2k$ 个端头相连接, $k = 1, 2, \cdots, n$. 于是每一种排法对应一种连接结果, 从而 $|\Omega| = (2n)!$. 以 A 表示事件"恰好连成 n 个圈". 设想已将 n 根短绳作了编号, 以 A_k 表示事件"第 k 号

短绳被连成 1 个圈”，于是有 $A=\bigcap_{k=1}^{n} A_k$.

当 A_1 发生时,1 号短绳被连成 1 个圈, 这相当于有一个 $k\in\{1,2,\cdots,n\}$, 使得在 $2n$ 个端头的排列中,1 号短绳的两个端头排在第 $2k-1$ 和第 $2k$ 个位置上, 所以 $|A_1|=2n(2n-2)!$. 因此

$$P(A_1)=\frac{|A_1|}{|\Omega|}=\frac{1}{2n-1}\ .$$

我们来求 $P(A_2|A_1)$, 即要在已知 1 号短绳被连成 1 个圈的情况下, 求 2 号短绳也被连成 1 个圈的概率. 既然 1 号短绳已经自成 1 个圈, 我们就可以不考虑它, 只要对剩下的 $n-1$ 根短绳讨论其中的头一号短绳被连成 1 个圈的问题就行了. 就是说, 我们只要在变化了的概率空间上按计算无条件概率的公式来计算条件概率 $P(A_2|A_1)$ 就行了. 由于现在的情况与原来的情况完全类似, 只不过总的绳数变为 $n-1$ 根, 故通过类比, 即知

$$P(A_2|A_1)=\frac{1}{2(n-1)-1}=\frac{1}{2n-3}\ .$$

同理可得

$$P(A_k|A_1A_2\cdots A_{k-1})=\frac{1}{2[n-(k-1)]-1}=\frac{1}{2n-2k+1},\quad k=3,4,\cdots,n.$$

于是由乘法公式 (1.3) 得到

$$P(A)=P\Big(\bigcap_{k=1}^{n} A_k\Big)=\prod_{k=1}^{n}\frac{1}{2n-2k+1}=\frac{1}{(2n-1)!!}\ .$$

在这个解法中, 充分体现了利用变化了的概率空间计算条件概率的好处. □

注 对条件概率而言, 概率的公理化定义的三条要求同样满足, 即若 $B\in\Omega, P(B)>0$, 则有

(1) $0\leqslant P(A|B)\leqslant 1,\ \forall A\in\Omega$;

(2) $P(\Omega|B)=1$;

(3) 对 Ω 中的两两不相容事件列 $A_1,A_2,\cdots,A_k,\cdots$ 有

$$P\Big(\bigcup_{k=1}^{\infty} A_k\Big|B\Big)=\sum_{k=1}^{\infty}P(A_k|B).$$

也就是说, $P(\cdot|B)$ 是一个概率函数. 概率函数具有的性质, 对条件概率函数同样成立. 从而在计算条件概率时, 我们还可以应用条件概率的有关性质.

1.4.2 全概率公式

在一些问题中, 在给定某个条件的情况下, 计算一个随机事件发生的概率可能比较简单. 例如, 从两个含有不同黑、白球比例的箱子中任意选择一个箱子, 然后随机摸一个球, 事件 A 表示摸出黑球. 当我们计算感兴趣的事件 A 发生的概率时, 如果能够明确摸出的球来自哪个

箱子, 那么问题就很容易处理. 因此, 如果可以列出影响事件 A 发生的所有可能条件, 那么可以通过分析事件 A 在每个条件下的发生概率, 得到事件 A 发生的概率. 为此, 我们首先引入完备事件群的定义.

定义 1.14　完备事件群

设 $B_1, B_2, \cdots, B_n$ 是样本空间 Ω 中的一组概率大于 0 的事件, 满足 $B_iB_j = \varnothing, i \neq j$, $\sum_{i=1}^{n} B_i = \Omega$, 则称 $B_1, B_2, \cdots, B_n$ 是样本空间 Ω 的一个完备事件群 (也称为 Ω 的一个划分 (partition)). ♣

图 1.7 展示了样本空间 Ω 的一个划分 $\{B_1, B_2, \cdots, B_6\}$. 对任一事件 A, A 的面积可以通过 A 在每个 B_i 中所占比例和每个 B_i 的面积来得到. 也就是说, 当 A 在每个 B_i 上的条件概率 $P(A|B_i)$ 容易求得时, 可以方便地计算出 $P(A)$, 这就是著名的全概率公式 (law of total probability).

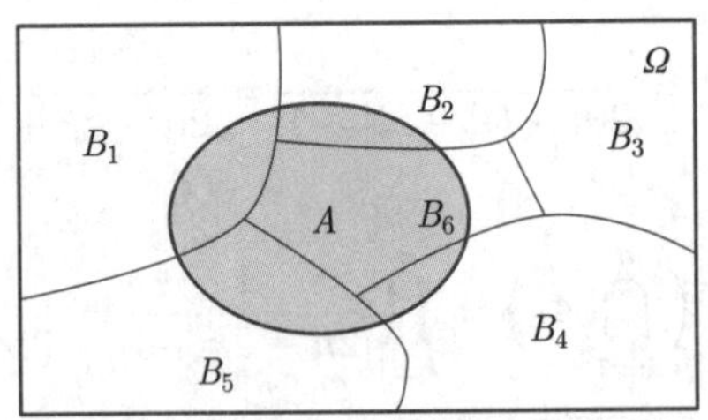

图 1.7　样本空间 Ω 上的一个划分

定理 1.2　全概率公式

设 $B_1, B_2, \cdots, B_n$ 是样本空间 Ω 的一个完备事件群, A 为 Ω 中任一事件, 则

$$P(A) = \sum_{i=1}^{n} P(A|B_i)P(B_i). \tag{1.4}$$

♡

证 由概率的乘法公式, 有

$$\begin{aligned} P(A) &= P(A \cap \Omega) = P\Big(A \cap \bigcup_{i=1}^{n} B_i\Big) \\ &= P\Big(\sum_{i=1}^{n} AB_i\Big) = \sum_{i=1}^{n} P(AB_i) = \sum_{i=1}^{n} P(A|B_i)P(B_i). \end{aligned}$$

■

全概率公式描述了从因到果的推断过程, 完备事件群中的每个事件包含的样本点, 有可能使得感兴趣的事件发生, 因此是感兴趣的事件的“因”; 由完备性要求, 感兴趣的事件是这些不同“因”下的“果”. 在图 1.7 中, 事件 A 与 B_3 不同时发生, 利用全概率公式有

$P(A)=\sum_{i=1}^{6}P(A|B_i)P(B_i)$, 其中 $P(A|B_3)=0$.

例 1.19 某商场销售三种品牌的冰箱, 设这三种品牌冰箱 (记为 Q_1,Q_2,Q_3) 的返修率分别为 0.2%, 0.3%, 0.4%, 而它们在该商场的占有率分别为 50%, 30%, 20%, 商场设有统一的维修部, 问该商场冰箱的返修率是多少?

解 记 $A=\{$该商场售出的冰箱要返修$\}$, B_i=$\{$冰箱是 Q_i 所在公司生产的$\}$, $i=1,2,3$, 易见 B_1,B_2,B_3 组成一个完备事件群, 且

$$P(B_1)=0.5, P(B_2)=0.3, P(B_3)=0.2,$$

由全概率公式

$$\begin{aligned}P(A)&=\sum_{i=1}^{3}P(A|B_i)P(B_i)\\&=0.002\times0.5+0.003\times0.3+0.004\times0.2\\&=0.002\,7.\end{aligned}$$

□

例 1.20 (敏感性问题的调查) 敏感性问题就是所调查内容涉及个人隐私而不愿或不便于公开表态或陈述的问题. 若直接询问, 被调查者通常会拒绝回答, 或敷衍虚假回答. 于是统计学家创造了一种"随机化回答法"的调查方式, 专门用来调查人们不便直言的问题. 为了了解人群中具有某个敏感问题的比例 p, 调查者让被调查者随机地从如下两个问题中任选一个来回答: 一个是"你的手机号码的尾数是偶数还是奇数", 另一个是"该敏感性问题你有还是没有". 随机性是指被调查者独自掷一枚硬币, 规定硬币正面向上, 则被调查者回答"手机号码尾数是否为奇数"; 硬币反面向上, 则回答是否有敏感性问题. 由于别人不知道硬币掷出的是正面还是反面, 所以旁人不知道他回答了哪一个问题. 这样被调查者能放心地真实回答问题. 而被调查人群的手机号码尾数奇偶的比例是容易知道的. 试问如何从被调查者的回答中来估计该人群有此敏感性问题的比例.

解 记 A=$\{$被调查者回答"是"$\}$, B=$\{$硬币正面向上$\}$, $P(A)=t, P(B)=1/2, P(A|B)=\alpha$, 由题意, α 是已知的. 由全概率公式,

$$\begin{aligned}t=P(A)&=P(A|B)P(B)+P(A|\overline{B})P(\overline{B})\\&=\alpha\times\frac{1}{2}+p\times\frac{1}{2},\end{aligned}$$

故

$$p=2t-\alpha.$$

再用频率来估计上面的概率, 即可得到该人群具有此敏感性问题的比例. □

例 1.21 将 n 根短绳的 $2n$ 个端头任意两两连接, 求恰好连成 n 个圈的概率.

解 现在再来利用全概率公式给出一个解答. 以 A_n 表示事件"n 根短绳恰好连成 n 个

圈”, 记 $p_n = P(A_n)$. 再以 B 表示事件“第 1 根短绳连成 1 个圈”, 用 B 和 B^c 作为对 Ω 的一个划分. 于是由全概率公式得

$$p_n = P(A_n) = P(B)P(A_n|B) + P(\overline{B})P(A_n|\overline{B}).$$

在例 1.18 中已经求得 $P(B) = \dfrac{1}{2n-1}$; 易见 $P(A_n|\overline{B}) = 0$; 而 $P(A_n|B)$ 则是在已知第 1 根短绳连成 1 个圈的条件下, 其余 $n-1$ 根短绳连成 $n-1$ 个圈的概率, 此时第 1 根短绳已经与其余 $n-1$ 根短绳无关, 所以 $P(A_n|B) = P(A_{n-1}) = p_{n-1}$, 代入上式即可得到

$$p_n = P(A_n) = \frac{1}{2n-1}p_{n-1}, \quad n = 2, 3, \cdots .$$

反复利用该式, 并注意 $p_1 = 1$, 即得

$$p_n = \frac{1}{(2n-1)!!}, \quad n = 1, 2, \cdots .$$

□

例 1.22 (波利亚罐子模型) 罐中有 a 个白球和 b 个黑球, 每次从罐中随机抽取一个球, 并再连同 c 个同色球一起放回罐中, 如此反复进行. 试证明: 在第 n 次取球时, 取出白球的概率为 $a/(a+b)$.

证 以 A_k 表示事件“在第 k 次取球时取出白球”, 于是 $\overline{A}_k$就表示事件“在第 k 次取球时取出黑球”. 我们来对 n 作归纳. 显然有 $P(A_1) = \dfrac{a}{a+b}$. 假设 $n = k-1$, $k \geqslant 2$ 时结论成立, 要证 $n = k$ 时结论也成立. 我们以 A_1 和 $\overline{A}_1$ 作为对 Ω 的一个划分. 注意此时可将 $P(A_k|A_1)$ 看成是从原来放有 $a+c$ 个白球和 b 个黑球的罐中按规则取球, 并且在第 $k-1$ 次取球时取出白球的概率,因此, 由归纳假设知

$$P(A_k|A_1) = \frac{a+c}{a+b+c},$$

同理亦有

$$P(A_k|\overline{A}_1) = \frac{a}{a+b+c},$$

于是由全概率公式得

$$\begin{aligned} P(A_k) &= P(A_1)P(A_k|A_1) + P(\overline{A}_1)P(A_k|\overline{A}_1) \\ &= \frac{a}{a+b}\ \frac{a+c}{a+b+c} + \frac{b}{a+b}\ \frac{a}{a+b+c} = \frac{a}{a+b}\ . \end{aligned}$$

因此, 结论对一切 n 成立. ■

注 在上面证明中的对 Ω 的划分的选取方式值得我们注意. 这里易走的一条歧路是把 A_{k-1} 和 $\overline{A}_{k-1}$ 作为对 Ω 的划分. 在这种选取之下, 我们难以利用归纳假设算出条件概率 $P(A_k|A_{k-1})$ 和 $P(A_k|\overline{A}_{k-1})$. 因为此时我们只知道罐中有 $a+b+(k-1)c$ 个球, 而难于知道其中的白球和黑球数目. 相反地, 在 A_1 和 $\overline{A}_1$ 发生的情况下, 罐中的白球和黑球数目则十分清楚. 这个事实再次表明正确选取划分方式的重要性.

1.4.3 贝叶斯公式

利用条件概率定义和全概率公式, 我们有

定理 1.3 贝叶斯公式

设 $B_1, B_2, \cdots, B_n$ 是样本空间 Ω 的一个完备事件群, A 为 Ω 中任一事件, $P(A) > 0$, 则

$$P(B_i|A) = \frac{P(B_iA)}{P(A)} = \frac{P(A|B_i)P(B_i)}{\sum\limits_{j=1}^{n} P(A|B_j)P(B_j)}.$$

♡

在实际中常用 B 和 $\overline{B}$ 构成完备事件群, 此时, 贝叶斯公式为

$$P(B|A) = \frac{P(A|B)P(B)}{P(A|B)P(B) + P(A|\overline{B})P(\overline{B})}. \tag{1.5}$$

如果把条件视为“原因”, 事件 A 视为“结果”, 那么贝叶斯公式反映了因果关系互换之间的概率关系. 如果从实际问题或题目中可以看到因果关系互换的条件概率, 那么一定要用贝叶斯公式. 在历史上称为“逆概率”(inverse probability), 它为当代著名的统计算法马尔可夫链蒙特卡罗 (MCMC) 方法奠定了理论基础.

例 1.23 (例 1.19 续) 如果维修部接到一台要维修的冰箱, 求这台冰箱分别是 B_1, B_2, B_3 品牌的概率.

解 在本题中是要求 $P(B_j|A), j = 1, 2, 3$, 是典型的因果关系互换, 所以用贝叶斯公式

$$P(B_j|A) = \frac{P(A|B_j)P(B_j)}{P(A)}, j = 1, 2, 3,$$

可以算出

$$P(B_1|A) = \frac{0.002 \times 0.5}{0.002\ 7} = 0.370\ 4 = 37.04\%,$$

$$P(B_2|A) = \frac{0.003 \times 0.3}{0.002\ 7} = 0.333\ 3 = 33.33\%,$$

$$P(B_3|A) = \frac{0.004 \times 0.2}{0.002\ 7} = 0.296\ 3 = 29.63\%.$$

□

例 1.24 临床上判断病毒是否入侵人体, 主要可以应用核酸检测、抗原检测和抗体检测三种方式进行. 其中核酸检测和抗原检测都可以直接检测出病毒. 核酸检测主要是检测病毒的基因; 抗原检测主要是检测病毒的抗原, 抗原为病毒的外壳, 可以更容易被检测到. 与核酸检测相比, 抗原检测的速度更快, 操作也更便捷, 但与此同时准确度会比较低. 因此, 抗原检测可以应用于病毒感染的早期筛查, 可以帮助尽早发现感染人员, 更有利于疫情防控.

设某种抗原检测的试剂经临床试验有如下效果: 病毒感染者检测结果为阳性的概率为 95%, 未感染者检测结果为阴性的概率为 95%. 在与某病毒感染者有时空伴随的人群中, 用

该试剂进行普查. 设该人群病毒感染的概率为 0.5%, 若某人检测结果为阳性, 问此人是病毒感染者的概率有多大?

解 记 A={检测结果为阳性}, C={被检测者是病毒感染者}. 由题意,

$$P(A|C)=0.95, P(\overline{A}|\overline{C})=0.95, P(C)=0.005.$$

题意是求 $P(C|A)$, 这是典型的一个因果关系互换, 用贝叶斯公式

$$\begin{aligned} P(C|A) &= \frac{P(A|C)P(C)}{P(A|C)P(C)+P(A|\overline{C})P(\overline{C})} \\ &= \frac{0.95\times 0.005}{0.95\times 0.005+0.05\times 0.995}=8.7\%. \end{aligned}$$

这说明用该试剂进行普查, 准确率只有 8.7%, 一个人检测呈阳性, 大可不必惊慌失措. 但是如果两次检测都是阳性, 计算可得此人为病毒感染者的概率增大到 64.5%. □

注 贝叶斯公式看起来很神奇, 但本质其实是简单易懂的. 在上例中, 设该人群有 1 000 人参加普查, 则大约有 5 人为病毒感染者, 5 个病毒感染者中有 95% 的人检测结果呈阳性, 按 5 人算. 995 个未感染者中有 5% 检测结果呈阳性, 即大约 50 人, 所以普查中大约有 55 人检测结果呈阳性, 但是病毒感染者才 5 人, 其比例为 $5/55\approx 9\%$. 与我们用贝叶斯公式得到的结论是一致的.

贝叶斯公式虽然很简单, 但是它却很有哲理意义. 这个公式是以 18 世纪英国哲学家贝叶斯的名字冠名的. 贝叶斯本人并不专门研究概率统计, 只不过是对统计问题感兴趣而已. 他生前没有发表这个公式, 而是在他死后两年, 他的一个朋友整理遗物时, 从他的笔记中发现后发表出来的. 我们可以这样来理解这个公式: 假设某个过程具有 $A_1,A_2,\cdots,A_n$ 这样 n 个可能的前提 (原因), 而 $\{P(A_k),\ k=1,2,\cdots,n\}$ 是人们对这 n 个可能前提 (原因) 的可能性大小的一种事前 (即还没有进行当前试验) 估计, 称之为先验概率. 当这个过程有了一个结果 B 之后 (即当前试验完成后), 人们便会通过条件概率 $\{P(A_k|B),\ k=1,2,\cdots,n\}$ 来对这 n 个可能前提的可能性大小作出一种新的认识, 因此, 将这些条件概率称为后验概率. 而贝叶斯公式恰恰提供了一种计算后验概率的工具. 大家可以从上面病毒感染检测的例子体会出这种思想. 重要的是, 后来从这种先验概率和后验概率的理念中发展出了一整套统计理论和方法, 并形成了概率统计中的一个很大的学派. 该学派为了表明自己的基本理念的最初来源, 将自己称为贝叶斯学派. 贝叶斯学派对概率统计问题有自己的独特理解, 在处理许多问题时有自己的独到之处, 给出了许多很好的统计方法, 但也有一些观念上的难以自圆其说之处, 主要焦点是对先验概率的解释和处理上面, 经常受到经典学派的批评和指责. 后来, 有人为了取其之长避其之短, 发展出所谓经验贝叶斯方法. 在计算机广为应用的今天, 贝叶斯方法和经验贝叶斯方法的实用价值大大提高. 大多数统计学者的做法是以兼容并蓄的态度对待两个学派的理论和方法.

1.5 独立性

由乘法公式, $P(AB) = P(A|B)P(B)$ 解决了两个事件同时发生概率如何计算的问题. 如果两个事件的发生互不影响, 那么它们同时发生概率的计算是否有变化? 为此我们引入事件独立性的定义.

定义 1.15 两个事件相互独立

若 A, B 是样本空间 Ω 中的两个事件, 满足

$$P(AB) = P(A)P(B), \tag{1.6}$$

则称事件 A, B 相互独立. ♣

视频 4 条件概率和独立性

视频 扫描视频 4 的二维码观看关于条件概率和独立性的讲解.

上面是两个事件相互独立的定义, 事实上, 两个事件是否独立发生我们能够判断出来. **如果事件 A 与事件 B 的发生互不影响, 那么两事件是相互独立的**. 例如, 两次彩票的开奖号码, 它们互不影响, 所以是相互独立的两个事件. 我们可以利用相互独立的定义 (1.6) 式来计算两个事件同时发生的概率.

根据条件概率和事件独立性定义, 我们立刻有下述推论.

推论 1.1

若 A, B 是样本空间 Ω 中的两个事件, 若 $P(A) > 0$, 则 A, B 相互独立的充要条件为

$$P(B|A) = P(B). \tag{1.7}$$

♡

两个事件 A, B 相互独立, 其实质是一个事件发生的概率与另外一个事件是否发生没有关系, 但这并不意味着事件 A, B 本身完全无关. 而若这两个事件互斥, 则意味着一个事件的发生必然导致另一个事件不发生, 因此此时一个事件发生的概率与另一个事件是否发生密切相关. 显然, 如果两个事件发生的概率均非零且相互独立, 那么这两个事件必然不是互斥的. 非空的两个互斥事件必然不相互独立.

进一步, 根据独立性定义以及概率的性质, 我们可以得到如下定理.

定理 1.4

设 A 和 B 是样本空间 Ω 中的两个事件, 则下述四个陈述相互等价: (1) A 与 B 独立; (2) A 与 $\overline{B}$ 相互独立; (3) $\overline{A}$ 与 B 相互独立; (4) $\overline{A}$ 与 $\overline{B}$ 相互独立. ♡

证 我们这里仅证明 (1) 和 (4) 相互等价, 其他可类似证明.

$$\begin{aligned} & \text{事件 } A, B \text{相互独立} \\ \Leftrightarrow\ & P(AB) = P(A)P(B) \end{aligned}$$

$$
\begin{aligned}
&\Leftrightarrow \quad P(\overline{\overline{A} \cup \overline{B}}) = [1 - P(\overline{A})][1 - P(\overline{B})] \\
&\Leftrightarrow \quad 1 - P(\overline{A} \cup \overline{B}) = [1 - P(\overline{A})][1 - P(\overline{B})] \\
&\Leftrightarrow \quad 1 - [P(\overline{A}) + P(\overline{B}) - P(\overline{A}\,\overline{B})] = [1 - P(\overline{A})][1 - P(\overline{B})] \\
&\Leftrightarrow \quad P(\overline{A}\,\overline{B}) = P(\overline{A})P(\overline{B}) \\
&\Leftrightarrow \quad \text{事件 } \overline{A}, \overline{B} \text{ 相互独立.}
\end{aligned}
$$

■

独立性的定义可以推广到 n 个事件.

定义 1.16 n 个事件相互独立

设 $A_1, A_2, \cdots, A_n$ 是样本空间 Ω 中的 n 个事件, 若对 $\forall k$ 及 $\forall 1 \leqslant i_1 < i_2 < \cdots < i_k \leqslant n$ 满足

$$P(A_{i_1} A_{i_2} \cdots A_{i_k}) = P(A_{i_1}) P(A_{i_2}) \cdots P(A_{i_k}), \tag{1.8}$$

则称事件 $A_1, A_2, \cdots, A_n$ 相互独立. ♣

通常我们判断出这 n 个事件相互独立后, 可以用上面的公式来计算若干个事件同时发生的概率. 应当注意, 在上式中一共包括了 $2^n - n - 1$ 个关系式. 因此 n 个事件的相互独立性与这 $2^n - n - 1$ 个关系式同时成立等价. 换言之, n 个事件的相互独立蕴涵了其中任意一部分事件相互独立; 但是反过来, 即使其中任何 $n-1$ 事件都相互独立, 也不能保证 n 个事件在整体上相互独立.

n 个事件是否相互独立通常也是可以在实际中得到验证的: 在这 n 个事件中任取若干个, 如果这些事件是否发生与另外一组事件发生与否无关, 那么这 n 个事件是相互独立的. 例如掷 n 次硬币, 记 A_i={第 i 次掷出正面}, $i = 1, 2, \cdots, n$, 显然每次掷出正面与否与其他次掷出正面与否无关, 所以 $A_1, A_2, \cdots, A_n$ 是相互独立的.

由此也可以得到如下 n 个事件相互独立的等价定义:

定义 1.17 n 个事件相互独立等价定义

设 $A_1, A_2, \cdots, A_n$ 是样本空间 Ω 中的 n 个事件, 记 $\tilde{A}_i = A_i$ 或 $\overline{A}_i$, 若

$$P(\tilde{A}_1 \tilde{A}_2 \cdots \tilde{A}_n) = P(\tilde{A}_1) P(\tilde{A}_2) \cdots P(\tilde{A}_n), \tag{1.9}$$

则称事件 $A_1, A_2, \cdots, A_n$ 相互独立. ♣

注意定义 (1.9) 式包含有 2^n 个等式.

例 1.25 一个 10 人微信群猜 4 个字谜谜底. 其特点是将一个汉字改成另一个汉字, 打一成语. 如“奏”→“春”, 谜底是“偷天换日”. 设 4 个字谜为

$$\begin{aligned}&\text{波} \rightarrow \text{破},\\&\text{湍} \rightarrow \text{而},\\&\text{忽} \rightarrow \text{吻},\\&\text{做} \rightarrow \text{文}.\end{aligned}$$

为简单起见, 设每人能猜对每个字谜的概率都是 0.2, 求 4 个字谜都被猜出的概率.

解 设 $A_{ij}, i=1,2,\cdots,10, j=1,2,3,4$ 分别表示第 i 人能猜出第 j 个字谜的概率. $B_j, j=1,2,3,4$ 分别表示第 j 个字谜被猜出. D={4 个字谜都被猜出}, 则由独立性, 有

$$\begin{aligned}P(D)&=P(B_1B_2B_3B_4)=P(B_1)P(B_2)P(B_3)P(B_4),\\P(B_j)&=P\Big(\bigcup_{i=1}^{10}A_{ij}\Big)=1-P\Big(\bigcap_{i=1}^{10}\overline{A}_{ij}\Big),\\&=1-\prod_{i=1}^{10}P(\overline{A}_{ij})=1-(1-0.2)^{10}=1-0.107\,4=0.892\,6,\\P(D)&=[P(B_1)]^4=0.634\,8,\end{aligned}$$

即该群有 63% 的概率能猜出全部 4 个字谜. □

例 1.26 设事件 A 在第 j 次试验中发生的概率为 $p_j, j=1,2,\cdots,n$, 且这 n 次试验是相互独立的, 其中 $p_j \geqslant p_0>0$, 求在这 n 次独立试验中事件 A 至少发生一次的概率.

解 记 A_j={事件 A 在第 j 次试验中发生}, $j=1,2,\cdots,n$, D_n={在 n 次独立试验中事件 A 至少发生一次}, 则由德摩根对偶法则和 A_j 相互独立, 有

$$\begin{aligned}P(D_n)&=P\Big(\bigcup_{j=1}^{n}A_j\Big)=1-P\Big(\bigcap_{j=1}^{n}\overline{A}_j\Big)\\&=1-\prod_{j=1}^{n}P(\overline{A_j})=1-\prod_{j=1}^{n}(1-p_j)\\&\geqslant 1-\prod_{j=1}^{n}(1-p_0)\\&=1-\exp\{n\ln(1-p_0)\}\rightarrow 1,\quad n\rightarrow\infty.\end{aligned}$$ □

从本例可知, 如果 $n=50, p_0=0.05$, 那么 $P(D_n)\geqslant 0.923$; 如果 $n=200, p_0=0.05$, 那么 $P(D_n)\geqslant 0.999\,96$. 因此, 即使事件 A 是小概率事件, 即事件 A 在一次试验中不易发生, 但是随着试验次数 n 的增加, 事件 A 发生的概率接近于 1, 这即为**小概率原理**. 我国谚语“常在河边走, 哪有不湿鞋”就反映了这个结论.

例 1.27 无人机携带三枚导弹向一目标射击, 设第 1 枚导弹命中率为 0.9, 第 2 枚导弹命中率为 0.75, 第 3 枚导弹命中率为 0.7. 若只有一枚导弹命中目标, 目标被摧毁的概率为 0.4; 若两枚导弹命中目标, 目标被摧毁的概率为 0.8; 若三枚导弹都命中目标, 则目标必定被摧毁. 求目标被摧毁的概率.

解　令 H_i={目标被命中 i 次}, $i=0,1,2,3$, B_j={第 j 枚导弹命中目标}, $j=1,2,3$, A={目标被摧毁}. 显然, $H_i, i=0,1,2,3$ 为样本空间的一个完备事件群, 由于 B_1,B_2,B_3 相互独立, 有

$$\begin{aligned}P(H_1)&=P(B_1\overline{B}_2\overline{B}_3)+P(\overline{B}_1B_2\overline{B}_3)+P(\overline{B}_1\overline{B}_2B_3)\\&=0.9\times0.25\times0.3+0.1\times0.75\times0.3+0.1\times0.25\times0.7\\&=0.067\,5+0.022\,5+0.017\,5=0.107\,5,\\P(H_2)&=P(\overline{B}_1B_2B_3)+P(B_1\overline{B}_2B_3)+P(B_1B_2\overline{B}_3)=0.412\,5,\\P(H_3)&=P(B_1B_2B_3)=0.472\,5,\\P(H_0)&=0.007\,5,\end{aligned}$$

由题意, $P(A|H_0)=0, P(A|H_1)=0.4, P(A|H_2)=0.8, P(A|H_3)=1$, 由全概率公式

$$\begin{aligned}P(A)&=\sum_{i=0}^{3}P(A|H_i)P(H_i)\\&=0+0.4\times0.107\,5+0.8\times0.412\,5+1\times0.472\,5=0.845\,5.\end{aligned}$$

□

例 1.28 在元件可靠性研究中, 有如下两条电路 (见图 1.8), 其中 A_1,A_2,A_3,A_4 为 4 个继电器, 是否导通是相互独立的. 设每个继电器导通的概率都是 p, 求 L 到 R 为通路的概率.

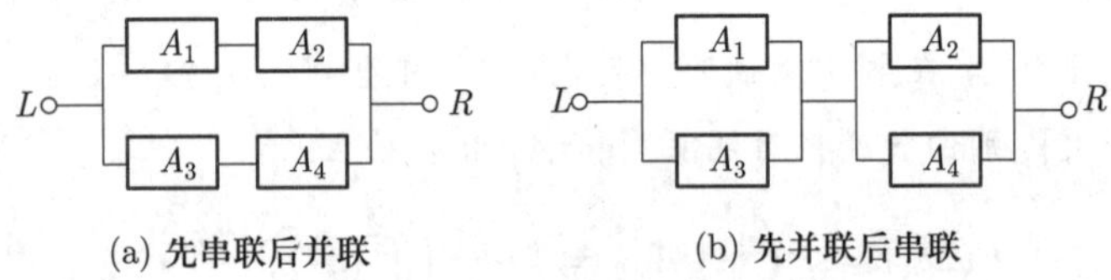

(a) 先串联后并联　　(b) 先并联后串联

图 1.8　继电器连接方式

解　令 A_i={第 i 个继电器导通},$i=1,2,3,4$, 则图 1.8 (a) 中 {L 到 R 为通路}$=A_1A_2\cup A_3A_4$, 由独立性和事件运算规则, 图 1.8 (a) 中

$$\begin{aligned}P(A_1A_2)&=P(A_3A_4)=p^2,\\P(A_1A_2\cup A_3A_4)&=p^2+p^2-p^4=p^2(2-p^2).\end{aligned}$$

同样可以计算图 1.8 (b) 中 L 到 R 为通路的概率为

$$P((A_1\cup A_3)(A_2\cup A_4))=P(A_1\cup A_3)^2=p^2(2-p)^2.$$

由于 $p^2(2-p^2)\leqslant p^2(2-p)^2$, 所以图 1.8 (b) 先并联后串联电路的可靠性比图 1.8 (a) 先串联后并联电路的可靠性要强. □

定义 1.18　n 个事件两两独立

设 $A_1,A_2,\cdots,A_n$ 是样本空间 Ω 中的 n 个事件, 如果其中任意两个事件相互独立, 那么称事件 $A_1,A_2,\cdots,A_n$ 两两独立. ♣

显然, 相互独立的事件列一定是两两独立的, 反之则未必. 下例给出了一个反例.

例1.29 (两两独立而不相互独立的反例) 有四个同样的小球, 分别在其上写上"1""2""3"和"1,2,3". 引进三个事件: A_i={随机取一球, 球上有数字 i}, $i=1,2,3$. 试讨论事件 A_1, A_2, A_3 是否相互独立.

解 易知 $P(A_1)=P(A_2)=P(A_3)=\dfrac{1}{2}, P(A_1A_2)=P(A_2A_3)=P(A_3A_1)=\dfrac{1}{4}$, 但是却有 $P(A_1A_2A_3)=\dfrac{1}{4}\neq P(A_1)P(A_2)P(A_3)$, 所以事件 A_1, A_2, A_3 两两独立, 但不相互独立. □

有限个事件相互独立和两两独立的概念可以自然地推广到无穷个事件场合.

定义 1.19 独立事件列

如果事件列 $\{A_n: n=1,2,\cdots,\infty\}$ 中任意有限个事件相互独立, 那么称其为独立事件列. 如果其中任意两个事件相互独立, 那么称其为两两独立事件列. ♣

1.6* 扩展进阶: 求概率的一些方法

全概率公式是概率论前期发展中的一个重要里程碑, 其意义和价值远远超出了时间的局限. 它的要点是在 Ω 中引入一个适当的划分, 把概率条件化, 以达到化难为易的目的. 因此其在概率的计算中占有非常重要的地位.

1.6.1 选择合适的样本空间

例1.30 口袋中有 a 个黑球和 b 个白球, 它们除颜色不同外, 其他方面没有任何区别. 现把球随机地一个一个摸出来, 求第 k 次摸得一个黑球的概率.

解 **解法 1** 把 a 个黑球及 b 个白球都看作是不同的 (例如设想对它们进行编号). 若把摸出的球依次放在排列成一直线的 $a+b$ 个位置上, 则可能的排列法相当于把 $a+b$ 个元素进行全排列, 总数为 $(a+b)!$. 有利场合数为 $a\times(a+b-1)!$, 这是因为第 k 次摸得黑球有 a 种取法, 而另外 $a+b-1$ 次摸球相当于把 $a+b-1$ 只球进行全排列. 故所求概率为

$$p=\frac{a\times(a+b-1)!}{(a+b)!}=\frac{a}{a+b}.$$

解法 2 把 a 个黑球看作是没有区别的, 把 b 个白球也看作是没有区别的. 仍把摸出的球依次放在排列成一直线的 $a+b$ 个位置上, 因为若把 a 个黑球的位置固定下来, 则其他位置必然是放白球, 而黑球的位置可以有 $\dbinom{a+b}{a}$ 种放法. 这时有利场合数为 $\dbinom{a+b-1}{a-1}$, 这是由于第 k 次摸得黑球, 这个位置必须放黑球, 剩下的黑球可以在 $a+b-1$ 个位置上任取 $a-1$

个位置, 因此共有 $\binom{a+b-1}{a-1}$ 种放法. 所以所求概率为

$$p=\frac{\binom{a+b-1}{a-1}}{\binom{a+b}{a}}=\frac{a}{a+b}.$$

这种情况的出现并不奇怪, 这说明对于同一随机现象, 可以用不同的模型来描述, 只要方法正确, 结论总是一致的. □

1.6.2 递推法 (条件化)

例 1.31 甲、乙二人轮流抛掷一枚均匀的骰子. 甲先掷, 一直到掷出了 1 点, 交给乙掷, 而到乙掷出了 1 点, 再交给甲掷, 并如此一直下去. 试求第 n 次抛掷时由甲掷的概率.

解 以 A_n 表示事件"第 n 次抛掷时由甲掷", 记 $p_n=P(A_n)$. 我们以 A_{n-1} 和 $\overline{A}_{n-1}$ 作为对 Ω 的一个划分, 易知

$$P(A_n|A_{n-1})=\frac{5}{6}\,,\quad P(A_n|\overline{A}_{n-1})=\frac{1}{6}\,.$$

于是由全概率公式得

$$\begin{aligned}p_n=P(A_n)&=P(A_{n-1})P(A_n|A_{n-1})+P(\overline{A}_{n-1})P(A_n|\overline{A}_{n-1})\\&=\frac{5}{6}p_{n-1}+\frac{1}{6}(1-p_{n-1})=\frac{2}{3}p_{n-1}+\frac{1}{6}\,.\end{aligned}$$

经过整理, 将上式化为易于递推的形式

$$p_n-\frac{1}{2}=\frac{2}{3}\Big(p_{n-1}-\frac{1}{2}\Big)\,,\ \ n=2,3,\cdots\,.$$

反复利用该式, 并注意 $p_1=1$, 即得

$$p_n-\frac{1}{2}=\left(\frac{2}{3}\right)^{n-1}\Big(p_1-\frac{1}{2}\Big)=\frac{1}{2}\left(\frac{2}{3}\right)^{n-1}\,,$$

所以就有

$$p_n=\frac{1}{2}\left(\frac{2}{3}\right)^{n-1}+\frac{1}{2}\,,\ \ n=1,2,\cdots\,.$$

□

1.6.3 利用概率性质求解

例 1.32 参加集会的 n 个人将他们的帽子放在一起, 会后每人任取一顶帽子戴上. 求恰有 k 个人戴对自己的帽子的概率.

解 为叙述方便, 我们把"一个人戴对自己的帽子"简称为"1 个配对", 并记 $A_k=\{$恰有 k 个配对$\}$, 用 $|A|$ 表示 A 的有利场合数.

先看 $k=0$ 的情形, 即求 $A_0=\{n$ 个人中无配对$\}$ 的概率. 令 $B_i=\{$第 i 个人配对$\}$, $i=1,2,\cdots,n$. 则 $\overline{A}_0=\bigcup\limits_{i=1}^{n}B_i$. 从而

$$P(\overline{A}_0)=\sum_{i=1}^{n}P(B_i)-\sum_{1\leqslant i<j\leqslant n}P(B_iB_j)+\cdots+(-1)^{n-1}P(B_1B_2\cdots B_n).$$

不妨设 n 顶帽子已排放完毕, 样本点就是 n 个人的全排列, 即 $|\Omega|=n!$, 易见

$$|B_i|=(n-1)!,\quad |B_iB_j|=(n-2)!,$$

$$|B_iB_jB_k|=(n-3)!,\cdots,|B_1B_2\cdots B_n|=0!=1,$$

代入可得

$$P(\overline{A}_0)=\sum_{i=1}^{n}\frac{1}{n}-\sum_{1\leqslant i<j\leqslant n}\frac{1}{n(n-1)}+\cdots+(-1)^{n-1}\frac{1}{n!}.$$

整理得到

$$P(A_0)=1-P(\overline{A}_0)=1-\left[\frac{1}{1!}-\frac{1}{2!}+\cdots+(-1)^{n-1}\frac{1}{n!}\right]=\sum_{i=0}^{n}(-1)^i\frac{1}{i!}.$$

下面对一般的 $k\geqslant 1$ 求 $P(A_k)$. 为此记 $C_k=\{$恰好某指定 k 个人配对$\}$. 由乘法原理可得 $|A_k|=\binom{n}{k}|C_k|$, 注意到恰好某 k 个人配对相当于其余 $n-k$ 个人无配对, 由上述 A_0 所得结果知

$$P(C_k)=\sum_{i=0}^{n-k}(-1)^i\frac{1}{i!},$$

注意到此时共有 $n-k$ 个人, 故上述概率等于 $\dfrac{|C_k|}{(n-k)!}$, 由此可得

$$|C_k|=(n-k)!\sum_{i=0}^{n-k}(-1)^i\frac{1}{i!},$$

我们最终得到

$$P(A_k)=\frac{\binom{n}{k}|C_k|}{n!}=\frac{1}{k!}\sum_{i=0}^{n-k}(-1)^i\frac{1}{i!}.$$

此结果对于 $k=0,1,\cdots,n$ 全成立. 令 $n\to\infty$, 极限概率为 $\dfrac{\mathrm{e}^{-1}}{k!}$. □

例 1.33 (配对问题续) 要给 n 个单位发会议通知, 由两个人分别在通知上写单位名称和写信封. 如果写完之后, 随机地把通知装入信封. 试求下述各事件的概率: (1) 恰有 k 份通知装对信封; (2) 至少有 m 份通知装对信封.

解 用 E_k 表示事件"恰有 k 份通知装对信封", 用 A_m 表示事件"至少有 m 份通知装

对信封”. 在上题中我们已经求出 E_k 的概率. 所以

$$P(E_k) = \frac{1}{k!}\sum_{j=0}^{n-k}(-1)^j\frac{1}{j!} .$$

最后, 因为 $A_m = \bigcup_{k=m}^{n} E_k$, 且事件 $E_m, E_{m+1}, \cdots, E_n$ 两两不交, 所以立知

$$P(A_m) = \sum_{k=m}^{n} P(E_k) = \sum_{k=m}^{n}\frac{1}{k!}\sum_{j=0}^{n-k}(-1)^j\frac{1}{j!} = \sum_{k=m}^{n}\sum_{j=0}^{n-k}(-1)^j\frac{1}{k!j!} .$$

□

1.7 扩展阅读 1: 贝叶斯公式和垃圾邮件识别

垃圾邮件一直令我们每个使用电子邮件的用户烦恼. 调查显示, 93% 的被调查者都对他们接收到大量垃圾邮件非常不满. 一些简单的垃圾邮件事件也造成了很有影响的安全问题. 2000 年欧盟委员会的一项研究显示, 日益增加的垃圾邮件会造成一年 94 亿美元的损失. 一些资料表明, 垃圾邮件可能会造成每个用户 600 美元到 1 000 美元的损失. 垃圾邮件的数量随着互联网的不断发展而大量增长, 成了计算机病毒新的、快速的传播途径. 因此, 很多反垃圾邮件的措施都被提出来, 但是只有非常少的被实施了. 不幸的是, 这些解决办法也不能完全阻止垃圾邮件, 还对正常的邮件来往产生影响.

正确识别垃圾邮件的技术难度非常大. 人们最早使用“关键词法”和“校验码法”来过滤垃圾邮件. 关键词法的过滤依据是特定的词语; 校验码法则是计算邮件文本的校验码, 再与已知的垃圾邮件进行对比. 它们的识别效果都不理想, 而且很容易被规避. 1998 年, 国际先进人工智能协会的文本分类学习研讨会上, 研究者第一次报告了贝叶斯推断可以用于垃圾邮件过滤中, 但因误判率较高而未得到广泛关注. 2003 年, 研究发现误判率可以得到极大的降低, 这使得贝叶斯垃圾邮件过滤器得到广泛使用, 其过滤效果好得让人不可置信. 此外, 贝叶斯过滤方法还具有自我学习能力, 会根据新收到的邮件, 不断调整. 收到的垃圾邮件越多, 它的准确率就越高.

贝叶斯垃圾邮件过滤器

对一封新邮件, 我们假定它是正常邮件的概率是 p, 即若记 A ={垃圾邮件}, 则 $P(A) = 1-p$. 然后, 对这封新邮件的内容进行解析, 发现其中含有一些特定的关键词, 例如“中奖”, 记这些特定词语的集合为 B, 那么这封邮件属于垃圾邮件的概率提高到多少? 即在有这些特定词语 B 的条件下, 邮件是垃圾邮件的概率为 $P(A|B)$. 这时利用贝叶斯公式来计算该条件概率

$$P(A|B) = \frac{P(B|A)P(A)}{P(B|A)P(A) + P(B|\overline{A})P\left(\overline{A}\right)}.$$

其中 $P(B|A)$ 表示所有垃圾邮件中出现特定词语 B 的概率. 例如, 我们假设 $B=$“中奖”, 100 封垃圾邮件中有 5 封包含“中奖”这个词, 那么 $P(B|A)=0.05$. $P(B|\overline{A})$ 表示所有正常邮件中出现“中奖”这一词语的概率. 我们假设 1 000 封正常邮件中有 1 封包含“中奖”这个词, 那么 $P(B|\overline{A})=0.001$. 再假设一封邮件是垃圾邮件的概率是 0.5, 即 $P(A)=P(\overline{A})=0.5$. 于是

$$P(A|B)=\frac{0.05\times 0.5}{0.05\times 0.5+0.001\times 0.5}=0.980\ 4.$$

基于关键词“中奖”的贝叶斯推断能力很强, 它将判断为垃圾邮件的概率由 0.5 提升到了 0.98. 这样是否可以直接用于垃圾邮件过滤? 注意, 我们还有两个核心问题没有解决:

- $P(B|A)$ 和 $P(B|\overline{A})$ 是我们假定的, 怎样实际计算它们?
- 正常邮件也是可能含有“中奖”这个词, 误判了怎么办?

对第一个问题, 我们可以通过历史资料库来估计这两个概率, 即通过使用已经识别好的两组邮件 (正常邮件和垃圾邮件) 来对这些条件概率进行估计 (称为对贝叶斯垃圾邮件过滤器进行“训练”). 研究者使用了 4 000 封正常邮件和 4 000 封垃圾邮件. 训练的过程很简单. 首先, 解析所有邮件并提取每一个词. 然后, 计算每个词语在正常邮件和垃圾邮件中的出现频率并将其作为 $P(B|A)$ 和 $P(B|\overline{A})$ 的估计. 比如, 我们令 $B=$“中奖”这个词, 在 4 000 封垃圾邮件中, 有 1 000 封包含这个词, 那么它的出现频率就是 $0.25=P(B|A)$; 而在 4 000 封正常邮件中, 只有 4 封包含这个词, 那么出现频率就是 0.001$=P(B|\overline{A})$ (如果某个词只出现在垃圾邮件中, 就假定它在正常邮件的出现频率是 1%, 反之亦然. 这样做是为了避免概率为 0. 随着邮件数量的增加, 计算结果会自动调整). 未知的概率被估计后, 过滤器就可以对新的邮件进行分类了.

对于误判问题, 常采用“多特征”判别方法. 例如, 使用单一关键词“中奖”可能会误判的问题, 那就联合其他关键词一起来判断, 如果这封邮件中除了关键词“中奖”, 还有“遗产”“彩票”“免税”“幸运”等关键词, 那么就通过这些词语联合认定这封邮件是垃圾邮件. 记这些关键词为 $B_1,B_2,\cdots,B_d$, 则需要计算该邮件在含有这 d 个关键词的条件下, 其是垃圾邮件的概率

$$P(A|B_1B_2\cdots B_d)=\frac{P(B_1B_2\cdots B_d|A)P(A)}{P(B_1B_2\cdots B_d|A)P(A)+P(B_1B_2\cdots B_d|\overline{A})P\left(\overline{A}\right)},$$

其中联合条件概率 $P(B_1B_2\cdots B_d|A)$ 和 $P(B_1B_2\cdots B_d|\overline{A})$ 未知且难以计算. 简单使用它们在历史资料库中的频率来作为概率, 在实践中被证明效果很差. 朴素贝叶斯方法假设所有关键词之间相互独立 (严格说这个假设不成立, 实际上各词语之间不可能完全没有相关性, 但可以忽略), 所以

$$\begin{aligned}&P(A|B_1B_2\cdots B_d)\\=&\frac{P(B_1|A)P(B_2|A)\cdots P(B_d|A)P(A)}{P(B_1|A)P(B_2|A)\cdots P(B_d|A)P(A)+P(B_1|\overline{A})P(B_2|\overline{A})\cdots P(B_d|\overline{A})P\left(\overline{A}\right)}.\end{aligned}$$

例如, 如果我们使用“中奖”“遗产”“彩票”这三个关键词, 并且假设它们在正常邮件中出现的频率相同, 均为 0.001; 在垃圾邮件中各自出现的频率均为 0.05, 那么

$$P(A|B_1B_2B_3) = \frac{0.05^3 \times 0.5}{0.05^3 \times 0.5 + 0.001^3 \times 0.5} = 0.999\ 992.$$

多个词语联合使用显然提高了估计概率.

基于贝叶斯公式的贝叶斯垃圾邮件过滤器是垃圾邮件过滤方法中的重要方法, 其已经得到了广泛的应用和深入的研究.

1.8　扩展阅读 2: 三门问题

三门问题源自博弈论的数学游戏, 据传出自美国的电视游戏节目 *Let's Make a Deal*. 问题的名字来自该节目的主持人霍尔 (Monty Hall), 因此也称为蒙提霍尔问题. 这是一个引起许多人激烈争论的问题, 它的正确解让大多数人难以理解和相信. 问题如下: 舞台上有三扇门, 其中一扇门的后面是一辆汽车, 而另外两扇门后面是山羊, 你在门前选中后面有车的那扇门就可以赢得该汽车. 当你选定了 1 号门, 并告诉主持人, 但未去开启它的时候, 游戏主持人打开 3 号门, 露出门后的山羊. 然后主持人问你要不要改变主意, 选择未开启的 2 号门. 你会如何选择?

实验　扫描实验 1 的二维码进行三门问题模拟实验, 重复实验, 观察胜率的变化.

实验 1　三门问题

该问题的一个有趣之处是, 你的决定很大程度上取决于主持人是否知道哪扇门后面有汽车. 设 Y_i 表示你选择了 i 号门, C_i 表示汽车在 i 号门后面, G_i 表示山羊在 i 号门后面, H_i 表示主持人打开了 i 号门, $i = 1, 2, 3$. 不失一般性, 设你选择了 1 号门, 而主持人打开的是 3 号门. 问题的关键是计算

$$P(C_1|Y_1H_3G_3) = \frac{P(C_1Y_1H_3G_3)}{P(Y_1H_3G_3)}.$$

根据乘法公式, 有

$$P(C_1Y_1H_3G_3) = P(C_1)P(Y_1|C_1)P(G_3|C_1Y_1)P(H_3|G_3C_1Y_1).$$

由随机性, 易见

$$P(C_1) = \frac{1}{3}, \quad P(Y_1|C_1) = \frac{1}{3}.$$

在汽车放在 1 号门后的条件下, 山羊只能放在 2 号或 3 号门后面, 故

$$P(G_3|C_1Y_1) = 1.$$

在汽车放在 1 号门后面 (该信息蕴含山羊放在 3 号门后面), 以及你的选择为 1 号门的条件下, 主持人只能在 2 和 3 号门之间随机选择一个打开, 因此

$$P(H_3|G_3C_1Y_1) = \frac{1}{2}.$$

所以有

$$P(C_1Y_1H_3G_3) = \frac{1}{3} \times \frac{1}{3} \times 1 \times \frac{1}{2} = \frac{1}{18}.$$

另一方面, 分母 $P(Y_1H_3G_3)$ 的计算中需要考虑主持人是否知道汽车的位置.

若主持人不知道汽车的位置, 则

$$P(Y_1H_3G_3) = P(Y_1)P(G_3|Y_1)P(H_3|Y_1G_3) = \frac{1}{3} \times \frac{2}{3} \times \frac{1}{2} = \frac{1}{9},$$

其中 $P(H_3|Y_1G_3) = 1/2$ 是因为主持人不知道汽车的位置, 同时又不能把你选择的 1 号门打开, 所以此条件概率为 1/2. 因此, 你不必改变主意, 因为即使你换为 2 号门, 门后有汽车的概率仍为 1/2.

若主持人知道汽车的位置, 则情况会有变化, 主持人不会在 2 号和 3 号门之间作随机选择. 因为山羊在 3 号门后面是条件, 所以汽车只能在 1 号和 2 号门后面, 故主持人只能打开 3 号门, 所以

$$\begin{aligned} P(H_3|Y_1G_3) &= P(H_3C_1|Y_1G_3) + P(H_3C_2|Y_1G_3) \\ &= P(H_3|C_1Y_1G_3)P(C_1|Y_1G_3) + P(H_3|C_2Y_1G_3)P(C_2|Y_1G_3) \\ &= \frac{1}{2} \times \frac{1}{2} + 1 \times \frac{1}{2} = \frac{3}{4}. \end{aligned}$$

由此得到

$$P(Y_1H_3G_3) = \frac{1}{3} \times \frac{1}{3} \times \frac{3}{4} = \frac{1}{12},$$

$$P(C_1|Y_1H_3G_3) = \frac{1}{36} \times \left(\frac{1}{12}\right)^{-1} = \frac{1}{3}.$$

也就是说, 你此时改选 2 号门是明智的, 此时赢得汽车的概率是 2/3.

由上面分析得出, 不管主持人是否知道汽车的位置, 你的最优策略是改变你的选择.

该问题在历史上曾经引发了激烈的争论. 作为智商创造过吉尼斯世界纪录的人, 莎凡特 (Marilyn vos Savant, 1946—) 在杂志 *Parade* 中开辟了名为“Ask Marilyn”的专栏, 专门用来解答困难的智力问题. 1990 年, 有人将该问题提给她, 她对这个问题的解答和上面的分析一致, 即应该更换选择. 在主持人知道汽车位置的情况下, 不换的话只有 1/3 的概率赢得汽车, 改换以后有 2/3 的概率赢得汽车. 她的这一解答引发了读者的激烈争论, 许多人认为该答案过于荒唐. 因为直觉告诉人们: 如果被打开的门后是山羊, 这个信息会改变剩余两种选择的概率, 它们各为 1/2. 持有这种观点的人有相当一部分来自数学或科学研究机构, 许多人持有博士学位, 甚至大名鼎鼎的数学家爱尔迪希 (Paul Erdös, 1913—1996) 也持这种观点. 还有大批报纸专栏作家也加入了声讨莎凡特的行列. 在这种情况下, 莎凡特向读者求助, 有数万名学生进行了模拟. 一个星期后, 实验结果从美国各地传来, 结果的确是 2/3 和 1/3. 随后, 麻省理工学院的数学家和洛斯阿拉莫斯国家实验室的程序员都宣布, 他们用严格的理论推算以及计算机进行模拟实验的结果, 支持了莎凡特的答案, 争论才慢慢平息.

本扩展阅读可参见 (张颢, 2018).

本章总结

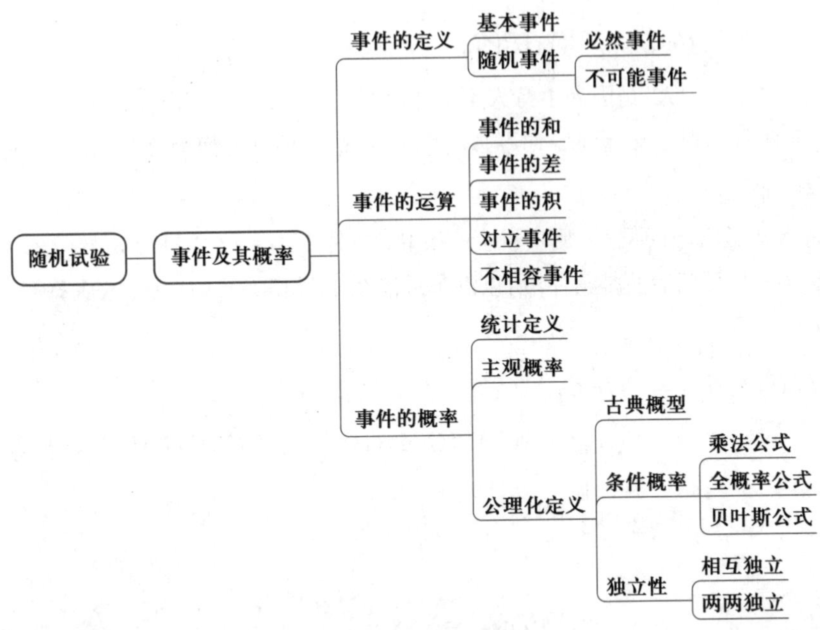

图 1.9　第一章知识点结构图

重点概念总结

- 概率论中最基本的概念就是样本空间和事件，当样本空间和事件与集合论中的全集和子集建立一一对应关系后，事件运算化为集合运算，事件概率化为集合的标准化测度.
- 概率的公理化定义就是：事件的什么函数可以视为概率. 科尔莫戈罗夫提出的公理化定义提供了展示各种概率结构的大舞台. 下一章给出了若干经典的概率模型，例如古典概型、二项分布、正态分布等，根据给出的概率结构就可以计算事件的概率.
- 事件发生概率的计算经常涉及事件运算，同时发生事件概率的运算经常通过条件概率和事件的独立性进行.
- 全概率公式和贝叶斯公式是概率论中的基本计算公式，要清楚地理解这两个公式的概率意义.
- 已有的概率论教材有许多，其中比较有影响力的是 (费勒,1964) 和 (CHUNG, 2001).

习　题

1. 写出下列各试验的样本空间及指定事件的样本点.

(1) 连续两次掷骰子, A={第一次掷出的点数比第二次的大}, B={两次点数相等}, C={两次点数之和为 10};

(2) 连续 3 次掷硬币, A={第一次为反面}, B={有两个正面}, C={三面都相同};

(3) 以原点为圆心的单位圆内随机取一点, A = {所取之点与原点的距离小于1/2}, C = {所取之点与原点的距离小于1/2 且大于 1/3}.

2. 某炮弹射击目标 3 次, 记 A_i = { 第 i 次击中目标 }$(i = 1,2,3)$, 用 A_1, A_2, A_3 表示下列事件:

(1) 仅有一次击中目标;

(2) 至少有一次击中目标;

(3) 第一次击中且第二次、第三次至少有一次击中;

(4) 最多击中一次.

3. 设一个试验的样本空间为 $[0,2]$, 记事件 $A = \{1/2 < x \leqslant 1\}$, $B = \{1/4 < x \leqslant 3/2\}$, 写出下列各事件:

(1) $A\overline{B}$;　(2) $\overline{A} \cup B$;　(3) $\overline{AB}$;　(4) $\overline{\overline{A}\,\overline{B}}$.

4. 市场调查员报道了如下数据: 在被询问的 1 000 名顾客中, 有 811 人喜欢巧克力糖, 752 人喜欢夹心糖, 418 人喜欢奶糖, 570 人喜欢巧克力糖和夹心糖, 356 人喜欢巧克力糖和奶糖, 348 人喜欢夹心糖和奶糖以及 297 人喜欢全部三种糖果. 证明这一消息有误.

5. 一小区居民订阅报纸的统计数字如下: 订甲种报纸的占 40%, 订乙种报纸的占 25%, 同时订上述两种报纸的占 15%. 求下列事件的概率: (1) 只订甲种报纸的; (2) 只订一种报的; (3) 至少订一种报的; (4) 两种报都不订的.

6. 设 A, B 是两事件且 $P(A) = 0.7, P(B) = 0.8$, 问:

(1) 在什么条件下, $P(AB)$ 取到最大值, 最大值多少?

(2) 在什么条件下, $P(AB)$ 取到最小值, 最小值多少?

7. 设 $P(A) = a > 0, P(B) = b > 0$, 试确定 $P(AB)$ 的取值范围.

8. 设 A, B, C 是三事件, 已知 $P(A) = P(B) = P(C) = 1/3$, $P(AB) = P(BC) = 1/8$, $P(AC) = 0$. 求 A, B, C 至少发生一个的概率.

9. 一个班有 30 个同学, 求 12 个月中有 6 个月恰好包含 2 个人生日, 有 6 个月恰好包含 3 个人生日的概率.

10. 一停车场的 A 区域一排有 12 个停车位, 某人发现其中有 8 个停车位停了车, 而 4 个空的停车位是连着的, 这种现象是随机的吗?

11. 从一副 52 张的扑克牌中随机抽取 10 张, 求包含所有 4 种花色牌的概率.

12. 甲、乙两选手进行乒乓球单打比赛, 已知在每局中甲胜的概率为 p ($p > 1/2$), 乙胜的概率为 $1 - p$. 比赛可采用三局两胜制或五局三胜制, 问哪一种比赛制度对甲更有利?

13.* 甲、乙二人约定了这样一个赌博规则: 有无穷个盒子, 编号为 n 的盒子中有 n 个红球、1 个白球, $n = 1, 2, \cdots$. 甲拿一个均匀硬币掷到出现正面为止, 若到这时甲掷了 n 次, 则甲在编号为 n 的盒子中抽出一个球, 若抽到白球算甲胜, 否则乙胜. 你认为这规则对谁更有利?

14.* 设有 n 个人随机地坐到礼堂第一排的 N 个座位上, 试求下列事件的概率:

(1) 任何人都没有邻座;

(2) 每人恰有一个邻座;

(3) 关于中央对称的两个座位至少有一个空着.

15.* (伯川德问题) 在半径为 1 的圆内任取一条弦, 在下列条件下求弦长大于 $\sqrt{3}$ 的概率:

(1) 弦的端点等可能地落在圆周上;

(2) 弦的中点等可能地落在圆内;

(3) 弦的中点等可能地落在与之垂直的直径上.

(由本问题可知, 在不同的样本空间中考虑等可能性会得出不同的结论, 所以在计算相关的概率时, 一定要清楚样本空间是什么.)

16.* 从一个给定的 $2n + 1$ 边的正多边形的顶点中, 随机 (即等可能) 地选择 3 个不同的顶点, 求该正多边形的中心恰好位于这三个顶点所确定的三角形内部的概率.

17. 甲、乙两人约定在下午 3:00 和 4:00 之间到某公交始发站乘公交车, 该公交始发站每隔 15 min 发出一辆公交车. 假定甲、乙两人在这期间到达为等可能. 现约定见车就乘, 求甲、乙同乘一辆车的概率.

18. 在一次游戏过程中有两队需要合作, 甲队将于 12:30 到 1:00 间到达某地闯关过河, 乙队将于 12:00 到 12:30 半到达此地为甲队准备船只, 准备船只需要 15 min, 请问甲队到达即能过河的概率是多少?

19.* (博雷尔–坎泰利 (Borel-Cantelli) 引理) 设 $\{A_n, n \geqslant 1\}$ 为事件列. 事件 $B_n = \bigcup\limits_{k=n}^{\infty} A_k$ 表示事件 $A_k, A_{k+1}, \cdots$ 中至少有一个发生, 而事件 $C = \bigcap\limits_{n=1}^{\infty} B_n$ 表示事件 $B_1, B_2, \cdots$ 同时发生. 所以事件 C 表示事件列 $A_n, n \geqslant 1$ 中有无穷个事件发生, 我们把事件 C 记为 $\{A_n, \text{i.o.}\}$(i.o. 是无限频繁 (infinitely often) 的缩写). 试证明如下的博雷尔–坎泰利引理. 对于事件列 $A_n, n \geqslant 1$,

(1) 如果 $\sum\limits_{k=1}^{\infty} P(A_k) < \infty$, 那么 $P(A_n, \text{i.o.}) = 0$;

(2) 如果$\{A_k, k \geqslant 1\}$相互独立, $\sum_{k=1}^{\infty} P(A_k) = \infty$, 那么 $P(A_n, \text{i.o.}) = 1$.

提示: (1) 若 $i < j$, 则事件 $B_i \supset B_j$, 所以

$$P(A_n, \text{i.o.}) = \lim_{n\to\infty} P(B_n),$$

再用不等式

$$P\left(\bigcup_{k=n}^{\infty} A_k\right) \leqslant \sum_{k=n}^{\infty} P(A_k);$$

(2) 对 $0 < x < 1$, 利用不等式 $\ln(1-x) > -x$.

20.* 如果把 $P(A|B) > P(A)$ 理解为"B 对 A 有促进作用", 那么直观上似乎能有如下的结论: 由 $P(A|B) > P(A)$ 及 $P(B|C) > P(B)$ 推出 $P(A|C) > P(A)$(意思是 B 促进了 A,C 促进了 B, 故 C 促进了 A). 举一简例说明上述直观看法不对.

21. 考虑一元二次方程 $x^2 + Bx + C = 0$, 其中 B, C 分别是将一枚均匀骰子连掷两次先后出现的点数. 求该方程有实根的概率和有重根的概率.

22. 某路公共汽车共有 11 个停车站, 由始发站开车时车上共有 8 名乘客. 假设每人在各站 (始发站除外) 下车的概率相同. 试求下列各事件发生的概率:

(1) 8 人在不同的车站下车;

(2) 8 人在同一车站下车;

(3) 8 人中恰有 3 人在终点站下车.

23.* 设某地有 $n+1$ 个微信群, 某个造谣者向第二个微信群转发了谣言, 而第二个微信群中有人向第三个微信群转发该谣言, 如此下去. 在每一步中, 谣言的接收群都是随机从其余 n 个微信群中选取的.

(1) 求谣言传播了 r 次后还没有回到第一个造谣者所在的群的概率;

(2) 求没有一个微信群两次收到谣言的概率;

(3) 若每次随机地向 m 个微信群传播谣言, 回答上面两个问题.

24. 有两箱同种类型的零件. 第一箱装 50 只, 其中 10 只为一等品; 第二箱装 30 只, 其中 18 只为一等品. 今从两箱中任挑出一箱, 然后从该箱中取零件两次, 每次任取一只, 做不放回抽样. 试求:

(1) 第一次取到的零件是一等品的概率;

(2) 第一次取到的零件是一等品的条件下, 第二次取到的也是一等品的概率.

25. 设笔袋中有 r 支红色铅笔、b 支黑色铅笔. 每次从袋中任取一支笔, 观察其颜色后放回并再放入 a 支同色的铅笔. 求第一次、第二次取到红色铅笔且第三次、第四次取到黑色铅笔的概率.

26. 某工厂的一、二、三号车间生产同一种产品, 产量各占总产量的 1/2, 1/3, 1/6, 次品率

分别为 1%, 1% 和 2%. 现从该厂产品中随机抽取一件产品.

(1) 求该产品是次品的概率;

(2) 若发现该产品是次品, 求它是一号车间生产的概率.

27. 设男性色盲的概率为 0.05, 女性色盲的概率为 0.002 5, 现发现从人群中任选的一人为色盲患者, 求此人为男性的概率.

28. 设有来自三个地区的考生报名表共 50 份, 三个地区分别有 10 份、15 份和 25 份, 其中女生报名表分别为 3 份、7 份和 5 份, 现随机地选一个地区, 从该地区的报名表中先后抽出 2 份.

(1) 求先抽到的 1 份是女生报名表的概率;

(2) 已知后抽到的 1 份是男生报名表, 求先抽到的 1 份是女生报名表的概率.

29. 罐子中有 25 个球, 其中 20 个红球、5 个黑球. 从中不放回取出 5 个球, 不看颜色直接扔掉. 然后再从剩下的球中随机摸出一球发现是红球, 求扔掉的球里至少有两个红球的概率.

30. 假定某种病菌在群体中的带菌率为 10%. 在检测时, 带菌者和不带菌者被检测出阳性的概率分别为 0.95 和 0.01.

(1) 现有某人被测出呈阳性反应, 该人确为带菌者的概率是多少?

(2)* 上一问中的人又独立地做了一次检测, 检测结果依然是阳性, 问在两次检测均呈阳性的情况下, 该人确为带菌者的概率是多少?

31. 桌上有 3 个笔筒, 第 1 个笔筒装有 2 支红芯圆珠笔、4 支蓝芯圆珠笔; 第 2 个笔筒装有 4 支红芯圆珠笔、2 支蓝芯圆珠笔; 第 3 个笔筒装有 3 支红芯圆珠笔、3 支蓝芯圆珠笔. 笔筒外表看起来一模一样, 先随机取一个笔筒, 任取一支笔出来.

(1) 试求取得红芯圆珠笔的概率;

(2) 在已知取得红芯圆珠笔的条件下, 问笔从哪个笔筒中取出的概率最大?

32. 计算机信号 “0” 和 “1” 传递出去, 信息站接收的时候, 0 被误收为 1 的概率为 0.02, 1 被误收为 0 的概率为 0.01. 信号 0 和 1 传输的频繁程度为 $2:1$. 若接收到的信号是 0, 真实信号是 0 的概率是多少?

33. 有甲、乙两只口袋, 甲袋中有 5 只白球和 2 只黑球, 乙袋中有 4 只白球 5 只黑球. 先从甲袋中任取两球放入乙袋, 然后再从乙袋中任取一球.

(1) 求从乙袋中取出的球为白球的概率;

(2) 若已知从乙袋中取出的球为白球, 求从甲袋中取的两球中有白球的概率.

34. 证明: 若 $P(B|A)=P(B|\overline{A})$, 则事件 A 与 B 独立.

35. 如果 $P(B|A)>P(B)$, 那么称 A 倾向于 B. 证明: 如果 A 倾向于 B, 那么 $\overline{A}$ 也倾向于 $\overline{B}$.

36. 事件 A 与事件 B 至少发生一个的概率是 0.12, 同时发生的概率是 0.1, 请问事件 A 与事件 B 相互独立吗?

37. 对于三个事件 A,B,C, 若

$$P(AB|C)=P(A|C)P(B|C)$$

成立, 则称 A 与 B 关于 C 条件独立. 若已知 A 与 B 关于 C 与 $\overline{C}$ 条件独立, 且$P(C)=0.5$, $P(A|C)=P(B|C)=0.9$, $P(A|\overline{C})=0.2$, $P(B|\overline{C})=0.1$, 试求 $P(A)$, $P(B)$, $P(AB)$, 并证明 A 与 B 不相互独立.

38. 对同一目标进行三次独立射击, 第一、二、三次射击的命中率分别为 0.5, 0.6 和 0.8, 试求:

(1) 在这三次射击中, 恰好有一次射中的概率;

(2) 在这三次射击中, 至少射中一次的概率.

39. 求下列图中各系统能正常工作的概率, 其中框图中的字母代表元件, 字母相同但下标不同的都是同一种元件, 只是装配在不同的位置上, 元件 A,B,C,D 能正常工作的概率分别为 p_A,p_B,p_C,p_D.

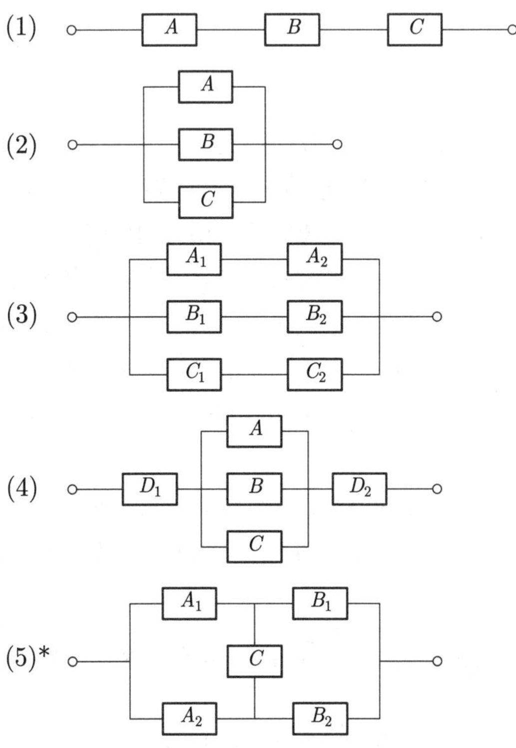

40. 一个电路共有三个继电器, 当第一个继电器断开, 或者第二个、第三个同时断开时, 电路断开. 现设三个继电器断开的概率依次为 0.3, 0.4, 0.6, 且三个继电器断开与否相互独立. 求电路断开的概率.

第二章　随机变量及其分布

学习目标

- ❏ 了解为什么要引入随机变量以及随机变量的分类
- ❏ 掌握用分布函数来研究一般的随机变量, 其中用概率质量函数 (分布律) 来研究离散型随机变量, 用概率密度函数来研究连续型随机变量
- ❏ 掌握几个重要的离散型随机变量和连续型随机变量
- ❏ 掌握如何求解随机变量函数的分布

2.1　随机变量的概念

概率论主要是研究样本空间中随机事件发生的概率, 但是样本空间中的元素可以是很具体的东西, 不同随机试验的样本空间不同. 而我们主要是关注随机事件发生的概率机制, 不希望一个样本空间一种方法. 例如, 考虑随机试验 E_1 中特定事件 A 发生或不发生, 取样本空间 $\Omega_1=\{A,\overline{A}\}$; 在装有 3 个红球和 7 个白球的口袋中摸球的试验 E_2 中, 取样本空间 Ω_2={{摸出红球}, {摸出白球}}. 假设在试验 E_1 中 $P(A)=0.3$, 在摸球试验 E_2 中摸出红球的概率也是 0.3, 可以看到这两个样本空间描述不同, 但是样本空间的概率结构是一样的：两者都有两个基本事件, 基本事件发生的概率机制相同. 如何统一来研究样本空间中随机事件发生的概率机制? 从数学的角度看, 最好把它们都放在同一个空间来比较和研究. 由于我们对直线最熟悉, 研究也最透彻, 所以我们取这个空间为一维直线. 这时, 就有一个样本空间到直线 $\mathbb{R}$ 之间的映射 X, 该映射把基本事件对应于直线上的一个点. 这个映射就称为**随机变量** (random variable, 简写为 r.v.). 当然我们希望能用一个点或一个区间来方便地表达样本空间中我们感兴趣的随机事件.

例 **2.1**　从某厂的产品中随机抽取三件进行检验, $A=${抽出的产品是合格品}, 则检验的可能结果有 8 种

$$\overline{A}\,\overline{A}\,\overline{A}, \overline{A}\,\overline{A}A, \overline{A}A\overline{A}, A\overline{A}\,\overline{A}, AA\overline{A}, A\overline{A}A, \overline{A}AA, AAA,$$

按顺序记为 $\omega_i, i=1,2,\cdots,8$. 如果我们关心的是三件抽取产品中的合格品件数, 我们可以作映射 $X:\Omega\to\mathbb{R}$, 使

$$X(\omega_1)=0, X(\omega_2)=X(\omega_3)=X(\omega_4)=1,$$
$$X(\omega_5)=X(\omega_6)=X(\omega_7)=2, X(\omega_8)=3,$$

反过来, 事件 $\{X=2\}=\{\omega: X(\omega)=2\}=\{\omega_5,\omega_6,\omega_7\}$, 用语言也可表示为事件 {三件产品中恰有两件合格品}. 可以看出:

- 映射 X 是单射, 其把样本空间的样本点与实数 {0, 1, 2, 3} 建立对应关系;
- 给定样本点, 映射 X 的映射关系是确定的, 但是其值依赖于对应事件是否发生;
- 对关心的区间 $A\subset\mathbb{R}$, $\{X\in A\}$ 的不确定性被明确定义, 即为样本空间中对应事件的不确定性.

通过此例我们可以得出, 随机变量的取值取决于试验的结果, 在试验前不能确切预知; 随机变量取某值是一个随机事件, 因此随机变量取某些值或取值在某个区间有一定的概率. 于是我们有如下的定义:

直观上, **随机变量是取值随试验结果而定且有一定概率分布的变量**. 从数学角度上我们可以给出如下随机变量的严格定义:

定义 2.1 随机变量

随机变量 X 是一个映射, $X:\Omega\to\mathbb{R}$, 对每个 (可测集) $A\subset\mathbb{R},\{X\in A\}$ 是一个 (可定义概率的) 随机事件, 且

$$P(X\in A)=P(\{\omega\in\Omega: X(\omega)\in A\}). \tag{2.1}$$

♣

视频 扫描视频 5 的二维码观看关于随机变量的定义的讲解.

视频 5 随机变量的定义

引入随机变量后, 给事件的表达提供了方便, 如在例 2.1 中, {至少有 2 件合格品} 可以表达为 $\{X\geqslant 2\}$. 通常我们用大写的英文字母 X,Y,Z,W 等表示随机变量, 而用小写的字母 x,y,a,b 等表示实数.

引入随机变量后, 关于样本空间中随机事件发生的概率机制的研究化为对随机变量的研究. 问题是如何研究随机变量? 通常我们希望用数或区间来表达感兴趣的随机事件, 所以第一个问题就是随机变量取哪些值? 其次, 我们关心随机事件发生的概率, 所以第二个问题是随机变量取这些值的概率. 这两个问题合在一起, 就是研究随机变量取哪些值以及取这些值的概率, 这称为随机变量的分布 (distribution). 我们分几种情况来讨论.

2.2 离散型随机变量的分布

离散型随机变量就是取值为离散值的随机变量, 由于其取值的可数性, 如果了解其取每个值的概率, 那么该随机变量的性质就清楚了. 因此定义如下:

定义 2.2 离散型随机变量和分布律

如果随机变量 X 只取有限多个或可数多个值, 那么称 X 为离散型随机变量. 设 X 取的一切可能值为 $x_1, x_2, \cdots, x_n, \cdots$, 则

$$P(X = x_k) = p_k,\ k = 1, 2, \cdots, n, \cdots, \tag{2.2}$$

其中

$$p_k \geqslant 0,\ k = 1, 2, \cdots, n, \cdots;\ \sum_{k=1}^{\infty} p_k = 1. \tag{2.3}$$

(2.2) 式称为离散型随机变量 X 的分布律或概率质量函数 (probability mass function, 简写为 pmf). ♣

分布律也可以用表格或矩阵表达

X	x_1	x_2	$\cdots$	x_n	$\cdots$
P	p_1	p_2	$\cdots$	p_n	$\cdots$

或

$$\begin{pmatrix} x_1 & x_2 & \cdots & x_n & \cdots \\ p_1 & p_2 & \cdots & p_n & \cdots \end{pmatrix}$$

对定义 2.5 中的离散型随机变量 X, 其分布律 $\{p_k\}$ 满足 (2.3) 式. 这是因为由随机变量的定义和概率的性质知, $1 = P(\Omega) = \sum\limits_k P(X = x_k) = \sum\limits_k p_k$. 而非负性显然. 反之, 如果有实数列 $\{p_k\}$ 满足 (2.3) 式, 那么可以定义一个离散型随机变量使其分布律为该实数列.

如果离散型随机变量 X 的分布律如 (2.2) 式所示, 那么对任意 (可测) 集合 $A \subset \mathbb{R}$ 有

$$\begin{aligned} P(X \in A) &= P(\{\omega \in \Omega : X(\omega) \in A\}) \\ &= P\Big(\bigcup_{x_k \in A} \{\omega \in \Omega : X(\omega) = x_k\}\Big) = \sum_{x_k \in A} P(X = x_k). \end{aligned} \tag{2.4}$$

下面介绍几种常见离散型随机变量及其分布律.

2.2.1 0–1 分布

定义 2.3 0–1 分布

若随机变量 X 的分布律为

X	0	1
P	$1-p$	p

其中 $0 < p < 1$. 则称 X 服从 $0-1$ 分布或者伯努利分布或两点分布. ♣

$0-1$ 分布随机变量 X 的分布函数也可以写为

$$P(X = x) = p^x (1-p)^{1-x}, x = 0 \text{ 或 } 1.$$

例 **2.2** 一般在试验中仅考虑事件 A 是否发生时, 引入示性函数

$$I_A = \begin{cases} 1, & A \text{ 发生}, \\ 0, & A \text{ 不发生}. \end{cases}$$

则 I_A 为 $0-1$ 分布的随机变量.

例 **2.3** (数字通信) 在数字通信中, 信息是“0”和“1”编码进行传输. 以传输的信息为单字节 0 为例, 由于信道会导致传输错误, 接收到的单字节信息有 0 和 1 两种可能. 如果记接收到 0 的概率为 p, 接收到 1 的概率为 $1-p$. 那么接收的单字节信息 X 服从 $0-1$ 分布.

例 **2.4** (可靠性) 在电子系统中, 某一器件运行一段时间后, 该器件的状态有两种可能, “正常”或者“失效”. 器件是否失效是具有随机性的事件. 如果设器件的状态为“正常”的概率为 p, “失效”的概率为 $1-p$. 那么器件的状态 X 服从 $0-1$ 分布.

2.2.2 离散均匀分布

定义 2.4 离散均匀分布

若随机变量 X 的分布律为

$$P(X = x_k) = \frac{1}{n},\ k = 1, 2, \cdots, n, \tag{2.5}$$

其中 $x_k, k = 1, 2, \cdots, n$ 为 n 个不同的实数. 则称随机变量 X 服从离散均匀分布, 其中常用的 $x_k = k, k = 1, 2, \cdots, n$. ♣

注意, 前面例子提到的古典概型就是离散均匀分布. 由此可知, 古典概型是概率分布中的沧海一粟!

例 **2.5** (标记重捕 (Capture-Recapture) 模型) 假设一个池塘中有 N 条鱼, 从池中任意捞 M 条鱼并进行标记后再放回池塘, $M \ll N$. 如果假设鱼在池塘中各处均匀分布, 现从中捞出 n 条鱼, 求其中恰有 m 条鱼有标记的概率.

解 显然这是一个不放回抽样的古典概型问题. 从 N 条鱼中不放回的捕捞 n 条的所有可能的结果有 $\binom{N}{n}$ 种, 因此由等可能性, 每种结果的概率为 $1\Big/\binom{N}{n}$ (即离散均匀分布), 因此以 X 表示所感兴趣事件“捞出的 n 条鱼中有标记的数目”, 则 X 为一随机变量, $A = \{X = m\}$ 表示“捞出的 n 条鱼中有 m 条鱼有标记”, 且

$$P(X = m) = \frac{|A|}{\binom{N}{n}} = \frac{\binom{M}{m}\binom{N-M}{n-m}}{\binom{N}{n}}, \quad m = 0, 1, \cdots, n,$$

其中 $|A|$ 表示 A 的有利场合数. 此分布称为参数为 (N, M, n) 的**超几何分布**. □

2.2.3 二项分布 (binomial distribution)

设 A 为随机试验中的一个事件, 其发生的概率为 $p, 0 < p < 1$. 则每次试验结果要么是 A 发生, 要么是 $\overline{A}$ 发生, 这种只有两种可能结果的试验称为伯努利试验, 事件 A 发生常常称为是“成功”. 如果把该试验在相同的条件下独立重复 n 次, 记在 n 次独立试验中事件 A 出现的次数（即成功的次数）为 X, 这是一个离散型随机变量, $\{X = k\}$ 表示事件 A 恰好发生 k 次, 其中 $k = 0, 1, \cdots, n$.

下面我们来求 X 的概率质量函数. 记 $\{X = k\}$ 表示在 n 次独立重复试验中事件 A 恰好发生 k 次, 其余 $n-k$ 次事件 A 不发生, 故 $\{X = k\} = \{\omega : X(\omega) = k\}$ 由 $\binom{n}{k}$ 个基本事件组成, 注意到这些基本事件是两两不相容的. 记 A_k={事件 A 在第 k 次发生}, 由于每次试验是独立进行的, 故事件 $A_1, A_2, \cdots, A_n$ 相互独立, 注意到每次试验中 A 发生的概率都是 p, 所以只要计算其中一个的概率即可. 设其中一个基本事件为

$$A_1A_2\cdots A_k\overline{A}_{k+1}\cdots\overline{A}_n,$$

由独立性及不相容事件概率的可加性,

$$P(A_1A_2\cdots A_k\overline{A}_{k+1}\cdots\overline{A}_n) = p^k(1-p)^{n-k},$$

$$P(X = k) = \binom{n}{k}p^k(1-p)^{n-k}, k = 0, 1, \cdots, n. \tag{2.6}$$

注意 (2.6) 式为一个概率质量函数, 事实上, 利用二项展开式有

$$\sum_{k=0}^{n}\binom{n}{k}p^k(1-p)^{n-k} = (p+1-p)^n = 1,$$

结合非负性即得.

综上, 我们有如下定义:

定义 2.5 二项分布

设离散型随机变量 X 所有可能取值为 $\{0, 1, \cdots, n\}$, $0 < p < 1$, 如果其分布律为

$$P(X = k) = \binom{n}{k}p^k(1-p)^{n-k}, k = 0, 1, \cdots, n. \tag{2.7}$$

那么称 X 服从二项分布, 常记为 $X \sim B(n, p)$, 而 $P(X = k)$ 常记为 $b(n, p, k)$. ♣

实验 扫描实验 2 的二维码进行二项分布模拟实验, 观察不同参数下分布的形状.

实验 2 二项分布

二项分布中概率分布 $P(X = k) = b(n, p, k), k = 0, 1, \cdots, n$, 呈现两头小中间大的上凸形状, 如图 2.1 所示 (以 $n = 8, p = 0.25$ 为例).

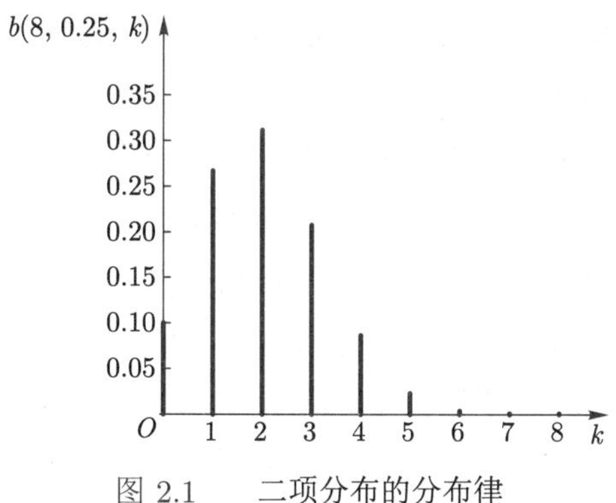

图 2.1　二项分布的分布律

根据二项分布的定义, 一个随机变量服从二项分布有以下两个条件:

- 各次试验的条件是稳定的, 这保证了事件 A 发生的概率 p 在各次试验中保持不变.
- 各次试验之间相互独立.

现实生活中有许多现象不同程度地满足这些条件. 例如, 工厂每天生产的产品. 假设工厂每天生产 n 个产品. 若原材料质量、机器设备、工人操作水平等在一段时间内保持稳定, 且每件产品是否合格与其他产品合格与否并无显著性关联, 则每天的废品数服从二项分布.

例 2.6 若 LED 灯的寿命超过 50 000 h, 则称为一级品, 已知某厂以往的 LED 灯一级品率为 0.3. 现从仓库随机抽取了 30 支检验, 问其中恰有 k 支一级品 LED 灯的概率有多大?

解　由于产品量大, 可以认为这 30 支 LED 灯的抽取是独立的. 故可认为是做了 30 次独立试验. 设 X 为这 30 支 LED 灯中一级品的支数, 则由二项分布的定义, $X \sim B(30, 0.3)$, 故

$$P(X=k)=\binom{30}{k}0.3^k 0.7^{30-k}, \quad k=0,1,\cdots,30.$$

当 $k=9$ 时, $b(30,0.3,9)=0.157\ 3$, 易证当 $k=np=30\times 0.3=9$ 时, $b(30,0.3,k)$ 取到最大值. $k=0,1,\cdots,30, b(30,0.3,k)$ 随 k 的变化如图 2.2 所示. □

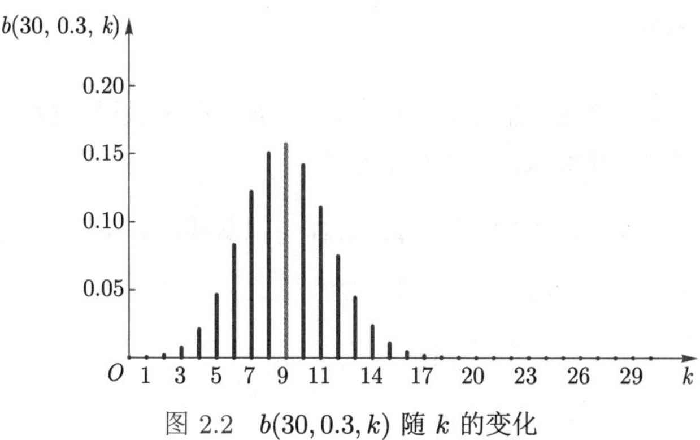

图 2.2　$b(30,0.3,k)$ 随 k 的变化

例**2.7** 历史上, 对一些人是否有某种超感知力有过许多研究. 例如, 一个人注视一幅画, 另一个人是否能感觉到这幅画的存在? 因为同卵双胞胎有相同的基因, 所以科学家对他们之间是否有超感知力进行了研究, 猜牌实验是其中之一. 猜牌实验设计如下：一个房间中, 给实验者随机分发 4 张红桃扑克牌和 4 张黑桃扑克牌, 牌面向上. 实验者一一注视这些牌, 并集中注意它们的颜色. 在一公正的观测者给出已发扑克牌的信号下, 旁边房间中实验者的同卵双胞胎兄弟试图猜测这张牌的颜色. 设实验者的兄弟知道有 4 张红桃和 4 张黑桃. 在实验中, 如果实验者的兄弟说对了 6 张牌的颜色, 你认为这对兄弟之间是否有超感知力? 如果这个实验独立重复做了 10 次, 实验者的兄弟有 5 次说对了至少 6 张牌的颜色, 你有什么结论?

解 如果这两个同卵双胞胎之间没有超感知力, 实验者的兄弟完全是随机猜的, 可以计算他猜对至少 6 张牌的颜色的概率. 样本空间 Ω是 4 张红桃和 4 张黑桃在 8 个有序位置上不同的安排方法. 8 个位置任选 4 个位置放红桃, 其余位置放黑桃的不同放法有 $\binom{8}{4}=70$ 种, 而他猜对 6 张的可能结果有 $\binom{4}{3}\binom{4}{3}=16$ 种, 全部猜对只有 1 种可能 (没有猜对 7 张的结果). 所以在没有超感知力情况下, 他猜对 6 张及以上的概率为 $17/70\approx 24.3\%$, 这是一个很大的概率, 完全有可能在一次实验中实现, 所以不能认为这对同卵双胞胎之间有超感知力. 为了检验他们之间是否有超感知力, 可以把这个猜牌实验独立重复做若干次, 比如 10 次, 观测他每次猜对至少 6 张牌的颜色的次数 X, 由二项分布定义知, $X\sim B\left(10,\dfrac{17}{70}\right)$, 由此可以算出

$$P(X\geqslant 5)=0.070\,13,\quad P(X\geqslant 6)=0.017\,16,$$
$$P(X\geqslant 7)=0.003\,0,\quad P(X\geqslant 8)=0.000\,4.$$

因此, 如果实验者的兄弟有 5 次说对了至少 6 张牌的颜色, 其概率比我们定义的小概率事件的宽标准要大, 不能认为他们之间有超感知力. 其余情况可以按我们前面定义的小概率事件标准来衡量. □

2.2.4 负二项分布

如果将伯努利试验一直独立地重复下去, 以 X_r 表示第 r 次试验成功发生时的试验次数, $p=1-q$ 为成功的概率, 那么 X_r 的分布律为

$$\begin{aligned}p_k=P(X_r=k)&=P(\{\text{前}k-1\text{次恰有}r-1\text{次成功且第}k\text{次成功}\})\\&=P(\{\text{前}k-1\text{次恰有}r-1\text{次成功}\})P(\{\text{第}k\text{次成功}\})\\&=\binom{k-1}{r-1}p^{r-1}q^{k-r}\cdot p\\&=\binom{k-1}{r-1}p^{r}q^{k-r},\quad k=r,r+1,\cdots.\end{aligned}\tag{2.8}$$

称此概率分布为负二项分布, 也称为帕斯卡分布, 记为 $X_r \sim NB(r,p)$. 显然有

$$\sum_{k=r}^{\infty} p_k = \sum_{k=r}^{\infty} \binom{k-1}{r-1} p^r q^{k-r} = p^r \sum_{k=0}^{\infty} \binom{r+k-1}{r-1} q^k = p^r (1-q)^{-r} = 1,$$

所以 (2.8) 式的确是一个离散型随机变量的分布律. 我们将其称为参数为 p 和 r 的帕斯卡分布. 又因为上式表明, 它可以用负二项展开式中的各项表示, 所以又称为负二项分布. 于是我们有下述定义:

定义 2.6 负二项分布

设随机变量 X_r 取正整数值, 其分布律为

$$P(X_r = k) = \binom{k-1}{r-1} p^r q^{k-r}, \quad k = r, r+1, \cdots. \tag{2.9}$$

其中 r 为正整数, $0 < p < 1$, 则称 X 服从参数为 r, p 的负二项分布或者帕斯卡分布. 记为 $X \sim NB(r,p)$. $P(X_r = k)$ 则记为 $nb(r,p,k)$. ♣

实验 扫描实验 3 的二维码进行负二项分布模拟实验, 观察不同参数下分布的形状.

实验 3 负二项分布

图 2.3 展示了 $nb(5, 0.5, k)$ 随 k 的变化.

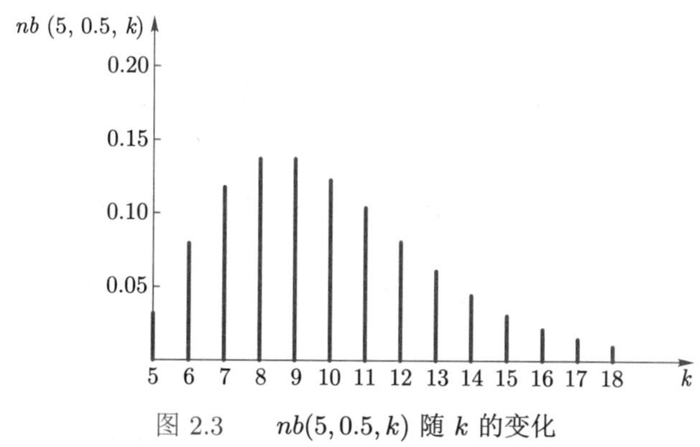

图 2.3 $nb(5, 0.5, k)$ 随 k 的变化

例 2.8 (巴拿赫 (Banach) 火柴问题) 某人口袋里放有两盒火柴, 每盒装有火柴 n 根. 他每次随机取出一盒, 并从中拿出一根火柴使用. 试求他取出一盒, 发现已空, 而此时另一盒中尚余 r 根火柴的概率.

解 以 A 表示事件"甲盒已空, 而此时乙盒中尚余 r 根火柴". 由对称性知, 所求的概率等于 $2P(A)$. 我们将每取出甲盒一次视为取得一次成功, 以 X 表示取得第 $n+1$ 次成功时的取盒次数, 则 X 服从参数为 0.5 和 $n+1$ 的帕斯卡分布 (因为每次取出甲盒的概率是 0.5). 易知, 事件 A 发生, 当且仅当 X 等于 $2n-r+1$. 所以所求的概率等于

$$2P(A) = 2P(X = 2n-r+1) = \binom{2n-r}{n} 2^{r-2n}.$$

□

例 2.9 在独立重复的伯努利试验序列中, 求事件 E ={n 次成功发生在 m 次失败之前}

的概率.

解 记 F_k={第 n 次成功发生在第 k 次试验}, 则

$$E=\bigcup_{k=n}^{n+m-1} F_k,$$

且诸 F_k 两两不相容, 故

$$P(E)=\sum_{k=n}^{n+m-1} P(F_k)=\sum_{k=n}^{n+m-1}\binom{k-1}{n-1}p^n q^{k-n}. \qquad \square$$

在负二项分布中, 若 $r=1$, 则 X_1 表示首次成功时的试验次数, 其分布常常称为**几何分布**, 记为 $X_1 \sim Ge(p)$. 由负二项分布的分布律 (2.8) 式知几何分布的分布律为

$$P(X_1=k)=q^{k-1}p, k=1,2,\cdots.$$

几何分布具有如下定理所述的"无记忆性"性质.

定理 2.1

以所有正整数为取值集合的随机变量 X 服从几何分布 $Ge(p)$, 当且仅当对任何正整数 m 和 n, 都有

$$P(X>m+n \mid X>m)=P(X>n). \tag{2.10}$$

这个性质称为几何分布的无记忆性 (memoryless property). ♡

证 设随机变量 X 服从几何分布, 记 $q=1-p$, 那么对任何非负整数 k, 都有

$$P(X>k)=\sum_{j=k+1}^{\infty} P(X=j)=p\sum_{j=k+1}^{\infty} q^{j-1}=q^k.$$

所以对任何正整数 m 和 n, 都有

$$\begin{aligned} P(X>m+n \mid X>m) &= \frac{P(X>m+n,\ X>m)}{P(X>m)} \\ &= \frac{P(X>m+n)}{P(X>m)}=\frac{q^{m+n}}{q^n} \\ &= q^n=P(X>n). \end{aligned}$$

故知 (2.10) 式成立. 反之, 设对任何正整数 m 和 n, 都有 (2.10) 式成立. 对非负整数 k, 我们记 $p_k=P(X>k)$. 于是由 (2.10) 式知, 对任何正整数 k, 都有 $p_k>0$, 并且对任何正整数 m 和 n, 都有 $p_{m+n}=p_m\cdot p_n$. 由此等式立知, 对任何正整数 m, 都有 $p_m=p_1^m$. 因为 $p_1>0$, 而若 $p_1=1$, 则必导致对一切正整数 m, 都有 $p_m=1$, 此为不可能, 所以对某个小于 1 的正数 q, 有 $p_1=q$. 由此不难得, 对任何正整数 m, 都有

$$P(X=m)=P(X>m-1)-P(X>m)=p_{m-1}-p_m=q^{m-1}-q^m=p\,q^{m-1},$$

所以 X 服从几何分布. ■

2.2.5 泊松 (Poisson) 分布

首先考虑如下例子:

例 2.10 假定体积为 V 的液体包含有一种数目为 N 的微生物, 微生物没有群居的本能, 它们能够在液体的任何部分出现, 且在体积相等的部分出现的机会相同. 现在我们取体积为 D 的微量液体在显微镜下观察（例如观测某人血液中白细胞数）, 问在这微量液体中将发现 x 个此种微生物的概率是多少?

解 我们假定 V 远远大于 D. 由于假定了这些微生物是以一致的概率在液体中散布, 因此, 任何一个微生物在 D 中出现的概率都是 D/V. 因为假定了微生物没有群居的本能, 所以一个微生物在 D 中的出现, 不会影响另一个微生物在 D 中的出现. 这满足二项分布的试验机制, 因此, 微生物中有 x 个在 D 中出现的概率就是

$$\binom{N}{x}\left(\frac{D}{V}\right)^x\left(1-\frac{D}{V}\right)^{N-x}, \quad x=0,1,\cdots,N. \tag{2.11}$$

在这里我们还假定微生物是非常小的, 拥挤的问题可以忽略不考虑, 即 N 个微生物所占据的部分对于体积 D 来说是微不足道. 在 (2.11) 式中令 V 和 N 趋向于无穷, 且微生物的密度 $N/V=d$ 保持常数. 将 (2.11) 式改写成如下形式:

$$\begin{aligned}&\frac{N(N-1)(N-2)\cdots(N-x+1)}{x!N^x}\left(\frac{ND}{V}\right)^x\left(1-\frac{ND}{NV}\right)^{N-x}\\ =&\frac{\left(1-\frac{1}{N}\right)\left(1-\frac{2}{N}\right)\ldots\left(1-\frac{x-1}{N}\right)(Dd)^x\left(1-\frac{Dd}{N}\right)^{N-x}}{x!}.\end{aligned}$$

当 N 趋于无限时其极限为

$$\frac{\mathrm{e}^{-Dd}(Dd)^x}{x!}, \quad x=0,1,\cdots. \tag{2.12}$$

令 $Dd=\lambda$, 则 (2.12) 式为一个概率质量函数. 这就是著名的泊松分布. □

因此, 泊松分布定义如下:

定义 2.7 泊松分布

若随机变量 X 的分布律为

$$P(X=k)=\mathrm{e}^{-\lambda}\frac{\lambda^k}{k!}, k=0,1,\cdots,\lambda>0, \tag{2.13}$$

则称 X 服从参数为 λ 的泊松分布, 记为 $X\sim P(\lambda)$. ♣

实验 扫描实验 4 的二维码进行泊松分布模拟实验, 观察不同参数下分布的形状.

因为 e^λ 有级数展开式

实验 4 泊松分布

$$\mathrm{e}^\lambda=1+\lambda+\frac{\lambda^2}{2!}+\cdots+\frac{\lambda^k}{k!}+\cdots,$$

所以

$$\sum_{k=0}^{\infty} P(X=k)=1.$$

图 2.4 展示了 $P(5)$ 取值 0—14 的概率值. 可以看出, 泊松分布的分布律是单峰的, 其最高峰在 $k=5$ 的附近, 在右方远处概率值降至接近 0. 泊松分布有着许多重要的应用, 典型例子是电话总机在单位时间内接到的转接电话数、纺纱机单位时间内的纺纱断头数、交通路口的交通事故数、放射性物质放射的射线到达计数器的 α 粒子数、固定时间段内地震次数等. 泊松分布常用来描述稀有事件发生的概率.

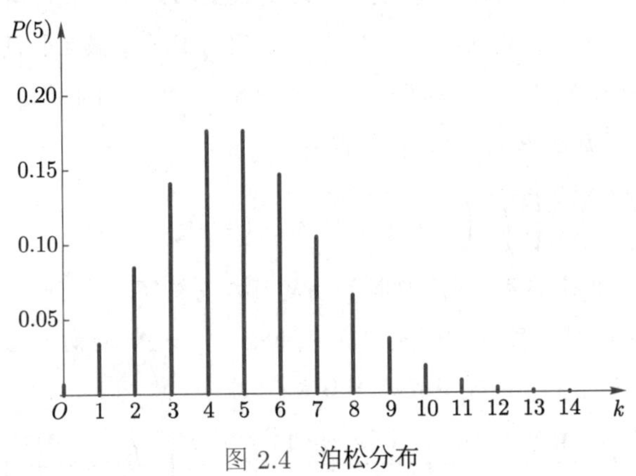

图 2.4　泊松分布

例 **2.11** 经济学家博尔特基耶维奇 (Ladislaus Bortkiewicz, 1868—1931) 统计分析了 19 世纪末的 20 年间普鲁士士兵被马踢死的数据 (表 2.1), 试图从中找到规律, 发现这是泊松分布的一个完美应用场景, 他在自己的著作《小数定律》中引入了这个经典案例, 使得泊松分布名声大噪：他指出, 每个部队每年的此类死亡人数服从泊松分布.

由表 2.1，总的死亡人数为

$$109\times 0+65\times 1+22\times 2+3\times 3+1\times 4=122.$$

表 **2.1**　200 支骑兵部队一年中被马踢死的人数统计

每支部队每年死亡人数	0	1	2	3	4	$\geqslant 5$
部队个数	109	65	22	3	1	0

因此, 每支部队每年的平均死亡人数为 $\dfrac{122}{200}=0.61$, 即可以用 $P(0.61)$ 来近似. 由此可以预计每年无人死亡的骑兵部队数为

$$N(0)=200\times\frac{0.61^0\mathrm{e}^{-0.61}}{0!}=108.7,$$

或者四舍五入到最近的整数 109. 这恰好是表 2.1 中的数字. 类似地, 将四舍五入后得到的整数结果写在括号里, 得

$$N(1) = 200 \times \frac{0.61^1 \mathrm{e}^{-0.61}}{1!} = 66.3(66),$$
$$N(2) = 200 \times \frac{0.61^2 \mathrm{e}^{-0.61}}{2!} = 20.2(20),$$
$$N(3) = 200 \times \frac{0.61^3 \mathrm{e}^{-0.61}}{3!} = 4.0(4),$$
$$N(4) = 200 \times \frac{0.61^4 \mathrm{e}^{-0.61}}{4!} = 0.6(1).$$

这些结果与表 2.1 中数据的相似性显而易见.

例 **2.12** 据历史资料, 某城市的一个交通要道每年发生交通事故的次数 X 服从参数为 2 的泊松分布. 试估计下一年该交通路口至少发生 3 次交通事故的概率.

解 由题意, $X \sim P(2)$, 因此

$$\begin{aligned}P(X \geqslant 3) &= 1 - P(X \leqslant 2) = 1 - \left(\mathrm{e}^{-2} + \mathrm{e}^{-2}\frac{2}{1!} + \mathrm{e}^{-2}\frac{2^2}{2!}\right)\\ &= 1 - \mathrm{e}^{-2}\left(1 + 2 + \frac{2^2}{2}\right) = 1 - 5 \times \mathrm{e}^{-2}\\ &= 1 - 0.676\ 7 = 0.323\ 3.\end{aligned}$$

□

泊松分布的一个重要应用是可以近似计算 p 很小时二项分布的概率分布 $b(n,p,k)$. 下述定理给出了当试验次数 n 趋于无穷时候, 二项分布与泊松分布之间的关系. 为了强调此时 p 和 n 有关系, 将 p 记为 p_n.

定理 2.2 泊松逼近定理

设一族随机变量 $X_n \sim B(n, p_n)$, 若当 $n \to \infty$ 时, $np_n \to \lambda > 0$, 则

$$\lim_{n\to\infty} P(X_n = k) = \frac{\lambda^k}{k!}\mathrm{e}^{-\lambda}, \quad k = 0, 1, 2, \cdots. \tag{2.14}$$

♡

证 由二项分布定义以及 $n \to \infty$ 时, 对给定的 k

$$\begin{aligned}P(X_n = k) &= \binom{n}{k} p_n^k (1 - p_n)^{n-k}\\ &= \frac{n(n-1)\cdots(n-k+1)}{k!} p_n^k (1-p_n)^{n-k}\\ &\approx \frac{n(n-1)\cdots(n-k+1)}{k!}\left(\frac{\lambda}{n}\right)^k \left(1 - \frac{\lambda}{n}\right)^{n-k}\\ &= \frac{\lambda^k}{k!}\left(1 - \frac{\lambda}{n}\right)^n \left[\left(1 - \frac{\lambda}{n}\right)^{-k} \frac{n(n-1)\cdots(n-k+1)}{n^k}\right]\\ &\to \frac{\lambda^k}{k!}\mathrm{e}^{-\lambda}.\end{aligned}$$

■

在实际应用中, $n \geqslant 30, np_n \leqslant 5$ 时即可应用. 当然, 可以在实际中灵活掌握. 例如, 当

$n \geqslant 100$ 时, $np_n \leqslant 10$ 情况下, 仍有较高的精度.

与二项分布类似, 负二项分布也可以由泊松分布来近似. 如果 $\lim\limits_{r\to\infty} r(1-p)=\lambda$, 其中 $\lambda>0$ 为正常数, 那么

$$p \approx 1-\frac{\lambda}{r}.$$

由负二项分布的分布律 (2.8) 式, 我们有

$$\begin{aligned}\binom{k-1}{r-1}p^r(1-p)^{k-r} &\approx \frac{(k-1)\cdots r}{(k-r)!}\left(1-\frac{\lambda}{r}\right)^r\left(\frac{\lambda}{r}\right)^{k-r}\\ &=\frac{\lambda^{k-r}}{(k-r)!}\left(1+\frac{1}{r}\right)\cdots\left(1+\frac{k-r-1}{r}\right)\left(1-\frac{\lambda}{r}\right)^r.\end{aligned}$$

令 $r\to\infty$, 以及 $k-r=x$ 为固定数, 得到

$$\binom{k-1}{r-1}p^r(1-p)^{k-r} \to \frac{\lambda^x}{x!}\mathrm{e}^{-\lambda}, \quad x=0,1,\cdots.$$

即在负二项分布试验中, 如果失败次数固定为 x, 那么第 r 次成功的概率在 $r(1-p)\approx\lambda$ 时近似为服从泊松分布的变量取 x 的概率. 读者可以体会二项分布和负二项分布在用泊松分布近似这一点上的联系.

例 2.13 在从 33 个红色球号码中任选 6 个号码, 如果全部与开奖号码吻合, 则起码中了二等奖. 假设某人连续购买 5 年彩票 (为方便起见不计算蓝色球是否中奖), 每次购买 10 注. 问他至少中 1 次二等奖的概率有多大?

解 不计蓝色球是否中奖, 容易算得购买 1 注该彩票中二等奖的概率为 $p=1\Big/\binom{33}{6}\approx 9.028\,8\times10^{-7}$. 为方便起见, 一年按 52 周计算, 一周开奖 3 次, 每次 10 注, 此人连续购买 5 年共 7 800 注, 设其中中二等奖的次数为 X, 则 $X\sim B(7\,800,p)$, 由定理2.2, 由于

$$\lambda=np=7\,800\times9.028\,8\times10^{-7}=0.007\,042,$$

故至少中 1 次二等奖的概率为

$$\begin{aligned}P(X\geqslant1)&=1-P(X=0)=1-(1-p)^{7\,800}\approx1-\exp\{-0.007\,042\}\\&=1-0.993\,0=0.007.\end{aligned}$$

即这是一个在严标准下的小概率事件. □

例 2.14 设 200 台同类型的设备工作时, 是否出现故障相互独立, 每台设备发生故障的概率为 0.01. 在通常情况下, 一台设备的故障可由一个人来处理. 问至少需要配备多少工人才能保证设备发生故障而得不到维修的概率小于 0.01?

解 以 X 表示同时发生故障的设备台数, 设要配备 N 个工人. 由题意, $X\sim B(200,0.01)$, 且要求

$$P(X>N)<0.01.$$

由定理2.2, 记 $\lambda = np = 200 \times 0.01 = 2$, 则

$$P(X > N) \approx \sum_{k=N+1}^{\infty} \frac{2^k}{k!}\mathrm{e}^{-2} < 0.01.$$

查本书后附表, 得 $N = 6$, 即至少需要配备 6 个工人才能保证设备发生故障而得不到维修的概率小于 0.01. □

例2.15 假设一块放射性物质在单位时间内发射出的 α 粒子数 X 服从参数为 λ 的泊松分布. 而每个发射出来的 α 粒子被记录下来的概率是 p, 就是说有 $q = 1 - p$ 的概率被计数器漏记. 如果各粒子是否被计数器记录是相互独立的, 试求记录下来的 α 粒子数 Y 的分布.

解 以事件 $\{X = n\}, n = 0, 1, \cdots$ 为划分, 则由全概率公式有

$$\begin{aligned} P(Y=k) &= \sum_{n=0}^{\infty} P(Y=k|X=n)P(X=n) = \sum_{n=k}^{\infty} \binom{n}{k} p^k q^{n-k} \frac{\lambda^n}{n!}\mathrm{e}^{-\lambda} \\ &= \sum_{n=k}^{\infty} \frac{(\lambda q)^{n-k}}{k!(n-k)!}\mathrm{e}^{-\lambda}(\lambda p)^k = \frac{(\lambda p)^k}{k!}\mathrm{e}^{-\lambda p}, \quad k = 0, 1, \cdots. \end{aligned}$$

即 $Y \sim P(\lambda p)$. □

2.3 连续型随机变量的分布

2.3.1 随机变量的分布函数

回想我们在定义随机变量时指出, 随机变量 X 取值于任意 $A \subset \mathbb{R}$ 的概率是我们感兴趣的. 若 X 是离散型随机变量, 当已知其分布律时, 则可以方便地通过 (2.4) 式计算 $P(X \in A)$. 对于非离散型随机变量 X, 由于其取值不能一一枚举, 问题就变得困难. 而且非离散型随机变量取某指定值的概率常可以为 0, 所以研究 X 取值在某个区间 A 内的概率 $P(X \in A)$ 更自然常见. 当 $A = (a, b]$ 时, 由事件运算及概率性质有

$$P(a < X \leqslant b) = P(X \leqslant b) - P(X \leqslant a),$$

其中 $a < b$ 为任意实数. 此时, 若知道随机变量 X 值落在所有形如 $(-\infty, x]$ 这种区间中的概率, 则可以方便地计算 $P(a < X \leqslant b)$. 这种区间表示里只有一个变量 x, 而表达一个区间要两个变量. 利用概率的性质, 对可列个形如 $A = (a, b]$ 的区间通过交并运算得到的区间, 随机变量 X 值落在该区间的概率仍然由形如 $P(X \in (-\infty, x])$ 的式子确定. 进而对 $\mathbb{R}$ 上的任意 (可测) 区间 A, 概率 $P(X \in A)$ 都可以由一些形如 $P(X \in (-\infty, x])$ 的式子确定. 因此对随机变量 X, 其概率性质可以通过 $P(X \in (-\infty, x])$ 来刻画. 我们有如下的定义:

定义 2.8　分布函数

设 X 为随机变量, x 为任一实数, 称

$$F(x) = P(X \leqslant x) \tag{2.15}$$

为随机变量 X 的 (累积) 分布函数. ♣

视频 6 随机变量的分布函数

$F(x)$ 的值等于随机变量不超过 x 所取值的概率之和, 故又称为累积分布函数 (cumulative distribution function, 简称 cdf).

视频 扫描视频 6 的二维码观看关于随机变量的分布函数的讲解.

注 根据分布函数的定义, 可以看出 $F(x)$ 为一元实函数, 其定义域为 $\mathbb{R}$, 而值域为 $[0,1]$. X 值落在区间 $(a,b]$ 内的概率为

$$P(a < X \leqslant b) = F(b) - F(a). \tag{2.16}$$

显然, 分布函数的定义适用于一切类型的随机变量, 当然包括离散型随机变量.

定理 2.3

设离散型随机变量 X 的可能值为 $x_1, x_2, \cdots, x_n, \cdots$, 则其分布律 $\{p_k\}$ 和分布函数 $F(x)$ 互相确定, 即它们等价地描述了 X 的概率分布情况. ♡

证 为说明问题起见, 设 X 的取值可以从小到大排列, 则由

$$P(X = x_k) = P(x_{k-1} < X \leqslant x_k) = F(x_k) - F(x_{k-1})$$

以及

$$F(x) = P(X \leqslant x) = \sum_{x_k \leqslant x} P(X = x_k),$$

立知它们互相确定. ■

例 2.16 设离散型随机变量 X 的分布律如下：

X	0	1	2
P	$\frac{1}{3}$	$\frac{1}{6}$	$\frac{1}{2}$

求 X 的分布函数.

解 由分布函数的定义, 我们有

$$F(x) = P(X \leqslant x) = \begin{cases} 0, & x < 0, \\ 1/3, & 0 \leqslant x < 1, \\ 1/2, & 1 \leqslant x < 2, \\ 1, & x \geqslant 2. \end{cases}$$

此分布函数 $F(x)$ 在 $0,1,2$ 上有跳跃, 跳跃的高度为随机变量取该点值的概率. 图 2.5 展示了 $F(x)$ 的图形, 由此可以得出离散型随机变量的分布函数为阶梯函数, 其不连续点为所有取值点, 每个跳跃的高度即为取该点值的概率. □

性质　由分布函数 $F(x)$ 定义, 可以验证其有如下性质:

(1) $F(x)$ 为非减函数. 因为当 $x_1 < x_2$ 时,

$$F(x_2) - F(x_1) = P(x_1 < X \leqslant x_2) \geqslant 0.$$

$F(x)$ 只存在第一类间断点, 如图 2.6 所示.

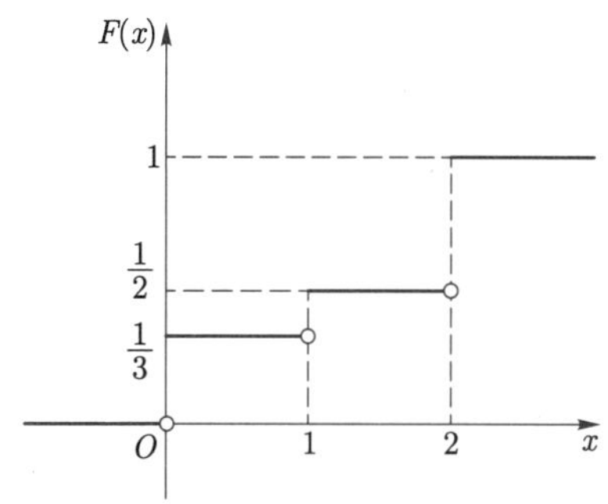

图 2.5　离散型随机变量 X 的分布函数图形

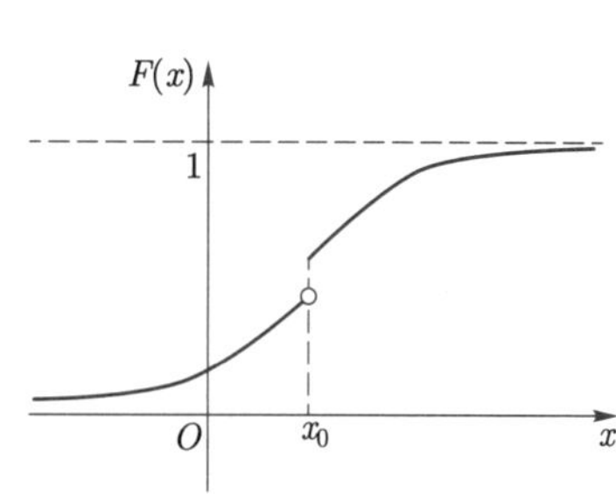

图 2.6　一般 $F(x)$ 的图示

(2) 对任意 $x \in \mathbb{R}$, $0 \leqslant F(x) \leqslant 1$. 而且

$$F(\infty) = \lim_{x\to\infty} F(x) = 1, \quad F(-\infty) = \lim_{x\to-\infty} F(x) = 0.$$

事实上, 记 $A(x) = \{-\infty < X \leqslant x\}$, 由于对任意 $x_1 \leqslant x_2$, 有 $A(x_1) \subseteq A(x_2)$, 因此由概率的连续性知

$$\lim_{x\to\infty} F(x) = P(\lim_{x\to\infty} A(x)) = P(-\infty < X < \infty) = P(\varOmega) = 1.$$

类似可证

$$F(-\infty) = \lim_{x\to-\infty} F(x) = 0.$$

(3) $F(x)$ 为右连续函数, $F(x+0) = F(x)$.

事实上, 对任意 $x \in \mathbb{R}$, 在其右边取一列下降到 x 的序列 $\{x_n\}$, 即 $x_n \downarrow x$, 当 $n \to \infty$ 时. 从而 $A(x_n)$ 为下降事件列且 $\bigcap_{n=1}^{\infty} A(x_n) = A(x)$, 因此根据概率的连续性有

$$F(x+0) = \lim_{n\to\infty} F(x_n) = P(\lim_{n\to\infty} A(x_n)) = P(A(x)) = F(x).$$

注　如果 $F(x)$ 定义为 $F(x) = P(X < x)$, 那么如此定义的分布函数是左连续的. 现在国际上习惯使用右连续的分布函数定义.

例 2.17　设随机变量 X 的分布函数 (见图 2.7) 为

$$F(x)=\begin{cases}0, & x<0,\\ x/2, & 0\leqslant x<1,\\ 2/3, & 1\leqslant x<2,\\ 11/12, & 2\leqslant x<3,\\ 1, & 3\leqslant x.\end{cases}$$

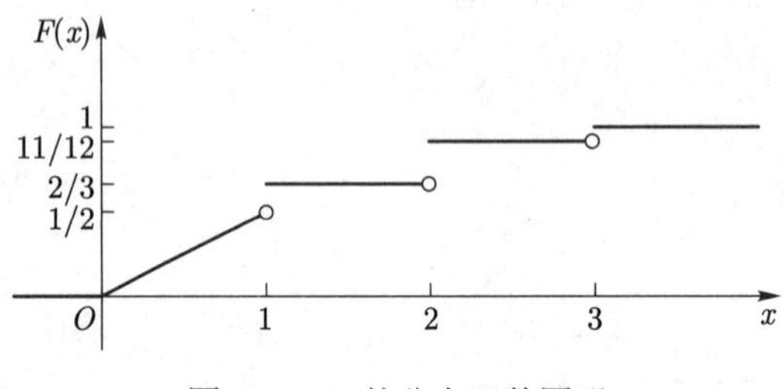

图 2.7　X 的分布函数图形

求 (1) $P(X<3)$; (2) $P(X=1)$; (3) $P\left(X>\frac{1}{2}\right)$; (4) $P(2<X\leqslant 4)$.

解　(1) $P(X<3)=\lim\limits_{n\to\infty}P\left(X\leqslant 3-\frac{1}{n}\right)=\lim\limits_{n\to\infty}F\left(3-\frac{1}{n}\right)=\frac{11}{12}$;

(2)
$$\begin{aligned}P(X=1)&=P(X\leqslant 1)-P(X<1)\\&=F(1)-\lim_{n\to\infty}F\left(1-\frac{1}{n}\right)\\&=\frac{2}{3}-\frac{1}{2}=\frac{1}{6};\end{aligned}$$

(3) $P\left(X>\frac{1}{2}\right)=1-P\left(X\leqslant\frac{1}{2}\right)=1-F\left(\frac{1}{2}\right)=\frac{3}{4}$;

(4) $P(2<X\leqslant 4)=F(4)-F(2)=\frac{1}{12}$.　□

2.3.2 概率密度函数

由随机变量值落在区间 $(a,b]$ 内的概率等于 $F(b)-F(a)$, 很容易联想到原函数和被积函数关系的微积分基本定理, 所以分布函数有可能为另一个函数的积分. 此外, 我们先看下述例子.

例 2.18　假定步枪射手瞄准靶子, 在固定的位置进行一系列的射击. 令 X 是命中点与过靶心垂线的水平偏离值 (单位: cm), 设 X 取值 $[-5,5]$. 为了计算 X 值落在某区间的概率, 将 $[-5,5]$ 等分为长为 1 cm 的小区间. 对于每个小区间, 以落在这个小区间的弹孔数除以弹孔总数得到落在这个区间的弹孔位点相对频数. 设弹孔总数为 100. 我们得到表 2.2. 将其用直方图表示得到图 2.8 . 注意, 在图 2.8 中每个矩形的底等于 1, 矩形的高为该区间所对应的相对频数, 所以面积为相对频数. 全部矩形的面积是 1. 也就是说我们得到了一个经验分布函数. 对于 $[-5,5]$ 的任一子区间, 我们可以根据图 2.8 估计弹孔落在该子区间的概率. 例如, 要估计 $0<X\leqslant 2$ 的概率, 只要把区间中对应的两个矩形面积加起来, 结果得到 0.43. 再譬如, 要估计 $-0.25<X\leqslant 1.5$ 的概率, 我们应当计算该区间上的面积, 结果得到

$$P(-0.25<X\leqslant 1.5)\approx 0.06+0.27+0.08=0.41.$$

表 **2.2** 弹孔位点相对频数

区间	弹孔数	相对频数
$[-5,-4)$	1	0.01
$[-4,-3)$	1	0.01
$[-3,-2)$	6	0.06
$[-2,-1)$	13	0.13
$[-1,0)$	24	0.24
$[0,1)$	27	0.27
$[1,2)$	16	0.16
$[2,3)$	7	0.07
$[3,4)$	3	0.03
$[4,5]$	2	0.02

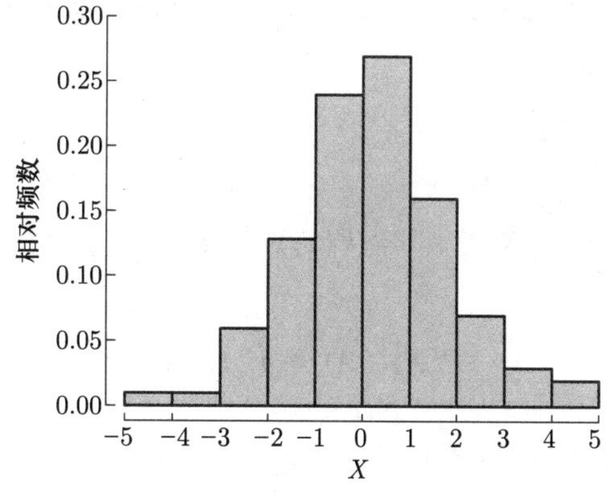

图 2.8 弹孔位点分布图

如果第二批的 100 颗子弹射在靶子上, 我们就将获得另一个经验分布. 尽管它们的外表可能相似, 但第二个与第一个经验分布多半是不同的. 如果把观察到的相对频数看作为某一"真"概率的估计, 那么我们假定有一个函数, 它将给出任何区间中的精确概率. 这些概率由曲线下的面积给出.

实验 扫描实验 5 的二维码进行连续型随机变量概率密度函数演示模拟实验, 观察不同样本量 (弹孔总数) 下直方图与拟合密度曲线的关系.

实验 5 连续型随机变量概率密度函数演示

由此, 取值为连续区间的随机变量, 可以通过这个概率曲线来确定其取值的概率. 我们引出如下定义:

定义 2.9　连续型随机变量和概率密度函数

设随机变量 X 的分布函数为 $F(x)$, 若存在非负函数 $f(x) \geqslant 0$, 使得 $\forall x \in \mathbb{R}$

$$F(x) = \int_{-\infty}^{x} f(t)\mathrm{d}t, \tag{2.17}$$

则称 X 为连续型随机变量, $f(x)$ 称为分布函数的概率密度函数 (pdf), 简称密度函数, 记为 $X \sim f(x)$. ♣

根据上述定义可知, 对连续型随机变量, 其分布函数 $F(x)$ 一定是一个绝对连续函数 (因而也是连续函数). 因此, 连续型随机变量 X 也常称为是绝对连续随机变量. 但是连续的分布函数未必是绝对连续的, 从而未必存在密度函数. 也就是说, 分布函数连续的随机变量未必是连续型随机变量. 数学上, 可以找到一类连续的分布函数 (称为奇异连续分布), 其对应的随机变量既不是离散型也不是连续型. 详细讨论见 (苏淳 等, 2020) 或者 (张颢, 2018). 对于连续型随机变量, 概率密度函数 $f(x)$ 与其分布函数 $F(x)$ 都可以用来描述其取值规律, 在连续型随机变量场合下, 概率密度函数用得更多. 由定义可知, 概率密度函数有如下性质:

性质　设随机变量 X 的概率密度函数为 $f(x)$, 分布函数为 $F(x)$, 则有

(1) $f(x) \geqslant 0, \forall\, x \in \mathbb{R}$;

(2) $\displaystyle\int_{-\infty}^{\infty} f(x)\mathrm{d}x = 1$;

(3) $\forall x_1 < x_2$, 有 $P(x_1 < X \leqslant x_2) = F(x_2) - F(x_1) = \displaystyle\int_{x_1}^{x_2} f(x)\mathrm{d}x$. 特别地, 对任意 (可测) 集合 $A \subseteq \mathbb{R}$ 有

$$P(X \in A) = \int_A f(x)\mathrm{d}x;$$

(4) 若 $f(x)$ 在 x_0 点连续, 则 $F'(x_0) = f(x_0)$.

证　由导数定义知, $\forall \varepsilon > 0$ 有

$$F'(x_0) = \lim_{\varepsilon \to 0} \frac{F(x_0+\varepsilon) - F(x_0-\varepsilon)}{2\varepsilon} = \lim_{\varepsilon \to 0} \frac{P(x_0-\varepsilon < X \leqslant x_0+\varepsilon)}{2\varepsilon}$$

$$= \lim_{\varepsilon \to 0} \frac{1}{2\varepsilon} \int_{x_0-\varepsilon}^{x_0+\varepsilon} f(x)\mathrm{d}x.$$

因为 f 在 x_0 处连续, 所以对任意 $\varepsilon > 0$, 存在 $\delta_\varepsilon > 0$, 当 $|x-x_0| \leqslant \varepsilon$ 时, $|f(x)-f(x_0)| < \delta_\varepsilon$. 代入到上式即有

$$f(x_0) - \delta_\varepsilon \leqslant \frac{1}{2\varepsilon} \int_{x_0-\varepsilon}^{x_0+\varepsilon} f(x)\mathrm{d}x \leqslant f(x_0) + \delta_\varepsilon.$$

注意 $\lim\limits_{\varepsilon \to 0} \delta_\varepsilon = 0$, 利用夹逼定理即证;

(5) $\forall x \in \mathbb{R}, P(X = x) = 0$.

连续型随机变量的分布函数是连续函数, 但是其概率密度函数未必都是连续函数, 我们有如下例子:

例 **2.19** 设随机变量 X 的概率密度函数为

$$f(x) = \begin{cases} \dfrac{2}{3}x, & 0 \leqslant x < 1, \\ 2(x-2)^2, & 1 \leqslant x \leqslant 2, \\ 0, & \text{其他}. \end{cases}$$

求其分布函数 $F(x)$.

解 根据定义, 当 $x < 0$ 时,

$$F(x) = \int_{-\infty}^{x} f(u)\mathrm{d}u = 0.$$

当 $0 \leqslant x < 1$ 时,

$$\begin{aligned} F(x) &= \int_{-\infty}^{x} f(u)\mathrm{d}u = \int_{-\infty}^{0} f(u)\mathrm{d}u + \int_{0}^{x} f(u)\mathrm{d}u \\ &= 0 + \int_{0}^{x} \frac{2}{3}u\mathrm{d}u = \frac{x^2}{3}. \end{aligned}$$

当 $1 \leqslant x \leqslant 2$ 时得

$$\begin{aligned} F(x) &= \int_{-\infty}^{x} f(u)\mathrm{d}u = \int_{-\infty}^{0} f(u)\mathrm{d}u + \int_{0}^{1} f(u)\mathrm{d}u + \int_{1}^{x} f(u)\mathrm{d}u \\ &= 0 + \int_{0}^{1} \frac{2u}{3}\mathrm{d}u + \int_{1}^{x} 2(u-2)^2\mathrm{d}u = 1 + \frac{2}{3}(x-2)^3. \end{aligned}$$

当 $x > 2$ 时, $F(x) = 1$. 从而

$$F(x) = \begin{cases} 0, & x \leqslant 0, \\ \dfrac{x^2}{3}, & 0 < x \leqslant 1, \\ 1 + \dfrac{2}{3}(x-2)^3, & 1 < x \leqslant 2, \\ 1, & x > 2. \end{cases}$$

因此, 连续型随机变量的密度函数未必都是连续的. 图2.9 展示了密度函数 $f(x)$ 和分布函数 $F(x)$ 的图形. □

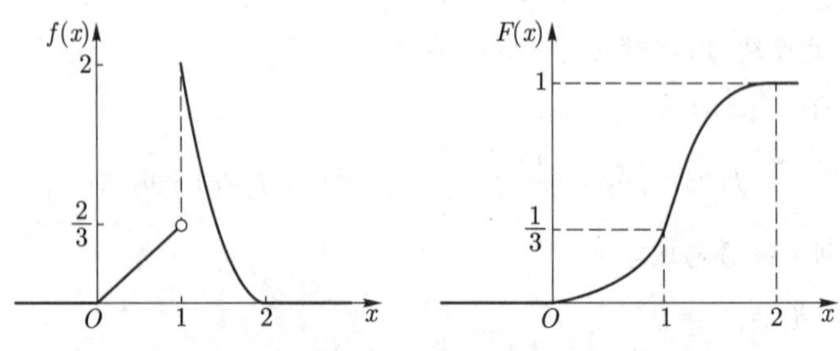

图 2.9 密度函数 $f(x)$ 和分布函数 $F(x)$ 的图形

注 概率密度函数的解释:

(1) 物理解释: 设一直线的质量为一个单位. 我们可以把概率密度函数 $f(x)$ 理解为直线的线密度, $f(x)$ 在 $(x_1, x_2]$ 上的积分就是线段 $(x_1, x_2]$ 的质量.

(2) 几何解释: $f(x)$ 在 $(x_1, x_2]$ 上的积分就是曲线 $f(x)$ 与 x 轴在区间 $(x_1, x_2]$ 之间的面积（图 2.10）.

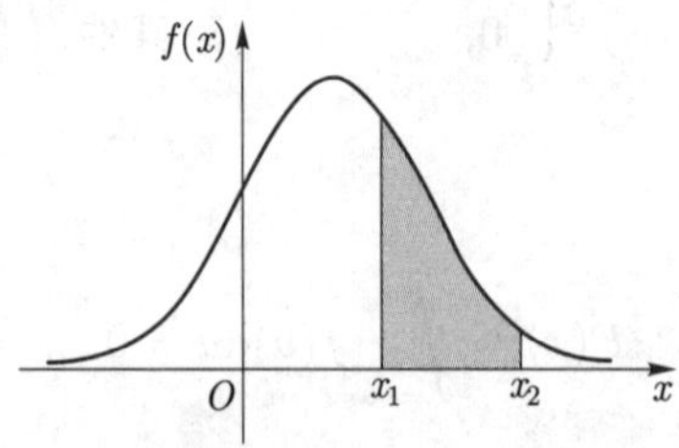

图 2.10 概率密度函数的几何解释

(3) 由函数增量与微分的关系, $F(x+\Delta x)-F(x)=f(x)\mathrm{d}x+o(\Delta x)$, 即 $f(x)\mathrm{d}x$ 近似等于随机变量 X 落在区间 $(x, x+\Delta x]$ 上的概率, 这就是 $f(x)\mathrm{d}x$ 的概率意义, 由此也知道直方图可以用来近似密度函数.

(4) 设 $A \subset \mathbb{R}$, 则

$$P(X \in A)=\int_A f(x)\mathrm{d}x, \tag{2.18}$$

这点从物理解释看就是区域 A 的质量, 从几何解释看就是曲线 $f(x)$ 与 x 轴上 A 上方之间的面积.

(5) 对连续型随机变量 X, 及任意实数 $x_1 < x_2$ 有

$$P(x_1 < X \leqslant x_2)=P(x_1 \leqslant X < x_2)=P(x_1 < X < x_2)=P(x_1 \leqslant X \leqslant x_2).$$

2.3.3 几种重要的连续型分布

1. 均匀分布

定义 2.10 均匀分布

随机变量 X 在有限区间 (a,b) 内取值 $(-\infty < a < b < \infty)$, 且概率密度函数为

$$f(x) = \frac{1}{b-a} I_{(a,b)}(x), \tag{2.19}$$

则称 X 服从区间 (a,b) 上的均匀分布 (uniform distribution), 记为 $X \sim U(a,b)$. ♣

实验 扫描实验 6 的二维码进行均匀分布模拟实验, 观察不同参数下分布的形状.

实验 6 均匀分布

均匀分布的密度函数图形如图 2.11(a) 所示.

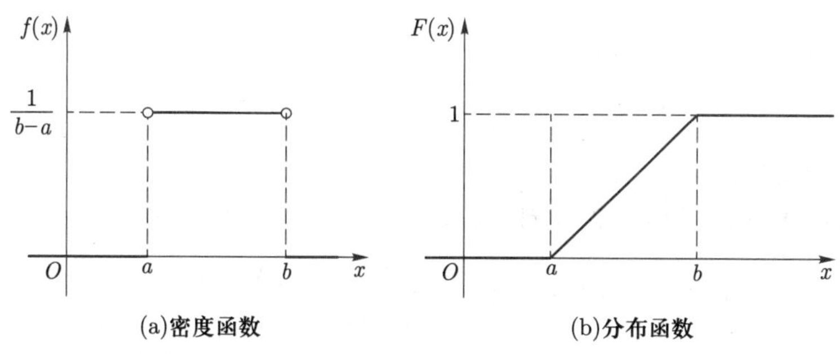

图 2.11 均匀分布随机变量的密度函数和分布函数图形

性质 均匀分布随机变量 X 落在 (a,b) 中任一子区间中的概率仅与区间长度成正比, 与起点无关.

区间 (a,b) 上的均匀分布随机变量的分布函数为 (图 2.11(b))

$$F(x) = \begin{cases} 0, & x \leqslant a, \\ \dfrac{x-a}{b-a}, & a < x < b, \\ 1, & x \geqslant b. \end{cases}$$

注 对连续型随机变量 X 而言, 因为 $P(X=c)=0$, 所以均匀分布中的区间可以是开区间, 也可以是闭区间, 或半开半闭区间, 这对分布没有影响.

2. 指数分布

定义 2.11　指数分布

若随机变量 X 的密度函数为

$$f(x) = \lambda \mathrm{e}^{-\lambda x} I_{(0,\infty)}(x), \tag{2.20}$$

其中 $\lambda > 0$ 为参数, 则称 X 服从参数为 λ 的指数分布 (exponential distribution), 记为 $X \sim Exp(\lambda)$. ♣

实验 扫描实验 7 的二维码进行均匀分布模拟实验, 观察不同参数下分布的形状.

实验 7 指数分布

容易得出指数分布的分布函数为

$$F(x) = \begin{cases} 1 - \mathrm{e}^{-\lambda x}, & x > 0, \\ 0, & x \leqslant 0. \end{cases} \tag{2.21}$$

性质　设 $X \sim Exp(\lambda)$, 则对任意 $s, t > 0$ 有

$$P(X > s + t | X > t) = P(X > s). \tag{2.22}$$

这一性质称为无记忆性.

证　注意到 $\{X > s + t\} \subset \{X > t\}$, 故

$$\begin{aligned} P(X > s + t | X > t) &= \frac{P(X > s + t, X > t)}{P(X > t)} \\ &= \frac{P(X > s + t)}{P(X > t)} = \frac{\mathrm{e}^{-\lambda(s+t)}}{\mathrm{e}^{-\lambda t}} \\ &= \mathrm{e}^{-\lambda s} = P(X > s). \end{aligned}$$

不仅如此, 可以证明一个非负连续型随机变量, 如果具有上述性质, 那么其分布必为指数分布. ■

若把 X 视为一件仪器的寿命, 则上式就是说在仪器正常使用 t 小时后, 仪器能继续再正常使用 s 小时的概率等于仪器正常使用超过 s 小时的概率, 即寿命具有指数分布特性的仪器与之前已经用了多少小时无关. 这种对已使用寿命的无记忆性是指数分布所特有的性质.

例 2.20 设 X 表示某种电子元件的寿命, $F(x)$ 为其分布函数. 若假设元件无老化, 即元件在时刻 x 正常工作的条件下, 其失效率保持为某个常数 λ, 与 x 无关. 试证明 X 服从指数分布.

证　失效率即单位时间内失效的概率, 因此由题设知

$$\frac{P(x \leqslant X \leqslant x + h | X > x)}{h} = \lambda, \quad h \to 0.$$

因为

$$P(x \leqslant X \leqslant x+h|X>x) = \frac{P(\{x \leqslant X \leqslant x+h\}\{X>x\})}{P(X>x)}$$
$$= \frac{F(x+h)-F(x)}{1-F(x)},$$

所以有

$$\lim_{h\to 0}\frac{P(x \leqslant X \leqslant x+h|X>x)}{h} = \frac{F'(x)}{1-F(x)} = \lambda,$$

即得到微分方程 $\dfrac{F'(x)}{1-F(x)} = \lambda$, 解此方程得到

$$F(x) = (1-\mathrm{e}^{-\lambda x})I(x>0).$$

■

例 2.21 在上例中, 如果失效率为时间 t 的函数 $\lambda(t)$, 求 X 的分布函数.

解 由

$$\lambda(t) = \frac{F'(t)}{1-F(t)}.$$

两边积分得到

$$\ln(1-F(t)) = -\int_0^t \lambda(x)\mathrm{d}x + k,$$

即

$$1-F(t) = \mathrm{e}^k \exp\left\{-\int_0^t \lambda(x)\mathrm{d}x\right\}.$$

注意到 $t=0$ 时, 应有 $k=0$, 从而对 $t>0$ 有

$$F(t) = 1-\exp\left\{-\int_0^t \lambda(x)\mathrm{d}x\right\}.$$

当 $\lambda(t) = \dfrac{k}{\delta}\left(\dfrac{t}{\delta}\right)^{k-1}$, $\delta, k>0$ 为参数, 则分布函数为

$$F(t) = 1-\exp\left\{-\left(\frac{t}{\delta}\right)^k\right\}.$$

相应的概率密度函数为

$$f(t) = \frac{k}{\delta}\left(\frac{t}{\delta}\right)^{k-1}\exp\left\{-\left(\frac{t}{\delta}\right)^k\right\}I_{(0,\infty)}(t).$$

此分布称为参数是 δ, k 的韦布尔 (Weibull) 分布. □

注 因为人的剩余寿命与人的年龄有关, 所以指数分布不适用于人的寿命刻画.

3. 正态分布

定义 2.12　正态分布

随机变量 X 的密度函数为

$$f(x)=\frac{1}{\sqrt{2\pi}\sigma}\exp\left\{-\frac{(x-\mu)^2}{2\sigma^2}\right\}, x\in\mathbb{R} \tag{2.23}$$

其中 $\mu\in\mathbb{R},\sigma>0$ 为参数, 则称 X 服从参数为 μ,σ^2 的正态分布 (normal distribution), 记为 $X\sim N(\mu,\sigma^2)$. ♣

实验 扫描实验 8 的二维码进行正态分布模拟实验, 观察不同参数下分布的形状.

实验 8 正态分布

容易验证 (2.23) 式所定义的函数 $f(x)$ 是概率密度函数, 其图形如图 2.12 所示.

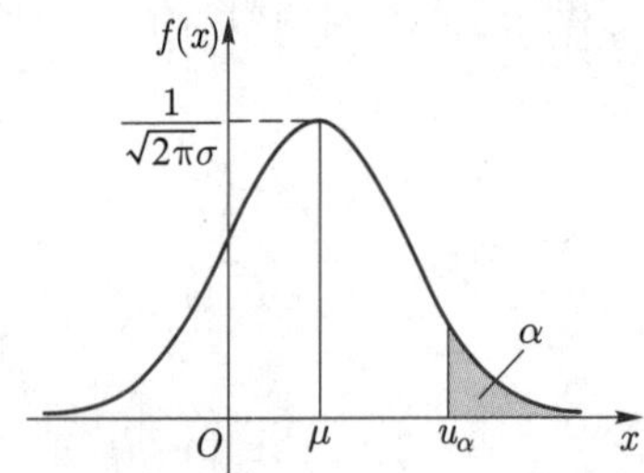

图 2.12　正态分布的密度函数

性质 从正态分布的密度函数 (2.23) 和图 2.12 可以看出, 正态分布的密度函数图形有以下性质:

(1) "钟形" 曲线, 两头小, 中间大, 关于 $x=\mu$ 对称;

(2) 最大值在对称轴 $x=\mu$ 处取得, $f(\mu)=\dfrac{1}{\sqrt{2\pi}\sigma}$;

(3) $x=\mu\pm\sigma$ 为拐点, 图形以 x 轴为渐近线;

(4) 固定 σ,μ 变化时, 图形左、右平移, 但是不改变形状. 固定 μ,σ 越大, 图形越平缓, 峰值越低; σ 越小, 图形越陡峭, 峰值越高. 故对相同的常数 d, X 落在 $(\mu-d,\mu+d)$ 中的概率随 σ 减小而增加.

这里 μ 称为位置参数 (location parameter), 它表示图形的对称位置. σ 称为尺度参数 (scale parameter), 它表示图形高低的改变. 当 $\mu=0,\sigma=1$ 时, $f(x)$ 称为标准正态分布密度函数, 由于它的重要性, 特别记为 $\varphi(x)$, 它对应的分布函数称为标准正态分布函数, 记为 $\Phi(x)$;

(5) 由图形对称性, 易见 $\Phi(-x)=1-\Phi(x)$

书后附表有标准正态 $\Phi(x)$ 分布函数值的表, 表中没有 $x<0$ 的 $\Phi(x)$ 的值, 不过可以由对称性从上式得到.

设 $X\sim N(0,1)$, 查标准正态分布表, 我们可以得到:

$$P(|X| \leqslant 1) = 0.682\ 6,$$
$$P(|X| \leqslant 2) = 0.954\ 5,$$
$$P(|X| \leqslant 3) = 0.997\ 3.$$

由上可知, 一个标准正态随机变量绝对值超过 2 的概率小于 0.05, 在宽标准下是个小概率事件, 而它的绝对值超过 3 的概率小于 0.01, 是严标准下的小概率事件. 所以我们在实际处理数据中, 可以把一个取值在整条直线上服从标准正态分布的随机变量近似视为取值在 $[-3,3]$ 中的随机变量.

对于一般的正态分布函数的值, 可以通过标准正态分布函数表达. 设 $X \sim N(\mu,\sigma^2)$, 则其分布函数 $F(x)$ 为

$$\begin{aligned} F(x) &= \int_{-\infty}^{x} \frac{1}{\sqrt{2\pi}\sigma} \mathrm{e}^{-\frac{(x-\mu)^2}{2\sigma^2}} \mathrm{d}x \\ &= \int_{-\infty}^{\frac{x-\mu}{\sigma}} \frac{1}{\sqrt{2\pi}} \mathrm{e}^{-\frac{t^2}{2}} \mathrm{d}t \qquad \left(\frac{x-\mu}{\sigma} = t\right) \\ &= \varPhi\left(\frac{x-\mu}{\sigma}\right), \end{aligned}$$

即

$$F(x) = \varPhi\left(\frac{x-\mu}{\sigma}\right). \tag{2.24}$$

也就是说, 此时有 $\dfrac{X-\mu}{\sigma} \sim N(0,1)$. 变换 $\dfrac{X-\mu}{\sigma}$ 也称为**标准化变换**.

正态分布的概念是 1733 年由棣莫弗引入的, 1809 年高斯 (Carl Friedrich Gauss, 1777—1855) 以正态分布作为主要工具预测天文学中星体的位置, 此时称为高斯分布. 19 世纪后半叶, 由英国统计学家皮尔逊开始将高斯曲线称为正态曲线, 因为当时大部分统计学家认为数据集合的直方图应该是这种形状. 我们在 2.5 节中将进行更详细的介绍.

正态分布是最常用的一种数据模型, 确实在很多场合下, 许多数据可以认为近似服从正态分布. 例如一个人的智商、身高、体重, 加工零件的尺寸等. 如果要更准确地分析数据集的变化规律, 那么许多数据集不能粗糙地认定是正态分布了. 具体问题具体分析.

例 2.22 设某地区中年男子体重 $X \sim N(70, 14.44)$ (单位: kg), 求该地区某男子体重超过 72.5 kg 的概率.

解 由 (2.24) 式, 计算得

$$\begin{aligned} P(X > 72.5) &= 1 - P(X \leqslant 72.5) \\ &= 1 - \varPhi\left(\frac{72.5-70}{3.8}\right) = 1 - \varPhi(0.657\ 9) \\ &= 1 - 0.744\ 7 = 0.255\ 3. \end{aligned}$$

□

例 2.23 公共汽车车门的高度是按男子与车门碰头的概率小于 0.01 来设计的. 设男子身高 $X \sim N(172, 36)$ (单位：cm), 问应该如何选择车门高度?

解 设车门高度为 H cm, 则由题意

$$P(X > H) = 1 - P(X \leqslant H) = 1 - \Phi\left(\frac{H-172}{6}\right)$$
$$= 1 - \Phi\left(\frac{H-172}{6}\right) < 0.01.$$

查附表可知

$$\frac{H-172}{6} \geqslant 2.33$$

$$H \geqslant 172 + 6 \times 2.33 = 185.98 \approx 186 \text{ cm}.$$

故车门高度可以选为 186 cm. □

注 (1) 除了离散型随机变量和连续型随机变量外, 还有其他类型的随机变量, 如在有限个点上有跳跃, 其余地方有密度函数的随机变量 (例2.17). 我们不在这里讨论了.

(2) 随机变量的分布是一个大概念, 当 X 为离散型随机变量时, 我们一般用分布律来研究; 当 X 为连续型随机变量时, 我们一般用密度函数来研究. 当 X 为一般随机变量时, 我们可以用分布函数来研究. 由此也可以看出, 随机变量的分布函数在任何场合都可以用, 有时候求密度函数时, 可以先考虑求出它的分布函数, 然后求导得到密度函数.

2.4 随机变量函数的分布

设随机变量 Y 是随机变量 X 的函数, 例如物体运动的速度为随机变量 V, 该物体的动能为 $E = \frac{1}{2}V^2$, 它还是随机变量. 现在的问题是, 若 $X \sim F$, 能否得到 Y 的分布? 下面分离散型随机变量和连续型随机变量来讨论.

视频 扫描视频 7 的二维码观看关于随机变量函数的分布讲解.

视频 7 随机变量函数的分布

2.4.1 离散型随机变量函数的分布

设随机变量 $Y = g(X)$, 其中 X 的分布律为

X	x_1	x_2	$\cdots$	x_n	$\cdots$
P	p_1	p_2	$\cdots$	p_n	$\cdots$

其中 $\sum p_k = 1$. 则随机变量 Y 的分布为

Y	$g(x_1)$	$g(x_2)$	$\cdots$	$g(x_n)$	$\cdots$
P	p_1	p_2	$\cdots$	p_n	$\cdots$

其中 $g(x_i)$ 相同时把对应的 p_i 相加, 即

$$P(Y=g(x_k))=\sum_{i:g(x_i)=g(x_k)} p_i.$$

特别地, 如果 g 恒为常数, 那么 Y 取该常数的概率为 1, 此时称 Y 的分布退化.

例 2.24 设随机变量 X 的分布律为

X	-1	0	1	3	4
P	0.1	0.2	0.2	0.4	0.1

求 $Y=X^2$ 的分布律.

解 容易得到

Y	0	1	9	16
P	0.2	0.3	0.4	0.1

□

2.4.2　连续型随机变量函数的分布

对变换 $Y=g(X)$, 显然 Y 的分布特点由 X 的分布和变换 g 的性质决定. 当 Y 仍为随机变量时, 其分布函数与 X 的密度函数之间有如下关系:

命题 2.1　随机变量函数的分布函数

设 $X\sim f(x)$, $Y=g(X)$, 则随机变量 Y 的分布函数 $F_1(y)$ 为

$$F_1(y)=P(Y\leqslant y)=P(g(X)\leqslant y)=\int_{g(x)\leqslant y} f(x)\mathrm{d}x. \tag{2.25}$$

♠

证 由公式 (2.18) 即得, 因为此时 $A=\{x:g(x)\leqslant y\}$. ■

显然, 连续型随机变量的函数未必是连续型随机变量. 当变换 g 满足以下条件时, Y 仍为连续型随机变量, 且其密度函数与 X 的密度函数之间有着特殊的关系:

推论 2.1　密度函数变换公式

若 $g(x)$ 是严格单调的且反函数可导时, 则随机变量 Y 仍为连续型随机变量, 且有概率密度函数 $f_1(y)$

$$f_1(y)=\begin{cases} f(h(y))|h'(y)|, & \alpha<y<\beta, \\ 0, & \text{其他}, \end{cases} \tag{2.26}$$

其中 $h(y)$ 为 $g(x)$ 的反函数, $\alpha=\min\{g(-\infty),g(\infty)\},\beta=\max\{g(-\infty),g(\infty)\}$.

♡

证 当 $g(x)$ 严格单调增加时, 其反函数存在, 记为 $h(y)$, 且 $h(y)$ 也是增函数, 所以导函数存在, 记为 $h'(y)$. 此时 $h(y)$ 的定义域就是 $g(x)$ 的值域 (α,β), 由于 $\{g(x)\leqslant y\}=\{x\leqslant h(y)\}$,

由命题 2.1

$$F_1(y)=\int_{-\infty}^{h(y)}f(x)\mathrm{d}x,$$

故若 $f(x)$ 在 x 连续, 则变上限积分可导, 在上式两边求导得

$$f_1(y)=f(h(y))h'(y).$$

当 $g(x)$ 严格单调减少时, $h(y)$ 也是减函数, 所以导函数存在, 记为 $h'(y)$, 注意到 $h'(y)<0$, 而 $\{g(x)\leqslant y\}=\{x\geqslant h(y)\}$, 此时

$$F_1(y)=\int_{h(y)}^{\infty}f(x)\mathrm{d}x,$$

两边求导得

$$f_1(y)=-f(h(y))h'(y)=f(h(y))|h'(y)|.$$

■

例 2.25 设随机变量 $X\sim f(x)$, 求 $Y=aX+b$ 的分布, 其中 $a\neq 0$.

解 由于 $g(x)=ax+b$ 为单调函数, 反函数为 $h(y)=\dfrac{y-b}{a}, h'(y)=\dfrac{1}{a}$, 故由推论

$$f_1(y)=f\Big(\frac{y-b}{a}\Big)\cdot\frac{1}{|a|}.$$

□

在上例中, 取 $X\sim N(\mu,\sigma^2)$, 此时

$$f(x)=\frac{1}{\sqrt{2\pi}\sigma}\exp\Big\{-\frac{(x-\mu)^2}{2\sigma^2}\Big\},$$

则 $Y=aX+b$ 的密度函数为

$$\begin{aligned}f_1(y)&=\frac{1}{\sqrt{2\pi}\sigma}\exp\Big\{-\frac{(y-(a\mu+b))^2}{2\sigma^2a^2}\Big\}\cdot\frac{1}{|a|}\\&=\frac{1}{\sqrt{2\pi}|a|\sigma}\exp\Big\{-\frac{(y-(a\mu+b))^2}{2(a\sigma)^2}\Big\}\sim N(a\mu+b,(a\sigma)^2).\end{aligned}$$

取 $a=\dfrac{1}{\sigma}, b=-\dfrac{\mu}{\sigma}$, 则 $Y=\dfrac{X-\mu}{\sigma}\sim N(0,1)$, 由此知, 任一正态随机变量都可以由标准正态随机变量线性表达.

注 当 g 不是在全区间上单调而是逐段单调时, 密度变换公式为下面的形式: 设随机变量 X 的密度函数为 $f(x)$, $a<x<b$. 如果可以把 (a,b) 分割为一些 (有限个或可列个) 互不重叠的子区间的和 $(a,b)=\bigcup\limits_j I_j$, 使得函数 $y=g(x)$, $x\in(a,b)$ 在每个子区间上有唯一的反函数 $h_j(y)$, 并且导函数 $h_j'(y)$ 存在连续, 那么 $Y=g(X)$ 是连续型随机变量, 其密度函数为

$$f_1(y)=\sum_j f(h_j(y))|h_j'(y)|I_j\ .$$

例 2.26 设随机变量 $X \sim f(x), x \in \mathbb{R}$, 求 $Y = X^2$ 的密度函数.

解 利用分布函数: 因为 $g(x) = x^2$ 不是 x 的严格单调函数, 所以先求 Y 的分布函数, 再求导就得到它的密度函数 $f_1(y)$. 由命题 2.1, 当 $y > 0$ 时, Y 的分布函数为

$$\begin{aligned} P(Y \leqslant y) &= P(X^2 \leqslant y) = P(-\sqrt{y} \leqslant X \leqslant \sqrt{y}) \\ &= F(\sqrt{y}) - F(-\sqrt{y}) \\ &= \int_{-\sqrt{y}}^{\sqrt{y}} f(x)\mathrm{d}x. \end{aligned}$$

故

$$f_1(y) = f(\sqrt{y})\frac{1}{2\sqrt{y}} + f(-\sqrt{y})\frac{1}{2\sqrt{y}} = \frac{1}{2\sqrt{y}}(f(\sqrt{y}) + f(-\sqrt{y})).$$

当 $y \leqslant 0$ 时, $P(Y \leqslant y) = 0$, 所以

$$f_1(y) = \frac{1}{2\sqrt{y}}\left(f(\sqrt{y}) + f(-\sqrt{y})\right) I_{0,\infty}(y).$$

利用密度变换公式: 因为 $g(x) = x^2$ 分别在 $(-\infty, 0)$ 和 $[0, \infty)$ 上严格单调, 所以根据上述注可知 Y 的密度函数为

$$f_1(y) = f(\sqrt{y})\left|\frac{1}{2\sqrt{y}}\right| + f(-\sqrt{y})\left|-\frac{1}{2\sqrt{y}}\right| = \frac{1}{2\sqrt{y}}\left(f(\sqrt{y}) + f(-\sqrt{y})\right) I_{(0,\infty)}(y).$$

□

例 2.27 设随机变量 X 的密度函数为

$$f(x) = \frac{2x}{\pi^2} I_{(0,\pi)}(x),$$

求 $Y = \sin X$ 的密度函数.

解 记 Y 的分布函数和密度函数分别为 $F_1(y), f_1(y)$, 由命题 2.1, 当 $0 \leqslant y \leqslant 1$ 时,

$$\begin{aligned} F_1(y) &= \int_{\sin x \leqslant y} f(x)\mathrm{d}x = \int_{\substack{0<x<\pi \\ \sin x \leqslant y}} f(x)\mathrm{d}x = \int_{\substack{0<x<\pi \\ \sin x \leqslant y}} \frac{2x}{\pi^2}\mathrm{d}x \\ &= \int_0^{\arcsin y} \frac{2x}{\pi^2}\mathrm{d}x + \int_{\pi - \arcsin y}^{\pi} \frac{2x}{\pi^2}\mathrm{d}x, \end{aligned}$$

最后一式可由图 2.13 看出. 求导得

$$\begin{aligned} f_1(y) &= \frac{2}{\pi^2}\left[\arcsin y \frac{1}{\sqrt{1-y^2}} - (\pi - \arcsin y)\frac{-1}{\sqrt{1-y^2}}\right] \\ &= \frac{2}{\pi} \cdot \frac{1}{\sqrt{1-y^2}}. \end{aligned}$$

显然当 $y < 0$ 时, $F(y) = P(Y \leqslant y) = 0$; $y > 1$ 时, $F(y) = P(Y \leqslant y) = 1$. 所以当 $y < 0$ 或 $y > 1$ 时, $f_1(y) = 0$, 最后我们得

$$f_1(y) = \frac{2}{\pi} \cdot \frac{1}{\sqrt{1-y^2}} I_{(0,1)}(y).$$

□

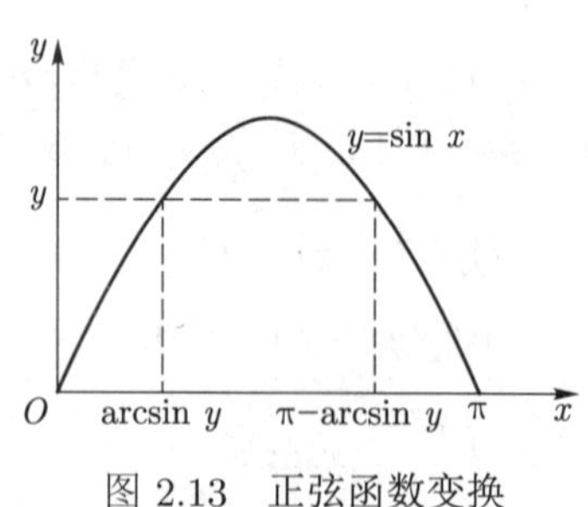

图 2.13　正弦函数变换

2.5 扩展阅读: 正态分布的由来

在所有的概率分布之中, 最重要、最常用的无疑要属正态分布, 在各个科学领域都能找到它的身影, 特别在统计学中具有无与伦比的影响力.

我们已经知道, 一个随机变量 X 服从正态分布 $N(\mu,\sigma^2)$, 若其概率密度函数为

$$f(x)=\frac{1}{\sqrt{2\pi}\sigma}\exp\left\{-\frac{(x-\mu)^2}{2\sigma^2}\right\},\quad -\infty<x<\infty.$$

此外, 标准化后的随机变量 $\dfrac{X-\mu}{\sigma}$ 服从标准正态分布 $N(0,1)$, 即其概率密度函数为

$$\varphi(x)=\frac{1}{\sqrt{2\pi}}\mathrm{e}^{-\frac{x^2}{2}},\quad -\infty<x<\infty.$$

正态分布的概率密度函数乍一看也许算不上非常简单, 却极具数学美感, 因为两个最常见的无理数 π 和 e 都出现在公式之中.

正态分布的概率密度函数曲线呈钟形, 因此人们又经常称之为钟形曲线. 不像二项分布, 正态分布并没有实际意义下的具体背景, 而是纯粹从理论推导中得出的一种理想化的分布. 在概率论与数理统计的课本上, 一般都是先介绍正态分布就给出概率密度函数, 却不说明这个函数是怎么推导出来的. 实际上, 正态分布从被发现到被人们重视进而广泛应用也经历了几百年. 下面就来介绍一下正态分布的这段历史.

概率论的出现离不开赌博, 正态分布也不例外. 这要归功于法国数学家棣莫弗. 偶然的一天, 一赌徒向棣莫弗提出了一个与赌博有关的问题:

甲、乙二人在赌场里赌博, 他们获胜的概率分别是 p 和 $q=1-p$, 赌 n 局, 如果甲赢的局数 $X>np$, 那么甲就得付给赌场 $X-np$ 元, 否则就是乙付给赌场 $np-X$ 元. 问赌场挣钱的数学期望是多少?

从今天看来, 这个问题并不复杂. 显然这里的随机变量 X 服从二项分布 $B(n,p)$, 从而所

求答案即为 $E|X-np|$. 但这只是理论结果, 对于具体的 n, 尤其是当 n 比较大时, 计算实际的数学期望值并不是一件容易的事 (数学期望概念详见第四章). 于是, 棣莫弗决定找到一个更方便计算的近似公式. 此时, 这个问题可以看作求分布函数

$$F(x)=P(|X-np|\leqslant x)$$

的近似表达式. 棣莫弗先从简单的情形 $p=1/2$ 入手, 最初几年进展不大. 1733 年, 他利用斯特林公式 (Stirling's formula) 终于取得了突破, 大致思路如下:

在 n 为偶数且 $p=1/2$ 时, 对绝对值不太大的整数 i (具体地, $i=o(n)$), 我们有

$$P\Big(X=\frac{n}{2}+i\Big)=\binom{n}{\frac{n}{2}+i}\Big(\frac{1}{2}\Big)^n,$$

由斯特林公式

$$n!\sim\sqrt{2\pi n}\Big(\frac{n}{\mathrm{e}}\Big)^n,$$

即可得到近似表达式

$$P\Big(X=\frac{n}{2}+i\Big)\sim\sqrt{\frac{2}{\pi n}}\exp\Big\{-\frac{2i^2}{n}\Big\}.$$

再在二项分布的概率累加的过程中使用定积分代替求和, 则对任意给定的常数 $c>0$, 我们有

$$\begin{aligned}P\Big(\Big|X-\frac{n}{2}\Big|\leqslant\frac{c}{\sqrt{n}}\Big)&=\sum_{-c\sqrt{n}\leqslant i\leqslant c\sqrt{n}}P\Big(X=\frac{n}{2}+i\Big)\\&\sim\sum_{-c\sqrt{n}\leqslant i\leqslant c\sqrt{n}}\frac{2}{\sqrt{2\pi n}}\exp\Big\{-\frac{2i^2}{n}\Big\}\\&=\sum_{-2c\leqslant\frac{2i}{\sqrt{n}}\leqslant 2c}\frac{1}{\sqrt{2\pi}}\exp\Big\{-\frac{1}{2}\Big(\frac{2i}{\sqrt{n}}\Big)^2\Big\}\frac{2}{\sqrt{n}}\\&\sim\int_{-2c}^{2c}\frac{1}{\sqrt{2\pi}}\mathrm{e}^{-\frac{x^2}{2}}\,\mathrm{d}x.\end{aligned}$$

正态分布的概率密度函数就这样在上面的积分公式中首先出现了.

虽然棣莫弗首先瞥见了正态曲线的雏形, 但最后发现正态分布的主要功劳却给了被誉为 "数学王子" 的高斯, 因此正态分布又称高斯分布 (Gaussian distribution). 既然正态分布首先是由棣莫弗发现的, 为什么不以他的名字命名呢? 原因在于棣莫弗只是发现了它的近似形式, 尽管他之后也对一些 $p\neq 1/2$ 的情形进行了计算, 却没有更深一步的工作. 后来法国数学家拉普拉斯对 $p\neq 1/2$ 的情况做了更多的讨论, 并把它推广到 $0<p<1$ 的一般情形. 在此基础上, 拉普拉斯还进一步得到了二项分布收敛于正态分布的结论, 被称为棣莫弗–拉普拉斯中心极限定理, 即

设随机变量 X_n 服从参数为 n 和 p 的二项分布，其中 $0<p<1$ 为一给定的常数. 那么，对任意的实数 x，有

$$\lim_{n\to\infty} P\left(\frac{X_n - np}{\sqrt{np(1-p)}} \leqslant x\right) = \frac{1}{\sqrt{2\pi}}\int_{-\infty}^{x} \mathrm{e}^{-\frac{t^2}{2}}\mathrm{d}t.$$

可以说, 正态分布的概率密度函数是在上述定理中正式出现的. 然而, 他们的工作还不足以奠定正态分布后来极其重要的地位. 真正让正态分布走入大家视野的过程是跟当时科学界对随机误差分布的探索联系在一起的.

这个故事可以从高斯介入天文学界的一个事件说起. 1801 年 1 月, 天文学家皮亚齐 (Giuseppe Piazzi, 1746—1826) 发现了一颗从未见过的光度 8 等的星在移动, 这颗现在被称作“谷神星”的小行星在夜空中出现 6 个星期, 扫过八度角后就在太阳的光芒下没了踪影, 无法观测. 而留下的观测数据有限, 难以计算出它的轨道, 当时的天文学家也因此无法确定这颗新星是彗星还是行星, 这个问题很快成了学术界关注的焦点. 高斯当时已经是很有名望的年轻数学家了, 这个问题引起了他的兴趣. 高斯以其卓越的数学才能创立了一种崭新的行星轨道的计算方法, 一个小时之内就计算出了这颗新星的轨道, 并预言了他在夜空中出现的时间和位置. 1801 年 12 月 31 日夜, 德国天文爱好者奥伯斯 (Heinrich Olbers, 1758—1840) 在高斯预言的时间里, 用望远镜对准了这片天空. 果然不出所料, 这颗新星出现了!

高斯为此名声大振, 但是高斯当时拒绝透露计算轨道的方法, 原因可能是高斯认为自己方法的理论基础还不够成熟, 而高斯一向治学严谨、精益求精, 不轻易发表没有思考成熟的理论. 直到 1809 年, 高斯系统地完善了相关的数学理论后, 才将他的方法公布于众, 而其中使用的数据分析方法, 就是以误差的正态分布为基础的最小二乘法. 那高斯是如何推导出误差分布为正态分布的?

在当时的天文学和测地学的研究中, 总是会涉及数据的多次测量、分析与计算. 很多年以前, 学者们就已经经验性地认为, 对于有误差的测量数据, 多次测量取算术平均是比较好的处理方法. 虽然缺乏理论上的论证, 也不断地受到一些人的质疑, 取算术平均作为一种非常直观的方式, 已经被使用了几百年, 在多年积累的数据的处理经验中也得到相当程度的验证, 被认为是一种良好的数据处理方法. 高斯就是从猜测误差分布导出的最大似然估计恰好是算术平均值 (即样本均值) 出发, 从而逆推得出正态分布的.

设真值为 θ, 对其 n 次独立测量值记为 $x_1, x_2, \cdots, x_n$, 从而第 $i\,(1\leqslant i\leqslant n)$ 次测量的误差为 $e_i = x_i - \theta$. 假设随机误差的概率密度函数为 $f(e)$, 则似然函数为误差的联合概率密度函数, 即

$$L(\theta) = L(\theta; x_1, x_2, \cdots, x_n) = \prod_{i=1}^{n} f(e_i) = \prod_{i=1}^{n} f(x_i - \theta).$$

为求最大似然估计, 令

$$\frac{\mathrm{d}[\ln L(\theta)]}{\mathrm{d}\theta} = 0.$$

整理后, 可得

$$\sum_{i=1}^{n}\frac{f'(x_i-\theta)}{f(x_i-\theta)}=0.$$

令 $g(x)=\dfrac{f'(x)}{f(x)}$, 故可简记为

$$\sum_{i=1}^{n}g(x_i-\theta)=0.$$

由于高斯假设最大似然估计的解就是样本均值 $\overline{x}$, 将之代入上式, 则得

$$\sum_{i=1}^{n}g(x_i-\overline{x})=0. \tag{2.27}$$

在 (2.27) 式中取 $n=2$, 则

$$g(x_1-\overline{x})+g(x_2-\overline{x})=0.$$

又因此时 $x_1-\overline{x}=-(x_2-\overline{x})$, 并且 x_1 和 x_2 是任意的, 故 $g(x)$ 应为奇函数, 即

$$g(-x)=-g(x). \tag{2.28}$$

再在 (2.27) 式中取 $n=m+1$, 并要求 $x_1=x_2=\cdots=x_m=-x$ 及 $x_{m+1}=mx$, 注意此时 $\overline{x}=0$, 再由 (2.28) 式, 我们有

$$mg(x)=g(mx),$$

对任意正整数 m 成立. 而满足此式的唯一的连续函数就是 $g(x)=cx$, 从而进一步可求解出

$$f(x)=M\mathrm{e}^{cx^2}.$$

这里的 c 和 M 均为常数, 但由于 $f(x)$ 为一个概率密度函数, 把它正则化一下即得到均值为 0 的正态密度函数.

进一步, 高斯还基于均值为 0 的正态分布对最小二乘法给出了一个很漂亮的解释, 这也使得最小二乘法成为 19 世纪统计学最重要的成就. 高斯既提出了最大似然估计的思想, 又解决了误差的概率密度函数的问题, 由此我们可以对误差大小的影响进行统计度量了. 高斯的这项工作对后世的影响极大, 而正态分布也因此被冠名高斯分布. 估计高斯本人当时是完全没有意识到他的这个工作给现代数理统计学带来的深刻影响. 高斯在数学上的贡献很多, 去世前, 他要求给自己的墓碑上雕刻上正十七边形, 以说明他在正十七边形尺规作图上的杰出工作. 而德国在 1991 年至 2001 年间发行的一款 10 马克的纸币上印着高斯的头像和正态密度函数曲线, 以及德意志民主共和国在 1977 年发行的 20 马克的可流通纪念硬币上, 也印着正态分布曲线和高斯的名字, 这足以说明高斯的这项工作在当代科学发展中的分量.

高斯的文章发表之后, 拉普拉斯很快得知了高斯的工作. 拉普拉斯看到, 正态分布既可以从抛硬币产生的序列和中生成出来, 又可以被作为随机误差分布, 这难道是偶然现象? 拉普拉斯不愧为概率论的大家, 他马上将误差的正态分布理论和中心极限定理联系起来, 提出了误差

解释. 他指出, 如果误差可以看成许多微小量的叠加, 那么根据他的中心极限定理, 随机误差理所应当是高斯分布. 20 世纪中心极限定理的进一步发展, 也给这个解释提供了更多的理论支持.

至此, 误差分布曲线的寻找尘埃落定, 正态分布在误差分析中确立了自己的地位, 并在整个 19 世纪不断开疆扩土, 直至在统计学中鹤立鸡群, 傲世其他一切概率分布; 而高斯和拉普拉斯的工作, 为现代统计学的发展开启了一扇大门.

在整个正态分布被发现与应用的历史中, 棣莫弗、拉普拉斯、高斯各有贡献, 拉普拉斯从中心极限定理的角度解释它, 高斯把它应用在误差分析中, 殊途同归. 正态分布被人们发现有这么好的性质, 各国都争抢它的冠名权. 因为拉普拉斯是法国人, 所以当时在法国, 正态分布被称为拉普拉斯分布; 而高斯是德国人, 所以正态分布在德国叫做高斯分布; 有些则称其为拉普拉斯–高斯分布. 后来法国的大数学家庞加莱建议改用正态分布这一中立名称, 而随后被誉为统计学之父的皮尔逊使得这个名称被广泛接受:

> Many years ago I called the Laplace-Gaussian curve the normal curve, which name, while it avoids an international question of priority, has the disadvantage of leading people to believe that all other distributions of frequency are in one sense or another “abnormal”. —Karl Pearson (1920)

不过因为高斯在数学家中的名气实在是太大, 目前很多领域都是正态分布和高斯分布两个名称并用, 而在物理领域则更多地使用高斯分布.

本章总结

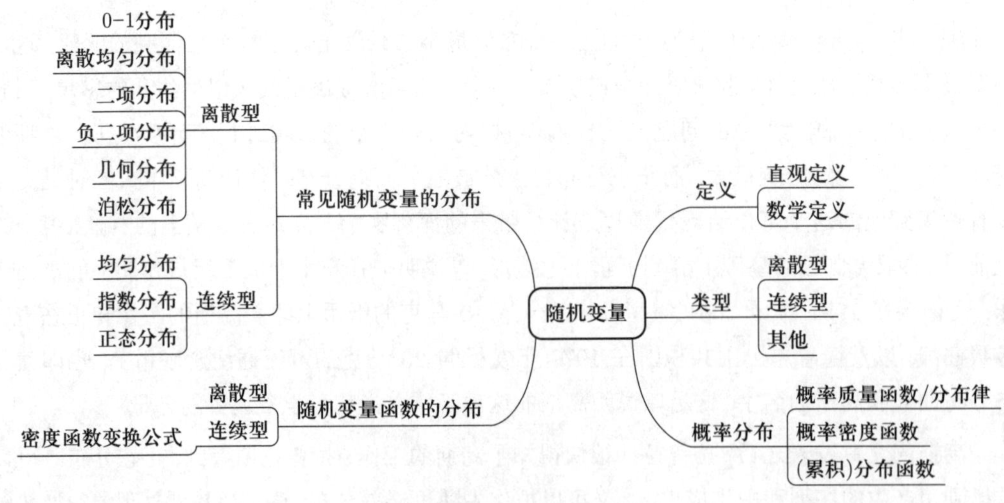

图 2.14　第二章知识点结构图

重点概念总结

- 分布是用来刻画随机变量概率性质的，其中分布律一般用来刻画离散型随机变量，密度函数一般用来刻画连续型随机变量.
- 二项分布是随机变量取有限个值的代表，泊松分布是随机变量取可数个值的代表.
- 正态分布是最重要的连续型分布，在今后的概率和统计中都会出现正态分布，所以要较好地掌握正态分布有关的性质.
- 掌握求随机变量函数分布的方法.

习　题

1. 双色球是目前彩票中最受欢迎的玩法之一. 投注区分为红色球号码区和蓝色球号码区，红色球号码区由 1 到 33 共 33 个号码组成，蓝色球号码区由 1 到 16 共 16 个号码组成. 投注时，选择 6 个不同的红色球号码和 1 个蓝色球号码组成一注进行单式投注，每注金额人民币 2 元. 设开奖时，由系统随机指定 6 个不同的红色球号码和 1 个蓝色球号码. 若某单式投注中分别有 i $(0 \leqslant i \leqslant 6)$ 个红色球号码和 j $(j=0,1)$ 个蓝色球号码与指定号码相同，则称该投注的形式为 "$i+j$". 最后所有奖项规则如下:

等级	一等奖	二等奖	三等奖	四等奖	五等奖	六等奖
形式	6+1	6+0	5+1	5+0, 4+1	4+0, 3+1	2+1, 1+1, 0+1

(1) 试引入一个随机变量 X 来描述随机购买的一注单式投注的各种中奖等级情况，并求它的分布律;

(2) 试用 X 取值的方式来表示某人花 2 元买一注后的下述事件:

$$A=\{\text{中奖}\}, \quad B=\{\text{中一等奖或二等奖}\},$$

并求出它们发生的概率.

2. 一位篮球运动员练习投篮 100 次，且已知他前两次只投进了一次. 从第 3 球开始，假设他每次投篮的命中率为其前面所投进球的比率 (比如他前 5 次投进了 4 个球，则第 6 次他的投篮命中率为 4/5). 求他最终在这 100 次投篮中投进次数的分布律.

3. 某物流公司和某工厂约定用车将一箱货物按期无损地运到目的地，可得佣金 100 元，但若不按期则扣 20 元 (即得佣金 80 元); 若货物有损坏则扣 50 元; 若货物不按期又有损坏则扣 160 元. 该物流公司按以往经验认为一箱货物按期无损地运到目的地有 60% 的把握，不按期到达的占 20%，货物有损坏的占 10%，货物不按期到达又有损坏的占 10%. 以 X 记该物流公司用车将一箱货物运到目的地后的毛利润. 试求 X 的分布律.

4. 设某游乐场的一部设备在一天内发生故障的概率为 0.2, 设备一旦发生故障则全天无法工作. 若一周五个工作日内无故障可以获利 10 万元, 只发生一次故障可以获利 5 万元, 发生两次故障获利 0 元, 发生三次或三次以上故障则亏损 2 万元. 试求一周内该游乐场在这台设备上的毛利润的分布律.

5. 设随机变量 X 的分布律如下:

X	-1	1	2
P	0.25	0.5	0.25

(1) 试求 X 的分布函数 $F(x)$;

(2) 试求概率 $P(X \leqslant 0), P(0.5 < X \leqslant 1.5), P(1 \leqslant X \leqslant 2)$ 和 $P(1 < X \leqslant 2)$.

6. 设 10 件产品中有 8 件是正品, 2 件是次品. 现每次不放回地抽取一件产品直到取到正品为止. 以 X 记抽取的次数, 试求 X 的分布律和分布函数.

7. 在一串独立试验中观察某事件 A 是否发生, 且假设每次 A 发生的概率都是 0.4. 若以 X 表示 A 发生时的累计试验次数, 试求概率 $P(X$ 为偶数$)$ 和 $P(X > 2)$.

8. 向目标进行 20 次独立射击, 且假设每次射击的命中率为 0.2. 若以 X 记命中的次数, 试求概率 $P(X \geqslant 1)$ 及 X 最有可能的取值.

9. 进行 4 次独立试验, 在每次试验中结果 A 出现的概率均为 0.3. 若 A 不出现, 则 B 也不出现; 若 A 只出现一次, 则 B 出现的概率是 0.6; 若 A 出现至少两次, 则 B 出现的概率为 1. 试求: (1) B 会出现的概率; (2) 若已知 B 出现, 求 A 恰出现一次的概率.

10. 有两支篮球队进行友谊杯赛, 假定每一场甲乙两队获胜的概率分别是 0.6 和 0.4, 且各场胜负情况相互独立. 如果规定先胜 4 场者为冠军, 求甲队经过 i $(i = 4, 5, 6, 7)$ 场比赛而成为冠军的概率 p_i. 再问: 与“三场两胜”制比较, 采取哪种赛制对乙队更有利?

11. 有一种赌博, 规则如下: 赌徒先在 1 到 6 中押一个数字, 然后掷三个骰子, 若赌徒所押的数字出现 i 次, $i = 1, 2, 3$, 则赌徒赢 i 元; 若其所押的数字没出现, 则输 1 元. 以随机变量 X 表示赌徒赌完一局后的收益, 试求它的分布律 (假设这些骰子都是均匀的且掷出的点数相互独立).

12. 设某种昆虫单只每次产卵的数量服从参数为 λ 的泊松分布, 而每个虫卵能孵出幼虫的概率均为 p $(0 < p < 1)$ 且相互独立. 分别以 Y 和 Z 记一只昆虫一次产卵后幼虫的个数和未能孵出幼虫的虫卵的个数. 试问 Y 和 Z 分别服从什么分布? 它们是否相互独立?

13. 一个系统包含了 1 000 个零件, 各个零件是否出故障是相互独立的并且在一个月内出故障的概率为 0.001. 试利用泊松分布求系统在一个月内正常运转 (即没有零件出故障) 的概率.

14. 保险公司的资料表明, 持某种人寿保险单的人在保险期内死亡的概率为 0.02. 利用泊松分布, 试求在 400 份保单中最终至少赔付两份保单的概率. 结果精确到小数点后三位.

15. 某种数码传输系统每秒传送 5.12×10^5 个字符 (0 或 1), 由于会受到干扰, 传送中会出现误码, 即将 0 (或 1) 传送为 1 (或 0). 若误码率为 10^{-7}, 求在 10 s 内至少出现一个误码的概率. 在 100 s 内呢? 结果精确到小数点后三位.

16. 某航空公司知道预订航班的乘客有 0.05 的概率最终不会来搭乘, 为了盈利更多, 他们的政策是接受比实际座位更多的预订. 若一个恰有 50 个座位的航班一共被预订了 52 张票, 问最终出现无法满足所有乘客乘坐要求的情况的概率大约是多少? 结果精确到小数点后两位.

17. 假定有 100 万注彩票出售, 其中有 100 注有奖.
(1) 若一个人买了 100 注, 求其中奖的概率;
(2) 一个人买多少注, 才能保证有 0.95 的概率中奖?

18. 设随机变量 X 的分布函数为

$$F(x)=\begin{cases}0, & x<0,\\ x/4, & 0<x\leqslant 1,\\ 1/2+(x-1)/4, & 1\leqslant x<2,\\ 5/6, & 2\leqslant x<3,\\ 1, & x\geqslant 3.\end{cases}$$

试求: (1) $P(X=k),\ k=1,2,3$; (2) $P\left(1/2<x<3/2\right)$.

19. 设随机变量 X 的分布函数为

$$F(x)=\begin{cases}0, & x<-1,\\ 1/8, & x=-1,\\ ax+b, & -1<x<1,\\ 1, & x\geqslant 1,\end{cases}$$

且 $P(X=1)=\dfrac{1}{4}$, 试求常数 a 和 b 的值.

20. 设随机变量 X 的密度函数为

$$f(x)=\begin{cases}ax, & 1<x<2,\\ b, & 2\leqslant x<3,\\ 0, & \text{其他}.\end{cases}$$

若又知 $P(1<X<2)=P(2<X<3)$, 试求常数 a 和 b 的值.

21. 设随机变量 X 的密度函数为

$$f(x)=\frac{a}{1+x^2},\quad -\infty<x<\infty.$$

试求: (1) 常数 a;　　(2) 分布函数 $F(x)$;　　(3) 概率 $P(|X|<1)$.

22. 在曲线 $y=2x-x^2$ 与 x 轴所围成的区域中随机取一点, 以 X 表示它与 y 轴之间的距离. 试求 X 的密度函数 $f(x)$ 和分布函数 $F(x)$.

23. 设连续型随机变量 X 的分布函数为

$$F(x)=\begin{cases} 0, & x<1, \\ ax^2\ln x+bx^2+1, & 1\leqslant x<\mathrm{e}, \\ 1, & x\geqslant \mathrm{e}. \end{cases}$$

试求: (1) 常数 a,b; (2) 随机变量 X 的密度函数 $f(x)$.

24. 若随机变量 X 服从区间 $(-5,5)$ 上的均匀分布, 求方程 $x^2+Xx+1=0$ 有实根的概率.

25. 某城际列车从早上 6:00 开始每 15 min 发出一趟列车, 假设某乘客达到车站的时间服从 7:00 到 7:30 的均匀分布, 若忽略买票等其他时间, 试求该乘客等车时间少于 5 min 的概率.

26. 设随机变量 X 服从区间 $(1,4)$ 上的均匀分布, 现对 X 进行三次独立观测, 试求至少两次观测值大于 2 的概率.

27. 设随机变量 X 只在区间 $(0,1)$ 内取值, 且其分布函数 $F(x)$ 满足: 对任意 $0\leqslant a<b\leqslant 1$, $F(b)-F(a)$ 的值仅与差 $b-a$ 有关. 试证明 X 服从 $(0,1)$ 上的均匀分布.

28. 假定一机器的检修时间服从参数为 $\lambda=1$ 的指数分布 (单位: h). 试求:
(1) 检修时间会超过 2 h 的概率;
(2) 若已经检修了 2 h, 总检修时间会超过 4 h 的概率.

29. 设顾客在某银行的窗口等待服务的时间 X 服从参数为 $\lambda=\dfrac{1}{5}$ 的指数分布 (单位: min). 假设某顾客一旦等待时间超过 10 min 他就立即离开, 且一个月内要到该银行 5 次, 试求他在一个月内至少有一次未接受服务而离开的概率.

30. (1) 设 X 为正值连续型随机变量, 试证明它服从指数分布的充要条件是对任意的常数 $t,x>0$, 均有

$$P(X\leqslant t+x|X>t)=P(X\leqslant x);$$

(2) 设 X 为取值为正整数的离散型随机变量, 试证明它服从几何分布的充要条件是对任意的正整数 m,n, 均有

$$P(X\leqslant m+n|X>n)=P(X\leqslant m).$$

31. 设随机变量 $X\sim N(1,4)$,
(1) 试求概率 $P(0\leqslant X\leqslant 4), P(X>2.4)$ 和 $P(|X|>2)$;
(2) 试求常数 c, 使得 $P(X>c)=2P(X\leqslant c)$.

32. 在一个流水线上，我们测量每个电阻器的电阻值 R, 只有电阻值介于 96 Ω 和 104 Ω 之间的电阻器才是合格的. 对下列情形试求合格电阻器的比例:

(1) 若 R 服从区间 (95, 105) 上的均匀分布;

(2) 若 R 服从正态分布 $N(100,4)$.

33. 由学校到飞机场有两条路线可供选择: 第一条要穿过市区, 路程短但堵车现象严重, 所需时间 (单位: min) 服从正态分布 $N(30,100)$; 另一条是环城公路, 路程长但很少堵车, 所需时间服从正态分布 $N(40,16)$. 如果要求 (1) 在 50 min 内到达机场; (2) 在 45 min 内到达机场. 试问各应该选择哪条路线?

34. 同时掷两枚均匀的骰子, 以 X 记它们的点数之和. 试求 X 的分布律.

35. 同时掷三枚均匀的骰子, 以 X 记它们中最大的点数. 试求 X 的分布律.

36. 设随机变量 X 的分布律为

X	-1	0	1	2
P	0.2	0.3	0.1	0.4

试求下列随机变量的分布律:

(1) $Y_1=-2X+1$; (2) $Y_2=|X|$; (3) $Y_3=(X-1)^2$.

37. 设连续型随机变量 X 的分布函数为

$$F(x)=a+b\arctan x,\quad -\infty<x<\infty.$$

(1) 试求常数 a,b 的值;

(2) 试求随机变量 $Y=3-\sqrt[3]{X}$ 的密度函数 $p(y)$;

(3) 试证明 X 与 $1/X$ 具有相同的分布.

38. 设粒子运动速度服从正态分布, 求该粒子动能的分布.

39. 设元件寿命 X 服从指数分布 $Exp(\lambda)$, 求 $Y=XI_{(t,\infty)}(X)$ 的分布.

40. 设随机变量 $X\sim U(0,1)$, 试求下列随机变量的密度函数:

(1) $Y_1=\mathrm{e}^X$; (2) $Y_2=X^{-1}$; (3) $Y_3=-\dfrac{1}{\lambda}\ln X$, 其中 $\lambda>0$ 为常数.

41. 设随机变量 $X\sim U\left(-\dfrac{\pi}{2},\dfrac{\pi}{2}\right)$, 试分别求 $Y_1=\tan X$ 和 $Y_2=\cos X$ 的密度函数.

42. 设随机变量 X 的分布函数 $F(x)$ 为严格单调连续函数, 证明: 随机变量 $Y=F(X)$ 服从区间 (0, 1) 上的均匀分布.

43. 设随机变量 X 服从参数为 1 的指数分布, 试分别求 $Y_1=X^2$ 和 $Y_2=1-\mathrm{e}^{-X}$ 的密度函数.

44. 设随机变量 X 的概率密度函数为 $f(x)=2(1-x)$, $0<x<1$. 试构造区间 (0, 1) 上的一个单调增函数 $g(x)$, 使得 $g(X)$ 恰好服从参数为 1 的指数分布.

45. 设随机变量 X 服从参数为 λ 的指数分布, 以 $Y=[X]$ 表示它的整数部分, 即不超过 X 的最大整数, 而以 Z 表示它的小数部分, 即 $Z=X-[X]$. 试求随机变量 Y 和 Z 各自的分布, 且它们是否相互独立?

46. 设随机变量 X 服从参数为 λ 的指数分布, 且随机变量 Y 定义为

$$Y=\begin{cases} X, & X \geqslant 1, \\ -X^2, & X<1. \end{cases}$$

试求 Y 的密度函数 $p(y)$.

47. 设随机变量 X 服从标准正态分布, 试求下列随机变量的密度函数:

(1) $Y_1=\mathrm{e}^X$; (2) $Y_2=|X|$; (3) $Y_3=2X^2+1$.

48. 设随机变量 X 的密度函数为 $f(x)=\dfrac{1}{a}x^2, 0<x<3$, 令随机变量

$$Y=\begin{cases} 2, & X \leqslant 1, \\ X, & 1<X<2, \\ 1, & X>2. \end{cases}$$

(1) 求随机变量 Y 的分布函数;

(2) 求概率 $P(X \leqslant Y)$.

49.* 设随机变量 $X \sim U(0,1)$, 求下列随机变量的分布函数或密度函数:

(1) $Y=\dfrac{X}{1-X}$; (2) $Z=XI_{(a,1]}(X)$, 其中 $0<a<1$;

(3) $W=X^2+XI_{[0,b]}(X)$, 其中 $0<b<1$.

50.* 设随机变量 $X \sim N(0,1)$, 证明对任意 $x>0$, 有

$$\frac{1}{\sqrt{2\pi}}\left(\frac{1}{x}-\frac{1}{x^3}\right)\mathrm{e}^{-\frac{x^2}{2}} \leqslant P(X>x) \leqslant \frac{1}{\sqrt{2\pi}x}\mathrm{e}^{-\frac{x^2}{2}}.$$

51.* (两端带吸收壁的随机游动) 设赌徒甲有本金 a 元, 赌徒乙有本金 b 元, 每局甲赢的概率为 p, 乙赢的概率为 $q=1-p$, 没有平局. 设每局输赢都是一元. 求赌徒甲输光的概率. 如果赌徒乙是赌场老板, 赌徒甲的资本 a 相对于赌场老板的赌本 b 而言是 $o(b)$, 设 $p=q=1/2$, 你对该结论有什么看法?

提示: 把上述模型视为一个质点在直线上左右游动, 设质点初始位置为 a. 质点向左游动一步的概率为 q, 表示乙赢甲输, 质点向右游动一步的概率为 p, 表示甲赢乙输. 以 p_n 表示质点位置在 n 而质点随机游动最终被 0 点吸收的概率（即甲输光的概率）, q_n 表示质点位置在 n 而质点随机游动最终被 $a+b$ 点吸收的概率（即乙输光的概率）. 由题意

$$p_0=1, q_0=0,$$

$$p_{a+b}=0, q_{a+b}=1.$$

若在某时刻, 质点位于 $x=n$, 则它被 $x=0$ 吸收有两种方式来实现: 一种是接下来向

右移动而最终被 $x=0$ 吸收；另一种是向左移动而最终被 $x=0$ 吸收. 运用全概率公式, 得

$$p_n = p \cdot p_{n+1} + q \cdot p_{n-1},\ n = 1, 2, \cdots, a+b-1,$$

这样我们得到一个二阶差分方程, 对应的特征方程为

$$px^2 - x + q = 0.$$

设特征方程解为 x_1, x_2, 则通解为 $p_n = C_1 x_1^n + C_2 x_2^n = C_1 + C_2\left(\dfrac{q}{p}\right)^n$, 利用边界条件即可得出甲最终输光的概率为

$$p_a = \frac{\left(\dfrac{q}{p}\right)^a - \left(\dfrac{q}{p}\right)^{a+b}}{1 - \left(\dfrac{q}{p}\right)^{a+b}}.$$

当 $p = q = \dfrac{1}{2}$ 时, 考虑当 $\dfrac{q}{p} \to 1$ 时 p_a 的极限, 也可以直接从差分方程出发求出 p_a.

第三章　多维随机变量及其分布

学习目标

- 了解为什么要引入二维随机变量, 理解二维随机变量和联合分布的定义
- 理解一维随机变量和二维随机变量的差异, 掌握边缘分布和联合分布之间, 以及边缘密度函数和联合密度函数之间的联系
- 理解条件密度函数的定义, 掌握条件密度函数、边缘密度函数和联合密度函数三者之间的关系
- 掌握随机变量相互独立的定义, 并能熟练地应用独立性来求有关事件的概率
- 掌握求多个随机变量函数的分布的方法

3.1　多维随机变量及其分布

3.1.1　多维随机变量

有时候, 我们对随机试验的结果要用两个或两个以上的随机变量来描述, 例如为了研究某学区学龄前儿童的身体发育情况, 需要了解他 (她) 们的身高 (H) 和体重 (W). 记 Ω={该学区学龄前儿童的全体}, 学龄前儿童记为 ω, 则 $\{\omega: \boldsymbol{X}(\omega)=(H(\omega), W(\omega))\}$ 表示该儿童的身高体重. $\boldsymbol{X}$ 称为二维随机变量, 它可以用来描述学龄前儿童的身体发育状况.

定义 3.1　多维随机变量

设 $X_1(\omega), X_2(\omega), \cdots, X_n(\omega)$ 为同一样本空间上的随机变量, 则称

$$\boldsymbol{X}(\omega)=(X_1(\omega), X_2(\omega), \cdots, X_n(\omega))$$

为 n 维随机变量, 或称为 n 维随机向量. 通常简记为 $(X_1, X_2, \cdots, X_n)$ 或 $\boldsymbol{X}$. ♣

视频 扫描视频 8 的二维码观看关于多维随机变量的讲解.

视频 8　多维随机变量

在多维随机变量中, 每个坐标都是同一样本空间中的随机变量 (图 3.1), 它们之间还会有某种关系, 所以研究单个随机变量是不够的. 我们必须把它们放在一起进行研究.

先研究二维随机变量. 类似于一维随机变量, 我们也是要研究它们取哪些值以及取这些值的概率多大. 这就引入如下定义:

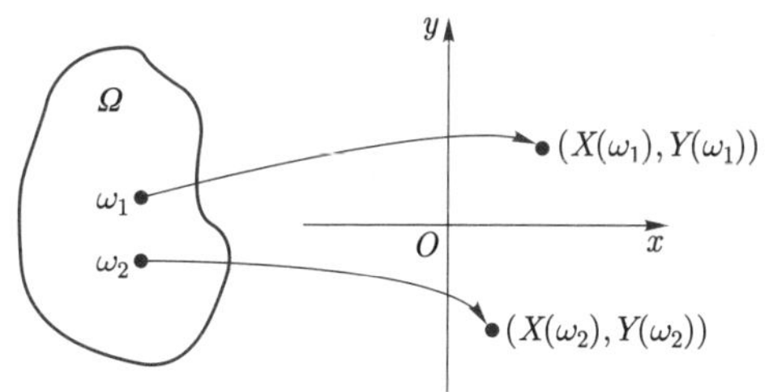

图 3.1 二维随机变量示意图

定义 3.2 二维分布函数

设 (X,Y) 是二维随机变量, $(x,y)\in\mathbb{R}^2$, 称二元函数

$$F(x,y)=P(X\leqslant x,Y\leqslant y)=P(\{\omega: X(\omega)\leqslant x, Y(\omega)\leqslant y\})$$
$$=P(\{X\leqslant x\}\cap\{Y\leqslant y\})$$

为 (X,Y) 的分布函数, 或 (X,Y) 的联合分布函数 (joint cdf). ♣

由二维联合分布函数 $F(x,y)$, 我们可以求出二维随机向量 (X,Y) 落在矩形区域 $(x_1,x_2]\times(y_1,y_2]$ 中的概率 (如图 3.2 所示)

$$\begin{aligned}&P(x_1<X\leqslant x_2, y_1<Y\leqslant y_2)\\=&P(-\infty<X\leqslant x_2,-\infty<Y\leqslant y_2)-\\&P(-\infty<X\leqslant x_1,-\infty<Y\leqslant y_2)-\\&P(-\infty<X\leqslant x_2,-\infty<Y\leqslant y_1)+\\&P(-\infty<X\leqslant x_1,-\infty<Y\leqslant y_1)\\=&F(x_2,y_2)-F(x_1,y_2)-F(x_2,y_1)+F(x_1,y_1).\end{aligned}$$

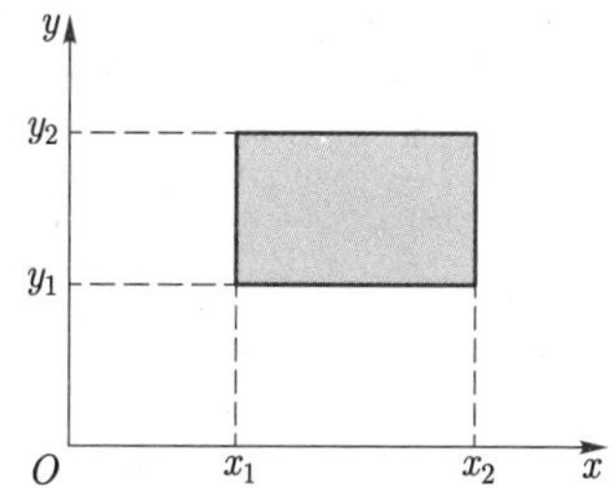

图 3.2 二维随机向量 (X,Y) 落在矩形区域中的情况

性质 二维随机变量的联合分布函数 $F(x,y)$ 具有如下性质:

(1) $F(x,y)$ 分别对 x,y 单调不减;

(2) $\forall (x,y)\in\mathbb{R}^2$,

$$0\leqslant F(x,y)\leqslant 1,\quad F(-\infty,\infty)=1,$$
$$F(-\infty,y)=F(x,-\infty)=F(-\infty,\infty)=0;$$

(3) $F(x,y)$ 分别关于 x,y 右连续;

(4) $\forall x_1<x_2, y_1<y_2, P(x_1<X\leqslant x_2, y_1<Y\leqslant y_2)$ 非负, 即

$$P(x_1<X<x_2, y_1<Y<y_2)=F(x_2,y_2)-F(x_1,y_2)-F(x_2,y_1)+F(x_1,y_1)\geqslant 0.$$

这 4 条性质的证明容易, 它们刻画了一个二维联合分布函数, 即一个二元实函数 $F(x,y)$ 如果满足上述 4 条性质, 那么必存在随机变量 X 和 Y, 使得 $F(x,y)$ 为它们的联合分布函数. 值得注意的是, 二维随机变量与一维随机变量不同, 刻画一个联合分布函数需要加上 (4). 也就是说从条件 (1)~(3) 推不出 (4).

例 3.1 定义二元函数

$$F(x,y)=\begin{cases}0, & x\leqslant 0 \text{ 或} x+y\leqslant 1 \text{ 或} y\leqslant 0,\\ 1, & \text{其他}.\end{cases}$$

则 $F(x,y)$ 满足上述性质中的 (1)—(3), 但不满足 (4), 因而不是一个分布函数.

证 性质 (1)~(3) 容易验证. 对 (4), 因为

$$F(1,1)-F\left(1,\frac{1}{3}\right)-F\left(\frac{1}{3},1\right)+F\left(\frac{1}{3},\frac{1}{3}\right)=1-1-1-0=-1<0,$$

从而得证. 事实上, 我们容易找到无穷多个不满足性质 (4) 的矩形. ■

当然, 对于二维离散型随机变量, 即每个分量都是离散型的随机变量, 我们不必用联合分布函数来描述其概率分布情况, 而可以指出它们在每个可能的取值点上的概率值即可.

定义 3.3　二维离散型随机变量

设 X,Y 的可能取值为 $\{(x_i,y_j),i=1,2,\cdots,j=1,2,\cdots\}$. 记

$$P(X=x_i,Y=y_j)=p_{ij},\quad i,j=1,2,\cdots,$$

称其为二维离散型随机变量的联合概率质量函数或联合分布律 (joint pmf). ♣

容易验证

(1) $p_{ij}\geqslant 0,\ i,j=1,2,\cdots$;

(2) $\sum\limits_{i,j}p_{ij}=1$.

当 X,Y 都取有限个值时, 也常用下面的列表表示它们的联合分布律:

X	Y			
	y_1	y_2	$\cdots$	y_n
x_1	p_{11}	p_{12}	$\cdots$	p_{1n}
x_2	p_{21}	p_{22}	$\cdots$	p_{2n}
$\vdots$	$\vdots$	$\vdots$		$\vdots$
x_m	p_{m1}	p_{m2}	$\cdots$	p_{mn}

一般地, 对 n 维离散型随机变量, 我们有下述定义:

定义 3.4 n 维离散型随机变量

称 $\boldsymbol{X}=(X_1,X_2,\cdots,X_n)$ 为一 n 维离散型随机变量，若每一个 X_i 都是一个离散型随机变量，$i=1,2,\cdots,n$. 并设 X_i 的所有可能取值 (有限个或可数个) 为 $\{a_{i1},a_{i2},\cdots\}$，$i=1,2,\cdots,n$，则称

$$p(j_1,j_2,\cdots,j_n)=P(X_1=a_{1j_1},X_2=a_{2j_2},\cdots,X_n=a_{nj_n}),$$
$$j_1,j_2,\cdots,j_n=1,2,\cdots \tag{3.1}$$

为 n 维随机变量 $\boldsymbol{X}$ 的联合概率质量函数或联合分布律. ♣

容易证明联合分布律具有下列性质:

(1) $p(j_1,j_2,\cdots,j_n)\geqslant 0,\quad j_i=1,2,\cdots,\ i=1,2,\cdots,n;$

(2) $\sum\limits_{j_1,j_2,\cdots,j_n} p(j_1,j_2,\cdots,j_n)=1.$

例 3.2 期末有高等数学和普通物理两门课程的考试，高等数学先考. 对某些同学而言，第一门课程的成绩对第二门课程成绩有影响. 设某学生高等数学考试优秀的概率为 0.6，若高等数学成绩优秀，则他的普通物理考试优秀的概率为 0.8，反之，若他的高等数学成绩良好或以下，则物理考试成绩为良好或以下的概率为 0.7. 求该学生两门课程考试得分概率的所有情况.

解 令 $X=I_A$，$Y=I_B$，其中 A={高等数学考试成绩优秀}，B={普通物理考试成绩优秀}. 题意就是求 X,Y 的联合分布.

$$P(X=1,Y=1)=P(Y=1|X=1)P(X=1)=0.8\times 0.6=0.48,$$
$$P(X=1,Y=0)=P(Y=0|X=1)P(X=1)=0.2\times 0.6=0.12,$$
$$P(X=0,Y=1)=P(Y=1|X=0)P(X=0)=0.3\times 0.4=0.12,$$
$$P(X=0,Y=0)=P(Y=0|X=0)P(X=0)=0.7\times 0.4=0.28.$$

列表表示如下:

X	Y	
	0	1
0	0.28	0.12
1	0.12	0.48

□

例 3.3 (多项分布) 设 $A_1,A_2,\cdots,A_n$ 为某一试验下的完备事件群，即 $A_1,A_2,\cdots,A_n$ 两两不相容且和为 Ω. 记 $p_k=P(A_k)(k=1,2,\cdots,n)$，则 $p_k\geqslant 0,p_1+p_2+\cdots+p_n=1$. 现将试验独立重复进行 N 次，分别用 X_i 表示事件 A_i 出现的次数 $(i=1,2,\cdots,n)$. 则 $\boldsymbol{X}=(X_1,X_2,\cdots,X_n)$ 为一离散型随机变量，试求 $\boldsymbol{X}$ 的分布函数. 此分布律称为**多项分布**，记为 $M(N;p_1,p_2,\cdots,p_n)$.

解 由于试验独立进行, 总的结果数为 N, 记结果 A_i 出现的次数为 k_i, 则 $k_1+k_2+\cdots+k_n=N$. 因此相当于多组组合, 所以

$$\begin{aligned}P(X_1=k_1,X_2=k_2,\cdots,X_n=k_n)&=\frac{N!}{k_1!k_2!\cdots k_n!}P(\underbrace{A_1\cdots A_1}_{k_1\text{个}}\cdots\underbrace{A_n\cdots A_n}_{k_n\text{个}})\\&=\frac{N!}{k_1!k_2!\cdots k_n!}p_1^{k_1}\cdots p_n^{k_n},\end{aligned}$$

其中 $k_1,k_2,\cdots,k_n$ 为非负整数且 $k_1+k_2+\cdots+k_n=N$. □

3.1.2 连续型多维随机变量的联合密度函数

回想我们定义一元连续型随机变量的思路, 对随机变量在 $\mathbb{R}$ 上任意 (可测) 区间的概率, 通过寻找其概率密度函数这一本质工具, 从而可以将其表示为概率密度函数在该区间上的积分. 由于多维欧式空间和直线有着相似的优良性质, 一元连续型随机变量的定义可以自然地推广到二维和多维场合, 我们首先看二维连续型随机变量的定义:

定义 3.5 二维连续型随机变量

设 $(X,Y)\sim F(x,y)$, 若存在可积的非负函数 $f(x,y)$, 使得对于 $\forall(x,y)\in\mathbb{R}^2$, 有

$$F(x,y)=\int_{-\infty}^{x}\int_{-\infty}^{y}f(u,v)\mathrm{d}u\mathrm{d}v, \tag{3.2}$$

则称 (X,Y) 为二维连续型随机变量, $F(x,y)$ 称为其联合分布函数, 称 $f(x,y)$ 为其联合概率密度函数 (joint pdf), 简称联合密度函数. ♣

性质 联合概率密度函数 $f(x,y)$ 具有以下性质:

(1) 对任意的 $x,y\in\mathbb{R}$, 有 $f(x,y)\geqslant 0$;

(2) $\displaystyle\iint_{\mathbb{R}^2}f(x,y)\mathrm{d}x\mathrm{d}y=1;$ (3.3)

(3) 若 $f(x,y)$ 在点 (x_0,y_0) 处连续, 则

$$\left.\frac{\partial^2F(x,y)}{\partial x\partial y}\right|_{(x_0,y_0)}=f(x_0,y_0), \tag{3.4}$$

由此知

$$P(x<X\leqslant x+\mathrm{d}x,y<Y\leqslant y+\mathrm{d}y)\approx f(x,y)\mathrm{d}x\mathrm{d}y, \tag{3.5}$$

即 $f(x,y)\mathrm{d}x\mathrm{d}y$ 大约是二维随机变量落在矩形 $(x,x+\mathrm{d}x]\times(y,y+\mathrm{d}y]$ 中的概率.

(4) 设 G 是平面上的一个区域, 则

$$P((X,Y)\in G)=\iint\limits_{(x,y)\in G} f(x,y)\mathrm{d}x\mathrm{d}y. \tag{3.6}$$

可以从质量来理解二维联合概率密度函数和联合分布函数，$f(x,y)$ 可以解释为面密度，该公式解释为该区域的质量. 从几何角度看，上面的公式是平面区域 G 上方和曲面 $f(x,y)$ 之间的柱形体积.

注　从定义可以看出，连续型随机向量与离散型随机向量不同，不能简单地定义为“每个分量都是一维连续型随机变量”.

例 3.4　设 $X_1\sim U(0,1)$, $X_2=X_1$, 则随机向量 (X_1,X_2) 的两个分量都是连续型随机变量，但 (X_1,X_2) 只能在单位正方形的对角线取非 0 值，因而不可能存在一个非负函数 $f(x,y)$ 满足性质 (2)(因为二元黎曼可积函数在平面上任一有限线段上的积分为 0)，即 (X_1,X_2) 不存在密度函数.

性质 (4) 中的区域 G 通常用 (x,y) 的若干个函数不等式来表示，大多数情况下为由 (x,y) 的线性函数和二次函数围成的.

例 3.5　设 (X,Y) 的概率密度函数为

$$f(x,y)=\frac{1}{2\pi\sigma_1\sigma_2\sqrt{1-\rho^2}}\exp\left\{-\frac{1}{2(1-\rho^2)}\left[\frac{(x-a)^2}{\sigma_1^2}-2\rho\frac{(x-a)(y-b)}{\sigma_1\sigma_2}+\frac{(y-b)^2}{\sigma_2^2}\right]\right\},$$

其中 $-\infty<a,b<\infty$, $0<\sigma_1,\sigma_2<\infty$, $-1<\rho<1$. 称 (X,Y) 服从参数为 $a,b,\sigma_1,\sigma_2,\rho$ 的**二元正态分布**，记为 $N(a,b,\sigma_1^2,\sigma_2^2,\rho)$. 其图形如图 3.3 所示.

实验　扫描实验 9 的二维码进行二元正态分布的模拟实验，观察不同参数下分布的形状变化.

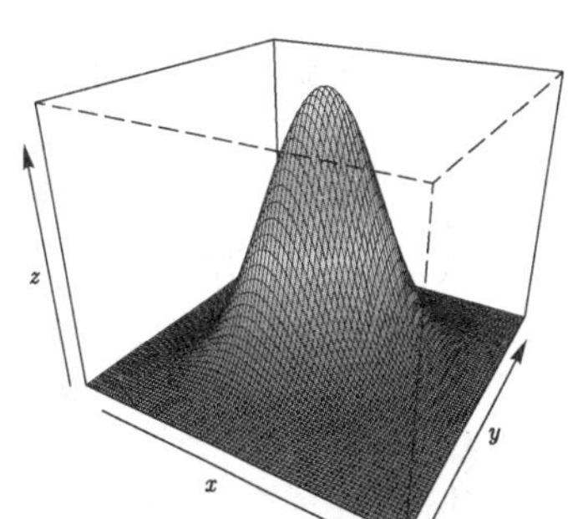

图 3.3　二元正态分布密度函数的图形

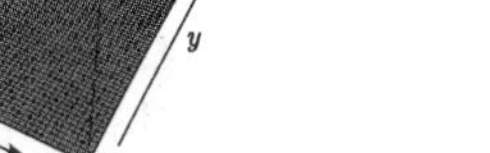

实验 9　二元正态分布

例 3.6　设 G 是平面上的一个有界区域且面积非零，记 $|G|$ 为 G 的面积，若

$$(X,Y)\sim f(x,y)=\frac{1}{|G|}I_G(x,y),$$

称 (X,Y) 在 G 上服从均匀分布.

例 3.7　设

$$(X,Y)\sim f(x,y)=\mathrm{e}^{-(x+y)}I_{(0,\infty)\times(0,\infty)}(x,y),$$

设区域 G 由

$$x+y\leqslant 1,\quad x\geqslant 0,\quad y\geqslant 0$$

围成 (见图 3.4). 求 $F(x,y)$ 及 $P((X,Y)\in G)$.

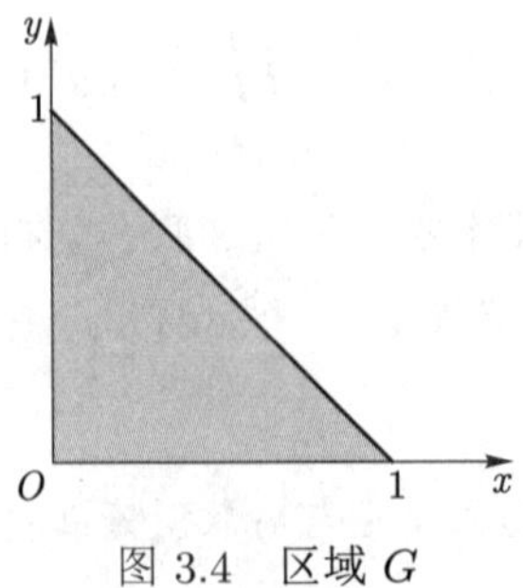

图 3.4　区域 G

解　联合分布函数为

$$
\begin{aligned}
F(x,y) &= \int_0^x \mathrm{e}^{-u}\mathrm{d}u \int_0^y \mathrm{e}^{-v}\mathrm{d}v I_{(u>0,v>0)} \\
&= (1-\mathrm{e}^{-x})(1-\mathrm{e}^{-y}) I_{(x>0,y>0)}, \\
P((X,Y)\in G) &= \iint\limits_{\substack{x>0,y>0\\ x+y\leqslant 1}} \mathrm{e}^{-(x+y)}\mathrm{d}x\mathrm{d}y = \int_0^1 \mathrm{d}x \int_0^{1-x} \mathrm{e}^{-(x+y)}\mathrm{d}y \\
&= \int_0^1 (1-\mathrm{e}^{1-x})\mathrm{d}x = 1-2\mathrm{e}^{-1} = 0.264\ 2.
\end{aligned}
$$

□

注　二维随机变量的联合分布函数和联合概率密度函数可以毫无困难地推广到 n 维. 设 $\boldsymbol{X}=(X_1,X_2,\cdots,X_n)^{\mathrm{T}}$, $\boldsymbol{x}=(x_1,x_2,\cdots,x_n)^{\mathrm{T}}\in\mathbb{R}^n$, 称

$$F(\boldsymbol{x})\equiv F(x_1,x_2,\cdots,x_n)=P(X_1\leqslant x_1,X_2\leqslant x_2,\cdots,X_n\leqslant x_n)\equiv P(\boldsymbol{X}\leqslant\boldsymbol{x})$$

为 n 维随机变量 $\boldsymbol{X}$ 的联合分布函数. 若存在非负的 n 元函数 $f(x_1,x_2,\cdots,x_n)$, 使得对任意 $x\in\mathbb{R}^n$, 有

$$
\begin{aligned}
F(\boldsymbol{x})\equiv F(x_1,x_2,\cdots,x_n) &= \int_{-\infty}^{\infty}\cdots\int_{-\infty}^{\infty} f(u_1,u_2,\cdots,u_n)\mathrm{d}u_1\mathrm{d}u_2\cdots\mathrm{d}u_n \\
&\equiv \int_{(-\infty)^n}^{x} f(\boldsymbol{u})\mathrm{d}\boldsymbol{u},
\end{aligned}
$$

则 $f(\boldsymbol{x})\equiv f(x_1,x_2,\cdots,x_n)$ 称为 $\boldsymbol{X}$ 的联合密度函数, $\boldsymbol{X}$ 称为连续型的 n 维随机变量, 对应的联合分布函数 $F(\boldsymbol{x})\equiv F(x_1,x_2,\cdots,x_n)$ 称为连续型的联合分布函数.

可以验证联合分布函数 $F(x_1,x_2,\cdots,x_n)$ 具有下述性质:

(1) $F(x_1,x_2,\cdots,x_n)$ 对每个变元单调不减;

(2) 对任意的 $1\leqslant j\leqslant n$ 有, $\lim\limits_{x_j\to-\infty} F(x_1,x_2,\cdots,x_n)=0$;

(3) $\lim\limits_{x_1\to\infty,x_2\to\infty\cdots,x_n\to\infty} F(x_1,x_2,\cdots,x_n)=1$.

3.2 边缘 (际) 分布

多维随机向量的每个分量或子集均为随机变量, 那么它们的分布函数可以从联合分布函数导出. 我们称这些分量或子集的分布函数为边缘 (际) 分布函数, 以强调它们可以从联合分布函数中导出来.

定义 3.6 边缘 (际) 分布

设 (X,Y) 的联合分布函数为 $F(x,y)$, 则其分量 X 和 Y 的分布函数 $F_1(x)$ 和 $F_2(y)$ 称为 (X,Y) 或 F 的边缘 (际) 分布 (marginal distribution). ♣

视频 扫描视频 9 的二维码观看关于边缘分布和条件分布的讲解.

视频 9 边缘分布和条件分布

由于 $\{Y<\infty\}=\Omega$, 故

$$\begin{aligned}F_1(x)&=P(X\leqslant x)=P(\{X\leqslant x\}\cap\Omega)=P(X\leqslant x,Y<\infty)\\&=\lim_{y\to\infty}F(x,y)\equiv F(x,\infty).\end{aligned}$$

同理, $F_2(y)=P(Y\leqslant y)=F(\infty,y)$.

由此知联合分布可以唯一确定边缘分布. 下面分别对二维离散型和二维连续型随机变量的边缘分布进行讨论.

3.2.1 二维离散型随机变量的边缘 (际) 分布

设二维离散型随机变量 (X,Y) 的联合分布律为

$$P(X=x_i,Y=y_j)=p_{ij},\quad i,j=1,2,\cdots,$$

则随机变量 X 的边际分布律为

$$\begin{aligned}P(X=x_i)&=\sum_{j=1}^{\infty}P(X=x_i,Y=y_j)=\sum_{j=1}^{\infty}p_{ij}\\&\equiv p_{i\cdot},\quad i=1,2,\cdots.\end{aligned}$$

同理, 随机变量 Y 的边缘分布律为

$$P(Y=y_j)=\sum_{i=1}^{\infty}p_{ij}\equiv p_{\cdot j},\quad j=1,2,\cdots.$$

在例 3.2 中, 由联合分布律容易得到 X 的边缘分布律为

$$P(X=0)=0.4,\quad P(X=1)=0.6,$$

以及 Y 的边缘分布律为

$$P(Y=0)=0.4,\quad P(Y=1)=0.6.$$

用列表表示更清楚:

X	Y		$p_{i\cdot}$
	0	1	
0	0.28	0.12	0.4
1	0.12	0.48	0.6
$p_{\cdot j}$	0.4	0.6	1

例 3.8 袋中有 5 张外形相同的卡片, 3 张写上数字 "0", 另 2 张写上数字 "1". 现从袋中任取两张卡片, 分别以 X,Y 表示第一张和第二张卡片上的数字, 试求分别在有放回和不放回两种情形下, (X,Y) 的联合分布律及 X,Y 的边缘分布律.

解 简单计算得到

Y	X		$p_{\cdot j}$
	0	1	
0	$\frac{9}{25}$	$\frac{6}{25}$	$\frac{3}{5}$
1	$\frac{6}{25}$	$\frac{4}{25}$	$\frac{2}{5}$
$p_{i\cdot}$	$\frac{3}{5}$	$\frac{2}{5}$	1

Y	X		$p_{\cdot j}$
	0	1	
0	$\frac{6}{20}$	$\frac{6}{20}$	$\frac{3}{5}$
1	$\frac{6}{20}$	$\frac{2}{20}$	$\frac{2}{5}$
$p_{i\cdot}$	$\frac{3}{5}$	$\frac{2}{5}$	1

这个例子说明, 边缘分布律不能决定联合分布律. 其中, 左边表为有放回抽取下的分布律, 右边表为不放回抽取下的分布律. □

3.2.2 二维连续型随机变量的边缘分布

设二维连续型随机变量 $(X,Y) \sim f(x,y)$, 由于

$$F_1(x) = F(x,\infty) = \int_{-\infty}^{x}\int_{-\infty}^{\infty} f(u,y)\mathrm{d}u\mathrm{d}y$$

右边在积分号下对 x 求导, 得 X 的边缘概率密度函数为

$$f_1(x) = \int_{\mathbb{R}} f(x,y)\mathrm{d}y,$$

同理, Y 的边缘概率密度函数为

$$f_2(y) = \int_{\mathbb{R}} f(x,y)\mathrm{d}x.$$

定义 3.7 边缘概率密度函数

X 和 Y 的概率密度函数 $f_1(x)$ 和 $f_2(y)$ 称为二维随机变量 (X,Y) 或者联合概率密度函数 $f(x,y)$ 的边缘概率密度函数 (marginal pdf), 简称边缘密度函数. ♣

由定义不难看出, 计算二维连续型随机变量的边缘密度函数就是联合密度函数 $f(x,y)$ 对

另一个变量求积分.

例 **3.9** (例 3.5 续) 二元正态分布的联合概率密度函数 $f(x_1,x_2)$ 可以表示为下述形式 (表示为 n 元正态分布密度函数的一般形式): 如果 $(X_1,X_2)\sim f(x_1,x_2)$, 其中概率密度函数为

$$f(\boldsymbol{x})=(2\pi)^{-\frac{n}{2}}|\boldsymbol{A}|^{-\frac{1}{2}}\exp\Big\{-\frac{1}{2}(\boldsymbol{x}-\boldsymbol{\mu})^{\mathrm{T}}\boldsymbol{A}^{-1}(\boldsymbol{x}-\boldsymbol{\mu})\Big\}, \tag{3.7}$$

其中 $n=2,\boldsymbol{x}=(x_1,x_2)^{\mathrm{T}}$, $\boldsymbol{\mu}=(\mu_1,\mu_2)^{\mathrm{T}}$ 为常数列向量, $\boldsymbol{A}$ 为正定方阵, $|\boldsymbol{A}|$ 为 $\boldsymbol{A}$ 的行列式,

$$\boldsymbol{A}=\begin{pmatrix}\sigma_1^2 & \rho\sigma_1\sigma_2\\ \rho\sigma_1\sigma_2 & \sigma_2^2\end{pmatrix},$$

其中 $|\rho|<1$. 求 $f_1(x_1)$ 和 $f_2(x_2)$.

解 不难得到

$$\boldsymbol{A}^{-1}=\frac{1}{1-\rho^2}\begin{pmatrix}\sigma_1^{-2} & -\rho\sigma_1^{-1}\sigma_2^{-1}\\ -\rho\sigma_1^{-1}\sigma_2^{-1} & \sigma_2^{-2}\end{pmatrix},$$

$$(\boldsymbol{x}-\boldsymbol{\mu})^{\mathrm{T}}\boldsymbol{A}^{-1}(\boldsymbol{x}-\boldsymbol{\mu})=\frac{1}{1-\rho^2}\left\{\frac{(x_1-\mu_1)^2}{\sigma_1^2}-2\rho\frac{(x_1-\mu_1)(x_2-\mu_2)}{\sigma_1\sigma_2}+\frac{(x_2-\mu_2)^2}{\sigma_2^2}\right\},$$

$$|\boldsymbol{A}|=(1-\rho^2)\sigma_1^2\sigma_2^2.$$

要得到 X_1 的边缘概率密度函数, 只要在联合概率密度函数 $f(x_1,x_2)$ 中对 x_2 积分. 作变量代换

$$\frac{x_2-\mu_2}{\sigma_2}=\rho\frac{(x_1-\mu_1)}{\sigma_1}+\sqrt{1-\rho^2}t,$$

对 t 积分, 注意到标准正态分布密度函数 $\varphi(x)$ 的积分为 1, 得

$$f_1(x_1)=\frac{1}{\sqrt{2\pi}\sigma_1}\exp\Big\{-\frac{1}{2}\frac{(x_1-\mu_1)^2}{\sigma_1^2}\Big\},$$

同理,

$$f_2(x_2)=\frac{1}{\sqrt{2\pi}\sigma_2}\exp\Big\{-\frac{1}{2}\frac{(x_2-\mu_2)^2}{\sigma_2^2}\Big\},$$

可以看到, 随机变量 X,Y 都服从正态分布, 但是它们都与参数 ρ 无关, 这说明联合分布可以唯一确定边缘分布, 但是两个边缘分布不能唯一确定联合分布. □

例 **3.10** 设随机变量 (X,Y) 有如下的联合概率密度函数:

$$f(x,y)=\frac{1}{2}\left[\frac{1}{2\pi\sqrt{(1-\rho^2)}}\exp\left\{-\frac{1}{2(1-\rho^2)}\left(x^2-2\rho xy+y^2\right)\right\}+\right.$$
$$\left.\frac{1}{2\pi\sqrt{(1-\rho^2)}}\exp\left\{-\frac{1}{2(1-\rho^2)}\left(x^2+2\rho xy+y^2\right)\right\}\right],$$

则不难验证, 它的两个边缘概率密度函数都是正态分布密度函数.

解 事实上, 在例 3.9 中, 取 $\mu_1=\mu_2=0,\sigma_1=\sigma_2=1$, 则容易得到

$$f_1(x)=\frac{1}{\sqrt{2\pi}}\mathrm{e}^{-\frac{x^2}{2}},\quad f_2(y)=\frac{1}{\sqrt{2\pi}}\mathrm{e}^{-\frac{y^2}{2}}.$$

本例也说明边缘概率密度函数不能决定联合概率密度函数. □

例 **3.11** 考虑两个概率密度函数

$$p(x,y)=x+y,\qquad 0<x,y<1,$$

$$q(x,y)=\Big(x+\frac{1}{2}\Big)\Big(y+\frac{1}{2}\Big),\qquad 0<x,y<1,$$

试求边缘概率密度.

解 易得所求边缘概率密度都是如下形式:

$$f(t)=t+\frac{1}{2},\quad 0<t<1.$$

这说明边缘概率密度函数不能决定联合概率密度函数. □

注 多维随机变量的边缘分布和边缘密度函数

(1) 边缘分布的概念可以推广到多维随机变量, 其中仅仅是把随机变量换成随机向量. 设 $\boldsymbol{X}=(X_1,X_2,\cdots,X_n)$, 从这 n 个随机变量中任取 k 个 $X_{n_1},X_{n_2},\cdots,X_{n_k}$, 记 $\boldsymbol{U}=(X_{n_1},X_{n_2},\cdots,X_{n_k})$, 为方便起见, 不妨设 $\boldsymbol{U}=(X_1,X_2,\cdots,X_k)$, 剩下的 $n-k$ 个随机变量记为 $\boldsymbol{V}=(X_{k+1},X_{k+2},\cdots,X_n)$, 则 $\boldsymbol{U}$ 的分布就称为 n 维随机变量 $\boldsymbol{X}$ 的边缘分布, 记为 $F_{\boldsymbol{U}}(\boldsymbol{u})$, 其中 $\boldsymbol{u}=(x_1,x_2,\cdots,x_k)$, 注意到

$$\begin{aligned}F_{\boldsymbol{U}}(\boldsymbol{u})&=P(X_1\leqslant x_1,\cdots,X_k\leqslant x_k,\cdots,X_{k+1}<\infty,\cdots X_n<\infty)\\&=F(x_1,\cdots,x_k,\infty,\cdots,\infty)\equiv F(\boldsymbol{u},\infty,\cdots,\infty)\end{aligned}$$

即在联合分布函数中, 把另一个变量用 ∞ 代替就得到边缘分布.

(2) 类似于讨论二元随机变量的边缘密度函数, 边缘密度函数等于联合密度函数对另一个变量的积分. 用随机向量 $(\boldsymbol{u},\boldsymbol{v})$ 代替二元函数中的 (x,y), 得到多维随机向量的边缘密度函数等于联合密度函数对另一个变量 $\boldsymbol{v}$ 的积分, 其中 $\boldsymbol{v}=(x_{k+1},x_{k+2},\cdots,x_n)$, 即

$$f_{\boldsymbol{U}}(\boldsymbol{u})=\int_{\mathbb{R}^{n-k}}f(\boldsymbol{u},\boldsymbol{v})\mathrm{d}\boldsymbol{v},$$

其中 $\mathrm{d}\boldsymbol{v}=\mathrm{d}x_{k+1}\mathrm{d}x_{k+2}\cdots\mathrm{d}x_n$.

(3) n 维随机变量的边缘分布函数有 2^n-2 个.

3.3 条件分布

一个随机变量 (或向量) 的条件概率分布, 就是在给定 (或已知) 某种条件 (某种信息) 下该随机变量 (向量) 的概率分布.

当 (X,Y) 为二维离散型随机变量时, 设联合分布律为

$$P(X=x_i,Y=y_j)=p_{ij},\quad i,j=1,2,\cdots,$$

若 $P(Y=y_j)>0$, 则根据条件概率的定义, 在给定 $Y=y_j$ 下 X 的条件分布律为

$$p_{i|j}=\frac{p_{ij}}{p_{\cdot j}},\quad i=1,2,\cdots, \tag{3.8}$$

同理若 $P(X=x_i)>0$, 则给定 $X=x_i$ 下 Y 的条件分布律为

$$p_{j|i}=\frac{p_{ij}}{p_{i\cdot}},\quad j=1,2,\cdots, \tag{3.9}$$

当 (X,Y) 为二维连续型随机变量时, 记联合概率密度函数为 $f(x,y)$. 由于连续型随机变量取任意一点的概率为 0, 故此时不能直接使用条件概率. 但是注意到, 如果定义条件分布函数

$$\begin{aligned}F_{X|Y}(x|y)&=P(X\leqslant x|Y=y)\equiv\lim_{\varepsilon\to0}P(X\leqslant x|y\leqslant Y\leqslant y+\varepsilon)\\&=\lim_{\varepsilon\to0}\frac{(F(x,y+\varepsilon)-F(x,y))/\varepsilon}{P(y<Y\leqslant y+\varepsilon)/\varepsilon}\\&=\frac{\partial F(x,y)}{\partial y}\Big/\frac{\partial F_2(y)}{\partial y}\\&=\int_{-\infty}^{x}\frac{f(u,y)}{f_2(y)}\mathrm{d}u\\&\equiv\int_{-\infty}^{x}f_{X|Y}(u|y)\mathrm{d}u,\end{aligned}$$

其中 Y 的概率密度函数在 y 处的值 $f_2(y)>0$ (显然, $F_{X|Y}(x|y)$ 在固定 y 时是一个分布函数). 根据连续型随机变量的定义和概率密度函数的性质, 上式定义了 X 在给定条件 $Y=y$ 下的分布函数和概率密度函数. 也就是说, 条件分布函数 $F_{X|Y}(x|y)$ 可以表示为非负函数 $f_{X|Y}(x|y)$ 的积分, 故其为概率密度函数, 则定义

定义 3.8 条件概率密度函数

如果 Y 的概率密度函数在 y 处的值 $f_2(y)>0$, 那么称

$$f_{X|Y}(x|y)=\frac{f(x,y)}{f_2(y)} \tag{3.10}$$

为给定 $Y=y$ 下随机变量 X 的条件概率密度函数 (conditional pdf), 简称条件密度函数. 同理, 给定 $X=x$ 下随机变量 Y 的条件概率密度函数 $f_{Y|X}(y|x)$ 为

$$f_{Y|X}(y|x)=\frac{f(x,y)}{f_1(x)},\quad f_1(x)>0. \tag{3.11}$$

♣

给定 $X=x$ 下随机变量 Y 的条件密度函数也常常表为 $Y|X=x\sim f_{Y|X}(y|x)$, 或 $Y|x\sim f_{Y|X}(y|x)$.

由条件密度函数的定义, 我们有

$$f(x,y)=f_{Y|X}(y|x)f_1(x)=f_{X|Y}(x|y)f_2(y). \tag{3.12}$$

由此得到连续型随机变量的贝叶斯公式的密度函数形式:

$$f_{Y|X}(y|x)=\frac{f(x,y)}{f_1(x)}=\frac{f_{X|Y}(x|y)f_2(y)}{f_1(x)}, \tag{3.13}$$

$$f_{X|Y}(x|y)=\frac{f(x,y)}{f_2(y)}=\frac{f_{Y|X}(y|x)f_1(x)}{f_2(y)}. \tag{3.14}$$

注 (条件分布的物理直观意义) 从物理观点看, 设平面上在格点 (i,j) 上有质量 $p_{ij},i,j=1,2,\cdots$. $p_{\cdot j}$ 就是直线 $y=j$ 的质量. $p_{i|j}$ 就是格点 (i,j) 上质量与直线 $y=j$ 质量的比值. 如果平面质量有面密度 $f(x,y)$, $f_{X|Y}(x|y)$ 就是当 $\Delta x\to 0,\Delta y\to 0$ 时矩形 $[x,x+\Delta x]\times[y,y+\Delta y]$ 与条形 $(-\infty,\infty)\times(y,y+\Delta y]$ 质量比值的极限. 而条件分布函数 $F_{X|Y}(x|y)$ 就是当 $\Delta y\to 0$ 时, 条形 $(-\infty,x]\times(y,y+\Delta y]$ 与条形 $(-\infty,\infty)\times(y,y+\Delta y]$ 质量比值的极限.

例 3.12 从 $(0,1)$ 中任取一点 X, 再从 $(0,X)$ 中任取一点 Y, 求 Y 的密度函数以及 $F_{X|Y}(0.5|0.25)$.

解　由题意, $X\sim U(0,1)$, $Y|X=x\sim U(0,x)$, 所以由公式 (3.10), (X,Y) 的联合密度为

$$f(x,y)=f_1(x)f_{Y|X}(y|x)=I_{(0,1)}(x)\cdot\frac{1}{x}I_{(0,x)}(y),$$

当 $0<y<1$ 时,

$$\begin{aligned}f_2(y)&=\int_{-\infty}^{\infty}f(x,y)\mathrm{d}x=\int_0^1\frac{1}{x}I_{(y<x)}\mathrm{d}x\\&=\int_y^1\frac{1}{x}\mathrm{d}x=-\ln(y)I_{(0,1)}(y),\end{aligned}$$

由条件密度函数定义知

$$f_{X|Y}(x|0.25)=\frac{f(x,0.25)}{f_2(0.25)}=\frac{1}{x\ln 4}I_{(0.25,1)}(x),$$

因此

$$F_{X|Y}(0.5|0.25)=\int_{-\infty}^{0.5}f_{X|Y}(x|0.25)\mathrm{d}x=0.5.$$ □

例 3.13 设某地区成年男子的身高 H(cm) 服从正态分布 $N(172,36)$, 当身高 $H=h$ 时, 体重 W(单位: kg) 服从正态分布 $N(h-105,49)$. 求体重 W 的分布.

解 由题意,

$$f_H(h)=\frac{1}{\sqrt{2\pi}\times 6}\exp\Big\{-\frac{(h-172)^2}{2\times 36}\Big\},$$

$$f_{W|H}(w|h)=\frac{1}{\sqrt{2\pi}\times 7}\exp\Big\{-\frac{(w-(h-105))^2}{2\times 49}\Big\}.$$

所以

$$\begin{aligned}f(h,w)&=f_H(h)f_{W|H}(w|h)\\&=\frac{1}{2\pi\times 42}\exp\Big\{-\frac{1}{2}\Big(\frac{(h-172)^2}{36}+\frac{(w-(h-105))^2}{49}\Big)\Big\}.\end{aligned}$$

在 $f(h,w)$ 的指数中, 对变量 h 配平方, 然后对 h 积分, 得

$$f_W(w)=\int_{-\infty}^{\infty}f(h,w)\mathrm{d}h=\frac{1}{\sqrt{2\pi\times 85}}\exp\Big\{-\frac{(w-67)^2}{2\times 85}\Big\},$$

即 $W\sim N(67,85)$. □

例3.14 设 $(X,Y)\sim N(\mu_1,\mu_2,\sigma_1^2,\sigma_2^2;\rho)$, 求 $Y|x$ 的分布.

解 由二元正态分布随机变量密度函数的定义, $X\sim N(\mu_1,\sigma_1^2)$, 密度函数记为 $f_1(x)$, 记

$$x_1=\frac{x-\mu_1}{\sigma_1},\quad y_1=\frac{y-\mu_2}{\sigma_2},$$

则

$$\begin{aligned}f_{Y|X}(y|x)&=\frac{f(x,y)}{f_1(x)}\\&=\frac{\dfrac{1}{2\pi\sqrt{(1-\rho^2)}\sigma_1\sigma_2}\exp\Big\{-\dfrac{1}{2(1-\rho^2)}(x_1^2-2\rho x_1y_1+y_1^2)\Big\}}{\dfrac{1}{\sqrt{2\pi}\sigma_1}\exp\Big\{-\dfrac{1}{2}x_1^2\Big\}}\\&=\frac{1}{\sqrt{2\pi(1-\rho^2)}\sigma_2}\exp\Big\{-\frac{1}{2(1-\rho^2)}(y_1-\rho x_1)^2\Big\}\\&=\frac{1}{\sqrt{2\pi(1-\rho^2)}\sigma_2}\exp\Big\{-\frac{1}{2(1-\rho^2)\sigma_2^2}(y-(\mu_2+\rho\sigma_2\sigma_1^{-1}(x-\mu_1)))^2\Big\},\end{aligned}$$

即 $Y|x\sim N(\mu_2+\rho\sigma_2\sigma_1^{-1}(x-\mu_1),(1-\rho^2)\sigma_2^2)$. □

注 (n 维随机变量的条件密度函数) 把随机变量 X,Y 都换成随机向量 $\boldsymbol{X},\boldsymbol{Y}$, 我们可以把两个随机变量的条件密度函数推广到 n 维随机变量的条件密度函数. 设

$$\boldsymbol{x}=(x_1,x_2,\cdots,x_k),\boldsymbol{y}=(y_1,y_2,\cdots,y_{n-k}),$$

$$f(\boldsymbol{x},\boldsymbol{y})=f(x_1,x_2,\cdots,x_k,y_1,y_2,\cdots,y_{n-k}).$$

记随机向量 $\boldsymbol{X},\boldsymbol{Y}$ 的边缘密度函数分别为 $f_{\boldsymbol{X}}(\boldsymbol{x})$ 和 $f_{\boldsymbol{Y}}(\boldsymbol{y})$, 则给定随机向量 $\boldsymbol{Y}=\boldsymbol{y}$ 下随机

向量 $\boldsymbol{X}$ 的条件密度 $f_{\boldsymbol{X}|\boldsymbol{Y}}(\boldsymbol{x}|\boldsymbol{y})$ 定义为

$$f_{\boldsymbol{X}|\boldsymbol{Y}}(\boldsymbol{x}|\boldsymbol{y})=\frac{f(\boldsymbol{x},\boldsymbol{y})}{f_{\boldsymbol{Y}}(\boldsymbol{y})},\quad f_{\boldsymbol{Y}}(\boldsymbol{y})>0.$$

同理, 给定随机向量 $\boldsymbol{X}=\boldsymbol{x}$ 下随机向量 $\boldsymbol{Y}$ 的条件密度 $f_{\boldsymbol{Y}|\boldsymbol{X}}(\boldsymbol{y}|\boldsymbol{x})$ 定义为

$$f_{\boldsymbol{Y}|\boldsymbol{X}}(\boldsymbol{y}|\boldsymbol{x})=\frac{f(\boldsymbol{x},\boldsymbol{y})}{f_{\boldsymbol{X}}(\boldsymbol{x})},\quad f_{\boldsymbol{X}}(\boldsymbol{x})>0.$$

类似于二维随机变量的贝叶斯公式的密度函数形式, 对 n 维随机变量也成立.

3.4　相互独立的随机变量

在上一小节中, 我们知道由 (X,Y) 的联合分布可以唯一确定边缘分布, 反之不必成立. 什么时候边缘分布可以唯一确定联合分布? 在研究事件独立性时, 我们知道两个事件同时发生的概率等于每个事件发生概率乘积的充要条件是这两个事件相互独立. (X,Y) 的联合分布

$$F(x,y)=P(\{X\leqslant x\}\cap\{Y\leqslant y\})$$

也是两个事件同时发生的概率, 要上式等于 $F_1(x)$ 和 $F_2(y)$ 的乘积, 就需要事件 $\{X\leqslant x\}$ 和 $\{Y\leqslant y\}$ 相互独立. 不过由于 (x,y) 可以在平面上变化, 所以这不是两个事件了. 为此我们需要引入随机变量相互独立的概念.

定义 3.9　随机变量相互独立

设随机变量 X,Y 的联合分布为 $F(x,y)$, 边缘分布为 $F_1(x),F_2(y)$. 若 $\forall(x,y)\in\mathbb{R}^2$, 都有

$$F(x,y)=F_1(x)F_2(y),\tag{3.15}$$

则称随机变量 X,Y 相互独立. ♣

视频 扫描视频 10 的二维码观看关于随机变量的独立性的讲解.

视频 10　随机变量的独立性

直观来看, 称随机变量 X,Y 相互独立是指: 若 A 是与随机变量 X 相关的任意事件, B 是与随机变量 Y 相关的任意事件, 则事件 A,B 相互独立. 所以随机变量独立的定义也等价于: $\forall B_1\in\mathbb{R},B_2\in\mathbb{R}$, 都有

$$P(X\in B_1,Y\in B_2)=P(X\in B_1)P(Y\in B_2).\tag{3.16}$$

若 (X,Y) 是离散型随机变量, 分布律为 $P(X=x_i,Y=y_j)=p_{ij},i,j=1,2,\cdots$, 则 X,Y 相互独立等价于

$$p_{ij}=p_{i\cdot}p_{\cdot j}\quad\forall i,j=1,2,\cdots.\tag{3.17}$$

事实上, 充分性显然, 下证必要性. 因为 X,Y 相互独立, 所以有

$$F(x,y)=F_1(x)F_2(y),$$

因此, 对任意的取值对 (x_i, y_j), 有

$$\begin{aligned}P(X=x_i, Y=y_j) &= F(x_i, y_j) - F(x_{i-1}, y_i) - F(x_i, y_{j-1}) + F(x_{i-1}, y_{j-1}) \\ &= [F_1(x_i) - F_1(x_{i-1})]F_2(y_j) - [F_1(x_i) - F_1(x_{i-1})]F_2(y_{j-1}) \\ &= P(X=x_i)P(Y=y_j).\end{aligned}$$

从而得证.

若 (X,Y) 是连续型随机变量, 有联合概率密度函数 $f(x,y)$ 和边缘概率密度函数 $f_1(x)$, $f_2(y)$, 则不难证明 X,Y 相互独立等价于

$$f(x,y) = f_1(x)f_2(y), \quad \forall (x,y) \in \mathbb{R}^2. \tag{3.18}$$

上式等价于密度函数 $f(x,y)$ 可以分离变量, 即若有

$$f(x,y) = g_1(x)g_2(y), \quad \forall (x,y) \in \mathbb{R}^2, \tag{3.19}$$

其中 $g_1(x), g_2(y)$ 不必是概率密度函数.

在实际问题中, 随机变量的独立性是可以知道的, 如在掷骰子的游戏中, 令 X_i ={第 i 次掷出的点数}, $i=1,2$. 则第 2 次掷得点数与第 1 次掷得点数没有任何关系, X_1, X_2 是相互独立的. 在购买彩票中, 这次开出什么号码与下次开出什么号码没有任何关系, 也是独立的. **我们可以利用随机变量的独立性来计算有关随机事件发生的概率**.

例 3.15(会面问题) 两人约定上午 9:00~10:00 在公园东大门会面, 先到者等候 20 min, 如果另一人还没到就可以离开. 求两人能会面的概率.

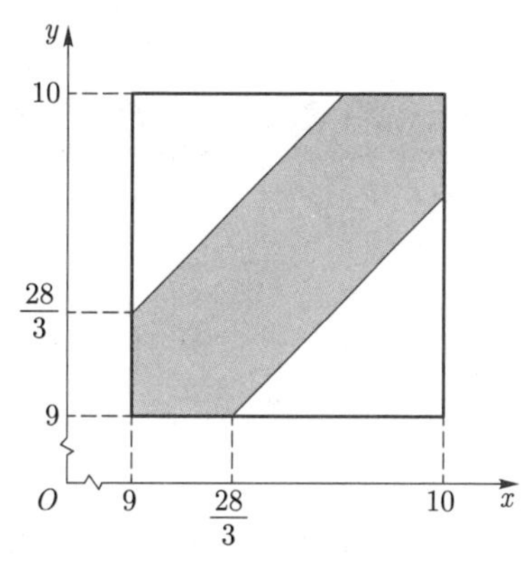

图 3.5 会面问题

解 设 X,Y 分别表示两人到达的时间, 由题意, $X \sim U(9,10), Y \sim U(9,10)$, 且 X,Y 相互独立. 两人能会面: $|X-Y| \leqslant 1/3$(图 3.5). 所以两人能会面的概率为

$$\begin{aligned}P(|X-Y| \leqslant 1/3) &= \iint\limits_{|x-y|\leqslant 1/3} f(x,y)\mathrm{d}x\mathrm{d}y \\ &= \iint\limits_{|x-y|\leqslant 1/3} \mathrm{d}x\mathrm{d}y = 1 - \iint\limits_{|x-y|>1/3} \mathrm{d}x\mathrm{d}y \\ &= 1 - 2 \times \frac{1}{2}\left(\frac{2}{3}\right)^2 = \frac{5}{9}.\end{aligned}$$

□

例 3.16(不独立的随机变量) 设 (X,Y) 的联合密度函数为

$$f(x,y) = \frac{1}{\pi} I_{(x^2+y^2\leqslant 1)}(x,y),$$

求证 X,Y 不相互独立.

证 用反证法, 若 X,Y 相互独立, 则 $\forall(x,y)$, 有 $f(x,y)=f_1(x)f_2(y)$. 如图 3.6 , 在单位圆和外接正方形之间任取一点 (x,y), 则 $f(x,y)=0$, 而

$$f_2(y)=\int_{-1}^{1}f(x,y)\mathrm{d}x=\frac{1}{\pi}\int_{-\sqrt{1-y^2}}^{\sqrt{1-y^2}}\mathrm{d}x>0.$$

同理, $f_1(x)>0$, 所以在该点 $0=f(x,y)\neq f_1(x)f_2(y)>0$, 矛盾. 因为单位圆和外接正方形之间的面积大于 0, 所以 X,Y 不相互独立. ■

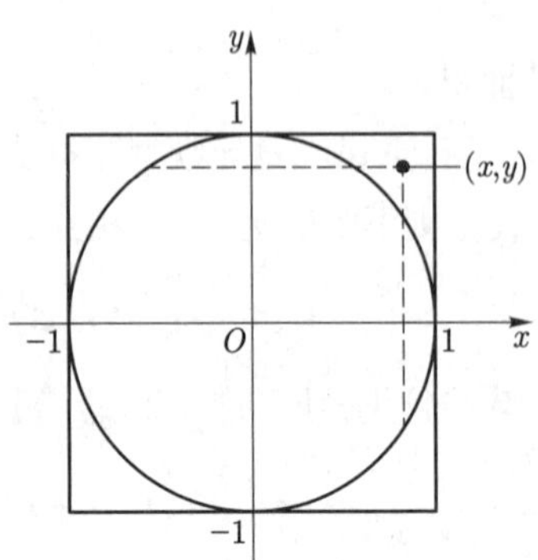

图 3.6　单位圆和外接正方形

例 3.17 (两个正态分布随机变量独立的充要条件) 设 $(X,Y)\sim N(\mu_1,\mu_2,\sigma_1^2,\sigma_2^2,\rho)$, 证明: X,Y 相互独立 $\Leftrightarrow$ $\rho=0$.

证 充分性. 若 $\rho=0$, 因为 $f(x,y)=g_1(x)g_2(y)$, 即联合密度函数可分离, 所以 (X,Y) 相互独立.

必要性. 若 (X,Y) 相互独立, 则 $f(x,y)=f_1(x)f_2(y)$, $\forall(x,y)\in\mathbb{R}^2$, 特别取 $(x,y)=(\mu_1,\mu_2)$, 有

$$f(\mu_1,\mu_2)=\frac{1}{2\pi\sigma_1\sigma_2\sqrt{1-\rho^2}}=f_1(\mu_1)f_2(\mu_2)=\frac{1}{\sqrt{2\pi}\sigma_1}\times\frac{1}{\sqrt{2\pi}\sigma_2},$$

从而 $\rho=0$. ■

两个随机变量相互独立可以推广到 n 个随机变量相互独立.

定义 3.10　多维随机向量的相互独立性

设 n 维随机变量 $(X_1,X_2,\cdots,X_n)\sim F(x_1,x_2,\cdots,x_n)$, 记 $X_i\sim F_i(x_i)$, $i=1,2,\cdots,n$. 若对任意 $(x_1,x_2,\cdots,x_n)^{\mathrm{T}}\in\mathbb{R}^n$ 都成立

$$F(x_1,x_2,\cdots,x_n)=F_1(x_1)F_2(x_2)\cdots F_n(x_n),$$

则称随机变量 $X_1,X_2,\cdots,X_n$ 相互独立. ♣

性质 利用分布函数与分布律或概率密度函数之间的关系, 容易得到

(1) 若随机向量 $(X_1,X_2,\cdots,X_n)$ 是 n 维离散型随机向量, 若对所有可能取值 $(x_{1k_1}, x_{2k_2},\cdots, x_{nk_n})$ 都成立

$$P(X_1=x_{1k_1},X_2=x_{2k_2},\cdots,X_n=x_{nk_n})=\prod_{i=1}^{n}P(X_i=x_{ik_i}),$$

则称随机变量 $X_1,X_2,\cdots,X_n$ 相互独立.

(2) 设连续型随机向量 $(X_1,X_2,\cdots,X_n)\sim f(x_1,x_2,\cdots,x_n)$, $X_i\sim f_i(x_i)$, $i=1,2,\cdots,n$, 若对任意 $(x_1,x_2,\cdots,x_n)^{\mathrm{T}}\in\mathbb{R}^n$ 都成立

$$f(x_1,x_2,\cdots,x_n)=\prod_{i=1}^{n}f_i(x_i),$$

则称随机变量 $X_1, X_2, \cdots, X_n$ 相互独立.

(3) 若 n 个随机变量 $X_1, X_2, \cdots, X_n$ 相互独立, 则随机向量 $(X_1, X_2, \cdots, X_k)$ 和随机向量 $(X_{k+1}, X_{k+2}, \cdots, X_n)$ 相互独立. 当然, 随机向量的函数 $Y_1 = g_1(X_1, X_2, \cdots, X_k)$ 和 $Y_2 = g_2(X_{k+1}, X_{k+2}, \cdots, X_n)$ 也是相互独立的.

然而一般来说, 仅由某一部分独立无法推出 $X_1, X_2, \cdots, X_n$ 相互独立. 见下例.

例3.18 若 X, Y 相互独立, 都服从 -1 和 1 这两点上的等可能分布. $Z = XY$, 证明: Z, X, Y 两两独立但不相互独立.

证 由题设知 X, Y, Z 均服从 -1 和 1 这两点上的等可能分布, 注意到

$$\begin{aligned}
P(Z=1, X=1) &= P(X=1, Y=1) = P(X=1)P(Y=1) \\
&= \frac{1}{4} = P(Z=1)P(X=1), \\
P(Z=1, X=-1) &= P(X=-1, Y=-1) = P(X=-1)P(Y=-1) \\
&= \frac{1}{4} = P(Z=1)P(X=-1), \\
P(Z=-1, X=1) &= P(X=1, Y=-1) = P(X=1)P(Y=-1) \\
&= \frac{1}{4} = P(Z=-1)P(X=1), \\
P(Z=-1, X=-1) &= P(X=-1, Y=1) = P(X=-1)P(Y=1) \\
&= \frac{1}{4} = P(Z=-1)P(X=-1),
\end{aligned}$$

因此, Z 与 X 相互独立. 类似可证 Z 与 Y 相互独立. 即 Z, X, Y 两两独立. 但是

$$P(Z=1, X=1, Y=-1) = 0 \neq P(Z=1)P(X=1)P(Y=-1) = \frac{1}{8}.$$

即 Z, X, Y 不相互独立. 从而得证. ■

3.5 随机向量函数的分布

我们已经知道若随机变量 Y 是随机变量 X 的函数时, Y 的分布可以由 X 的分布表达. 把随机变量 X, Y 推广到随机向量时, 也有相应的表达. 我们仅仅讨论二维连续型随机向量的函数, 离散情况和多维情况没有实质性的区别, 仅仅是表达式复杂点.

设 $(X, Y) \sim f(x, y)$, $Z = g(X, Y)$ 为一维随机变量, $A \subset \mathbb{R}$, 则

$$P(Z \in A) = \iint\limits_{g(x,y) \in A} f(x, y)\mathrm{d}x\mathrm{d}y,$$

特别当 $A = (-\infty, z]$ 时, Z 的分布函数 F_Z 为

$$F_Z(z) = P(Z \leqslant z) = \iint\limits_{g(x,y) \leqslant z} f(x, y)\mathrm{d}x\mathrm{d}y, \tag{3.20}$$

若 $Z_1 = g_1(X,Y), Z_2 = g_2(X,Y)$ 分别为一维随机变量, $A \subset \mathbb{R}^2$, 则 Z_1, Z_2 的联合分布为

$$P((Z_1,Z_2)\in A) = \iint\limits_{(g_1(x,y),g_2(x,y))\in A} f(x,y)\mathrm{d}x\mathrm{d}y,$$

特别当 $A = (-\infty, z_1] \times (-\infty, z_2]$ 时, (Z_1, Z_2) 的联合分布函数 $F_{\boldsymbol{Z}}(z_1, z_2)$ 为

$$F_{\boldsymbol{Z}}(z_1,z_2) = P(Z_1 \leqslant z_1, Z_2 \leqslant z_2) = \iint\limits_{\substack{g_1(x,y)\leqslant z_1\\ g_2(x,y)\leqslant z_2}} f(x,y)\mathrm{d}x\mathrm{d}y. \tag{3.21}$$

有了分布函数, 对它求导即可得密度函数. 为计算 (3.21) 式, 有时要用到二元函数的变换. 令 $u = g_1(x,y), v = g_2(x,y)$, (u,v) 和 (x,y) 一一对应. 反函数记为 $x = \varphi_1(u,v), y = \varphi_2(u,v)$ 且都有一阶连续偏导数, 记 (x,y) 对 (u,v) 和 (u,v) 对 (x,y) 的雅可比 (Jacobi) 行列式分别为

$$\frac{\partial(\varphi_1(u,v),\varphi_2(u,v))}{\partial(u,v)} \neq 0, \quad \left.\frac{\partial(u,v)}{\partial(x,y)}\right|_{(x=\varphi_1(u,v),y=\varphi_2(u,v))}.$$

注意到

$$\frac{\partial(x,y)}{\partial(u,v)} = \left(\frac{\partial(u,v)}{\partial(x,y)}\right)^{-1}, \tag{3.22}$$

则作变换后

$$F_{\boldsymbol{Z}}(z_1,z_2) = \iint\limits_{\substack{g_1(x,y)\leqslant z_1\\ g_2(x,y)\leqslant z_2}} f(x,y)\mathrm{d}x\mathrm{d}y = \iint\limits_{\substack{u\leqslant z_1\\ v\leqslant z_2}} f(\varphi_1(u,v),\varphi_2(u,v))\left|\frac{\partial(x,y)}{\partial(u,v)}\right|\mathrm{d}u\mathrm{d}v, \tag{3.23}$$

在 (3.23) 式中对 z_1, z_2 求混合偏导, 得

$$f_{\boldsymbol{Z}}(z_1,z_2) = f(\varphi_1(z_1,z_2),\varphi_2(z_1,z_2))\left|\frac{\partial(\varphi_1(u,v),\varphi_2(u,v))}{\partial(u,v)}\right|_{(u,v)=(z_1,z_2)}. \tag{3.24}$$

特别地, 当随机变量 X, Y 相互独立时, 有 $f(x,y) = f_1(x)f_2(y)$, 计算会方便进行.

视频 扫描视频 11 的二维码观看关于两个随机变量的函数的分布讲解.

视频 11　两个随机变量的函数的分布

在多维随机变量场合, 更一般地有, 如果 $\boldsymbol{X} = (X_1, X_2, \cdots, X_n)$ 是 n 维连续型随机向量, 具有联合概率密度函数 $f(\boldsymbol{x}) = f(x_1, x_2, \cdots, x_n)$. 假设存在 $\mathbb{R}^n$ 到 $\mathbb{R}^n$ 的一一映射 $\boldsymbol{g}$, 其逆映射 $\boldsymbol{g}^{-1}$ 存在一阶连续偏导数, 那么 n 维随机变量 $Y = \boldsymbol{g}(\boldsymbol{X})$ 是连续型的, 且具有联合密度函数

$$p(\boldsymbol{y}) = f\left(\boldsymbol{g}^{-1}(\boldsymbol{y})\right)|\boldsymbol{J}|I_D(\boldsymbol{y}), \tag{3.25}$$

其中 $D \subset \mathbb{R}^n$ 是随机向量 $\boldsymbol{y}$ 的密度非零的所有可能值的集合, J 是变换的雅可比行列式, 这里 $|J|$ 为行列式 J 的绝对值, 即

$$J = \left|\frac{\partial \boldsymbol{g}^{-1}}{\partial(y_1, y_2, \cdots, y_n)}\right|.$$

例 3.19 设随机变量 X, Y 相互独立, 分别具有概率密度函数 $f_1(x)$ 和 $f_2(y)$, 求 $X+Y$ 的概率密度函数.

解 由 X,Y 相互独立及公式 (3.20)

$$F_{X+Y}(z)=\iint\limits_{x+y\leqslant z} f_1(x)f_2(y)\mathrm{d}x\mathrm{d}y=\int_{-\infty}^{\infty} f_1(x)\int_{-\infty}^{z-x} f_2(y)\mathrm{d}y\mathrm{d}x,$$

在积分号下对 z 求导, 得

$$\begin{aligned}f_{X+Y}(z)&=\int_{-\infty}^{\infty} f_1(x)f_2(z-x)\mathrm{d}x,\\&=\int_{-\infty}^{\infty} f_2(y)f_1(z-y)\mathrm{d}y\equiv f_1*f_2(z).\end{aligned}$$

这里 $f_1*f_2(z)$ 称为 f_1 和 f_2 的卷积 (convolution).

也可以从变量代换角度来得到随机变量和的密度函数. 令 $U=X,V=X+Y$, 函数 u,v 对 x,y 的雅可比行列式为 1, 故 (积分区域如图 3.7)

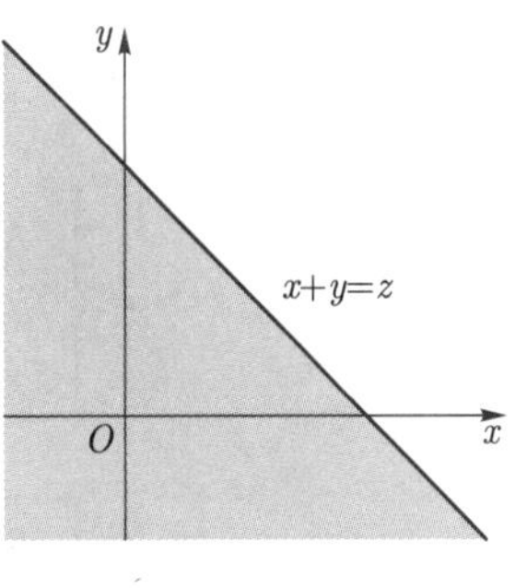

图 3.7 积分区域

$$\begin{aligned}P(X+Y\leqslant z)&=\iint\limits_{x+y\leqslant z} f(x,y)\mathrm{d}x\mathrm{d}y\\&=\iint_{v\leqslant z} f(u,v-u)\mathrm{d}u\mathrm{d}v\\&=\int_{-\infty}^{z}\mathrm{d}v\int_{-\infty}^{\infty} f(u,v-u)\mathrm{d}u.\end{aligned}$$

由密度函数的定义

$$f_{X+Y}(z)=\int_{-\infty}^{\infty} f(u,z-u)\mathrm{d}u.$$

当 X,Y 相互独立时, $f(u,z-u)=f_1(u)f_2(z-u)$. 这里不需要在积分号下求导. □

例 **3.20** (指数分布随机变量的和与差) 设 X 和 Y 独立, 均服从指数分布 $Exp(\lambda)$, 求 $Z=X+Y$ 的概率密度函数.

解 由于

$$\begin{aligned}f_Z(z)&=\lambda^2\int_{-\infty}^{\infty}\exp\{-\lambda x\}\exp\{-\lambda(z-x)\}I_{(0,\infty)}(x)I_{(0,\infty)}(z-x)\mathrm{d}x\\&=\lambda^2\exp\{-\lambda z\}\int_{-\infty}^{\infty} I_{(0,\infty)}(x)I_{(0,\infty)}(z-x)\mathrm{d}x\\&=\lambda^2 z\exp\{-\lambda z\}I_{(0,\infty)}(z).\end{aligned}$$

进一步容易得出, 如果 $X_1,X_2,\cdots,X_n$ 相互独立且服从相同的指数分布 $Exp(\lambda)$, 那么 $Z=X_1+X_2+\cdots+X_n$ 的概率密度函数为

$$f_n(z)=\frac{\lambda^n}{(n-1)!}z^{n-1}\exp\{-\lambda z\}I_{(0,\infty)}(z).$$

该分布称为参数是 n,λ 的 Γ 分布, 记为 $Z\sim Ga(n,\lambda)$. 如果相互独立的两个同类型随机变量之和仍服从同一类型的分布, 那么称此分布类型具有再生性. 因此, Γ 分布对参数 n 具有再生性.

类似地, $Z=X-Y$ 的概率密度函数为

$$\begin{aligned}
f_Z(z)&=\lambda^2\int_{-\infty}^{\infty}\exp\{-\lambda x\}\exp\{-\lambda(z+x)\}I_{(0,\infty)}(x)I_{(0,\infty)}(z+x)\mathrm{d}x\\
&=\lambda^2\exp\{-\lambda z\}\int_{-\infty}^{\infty}\exp\{-2\lambda x\}I_{(0,\infty)}(x)I_{(0,\infty)}(z+x)\mathrm{d}x\\
&=\begin{cases}\lambda^2\exp\{-\lambda z\}\displaystyle\int_{-z}^{\infty}\exp\{-2\lambda x\}\mathrm{d}x, & z\leqslant 0,\\ \lambda^2\exp\{-\lambda z\}\displaystyle\int_{0}^{\infty}\exp\{-2\lambda x\}\mathrm{d}x, & z>0\end{cases}\\
&=\begin{cases}(\lambda/2)\exp\{\lambda z\}, & z\leqslant 0,\\ (\lambda/2)\exp\{-\lambda z\}, & z>0\end{cases}=(\lambda/2)\exp\{-\lambda|z|\},
\end{aligned}$$

该分布称为拉普拉斯分布, 即独立指数分布的差是拉普拉斯分布. □

例 3.21 设 X,Y 相互独立, 且 $X\sim U(0,2), Y\sim U(-1,1)$, 求 $X+Y$ 的概率密度函数.

解　令 $U=X+Y, V=Y$, 由于 $\dfrac{\partial(u,v)}{\partial(x,y)}=1$, 故 (U,V) 的联合密度函数为

$$g(u,v)=\frac{1}{4}I_{(0,2)}(u-v)I_{(-1,1)}(v),$$

(联合密度函数的非零区域见图 3.8), 对另一个变量求积分得到 $f_{X+Y}(u)$ 的密度函数为

$$\begin{aligned}
f_{X+Y}(u)&=\int g(u,v)\mathrm{d}v=\frac{1}{4}\int I_{(0,2)}(u-v)I_{(-1,1)}(v)\mathrm{d}v\\
&=\frac{1}{4}\int_{-1}^{1}I_{(0,2)}(u-v)\mathrm{d}v\\
&=\frac{1}{4}\Big[\int_{-1}^{u}\mathrm{d}vI_{(-1,1)}(u)+\int_{u-2}^{1}\mathrm{d}vI_{(1,3)}(u)\Big]\\
&=\frac{1}{4}\Big[(u+1)I_{(-1,1)}(u)+(3-u)I_{(1,3)}(u)\Big].
\end{aligned}$$

□

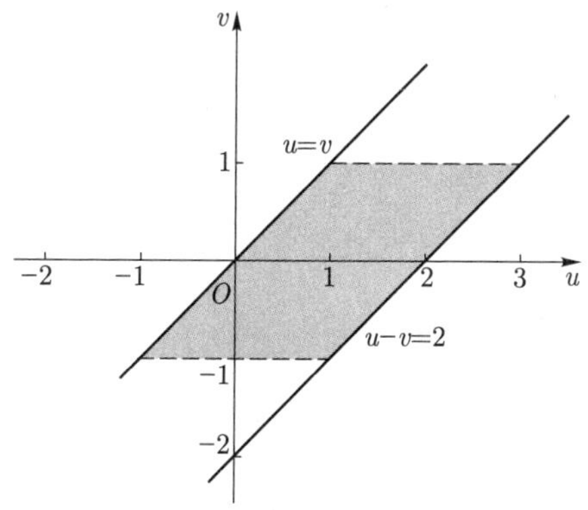

图 3.8 积分区域 (非零区域)

例3.22 (正态分布随机变量的和) 设 X 和 Y 相互独立, 分别服从 $N\left(\mu_1,\sigma_1^2\right)$ 和 $N\left(\mu_2,\sigma_2^2\right)$, 求 $Z=X+Y$ 的分布.

解 由于

$$
\begin{aligned}
f_Z(z)&=\frac{1}{2\pi\sigma_1\sigma_2}\int_{-\infty}^{\infty}\exp\left\{-\frac{(x-\mu_1)^2}{2\sigma_1^2}\right\}\exp\left\{-\frac{(z-x-\mu_2)^2}{2\sigma_2^2}\right\}\mathrm{d}x\\
&=\frac{1}{2\pi\sigma_1\sigma_2}\int_{-\infty}^{\infty}\exp\left\{-\frac{1}{2}\left(\frac{1}{\sigma_1^2}+\frac{1}{\sigma_2^2}\right)\left[x-\left(\frac{1}{\sigma_1^2}+\frac{1}{\sigma_2^2}\right)\left(\frac{\mu_1}{\sigma_1^2}+\frac{z-\mu_2}{\sigma_2^2}\right)\right]^2\right\}\mathrm{d}x\times\\
&\quad\exp\left\{\frac{1}{2}\left(\frac{1}{\sigma_1^2}+\frac{1}{\sigma_2^2}\right)^{-1}\left(\frac{\mu_1}{\sigma_1^2}+\frac{z-\mu_2}{\sigma_2^2}\right)^2-\frac{1}{2}\left(\frac{\mu_1^2}{\sigma_1^2}+\frac{(z-\mu_2)^2}{\sigma_2^2}\right)\right\}\\
&=\frac{1}{\sqrt{2\pi}\sqrt{\sigma_1^2+\sigma_2^2}}\exp\left\{\frac{1}{2\left(\sigma_1^2+\sigma_2^2\right)}\left[-\mu_1^2-(z-\mu_2)^2+2\mu_1(z-\mu_2)\right]\right\}\\
&=\frac{1}{\sqrt{2\pi}\sqrt{\sigma_1^2+\sigma_2^2}}\exp\left\{-\frac{[z-(\mu_1+\mu_2)]^2}{2\left(\sigma_1^2+\sigma_2^2\right)}\right\}.
\end{aligned}
$$

即 $Z\sim N(\mu_1+\mu_2,\sigma_1^2+\sigma_2^2)$, 即正态分布 $N(\mu,\sigma^2)$ 对参数 μ,σ^2 具有再生性. □

值得注意的是, 这里"X 和 Y 相互独立"这一条件不能少. 事实上, 容易验证 (读者练习)

$$
f(x,y)=\varphi(x)\varphi(y)\left[1+\frac{1}{2}(2\Phi(x)-1)(2\Phi(y)-1)\right]
$$

为一个二元概率密度函数, 且满足 X 和 Y 的边缘分布均为标准正态分布, 但是 $X+Y$ 的分布不是正态分布.

例3.23 (独立随机变量商的分布) 设 X 和 Y 相互独立, $X\sim f_1(x),Y\sim f_2(y)$, 求 $Z=\dfrac{X}{Y}$ 的分布.

解 令 $Z=\dfrac{X}{Y}, V=Y$, 则当 $y\neq 0$ 时, 函数 (z,v) 对 (x,y) 的雅可比行列式的绝对值为

$$\left|\frac{\partial(z,v)}{\partial(x,y)}\right|=\left|\begin{array}{cc}\dfrac{1}{y} & -\dfrac{x}{y^2}\\ 0 & 1\end{array}\right|=\frac{1}{|y|},$$

所以 (x,y) 对 (z,v) 的雅可比行列式的绝对值为 $|y|=|v|$, 由此得

$$F_Z(z)=\iint\limits_{x/y\leqslant z} f_1(x)f_2(y)\mathrm{d}x\mathrm{d}y=\int_{-\infty}^{z}\mathrm{d}u\int_{-\infty}^{+\infty}|v|f_1(uv)f_2(v)\mathrm{d}v.$$

由密度函数的定义知

$$f_Z(z)=\int_{-\infty}^{+\infty}|v|f_1(zv)f_2(v)\mathrm{d}v.$$

例如, 设 X 和 Y 是独立的随机变量, 均服从 $N\left(0,\sigma^2\right)$, $Z=\dfrac{X}{Y}$, 则

$$\begin{aligned}f_Z(z)&=\frac{1}{2\pi\sigma^2}\int_{-\infty}^{\infty}|y|\exp\left\{-\frac{\left(1+z^2\right)y^2}{2\sigma^2}\right\}\mathrm{d}y\\&=\frac{1}{\pi\sigma^2}\int_{0}^{\infty}y\exp\left\{-\frac{\left(1+z^2\right)y^2}{2\sigma^2}\right\}\mathrm{d}y\\&=\frac{1}{\pi\left(1+z^2\right)}.\end{aligned}$$

该分布称为柯西 (Cauchy) 分布, 即独立正态分布随机变量的商服从柯西分布. □

例 3.24 设 X 和 Y 相互独立, $X\sim N(0,1), Y\sim N(0,1)$, 求 (X,Y) 的极坐标变换后极轴和极角 (R,Θ) 的分布.

解 由定义, 作极坐标变换 $X=R\cos\theta, Y=R\sin\theta$, 其中 $R>0, \theta\in[0,2\pi)$. 则 (x,y) 对 (r,θ) 的雅可比行列式的绝对值为 r, 由于

$$f(x,y)=\frac{1}{2\pi}\exp\left\{-\frac{1}{2}(x^2+y^2)\right\},$$

作极坐标变换后由 (3.24) 式得

$$f_{R,\Theta}(r,\theta)=\frac{1}{2\pi}\exp\left\{-\frac{r^2}{2}\right\}rI_{(0,\infty)\times[0,2\pi)}(r,\theta).$$

由上式知, 极坐标变换后的 (R,Θ) 是相互独立的. 其中 $R\sim r\exp\left\{-\dfrac{r^2}{2}\right\}I_{(0,\infty)}(r)$, $\Theta\sim U[0,2\pi)$. □

例 3.25 设随机变量 X_1,X_2,X_3 相互独立且都服从区间 $(0,1)$ 上的均匀分布.

(1) 若随机变量 $Y=-a\ln X_1$, 其中 $a>0$ 为一给定常数, 试求 Y 的概率密度函数.

(2) 试求随机变量 $Z=\dfrac{X_2}{X_1}$ 的分布函数.

(3) 试求随机变量 $U=\dfrac{1}{X_1X_2X_3}$ 的概率密度函数.

解 (1) 对任意 $y>0$, 由于

$$P(Y\leqslant y)=P\left(-a\ln X_1\leqslant y\right)=P\left(X_1\geqslant \mathrm{e}^{-\frac{y}{a}}\right)=1-\mathrm{e}^{-\frac{y}{a}},$$

故 Y 服从参数为 $\dfrac{1}{a}$ 的指数分布, 从而其概率密度函数为 $f_Y(y)=\frac{1}{a}\mathrm{e}^{-\frac{y}{a}}I(y>0)$.

(2) 当 $0\leqslant z<1$ 时,

$$P(Z\leqslant z)=P\left(X_2\leqslant zX_1\right)=\int_0^1\int_0^{zy}\mathrm{d}x\mathrm{d}y=\frac{z}{2};$$

而当 $z\geqslant 1$ 时,

$$\begin{aligned}P(Z\leqslant z)&=P\left(X_2\leqslant zX_1\right)\\&=\int_0^{\frac{1}{z}}\int_0^{zy}\mathrm{d}x\mathrm{d}y+\int_{\frac{1}{z}}^1\int_0^1\mathrm{d}x\mathrm{d}y\\&=1-\frac{1}{2z},\end{aligned}$$

故 Z 的分布函数为

$$F_Z(z)=\begin{cases}0, & z<0,\\ \dfrac{z}{2}, & 0\leqslant z<1,\\ 1-\dfrac{1}{2z}, & z\geqslant 1.\end{cases}$$

(3) 由 $V\equiv\ln U=-\sum\limits_{i=1}^{3}\ln X_i$ 及 (1) 可知, V 为 3 个独立的服从 $Exp(1)$ 的随机变量之和, 故 V 服从 $Ga(1,3)$ 分布, 即其概率密度函数为

$$f_V(v)=\frac{1}{2}v^2\mathrm{e}^{-v}I_{(0,\infty)}(v).$$

再由 $U=\mathrm{e}^V$ 及密度函数变换公式可知, U 的概率密度函数为

$$f_U(u)=\frac{\ln^2 u}{2u^2}I_{(1,\infty)}(u).$$

□

例 3.26 (最大值和最小值的分布) 设 X 和 Y 相互独立, $X\sim F_1(x), Y\sim F_2(y)$, 求 $\max\{X,Y\}$和 $\min\{X,Y\}$ 的分布.

解 首先注意 $\max\{X,Y\}$和 $\min\{X,Y\}$ 均为随机变量. 由于 X 和 Y 相互独立, 故

$$\begin{aligned}F_{\max}(z)&=P(\max\{X,Y\}\leqslant z)=P(X\leqslant z,Y\leqslant z)\\&=P(X\leqslant z)P(Y\leqslant z)=F_1(z)F_2(z),\\F_{\min}(z)&=P(\min\{X,Y\}\leqslant z)=P(\{X\leqslant z\}\cup\{Y\leqslant z\})\\&=1-P(\{X>z\}\cap\{Y>z\})=1-(1-F_1(z))(1-F_2(z)).\end{aligned}$$

如果 $X \sim f_1(x), Y \sim f_2(y)$, 那么

$$f_{\max}(z) = f_1(z)F_2(z) + F_1(z)f_2(z), \tag{3.26}$$

$$f_{\min}(z) = f_1(z)(1 - F_2(z)) + (1 - F_1(z))f_2(z). \tag{3.27}$$

此例可以毫无困难地推广到 n 个相互独立随机变量的最大值和最小值的分布. □

例 3.27 掷两颗骰子, 设 X 和 Y 分别表示第一和第二次掷出的点数, 求 $P(\max\{X,Y\} = 5)$ 和 $P(\min\{X,Y\} = 3)$.

解 注意到 X 和 Y 相互独立, 有

$$\begin{aligned} P(\max\{X,Y\} = 5) &= P(\max\{X,Y\} \leqslant 5) - P(\max\{X,Y\} \leqslant 4) \\ &= \left(\frac{5}{6}\right)^2 - \left(\frac{4}{6}\right)^2 = \frac{1}{4}, \\ P(\min\{X,Y\} = 3) &= P(\min\{X,Y\} \geqslant 3) - P(\min\{X,Y\} \geqslant 4) \\ &= \left(\frac{4}{6}\right)^2 - \left(\frac{3}{6}\right)^2 = \frac{7}{36}. \end{aligned}$$ □

例 3.28 (系统可靠性研究) 设系统 L 由两个独立的子系统 L_1, L_2 连接而成, 连接的方式分别为 (1) 串联, (2) 并联, (3) 备用, 如图 3.9 . 设 L_1, L_2 的寿命分别为 X, Y, 其密度函数分别为

$$f_1(x) = \alpha e^{-\alpha x} I_{(0,\infty)}(x), \quad \alpha > 0,$$

$$f_2(y) = \beta e^{-\beta y} I_{(0,\infty)}(y), \quad \beta > 0.$$

其中 $\alpha \neq \beta$. 求系统 L 的寿命 Z 的分布.

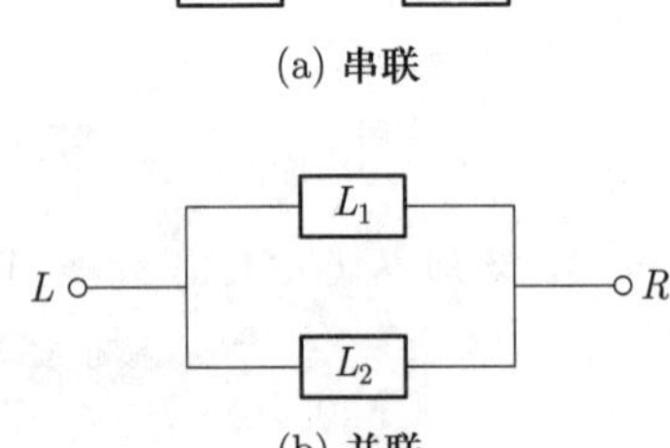

图 3.9　系统连接方式

解 (1) 串联, 只要 L_1, L_2 中有一个损坏, 系统 L 停止工作, 故 $Z = \min\{X,Y\}$, 由 (3.27) 式得

$$\begin{aligned} f_{\min}(z) &= (\alpha e^{-\alpha z} e^{-\beta z} + \beta e^{-\beta z} e^{-\alpha z}) I_{(0,\infty)}(z) \\ &= (\alpha + \beta) e^{-(\alpha+\beta)z} I_{(0,\infty)}(z). \end{aligned}$$

(2) 并联, 只有 L_1, L_2 两个都损坏时, 系统 L 才停止工作, 故 $Z = \max\{X,Y\}$, 由 (3.26) 式得

$$\begin{aligned} f_{\max}(z) &= [\alpha e^{-\alpha z}(1 - e^{-\beta z}) + \beta e^{-\beta z}(1 - e^{-\alpha z})] I_{(0,\infty)}(z) \\ &= [\alpha e^{-\alpha z} + \beta e^{-\beta z} - (\alpha + \beta) e^{-(\alpha+\beta)z}] I_{(0,\infty)}(z). \end{aligned}$$

(3) 备用, 系统 L_1 和 L_2 寿命之和. 即 $Z = X + Y$, 故 $z > 0$ 时, 由独立随机变量密度函

数卷积公式,

$$f_{X+Y}(z)=\int_0^z \alpha e^{-\alpha(z-y)}\beta e^{-\beta y}dy=\frac{\alpha\beta}{\beta-\alpha}(e^{-\alpha z}-e^{-\beta z}),$$

若 $\alpha=\beta$, 容易得到

$$f_{X+Y}(z)=\alpha^2 z e^{-\alpha z}I_{(0,\infty)}(z).$$

□

3.6 扩展阅读: 辛普森悖论

有人说统计会撒谎. “世界上有三种谎言, 即谎言、弥天大谎和统计 (There are three kinds of lies: lies, damned lies and statistics)”. 美国作家马克 • 吐温 (Mark Twain, 1835—1910) 在其作品《我的自传》中的曾引用此话. 将统计和谎言相提并论显然有失公允. 如今人们理解这句话, 大多指向的是对统计数据的人为操纵和恶意利用. 其实, 数字本身不会说谎, 数字只是一个信息载体, 说谎的其实是使用数字的人. 数字既可以拿来解释客观世界, 也可以用来曲解事实真相. 这也恰好说明, 如果没有一定的统计学知识, 人们就有可能从接收到的信息里得出错误的结论. 美国统计学家哈夫 (Darrell Huff, 1913—2001) 还为此出版了一本名为《统计数字会撒谎》(*How to Lie with Statistics*) 的科普读本. 该书用大量生动有趣的实例, 揭露了当时美国社会中一些利用数字和数据造假的现象, 引起了极大反响. 书中提出的统计陷阱的例子, 比如样本选择偏差、平均数的选择以及相关性的滥用等, 在现今的生活中仍然十分常见. 该书自 1954 年出版至今, 多次重印, 被译为多种文字, 影响深远, 光在国内出版的中译名就有《统计陷阱》《统计数字会撒谎》《怎能利用统计撒谎》和《别让统计数字骗了你》等. 在日常的经济生活中, 我们将接触到越来越多的统计数据和资料, 例如各种证券信息、投资可行性研究报告、公司财务报告等, 这些资料和数据如何去伪存真, 如何进行鉴别? 没有很好的统计思维, 就很有可能陷入那些精心炮制的数据陷阱之中, 从而得出有失偏颇的结论.

下面我们将通过统计学里一个有名的辛普森悖论来说明统计是如何“撒谎”的.

什么是辛普森悖论

当人们尝试探究两种变量是否具有相关性的时候, 比如新生录取率与性别, 报酬与性别等, 会分别对之进行分组研究. 辛普森悖论是在这种研究中, 在某些前提下有时会产生的一种现象, 即在分组比较中都占优势的一方, 在总评中反而会是失势的一方. 该现象于 20 世纪初就有人讨论, 但一直到 1951 年英国统计学家辛普森 (Edward H. Simpson, 1922—) 在他发表的论文中该现象才算正式被描述和解释. 后来就以他的名字命名该悖论.

我们通过一个虚构的简单例子来说明什么是辛普森悖论. 一所高校的两个学院, 分别是法学院和商学院. 人们怀疑这两个学院在新生招生中有性别歧视.

如表 3.1 所示, 无论在法学院还是在商学院, 女生的录取比例都高于男生, 由此可以推断

学校在招生时更倾向于招女生吗？但是，如果将两个学院的数据汇总，结果如表 3.2 所示，却发现女生的总体录取率实际上比男生要低.

表 3.1　各学院录取率

	法学院男生	法学院女生	商学院男生	商学院女生
录取人数	8	51	201	92
未录取人数	45	101	50	9
录取率/%	15.1	33.6	80.1	91.1

表 3.2　总体录取率

	男生	女生
录取人数	209	143
未录取人数	95	110
录取率/%	68.8	56.5

上面的例子说明简单地将分组数据相加汇总有时并不能反映真实的整体情况. 这种看起来“自相矛盾”的情况是怎么发生的呢？就这个例子来说，导致辛普森悖论发生一般有两个前提.

第一，两个分组的录取率相差很大，即法学院录取率很低，而商学院却很高. 另一方面，两种性别的申请者分布比率相反，即法学院大部分申请者为女性，而商学院大部分申请者为男性. 结果在数量上来说，拒收率高的法学院拒收了很多的女生，男生虽然有更高的拒收率，但被拒收的数量却相对不算多. 而录取率很高的商学院虽然有较高的录取比例，但是被拒收的男生数量相对法学院来说则明显较多.

第二，有潜在因素影响着录取情况，即性别并非是影响录取率高低的唯一因素，甚至可能是毫无影响的. 至于在学院中出现的比率差，可能只是随机因素造成的，又或者是其他因素作用 (如入学成绩). 刚好出现这种录取比例，使人牵强地误认为这是由性别差异而造成的.

辛普森悖论也可以从数学上解释，即若有

$$\frac{a_1}{b_1} > \frac{a_2}{b_2}, \quad \frac{c_1}{d_1} > \frac{c_2}{d_2},$$

但并不能保证

$$\frac{a_1+c_1}{b_1+d_1} > \frac{a_2+c_2}{b_2+d_2}.$$

这个结论很初等，我们相信很多同学能给出适当的例子以验证，只是对很多人来说比较“反常识”而已.

辛普森悖论的重要性在于它揭示了：我们看到的数据并非全貌. 我们不能满足于展示的数字或图表，需要考虑整个数据生成过程，将所有可能的因素或变量考虑进来以通过它们的联合分布来研究. 一种更深刻的解释是统计学中的因果推断. 一旦我们理解了数据产生的机制，我们就能从图表之外的角度来考虑问题, 找到其他影响因素. 如果两个统计变量 X 与 Y 之间存在因果关系, 那么这种因果关系存在三个可能, 要么是 X 导致 Y, 要么是 Y 导致 X, 或者存在一个共同的原因 Z, 同时导致了 X 与 Y.

本章总结

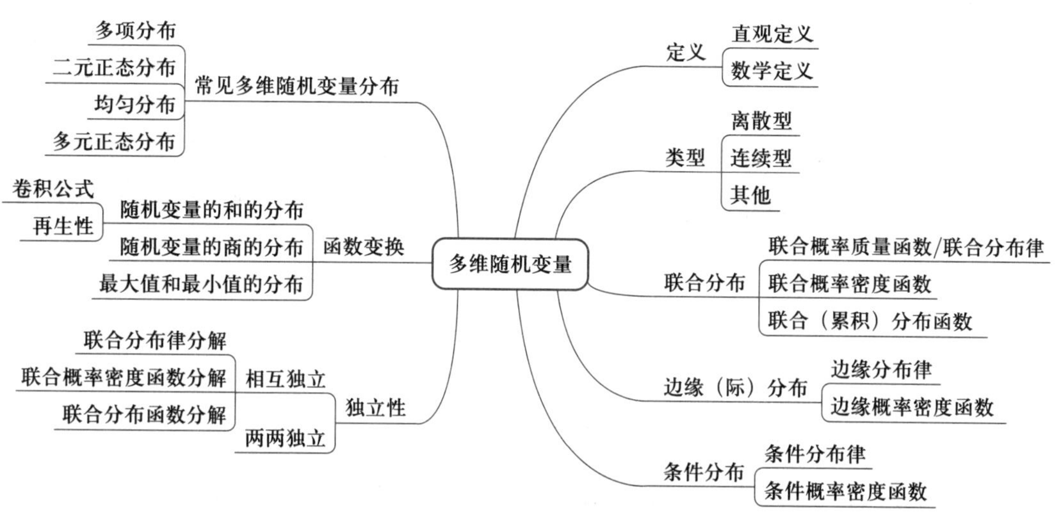

图 3.10　第三章知识点结构图

重点概念总结

- 取有限个值的二维离散型随机变量的分布律一般用矩形表格来表示, 由此可以方便获得边缘分布和条件分布.
- 如果 (X,Y) 服从二元正态分布, 那么唯一确定的两个边缘分布都是正态分布, 反之, 边缘分布不能唯一确定联合分布.
- 计算有关事件概率的难点是计算二重积分, 计算二维随机变量的函数分布的关键之一是二重积分中的变量代换.
- 为了求出 $g(X,Y)$ 的密度函数, 可以令 $U=g(x,y), V=h(x,y)$, 先求出 $U(X,Y), V(X,Y)$ 的联合密度函数, 然后对其中一个变量积分获得另一个变量的密度函数.
- 利用条件密度函数、边缘密度函数和联合密度函数三者之间的关系计算联合密度函数或边缘密度函数.
- 两个随机变量相互独立是指: 任取与 X 有关的事件 A 以及与 Y 有关的事件 B, 则事件 A,B 相互独立, 由此来理解随机变量独立的定义以及计算有关的概率.

习　题

1. 箱中装有 6 个球, 其中红、白、黑球的个数分别为 1, 2, 3. 现从箱中随机地取出 2 个球, 记 X 为取出的红球个数, Y 为取出的白球个数. 求随机变量 (X,Y) 的联合分布函数.

2. 袋中有一个红球, 两个黑球, 三个白球, 现有放回地从袋中取两次, 每次取一球, 以 $X,Y,$ Z 分别表示两次取球的红、黑、白球的个数.

   (1) 求 $P(X=1|Z=0)$;

   (2) 求二维随机变量 (X,Y) 的联合分布函数.

3. 将同一硬币连续掷三次, 以 X 表示在三次中出现正面的次数, 以 Y 表示三次中出现的正面次数和出现的反面次数之差的绝对值. 试写出 X 和 Y 的联合分布律.

4. 现有某种产品 100 个, 其中一、二、三等品分别为 80, 10, 10 个, 现从中随机抽取一个产品, 记

$$X_1=\begin{cases}1, & \text{抽到一等品},\\ 0, & \text{其他},\end{cases}\qquad X_2=\begin{cases}1, & \text{抽到二等品},\\ 0, & \text{其他},\end{cases}$$

   求 (X_1,X_2) 的联合分布律.

5. 设二维随机向量的联合分布律为

Y	X	
	-1	1
-1	0.2	b
1	a	0.3

   已知事件 $\{X=-1\}$ 和 $\{X+Y=0\}$ 相互独立, 求 a,b.

6. 设某射手每次射中目标的概率为 $p\,(0<p<1)$, 射击进行到第二次射中目标为止, X 表示第一次射中目标所进行的射击次数, Y 表示第二次射中目标所进行的射击次数.

   (1) 求二维随机变量 (X,Y) 的联合分布律;

   (2) 求 X 和 Y 的边缘分布.

7. 从 1, 2, 3, 4 四个数中任取一个数, 记为 X, 再从 1 到 X 中任取一个数, 记为 Y, 求事件 $\{Y=2\}$ 发生的概率.

8. 设二维随机变量 (X,Y) 服从正态分布 $N(1,0,1,1,0)$, 求 $P(XY-Y<0)$.

9. 设二维随机变量 (X,Y) 的联合分布函数为

$$F(x,y)=a(b+\arctan x)(c+\arctan y),\qquad x,y\in\mathbb{R}.$$

   (1) 确定常数 a,b,c;

   (2) 求 $P(X>0,Y>0)$;

(3) 求 X 和 Y 的边缘密度函数.

10. 设二维随机变量 (X,Y) 的密度函数为

$$f(x,y)=\begin{cases}\cos x\cos y, & 0<x<\pi/2, 0<y<\pi/2,\\ 0, & \text{其他}.\end{cases}$$

(1) 试求 (X,Y) 的分布函数;

(2) 试求概率 $P\left(0<X<\pi/4, \pi/4<Y<\pi/2\right)$.

11. 设二维随机变量 (X,Y) 的密度函数为

$$f(x,y)=\begin{cases}\mathrm{e}^{-x}, & 0<y<x,\\ 0, & \text{其他}.\end{cases}$$

(1) 求条件密度函数 $f_{Y|X}(y|x)$.

(2) 求条件概率 $P(X\leqslant 1|Y\leqslant 1)$.

12. 设二维随机变量 (X,Y) 的密度函数为

$$f(x,y)=A\mathrm{e}^{-2x^2+2xy-y^2},\quad (x,y)\in\mathbb{R}^2.$$

求常数 A 及条件密度函数 $f_{Y|X}(y|x)$.

13. 设二维随机变量 (X,Y) 的密度函数为

$$f(x,y)=\begin{cases}Ax^2, & 0<|x|<y<1,\\ 0, & \text{其他}.\end{cases}$$

求常数 A 及条件概率 $P(X\leqslant 0.25|Y=0.5)$.

14. 设随机变量 X 与 Y 相互独立, 且 X 服从标准正态分布 $N(0,1)$, Y 的分布律为 $P(Y=0)=P(Y=1)=\dfrac{1}{2}$, 求随机变量 $Z=XY$ 的分布函数.

15. 设 X 和 Y 是相互独立的随机变量, $X\sim N(0,\sigma_1^2)$, $Y\sim N(0,\sigma_2^2)$, 其中 $\sigma_1,\sigma_2>0$ 为常数. 引入随机变量

$$Z=\begin{cases}1, & X\leqslant Y,\\ 0, & X>Y.\end{cases}$$

求 Z 的分布律.

16. 设二维随机变量 (X,Y) 的密度函数为

$$f(x,y)=\begin{cases}c(R-\sqrt{x^2+y^2}), & x^2+y^2<R^2,\\ 0, & x^2+y^2\geqslant R^2.\end{cases}$$

(1) 求 c 的值;

(2) 求 (X,Y) 落在圆 $\{(x,y):x^2+y^2\leqslant r^2\}$ $(r<R)$ 内的概率.

17. 设 (X,Y) 是二维随机变量, X 的边缘密度函数为

$$f_X(x)=\begin{cases}3x^2, & 0<x<1,\\ 0, & \text{其他},\end{cases}$$

在给定 $X=x\,(0<x<1)$ 的条件下, Y 的条件密度函数为

$$f_{Y|X}(y|x)=\begin{cases}\dfrac{3y^2}{x^3}, & 0<y<x,\\ 0, & \text{其他}.\end{cases}$$

(1) 求 (X,Y) 的联合密度函数 $f(x,y)$;

(2) 求 Y 的边缘密度函数 $f_Y(y)$.

18. 设随机变量 X 的密度函数为 $f_X(x)=x\mathrm{e}^{-x}I_{(0,\infty)}(x)$, 而随机变量 Y 服从 $(0,X)$ 上的均匀分布, 求

(1) (X,Y) 的联合分布函数;

(2) 随机变量 Y 的分布函数.

19. 设在 $X=x$ 的条件下, Y 服从参数为 x 的泊松分布, 已知 X 服从参数为 1 的指数分布, 求 Y 的分布律.

20. 设 (X,Y) 是矩形 $\{(x,y):0\leqslant x\leqslant 2,0\leqslant y\leqslant 2\}$ 上的均匀分布, 求随机变量 $Z=|X-Y|$ 的密度函数.

21. 设 (X,Y) 在区域 G 上服从均匀分布, G 由 $x-y=0,x+y=2$ 与 $y=0$ 围成. 试求

(1) 边缘密度函数 $f_X(x)$;

(2) 条件密度函数 $f_{X|Y}(x|y)$.

22. 设随机向量 (X,Y) 服从区域 D 内的均匀分布, 其中 D 是由直线 $y=x,x=0,y=1$ 所围成的区域, 试求

(1) (X,Y) 的联合密度函数 $f(x,y)$;

(2) (X,Y) 的边缘密度函数 $f_1(x)$ 和 $f_2(y)$;

(3) 条件密度函数 $f_{X|Y}(x|y)$;

(4) $P(X\leqslant 0.5|Y=y)$.

23. 设 (X,Y) 服从矩形 $\{(x,y):0\leqslant x\leqslant 2,0\leqslant y\leqslant 1\}$ 内的均匀分布, 记

$$U=\begin{cases}0, & X\leqslant Y,\\ 1, & X>Y,\end{cases}\qquad V=\begin{cases}0, & X\leqslant 2Y,\\ 1, & X>2Y,\end{cases}$$

求 (U,V) 的联合分布函数.

24. 从一副扑克牌 (共 52 张) 中任取 13 张, 以 X 和 Y 分别记其中的黑桃和红桃张数. 试求:

(1) (X,Y) 的联合概率质量函数;

(2) 已知取出的只有一张黑桃, 求此时 Y 的条件概率分布.

25. 假设有 n $(n \geqslant 3)$ 个不同的盒子与 m 个相同的小球, 每个小球独立地以概率 p_k 落入第 k 个盒子 $(k=1,2,\cdots,n)$. 分别以 $X_1,X_2,\cdots,X_n$ 表示落入各个盒子的球数. 试求
(1) $(X_1,X_2,\cdots,X_n)$ 的联合分布函数;
(2) X_k 的边缘分布函数, 其中 $k=1,2,\cdots,n$;
(3) (X_1,X_2) 的边缘分布函数;
(4) 在 $X_1=m_1$ 的条件下, $(X_2,X_3,\cdots,X_n)$ 的条件分布函数.

26. 设随机变量 X 与 Y 相互独立, X 的概率分布为

$$P(X=i)=\frac{1}{3},\quad i=-1,0,1,$$

Y 的密度函数为 $f_Y(y)=\begin{cases}1, & 0\leqslant y\leqslant 1,\\ 0, & \text{其他},\end{cases}$ 记 $Z=X+Y$.
(1) 求 $P\left(Z\leqslant\frac{1}{2}|X=0\right)$;
(2) 求 Z 的密度函数.

27. 设随机变量 X 与 Y 相互独立, X 服从参数为 1 的指数分布, Y 服从标准正态分布, 求 $(X,|Y|)$ 的联合密度函数.

28. 设某班车起点站上客人数 X 服从参数为 $\lambda(\lambda>0)$ 的泊松分布, 每位乘客在中途下车的概率为 p $(0<p<1)$, 且中途下车与否相互独立. 以 Y 表示中途下车的人数, 求
(1) 在发车时, 有 n 个乘客的条件下, 中途有 m 个人下车的概率;
(2) 二维随机变量 (X,Y) 的概率分布.

29. 设 $X\sim N(\mu,\sigma^2)$, $Y\sim B(1,p)$, 且随机变量 X,Y 相互独立. 求 XY 的分布.

30. 设 X,Y 是两个相互独立的随机变量, X 在 $(0,1)$ 上服从均匀分布, Y 的密度函数为

$$f_Y(y)=\begin{cases}\frac{1}{2}\mathrm{e}^{-y/2}, & y>0,\\ 0, & y\leqslant 0.\end{cases}$$

(1) 求 (X,Y) 的联合密度函数;
(2) 求二次方程 $a^2+2Xa+Y=0$ 有实根的概率.

31. 设 (X,Y,Z) 服从单位球 $\{(x,y,z):x^2+y^2+z^2\leqslant 1\}$ 内的均匀分布, 试求 X 的边缘分布.

32. 设随机变量 X,Y 的分布律分别为

X	0	1
P	$\frac{1}{2}$	$\frac{1}{2}$

Y	-1	0	1
P	$\frac{1}{4}$	$\frac{1}{2}$	$\frac{1}{4}$

且 $P(XY=0)=1$.

(1) 求 (X,Y) 的联合分布;

(2) 问 X,Y 是否独立.

33. 连续地掷一颗均匀的骰子, 直到出现点数大于 2 为止, 以 X 表示掷骰子的次数, 以 Y 表示最后一次掷出的点数.

(1) 求二维随机变量 (X,Y) 的联合分布以及 X,Y 的边缘分布;

(2) 问 X 和 Y 是否相互独立.

34. 令 X 和 Y 为独立的离散型随机变量, 且在 $\{0,1,\cdots,K-1\}$ 上均匀分布, 考虑

$$Z_n \equiv X+nY(\bmod K),$$

研究 Z_n 的独立性和两两独立性.

35. 设 (X,Y) 的联合密度函数为

$$f(x,y)=\begin{cases} A\mathrm{e}^{-(3x+4y)}, & x>0,y>0, \\ 0, & \text{其他}. \end{cases}$$

(1) 求系数 A;

(2) X 与 Y 是否独立;

(3) 求 $Z=X+Y$ 的密度函数 $f_Z(z)$;

(4) 试求 $P(X>0.5|X+Y=1)$.

36. 设随机向量 (X,Y) 服从 $\{(x,y):|x+y|\leqslant 1,|x-y|\leqslant 1\}$ 内的均匀分布,

(1) 试求出 X 和 Y 的边缘分布;

(2) X 和 Y 是否相互独立?

(3) 求在 $X=x\ (0<x<1)$ 时, Y 的条件密度函数.

37. 设 (X,Y) 的联合密度函数为

$$f(x,y)=\begin{cases} 0.25(1+xy), & |x|<1,\ |y|<1, \\ 0, & \text{其他}. \end{cases}$$

(1) 求给定 $X=\dfrac{1}{2}$ 时, Y 的条件密度函数;

(2) 证明 X^2 和 Y^2 相互独立.

38. 设随机变量 X,Y 的分布律分别为

X	0	1
P	$\frac{1}{3}$	$\frac{2}{3}$

Y	-1	0	1
P	$\frac{1}{3}$	$\frac{1}{3}$	$\frac{1}{3}$

且 $P(X^2=Y^2)=1$. 求

(1) (X,Y) 的联合分布;

(2) $Z=XY$ 的概率分布.

39. 设 (X,Y) 服从正方形 $\{(x,y):|x|+|y|\leqslant 1\}$ 内的均匀分布,

(1) 求 X 与 Y 的边缘分布;

(2) 问 X,Y 是否相互独立?

40. 设随机向量 (X,Y) 的密度函数为

$$f(x,y)=\begin{cases}3x, & 0<x<1,0<y<x,\\ 0, & \text{其他}.\end{cases}$$

(1) 求 X 与 Y 的边缘密度函数;

(2) 问 X 与 Y 是否相互独立?

(3) 计算 $P(X+Y\leqslant 1)$.

41. 设 (X,Y) 的联合分布函数为

$$F(x,y)=\begin{cases}\dfrac{[1-(x+1)\mathrm{e}^{-x}]y}{1+y}, & x>0,\ y>0,\\ 0, & \text{其他}.\end{cases}$$

(1) 求 X,Y 的边缘分布函数 $F_X(x)$ 和 $F_Y(y)$;

(2) 求 (X,Y) 的联合密度函数 $f(x,y)$ 以及边缘密度函数 $f_X(x),f_Y(y)$;

(3) 验证 X,Y 是否相互独立.

42. 设随机向量 (X,Y,Z) 的联合密度函数为

$$f(x,y,z)=\begin{cases}(8\pi^3)^{-1}(1-\sin x\sin y\sin z), & 0\leqslant x,y,z\leqslant 2\pi,\\ 0, & \text{其他}.\end{cases}$$

证明: X,Y,Z 两两独立但不相互独立.

43. 设随机向量 (X,Y) 的密度函数为

$$f(x,y)=\begin{cases}\dfrac{1+xy}{4}, & |x|<1,\ |y|<1,\\ 0, & \text{其他}.\end{cases}$$

证明: X,Y 不独立但是 X^2,Y^2 是相互独立的.

44.* 设连续型随机变量 $X\sim f(x)$, Y 为取有限值的离散型随机变量, 且 X,Y 相互独立.

(1) 求 $Z=X+Y$ 的分布. 由此回答随机变量 Z 是否为连续型的?

(2) 求 $W=XY$ 的分布, 问 W 是不是连续型随机变量? 以 $X\sim N(\mu,\sigma^2),Y\sim B(1,p)$ 为例求出 W 具体的分布.

45.* 在长度为 1 的线段上任取两点, 把线段分为 3 段, 求这 3 条线段能组成三角形的概率.

46.* 设随机变量 X 的密度函数为 $f(x)$, 令

$$Y=\begin{cases} a, & X<a, \\ X, & a\leqslant X<b, \\ b, & X\geqslant b. \end{cases}$$

(1) 求随机变量 Y 的分布函数;

(2) 随机变量 Y 的分布有什么特点?

47.* 设 $(X,Y)\sim N(\mu_1,\mu_2,\sigma_1^2,\sigma_2^2,\rho)$, 证明: 存在常数 b, 使 $X+bY, X-bY$ 相互独立.

48.* 设 $(X,Y)\sim N(0,0,1,1,\rho)$, 证明

(1) 随机变量 X 与随机变量 $Z=\dfrac{Y-\rho X}{\sqrt{1-\rho^2}}$ 相互独立;

(2) 利用 (1) 的结论证明

$$P(XY<0)=1-2P(X>0,Y>0)=\pi^{-1}\arccos\rho. \tag{3.28}$$

49.* (多项分布) 设 $A_1,A_2,\cdots,A_n$ 是样本空间上的一个完备事件群, 即 $A_iA_j=\phi, i\neq j$, 其和为必然事件, 记 $P(A_i)=p_i>0, i=1,2,\cdots,n$, 则 $p_1+p_2+\cdots+p_n=1$. 由上面知, 在一次试验中, 事件 $A_1,A_2,\cdots,A_n$ 必然发生一个且仅发生一个. 现在把该试验独立重复 N 次, 以 X_i 记事件 A_i 出现的次数, $i=1,2,\cdots,n$, 则称 $(X_1,X_2,\cdots,X_n)$ 服从多项分布, 记为

$$(X_1,X_2,\cdots,X_n)\sim M(N,p_1,p_2,\cdots,p_n),$$

其中 $X_1+X_2+\cdots+X_n=N$, 证明:

(1) (X_i,X_j,Z) 在给定 $X_l=N_l$ 的条件下服从三项分布 $M\left(N-N_l,\dfrac{p_i}{1-p_l},\dfrac{p_j}{1-p_l},1-\dfrac{p_i+p_j}{1-p_l}\right)$, 其中 $1\leqslant i\neq j\neq l\leqslant n$, $Z=N-N_l-X_i-X_j$;

(2) 设 $1\leqslant j<n$, 则

$$(X_1+X_2+\cdots+X_j)\sim B(N,p_1+p_2+\cdots+p_j).$$

第四章　随机变量的数字特征和极限定理

学习目标

- ❑ 理解数学期望、中位数、方差、协方差和相关系数等随机变量的数字特征是一些数，它们从不同的侧面反映了随机变量的取值规律
- ❑ 熟悉期望、方差、协方差和相关系数等数字特征的性质，并能用这些性质来计算它们
- ❑ 理解条件期望的定义，了解条件期望的平滑公式
- ❑ 理解马尔可夫不等式，该公式在许多方面有重要应用
- ❑ 理解独立和不相关之间的关系
- ❑ 理解大数定律和中心极限定理这两个普适性的规律

4.1　数学期望和中位数

在前几章，我们讨论了随机变量的概率分布，分布是对随机变量概率特性的最完整和全面的刻画，而本章要讨论的数字特征是对随机变量 (或它的分布) 某一方面特性的刻画.

例如，考虑某种大批生产的元件寿命，如果知道了它的概率分布就可以知道元件寿命在任一指定界限内的概率，这对元件寿命提供了一幅完整的图景，如下文所述，根据这一分布就可以计算元件的平均寿命 μ，μ 这个数虽然不能对元件寿命状况提供一个完整的刻画，但却在一个重要方面，且往往是人们最为关心的方面，刻画了元件寿命的状况，因而在应用上有极重要的意义. 类似的情况很多，例如，一个学生的学习绩点反映了该学生非常重要的学业成绩，这给我们一个总的学业印象. 至于成绩的具体情况，除非为了特殊的目的，反而没有必要去仔细研究了.

另一类重要的数字特征，是衡量一个随机变量 (或其分布) 取值的散布程度或风险的大小. 例如，一个行业中两个不同企业员工的平均收入大体相近，但一个企业员工收入差距不大，另一个差距较大，这对毕业学生如何选择就业单位是一种考验；糖尿病患者不仅要看血糖高低，还要看 24 h 内血糖的波动大小.

其他重要的数字特征还有中位数(median)、众数 (mode)、矩、协方差、相关系数、熵等. 简单易用是这些数字特征最明显的特点. 在处理较为复杂的随机变量时，特别是分布函数的计算较为困难的时候，这里给出的数字特征有着分布函数无法替代的优势.

视频 **12**　随机变量的数字特征

视频　扫描视频 12 的二维码观看关于随机变量的数字特征的讲解.

下面我们一一讨论.

4.1.1 数学期望和中位数

回到第一章 A, B 两个赌徒的赌资如何分配问题. 规则是 5 局 3 胜, 现在因故只进行了 3 局, A 胜 2 局, B 胜 1 局, 问赌本如何分才比较合理. 一种较为合理的分法是设想继续赌下去, 直到赌满 5 局为止, 已经算出 A 有 3/4 的机会取胜, B 有 1/4 的机会取胜, 故在此情况下, A 能“期望”得到的赌资应当为 $300\times 3/4+0\times 1/4=225$ (元), B 的为 $300\times 1/4+0\times 3/4=75$ (元). 如果引入随机变量 X, 它的值表示赌下去 A 的最终所得, 那么我们有

X	0	300
P	$\frac{1}{4}$	$\frac{3}{4}$

因此 A 的“期望值”等于 X 的可能取值与对应概率乘积之和, 即取值的加权平均. 这就是“数学期望”(简称期望) 名词的由来. 该名词源于赌博, 听起来不太通俗易懂, 本不是一个很恰当的命名, 例如保险中的“期望寿命”就是平均寿命. 但是它在概率论中已源远久长, 获得大家公认, 也就站稳了脚跟, 另一个名词“均值”形象易懂, 也很常用.

数学上, 离散型随机变量的数学期望的定义为取值的“加权平均”:

定义 4.1　离散型随机变量的期望

设随机变量 X 为离散型随机变量, 其分布律为 $P(X=x_k)=p_k,\quad k=1,2,\cdots$. 如果

$$\sum_{k\geqslant 1}|x_k|p_k<\infty, \tag{4.1}$$

那么称

$$E(X)=\sum_{k\geqslant 1}x_kp_k \tag{4.2}$$

为随机变量 X 的数学期望 (expectation), 简称期望. ♣

视频 扫描视频 13 的二维码观看关于随机变量的数学期望的讲解.

视频 13 随机变量的数学期望

注 (1) 如果随机变量 X 只取有限个值, 那么期望就是关于 $x_k, k=1,2,\cdots,n$ 的加权平均, 权就是概率 $p_1,p_2,\cdots,p_n$. 此时数学期望也必然存在.

(2) 绝对收敛条件 (4.1) 是保证期望 (4.2) 收敛, 在微积分中, 我们知道条件收敛级数在适当改变级数中项的次序后可以收敛到任一实数, 但是绝对收敛能保证期望收敛到唯一的数, 与 x_i 的排列次序无关, 这是符合常识的.

(3) 数学期望常称为“随机变量取值的平均值”, 这里是指的加权平均. 由概率的统计定义, 容易给出均值这个名词的一个自然解释. 假设把试验独立重复 N 次, 每次把 X 的有限个取值 $x_1,x_2,\cdots,x_n$ 记录下来, 设取到 $x_k, k=1,2,\cdots,n$ 的次数分别为 $N_1,N_2,\cdots,N_n$, 则

X 取值的平均 $\overline{X}$ 为

$$\overline{X}=\sum_{k=1}^{n}x_k\frac{N_k}{N}.$$

注意到 N_k/N 是事件 $X=x_k$ 发生的频率, 由概率的统计定义, 当 N 充分大时, 频率 N_k/N 很接近概率 p_k, 这就是说, 随机变量 X 的数学期望不是别的, 正是在大量独立重复试验下, X 在试验中取值的平均.

例 4.1 设随机变量 X 的分布律为

$$P\left(X=(-1)^k\frac{2^k}{k}\right)=\frac{1}{2^k},\quad k=1,2,\cdots,$$

证明 X 的数学期望不存在.

证 由于

$$\sum_{k=1}^{\infty}\left|(-1)^k\frac{2^k}{k}\right|\frac{1}{2^k}=\sum_{k=1}^{\infty}\frac{1}{k}=\infty,$$

因此 X 的数学期望不存在. 而尽管按照自然顺序求和可得

$$\sum_{k=1}^{\infty}(-1)^k\frac{2^k}{k}\frac{1}{2^k}=\sum_{k=1}^{\infty}(-1)^k\frac{1}{k}=-\ln 2.$$

但是事实上, 通过改变级数中项的顺序此级数值可以为任意值! 这与希望期望为固定的数相悖, 因此也说明了期望定义中绝对收敛条件就是为了保证级数值不依赖于其求和项的顺序. ∎

例 4.2 设离散型随机变量 X 的概率分布为

$$P(X=k)=\frac{3}{2\pi^2k^2}\quad(0\neq k\in\mathbb{Z}),\quad P(X=0)=\frac{1}{2},$$

证明其期望不存在.

证 容易验证

$$\sum_{k=-\infty}^{\infty}P(X=k)=\frac{3}{2\pi^2}\left(\sum_{k=1}^{\infty}\frac{1}{k^2}+\sum_{k=-\infty}^{-1}\frac{1}{k^2}\right)+\frac{1}{2}=1,$$

同时,

$$\sum_{k=-\infty}^{\infty}kP(X=k)=\frac{3}{2\pi^2}\left(\sum_{k=1}^{\infty}\frac{1}{k}+\sum_{k=-\infty}^{-1}\frac{1}{k}\right).$$

此级数发散, 因此 X 的期望不存在. ∎

对连续型随机变量, 加权平均等价为加权积分:

定义 4.2 连续型随机变量的期望

设 $X \sim f(x)$, 如果

$$\int_{\mathbb{R}} |x| f(x) \mathrm{d}x < \infty \tag{4.3}$$

(常表示为 $E(|X|) < \infty$), 那么称

$$E(X) = \int_{\mathbb{R}} x f(x) \mathrm{d}x \tag{4.4}$$

为连续型随机变量的数学期望, 简称期望. 否则称不存在数学期望. 这里绝对可积条件 (4.3) 是保证期望有确定的值, 即存在的条件. ♣

注 (1) 在离散场合, 把概率 p_k 视为直线上点 x_k 处的质量, 则期望就是该物体的质心. 在连续场合, 把 $f(x)$ 视为线密度, 则期望就是该直线的质心.

(2) 如果随机变量 X, Y 有相同的分布, 那么从期望的定义看出它们的期望是一样的. 如果随机变量 $X_1, X_2, \cdots, X_n$ 的分布都相同, 我们称它们为同分布的 (identical), 此时 $E(X_1) = E(X_2) = \cdots = E(X_n)$. 如果它们不仅有相同的分布, 而且相互独立, 那么称 $X_1, X_2, \cdots, X_n$ 是相互独立有相同分布的 (independent and identically distributed, 简写为 i.i.d.) 随机变量.

例4.3 某场考试中, 有一大题是选择题. 每一小题的 4 个答案中只有一个是正确的, 若规定选对得 2 分, 不选得 0 分, 选错扣 1 分, 当有一题你没有把握选择时, 你应该不选还是任选一个答案?

解 令 X 表示随机选择答案后的得分, 则 X 的分布为

X	-1	2
P	$\frac{3}{4}$	$\frac{1}{4}$

所以由期望的定义,

$$E(X) = (-1) \times \frac{3}{4} + 2 \times \frac{1}{4} = -\frac{1}{4},$$

而不选得 0 分. 所以在这个规则下, 没有把握答题时, 以不选为最好策略. □

例4.4 设 $X \sim P(\lambda)$, 求 $E(X)$.

解 由离散型随机变量期望的定义, 有

$$E(X) = \sum_{k=0}^{\infty} k \mathrm{e}^{-\lambda} \frac{\lambda^k}{k!} = \lambda \sum_{k=1}^{\infty} \mathrm{e}^{-\lambda} \frac{\lambda^{k-1}}{(k-1)!} = \lambda \sum_{k=0}^{\infty} \mathrm{e}^{-\lambda} \frac{\lambda^k}{k!} = \lambda,$$

即参数 λ 是泊松分布的期望. □

例4.5 设 $X \sim N(\mu, \sigma^2)$, 求 $E(X)$.

解 由连续型随机变量期望的定义, 有

$$E(X) = \int_{-\infty}^{\infty} \frac{1}{\sqrt{2\pi}\sigma} x \exp\left\{ -\frac{(x-\mu)^2}{2\sigma^2} \right\} \mathrm{d}x$$

$$= \int_{-\infty}^{\infty} \frac{1}{\sqrt{2\pi}} (\sigma t + \mu) e^{-\frac{t^2}{2}} dt = \mu \quad \left(\frac{x-\mu}{\sigma} = t \right),$$

即参数 μ 是正态随机变量的期望. □

例 4.6 设 $X \sim f(x)$, 其中

$$f(x) = \frac{1}{\pi(1+x^2)}, \quad x \in \mathbb{R},$$

称为柯西分布. 证明: 柯西分布的期望不存在.

证 因为

$$\int_{-\infty}^{\infty} |x| f(x) dx = \frac{2}{\pi} \int_{0}^{\infty} \frac{x}{1+x^2} dx = \infty,$$

所以柯西分布的期望不存在. ■

注 (**期望是一个数**) 由期望的定义知道, 它由分布完全确定, 故可以说是分布的期望或密度的期望. 这可能会被误解为必须知道随机变量的分布才能计算它的期望, 这话不完全确切. 在应用中, 我们很难确切知道有关随机变量的分布, 甚至也难于对分布的类型提出合理的假定, 但是有相当的根据 (经验或理论) 对期望提出一些假定, 甚至有不少了解, 例如我们可能比较确切地知道某行业的平均工资、某地区的平均人口密度, 而对工资分布情况或地区人口具体分布情况并不清楚. 当需要通过观察或试验取得数据来估计随机变量的期望时, 要比估计随机变量分布更容易和确切, 因为期望是一个数, 而分布是一个函数.

性质 数学期望的性质

首先容易看出, 常数 c 的期望 (均值) 仍是 c. 下面讨论的性质中假设期望均存在, 则:

(1) (期望的线性性) 若干个随机变量和的期望等于每个随机变量期望的和. 用公式写出即为, 若 $E(X_k), k = 1, 2, \cdots, n$ 存在, 则

$$E(X_1 + X_2 + \cdots + X_n) = \sum_{i=1}^{n} E(X_i), \tag{4.5}$$

值得注意的是, 期望的线性性质不需要对随机变量之间的关联附加任何限制, 具有很好的普适性.

我们仅对两个离散型随机变量之和来证明.

设 $P(X = x_i, Y = y_j) = p_{ij}$, $i, j = 1, 2, \cdots$, 则

$$\begin{aligned} E(X_1 + X_2) &= \sum_{i,j} (x_i + y_j) p_{ij} = \sum_{i} x_i p_{i\cdot} + \sum_{j} y_j p_{\cdot j} \\ &= E(X) + E(Y), \end{aligned}$$

稍稍推广一下, 可以看出只要每个随机变量的期望存在, 则 n 个随机变量的线性组合的期望等于随机变量期望的线性组合.

例 4.7 设 $X \sim B(n,p)$, 求 $E(X)$.

解 若设 $X_i = I_{A_i}, i=1,2,\cdots,n$, 其中 $A_i=\{$事件 A 在第 i 次发生$\}$, 由二项分布的定义, $X = X_1+X_2+\cdots+X_n$, 由于 $X_i \sim B(1,p)$, 容易得到 $E(X_i)=p$, 与 i 无关. 由性质 (1),

$$E(X) = E(X_1)+E(X_2)+\cdots+E(X_n) = np. \qquad \square$$

当然, 本题也可以用期望的定义来解, 但是没有这样简单了. 注意到性质 (1) 中, 没有要求随机变量之间相互独立. 利用同分布随机变量有相同的期望, 有些场合下我们可以简化期望的计算.

例 4.8 设彩票 33 个红色球中的 6 个中奖号码为 $X_1 < X_2 < \cdots < X_6$, 求 $E(X_i), i = 1,2,\cdots,6$.

解 令 $Y_1 = X_1-1, Y_i = X_i - X_{i-1} - 1, i=2,3,4,5,6$, 以及 $Y_7 = 33-X_6$,Y_i 表示两个相邻开奖号码的间隔. 直观上看 $Y_i, i=1,2,\cdots,7$ 应该是同分布的, 因为 $P(Y_i=k)$ 没有理由比 $P(Y_j=k)$ 大或小 (可以用超几何分布证明 $P(Y_i=k)$ 与 i 无关). 所以它们的期望相同, 注意到

$$E\left(\sum_{i=1}^{7} Y_i\right) = 33-6=27,$$

两边取期望, 利用同分布随机变量的期望相同得

$$7E(Y_1)=27,$$

故

$$E(X_1) = 1+\frac{27}{7} = 4.86,$$
$$E(X_i) = E(X_1)i = \left(\frac{34}{7}\right)i, \quad i=1,2,\cdots,6. \qquad \square$$

例 4.9 (负二项分布的期望) 设随机变量 X_r 服从参数为 (r,p) 的负二项分布, 求 X_r 的期望.

解 因为负二项分布与几何分布间存在如下对应:

$$X_r = Y_1+Y_2+\cdots+Y_r,$$

其中 $\{Y_k\}$ 为独立同分布的随机变量, 均服从几何分布 $Ge(p)$, 所以

$$\begin{aligned} E(X_r) &= E(Y_1+Y_2+\cdots+Y_r) \\ &= E(Y_1)+E(Y_2)+\cdots+E(Y_r) = \frac{r}{p}. \end{aligned}$$

如下的直接计算相对麻烦:

$$\begin{aligned} E(X_r) &= \sum_{k=r}^{\infty} k\binom{k-1}{r-1}p^r(1-p)^{k-r} \\ &= \frac{n}{p}\sum_{k=r}^{\infty}\binom{k}{r}p^{r+1}(1-p)^{k-r} = \frac{r}{p}. \end{aligned}$$

这里利用如下泰勒 (Taylor) 展开公式:

设 $|x| < 1$, 则

$$(1-x)^{-(r+1)} = \sum_{k=r}^{\infty} \binom{k}{r} x^{k-r},$$

在上面公式中取 $x = 1-p$ 即得. □

(2) 若 X_1, X_2 是相互独立的随机变量, 且 $E(X_1), E(X_2)$ 存在, 则

$$E(X_1X_2) = E(X_1)E(X_2),$$

这里我们仅验证连续型随机变量情形, $X_k \sim f_k(x), k=1,2$, 由独立性和期望的定义,

$$\begin{aligned} E(X_1X_2) &= \iint x_1x_2 f(x_1,x_2)\mathrm{d}x_1\mathrm{d}x_2 = \iint x_1x_2 f_1(x_1)f_2(x_2)\mathrm{d}x_1\mathrm{d}x_2 \\ &= \int_{-\infty}^{\infty} x_1 f_1(x_1)\mathrm{d}x_1 \int_{-\infty}^{\infty} x_2 f_2(x_2)\mathrm{d}x_2 = E(X_1)E(X_2), \end{aligned}$$

另外, 只要 $E(X_k), k=1,2,\cdots,n$ 存在, 本性质可以毫无困难地推广到 n 个相互独立随机变量的乘积, 即

$$E(X_1X_2\cdots X_n) = \prod_{k=1}^{n} E(X_k). \tag{4.6}$$

上述结论还可以推广到 n 个随机变量函数的期望, 即

(3) 设 $\boldsymbol{X}$ 为一个 n 维随机变量, 有分布函数 $F_{\boldsymbol{X}}(\boldsymbol{x})$, $\boldsymbol{Y} = g(\boldsymbol{X})$ 为 m 维随机变量且分布函数为 $F_{\boldsymbol{Y}}(\boldsymbol{y})$, 若 Y 的各分量存在期望, 则

$$E(\boldsymbol{Y}) = \int_{\mathbb{R}^m} \boldsymbol{y}\mathrm{d}F_{\boldsymbol{Y}}(\boldsymbol{y}) = \int_{\mathbb{R}^n} g(\boldsymbol{x})\mathrm{d}F_{\boldsymbol{X}}(\boldsymbol{x}) \tag{4.7}$$

$$= \begin{cases} \sum g(\boldsymbol{x})P(\boldsymbol{X}=\boldsymbol{x}), & \boldsymbol{X}\text{为离散型}, \\ \int_{\mathbb{R}^n} g(\boldsymbol{x})f_{\boldsymbol{X}}(\boldsymbol{x})\mathrm{d}\boldsymbol{x}, & \boldsymbol{X}\text{为连续型}. \end{cases} \tag{4.8}$$

这里, 随机向量 $\boldsymbol{Y}$ 的期望是指它的每一个分量都取期望. 特别, 若 c 为常数, 则 $E(c\boldsymbol{X}) = cE(\boldsymbol{X})$. 这一性质在应用中非常方便. 由于映射 g 一般都比较复杂, 先计算出 $\boldsymbol{Y}$ 的分布再求其期望往往比较烦琐, 而利用该性质只需在 $\boldsymbol{X}$ 的分布下直接计算. 该性质的严格证明需要用到测度论的知识, 参见 (张颢, 2018). 此处我们验证连续型随机变量在单调变换场合的结论. 设 $Y = g(X)$, $X \sim f_X$, g 为 $\mathbb{R}$ 上的严格单调增函数, 反函数 g^{-1} 连续可导, 则由密度函数变换公式知

$$\begin{aligned} E(Y) &= \int_{-\infty}^{\infty} y f_Y(y)\mathrm{d}y \\ &= \int_{-\infty}^{\infty} y f_X(g^{-1}(y))\frac{\mathrm{d}g^{-1}(y)}{\mathrm{d}y}\mathrm{d}y \end{aligned}$$

$$= \int_{-\infty}^{\infty} g(x) f_X(x) \mathrm{d}x.$$

例 **4.10** 设 $X \sim U(-1,1)$, 求 $E(2|X|)$.

解 由性质 (3),

$$E(2|X|) = 2\int_{-1}^{1} \frac{1}{2}|x|\mathrm{d}x = 2\int_{0}^{1} x\mathrm{d}x = 1.$$ □

(4) 若 $X \geqslant Y$, 则 $E(X) \geqslant E(Y)$.

这几条性质无论在理论上还是在应用上都有重要意义.

4.1.2 条件数学期望 (条件期望)

与条件分布的定义类似, 随机变量的条件期望就是在给定某种附加条件下的数学期望. 对统计学和随机过程来说, 最重要的情况就是在随机向量 (X,Y) 中, 给定随机变量 X 的取值 $X=x$ 时 Y 的条件期望. 例如, 人的基本健康状况可以用身高 (H)、体重 (W) 组成的随机向量 (H,W) 来表达, 给定一个人的身高 $H=h$ 时, 求得的平均体重就是条件数学期望, 简称条件期望. 通常用 $E(Y|X=x)$ 表示, 也可以简化记为 $E(Y|x)$.

对离散型随机变量 X 和 Y, X 取值于 $\{x_1,x_2,\cdots,x_n\}, Y$ 取值于 $\{y_1,y_2,\cdots,y_m\}$. 考虑事件 $\{Y=y_k\}$, 在这个条件下, X 的概率分布会发生变化,

$$P\left(\{X=x_i\}\mid\{Y=y_k\}\right) = \frac{P\left(\{X=x_i\}\cap\{Y=y_k\}\right)}{P\left(\{Y=y_k\}\right)},$$

当固定 y_k, x_i 变化时, 该概率分布即为条件分布, 记作

$$P\left(X=x_i\mid Y=y_k\right) = \frac{P\left(X=x_i,Y=y_k\right)}{P\left(Y=y_k\right)}, i=1,2,\cdots,n.$$

这个条件分布中包含了 Y 所提供的先验信息, 并将该信息代入到了期望的计算,

$$E\left(X\mid Y=y_k\right) = \sum_{i=1}^{n} x_i P\left(X=x_i\mid Y=y_k\right),$$

对连续型随机变量 $(X,Y)\sim f(x,y)$, 记给定 $X=x$ 时随机变量 Y 的条件密度函数为 $f_{Y|X}(y|x)$, 则

定义 4.3 连续型随机变量的条件期望

设 $E(|Y|)<\infty$, 称

$$E(Y|X=x) = \int_{-\infty}^{\infty} y f_{Y|X}(y|x)\mathrm{d}y \tag{4.9}$$

为给定 $X=x$ 时随机变量 Y 的条件期望. ♣

条件期望有一个很好的物理解释: 如果把 $f_{Y|X}(y|x)$ 解释为直线 $X=x$ 上物体质量的线密度, 那么条件期望就是该直线的质心.

如果说条件分布是随机变量 (X,Y) 相依关系在概率上的完全刻画, 那么条件期望在一个很重要的方面刻画了两者之间的关系. 它反映了随着 X 取值的变化, Y 的平均取值如何变化, 这常常是我们所关心的主要内容. 例如, 随着个人受教育年限 X 的变化, 其平均收入将如何变化? 在统计学上, 常把条件期望 $E(Y|x)$ 作为 x 的函数, 称为 Y 的"回归函数", 而回归分析, 即关于回归函数的统计研究, 构成了统计学的一个重要分支.

由条件期望的定义, $E(Y|x)$ 是 x 的函数, 记为 $h(x)$. 如果不固定 X 的取值, 那么条件期望 $E(Y|X)=h(X)$ 是随机变量 X 的函数, 因而是随机变量 (这不同于"期望为常数"). 对 $h(X)$ 再取期望, 我们有

$$\begin{aligned}E(E(Y|X)) &= E(h(X)) = \int_{-\infty}^{\infty} h(x)f_1(x)\mathrm{d}x \\ &= \int_{-\infty}^{\infty} f_1(x)\mathrm{d}x \int_{-\infty}^{\infty} y f_{Y|X}(y|x)\mathrm{d}y = \iint y\frac{f(x,y)}{f_1(x)}f_1(x)\mathrm{d}x\mathrm{d}y \\ &= \int_{-\infty}^{\infty} y\mathrm{d}y \int_{-\infty}^{\infty} f(x,y)\mathrm{d}x = \int_{-\infty}^{\infty} yf_2(y)\mathrm{d}y = E(Y). \end{aligned} \tag{4.10}$$

可以证明, 上述性质对一般类型的随机变量依然成立, 这称为**条件期望的平滑公式**或**全期望公式**. 实际上, 条件期望也是一种期望, 因而它具有和期望相同的性质 (1)—(4).

例 4.11 设 $(X,Y)\sim N(\mu_1,\mu_2,\sigma_1^2,\sigma_2^2,\rho)$, 从例 3.14 已经知道, 给定 $X=x$ 时随机变量 Y 的条件分布仍是正态分布, 即

$$Y|x \sim N(\mu_2+\rho\sigma_2\sigma_1^{-1}(x-\mu_1),(1-\rho^2)\sigma_2^2),$$

从而条件期望为

$$E(Y|x)=\mu_2+\rho\sigma_2\sigma_1^{-1}(x-\mu_1),$$

这是 x 的线性函数, 当 $\rho>0$ 时, $E(Y|x)$ 随 x 增加而增加, 即 Y 的均值有随 X 的增加而增加的趋势.

例 4.12 (巴格达窃贼问题) 一窃贼被关在有 3 扇门的地牢里, 其中 1 号门通向自由. 出这扇门走 3 h 便可以回到地面; 2 号门通向另一个地道, 走 5 h 将返回到地牢; 3 号门通向更长的地道, 走 7 h 也回到地牢. 若窃贼每次选择 3 扇门的可能性总相同, 求他为获得自由而奔走的平均时间.

解 设这个窃贼需要走 X h 才能到达地面, 并设 Y 代表他每次对 3 扇门的选择情况, Y 各以 $\dfrac{1}{3}$ 的概率取值 1, 2, 3. 则

$$E(X)=E[E(X|Y)]=\sum_{i=1}^{3}E(X|Y=i)P(Y=i),$$

注意到 $E(X|Y=1)=3, E(X|Y=2)=5+E(X)$, $E(X|Y=3)=7+E(X)$, 所以

$$E(X)=\frac{1}{3}[3+5+E(X)+7+E(X)],$$

即得到 $E(X) = 15$. □

4.1.3 中位数和众数

我们已经知道, 随机变量 X 的数学期望就是它的 (加权) 均值, 因此从一定意义上来说, 数学期望刻画了随机变量所取之值的 "中心位置". 但是, 我们也可以用别的数字特征来刻画随机变量的 "中心位置". 中位数和众数就是这样的数字特征.

定义 4.4　中位数

设随机变量 $X \sim F(x)$, 若存在常数 m, 满足

$$P(X \geqslant m) = 1 - F(m-0) \geqslant 1/2, \quad P(X \leqslant m) = F(m) \geqslant 1/2,$$

其中 $F(m-0) = P(X < m)$, 则常数 m 称为随机变量 X 的中位数. ♣

显然, 中位数可能不唯一. 记连续型随机变量 X 的概率密度函数为 $f(x)$, 当 $f(m) > 0$ 时, 中位数唯一且满足 $F(m) = 1/2$ 或 $\int_{-\infty}^{m} f(x)\mathrm{d}x = 1/2$.

定义 4.5　众数

- 若 X 为离散型随机变量, 则其概率质量函数最大值对应的随机变量的取值称为众数, 记为 m_d.
- 若 X 为连续型随机变量, $X \sim f(x)$, 则使 $f(x)$ 达到最大值的 x 称为众数, 记为 m_d.

♣

众数可能不唯一. 若 X 的密度函数 $f(x)$ 有唯一的极大值点, 则称该密度函数是单峰的. 如正态分布随机变量的密度函数是单峰的.

例 4.13 有一个小型企业有较好的发展前景, 所以想扩大生产和再招募 5 个工人. 企业的人员组成和酬金分别为 1 个老板 (3 万元/月)、1 个合伙人 (2 万元/月)、3 个技术员 (1 万元/人月)、6 个熟练工人 (6 000 元/人月)、7 个非熟练工人 (4 000 元/人月). 招聘人员在人才市场发的宣传品上声称: 本企业有良好的发展前景, 且全企业平均工资为 8 000 元/月. 在这样的宣传下, 企业招聘到了 5 个工人. 但到发工资那天, 新招聘来的工人发现他们仅仅拿到 4 000 元, 很不满意, 说他们调查了所有工人, 没有人拿到 8 000 元, 所以企业欺骗了他们. 老板说自己没有欺骗他们, 在招聘的时候, 按数据全企业的平均工资就是 8 000 元, 中位数是 6 000 元, 他们拿到的是众数!

本例说明了中位数、期望 (均值) 和众数不是一回事, 本例的数据不符合两头小、中间大的情况. 一般来说, 一个行业或企业工资的分布是不对称的, 总是低工资的人多, 高工资的人少, 用均值来衡量一个行业或企业的工资水平是不科学的, 而中位数是比较合理的. 在数据分布对称的情况下, 期望 (均值) 就能较好地反映这点. 由此可知使用期望 (均值) 要慎重!

中位数与期望比较还有一个优点, 即它总是存在的, 而期望不是对任何随机变量都存在, 例如, 柯西分布的期望不存在. 另外中位数在数据处理中不受少量特大值或特小值的影响.

数学期望、中位数和众数称为随机变量的位置参数, 它们刻画了随机变量的数学期望、一半概率值和密度函数最大值的位置.

例**4.14** 设随机变量 $X \sim B(1, 0.5)$, 求 X 的中位数.

解 因为 X 的分布函数为

$$F(x)=\begin{cases}0, & x<0,\\ 0.5, & 0\leqslant x<1,\\ 1, & x\geqslant 1,\end{cases}$$

由中位数的定义知区间 [0,1) 内的每一个数都是 X 的中位数, 所以此例说明中位数可以不唯一. □

例**4.15** 设随机变量 X 服从对数正态分布, 即 $\ln X \sim N(\mu, \sigma^2)$, 求 X 的期望、中位数和众数.

解 由题设, 则易知对数正态分布变量 X 的概率密度函数为

$$f_X(x)=\frac{1}{x\sqrt{2\pi}\sigma}\exp\left\{-\frac{(\ln x-\mu)^2}{2\sigma^2}\right\}I_{(0,\infty)}(x),$$

因此期望为

$$\begin{aligned}E(X)&=\int_{-\infty}^{\infty}xf_X(x)\mathrm{d}x=\int_0^{\infty}x\frac{1}{x\sqrt{2\pi\sigma^2}}\exp\left\{-\frac{1}{2}\frac{(\ln x-\mu)^2}{\sigma^2}\right\}\mathrm{d}x\\&=\frac{1}{\sqrt{2\pi\sigma^2}}\int_0^{\infty}\exp\left\{-\frac{1}{2}\frac{(\ln x-\mu)^2}{\sigma^2}\right\}\mathrm{d}x\\&=\frac{1}{\sqrt{2\pi\sigma^2}}\int_{-\infty}^{\infty}\exp\left\{-\frac{1}{2}t^2\right\}\sigma\exp\{\mu+\sigma t\}\mathrm{d}t\\&=\frac{1}{\sqrt{2\pi}}\int_{-\infty}^{\infty}\exp\left\{-\frac{1}{2}\left(t^2-2\sigma t+\sigma^2\right)\right\}\exp\left\{\mu+\frac{1}{2}\sigma^2\right\}\mathrm{d}t\\&=\exp\left\{\mu+\frac{1}{2}\sigma^2\right\}\int_{-\infty}^{\infty}\frac{1}{\sqrt{2\pi}}\exp\left\{-\frac{1}{2}(t-\sigma)^2)\right\}\mathrm{d}t\\&=\exp\left\{\mu+\frac{1}{2}\sigma^2\right\}.\end{aligned}$$

对中位数 m, 由

$$\begin{aligned}\frac{1}{2}&=P(X\leqslant m)=P(\ln X\leqslant\ln m)\\&=P(\ln X-\mu\leqslant\ln m-\mu)\end{aligned}$$

知 $\ln m-\mu=0$ 即 $m=\exp\{\mu\}$.

对众数 m_d, 由 $\dfrac{\mathrm{d}\ln f_X(x)}{\mathrm{d}x}=0$, 立得 $m_d=\exp\{\mu-\sigma^2\}$. □

综上, 我们有如下注释.

注 (1) 中位数的物理意义是一条质量为 1 的线物体一半质量的位置, 它的几何意义为密度函数曲线下方与 x 轴之间面积为 1/2 的横坐标位置.

(2) 中位数可以不唯一, 此时构成一个区间.

(3) 在密度函数非对称的情况下, 中位数与期望一般不重合, 有时候更能反映数据分布的特点. 如图 4.1 中所示两个不同参数下的对数正态分布的期望、众数和中位数之间的关系.

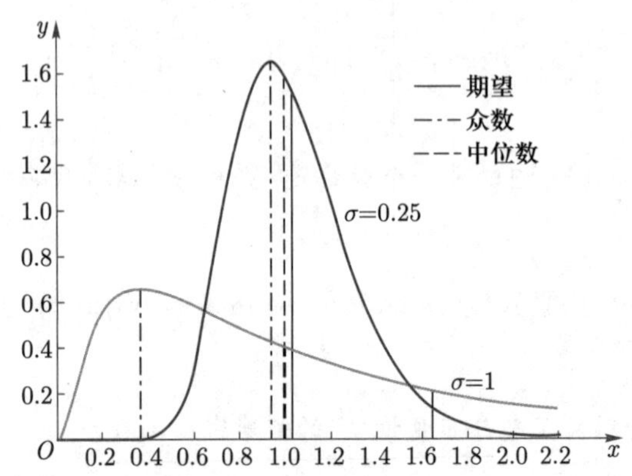

图 4.1　两个不同参数下的对数正态分布的期望、众数和中位数

中位数的定义是如下 p 分位数定义的特例:

定义 4.6　p 分位数

设 $0<p<1$, 称 Q_p 是随机变量 X 的 p 分位数, 是指

$$P(X \leqslant Q_p) \geqslant p, \quad P(X \geqslant Q_p) \geqslant 1-p.$$

♣

注意, 由于密度函数大于零的连续型随机变量的分位数唯一, 此时上述定义中两个不等式化为一个等式 $P(X \leqslant Q_p)=p$. 当 $p=0.25, 0.5, 0.75$ 时, 称分位数 $Q_{0.25}, Q_{0.5}, Q_{0.75}$ 为四分位数, 它们把 X 的取值分为概率相同的四段, 而称 $IQR(X)=Q_{0.75}-Q_{0.25}$ 为内四分位距 (interquartile range). 当 p 恰好取百分比例时, 得到的分位数称为百分位数.

例 4.16 设 $X \sim N(\mu, \sigma^2)$, 求 X 的内四分位距 $IQR(X)$.

解 记 X 的 p 分位数为 $Q_{\mu,\sigma}(p)$, 则由 $\dfrac{X-\mu}{\sigma} \sim N(0,1)$ 知

$$p=P(X \leqslant Q_{\mu,\sigma}(p))=P\left(\frac{X-\mu}{\sigma} \leqslant \frac{Q_{\mu,\sigma}(p)-\mu}{\sigma}\right),$$

因此

$$Q_{\mu,\sigma}(p) = \sigma Q_{0,1}(p) + \mu.$$

因此, 由 $IQR(X)$ 的定义并计算知

$$\begin{aligned} IQR(X) &= Q_{\mu,\sigma}\left(\frac{3}{4}\right) - Q_{\mu,\sigma}\left(\frac{1}{4}\right) \\ &= \sigma\left(Q_{0,1}\left(\frac{3}{4}\right) - Q_{0,1}\left(\frac{1}{4}\right)\right) \approx 1.35\sigma. \end{aligned}$$

□

4.2　方差和矩

4.2.1　方差和标准差

现转到另一类随机变量数字特征的刻画, 即随机变量在位置参数附近散布程度的数字特征, 其中最重要的是方差.

设随机变量 X 的期望为 $E(X) = \mu$, 在试验中, X 的取值当然不一定恰好是 μ, 而会有所偏离, 偏离的量 $X - \mu$ 本身也是随机的. 我们希望取这个偏离 $X - \mu$ 的某个代表性数字来刻画这种散布程度. 由于 $E(X - \mu) = 0$, 故无法用来刻画散布程度, 主要是随机变量在期望上下波动, 取期望就抵消了这种上下波动. 为了避免正负波动彼此抵消, 一种自然处理方法是使用波动 $X - \mu$ 绝对值的平均, 即 $E|X - \mu|$, 称为平均绝对偏差, 但是计算上不方便. 另外一种常用处理方法是使用平方代替绝对值以方便计算, 即用 $E(X - \mu)^2$ 来刻画散布程度, 称为方差.

例 **4.17**　甲、乙两人的射击水平如下所示:

甲击中环数	8	9	10
概率	0.3	0.1	0.6

乙击中环数	8	9	10
概率	0.2	0.5	0.3

试问两人谁的水平更稳定?

解　易知两人每次射击的期望击中环数分别为 9.3 和 9.1, 因此, 自然的做法就是假如两人射击 N 次, 其中各环的击中次数分别用 N_1, N_2, N_3 表示, 则比较他们总的偏离均值量的平方和:

$$N_1(8-9.3)^2 + N_2(9-9.3)^2 + N_3(10-9.3)^2 = 0.81N,$$

$$N_1(8-9.1)^2 + N_2(9-9.1)^2 + N_3(10-9.1)^2 = 0.49N.$$

所以乙的水平更稳定. 值得注意的是, 上述等式两边同时除以 N, 利用概率的频率定义知道

$$0.3(8-9.3)^2 + 0.1(9-9.3)^2 + 0.6(10-9.3)^2 = 0.81,$$

$$0.2(8-9.1)^2 + 0.5(9-9.1)^2 + 0.3(10-9.1)^2 = 0.49.$$

其完全由分布律决定.

□

对一般的随机变量, 有

定义 4.7　方差和标准差

设随机变量 X 是平方可积的, 即满足 $E(X^2)<\infty$, 则

$$\sigma^2=\mathrm{Var}(X)\equiv E(X-\mu)^2, \tag{4.11}$$

$$\sigma=\sqrt{\mathrm{Var}(X)} \tag{4.12}$$

分别称为随机变量 X 的方差和标准差, 也可以称为随机变量分布的方差和标准差. ♣

方差在理论研究中非常方便使用, 主要原因是平方可以展开, 但是作为衡量波动程度有个不方便之处, 即它的量纲是数据量纲的平方. 因此, 引入标准差 σ, 标准差的量纲与数据量纲相同, 可以作比较, 所以在应用中经常使用标准差.

方差的这种形式之所以成为刻画随机变量散布程度的最重要的数字特征, 原因之一是方差有一些优良性质.

视频 扫描视频 14 的二维码观看关于随机变量的方差的讲解.

视频 14 随机变量的方差

性质　方差的性质

(1) 由期望的线性性质, 我们有

$$\mathrm{Var}(X)=E(X-\mu)^2=E(X^2)-2\mu E(X)+\mu^2=E(X^2)-\mu^2,$$

这种形式有利于方差的计算, 同时由上式可得 $E(X^2)\geqslant[E(X)]^2$.

(2) 常数的方差为 0, 即 $\mathrm{Var}(c)=0$, 因为常数没有波动.

(3) 设 c 为常数, 则 $\mathrm{Var}(cX)=c^2\mathrm{Var}(X),\quad \mathrm{Var}(X+c)=\mathrm{Var}(X)$. 这由方差定义容易推出.

(4) 独立随机变量和的方差等于随机变量方差的和, 即若 $X_1,X_2,\cdots,X_n$ 相互独立, 则

$$\mathrm{Var}\left(\sum_{i=1}^n X_i\right)=\sum_{i=1}^n \mathrm{Var}(X_i),$$

证　记 $E(X_i)=\mu_i,\quad i=1,2,\cdots,n$, 由独立随机变量乘积的性质,

$$E[(X_i-\mu_i)(X_j-\mu_j)]=E(X_i-\mu_i)E(X_j-\mu_j)=0,\quad i<j.$$

我们有

$$\begin{aligned}\mathrm{Var}\left(\sum_{i=1}^n X_i\right)&=E\left[\sum_{i=1}^n(X_i-\mu_i)\right]^2\\&=E\left[\sum_{i=1}^n(X_i-\mu_i)^2+2\sum_{i<j}(X_i-\mu_i)(X_j-\mu_j)\right]\end{aligned}$$

$$= E\left[\sum_{i=1}^{n}(X_i-\mu_i)^2\right] + 2\sum_{i<j} E\left[(X_i-\mu_i)(X_j-\mu_j)\right]$$
$$= \sum_{i=1}^{n} E(X_i-\mu_i)^2 = \sum_{i=1}^{n}\mathrm{Var}(X_i).$$ ■

方差的这条性质是极其重要的性质，与期望的线性性有点类似. 但是在期望性质中，没有要求随机变量相互独立，而方差的线性性要求随机变量之间相互独立. 容易推出，当 $X_1, X_2, \cdots, X_n$ 相互独立，$c_1, c_2, \cdots, c_n$ 为 n 个常数时，有

$$\mathrm{Var}\left(\sum_{i=1}^{n} c_i X_i\right) = \sum_{i=1}^{n} c_i^2 \mathrm{Var}(X_i).$$

当 $X_1, X_2, \cdots, X_n$ 为 n 个 i.i.d. 随机变量，$\mathrm{Var}(X_i)=\sigma^2, c_1=c_2=\cdots=c_n=\dfrac{1}{n}$，则

$$\mathrm{Var}\left(\sum_{i=1}^{n} c_i X_i\right) = \mathrm{Var}(\overline{X}) = \frac{\sigma^2}{n}.$$

特别注意，当 X_1, X_2 相互独立时，$\mathrm{Var}(X_1-X_2)=\mathrm{Var}(X_1)+\mathrm{Var}(X_2)$，即独立随机变量相减时，方差不是减而是加！

注 本性质中要求随机变量相互独立的条件可以减弱. 在下面研究随机变量的相关性时，可以看到随机变量之间相互独立的条件可减弱为各随机变量之间两两不相关.

(5) $\mathrm{Var}(X)=0$ 当且仅当 $P(X=c)=1$，其中 $c=E(X)$. 此时，我们称 X 退化到常数 c. 对任何常数 c 有，$\mathrm{Var}(X)\leqslant E(X-c)^2$，其中等号成立当且仅当 $c=E(X)$.

证 如果 X 退化到常数 c，那么 $E(X)=c$，且有 $P(X=c)=1$，故有 $E(X-E(X))^2=0$. 反之，如果随机变量 X 满足 $E(X-E(X))^2=0$，但是 X 不退化到 $E(X)$，那么有 $P(X=E(X))<1$. 则存在 $\delta>0$ 和 $0<\varepsilon<1$，使得 $P(|X-E(X)|>\delta)>\varepsilon$，于是 $E(X-E(X))^2>\delta^2\varepsilon$. 导致矛盾，所以 X 必退化到 $E(X)$.

注意到 $E(X-c)^2 = E[X-E(X)+E(X)-c]^2 = \mathrm{Var}(X)+[E(X)-c]^2$，故可得 $\mathrm{Var}(X)\leqslant E(X-c)^2$，其中等号成立当且仅当 $c=E(X)$. ■

例 4.18 设 $E(X)=\mu, \mathrm{Var}(X)=\sigma^2>0$，记

$$Y=\frac{X-\mu}{\sigma},$$

则

$$E(Y)=0, \mathrm{Var}(Y)=\sigma^{-2}\mathrm{Var}(X)=\sigma^{-2}\sigma^2=1.$$

这称为随机变量 X 的标准化，它的特点是没有量纲. 我们引入标准化随机变量是为了消

除由于计量单位的不同而给随机变量带来的影响. 例如, 我们考察人的身高, 那么当然可以以 m 为单位, 得到 X_1; 也可以以 cm 为单位, 得到 X_2. 于是就得到 $X_2 = 100X_1$. 那么这样一来, X_2 与 X_1 的分布就有所不同. 这当然是一个不合理的现象. 但是通过标准化, 就可以消除两者之间的差别. 对于正态分布, 我们经过标准化 $Y = (X-\mu)/\sigma$, 就可以得出均值为 0、方差为 1 的正态分布, 即标准正态分布.

由一般正态分布与标准正态分布函数之间的关系, 我们可以推出当 $X \sim N(\mu, \sigma^2)$ 时,

$$P(|X-\mu| > 2\sigma) = 2(1-\Phi(2)) = 0.045\,5 < 0.05,$$

$$P(|X-\mu| > 3\sigma) = 2(1-\Phi(3)) = 0.002\,7 < 0.01,$$

即一般正态分布随机变量的取值在 $[\mu-3\sigma, \mu+3\sigma]$ 区间外的概率是严标准下的小概率事件. 在应用中, 往往默认正态分布随机变量取值在 $[\mu-3\sigma, \mu+3\sigma]$ 之间. 例如, 在考试中常用的标准分由如下方式生成:

(1) 把正态分布随机变量标准化: $Z = \dfrac{X-\mu}{\sigma}$;

(2) 令 $Y = 600 + 100Z$, 则 Y 在 $[300, 900]$ 之间变化, 称 Y 为标准分.

如果作标准化正态分布随机变量的其他线性变化, 可以得到另外形式的标准分.

例 4.19 设 $X \sim P(\lambda)$, 求 $\mathrm{Var}(X)$.

解　因为 $E(X) = \lambda, \mathrm{Var}(X) = E(X^2) - [E(X)]^2 = E(X^2) - \lambda^2$, 我们只要计算 $E(X^2)$.

$$\begin{aligned} E(X^2) &= \sum_{k=0}^{\infty} k^2 \mathrm{e}^{-\lambda} \frac{\lambda^k}{k!} = \sum_{k=1}^{\infty} [k(k-1)+k] \mathrm{e}^{-\lambda} \frac{\lambda^k}{k!} \\ &= \mathrm{e}^{-\lambda} \sum_{k=2}^{\infty} \frac{\lambda^k}{(k-2)!} + \mathrm{e}^{-\lambda} \sum_{k=1}^{\infty} k \frac{\lambda^k}{k!} = \lambda^2 + \lambda, \end{aligned}$$

所以 $\mathrm{Var}(X) = \lambda^2 + \lambda - \lambda^2 = \lambda$. □

例 4.20 设 $X \sim B(n, p)$, 求 $\mathrm{Var}(X)$.

解　如同求二项分布期望的例 4.7, $X = \sum_{i=1}^{n} X_i$, 注意到其中 $X_1, X_2, \cdots, X_n$ 是 i.i.d., 且 $P(X_i = 1) = p, P(X_i = 0) = 1-p$, 所以

$$E(X_i) = p,\ E(X_i^2) = E(X_i) = p,\ \mathrm{Var}(X_i) = p - p^2 = p(1-p),$$

与 i 无关, 由方差性质 (3),

$$\mathrm{Var}(X) = \mathrm{Var}\left(\sum_{i=1}^{n} X_i\right) = \sum_{i=1}^{n} \mathrm{Var}(X_i) = np(1-p).$$ □

如果直接从方差定义出发, 计算会比较麻烦.

例 4.21 设 $X \sim N(\mu,\sigma^2)$, 求 $\mathrm{Var}(X)$.

解 由定义,

$$\mathrm{Var}(X) = E(X-\mu)^2 = \int_{-\infty}^{\infty} \frac{1}{\sqrt{2\pi}\sigma}(x-\mu)^2 \exp\left\{-\frac{(x-\mu)^2}{2\sigma^2}\right\}\mathrm{d}x,$$

令 $\dfrac{x-\mu}{\sigma} = u$, 再令 $t = \dfrac{u^2}{2}$, 上述积分为

$$\begin{aligned}\mathrm{Var}(X) &= \frac{2\sigma^2}{\sqrt{2\pi}} \int_0^{\infty} u^2 \exp\left\{-\frac{u^2}{2}\right\}\mathrm{d}u \\ &= \frac{2\sigma^2}{\sqrt{2\pi}} \int_0^{\infty} 2t\mathrm{e}^{-t}\frac{\sqrt{2}}{2\sqrt{t}}\mathrm{d}t = \frac{2\sigma^2}{\sqrt{\pi}} \int_0^{\infty} t^{\frac{3}{2}-1}\mathrm{e}^{-t}\mathrm{d}t \\ &= \frac{2\sigma^2}{\sqrt{\pi}}\Gamma\left(\frac{3}{2}\right) = \frac{2\sigma^2}{\sqrt{\pi}}\frac{\sqrt{\pi}}{2} = \sigma^2.\end{aligned}$$

□

上面公式中利用了 Γ 函数的性质: $\Gamma(x+1) = x\Gamma(x), \Gamma\left(\dfrac{1}{2}\right) = \sqrt{\pi}$(见 4.2.2 小节).

由上面公式知正态分布中的参数 σ^2 就是随机变量 X 的方差. 正态分布完全由期望和方差唯一确定.

从正态分布的密度函数可以看出, 方差 σ^2 越小, 波动越小, 所以正态随机变量 X 的取值以更大的概率集中在期望 μ 附近. 由方差性质 (4) 知 $\overline{X} = (X_1 + X_2 + \cdots + X_n)/n$ 的期望和方差分别为 $\mu, \sigma^2/n$, 易知, $\overline{X} \sim N(\mu, \sigma^2/n)$. 即 n 越大, $\overline{X}$ 的方差越小, $\overline{X}$ 以更大的概率集中在 μ 附近, 这就是我们用样本均值来近似真实期望的一个理由.

方差这个数字特征可以表达如下三种含义:

(1) 围绕期望的波动性;

(2) 风险的大小;

(3) 信息量和不确定性.

方差越大, 数据围绕期望的波动就大, 表示数据可以在比较大的范围内变化, 反映了信息量大, 不确定性高, 所以作预测的难度大. 方差越小, 信息量越少, 不确定性低, 容易作预测. 想一想在重症病房中, 如果示波器出现一条绿的横线条, 说明一个人没有生命特征了, 知道他的现在就能知道他的将来.

例 4.22 (例 4.3 续) 我们把答对的得分改为 3 分, 其余不变. 问在此规则下你是答题还是不答?

解 仍以 X 表示回答的得分, 由于 $P(X=3) = 1/4, P(X=-1) = 3/4$, 故 $E(X) = 0$, 答题平均得分和不答得分都是 0 分. 但是两者的方差是不同的, 容易算出, 本例中的 $\mathrm{Var}(X) = 3$, 得分会围绕 0 有较大波动, 即答题是有风险的. 如果你是一个冒险的人 (比如你答对, 你的成绩会在 85 分以上, 不答就是 84 分或以下了), 你就选择答题; 如果你是一个避险的人 (比如你估计已有 85 分或以上, 答错扣分后不能保证有 85 分), 你就选择不答. 从这里也看到, 方差

能衡量风险. 在股市中大盘股波动相对小一点, 所以有些老年人为了避险就炒大盘股. 相反, 年轻人愿意炒小盘股, 因为小盘股上下波动大, 他们希望能在其中获得较大的收益. 当然, 炒小盘股的风险也大. □

定理 4.1　马尔可夫不等式

若随机变量 $Y \geqslant 0$, 则 $\forall \varepsilon > 0$, 有

$$P(Y \geqslant \varepsilon) \leqslant \frac{E(Y)}{\varepsilon}. \tag{4.13}$$

♡

证 我们先对连续型随机变量来证明. 设 $Y \sim f(y)$, $\forall y < 0, f(y) = 0$, 所以

$$\begin{aligned} E(Y) &= \int_0^{\infty} y f(y) \mathrm{d}y \geqslant \int_{\varepsilon}^{\infty} y f(y) \mathrm{d}y \\ &\geqslant \varepsilon \int_{\varepsilon}^{\infty} f(y) \mathrm{d}y = \varepsilon P(Y \geqslant \varepsilon), \end{aligned}$$

若 Y 为离散型随机变量, 设 $P(Y = y_k) = p_k, k = 1, 2, \cdots$, 则

$$\begin{aligned} E(Y) &= \sum_{k \geqslant 1} y_k P(Y = y_k) \geqslant \sum_{k: y_k \geqslant \varepsilon} y_k P(Y = y_k) \\ &\geqslant \varepsilon \sum_{k: y_k \geqslant \varepsilon} P(Y = y_k) = \varepsilon P(Y \geqslant \varepsilon), \end{aligned}$$

由此即得马尔可夫不等式. ■

设 $Y = (X - \mu)^2$, 把任意正常数 ε 换为 ε^2, 由马尔可夫不等式得到

$$\begin{aligned} P(|X - \mu| \geqslant \varepsilon) &= P((X - \mu)^2 \geqslant \varepsilon^2) \\ &\leqslant \frac{E(X - \mu)^2}{\varepsilon^2} = \frac{\mathrm{Var}(X)}{\varepsilon^2}. \end{aligned} \tag{4.14}$$

这个不等式称为切比雪夫不等式, 有非常广泛的应用.

例 4.23 为了解某地区青少年人群沉迷于网络游戏的比例 p, 需要对该地区人群进行调查. 问要调查多少青少年, 才能使调查得到的网络游戏沉迷比例与真实的网络游戏沉迷比例之差的绝对值小于 0.5% 的概率不小于 95%?

解 设需要随机抽查 n 个青少年, 调查后知有 n_A 个青少年沉迷于网络游戏, 则 $\frac{n_A}{n}$ 为该人群的网络游戏沉迷频率. 由题意,

$$P\left(\left|\frac{n_A}{n} - p\right| < 0.005\right) \geqslant 0.95,$$

因为调查是随机抽查的, 我们可以把该过程看作是独立做了 n 次重复试验, 每次 "成功" (被调查者沉迷于网络游戏) 的概率为 p, 所以可看作服从 $B(n, p)$. 由马尔可夫不等式,

$$P\left(\left|\frac{n_A}{n} - p\right| < 0.005\right) = P(|n_A - pn| < 0.005n)$$

$$= 1 - P(|n_A - pn| \geqslant 0.005n) \geqslant 1 - \frac{\mathrm{Var}(n_A)}{(0.005n)^2} = 1 - \frac{np(1-p)}{(0.005n)^2}.$$

因为 $p(1-p) \leqslant 1/4$, 所以为了使上式成立, 只要

$$1 - \frac{1}{4 \times 0.005^2 n} \geqslant 0.95,$$

即

$$n \geqslant \frac{1}{4 \times 0.05 \times 0.005^2} = 2 \times 10^5. \qquad \square$$

这是一个很粗糙的估计, 今后会看到可以得到更精细的估计.

4.2.2 矩

下面我们引入矩 (moment) 的概念, 并将之与我们前面所说的期望、方差建立联系.

定义 4.8 矩

设 X 为随机变量, 满足 $E(|X|^k) < \infty$, k 为正整数, 则 $E(X-c)^k$ 称为 X 关于 c 的 k 阶矩, 其中 c 为常数. 称 $\alpha_k = E(X^k)$ 为随机变量 X 的 k 阶原点矩, 称 $\mu_k = E(X - E(X))^k$ 为 X 的 k 阶中心矩. ♣

由定义知 $E(X)$ 就是随机变量 X 的一阶原点矩 α_1, 其物理意义就是单位质量物体的质心. $\mathrm{Var}(X)$ 就是 X 的二阶中心矩 μ_2, 它的物理意义是单位质量的物体绕质心旋转的转动惯量 (平方矩). 在计算与正态分布有关的矩的时候, 可以用 Γ 函数来计算. Γ 函数的定义为:

$\forall x > 0$, 称

$$\Gamma(x) = \int_0^{\infty} t^{x-1} \mathrm{e}^{-t} \mathrm{d}t, \tag{4.15}$$

为 Γ 函数, 它有如下性质:

$$\Gamma(1) = 1, \quad \Gamma(x+1) = x\Gamma(x),$$
$$\Rightarrow \Gamma(n+1) = n! \quad \Gamma\left(\frac{1}{2}\right) = \sqrt{\pi}.$$

由此可以得到: 对 $\alpha > -1, \beta > 0$,

$$\int_0^{\infty} x^{\alpha} \mathrm{e}^{-\beta x^2} \mathrm{d}x = \frac{\Gamma((\alpha+1)/2)}{2\beta^{(\alpha+1)/2}}, \tag{4.16}$$

在统计学中, 高于四阶的矩很少使用. 三阶矩的一个应用就是衡量分布是否有偏. 设 $X \sim f(x)$, 若 f 关于直线 $x = a$ 对称, 即

$$f(a+x) = f(a-x),$$

则 a 等于 $E(X)$, 且 $\mu_3 = E(X - E(X))^3 = 0$. 如果 $\mu_3 > 0, f(x)$ 的图形最高点偏左, 称为正偏或右偏; 如果 $\mu_3 < 0, f(x)$ 的图形最高点偏右, 称为负偏或左偏. 如图 4.2 所示. 特别, 对正态

分布, $\mu_3 = E(X - E(X))^3 = 0$, 所以如果 μ_3 异于 0, 那么是数据分布与正态分布有较大偏离的标志. 由于 μ_3 的量纲是数据量纲的三次方, 为了抵消这一缺点, 我们用随机变量标准化后的三次方, 即 $\mu_3/\mu_2^{\frac{3}{2}} = \mu_3/\sigma^3$. 称

$$\beta_1 = \frac{\mu_3}{\sigma^3} \tag{4.17}$$

为随机变量 X 的偏度系数 (coefficient of skewness).

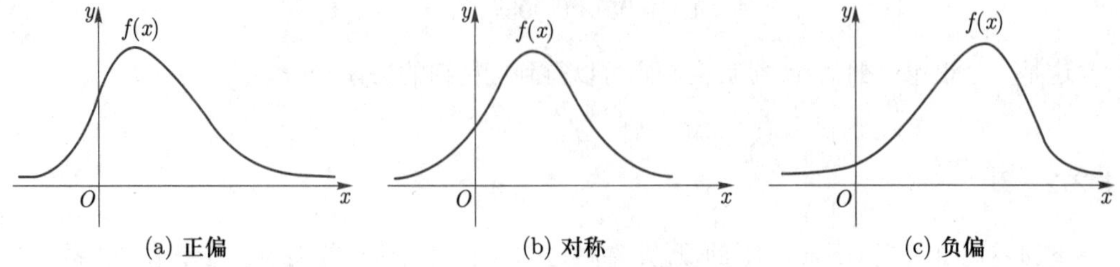

(a) **正偏**　(b) **对称**　(c) **负偏**

图 4.2　分布 (密度函数) 的正偏、对称和负偏

应用之二是用 μ_4 去衡量分布 (密度函数) 在期望附近的陡峭程度. 易见若 X 的取值在概率上集中在期望 $E(X)$ 附近, 则 μ_4 将倾向于小, 否则就倾向于大, 类似于偏度系数, 为了去除量纲的影响, 我们用无量纲的标准化随机变量 $(X - E(X))/\sigma$ 的四次方来衡量在期望附近的陡峭程度, 称

$$\beta_2 = \frac{\mu_4}{\sigma^4} \tag{4.18}$$

为随机变量 X 的峰度系数 (coefficient of kurtosis).

若 $X \sim N(\mu, \sigma^2)$, 利用 (4.17)式和 (4.18) 式容易得到 $\beta_1 = 0, \beta_2 = 3$, 与 μ, σ^2 无关. 有时候也把峰度系数定义为 $\mu_4/\sigma^4 - 3$, 此时, 正态分布的峰度系数为 0.

与随机变量的矩密切相关的一个数字特征称为矩母函数或者矩生成函数, 定义如下:

定义 4.9　矩母函数

随机变量 X 的矩母函数或者矩生成函数 (moment generating function, 简记为 MGF) $M_X(s)$ 定义为

$$M_X(s) = E\left[e^{sX}\right].$$

如果存在正常数 a, 使得 $M_X(s)$ 对所有 $s \in [-a, a]$ 是有限的, 那么称 X 的矩母函数 $M_X(s)$ 存在. ♣

根据 e^x 的泰勒级数展开式: 对所有 $x \in \mathbb{R}$ 有

$$e^x = 1 + x + \frac{x^2}{2!} + \frac{x^3}{3!} + \cdots = \sum_{k=0}^{\infty} \frac{x^k}{k!},$$

我们有

$$\mathrm{e}^{sX}=\sum_{k=0}^{\infty}\frac{(sX)^k}{k!}=\sum_{k=0}^{\infty}\frac{X^k s^k}{k!},$$

因此

$$M_X(s)=E\left[\mathrm{e}^{sX}\right]=\sum_{k=0}^{\infty}E[X^k]\frac{s^k}{k!}.$$

据此, 我们知道 X 的 k 阶原点矩为其矩母函数 $M_X(s)$ 泰勒展开式中 $s^k/k!$ 的系数. 于是, 只要我们有 $M_X(s)$, 就知道了 X 的所有原点矩. 也就是说

$$E(X^k)=\left.\frac{\mathrm{d}^k}{\mathrm{d}s^k}M_X(s)\right|_{s=0}.$$

这也是称 $M_X(s)$ 为矩母函数或者矩生成函数的原因.

例 4.24 设 $X\sim N(\mu,\sigma^2)$, 求 $M_X(s)$.

解 由定义并令 $x=\mu+\sigma z$, 作积分换元, 即有

$$\begin{aligned}M_X(s)=E\left(\mathrm{e}^{sX}\right)&=\int_{-\infty}^{\infty}\mathrm{e}^{xs}\frac{1}{\sqrt{2\pi\sigma^2}}\mathrm{e}^{-\frac{(x-\mu)^2}{2\sigma^2}}\mathrm{d}x\\&=\mathrm{e}^{\mu s}\int_{-\infty}^{\infty}\mathrm{e}^{z\sigma s}\frac{1}{\sqrt{2\pi\sigma^2}}\mathrm{e}^{-\frac{1}{2}z^2}\left|\frac{\mathrm{d}x}{\mathrm{d}z}\right|\mathrm{d}z\\&=\mathrm{e}^{\mu s}\int_{-\infty}^{\infty}\mathrm{e}^{z\sigma s}\frac{1}{\sqrt{2\pi}}\mathrm{e}^{-\frac{1}{2}z^2}\mathrm{d}z\\&=\mathrm{e}^{\mu s+\frac{1}{2}\sigma^2 s^2}.\end{aligned}$$

□

矩母函数 $M_X(s)$ 的另一重要性质, 是其在存在时可以唯一决定随机变量 X 的分布, 我们不加证明地给出下述定理.

定理 4.2

假设存在正常数 c 使得随机变量 X 和 Y 的矩母函数对所有 $s\in[-c,c]$ 均有限且相等, 则它们的分布相同. 即

$$F_X(t)=F_Y(t),\ t\in\mathbb{R}.$$

♡

例 4.25 设随机变量 X 的矩母函数为

$$M_X(s)=\frac{2}{2-s},\quad s\in(-2,2),$$

求 X 的分布.

解 随机变量 $Y\sim Exp(\lambda)$, 其矩母函数为

$$\begin{aligned} M_Y(s) = E\left(\mathrm{e}^{sY}\right) &= \int_0^{\infty} \lambda \mathrm{e}^{-\lambda y}\mathrm{e}^{sy}\mathrm{d}y \\ &= -\frac{\lambda}{\lambda - s}\mathrm{e}^{-(\lambda-s)y}\Big|_0^{\infty} \\ &= \frac{\lambda}{\lambda - s}, \quad s < \lambda. \end{aligned}$$

因此, $M_X(s)$ 为参数 $\lambda = 2$ 的指数分布的矩母函数, 根据上述定理知 $X \sim Exp(2)$. □

根据矩母函数的定义, 我们还可以方便地得到独立随机变量之和的矩母函数: 如果 X_1, $X_2, \cdots, X_n$ 为相互独立的随机变量, 则

$$M_{X_1+X_2+\cdots+X_n}(s) = M_{X_1}(s)M_{X_2}(s)\cdots M_{X_n}(s). \tag{4.19}$$

4.2.3 协方差和相关系数

本节考虑多维随机向量的数字特征, 以二维为例. 设 (X, Y) 为二维随机向量, 注意到

$$\mathrm{Var}(X+Y) = \mathrm{Var}(X) + \mathrm{Var}(Y) + 2E[(X - E(X))(Y - E(Y))],$$

即$X + Y$ 的波动性 $=X$ 的波动性 $+Y$ 的波动性 $+X$ 和 Y 的相关性. 我们感兴趣的是最后一项, 因为其能够反映 X 和 Y 之间的关系.

定义 4.10　协方差

设随机变量 X 和 Y 均平方可积, 即 $E(X^2) < \infty, E(Y^2) < \infty$, 则称

$$\mathrm{Cov}(X, Y) = E[(X - E(X))(Y - E(Y))], \tag{4.20}$$

为随机变量 X, Y 的协方差 (covariance). ♣

其中“协”就是“协同”的意思. X 的方差是 $X - \mu_1$ 与 $X - \mu_1$ 的乘积, 再取期望, 如今把一个因子 $X - \mu_1$ 换成 $Y - \mu_2$, 其形式接近于方差, 又有 X, Y 两者的参与, 由是得出协方差的名称.

性质 由定义, 协方差有如下性质:

(1) $\mathrm{Cov}(X, Y) = \mathrm{Cov}(Y, X)$, 这是显然的.

(2) $\mathrm{Cov}(X, Y) = E(XY) - E(X)E(Y)$, 这可由期望的线性性得出.

(3) 对任意实数 a, b, c, d 有

$$\mathrm{Cov}(aX + b, cY + d) = ac\mathrm{Cov}(X, Y),$$

$$\mathrm{Cov}(aX + bY, cX + dY) = ac\mathrm{Var}(X) + (ad + bc)\mathrm{Cov}(X, Y) + bd\mathrm{Var}(Y),$$

这可由期望的线性性得出, 这一性质说明随机变量作平移后的协方差不变, 随机变量前的常数

可以提到协方差的外边. 在第一式中取 $a=c=1, b=d=0, Y=X$, 即知随机变量的方差是协方差的一种特例. 第二式也可以用矩阵表达:

$$\operatorname{Cov}(aX+bY, cX+dY)=(a,b)\begin{pmatrix}\operatorname{Var}(X) & \operatorname{Cov}(X,Y)\\ \operatorname{Cov}(X,Y) & \operatorname{Var}(Y)\end{pmatrix}\binom{c}{d}.$$

这说明协方差是双线性函数.

(4) (a) 若 X,Y 相互独立, 则 $\operatorname{Cov}(X,Y)=0$.

(b) $[\operatorname{Cov}(X,Y)]^2\leqslant \operatorname{Var}(X)\operatorname{Var}(Y)$. 等号成立 $\Leftrightarrow X,Y$ 之间有严格的线性关系, 即存在不全为 0 的常数 c_1,c_2, 使得 $c_1X+c_2Y+c_3=0$. 这条性质称为随机变量场合的柯西–施瓦茨 (Cauchy-Schwarz) 不等式.

证 (a) 的证明由期望性质立得. 为证 (b), 我们需要两条预备知识.

(i) 设 $a>0$, 若对一切 t, 实二次三项式 $at^2+2bt+c\geqslant 0$, 则由判别式 $\Delta\leqslant 0$ 推出 $ac\geqslant b^2$, 等号成立 $\Leftrightarrow$ 开口向上的抛物线与 t 轴相切. 切点为 $t_0=-b/a$, 此时抛物线方程为 $y=a(t+b/a)^2$.

(ii) 若随机变量 Z 只能取非负值, 而 $E(Z)=0$, 则 $Z=0$, a.e. . 我们仅在 $Z\sim f(x)$, 且 $f(x)$ 连续时证明. 由于 $Z\geqslant 0$, 故 $x<0$ 时 $f(x)=0$. 用反证法, 如果 $Z\neq 0$, 由于 $f(x)$ 连续, 故存在 $0<a<b$, 使得在区间 $[a,b]$ 上, $f(x)\geqslant c>0$, 由此得

$$E(Z)=\int xf(x)\mathrm{d}x\geqslant\int_a^b xf(x)\mathrm{d}x\geqslant a\int_a^b f(x)\mathrm{d}x\geqslant ac(b-a)>0,$$

与 $E(Z)=0$ 矛盾.

接下来我们证明 (b). 设 $t\in\mathbb{R}$, $M_1=E(X), M_2=E(Y)$ 考虑 t 的二次三项式

$$0\leqslant E[t(X-\mu_1)+(Y-\mu_2)]^2=t^2\operatorname{Var}(X)+2t\operatorname{Cov}(X,Y)+\operatorname{Var}(Y), \tag{4.21}$$

由上面的预备知识, 我们立得 $[\operatorname{Cov}(X,Y)]^2\leqslant\operatorname{Var}(X)\operatorname{Var}(Y)$, 以及等号成立 (4.21) 式等价于 $E[t_0(X-\mu_1)+(Y-\mu_2)]^2=0$, 由预备知识 (ii), $t_0(X-\mu_1)+(Y-\mu_2)=0$, 其中 $t_0=-\operatorname{Cov}(X,Y)/\operatorname{Var}(X)=\mp\sigma_2/\sigma_1$. 即 X,Y 之间有严格的线性关系. ■

协方差能衡量两个随机变量之间的相依关系, 但是它的值受到随机变量单位的影响, 例如, H,W 分别表示一个人的身高和体重, 身高用 m 作单位还是用 cm 作单位, 或者体重用 kg 作单位还是用 g 作单位, 协方差的值是不同的. 为了克服这个缺点, 我们把随机变量标准化, 用标准化随机变量的协方差来衡量它们之间的关系. 为此我们引入相关系数这个概念.

定义 4.11 相关系数

设随机变量 X 和 Y 均平方可积, 即 $E(X^2)<\infty, E(Y^2)<\infty$, 则称

$$\rho_{X,Y}=\operatorname{Cov}\left(\frac{X-E(X)}{\sqrt{\operatorname{Var}(X)}},\frac{Y-E(Y)}{\sqrt{\operatorname{Var}(Y)}}\right)=\frac{\operatorname{Cov}(X,Y)}{\sqrt{\operatorname{Var}(X)\operatorname{Var}(Y)}} \tag{4.22}$$

为随机变量 X,Y 的相关系数(correlation coefficient). 如果不混淆的话, 就简记为 ρ. ♣

视频 扫描视频 15 的二维码观看关于随机变量的协方差及相关系数的讲解.

视频 15 随机变量的协方差及相关系数

由上可知, 相关系数没有单位, 由协方差的性质 (4) 知 $|\rho|\leqslant 1$. 等号成立的充要条件是随机变量之间有严格的线性关系. 当 $\rho<0$ 时, 我们称 X,Y 负相关; 当 $\rho>0$ 时, 我们称 X,Y 正相关; 当 $\rho=0$ 时, 我们称 X,Y 线性不相关. 如果把 X,Y 的样本用散点图表示 (图 4.3), 负相关刻画了随着 X 的增大, Y 有减小的趋势; 反之, 正相关刻画了随着 X 的增大, Y 也有增大的趋势; 而线性不相关表示没有向上和向下的趋势. 相关系数刻画了随机变量之间的线性相关关系, 不能反映随机变量之间有某种函数关系. 例如, 设 $X\sim U(-\pi,\pi), Y=\cos X$. 容易算出, $E(X)=E(Y)=0$, 注意到 $x\cos x$ 是奇函数, 在对称区间上积分为 0, 我们有

$$\operatorname{Cov}(X,Y)=E(XY)-E(X)E(Y)=E(XY)=\frac{1}{2\pi}\int_{-\pi}^{\pi}x\cos x\mathrm{d}x=0,$$

即 X,Y 有严格的函数关系, 但是它们之间的相关系数为 0.

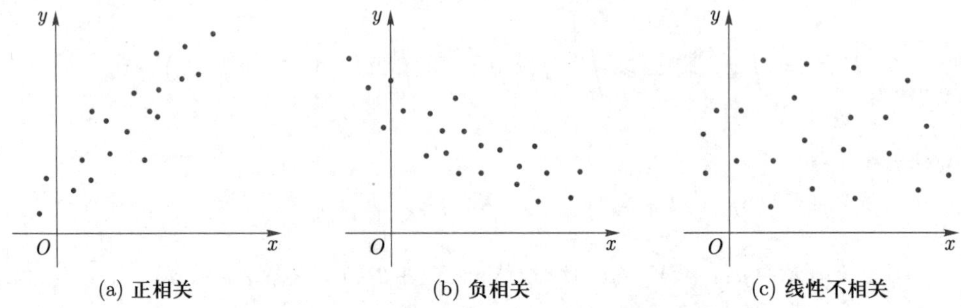

(a) 正相关 (b) 负相关 (c) 线性不相关

图 4.3 随机变量之间的线性相关关系示意图

为什么是线性关系? 我们有一个几何解释. 为此要引入一个线性空间 $\mathcal{L}=\{\text{r.v. } X: E(X^2)<\infty\}$. 在 $\mathcal{L}$ 上, 对任意 $X,Y\in\mathcal{L}$ 定义内积

$$\langle X,Y\rangle=\operatorname{Cov}(X,Y).$$

$\mathcal{L}$ 是内积空间可以用线性代数中内积空间的定义来验证. 在内积空间中, 两个元素 $\boldsymbol{a},\boldsymbol{b}$(图 4.4) 夹角的余弦为 $\cos\theta=\langle\boldsymbol{a},\boldsymbol{b}\rangle/\sqrt{\langle\boldsymbol{a},\boldsymbol{a}\rangle\langle\boldsymbol{b},\boldsymbol{b}\rangle}$, 所以在内积空间 $\mathcal{L}$ 中, 可以定义两个期望为 0 的随机变量 X,Y 的模 $|\cdot|$ 和夹角的余弦 $\cos\theta$:

$$|X|^2 = \langle X, X\rangle = \mathrm{Var}(X), \quad |Y|^2 = \langle Y, Y\rangle = \mathrm{Var}(Y),$$
$$\cos\theta = \frac{\langle X, Y\rangle}{\sqrt{\langle X, X\rangle\langle Y, Y\rangle}} = \frac{\mathrm{Cov}(X, Y)}{\sqrt{\mathrm{Var}(X)\mathrm{Var}(Y)}}.$$

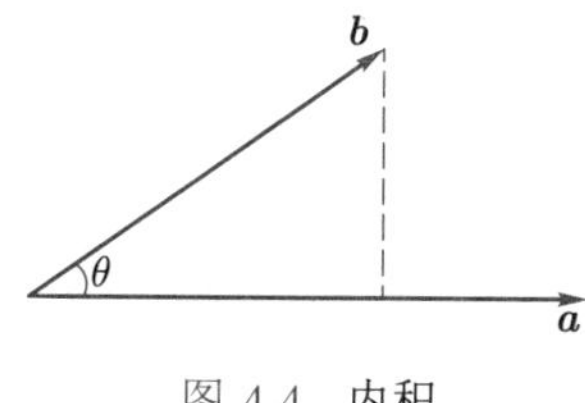

图 4.4 内积

由上面公式可知, 相关系数就是在空间 $\mathcal{L}$ 中, 元素 X, Y 夹角的余弦. 所以 $\rho = 0$ 相当于 X, Y 夹角的余弦为 0, 即垂直. 由于是在线性空间中定义的内积, 所以相关系数只能反映 X, Y 之间的线性关系, 不能反映它们之间的函数关系.

由于相关系数只能刻画两个随机变量之间线性关系的程度, 而不能刻画一般的函数相依关系, 故在概率论中还引入另一些相关性指标, 以弥补这一缺点. 但实际上用得不多. 因在统计上最重要的二维分布是二维正态分布, 对它而言, 相关系数是正态分布随机变量 X, Y 相关性的一个完美的刻画, 没有上面指出的缺点.

例 4.26 设 $X \sim N(1, 9), Y \sim N(1, 16)$, 且 X 与 Y 的相关系数为 $\rho_{X,Y} = -\dfrac{1}{2}$. 设 $Z = \dfrac{X}{2} + \dfrac{Y}{3}$, 求 X 和 Z 的相关系数 ρ_{XZ}.

解 由于

$$\mathrm{Cov}(X, Y) = \rho_{X,Y}\sqrt{\mathrm{Var}(X)\mathrm{Var}(Y)} = -6,$$

以及

$$\mathrm{Cov}(X, Z) = \mathrm{Cov}\left(X, \frac{X}{2} + \frac{Y}{3}\right) = \frac{1}{2}\mathrm{Var}(X) + \frac{1}{3}\mathrm{Cov}(X, Y) = \frac{5}{2}.$$
$$\mathrm{Var}(Z) = \frac{1}{4}\mathrm{Var}(X) + \frac{1}{9}\mathrm{Var}(Y) + \frac{1}{3}\mathrm{Cov}(X, Y) = \frac{73}{36}.$$

因此容易得到 $\rho_{X,Z} = \dfrac{5}{\sqrt{73}}$. □

例 4.27 设 $(X, Y) \sim N(\mu_1, \mu_2, \sigma_1^2, \sigma_2^2, \rho)$, 求 $\mathrm{Cov}(X, Y)$ 和 $\rho_{X,Y}$.

解 由定义

$$\begin{aligned}\mathrm{Cov}(X, Y) &= E[(X - \mu_1)(Y - \mu_2)] \\ &= \frac{1}{2\pi\sqrt{1-\rho^2}\sigma_1\sigma_2}\iint (x - \mu_1)(y - \mu_2)\cdot \\ &\quad \exp\left\{-\frac{1}{2(1-\rho^2)}\left[\frac{(x-\mu_1)^2}{\sigma_1^2} - 2\rho\frac{(x-\mu_1)(y-\mu_2)}{\sigma_1\sigma_2} + \frac{(y-\mu_2)^2}{\sigma_2^2}\right]\right\}\mathrm{d}x\mathrm{d}y\end{aligned}$$

作变换 $u=\dfrac{x-\mu_1}{\sigma_1}, v=\dfrac{y-\mu_2}{\sigma_2}$, 则上述积分为

$$\begin{aligned}\operatorname{Cov}(X,Y)&=\frac{\sigma_1\sigma_2}{\sqrt{1-\rho^2}}\int\frac{1}{\sqrt{2\pi}}ve^{-\frac{v^2}{2}}\mathrm{d}v\int u\frac{1}{\sqrt{2\pi}}\exp\left\{\frac{-1}{2(1-\rho^2)}(u-\rho v)^2\right\}\mathrm{d}u\\&=\int\frac{1}{\sqrt{2\pi}}v\mathrm{e}^{-\frac{v^2}{2}}\mathrm{d}v\int\frac{1}{\sqrt{2\pi}}(t+\rho v)\mathrm{e}^{-\frac{t^2}{2}}\mathrm{d}t\quad\left(t=\frac{u-\rho v}{\sqrt{1-\rho^2}}\right)\\&=\rho\sigma_1\sigma_2\int v^2\frac{1}{\sqrt{2\pi}}\mathrm{e}^{-\frac{v^2}{2}}\mathrm{d}v=\rho\sigma_1\sigma_2,\end{aligned}$$

所以

$$\rho_{X,Y}=\frac{\operatorname{Cov}(X,Y)}{\sqrt{\operatorname{Var}(X)\operatorname{Var}(Y)}}=\frac{\rho\sigma_1\sigma_2}{\sigma_1\sigma_2}=\rho.$$

即参数 ρ 就是 X,Y 之间的相关系数. 协方差为 $\rho\sigma_1\sigma_2$. □

命题 4.1　正态分布随机变量的独立与不相关

若 X,Y 相互独立, 则 $\rho=0$, 反之不必成立. 若 $(X,Y)\sim N(\mu_1,\mu_2,\sigma_1^2,\sigma_2^2,\rho)$, 则 X,Y 相互独立 $\Leftrightarrow\rho=0$. ♠

证 由定义, 若 X,Y 相互独立, 则

$$\operatorname{Cov}(X,Y)=E[(X-\mu_1)(Y-\mu_2)]=E(X-\mu_1)E(Y-\mu_2)=0,$$

故 $\rho=0$, 反之可以举已引用的例子: $X\sim U(-\pi,\pi), Y=\cos X$, 已知 $\operatorname{Cov}(X,Y)=0\Rightarrow\rho=0$, 但是 Y 是 X 的函数, 不独立.

但是若 (X,Y) 服从二元正态分布, 则 $\rho=0$ 可以推出联合密度函数可以分离变量, 所以随机变量 X,Y 相互独立. ■

例 4.28 试证明: 若 (X,Y) 服从单位圆内的均匀分布, 则 X,Y 不相关, 也不相互独立.

证 由 (X,Y) 服从单位圆内的均匀分布, 则 (X,Y) 的联合密度函数

$$f(x,y)=\begin{cases}\dfrac{1}{\pi}, & x^2+y^2\leqslant 1,\\ 0, & \text{其他}.\end{cases}$$

由此, 可得 X 和 Y 的边缘密度函数为

$$f_X(x)=f_Y(x)=\frac{2}{\pi}\sqrt{1-x^2},\quad -1\leqslant x\leqslant 1.$$

因此, $E(X)=E(Y)=0$, 又

$$E(XY)=\int_{-1}^{1}x\int_{-\sqrt{1-x^2}}^{\sqrt{1-x^2}}y\frac{1}{\pi}\mathrm{d}y\mathrm{d}x=0.$$

所以, $\operatorname{Cov}(X,Y)=0$, 从而 $\rho_{X,Y}=0$, 即 X 和 Y 不相关. 但由 $f(x,y)\neq f_X(x)f_Y(y)$, 知 X

和 Y 显然不相互独立. ■

例 4.29 设随机变量 X 和 Y 的分布律分别为

$$X \sim \begin{pmatrix} -1 & 0 & 1 \\ \frac{1}{4} & \frac{1}{2} & \frac{1}{4} \end{pmatrix}, \qquad Y \sim \begin{pmatrix} 0 & 1 \\ \frac{1}{2} & \frac{1}{2} \end{pmatrix},$$

并且 $P(XY=0)=1$. 证明: X 与 Y 不独立, 也不相关.

证 由 $P(XY=0)=1$可知,

$P(XY\neq 0)=P(X=-1,Y=1)+P(X=1,Y=1)=0$, 结合$E(X)=0$, $E(Y)=1/2$, 以及

$E(XY)=0\times P(XY=0)+\sum\limits_{xy\neq 0} xyP(XY=xy)=0$, 故 $E(XY)=0=E(X)E(Y)$, 即 X 和 Y 不相关. 由

$$0=P(X=-1,Y=1)\neq P(X=-1)P(Y=1)=1/8,$$

因此 X,Y 不相互独立. ■

定理 4.3

对任何非退化的随机变量 X,Y 存在方差, 如下四个命题相互等价: (1) X 与 Y 不相关; (2) $\text{Cov}(X,Y)=0$; (3) $E(XY)=E(X)E(Y)$; (4) $\text{Var}(X+Y)=\text{Var}(X)+\text{Var}(Y)$. ♡

根据定义容易证明.

4.3 熵的基本概念

熵的概念最早起源于德国物理学家、数学家克劳修斯 (Rudolf Clausius, 1822—1888), 于 1865 年用熵来表示任何一种能量在空间中分布的均匀程度, 分布越均匀熵就越大, 能量差总是倾向于消除, 这时候系统的熵达到最大值. 1877 年, 统计物理学家玻尔兹曼 (Ludwig Edward Boltzmann, 1844—1906) 用熵衡量一个热力学系统里的无序程度. 玻尔兹曼提出如下观察式:

$$S=k\log_2(|\Omega|).$$

k 表示玻尔兹曼常数, $|\Omega|$ 表示微观粒子数. 系统越乱, 熵就越大; 系统越有序, 熵就越小. 1948 年, 香农 (Claude Elwood Shannon, 1916—2001) 将熵的概念从统计力学引入到信息系统里, 标志着现代信息论的产生. 熵被香农用来描述事情不确定程度及信息量的多少, 熵及其引出的许多概念是信息论的基础.

熵是随机变量最重要的数字特征之一, 度量了随机变量中所含有的信息量的大小. 换言之, 熵体现的是随机变量的不确定性程度, 熵越大不确定性就越大.

定义 4.12 熵

设 X 为离散型随机变量, 分布律为

$$P(X=x_k)=p_k,\quad k\in\mathbb{N},$$

则其熵 (entropy) 定义为

$$H(X)=-\sum_{k=1}^{\infty}p_k\log_2(p_k).$$

如果 X 为连续型随机变量, 概率密度函数为 $f_X(x)$, 那么其熵定义为

$$H(X)=-\int_{-\infty}^{\infty}f_X(x)\ln f_X(x)\mathrm{d}x.$$

♣

在离散型随机变量的熵的定义中, 也常使用以 e 或 10 为底的对数. 值得注意的是, 不同于矩类型的数字特征, 熵并没有涉及随机变量的具体取值, 只和其概率分布有关. 即: 是随机变量取值的相对散布状况, 而非其绝对状况决定了随机变量的熵. 易证, 对于确定性常数 c,

$$H(X+c)=H(X).$$

例 4.30 (0–1 分布的熵) 设 X 是 0–1 分布随机变量, 分布律为

$$P(X=1)=1-P(X=0)=p,\ 0<p<1,$$

求其熵.

解 由定义知

$$H(X)=-[p\log_2(p)+(1-p)\log_2(1-p)],$$

当参数 p 变化时, X 的熵也随之变化, 当 $p=1/2$ 时, X 的熵达到最大 (图 4.5 所示). 这与直观十分吻合. 当 $p=1/2$ 时, X 的取值没有任何偏向性, 最难以预测和估计, 因此随机程度最高, 包含的信息量也最大. 相反, 如果 $p=0$ 或者 $p=1$, 那么说明 X 取值是确定的, 没有任何随机性, 其熵为 0 很合理. □

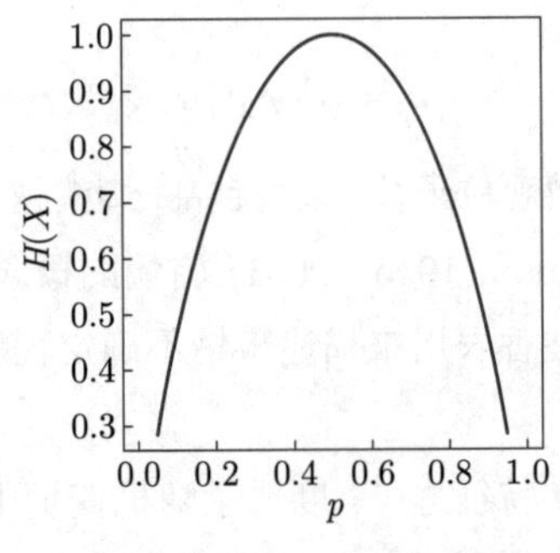

图 4.5 0–1 分布的熵

性质 离散型随机变量 X 的熵 $H(X)$ 有如下性质:

(1) $H(X) \geqslant 0$;

(2) 如果取有限个值的随机变量 X 的概率分布 $\{p_k, k=1,2,\cdots,n\}$ 不是离散均匀分布, 那么有

$$H(X) \leqslant \log_2(n),$$

当且仅当 X 为离散均匀分布随机变量时等号成立.

证 (1) 由 $\log_2(x) \leqslant 0, x \leqslant 1$ 立得. 对 (2), 由于

$$\begin{aligned} H(X)-\log_2(n) &= -\sum_{k=1}^{n} p_k \log_2(p_k) - \log_2(n) \\ &= \sum_{k=1}^{n} p_k \left(\log_2\left(\frac{1}{p_k}\right) - \log_2(n)\right) \\ &= \sum_{k=1}^{n} p_k \log_2\left(\frac{1}{p_k n}\right), \end{aligned}$$

利用 $\ln x \leqslant x-1, x>0$, 等号成立当且仅当 $x=1$, 有 $\log_2(x) \leqslant \dfrac{1}{\ln 2}(x-1)$. 所以

$$\begin{aligned} H(X)-\log_2(n) &= \sum_{k=1}^{n} p_k \log_2\left(\frac{1}{p_k n}\right) \\ &\leqslant \frac{1}{\ln 2}\sum_{k=1}^{n} p_k \left(\frac{1}{p_k n} - 1\right) \\ &= \frac{1}{\ln 2}\sum_{k=1}^{n} \left(\frac{1}{n} - p_k\right) = 0, \end{aligned}$$

等号成立当且仅当

$$\frac{1}{np_k} = 1 \Longleftrightarrow p_k = \frac{1}{n},$$

即 X 服从离散均匀分布. ■

有趣的是, 通过约束连续型随机变量的期望和方差, 对不同取值范围的随机变量进行熵最大化可以导出几个熟悉的概率分布. 见下面三个例子.

例 4.31 设连续型随机变量 X 在 $\mathbb{R}$ 上取值, 对其期望和方差进行约束, 考虑如下熵最大化优化问题:

$$\max_X H(X), \text{ s.t. } E(X)=m, \operatorname{Var}(X)=\sigma^2,$$

求 X 的分布.

解 根据连续型随机变量熵的定义, 熵最大化优化问题等价于

$$\max_f \left(-\int_{-\infty}^{\infty} f(x)\ln f(x)\mathrm{d}x\right),$$
$$\text{s.t.}\ \int_{-\infty}^{\infty} f(x)\mathrm{d}x=1, \int_{-\infty}^{\infty} xf(x)\mathrm{d}x=m, \int_{-\infty}^{\infty} x^2 f(x)\mathrm{d}x=m^2+\sigma^2,$$

使用变分思想, 任取定义在 $\mathbb{R}$ 上的 (可测) 函数 g, 构造辅助函数

$$G(t)=H(f+tg)=-\int_{-\infty}^{\infty}(f(x)+tg(x))\ln(f(x)+tg(x))\mathrm{d}x,$$

那么如果 f_{opt} 是原优化问题的解, 则有

$$H\left(f_{\text{opt}}\right) \geqslant H\left(f_{\text{opt}}+tg\right) \Longrightarrow G(0)\geqslant G(t), \forall t\in\mathbb{R},$$

即 $G(t)$ 在 $t=0$ 点取得最大值.

考虑到优化问题中的约束条件, 我们使用拉格朗日 (Lagrange) 乘子法得到扩展的优化目标函数为

$$\begin{aligned}\overline{G}(t)=&G(t)+c_0\left(\int_{-\infty}^{\infty}(f(x)+tg(x))\mathrm{d}x-1\right)+c_1\left(\int_{-\infty}^{\infty}x(f(x)+tg(x))\mathrm{d}x-m\right)+\\&c_2\left(\int_{-\infty}^{\infty}x^2(f(x)+tg(x))\mathrm{d}x-\left(m^2+\sigma^2\right)\right)\\=&-\int_{-\infty}^{\infty}(f(x)+tg(x))\ln(f(x)+tg(x))\mathrm{d}x+c_0\left(\int_{-\infty}^{\infty}(f(x)+tg(x))\mathrm{d}x-1\right)+\\&c_1\left(\int_{-\infty}^{\infty}x(f(x)+tg(x))\mathrm{d}x-m\right)+c_2\left(\int_{-\infty}^{\infty}x^2(f(x)+tg(x))\mathrm{d}x-\left(m^2+\sigma^2\right)\right).\end{aligned}$$

由 $t=0$ 点是最大值点, 得到

$$\left.\frac{\mathrm{d}}{\mathrm{d}t}\overline{G}(t)\right|_{t=0}=0,$$

由于

$$\begin{aligned}\frac{\mathrm{d}}{\mathrm{d}t}G(t)&=-\frac{\mathrm{d}}{\mathrm{d}t}\int_{-\infty}^{\infty}(f(x)+tg(x))\ln(f(x)+tg(x))\mathrm{d}x\\&=-\int_{-\infty}^{\infty}g(x)\ln(f(x)+tg(x))\mathrm{d}x-\int_{-\infty}^{\infty}g(x)\mathrm{d}x,\end{aligned}$$

且有

$$\begin{aligned}&\frac{\mathrm{d}}{\mathrm{d}t}\left(\int_{-\infty}^{\infty}(f(x)+tg(x))\mathrm{d}x-m\right)=\int_{-\infty}^{\infty}g(x)\mathrm{d}x,\\&\frac{\mathrm{d}}{\mathrm{d}t}\left(\int_{-\infty}^{\infty}x(f(x)+tg(x))\mathrm{d}x-m\right)=\int_{-\infty}^{\infty}xg(x)\mathrm{d}x,\\&\frac{\mathrm{d}}{\mathrm{d}t}\left(\int_{-\infty}^{\infty}x^2(f(x)+tg(x))\mathrm{d}x-\left(m^2+\sigma^2\right)\right)=\int_{-\infty}^{\infty}x^2g(x)\mathrm{d}x,\end{aligned}$$

因此

$$\begin{aligned}\frac{\mathrm{d}}{\mathrm{d}t}\overline{G}(t) = &-\int_{-\infty}^{\infty} g(x)\ln(f(x)+tg(x))\mathrm{d}x + (c_0-1)\int_{-\infty}^{\infty} g(x)\mathrm{d}x +\\ &c_1\int_{-\infty}^{\infty} xg(x)\mathrm{d}x + c_2\int_{-\infty}^{\infty} x^2 g(x)\mathrm{d}x,\\ =&\int_{-\infty}^{\infty} g(x)\left(-\ln(f(x)+tg(x)) + c_2x^2 + c_1x + c_0 - 1\right)\mathrm{d}x,\end{aligned}$$

立刻得到

$$0 = \frac{\mathrm{d}}{\mathrm{d}t}\overline{G}(t)\bigg|_{t=0} = \int_{-\infty}^{\infty} g(x)\left(-\ln f(x) + c_2x^2 + c_1x + c_0 - 1\right)\mathrm{d}x,$$

由 $g(x)$ 的任意性, 我们有

$$-\ln f(x) + c_2x^2 + c_1x + c_0 - 1 = 0,$$

也就是

$$f(x) = \exp\left\{c_2x^2 + c_1x + c_0 - 1\right\},$$

考虑到

$$\int_{-\infty}^{\infty} f(x)\mathrm{d}x = 1, \int_{-\infty}^{\infty} xf(x)\mathrm{d}x = m, \int_{-\infty}^{\infty} x^2f(x)\mathrm{d}x = m^2 + \sigma^2,$$

能够算出

$$c_2 = -\frac{1}{2\sigma^2}, c_1 = \frac{m}{\sigma^2}, c_0 = -\frac{m^2}{2\sigma^2} + \ln(\sqrt{2\pi}\sigma) + 1,$$

从而有

$$f(x) = \frac{1}{\sqrt{2\pi}\sigma}\exp\left\{-\frac{(x-m)^2}{2\sigma^2}\right\},$$

即 X 的分布为正态分布. 换言之, 给定期望和方差, 具有最大熵的连续型随机变量是正态分布随机变量. □

例 4.32 设连续型随机变量 X 在 $(0,\infty)$ 上取值, 对其期望进行约束, 考虑如下熵最大化优化问题:

$$\max_X H(X), \text{ s.t. } E(X) = \frac{1}{\lambda},$$

其中 $\lambda > 0$, 求 X 的分布.

解 原优化问题等价于

$$\begin{aligned}&\max_f \left(-\int_0^{\infty} f(x)\ln f(x)\mathrm{d}x\right),\\ &\text{s.t.} \int_0^{\infty} f(x)\mathrm{d}x = 1, \quad \int_0^{\infty} xf(x)\mathrm{d}x = \frac{1}{\lambda},\end{aligned}$$

沿用前例中思路, 得到

$$\begin{aligned}\frac{\mathrm{d}}{\mathrm{d}t}\overline{G}(t)&=-\int_0^\infty g(x)\ln(f(x)+tg(x))\mathrm{d}x+(c_0-1)\int_0^\infty g(x)\mathrm{d}x+c_1\int_0^\infty xg(x)\mathrm{d}x\\&=\int_0^\infty g(x)\left(-\ln(f(x)+tg(x))+c_1x+c_0-1\right)\mathrm{d}x,\end{aligned}$$

因此

$$\int_0^\infty g(x)\left(-\ln f(x)+c_1x+c_0-1\right)\mathrm{d}x,$$

同样由 $g(x)$ 的任意性, 有

$$-\ln f(x)+c_1x+c_0-1=0, x\in[0,\infty),$$

确定常数后得到

$$f(x)=\lambda\exp\{-\lambda x\}I_{(0,\infty)}(x),$$

即 X 的分布为指数分布, 换言之, 给定期望, 具有最大熵的取值于 $(0,\infty)$ 的连续型随机变量是指数分布随机变量. □

例 4.33 设连续型随机变量 X 在 $[a,b]$ 上取值, 考虑如下熵最大化优化问题:

$$\max_X H(X),$$

其中 $-\infty<a<b<\infty$ 为常数, 求 X 的分布.

解 同样使用变分方法, 不难得到 X 的概率密度函数为

$$f(x)=\frac{1}{b-a}I_{[a,b]}(x),$$

即所有取值于有限区间的连续型随机变量中, 均匀分布随机变量具有最大的熵. □

4.4 大数定律和中心极限定理

随机变量的分布全面刻画了随机变量的取值规律. 但是随机变量或随机向量的函数, 例如, 最简单的独立随机变量和的分布一般来说都很难得到, 更不用说得到它们的显式表达. 在数学中有这样的现象: 一个有限和很难求, 但是一经取极限由有限过渡到无限, 问题反而好办. 例如, 若对某有限范围内的 x 计算和:

$$S_n(x)=1-\frac{x^2}{2!}+\frac{x^4}{4!}+\cdots+(-1)^n\frac{x^{2n}}{(2n)!},$$

在 n 很大但是固定时很难求, 而一取极限能有简单的结果: $\lim\limits_{n\to\infty}S_n(x)=\cos x$. 所以当 n 很大时可以把 $\cos x$ 作为 $S_n(x)$ 的近似值. 在概率论中也有这样的情况, 例如, 随机变量 $X_1,X_2,\cdots,X_n$ 和的分布一般很难求出, 更不可能有显式表达式了. 因此, 很自然想到在一定条件下能否用极限的方法来近似表达随机变量和的分布函数. 事实证明这是可能的. 更有意义的是在很一般的条件下, 随机变量和的极限分布就是正态分布. 这一事实说明正态分布是

非常重要的一种分布. 在概率论中习惯于把随机变量和的分布收敛于正态分布的那一类定理称为中心极限定理 (central limit theorem). 我们将介绍独立同分布随机变量和的极限分布这一最简单的场合.

另一类重要的极限定理称为大数定律 (law of large numbers), 它是"频率趋于概率"引申过来的. 在频率趋于概率中, 设 $X_i = I_{A_i}, i = 1, 2, \cdots, n$, 其中 A_i 表示第 i 次试验中事件 A 发生. 则 $\sum\limits_{i=1}^{n} X_i$ 表示在 n 次试验中事件 A 发生的次数, 随机变量 X_i 只能取 1 或 0, 频率为 $p_n = \left(\sum\limits_{i=1}^{n} X_i\right)/n = \overline{X}$. 若 $P(A) = p$, 则频率趋于概率就是说在某种意义下 p_n 趋于 $p = E(X_i)$.

大数定律就是把仅取 0 和 1 两值的随机变量推广到一般的随机变量, 研究前 n 个随机变量部分和的平均值是否以某种方式"趋于"某个常数 c. 其中最简单的是 i.i.d. 随机变量序列的前 n 个随机变量部分和的平均值是否"趋于" $E(X_1)$. 下面先介绍一个概念.

定义 4.13 依概率收敛

设 $X_1, X_2, \cdots, X_n, \cdots$ 是一随机变量序列, X 为随机变量, 如果 $\forall \varepsilon > 0$, 有

$$\lim_{n\to\infty} P(|X_n - X| \geqslant \varepsilon) = 0, \tag{4.23}$$

那么称随机变量序列 $\{X_n\}$ 依概率收敛于随机变量 X, 记为 $X_n \to X$, in P, 或 $X_n \xrightarrow{P} X$. ♣

随机变量 $X(\omega), X_n(\omega)$ 的取值与样本点 ω 有关, 所以类似微积分中数列极限定义 $\lim\limits_{n\to\infty} a_n = a$ 不适用. 因为在数列极限 $\lim\limits_{n\to\infty} a_n = a$ 中的 a_n 仅仅是 n 的函数, 而对随机变量序列而言, 上式不仅与 n 有关, 还与样本点有关. 从而频率趋于概率不能写为 $\lim\limits_{n\to\infty} \dfrac{n_i(\omega)}{n} = p$, 所以我们考虑事件 $A_n = \{\omega : |X_n(\omega) - X(\omega)| \geqslant \varepsilon\}$, 该事件发生的概率 p_n 与 n 有关, 与样本点无关, 即 p_n 是普通的数列. 它的收敛性在概率论中称为"依概率收敛".

在依概率收敛中, 常常遇到的特例是 X 为常数 c.

例 4.34 考虑随机变量序列 $\{X_n\}, X_n \sim Exp(n)$, 即 X_n 服从参数为 n 的指数分布. 证明 $X_n \xrightarrow{P} 0$.

证 由于 $Exp(n)$ 的密度函数为

$$f_{X_n}(x) = n\exp\{-nx\} I_{[0,\infty)}(x),$$

因此 $\forall \varepsilon > 0$, 有

$$P(|X_n| \geqslant \varepsilon) = P(X_n \geqslant \varepsilon) = \int_{\varepsilon}^{\infty} f_{X_n}(x)\mathrm{d}x = \exp\{-n\varepsilon\},$$

所以

$$P(|X_n - 0| \geqslant \varepsilon) \to 0, \quad n \to \infty,$$

即有 $\{X_n\}$ 依概率收敛于 0 . ■

定理 4.4 大数定律

设 $X_1, X_2, \cdots, X_n, \cdots$ 是一 i.i.d. 随机变量序列, 记它们相同的期望和方差分别为 μ 和 σ^2. 记 $S_n = X_1 + X_2 + \cdots + X_n$, 则对 $\forall \varepsilon > 0$,

$$\lim_{n\to\infty} P\left(\left|\frac{S_n}{n} - \mu\right| \geqslant \varepsilon\right) = 0. \tag{4.24}$$

♡

视频 扫描视频 16 的二维码观看关于大数定律的讲解.

视频 16 大数定律

用切比雪夫不等式马上能得到上面的结论. 大数定律就是说 i.i.d. 随机变量序列的前 n 项部分和的平均依概率收敛于公共期望 μ.

为了说明大数定律的直观意义, 我们设公共分布为 $N(\mu, \sigma^2)$, $\overline{X} = \dfrac{1}{n}\sum\limits_{i=1}^{n} X_i$, 则容易算得 $\overline{X} \sim N(\mu, \sigma^2/n)$. 从图 4.6 上看到 $\overline{X}$ 的密度函数与 x 轴之间的面积基本上集中在 $x = \mu$ 附近, 而概率的几何意义就是面积, 所以大数定律就是说, 当 n 充分大时, 随机变量 $\overline{X}$ 以相当大的概率落在期望 μ 附近, 想象一下, 当 $n \to \infty$ 时, $\overline{X}$ 的密度函数几乎成了"一根棍", 即 $\overline{X}$ 几乎跟常数相差不多了.

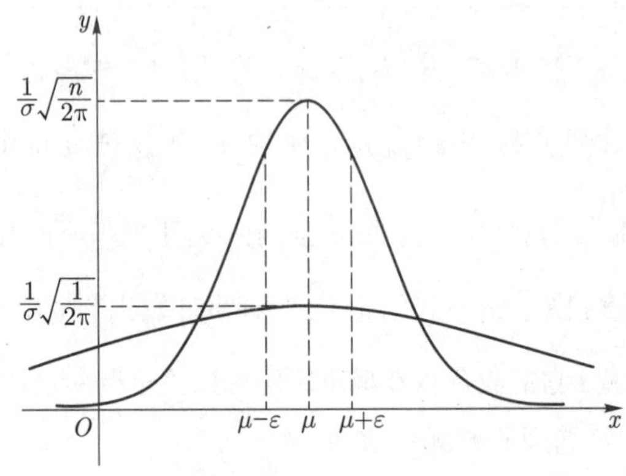

图 4.6 大数定律的直观示意

大数定律的重要意义是, 我们不需要知道它们的公共分布, 只要知道期望和方差存在, 则 i.i.d. 随机变量序列的前 n 项部分和的平均就满足大数定律, 这给应用带来很多方便.

因此大数定律不仅在理论上有重要意义, 也广泛应用于实际. 我们可以不知道数据来自什么总体分布, 也不知道总体期望是多少, 但是我们常常用样本均值来近似总体均值, 其理论依据就是大数定律.

实验 10 大数定律

实验 扫描实验 10 的二维码进行大数定律模拟实验, 观察样本均值随样本量增加时的变化和分布情况.

例 4.35 (伯努利大数定律) 设 $\{X_k\}$ 为独立的 0–1 分布随机变量序列,

$$P(X_k=1)=p, \quad P(X_k=0)=1-p,$$

那么有 $E(X_k)=p, \operatorname{Var}(X_k)=p(1-p)$, 所以由大数定律, $\forall \varepsilon>0$, 我们有

$$P\left(\left|\frac{1}{n}\sum_{k=1}^{n}X_k-p\right|\geqslant\varepsilon\right)\leqslant\frac{p(1-p)}{n\varepsilon^2}\leqslant\frac{1}{4n\varepsilon^2}\to 0, \quad n\to\infty,$$

即有

$$\frac{1}{n}\sum_{k=1}^{n}X_k\xrightarrow{P}p.$$

这一结论是在 1713 年雅各布 · 伯努利的遗作中发表的, 也是公开发表的第一个大数定律. 这一结论被认为是伯努利为概率论作出的最重要的贡献. 切比雪夫不等式的出现极大地简化了伯努利大数定律的证明, 直到今天这一点都没有本质改变.

在大数定律的条件下, 理论上我们还可以得到更强的结论, 即随机变量序列的前 n 项部分和的平均几乎在每个样本点上收敛, 我们称为强大数定律.

依分布收敛刻画了随机变量序列的分布函数收敛性, 据此可以近似计算感兴趣事件的概率, 是许多统计方法的基石.

定义 4.14 依分布收敛

设 $X_1, X_2, \cdots, X_n, \cdots$ 为一列实值随机变量, X 为随机变量, F_n 和 F 分别为随机变量 X_n 和 X 的分布函数. 如果对 F 的所有连续点 $x\in\mathbb{R}$ 有

$$\lim_{n\to\infty}F_n(x)=F(x),$$

那么称 $\{F_n\}$ 弱收敛 (converge weakly) 于 F, 也称 $\{X_n\}$ 依分布收敛 (converge in distribution) 于 X, 常记为 $X_n\xrightarrow{\mathcal{L}}X$. ♣

依分布收敛要求在 F 的连续点处极限成立, 这一条件是本质的. 下例说明了这一点.

例 4.36 设 $X_n\sim U\left(0,\dfrac{1}{n}\right)$, X 表示退化到 0 的随机变量. 记 $F_n(x)$ 和 $F(x)$ 分别为 X_n 和 X 的分布函数, 则

$$F_n(x)=\begin{cases}0, & x<0,\\ nx, & 0\leqslant x<\dfrac{1}{n},\\ 1, & x\geqslant\dfrac{1}{n},\end{cases} \qquad F(x)=\begin{cases}0, & x<0,\\ 1, & x\geqslant 0.\end{cases}$$

因此当 $n\to\infty$ 时, 对任意固定的 $x\in(-\infty,0)\cup[1/n,\infty)$ 有依分布收敛 $X_n\xrightarrow{\mathcal{L}}X$ 成立. 但是在 $x=0$ 处, 对任意的 n 成立 $F_n(0)\equiv 0$, 而 $F(0)\equiv 1$. 即在点 $x=0$ 处依分布收敛不成立.

定理 4.5 依概率收敛与依分布收敛的关系

设 $X_1,X_2,\cdots,X_n,\cdots$ 为一列实值随机变量, X 为另一随机变量.

(1) 若 $X_n\xrightarrow{P}X$, 则 $X_n\xrightarrow{\mathcal{L}}X$;

(2) 若 $X_n\xrightarrow{\mathcal{L}}c$, 则 $X_n\xrightarrow{P}c$, 其中 c 为一个常数.

♡

证 (1) 对任意 $\varepsilon>0$ 有

$$\begin{aligned}F_n(x)&=P\left(X_n\leqslant x\right),\\&=P\left(X_n\leqslant x,X\leqslant x+\varepsilon\right)+P\left(X_n\leqslant x,X>x+\varepsilon\right),\\&\leqslant F(x+\varepsilon)+P\left(|X_n-X|>\varepsilon\right).\end{aligned}$$

类似地,

$$\begin{aligned}F(x-\varepsilon)&=P(X\leqslant x-\varepsilon),\\&=P\left(X\leqslant x-\varepsilon,X_n\leqslant x\right)+P\left(X\leqslant x-\varepsilon,X_n>x\right),\\&\leqslant F_n(x)+P\left(|X_n-X|>\varepsilon\right).\end{aligned}$$

所以

$$F(x-\varepsilon)-P\left(|X_n-X|>\varepsilon\right)\leqslant F_n(x)\leqslant F(x+\varepsilon)+P\left(|X_n-X|>\varepsilon\right),$$

当 $n\to\infty$, 由于 $X_n\xrightarrow{P}X$, 即有 $P\left(|X_n-X|>\varepsilon\right)\to 0$. 因此,

$$F(x-\varepsilon)\leqslant\liminf_{n\to\infty}F_n(x)\leqslant\limsup_{n\to\infty}F_n(x)\leqslant F(x+\varepsilon),\forall\varepsilon>0.$$

若 F 在 x 处连续, 则当 $\varepsilon\downarrow 0$ 有 $F(x-\varepsilon)\uparrow F(x)$ 以及 $F(x+\varepsilon)\downarrow F(x)$. 从而得证.

(2) 由 $X_n\xrightarrow{\mathcal{L}}c$ 知, 对任意 $\varepsilon>0$, 我们有

$$\lim_{n\to\infty}F_n(c-\varepsilon)=0,$$
$$\lim_{n\to\infty}F_n\left(c+\frac{\varepsilon}{2}\right)=1.$$

从而对任意 $\varepsilon>0$,

$$\begin{aligned}\lim_{n\to\infty}P\left(|X_n-c|\geqslant\varepsilon\right)&=\lim_{n\to\infty}\left[P\left(X_n\leqslant c-\varepsilon\right)+P\left(X_n\geqslant c+\varepsilon\right)\right]\\&=\lim_{n\to\infty}P\left(X_n\leqslant c-\varepsilon\right)+\lim_{n\to\infty}P\left(X_n\geqslant c+\varepsilon\right)\\&=\lim_{n\to\infty}F_n(c-\varepsilon)+\lim_{n\to\infty}P\left(X_n\geqslant c+\varepsilon\right)\\&=0+\lim_{n\to\infty}P\left(X_n\geqslant c+\varepsilon\right)\\&\leqslant\lim_{n\to\infty}P\left(X_n>c+\frac{\varepsilon}{2}\right)\\&=1-\lim_{n\to\infty}F_n\left(c+\frac{\varepsilon}{2}\right)\end{aligned}$$

$$= 0,$$

因为 $\lim\limits_{n\to\infty} P(|X_n - c| \geqslant \varepsilon) \geqslant 0$, 我们有

$$\lim_{n\to\infty} P(|X_n - c| \geqslant \varepsilon) = 0, \quad \forall \varepsilon > 0,$$

即 $X_n \xrightarrow{P} c$. ■

例4.37 设 $X_1, X_2, \cdots, X_n, \cdots$ 为一 i.i.d. 随机变量序列, 均服从 $B(1, 1/2)$. $X \sim B(1, 1/2)$ 为一独立于序列 $\{X_n\}$ 的随机变量. 则 $X_n \xrightarrow{\mathcal{L}} X$. 但是, $\{X_n\}$ 不依概率收敛于 X. 事实上, 因为 $|X_n - X|$ 也是服从 $B(1, 1/2)$ 的随机变量且

$$P(|X_n - X| \geqslant \varepsilon) = \frac{1}{2}, \quad 0 < \varepsilon < 1.$$

此例说明依分布收敛一般不能推出依概率收敛.

依分布收敛的一个重要应用场合是关于独立随机变量部分和的分布收敛性, 称为中心极限定理, 在数理统计的大样本理论中有重要的应用. 最早的中心极限定理是棣莫弗在 1733 年证明的关于重复投掷硬币中正面出现次数的分布可以用正态分布近似的结论, 但没有引起人们的重视. 1822 年, 拉普拉斯在他的著作中使用正态分布近似二项分布. 自此, 中心极限定理引起众多学者的关注和兴趣. 直到 20 世纪 20 年代, 林德伯格 (Jarl Waldemar Lindeberg, 1876—1932) 和莱维 (Paul Lévy, 1886—1971) 对独立同分布的一般随机变量部分和证明了林德伯格–莱维中心极限定理.

定理 4.6 林德伯格–莱维中心极限定理

设 $X_1, X_2, \cdots, X_n, \cdots$ 是一列 i.i.d. 随机变量序列, 记它们相同的期望和方差分别为 μ, σ^2. 记 $S_n = \sum\limits_{i=1}^{n} X_i$, 则 $\forall\, x \in \mathbb{R}$ 有

$$\lim_{n\to\infty} P\Big(\frac{\sqrt{n}(S_n/n - \mu)}{\sigma} \leqslant x\Big) = \Phi(x), \tag{4.25}$$

其中 $\Phi(x)$ 为标准正态分布函数. ♡

视频 扫描视频 17 的二维码观看关于中心极限定理的讲解.

视频 17 中心极限定理

(4.25) 式也常常写为

$$\frac{\sqrt{n}(\overline{X} - \mu)}{\sigma} \xrightarrow{\mathcal{L}} N(0, 1), \tag{4.26}$$

其中 $\overline{X} = \dfrac{S_n}{n}$.

证 这里我们利用矩母函数来证明定理4.6. 为简单表述起见, 不妨设 $\mu=0$ 且矩母函数存在. 记 $Z_n=S_n/(\sigma\sqrt{n})$. 我们来证明 Z_n 的矩母函数趋于标准正态分布的矩母函数. 再由矩母函数的性质即得 $\{Z_n\}$ 依分布收敛于标准正态分布. 由于 S_n 的矩母函数为

$$M_{S_n}(t)=[M(t)]^n,$$

其中 $M(t)=E(\mathrm{e}^{tX_1})$, 以及

$$M_{Z_n}(t)=\left[M\left(\frac{t}{\sigma\sqrt{n}}\right)\right]^n.$$

将 $M(s)$ 在 0 处作泰勒展开到二次项:

$$M(s)=M(0)+sM'(0)+\frac{1}{2}s^2M''(0)+o(s^2).$$

因为 $E(X_1)=0,E(X_1^2)=\sigma^2$, 所以 $M'(0)=0$, $M''(0)=\sigma^2$. 当 $n\to\infty$ 时,

$$M\left(\frac{t}{\sigma\sqrt{n}}\right)=1+\frac{1}{2}\sigma^2\left(\frac{t}{\sigma\sqrt{n}}\right)^2+o\left(\frac{1}{n}\right).$$

我们有

$$M_{Z_n}(t)=\left(1+\frac{t^2}{2n}+o\left(\frac{1}{n}\right)\right)^n.$$

根据事实: 若 $a_n\to a$, 有

$$\lim_{n\to\infty}\left(1+\frac{a_n}{n}\right)^n=\mathrm{e}^a,$$

可知

$$M_{Z_n}(t)\to\mathrm{e}^{\frac{t^2}{2}},\quad n\to\infty.$$

从而得证. ∎

中心极限定理就是说, 部分和 S_n 标准化后的分布函数近似于标准正态分布函数. 所以在应用中, 中心极限定理也常常表示为

$$\lim_{n\to\infty}P\left(\frac{S_n-E(S_n)}{\sqrt{\mathrm{Var}(S_n)}}\leqslant x\right)=\varPhi(x),\quad\forall\, x\in\mathbb{R}. \tag{4.27}$$

实验 扫描实验 11 的二维码进行中心极限定理模拟实验, 观察不同总体分布下抽样分布的形状和标准正态分布之间的关系.

实验 11 中心极限定理

中心极限定理和大数定律都是普适性结论, 即它们不依赖总体是什么分布, 其结论都是一样的. 因此, 不管总体是 $0-1$ 分布、泊松分布或指数分布等, 简单随机样本的样本均值依概率收敛于总体均值, 而它的分布收敛于正态分布.

对一列独立同分布的伯努利分布随机变量, 记 $P(X_i=1)=p,P(X_i=0)=1-p,i=1,2,\cdots$, 则此时的中心极限定理称为棣莫弗–拉普拉斯中心极限定理, 即

定理 4.7 棣莫弗–拉普拉斯中心极限定理

设 $X_1, X_2, \cdots, X_n, \cdots$ 是一列 i.i.d. 随机变量序列, $S_n = \sum_{i=1}^{n} X_i$, $0 < p < 1$, 且 $X_i \sim B(1,p)$, 则 $\forall x \in \mathbb{R}$, 有

$$\lim_{n\to\infty} P\left(\frac{S_n - np}{\sqrt{np(1-p)}} \leqslant x\right) = \Phi(x). \tag{4.28}$$

♡

注意到 $S_n \sim B(n,p)$, 所以棣莫弗–拉普拉斯中心极限定理告诉我们可以用正态分布来近似二项分布. 当 np 较小时, 可以用泊松分布逼近二项分布, 当 np 较大时, 用正态分布来逼近二项分布.

一般而言, 当 $n \geqslant 30$ 时, 中心极限定理的近似程度能满足一般的要求. 中心极限定理也指出了大数定律中 $\overline{X} = S_n/n$ 依概率收敛于 $E(X)$ 的速度为 $1/\sqrt{n}$, 即 $\sqrt{n}[\overline{X} - E(X)]$ 依概率有界.

注 根据中值定理, 我们有 $\Phi(x+\Delta x) - \Phi(x) = \varphi(\xi)\Delta x, \xi \in (x, x+\Delta x)$. 这可以用来近似计算二项分布 $X \sim B(n,p)$ 中 $b(n,p,k) = P(X=k)$ 和 $P(k_1 \leqslant X \leqslant k_2)$, 因为 $n > 30$ 时, 由中心极限定理,

$$\begin{aligned} P(X=k) &= P\left(k - \frac{1}{2} < X \leqslant k + \frac{1}{2}\right) \\ &\approx \Phi\left(\frac{k + \frac{1}{2} - np}{\sqrt{np(1-p)}}\right) - \Phi\left(\frac{k - \frac{1}{2} - np}{\sqrt{np(1-p)}}\right) \\ &\approx \frac{1}{\sqrt{np(1-p)}}\varphi\left(\frac{k-np}{\sqrt{np(1-p)}}\right) \\ &= \frac{1}{\sqrt{2\pi np(1-p)}}\exp\left\{-\frac{(k-np)^2}{2np(1-p)}\right\}, \end{aligned} \tag{4.29}$$

$$P(k_1 \leqslant X \leqslant k_2) \approx \Phi\left(\frac{k_2 - np}{\sqrt{np(1-p)}}\right) - \Phi\left(\frac{k_1 - np}{\sqrt{np(1-p)}}\right), \tag{4.30}$$

注意到

$$\begin{aligned} P(k_1 \leqslant X \leqslant k_2) &= P\left(k_1 - \frac{1}{2} < X < k_2 + \frac{1}{2}\right) \\ &\approx \Phi\left(\frac{k_2 + \frac{1}{2} - np}{\sqrt{np(1-p)}}\right) - \Phi\left(\frac{k_1 - \frac{1}{2} - np}{\sqrt{np(1-p)}}\right), \end{aligned} \tag{4.31}$$

这是对公式 (4.30) 的连续性修正, 因为正态分布是连续的, 而二项分布的分布函数是阶梯函数, 因此将下限 k_1 和上限 k_2 分别修正为 $k_1 - 1/2$ 和 $k_2 + 1/2$. 这一修正在近似计算二项分

布两头的概率时比较有效. 区间不在两头时可以不作修正, 直接用 k_1 和 k_2, 即公式 (4.30).

图 4.7 展示了 $B(30,0.4)$ 的分布律和正态分布 $N(12,7.2)$ 的密度函数曲线, 可以看出正态分布近似得非常好.

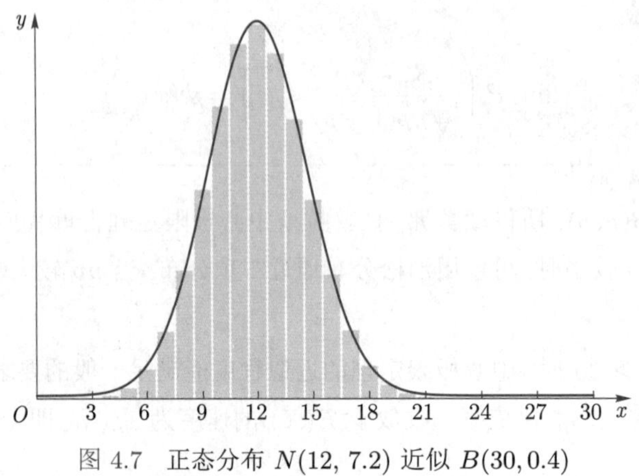

图 4.7 正态分布 $N(12, 7.2)$ 近似 $B(30,0.4)$

例**4.38** 设 $X \sim B(20,0.3)$, 求 $P(X=3)$ 和 $P(1 \leqslant X \leqslant 3)$.

解 直接计算二项分布中 $b(20,0.3,3)$ 的值和用正态逼近来计算可得

$$P(X=3) = \binom{20}{3} \times 0.3^3 \times 0.7^{17} = 0.071\ 60,$$

$$P(1 \leqslant X \leqslant 3) = \sum_{k=1}^{3} \binom{20}{k} \times 0.3^k \times 0.7^{20-k} = 0.106\ 29,$$

$$P(X=3) \approx \frac{1}{\sqrt{2\pi \times 20 \times 0.3 \times 0.7}} \exp\left\{-\frac{(3-6)^2}{2 \times 20 \times 0.3 \times 0.7}\right\} = 0.066\ 68.$$

使用修正的中心极限定理近似式 (4.31) 有

$$P(1 \leqslant X \leqslant 3) \approx \varPhi\left(\frac{3.5-6}{\sqrt{4.2}}\right) - \varPhi\left(\frac{0.5-6}{\sqrt{4.2}}\right) = 0.996\ 36 - 0.888\ 75 = 0.107\ 61,$$

而使用未修正的正态分布近似式 (4.30) 计算有

$$P(1 \leqslant X \leqslant 3) \approx \varPhi\left(\frac{3-6}{\sqrt{4.2}}\right) - \varPhi\left(\frac{1-6}{\sqrt{4.2}}\right) = 0.992\ 65 - 0.928\ 38 = 0.064\ 27.$$

由上可见, 即使在 $n=20$ 的场合, 用正态逼近 $P(X=3)$ 的误差不超过 0.005, 用修正的正态分布来近似 $P(1 \leqslant X \leqslant 3)$, 其误差不超过 0.001 4, 但是用不修正的中心极限定理来估计误差要大一点. □

例**4.39** 设某选拔考试有 100 道选择题, 每题有 4 个答案可供选择, 其中只有一个是正确的. 答对得 1 分, 答错得 0 分, 某考生对这类题型毫无思想准备, 于是选择随机答题. 问

(1) 他至少能答对 25 题的概率有多大?

(2) 他答对 20—40 题的概率有多大?

(3) 他至少能答对 36 题的概率有多大?

解 设 X 表示该考生答对的题数, 显然, $X \sim B(100, 0.25)$, 这里 $100 > 30, np = 25$, 符合中心极限定理的条件, 由于 $E(X) = np = 25, \sigma^2 = np(1-p) = 18.75$, 故

(1) $P(X \geqslant 25) \approx 1 - \Phi\Big(\dfrac{25-25}{\sqrt{18.75}}\Big) = 0.5.$

(2) $$\begin{aligned}P(20 \leqslant X \leqslant 40) &\approx \Phi\Big(\frac{40-25}{\sqrt{18.75}}\Big) - \Phi\Big(\frac{20-25}{\sqrt{18.75}}\Big)\\ &= \Phi(3.464\ 1) - \Phi(-1.154\ 7) = 0.875\ 6.\end{aligned}$$

(3) $P(X \geqslant 36) \approx 1 - \Phi\Big(\dfrac{36-25}{\sqrt{18.75}}\Big) = 1 - \Phi(2.540\ 3) = 1 - 0.994\ 5 = 0.005\ 5.$

可见该考生至少答对 25 题的概率约为 50%, 而至少答对 36 题是小概率 (严标准) 事件. 另外答对 20—40 题的概率高达约 88%. □

例 **4.40** (例 4.23 续) 我们用中心极限定理来估计要调查的人数. 由中心极限定理,

$$\begin{aligned}P\left(\left|\frac{n_A}{n} - p\right| < 0.005\right) &= P\left(\frac{\sqrt{n}\left|\dfrac{n_A}{n} - p\right|}{\sqrt{p(1-p)}} < \frac{0.005\sqrt{n}}{\sqrt{p(1-p)}}\right)\\ &\approx 2\Phi\left(\frac{0.005\sqrt{n}}{\sqrt{p(1-p)}}\right) - 1 \geqslant 0.95,\\ &\Rightarrow \frac{0.005\sqrt{n}}{\sqrt{p(1-p)}} \geqslant 1.96,\end{aligned}$$

由于 $p(1-p) \leqslant \dfrac{1}{4}$, 故只要上式满足

$$0.005^2 n \geqslant \frac{1}{4} \times 1.96^2 \Rightarrow n \geqslant 38\ 416.$$

即只要调查 38 416 人即可. 这里用到 $p(1-p) \leqslant 1/4$, 只要 p 能有一个大致范围, 调查人群的规模还能减少. 所以这种调查一般分两步走, 第一步是先调查少量青少年, 比如 200 人, 大致确定 p 的一个范围, 例如 $p \in (0.2, 0.3)$, 此时 $p(1-p) \leqslant 0.3 \times 0.7 = 0.21$, 由此得到调查的人数 n 只要满足

$$n \geqslant \frac{0.21 \times 1.96^2}{0.005^2} = 32\ 269.44,$$

即只要调查 32 270 个青少年即可满足精度要求.

例 **4.41** 设计算机按四舍五入进行运算, 求计算机运行 n 步后累积误差绝对值超过 $0.6\sqrt{n}$ 的概率.

解　设第 k 步的误差为 $X_k, k=1,2,\cdots,n$, 则 X_k 为 i.i.d., 且 $E(X_k)=0, \operatorname{Var}(X_k)=\dfrac{1}{12}$, 由中心极限定理,

$$P(|S_n| \geqslant 0.6\sqrt{n}) = P\left(\frac{\sqrt{12}|S_n|}{\sqrt{n}} \geqslant 0.6 \times \sqrt{12}\right) \approx 2(1-0.981\ 14) = 0.037\ 7.$$

类似地, 可以得到累积误差超过 $0.75\sqrt{n}$ 的概率不超过 0.01. 从上可以看出, 累积误差与 $\sqrt{n}$ 成正比, 而不是和 n 成正比. □

因为中心极限定理在各方面都得到广泛应用, 所以统计学家也在不断地减弱成立的条件, 其中稍稍弱一点的是不要求 X_i 满足独立同分布的条件, 只要求它们相互独立, 方差在两个正数之间变化, 则中心极限定理对 S_n 标准化后的分布函数仍成立.

例 **4.42**　某统计学老师教两个班的概率论与数理统计课程, 设期末总评的平均分都是 80 分, 甲班有 40 名学生, 乙班有 60 名学生, 每个学生成绩的方差都是 25.

(1) 分别估计两个班平均成绩超过 81 分的概率;

(2) 估计甲班平均成绩超过乙班 1.7 分的概率;

(3) 估计乙班平均成绩超过甲班 1.7 分的概率.

解　设 $\overline{S}_1, \overline{S}_2$ 分别表示甲、乙两个班的平均成绩, 学生数都超过 30, 由中心极限定理,

(1)
$$\begin{aligned} P(\overline{S}_1 \geqslant 81) &= P\left(\frac{\sqrt{40}(\overline{S}_1-80)}{5} \geqslant \frac{\sqrt{40}(81-80)}{5}\right) \\ &\approx 1-\varPhi(1.264\ 9) = 1-0.897\ 05 = 0.103\ 0, \\ P(\overline{S}_2 \geqslant 81) &= P\left(\frac{\sqrt{60}(\overline{S}_2-80)}{5} \geqslant \frac{\sqrt{60}(81-80)}{5}\right) \\ &\approx 1-\varPhi(1.549\ 2) = 1-0.939\ 33 = 0.060\ 7. \end{aligned}$$

(2) 由方差性质,

$$\operatorname{Var}(\overline{S}_1-\overline{S}_2) = \operatorname{Var}(\overline{S}_1)+\operatorname{Var}(\overline{S}_1) = 25 \times (1/40+1/60) = 25/24,$$

所以

$$\begin{aligned} P(\overline{S}_1-\overline{S}_2 \geqslant 1.7) &= P\left(\frac{\overline{S}_1-\overline{S}_2}{5/(2\sqrt{6})} \geqslant \frac{1.7}{5/(2\sqrt{6})}\right) \\ &\approx 1-\varPhi(1.665\ 7) = 1-0.952\ 1 = 0.047\ 9. \end{aligned}$$

(3) 容易算出

$$P(\overline{S}_1-\overline{S}_2 \geqslant 1.7) = P(\overline{S}_2-\overline{S}_1 \geqslant 1.7) = 0.047\ 9.$$

由此看出, 样本量对偏离平均值有较大的影响. 在本例中, 因为样本量较大, 所以平均值偏离 1 分的概率都非常小. □

4.5 扩展阅读: 数学期望的计算

数学期望反映了随机变量平均取值的大小, 它非常具有直观性, 是一种最基本的数字特征. 期望的定义如下: 对任一随机变量 X, 若其分布函数 $F(x)$ 满足 $\int_{-\infty}^{\infty}|x|\mathrm{d}F(x)<\infty$, 则称 X 的数学期望 $E(X)$ 存在, 且有

$$E(X)=\int_{-\infty}^{\infty}x\mathrm{d}F(x). \tag{4.32}$$

注意上述定义中的积分形式均为黎曼–斯蒂尔切斯 (Riemann-Stieltjes) 积分. 特别地, 若 X 为离散型随机变量, 其分布律为 $P(X=x_i)=p_i,\quad i=1,2,\cdots$; 或为连续型随机变量, 具有概率密度函数 $f(x)$, 上述定义中的 (4.32) 式则可相应地改写为

$$E(X)=\begin{cases}\sum\limits_{i=1}^{\infty}x_ip_i, & \sum\limits_{i=1}^{\infty}|x_i|p_i<\infty,\\ \int_{-\infty}^{\infty}xf(x)\mathrm{d}x, & \int_{-\infty}^{\infty}|x|f(x)\mathrm{d}x<\infty.\end{cases}$$

由定义可知, 随机变量的期望完全依赖于其概率分布. 这就是说, 若不同随机变量的概率分布相同, 则它们的期望也相同. 这也是我们不仅仅对随机变量, 也可以对概率分布来定义期望的原因. 如果一个随机变量 X 的概率分布完全已知, 那么我们可以利用它来计算 $E(X)$. 但另一方面, 概率分布用数学函数的形式完整地描述了随机变量的取值规律, 在理论上它代表了随机变量的全面性质; 而期望则用一个数来描述随机变量的一个具有代表性的特征, 从而只是局部性质. 当一个随机变量的概率分布未知时, 利用定义去计算它的期望, 就意味着我们需要先求出它的全面性质, 然后从中才能得出局部性质. 在实际问题中, 例如很多复杂的随机现象, 有时要描述一个随机变量的全面性质, 即求出其概率分布是非常困难的, 人们退而求其次, 获得像期望这样的局部性质也对研究的问题有所帮助. 这也从客观要求我们有一些在计算期望时能避开概率分布的方法. 这些方法依赖于期望本身的数学性质, 从而使得在计算期望时不必每次都“绕道”到概率分布.

这里我们主要介绍两种避开概率分布求期望的方法.

利用期望的可加性求期望

期望的可加性是指随机变量和的期望等于随机变量期望的和, 即若随机变量 X 和 Y 的期望均存在, 则有

$$E(X+Y)=E(X)+E(Y).$$

该性质也很容易被推广到可数个随机变量的情形. 这里值得注意的是, 期望可加性的成立并不需要随机变量之间的独立性. 这条性质虽然看起来平淡无奇, 但给我们提供了一种计算期望的方法, 即分解法. 该方法的基本思路就是当一个随机变量的概率分布非常复杂从而难以

求出时, 我们可以试着将其分解为若干个期望容易计算的随机变量之和.

求解用来计数的非负整值随机变量的期望是分解法最常用的场合. 下面我们根据概率论中的三个经典问题来举例说明.

例**4.43**(超几何分布的期望)　设随机变量 X 服从参数为 (n,r,m) 的超几何分布, 即从装有 n 个球 (其中 r 个红球, 其余为黑球) 的罐中随机取 m 个球, 其中红球数目 X 的分布律为

$$P(X=k)=\frac{\binom{r}{k}\binom{n-r}{m-k}}{\binom{n}{m}},$$

求 X 的期望.

解　将 X 进行分解, 以便能够利用期望的线性性质.

$$X=R_1+R_2+\cdots+R_m,\quad R_k=\begin{cases}1, & \text{第}k\text{ 次抽出的是红球},\\ 0, & \text{第}k\text{ 次抽出的是黑球}.\end{cases}$$

易知

$$P(R_k=1)=1-P(R_k=0)=\frac{r}{n},$$

以及

$$E(R_k)=1\times P(R_k=1)+0\times P(R_k=0)=\frac{r}{n},$$

所以

$$\begin{aligned}E(X)&=E(R_1+R_2+\cdots+R_m)\\&=E(R_1)+E(R_2)+\cdots+E(R_m)=\frac{mr}{n}.\end{aligned}$$

如果直接计算, 那么需要使用组合恒等式, 远不如线性性质直观简便. □

例**4.44**(配对问题)　一场聚会上, n 个人各有一顶帽子, 大家把帽子混在一起, 每人随机抽取一顶. 若以 X 表示拿到自己帽子的人数, 试求 $E(X)$.

解　我们以 A_i 来表示事件"第 i 个人拿到自己的帽子", 对应的示性变量记为 $I_i, i=1,2,\cdots,n$, 则我们立即有 $X=\sum\limits_{i=1}^{n}I_i$. 又由古典概型的知识易知, 所有 I_i 均服从参数为 $1/n$ 的伯努利随机变量. 从而由期望的可加性, 有

$$E(X)=E\left(\sum_{i=1}^{n}I_i\right)=\sum_{i=1}^{n}E(I_i)=\sum_{i=1}^{n}\frac{1}{n}=1.$$ □

　注　本题中的随机变量 X 的分布律为

$$P(X=k)=\frac{1}{k!}\sum_{i=0}^{n-k}\frac{(-1)^i}{i!},\quad k=0,1,\cdots,n.$$

从此结果也可以看出 X 的概率分布并非很容易就能求出的, 并且依此分布律来计算期望 $\sum\limits_{k=0}^{n}kP(X=k)$ 时也需要一定的计算量 (感兴趣的读者可以自己试试). 从而, 在本题中利用定义的方法来计算期望远不如分解法来得简洁明了.

例 4.45 (游程问题) 在只有 0 和 1 的序列中, 把其中连续相连的 0 称为一个 0 游程, 而把连续相连的 1 称为 1 游程. 例如, 在序列

$$\underline{1\,1}\ \underline{0\,0\,0\,0\,0}\ \underline{1\,1\,1}\ \underline{0}\ \underline{1\,1}\ \underline{0\,0\,0\,0}\ \underline{1\,1\,1\,1}\ \underline{0\,0}$$

中共有 8 个游程, 0 游程和 1 游程均有 4 个, 分别用下划线标出. 设有 m 个 0 和 n 个 1 随机地排成一行, 以 R 表示其中游程的个数, 试求 $E(R)$.

分析: 在本题中欲对一般的 m 和 n 求出 R 的分布律, 其难度比上题中求 X 的分布律还要大. 所以为了利用分解法, 本题的关键之处就是如何用示性变量来表示游程在某个时刻是否出现, 为此我们分别考虑 0 游程和 1 游程, 利用期望的可加性.

解 对任意 $i\,(1\leqslant i\leqslant m+n)$, 记 X_i 为该随机序列的第 i 个元素, 则 X_i 均是取值为 0 或 1 的随机变量. 定义事件

$$A_1=\{X_1=0\},\quad A_i=\{X_{i-1}=1,X_i=0\},\quad i=2,3,\cdots,m+n,$$

且记 I_i 为事件 A_i 的示性变量, $i=1,2,\cdots,m+n$. 那么, 0 游程的个数 R_0 可表示为

$$R_0=\sum_{i=1}^{m+n}I_i.$$

另一方面, 我们还可以得出 $E(I_1)=P(A_1)=\dfrac{m}{m+n}$ 及

$$E(I_i)=P(A_i)=\frac{mn}{(m+n)(m+n-1)},\quad i=2,3,\cdots,m+n.$$

故由期望的可加性可知

$$E(R_0)=\sum_{i=1}^{m+n}E(I_i)=\frac{m+mn}{m+n}.$$

同理, 对 1 游程的个数 R_1, 有

$$E(R_1)=\frac{n+mn}{m+n}.$$

最后, 再次利用期望的可加性可得

$$E(R)=E(R_0)+E(R_1)=\frac{2mn}{m+n}+1.$$ □

利用条件期望求期望

在求随机事件的概率时，一个最常用的基本技巧就是利用条件概率. 同样地，当一个随机变量的概率分布很复杂而不易求得的时候，利用条件期望求它的期望也是一种常用的技巧. 这里主要使用的公式一般被称为平滑 (全期望) 公式，即对随机变量 X 和 Y，我们有

$$E(X) = E[E(X|Y)]. \tag{4.33}$$

这里未对 X 与 Y 之间的关系有任何要求，仅需两边的期望均存在即可.

注意 (4.33) 式中的 $E(X|Y)$ 通常是一个随机变量，特别地，若 Y 为离散型随机变量，其分布律为 $P(Y=y_j)=p_j,\quad j=1,2,\cdots$；或为连续型随机变量，具有概率密度函数 $f_Y(y)$，则 (4.33) 式右边可改写为

$$\sum_{j=1}^{\infty} E(X|Y=y_j)p_j \quad 或 \quad \int_{-\infty}^{\infty} E(X|Y=y)f_Y(y)\mathrm{d}y.$$

故利用全期望公式，我们在求期望 $E(X)$ 时可以分两步走：先对任意实数 y 计算出条件期望 $E(X|Y=y)$，其值记为 $g(y)$；然后再计算 $E[g(Y)]$，结果即为所求. 从而，在实际问题求解时，我们需要选择合适的随机变量 Y. 一般来说，选取的标准为：Y 的概率分布比较容易求出，且与目标随机变量 X 的关系比较密切，从而使得 $E(X|Y=y)$ 对任意实数 y 也容易计算.

利用全期望公式计算期望是使用很广泛的一种方法，还可以被推广到多维随机向量的场合. 下面以构造不同类型的随机向量为例说明如何求解目标随机变量的期望.

例 4.46 (例 4.12 续)

分析：我们用不同于例 4.12 的思路来解这个问题. 窃贼为获得自由而奔走的时间是一个离散型随机变量，其分布律是可求的，但表达起来比较烦琐. 它显然依赖于窃贼第一次选择第几扇门，故我们可以依此构造随机变量作为条件.

解　以 X 表示窃贼为获自由而奔走的时间，以 Y 表示窃贼第一次所选择的门号. 那么，

$$P(Y=1)=P(Y=2)=P(Y=3)=\frac{1}{3},$$

且

$$E(X|Y=1)=3, \quad E(X|Y=2)=5+E(X), \quad E(X|Y=3)=7+E(X).$$

这些条件期望等式成立是因为若窃贼第一次就选 1 号门，则他以概率 1 经过 3 h 后获得自由；若选择的是 2 号或 3 号门，则在经过 5 或 7 h 后回到原处，一切重新开始. 从而，由全期望公式，有

$$E(X)=\sum_{j=1}^{3} E(X|Y=j)P(Y=j)=\frac{1}{3}[3+(5+E(X))+(7+E(X))].$$

上式为一个关于 $E(X)$ 的一元一次方程, 解之得 $E(X)=15$. □

例4.47 设 $U_1,U_2,\cdots,U_n,\cdots$ 是一列独立同分布的随机变量, 服从 $U(0,1)$ 分布. 记

$$X=\min\left\{n:\sum_{i=1}^{n}U_i>1\right\},$$

试求 $E(X)$.

解 我们可以解决更一般的问题. 设 $t>0$, 且记

$$X_t=\min\left\{n:\sum_{i=1}^{n}U_i>t\right\}.$$

现在我们来计算 $h(t)=E(X_t)$. 首先注意到

$$E(X_t|U_1=y)=\begin{cases}1, & y>t,\\ 1+h(t-y), & y\leqslant t.\end{cases}$$

由 $U_1\sim U(0,1)$ 及全期望公式, 对任意 $0<t<1$, 我们有

$$\begin{aligned}h(t)&=\int_0^1 E(X_t|U_1=y)\mathrm{d}y\\&=1+\int_0^t h(t-y)\mathrm{d}y=1+\int_0^t h(x)\mathrm{d}x.\end{aligned}$$

对上式两边同时求导, 即得 $h'(t)=h(t)$, 于是 $h(t)=c\mathrm{e}^t$, $0\leqslant t\leqslant 1$. 由显然的边界条件 $h(0)=1$ 即知常数 $c=1$. 故 $h(t)=\mathrm{e}^t$, 由此立知, 所求 $E(X)=h(1)=\mathrm{e}$. □

注 本题的背景就是这样的一个问题: 平均需要多少条长度在 0—1 之间的线段使得它们长度之和大于 1? 如果利用 X 的分布律来求 $E(X)$, 我们可以通过

$$P(X>n)=P(X_1+X_2+\cdots+X_n\leqslant 1)$$

及适用于非负整值随机变量的公式 $E(X)=\sum\limits_{n=0}^{\infty}P(X>n)$ 来进行计算. 计算过程需要借助于多重积分. 这种方法虽然也可以像上面的解答一样适用于求更一般的 $h(t)$, $0\leqslant t\leqslant 1$, 但如果想推广到 $t>1$ 的情形就没有那么方便了.

例4.48 设 (X,Y) 服从二元正态分布 $N(a,b,\sigma_1^2,\sigma_2^2,\rho)$, 试用条件期望方法来计算 $\mathrm{Cov}(X,Y)$.

解 在例 4.27 中我们已计算过 $\mathrm{Cov}(X,Y)$, 这里我们用条件期望再来计算. 由例 4.11 知

$$E(X|Y=y)=a+\rho\frac{\sigma_1}{\sigma_2}(y-b).$$

再由全期望公式, 可得

$$\begin{aligned}E(XY)&=E[E(XY|Y)]=E[YE(X|Y)]\\&=E\left[Y\left(a+\rho\frac{\sigma_1}{\sigma_2}(Y-b)\right)\right]\end{aligned}$$

$$
\begin{aligned}
&= aE(Y) + \rho\frac{\sigma_1}{\sigma_2}[E(Y^2) - bE(Y)] \\
&= ab + \rho\frac{\sigma_1}{\sigma_2}(b^2 + \sigma_2^2 - b^2) \\
&= ab + \rho\sigma_1\sigma_2.
\end{aligned}
$$

故

$$
\mathrm{Cov}(X, Y) = ab + \rho\sigma_1\sigma_2 - ab = \rho\sigma_1\sigma_2.
$$

□

注 本题的结果是众所周知的, 也出现在很多教材之中. 但一般教材中采用的方法大多是通过该二元正态分布的概率密度函数 $f(x, y)$ 来求解, 即计算

$$
\mathrm{Cov}(X, Y) = \int_{-\infty}^{\infty}\int_{-\infty}^{\infty}(x-a)(y-b)f(x, y)\mathrm{d}x\mathrm{d}y.
$$

该计算过程需要采用换元法来简化二重积分, 比上面的解答要烦琐一些.

在一些比较复杂的随机现象中, 避开分布去计算数学期望是很常见的, 在科学研究中尤其突出. 上面提到的两种方法也是最常见的基本方法. 在实际情况下, 需要懂得灵活运用. 除此之外, 还可以利用特征函数 (或矩母函数、生成函数等) 的性质来求解随机变量的期望或其他的矩, 这里就不再一一介绍了.

本章总结

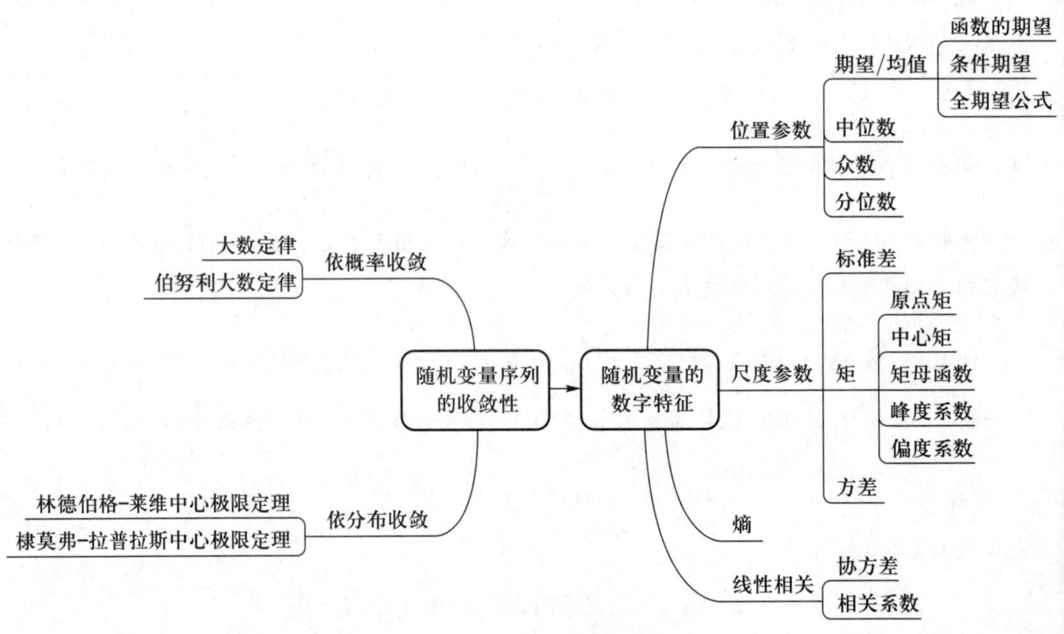

图 4.8　第四章知识点结构图

重点概念总结

- 在有些问题中，可以把随机变量 X 用若干个随机变量 $X_1, X_2, \cdots, X_n$ 线性表出，而 X_i 的期望能计算，从而利用期望的线性性能方便地求出随机变量 X 的期望.
- 方差反映了数据的波动性、风险的大小以及数据中的信息量. 在实际应用中可以根据这三点性质来解释数据. 标准差由于与数据量纲相同，所以在实际中经常应用.
- 协方差和相关系数反映了两个随机变量之间线性相关的程度，为什么只能反映线性相关？这从希尔伯特线性空间中可以得到解释. 由于相关系数没有量纲，所以用得更多更广.
- 如果 (X,Y) 服从二元正态分布，那么 X,Y 之间的独立性和不相关性是等价的. 这也是多元正态分布的重要特性. 一般情况下由不相关性推不出独立性.
- 由于普适性，大数定律和中心极限定理在各种场合下被广泛应用，特别在统计推断中离不开这两个结论. 但是要注意到大数定律和中心极限定理的成立是有一定条件的，实际应用中要判断一下数据大体上能否满足这些普适性条件. 其次，在满足定理的条件下，前 n 项部分和的平均与期望值之间的差在概率意义下为 $n^{-\frac{1}{2}}$ 数量级，不可能比这个数量级更高了.

习　题

1. 篮球联赛的总决赛采用七战四胜制，即哪支球队先获得四场比赛的胜利即可获得该年度的总冠军. 假设 A, B 两队势均力敌，即每场各队获胜的概率都为 $p=0.5$, 以 X 表示一届总决赛的比赛场次，试求 $E(X)$. 若 A 队每场获胜的概率均为 $p=0.6$ 呢?

2. 设随机变量 X 的期望存在，试证明:

   (1) 若 X 为非负整值随机变量，则
   $$E(X)=\sum_{n=1}^{\infty}P(X\geqslant n)=\sum_{n=0}^{\infty}P(X>n);$$
   (2) 若 X 为非负连续型随机变量，且分布函数为 $F(x)$, 则
   $$E(X)=\int_0^{\infty}(1-F(x))\mathrm{d}x;$$
   (3) 若 X 为非负随机变量，则 (2) 中的结论依然成立.

3. 设随机变量 X 的分布函数 $F(x)=0.5\varPhi(x)+0.5\varPhi\left(\dfrac{x-4}{2}\right)$, 其中 $\varPhi(x)$ 为标准正态分布函数，求 $E(X)$.

4. 设 X 为一个连续型随机变量, 试对下列各种情形, 分别求 $E(X)$ 和 $\mathrm{Var}(X)$.

(1) 若 X 的密度函数为

$$f(x)=\frac{x}{\sigma^2}\exp\Big\{-\frac{x^2}{2\sigma^2}\Big\},\quad x>0,$$

其中 $\sigma>0$ 为常数, 则称 X 服从瑞利 (Rayleigh) 分布;

(2) 若 X 的密度函数为

$$f(x)=\frac{\Gamma(\alpha+\beta)}{\Gamma(\alpha)\Gamma(\beta)}x^{\alpha-1}(1-x)^{\beta-1},\quad 0<x<1,$$

其中 $\alpha,\beta>0$ 为常数, $\Gamma(x)$ 为 Γ 函数, 则称 X 服从 β 分布;

(3) 若 X 的密度函数为

$$f(x)=\frac{k}{\lambda}\Big(\frac{x}{\lambda}\Big)^{k-1}\exp\Big\{-\Big(\frac{x}{\lambda}\Big)^{k}\Big\},\quad x>0,$$

其中 $k,\lambda>0$ 为常数, 则称 X 服从韦布尔分布.

5. 设随机变量 X 的密度函数为

$$f(x)=ax^2+bx+c,\quad 0<x<1,$$

且已知 $E(X)=0.5,\mathrm{Var}(X)=0.15$. 试求常数 a,b,c.

6. 盲盒营销已成功地用于玩具销售, 现在某快餐店也希望引入这种营销方式. 设按传统模式销售, 每天按每份 15 元计价可以售出 1 000 份, 毛利润为 20%, 现在改为盲盒营销, 盲盒内食品价格和出现概率构成如下:

价格/元	5	10	15	20	50
概率	0.2	0.3	0.3	0.1	0.1

按盲盒营销, 平均每盒毛利润为 18%. 在此模式下, 设每天能售出 1 500 盒, 问商家平均每天毛利润有多少? 比传统营销每天增加多少利润?

7. 将 n 个球依次放入 n 个盒子中, 假设每个球放入每个盒子中是等可能的, 试求放完后空盒子个数的期望, 以及当 $n\to\infty$ 时空盒子的平均比例.

8. 某零食厂商设计了一种营销策略, 即在产品中放入一套有趣的卡片. 假设这套卡片由 $n=12$ 张不同的卡通人物头像组成, 且在每袋零食中随机放入其中一张. 某人想集齐这套卡片, 设他一共需要买 X_n 袋该零食. 试求:

(1) $E(X_n)$; (2) $\lim\limits_{n\to\infty}E\left(\dfrac{X_n}{n\ln n}\right)$.

9. 现有 $n(n\geqslant 1)$ 个袋子, 各装有 a 只白球和 b 只黑球. 先从第一个袋子中随机摸出一球, 然后把它放入第二个袋子中, 混合后再从第二个袋子中随机摸出一球放入第三个袋子中, 照此做法依次进行下去, 最后从第 n 个袋子中随机摸出一球. 将这 n 次摸球中所摸出的白球总个数记为 W_n, 试求 $E(W_n)$.

10. 设随机变量 X 的概率质量函数为 $P(X=k)=C/k!, k=0,1,2,\cdots$, 求 $E(X^2)$.

11. 设随机变量 X 只能取有限个正值 $x_1,x_2,\cdots,x_k(k\geqslant 2)$, 证明:

$$\lim_{n\to\infty}\frac{E(X^{n+1})}{E(X^n)}=\max_{1\leqslant i\leqslant k} x_i.$$

12. 设随机变量 X 服从参数为 λ 的指数分布.

(1) 对任意常数 $c>0$, 证明 cX 服从参数为 λ/c 的指数分布;

(2) 对任意正整数 $n\geqslant 1$, 计算 $E(X^n)$.

13. 设随机变量 X 的密度函数为 $f(x)=2(x-1), 1<x<2$, 试求随机变量 $Y=\mathrm{e}^X$ 和 $Z=1/X$ 的数学期望.

14. 设随机变量 X 服从参数为 μ 和 σ^2 的对数正态分布, 即 $\ln X\sim N(\mu,\sigma^2)$, 其密度函数见例 4.15. 试求 X 的密度函数 $p(x)$, 期望 $E(X)$ 和方差 $\mathrm{Var}(X)$.

15. 设随机变量 X 服从区间 $(-\pi/2,\pi/2)$ 上的均匀分布. 试求期望 $E(\sin X), E(\cos X)$ 及 $E(X\cos X)$.

16. 设 X 为一随机变量, 它的符号函数定义为

$$\mathrm{sgn}(X)=\begin{cases}1, & X>0,\\ 0, & X=0,\\ -1, & X<0.\end{cases}$$

(1) 若 $X\sim U(-2,1)$, 试求 $\mathrm{Var}(\mathrm{sgn}(X))$;

(2) 若 X 服从标准正态分布, 试求 $E[\mathrm{sgn}(X)\cdot X]$.

17. 设随机变量 X 的密度函数为

$$f(x)=\frac{1}{\pi(1+x^2)},\quad -\infty<x<\infty.$$

试求 $E(\min\{|X|,1\})$.

18. 设随机变量 X 的分布律为 $P(X=1)=P(X=2)=1/2$, 在给定 $X=i$ 的条件下, 随机变量 Y 服从均匀分布 $U(0,i)$ $(i=1,2)$.

(1) 求 Y 的分布函数;

(2) 求期望 $E(Y)$.

19. 设二维随机变量 (X,Y) 服从二元正态分布 $N(\mu_1,\mu_2,\sigma_1^2,\sigma_2^2,\rho)$, 其中 $\mu_1=\mu_2=1$, $\sigma_1^2=\sigma_2^2=0.5$, $\rho=0.5$, 记

$$Z=|X-Y|,\quad U=\max\{X,Y\},\quad V=\min\{X,Y\}.$$

(1) 求 Z 的密度函数与期望 $E(Z)$; (2) 分别求数学期望 $E(U)$ 和 $E(V)$.

20. 假设有 n $(n \geqslant 3)$ 个不同的盒子与 m 个相同的小球, 每个小球独立地以概率 p_k 落入第 k 个盒子 $(k=1,2,\cdots,n)$. 分别以 $X_1,X_2,\cdots,X_n$ 表示落入各个盒子的球数. 试求:
(1) $E(X_2|X_1=k)$ 和 $\operatorname{Var}(X_2|X_1=k)$;
(2) $E(X_1+X_2)$ 和 $\operatorname{Var}(X_1+X_2+\cdots+X_k)$, $k=1,2,\cdots,n$.

21. (1) 设随机变量 X 与 Y 相互独立, 均服从泊松分布, 参数分别为 λ 与 μ. 对任何给定的非负整数 $k \leqslant m$, 求 $P(X=k \mid X+Y=m)$ 及 $E(X \mid X+Y=m)$;
(2) 设随机变量 X 与 Y 相互独立, 均服从二项分布 $B(n,p)$, 对任何给定的非负整数 $k \leqslant m$, 求 $P(X=k \mid X+Y=m)$ 及 $E(X \mid X+Y=m)$.

22. 假设随机变量 X 有分布律 $P(X=0)=P(X=1)=P(X=2)=1/3$, 随机变量 Y 在 $X=k$ 的条件下服从均值为 k, 方差为 1 的正态分布, 即 $Y|X=k \sim N(k,1)$.
(1) 求随机变量 Y 的概率密度函数和期望;
(2) 求随机变量 $X+Y$ 的分布函数;
(3) 求随机变量 X 和 Y 的协方差.

23. 某投资者希望投资两个金融产品, 设两个金融产品在一年后的价值 (X,Y) 服从二元正态分布 $N(\mu,2\mu,\sigma^2,3\sigma^2,0.5)$, 其中负值表示损失, 正值表示收益. 试求最优的投资组合, 即找 $\omega \in [0,1]$ 使得 $\omega X+(1-\omega)Y$ 的夏普比率 (Sharpe ratio)

$$R(\omega)=\frac{E[\omega X+(1-\omega)Y]}{\sqrt{\operatorname{Var}(\omega X+(1-\omega)Y)}}$$

达到最大.

24. 设某两个风险 (X,Y) 服从二元正态分布 $N(\mu,2\mu,\sigma^2,2\sigma^2,\sqrt{2}/4)$, 某投资者购买了一个基于这两个风险和的金融衍生品 (欧式看涨期权), 即到期收益为

$$(X+Y-3\mu)_+=\max\{X+Y-3\mu,0\}.$$

(1) 求到期收益的期望 $E((X+Y-3\mu)_+)$;
(2) 求到期收益的方差 $\operatorname{Var}((X+Y-3\mu)_+)$.

25. 设 X_1,X_2 是相互独立的随机变量, 服从参数为 2 的指数分布, 求 $E(\min\{X_1,X_2\})$ 和 $E(\max\{X_1,X_2\})$.

26. 设 X_1,X_2,X_3 服从球面 $\{(x_1,x_2,x_3)\in\mathbb{R}^3 : x_1^2+x_2^2+x_3^2=1\}$ 上的均匀分布, 求 $X_1+X_2+X_3$ 的期望 $E(X_1+X_2+X_3)$ 和方差 $\operatorname{Var}(X_1+X_2+X_3)$.

27. 试对下列常见的分布求其矩母函数:
(1) 二项分布 $B(n,p)$; (2) 参数为 λ 的泊松分布;
(3) 参数为 λ 的指数分布; (4) 正态分布 $N(\mu,\sigma^2)$.

28. 设某人连续独立地投掷一枚均匀的骰子 (即投出点数 1,2,3,4,5,6 的概率均为 1/6), 直到点数和大于或等于 10 停止.

(1) 求投掷次数的期望;

(2) 求停止时点数和的期望.

29. 设 X_1 和 X_2 是相互独立的指数分布随机变量, 期望分别为 1 和 2. 定义

$$Y = \min\{X_1, X_2\} \quad 和 \quad Z = \max\{X_1, X_2\}.$$

求 (1) $E(Y)$ 和 $E(Z)$; (2) $\mathrm{Var}(Y)$ 和 $\mathrm{Var}(Z)$.

30. 已知二维随机变量 (X, Y) 有概率分布如下:

X	Y		
	-1	0	1
-1	0.1	0.2	0.2
0	0.05	0.1	0.15
1	0.05	0.05	0.1

求 $\mathrm{Cov}(X, Y)$ 和 $\mathrm{Cov}(X^2, Y^2)$.

31. 掷两颗均匀骰子, 以 X 表示第一颗骰子掷出的点数, Y 表示两颗骰子所掷出的点数中的最大值.

(1) 求 X, Y 的数学期望与方差; (2) 求 $\mathrm{Cov}(X, Y)$.

32. 设随机变量 X, Y 相互独立, 具有共同分布 $N(\mu, \sigma^2)$. 设 α, β 为两个常数.

(1) 求 $\mathrm{Cov}(\alpha X + \beta Y, \alpha X - \beta Y)$;

(2) 当 α, β 取何值时, $\alpha X + \beta Y$ 与 $\alpha X - \beta Y$ 相互独立?

33. 设随机变量 $(X, Y) \sim N(\mu, \mu, \sigma^2, \sigma^2, \rho)$, 其中 $\rho > 0$. 问是否存在两个常数 α, β 使得 $\mathrm{Cov}(\alpha X + \beta Y, \alpha X - \beta Y) = 0$? 如果存在请求出, 否则请说明原因.

34. 设随机变量 (X, Y) 服从区域 $G = \{(x, y) : |x| + |y| \leqslant 1\}$ 中的均匀分布.

(1) 求 $\mathrm{Cov}(X, Y)$; (2) X 与 Y 是否相互独立?

35. 设某人购买了保险, 其一年内发生的汽车事故的次数是一个随机变量 N, 其中 N 以概率 1/3, 1/2, 1/6 取值 $0, 1, 2$. 每次事故的索赔额服从期望为 2 000 的指数分布, 但其保险合同中规定了免赔额为 700, 即只赔付超过 700 的部分. 求保险公司赔付给此人的事故金额的期望和标准差.

36. 投资组合是将总资本按一定比例分配于各种投资, 以分散和降低风险, 所谓风险通常以方差来度量. 现假设某两种投资的回报率 X, Y 都是随机变量, 投资的风险 (即方差) 为 $\mathrm{Var}(X) = \mathrm{Var}(Y) = \sigma^2$. 假设 $\rho_{X,Y} = -0.5$, 即两种投资呈负相关. 记投资组合中两种投资的比例分别为 π 和 $1 - \pi$, 则投资组合的回报率为 $Z = \pi X + (1 - \pi) Y$.

(1) 试证明该投资组合 Z 的风险小于将所有资本投资于其中一个的风险;

(2) 求使得投资组合风险最小的分配比例 π.

37. (1) 证明

$$\mathrm{Cov}(X_1, X_2) = \mathrm{Cov}(X_1, E(X_2|X_1));$$

(2) 假设存在常数 c, $E(X_2|X_1) = 1 + cX_1$, 证明

$$c = \frac{\mathrm{Cov}(X_1, X_2)}{\mathrm{Var}(X_1)}.$$

38. 若 $E(X_2|X_1) = 1$, 证明

$$\mathrm{Var}(X_1X_2) \geqslant \mathrm{Var}(X_1).$$

39. 设 $X_1, X_2, \cdots, X_n, \cdots$ 是独立同分布的随机变量序列, 其分布为几何分布 $Ge(p)$; 假设它们与另一个随机变量 N 独立, 且 N 服从二项分布 $B(n,q)$, $p, q \in (0,1)$. 令 $S = \sum\limits_{i=1}^{N} X_i$. 求 $E(S|N=n)$, $\mathrm{Var}(S|N=n)$ 和 $\mathrm{Var}(S)$.

40. 设 $N(t)$ 是一个依赖于变量 t 的随机变量, 对 $t > 0$, $N(t)$ 的分布律为

$$P(N(t) = k) = \mathrm{e}^{-\lambda t}\frac{(\lambda t)^k}{k!}, \quad k = 0, 1, 2, \cdots,$$

设 T 是一个期望为 a, 方差为 $b > 0$ 的非负随机变量且与 $N(\cdot)$ 相互独立.

求 (1) $\mathrm{Cov}(T, N(T))$; (2) $\mathrm{Var}(N(T))$.

41. 设二维随机变量 (X, Y) 服从二元正态分布 $N(1, 2, 4, 9, 0.3)$, 求 $E(X|Y=2)$ 与 $E(XY^2 + Y|Y=1)$.

42. 设 $\{X_n, n = 1, 2, \cdots\}$ 和 $\{Y_n, n = 1, 2, \cdots\}$ 为定义在同一样本空间上的两个随机变量序列, 如果 $X_n \xrightarrow{P} X$, $Y_n \xrightarrow{P} Y$. 证明 $X_n + Y_n \xrightarrow{P} X + Y$.

43. 设 $X_1, X_2, \cdots, X_n, \cdots$ 为一随机变量序列, 且

$$X_n \sim Ge\left(\frac{\lambda}{n}\right), \quad n = 1, 2, 3, \cdots,$$

其中 $\lambda > 0$ 为常数. 定义随机变量 Y_n 为

$$Y_n = \frac{1}{n}X_n, \quad n = 1, 2, 3, \cdots.$$

证明 $\{Y_n\}$ 依分布收敛于 Y, 其中 $Y \sim Exp(\lambda)$.

44. 设 $\{X_n, n = 1, 2, \cdots\}$ 和 $\{Y_n, n = 1, 2, \cdots\}$ 为定义在同一样本空间上的两个随机变量序列, 如果 $X_n \xrightarrow{\mathcal{L}} X$, $Y_n \xrightarrow{P} c$, 其中 c 为常数. 证明

(1) $X_n+Y_n \xrightarrow{\mathcal{L}} X+c$;

(2) $X_nY_n \xrightarrow{\mathcal{L}} cX$;

(3) $X_n/Y_n \xrightarrow{\mathcal{L}} X/c$, 这里 c 非零.

45. 设在每次试验中, 某事件 A 发生的概率为 0.2, 分别利用切比雪夫不等式及中心极限定理估计, 在 500 次独立重复试验中, 事件 A 发生的次数在 80 到 120 之间的概率.

46. 设 $X_1, X_2, \cdots, X_n, \cdots$ 为一列独立同分布的随机变量, 满足 $E(X_i^k)=\alpha_k$, $k=1,2,3,4$, 利用中心极限定理说明 $\sum\limits_{i=1}^{n} X_i^2$ 的渐近分布是什么.

47. 设各零件的质量都是随机变量, 它们相互独立, 且服从相同的分布, 其数学期望为 0.5 kg, 标准差为 0.1 kg, 问 5 000 只零件的总质量超过 2 510 kg 的概率是多少?

48. (1) 一个复杂的系统由 100 个相互独立起作用的部件所组成. 在整个运行期间每个部件损坏的概率为 0.10. 为了使整个系统起作用, 至少必须有 85 个部件正常工作, 求整个系统起作用的概率.

(2) 一个复杂的系统由 n 个相互独立起作用的部件所组成, 且必须至少有 80% 的部件工作才能使整个系统正常工作. 每个部件的可靠性为 0.90. 问 n 至少为多大才能使系统的可靠性不低于 0.95?

49. 设某自动取款机每天有 200 次取款, 设每次的取款额 (百元) 服从

$$\{1,2,3,4,5,6,7,8,9,10\}$$

上的离散均匀分布, 且每次取款额是相互独立的. 试求该取款机要至少存入多少钱才能保证以 95% 的概率不会出现余额不足.

50. 某种计算机在进行加法时, 要对每个加数进行取整. 设每次取整的误差相互独立且服从 $(-0.5, 0.5)$ 上的均匀分布.

(1) 若现在要进行 1 500 次加法运算, 求误差总和的绝对值超过 15 的概率;

(2) 若要保证误差总和的绝对值不超过 10 的概率不小于 0.90, 至多只能进行多少次加法运算?

51. 设某生产线上组装每件产品的时间服从指数分布, 平均需要 10 min, 且各产品的组装时间是相互独立的.

(1) 试求组装 100 件产品需要 15 h 至 20 h 的概率;

(2) 保证有 95% 的可能性, 问 16 h 内最多可以组装多少件产品?

52. 设某保险公司每年平均承保车险的车辆数为 2 400, 每个参保车辆所交保险费为 5 000 元. 设每年内每个参保车辆的事故数 (即索赔次数) 服从参数 (速率) 为 2 的泊松分布, 即

$$P(X=k)=\mathrm{e}^{-2}\frac{2^k}{k!},\quad k=0,1,2,\cdots.$$

每次事故的索赔额度 (元) 服从 [1 000, 5 000] 上的均匀分布且与索赔次数相互独立. 求平均每年保险公司盈利 200 万元的概率.

53* 设随机变量 $X, 0<a\leqslant X\leqslant b, E(|X|)<\infty$, 证明

$$1\leqslant E(X)\cdot E\left(\frac{1}{X}\right)\leqslant\frac{(a+b)^2}{4ab}.$$

54* 设随机变量 X_1, X_2 独立同分布, 都只取正值, 证明必有 $E(X_1/X_2)\geqslant 1$, 等号成立当且仅当 X_1, X_2 只取一个值. (提示: 后一结论是由于 X_1, X_2 地位平等, 所以也有 $E(X_2/X_1)\geqslant 1$, 故 $E(X_1/X_2)E(X_2/X_1)\geqslant 1$, 但是 $(X_1/X_2)(X_2/X_1)\equiv 1$.)

55* 设随机变量 X 取值于 $[0,1]$, 证明 $\mathrm{Var}(X)\leqslant 1/4$. 什么时候等号成立? 把该结果推广到 $0<a\leqslant X\leqslant b$ 的情况.

56* 设随机变量 X 的期望 μ 存在, 中位数记为 m.

(1) 证明对任意实数 b, $E(|X-m|)\leqslant E(|X-b|)$;

(2) 若 $\mathrm{Var}(X)=\sigma^2<\infty$, 则 $|m-\mu|\leqslant\sigma$.

57* 某大型商场大体分为生活用品、首饰、家电手机、衣帽鞋类和饮食五大区域. 根据以往大数据资料的分析, 认为周末 11:00—12:00 在商场的人数服从参数为 600 的泊松分布, 到上述五个区域的人流比例为 2:1:2:4:3. 为简单起见, 假设每个人的行为独立. 求

(1) 到各个区域人数的期望和方差;

(2) 计算各区域人数之间的协方差和相关系数.

58* 设 $f(x), g(x)$ 是 $[0,1]$ 上的非负连续函数, 且存在常数 c, 使得 $f(x)\leqslant cg(x)$. 用大数定律证明下式成立:

$$\lim_{n\to\infty}\int_0^1\int_0^1\cdots\int_0^1\frac{f(x_1)f(x_2)\cdots f(x_n)}{g(x_1)g(x_2)\cdots g(x_n)}\mathrm{d}x_1\mathrm{d}x_2\cdots\mathrm{d}x_n=\frac{\int_0^1 f(x)\mathrm{d}x}{\int_0^1 g(x)\mathrm{d}x}.$$

提示: 设 $X_1, X_2, \cdots, X_n$ 为独立同分布的随机变量, 其公共分布为 $U(0,1)$, 记被积函数为 $h(x_1, x_2, \cdots, x_n)$, 则上述重积分为 $E[h(X_1, X_2, \cdots, X_n)]$, 因为被积函数非负且有上界, 所以求极限与求期望可交换次序.

59* 用中心极限定理证明: 当 $n\to\infty$ 时,

$$\mathrm{e}^{-n}\sum_{k=0}^{n}\frac{n^k}{k!}\to\frac{1}{2}.$$

60. 考虑独立同分布的随机变量序列 $X_1, X_2, \cdots, X_i, \cdots$, 其中 X_i 服从整数 $\{0,1,2,\cdots,9\}$

上的离散均匀分布. 令

$$\begin{aligned} U_n &= \sum_{i=1}^{n} \frac{1}{10^i} X_i \\ &= 0.1X_1 + 0.01X_2 + \cdots + 0.1^n X_n. \end{aligned}$$

直观上, 这是区间 $[0,1]$ 上一个随机数的有理数展开前 n 位. 证明当 $n \to \infty$ 时, U_n 依分布收敛于 $[0,1]$ 上的均匀分布随机变量 U, 即 $P(U_n \leqslant u) \to P(U \leqslant u), u \in \mathbb{R}$.

第五章　统计学基本概念

学习目标

- ❑ 了解有关的统计学发展简史
- ❑ 理解统计学中总体、样本和统计量这三个基本概念
- ❑ 理解简单随机样本
- ❑ 理解统计学中的三大统计分布的定义、性质以及有关上分位数的概念
- ❑ 理解样本分布和抽样分布的概念
- ❑ 掌握正态总体样本均值、样本方差等重要统计量与统计三大分布的关系
- ❑ 掌握与 0–1 分布总体、泊松分布总体以及指数分布总体等重要总体有关的统计量的分布
- ❑ 了解获取数据的两种主要方法及注意事项

5.1　统计学发展简史

统计学在西方没有分为数理统计学和社会经济统计学. 但是要溯源的话, 有两个源头, 一是社会统计学, 另一个是以概率论为基础的统计学.

社会统计学可以追溯到千年以前, 无论是中国还是古罗马时代, 都有关于人口、钱粮、土地、地震和水旱灾害等的记录. 现今通用的“统计学”(statistics) 一词源于意大利文的 stato, 其词根兼有“国家”和“情况”的意义.“统计学家”(statistician) 一词源于意大利文 statista, 当时理解为“处理国务的人”, 统计学则理解为对国务活动有兴趣的事实. 统计学词根的意义是对数据的收集、整理, 让其适合于制定公共政策.

所以早期的统计学实际上是“国情学”, 包括有关人口、经济、地理乃至政治方面的内容, 经过逐渐演变, 到 19 世纪初才基本归于现在我们对这一学科的理解. 最初在现代意义上使用“统计学”一词的是英国辛克莱 (John Sinclair, 1754—1835). 但是系统地从事原始数据的整理、分类和分析等工作, 有著作出版并对后世统计学发展有重大影响的应该要推英国学者格朗特 (John Graunt, 1620—1674), 他在 1662 年发表的《关于死亡公报的自然和政治观察》一书是描述性统计学的开山之作. 其后是英国的佩蒂 (William Petty, 1623—1687), 他提出了政治算术的思想. 所谓的政治算术就是依据统计数字来分析政治、经济和社会问题, 而不只是依靠思辨和理论的推演. 19 世纪比利时的凯特勒 (Adolphe Quetelet, 1796—1874) 倡导并身体力行将正态分布用于连续型数据的分析, 被称为“凯特勒主义”. 他了解正态分布是在 1823 年

访问巴黎期间, 当时拉普拉斯已提出中心极限定理, 高斯的正态误差理论也发表多年, 极有可能凯特勒的想法与上述因素的启发有关. 虽然他的方法有点缺陷, 无论如何他是 19 世纪最有影响的统计学家之一. 另一个重要贡献是 1835 年在《人及其天赋的发展》书中提出了普通人的概念. 抽样调查是社会统计中一项非常重要的工作, 1802 年拉普拉斯受法国政府委托, 用比例法对法国人口进行了抽样调查, 挪威的凯尔 (Anders Nicolai Kiaer, 1838—1919) 在 19 世纪最后的 20 多年中领导了挪威的人口和农业的普查工作, 提出和发展了他的“代表性抽样”思想. 下一个对抽样调查做出重大贡献的是鲍莱 (Arthur Lyon Bowley, 1869—1957), 是他引入了随机抽样方法. 数理统计学家费希尔、莱曼 (Erich Leo Lehmann, 1917—2009) 和印度的马哈拉诺比斯 (Prasanta Chandra Mahalanobis, 1893—1972) 对抽样方法的理论和实践也做出过重要贡献. 陈希孺 (1934—2005) 院士在其著作《数理统计学简史》(陈希孺, 2002) 作了详细介绍.

另一条线是基于概率论为基础的统计发展史. 在西方, 数理统计学专指统计方法的理论基础. 在我国有较广的含义, 即包含方法、应用和理论基础.

按《不列颠百科全书》的说法, (数理) 统计学是“收集和分析数据的科学和艺术”. 施蒂格勒 (George Joseph Stigler, 1911—1991) 在 1986 年发表了现代统计学是一门“既是逻辑又是方法”的统一学科这一观点. 其实统计方法在科学上的应用已经有很长的历史了, 将它确认为一门独立的学科要追溯到 20 世纪 30 年代. 在这种基础上产生了各种统计思想. 其中之一就是源于天文和地理测量中的联合测量难题上的数据分析. 最早的贡献就是 1800 年左右勒让德 (Adrien Marie Legendre, 1752—1833) 的最小二乘法以及高斯的正态误差分布理论. 第二个分支是起源于概率论早期发展的不确定理论的基础. 这里, 数学家伯努利、棣莫弗、贝叶斯、拉普拉斯、高斯和科尔莫戈罗夫奠定了概率模型结构的基础, 同时也提供了从概率模型得出关于数据结论的基础.

19 世纪后期在英国统计思想才有了本质性的加速, 有关统计的一些概念起源于遗传和生物计量学. 小样本理论和方法是统计学告别其描述性时代而走向推断时代的两大标志之一 (另一个是奈曼–皮尔逊理论, 它把统计问题归结为优化问题). 戈塞特 (William Sealy Gosset, 笔名 Student, 1876—1937) 关于 t 分布的工作被认为是小样本时代开创的标志. 相关关系 (高尔顿, Francis Galton, 1822—1911) 和回归这些主要的统计思想正是在这个时候发展起来的. 1900 年 K. 皮尔逊发展了检验. 这是一个相当重要的概念性的突破, 直到今天它还被用作统计模型中科学假设的严格检验方法. 伦敦大学的应用统计系在 1911 年由 K. 皮尔逊建立, 它是世界上第一个大学里的统计系. 它的前身是优生学实验室和生物计量实验室. 几年之内, 英国人费希尔创建了很多现代统计学的基础, 可以说是“一位几乎独自建立现代统计科学的天才”(安德斯 • 哈尔德语, Anders Hald, 1913—2007). 费希尔也是现代人类遗传学的创立者, 他具有极高的天赋. 他创建了复杂试验的分析方法, 即现在每天被科学家们成千上万次使用的“方差分析”. 他证明了似然函数可以用来研究几乎任一概率模型中的最优估计和检验程序. 受农业田间试验的启发, 他建立并发展了试验设计的主要思想. 费希尔有相当强烈的统计直觉. 至少 20 世纪的一些重要工作都仅仅是弄清显著性和推广他田间试验的研究领域. 在随后的 20 世纪 30 年代的重要工作就是奈曼 (Jerzy Neyman, 1894—1981) 和皮尔逊 (Egon Pearson, 1895—1980) 对假设检验的严格的理论发展了. 这个理论已成为 20 世纪后期这个领域中其他研究的基础.

到了 20 世纪中期, 统计研究的重心从英国移到了美国. 随后美国的统计学家做出了一些开创性的工作. 哥伦比亚大学的瓦尔德 (Abraham Wald, 1902—1950) 是发展序贯分析的领导者, 这是第二次世界大战时期需要有效抽样而发展起来的一门学科. 同时, 他也是统计决策理论发展方向的领导者. 这个时期的另一个大师级人物就是宾夕法尼亚州立大学的拉奥, 他在多元统计方面有很多的创新, 解决了研究多维数据的复杂结构问题. 普林斯顿的图基 (John Tukey, 1915—2000) 则是现代数据分析之父.

在这段时期, 统计学作为一门独立学科开始制度化和系统化, 统计学不同于数学也不是数学应用的特殊领域.

20 世纪很多重要的发展都出自建模和估计领域, 这些研究出来的方法扩大了可用模型的视野和拓宽了统计程序有效性的范围. 这些研究的一个重要副产品是所谓的大样本理论的扩展——当数据样本量很大时统计过程的分布性质的研究. 不确定性的精确度量是统计推断的关键部分. 大样本理论使统计学家们能够在很广的一类问题中计算这些度量得相当好的近似值.

科学上的一个主要革命发生在 20 世纪 70 年代, 这次革命注定要永远改变统计学的面貌. 起初是笨拙地用打孔机打卡, 但是计算机很快地取代了这种很慢的打孔方法, 它完全改变了得出统计分析结论的意义, 它也改变了科学家们收集数据和存储数据的工作. 现在的统计学要处理大数据和高维数据, 要在人工智能方面发挥积极作用, 就离不开高性能计算机和相关的计算机软件, 当然也离不开相关的统计方法和理论. 所以统计学的根是概率论和计算机.

现在统计学已经深入到各行各业, 凡是有数据处理的地方就需要统计学. 所以统计学面临两方面的挑战: 统计理论和方法的创新以适应互联网时代数据分析的需求以及统计学发展的方向在哪里? 《统计学: 二十一世纪的挑战和机遇》(LINDSAY et al., 2005) 一文对这些问题进行了讨论.

我国统计学的发展有点曲折, 改革开放之前仅仅在中国人民大学和财经院校开设统计学专业, 主要是经济统计和社会统计的方向. 只有少量的综合院校, 例如北京大学和中国科学技术大学等, 开设了数理统计专业. 随着改革开放春天的来临, 统计学的发展也迎来了春天. 其中陈希孺院士在推进我国数理统计学方面的发展功不可没. 1998 年 9 月国家教育部颁布的《普通高等学校本科专业目录和专业介绍》将统计学列为理学类一级学科. 在研究生教育层面, 2011 年 2 月国务院学位委员会第二十八次会议通过了新的《学位授予和人才培养学科目录 (2011 年)》, 统计学上升为一级学科, 可授理学学位, 也可以授经济学学位. 经济社会统计和数理统计正在融合, 由此统计学在我国得到了极大的发展. 近年来, 我国学者在生物统计、大数据技术和应用等统计学的许多领域都取得了不俗的成绩. 目前, 华人统计学家已是国际统计学领域中一支非常重要的队伍.

5.2 基本概念

按照数据分析目的和使用工具的不同, 统计分析一般可以分为四个主要分支:

- 描述性统计, 对数据进行汇总, 它有助于以简洁的方式解释数据, 而不会丢失太多信息. 数据可以用数字或图形方式进行汇总, 常常包括描述数据的频率分布、数据的中心趋势和散布特点, 以及两个变量之间的关系等. 均值、分位数、方差、偏度和峰度系数、直方图和相关系数等都是用来描述汇总数据特征的常用量.
- 探索性分析, 侧重于使用图形方法来深入研究数据并确定数据集中不同变量之间存在的关系. 常用工具包括频率分布图、箱线图、饼图、散点图等. 因此, 它们更类似于数据可视化.
- 预测分析, 旨在基于一个或几个自变量来预测因变量. 根据要预测的数据类型, 它通常包含线性回归或分类等方法.
- 推断性统计, 使用从总体中抽取的随机数据样本进行推断, 即得出关于总体的结论. 换句话说, 来自样本的信息用于对总体中感兴趣的参数进行概括. 推断性统计中的两个主要工具是置信区间和假设检验.

推断性统计是数理统计学中重要的核心内容. 陈希孺 (2009) 定义数理统计学为

定义 5.1

数理统计学使用概率论和数学方法, 研究怎样**有效地收集** (试验或观测) 带有随机误差的数据, 并在设定的模型 (称为统计模型) 之下, 对这种数据进行**分析** (称为统计分析), 对所研究的问题作出**推断** (称为统计推断), 以便对所提问题作出**尽可能正确**的结论. ♣

为什么是“尽可能正确”? 因为数据一般是带有随机性的误差, 即我们的样本来自总体, 至于哪些个体被抽到, 在抽样方案实施之前是不知道的. 所以通过分析这些数据而作出结论, 就难保不出差错. 统计分析的要点就是使可能产生的错误越小越好, 而这就需要概率论的工具.

我们不准备在这儿讨论如何有效地收集带有随机误差的数据, 这是统计学中两个重要领域——抽样调查和试验设计的研究内容. 下面主要讨论如何分析数据, 进而对所研究的问题作出统计推断. 所谓统计推断, 主要是估计和假设检验问题.

例 5.1 某企业生产的纺织品是否为好的产品, 一是看面料, 其次是看单位长度面料中的瑕疵点的多少. 由以前该企业的产品可以认为单位长度面料中的瑕疵点数服从泊松分布. 在实际应用中, 我们可以提出许多感兴趣的问题. 例如:

(1) 单位长度面料中的平均瑕疵点有多少?

(2) 如果你是使用单位, 要求单位长度面料中的平均瑕疵点不超过某个指定的数 a, 比如 2 个, 经检验现在该企业产品单位长度面料中的平均瑕疵点为 3 个, 你能接受这批产品吗?

在此"单位长度面料中的瑕疵点数服从泊松分布"提供了一个统计模型, 如果你知道了该分布中参数 λ 的值, 则由第四章可知, 平均值就是期望 λ, 于是两个问题都能得到回答. 但是在实际中, λ 往往是未知的, 因此我们只能从该批产品中随机抽取 n 包, 检查这 n 包产品中单位长度面料中的瑕疵点数 $X_1, X_2, \cdots, X_n$. 有了这个样本, 一个自然的想法是用算术平均值 $\overline{X} = (X_1 + X_2 + \cdots + X_n)/n$ 去估计平均瑕疵点数. 根据大数定律, 虽然 $\overline{X}$ 与 λ 不可能完全一致, 但也不会相差太多, 但是误差到底有多大? 产生指定大小误差的概率有多大? 为了使这个概率降到指定的"小概率"(例如 0.05 或 0.01), 我们要抽取多少包产品? 这些问题的解决和相关的理论, 就是数理统计学研究的内容.

本例提到的第一个问题称为参数估计问题, 因为 λ 是我们所用泊松分布模型中的未知参数, 问题是由样本来估计 λ 这个参数. 当然也可以根据样本给出一个区间, 把参数 λ 估计在这个区间中. 由于样本有随机性, 所以由样本构造的区间也是随机的, 其不一定包含参数 λ. 如何构造这种区间? 这种区间包含参数 λ 的概率有多大? 这称为区间估计问题. 参数估计是最重要的统计问题之一.

第二个问题中, 如果用 $\overline{X}$ 估计均值 λ, 一种自然的想法是看 $\overline{X}$ 是否小于等于某个数 c, 若 $\overline{X} \leqslant c$, 则接受该批产品, 否则拒绝. 但是 c 取多少为好? 前面已经指出, 由样本得到的 $\overline{X}$ 是随机变量, 每次取值不会一样, 很可能这批产品单位长度面料中的平均瑕疵点不超过 2, 但是不幸抽到了几包瑕疵点较多的个体, 从而 $\overline{X}$ 超过了 2, 拒收对生产企业不公平. 当然也会发生产品不合格但是侥幸过关的情况. 所以 c 定多少为好? 在统计理论上来说, 无论如何定 c, 都可能犯如下两种错误之一: 一是产品单位长度面料中的平均瑕疵点不超过 c 但是被拒收了, 二是单位长度面料中的平均瑕疵点超过了 c 但是被接受了. 这两种错误各有一定的规律, 它们在很大程度上决定了 $\overline{X} \leqslant c$ 中 c 的选择. 这类问题与估计问题不同, 它不是要对分布中的参数进行估计, 而是要在两个决定 (本问题中就是接受还是拒绝) 中选择一个, 称为假设检验问题, 也是最重要的统计问题之一.

所以统计推断的理论和方法中, 最主要的是估计和假设检验这两个问题. 为了能够了解有关统计推断的理论和方法, 有必要熟悉统计学中的几个重要概念.

5.2.1 总体 (population)

总体是研究对象的全体. 但是再往深处想一下, 我们不是对研究对象的什么特性都感兴趣, 例如我们要研究某企业 LED 灯的寿命, 则我们对 LED 灯的颜色和形状没有要求; 我们要调查一个地区 15~18 岁青少年的身高, 则我们仅对身高有兴趣, 对青少年的其他特性没有要求. 换句话说, 我们仅对研究对象某个指标的取值以及指标取值于某个区间的概率感兴趣. 这就是统计总体.

定义 5.2 统计总体

研究对象某个指标取值的全体以及取这些值的概率分布, 称为统计总体, 简称总体. ♣

由统计总体的定义及随机变量分布的定义, 我们看到总体就是一个分布. 我们经常称一个随机变量服从某个分布, 所以常常称一个总体为某某分布总体, 例如正态总体, 二项分布总体等. 而总体也往往用随机变量 X 来表示. 例如我们称身高 $H \sim N(\mu, \sigma^2)$, 就是指身高 H 的取值是统计总体, 服从正态分布. 这里还要注意到, 身高只能在一定范围内变化, 为什么能称它是在整条直线上变化的正态总体呢? 由正态分布的性质, 取值超过 $[\mu - 3\sigma, \mu + 3\sigma]$ 这一事件是严标准下的小概率事件, 所以我们可以在一定的范围内用正态分布来描述总体的取值规律. 围绕正态分布就能建立深入有效的统计方法, 为分析总体的统计推断带来不少方便. 其他分布也有类似的解释.

5.2.2 样本 (sample)

总体一般很大, 不可能研究或观测每个个体. 为了了解总体, 可以抽取总体中的一部分个体进行观测或分析, 这些个体称为样本.

定义 5.3 样本

从总体中按一定的方式抽取的 n 个个体 $\boldsymbol{X} = (X_1, X_2, \cdots, X_n)$, 称为是样本量 (sample size) 为 n 的一个样本. ♣

从总体中按一定方式抽取样本的行为称为抽样, 抽样的目的是通过取得的样本对总体分布中的某些未知因素做出推断, 为了使抽取的样本能很好地反映总体的信息, 必须考虑抽样方法. 常用的抽样方法有不放回抽样和放回抽样两种方法. 最常用的一种抽样方法叫做 “简单随机抽样”, 它要求满足下列两条:

(1) 代表性. 总体中的每一个体都有同等机会被抽入样本, 这意味着样本中每个个体与所考察的总体具有相同分布. 因此, 任一样本中的个体都具有代表性.

(2) 独立性. 样本中每一个体取什么值并不影响其他个体取什么值. 这意味着, 样本中各个体 $X_1, X_2, \cdots, X_n$ 是相互独立的随机变量.

由简单随机抽样获得的样本 $(X_1, X_2, \cdots, X_n)$ 称为简单随机样本, 也称为简单样本. 在没有歧义的时候也常常简称为样本.

性质 设 $X_1, X_2, \cdots, X_n$ 为从总体 F 中抽取的样本量为 n 的简单随机样本, 则

(1) $X_1, X_2, \cdots, X_n$ 相互独立;

(2) $X_1, X_2, \cdots, X_n$ 相同分布, 即同有分布 F.

由简单随机抽样的定义, 有放回抽样得到的样本是简单随机样本.

设总体为 F, $(X_1, X_2, \cdots, X_n)$ 为从此总体中抽取的简单样本, 则 $X_1, X_2, \cdots, X_n$ 的联合分布函数为

$$F(x_1)F(x_2)\cdots F(x_n)=\prod_{i=1}^{n}F(x_i);$$

若 F 有概率密度函数 f, 则其联合概率密度函数为

$$f(x_1)f(x_2)\cdots f(x_n)=\prod_{i=1}^{n}f(x_i).$$

注　对样本来说,

(1) 不放回抽样也是常用的一种方法, 容易得出在不放回抽样中, 抽到总体中每个个体的概率是相同的, 即有代表性. 但是前面抽取的样本影响了后面样本取值的概率, 即样本之间不是相互独立的, 所以获得的样本不是简单随机样本. 在实际抽样方法中, 根据问题的不同还有分层抽样、整体抽样和等距抽样等抽样方式.

(2) 这里 n 称为样本量, 由于试验规定要抽取 n 个个体试验才结束, 因此被抽到的 n 个个体放在一起称为一个样本, 不是 n 个样本.

(3) 样本是随机向量还是一组数? 一般而言, 抽样方案实施之前, 由于不能确定抽到哪个个体, 确定不了样本指标的具体取值, 所以样本视为随机向量, 用大写的英文字母 $(X_1, X_2, \cdots, X_n)$ 表示, 常称为样本量; 抽样方案实施后, 确定了个体, 所以也确定了指标的取值, 这时样本是一组数, 用小写的英文字母 $(x_1, x_2, \cdots, x_n)$ 表示, 称为样本的一个实现, 也称为样本值. 这个特点称为样本的“二重性”. 视样本为随机变量还是具体的数值, 依赖于我们的目的. 一般当我们要研究某个统计方法的有关性质, 此时主要目的在于了解该方法的普适性质, 其不应依赖于具体的样本值, 因此往往把样本视为随机变量. 在实际使用中, 当我们想要了解当前试验结果下关于总体分布的感兴趣参数或与分布有关的量时, 我们把样本视为一组数, 使用相应的统计方法得到感兴趣参数或与分布有关量的结果.

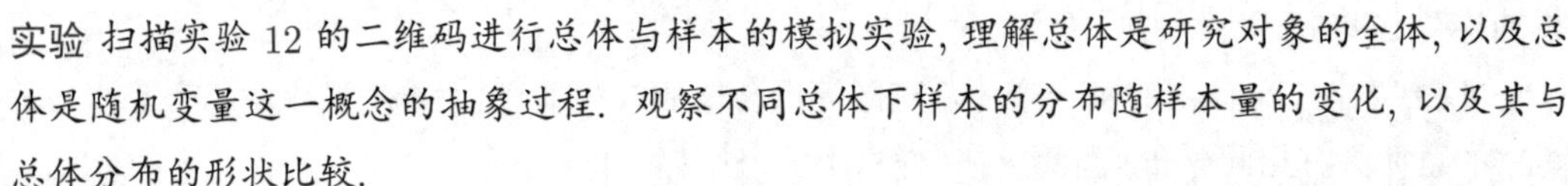

实验 扫描实验 12 的二维码进行总体与样本的模拟实验, 理解总体是研究对象的全体, 以及总体是随机变量这一概念的抽象过程. 观察不同总体下样本的分布随样本量的变化, 以及其与总体分布的形状比较.

实验 12 总体与样本

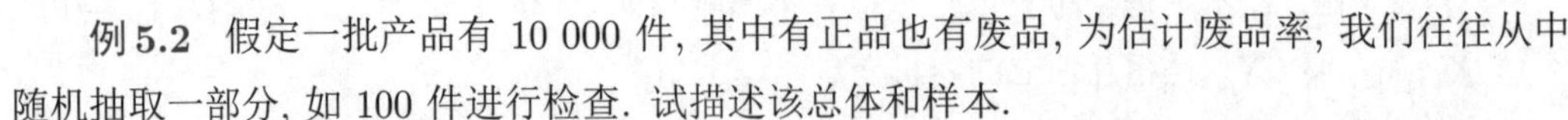

例 5.2　假定一批产品有 10 000 件, 其中有正品也有废品, 为估计废品率, 我们往往从中随机抽取一部分, 如 100 件进行检查. 试描述该总体和样本.

解　宏观上来说, 可以说总体就是这批 10 000 件产品, 其中的每件产品称为个体, 总体中个体的数目 10 000 称为总体容量; 而从中随机抽取的 100 件产品称为样本. 样本中个体的数目 100 称为样本量. 而抽取样本的行为过程称为抽样.

本例中, 我们感兴趣的问题是了解总体中废品率. 若一件产品为正品用 0 表示, 废品用 1 表示, 从而我们关心每个个体取值是 0 还是 1. 因此总体可以看成是由所有个体上的这种 0 和 1 数量指标构成的集合, 它是数的集合. 这种由 0 和 1 组成的数量集合可以看成为下述随

机变量 X 在每个个体上的值:

$$X=\begin{cases}1, & \text{废品},\\ 0, & \text{正品},\end{cases}$$

其概率分布为 0–1 分布, 且有 $P(X=1)=p$. p 为废品率. 于是, 总体可以视为是随机变量 X, 感兴趣的问题是使用样本推断 p. 在有放回抽样中, 样本 $(X_1,X_2,\cdots,X_n)$ $(n=100)$ 为 i.i.d.(相互独立且同分布于 X), 即样本量为 100 的简单随机样本. □

样本既然可以视为随机变量, 就有一定的概率分布, 这个概率分布就叫做样本分布. 样本分布是样本所受随机性影响的最完整的描述. 要决定样本分布, 就要根据样本值的具体指标的性质 (这往往涉及有关的专业知识), 以及对抽样方式和对试验进行的方式的了解, 此外常常还必须加一些人为的假定. 下面看一些例子:

例 5.3 一大批产品共有 N 个, 其中废品 M 个, N 已知, 而 M 未知. 现在从中抽出 n 件产品加以检验, 用以估计 M 或废品率 $p=M/N$. 抽取方式为

(1) 有放回抽样, 即每次抽样后记下结果, 然后将其放回去, 再抽第二个, 直到抽完 n 个为止;

(2) 不放回抽样, 即一次抽一个, 依次抽取, 直到抽完 n 个为止.

求样本分布.

解 (1) 在有放回抽样情形, 各次抽取相互独立且每次抽样时, N 个产品中的每一个皆以 $1/N$ 的概率被抽出, 此时

$$P(X_i=1)=\frac{M}{N},\quad P(X_i=0)=\frac{N-M}{N},$$

故有

$$P(X_1=x_1,X_2=x_2,\cdots,X_n=x_n)=\left(\frac{M}{N}\right)^a\left(\frac{N-M}{N}\right)^{n-a}, \tag{5.1}$$

$$\text{当 } x_1,x_2,\cdots,x_n \text{都为 0或 1, 且 } \sum_{i=1}^n x_i=a \text{ 时 (其余情形为 0)}.$$

(2) 若采取不放回抽样, 则样本 $X_1,X_2,\cdots,X_n$ 不是相互独立的, 样本分布可以通过利用乘法公式和条件概率计算出来, 读者可作为练习, 现将结果给出如下: 记 $\sum\limits_{i=1}^n x_i=a$, 利用概率乘法公式易求

$$\begin{aligned}&P(X_1=x_1,X_2=x_2,\cdots,X_n=x_n)\\ =&\frac{M}{N}\frac{M-1}{N-1}\cdots\frac{M-a+1}{N-a+1}\frac{N-M}{N-a}\cdots\frac{N-M-n+a+1}{N-n+1},\end{aligned} \tag{5.2}$$

$$\text{当 } x_1,x_2,\cdots,x_n \text{都为 } 0,1, \text{ 且 } \sum_{i=1}^n x_i=a \text{ 时 (其余情形为 0)}.$$

当 n/N 很小时, (5.2) 和 (5.1) 差别很小. 因而当 n/N 很小时可把上例中的无放回抽样

近似当作有放回抽样来处理. □

样本分布是对我们拥有的信息 (数量指标的信息、抽样方式、认为假设等) 的完整描述, 因此也称为是所研究问题的统计模型、概率模型或数学模型. 由于模型只取决于样本的分布, 故常把分布的名称作为模型的名称. 如下述例 5.4 中样本分布为正态分布, 可称其为正态模型. 因此把模型和样本紧密联系起来是必要的. 统计分析的依据是样本, 从统计上说, 只有规定了样本的分布, 问题才算真正明确了.

下例告诉我们是怎样对一个具体问题建立统计模型的.

例 5.4 为估计一物件的质量 a, 用一架天平将它重复称 n 次, 结果记为$X_1, X_2, \cdots, X_n$, 求样本 $X_1, X_2, \cdots, X_n$ 的联合分布.

解 要定出 $X_1, X_2, \cdots, X_n$ 的分布, 就没有前面例子那种简单的算法, 需要作一些假定: (1) 假定各次称重是独立进行的, 即某次称重结果不受其他次称重结果的影响. 这样 $X_1, X_2, \cdots, X_n$ 就可以认为是相互独立的随机变量. (2) 假定各次称重是在"相同条件"下进行的, 可理解为每次用同一天平, 每次称重由同一人操作, 且周围环境 (如温度、湿度等) 都相同. 在这个假定下, 可认为 $X_1, X_2, \cdots, X_n$ 是同分布的. 在上述两个假定下, $X_1, X_2, \cdots, X_n$ 是 n 个独立同分布的随机变量, 即为简单随机样本.

为确定 $X_1, X_2, \cdots, X_n$ 的联合分布, 在以上假定之下求出 X_1 的分布即可. 在此考虑称重误差的特性: 这种误差一般由大量的、彼此独立起作用的随机误差叠加而成, 而每一个起的作用都很小. 由概率论中的中心极限定理可知这种误差近似服从正态分布. 再假定天平没有系统误差, 则可进一步假定此误差为均值为 0 的正态分布. 可以把 X_1 (它可视为物件的质量 a 加上称量误差之和) 的概率分布为 $N(a, \sigma^2)$. 因此简单随机样本 $X_1, X_2, \cdots, X_n$ 的联合分布函数为

$$f(x_1, x_2, \cdots, x_n) = (\sqrt{2\pi}\sigma)^{-n} \exp\left\{-\frac{1}{2\sigma^2}\sum_{i=1}^{n}(x_i - a)^2\right\}, \tag{5.3}$$

即建立了该问题的统计模型. 需要指出的是, 不同的假定可以得到不同的统计模型. □

本例中求样本分布, 引入两种假定: (i) 导出样本 $X_1, X_2, \cdots, X_n$ i.i.d. 的假定, (ii) 正态假定, 这一点依据问题的性质、概率论的极限理论和以往经验.

在有了统计模型后, 很多性质不一样的问题, 可以归入到同一模型下. 例如涉及测量误差的问题, 只要例 5.4 中叙述的假定误差服从正态分布的理由成立, 则都可以用正态模型 (5.3). 只要把这个模型中的统计问题研究清楚了, 就可以解决许多不同专业部门中的这样一类问题.

另一方面, 同一模型下可以提出很多不同的统计问题. 如例 5.4 的 $N(a, \sigma^2)$ 模型中, 有了样本 $X_1, X_2, \cdots, X_n$, 并规定分布 (5.3) 后就有了一个统计模型. 在这个模型下可提出一些统计问题, 如在例 5.4 中, 我们的问题是估计物件的质量 a. 为了考察天平的精度我们可以提出估计 σ^2 的问题, 当然我们还可以对 a 和 σ^2 提出假设检验和区间估计问题等.

视频 扫描视频 18 的二维码观看关于总体、样本和统计量的讲解.

视频 18 总体、样本和统计量

5.2.3 统计量 (statistic)

统计的任务是通过样本去推断总体. 而样本自身是一些杂乱无章的数字, 要对这些数字进行加工整理, 计算出一些有用的量. 可以这样理解: 这种由样本算出来的量, 把样本中与所要解决的问题有关的信息集中起来了. 我们把这种量称为统计量, 其定义如下:

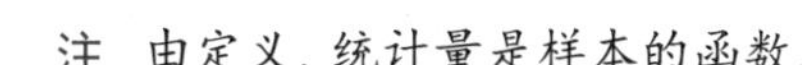

定义 5.4 统计量

完全由样本 $\boldsymbol{X}=(X_1,X_2,\cdots,X_n)$ 决定的量称为统计量 (statistic). ♣

注 由定义, 统计量是样本的函数.

(1) "完全"是指统计量中不能有其他未知参数, 例如当 μ 是一个给定的常数时, $\overline{X}-\mu$ 是统计量, 当 μ 作为未知参数时, $\overline{X}-\mu$ 就不是统计量.

(2) 由于样本有二重性, 所以统计量也有二重性, 既可以视为随机变量也可以视为具体数值.

(3) 统计量不是人为随意造出来的, 它们是为了解决种种统计推断问题而产生的.

设 $X_1,X_2,\cdots,X_n$ 是从某总体 X 中抽取的一个简单样本, 则常见的统计量包括:

- 样本均值 (sample mean):

$$\overline{X}=\frac{1}{n}\sum_{i=1}^{n}X_i,$$

  它反映了总体均值的信息.

- 样本方差 (sample variance):

$$S^2=\frac{1}{n-1}\sum_{i=1}^{n}(X_i-\overline{X})^2,$$

  它反映总体方差的信息. 而 S 称为样本标准差, 它反映了总体标准差的信息.

- 样本矩 (sample moment):

$$a_k=\frac{1}{n}\sum_{i=1}^{n}X_i^k,\quad k=1,2,\cdots$$

  称为样本 k 阶原点矩, 特别地, 当 $k=1$ 时, $a_1=\overline{X}$ 即样本均值.

$$m_k=\frac{1}{n}\sum_{i=1}^{n}(X_i-\overline{X})^k,\quad k=2,3,\cdots$$

  称为样本 k 阶中心矩.

当样本为简单随机样本时, 由大数定律知 $\overline{X} \xrightarrow{P} \mu$ 以及 $m_2 \xrightarrow{P} \sigma^2$, 其他矩也依概率收敛到相应的总体矩.

- 样本偏度系数 (sample skewness coefficient):

$$\hat{\beta}_1 = \frac{m_3}{m_2^{3/2}} = \sqrt{n}\sum_{i=1}^{n}(X_i - \overline{X})^3 \Bigg/ \left[\sum_{i=1}^{n}(X_i - \overline{X})^2\right]^{3/2}, \tag{5.4}$$

它反映了总体偏度 (见 (4.17)) 的信息.

- 样本峰度系数 (sample kurtosis coefficient):

$$\hat{\beta}_2 = \frac{m_4}{m_2^2} = n\sum_{i=1}^{n}(X_i - \overline{X})^4 \Bigg/ \left[\sum_{i=1}^{n}(X_i - \overline{X})^2\right]^2, \tag{5.5}$$

它反映了总体峰度 (见 (4.18)) 的信息.

- 样本相关系数 (sample coefficient of correlation): 设 $(X_1, Y_1), (X_2, Y_2), \cdots, (X_n, Y_n)$ 为从二维总体 $F(x, y)$ 中抽取的样本, 则称

$$\rho_n = \frac{\sum_{i=1}^{n}(X_i - \overline{X})(Y_i - \overline{Y})}{\sqrt{\sum_{i=1}^{n}(X_i - \overline{X})^2}\sqrt{\sum_{i=1}^{n}(Y_i - \overline{Y})^2}} \tag{5.6}$$

为样本相关系数, 也称为皮尔逊相关系数. 它反映总体相关系数 (见 (4.22)) 的信息.

- 次序统计量 (order statistics)及其有关统计量: 把样本按大小排列为

$$X_{(1)} \leqslant X_{(2)} \leqslant \cdots \leqslant X_{(n)},$$

则称 $(X_{(1)}, X_{(2)}, \cdots, X_{(n)})$ 为次序统计量, $(X_{(1)}, X_{(2)}, \cdots, X_{(n)})$ 的任一部分也称为次序统计量.

利用次序统计量可以定义下列统计量:

(1) 样本中位数 (sample median):

$$m_n = \begin{cases} X_{(\frac{n+1}{2})}, & n \text{ 为奇数}, \\ \dfrac{1}{2}[X_{(\frac{n}{2})} + X_{(\frac{n}{2}+1)}], & n \text{ 为偶数}, \end{cases} \tag{5.7}$$

它反映总体中位数的信息. 当总体分布关于某点对称时, 对称中心既是总体中位数又是总体均值, 故此时 m_n 也反映总体均值的信息.

(2) 极值: $X_{(1)}$ 和 $X_{(n)}$ 称为样本的极小值和极大值. 极值统计量在关于灾害问题

和材料试验的统计分析中是常用的统计量. $\max\limits_{1\leqslant i\leqslant n} X_i - \min\limits_{1\leqslant i\leqslant n} X_i$ 称为极差 (range).

(3) 样本 p 分位数: $X_{([(n+1)p])}$, 其中 $[(n+1)p]$ 表示 $(n+1)p$ 的整数部分. 常见样本分位数包括样本四分位数 $X_{([(n+1)/4])}, X_{([(n+1)/2])}, X_{([3(n+1)/4])}$, 以及样本内四分位距 $X_{([3(n+1)/4])} - X_{([(n+1)/4])}$.

- 经验分布函数 (empirical distribution function):

$$\begin{aligned} F_n(x) &= \frac{\{X_1, X_2, \cdots, X_n\text{中} \leqslant x\text{的个数}\}}{n} \\ &= \frac{1}{n}\sum_{i=1}^{n} I_{(-\infty,x]}(X_{(i)}) = \frac{1}{n}\sum_{i=1}^{n} I_{(-\infty,x]}(X_i) \end{aligned} \tag{5.8}$$

称为样本 $X_1, X_2, \cdots, X_n$ 的经验分布函数. 它的图形是一个阶梯形的分布函数 (如图 5.1 所示), 在 $X_{(i)}$ 处有跳 $1/n$. 由大数定律, 对几乎每个 $x, F_n(x)$ 依概率收敛于总体分布函数 $F(x)$.

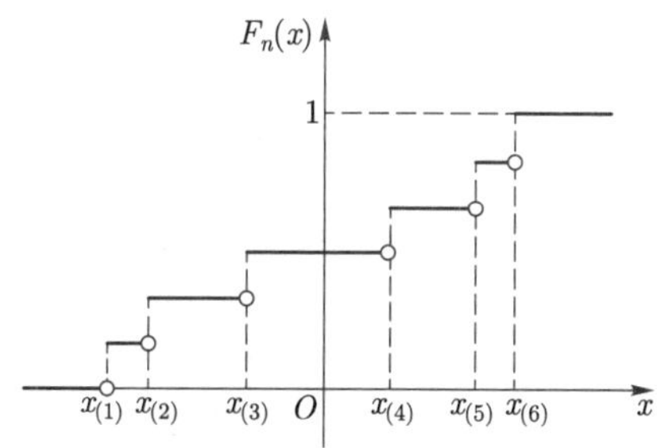

图 5.1 经验分布函数

由定义可知 $F_n(x)$ 是仅依赖于样本 $X_1, X_2, \cdots, X_n$ 的函数, 因此它是统计量. 它可能取值为 0, $\frac{1}{n}, \frac{2}{n}, \cdots, \frac{n-1}{n}$, 1. 若记 $Y_i = I_{(-\infty,x]}(X_i)$, $i = 1, 2, \cdots, n$, 则 $P(Y_i = 1) = F(x)$, $P(Y_i = 0) = 1 - F(x)$, 且 $Y_1, Y_2, \cdots, Y_n$ i.i.d. $\sim B(1, F(x))$, 故 $nF_n(x) = \sum\limits_{i=1}^{n} Y_i \sim b(n, F(x))$, 因此对 $k = 0, 1, \cdots, n$ 有

$$P\left(F_n(x) = \frac{k}{n}\right) = P\left(\sum_{i=1}^{n} Y_i = k\right) = \binom{n}{k}[F(x)]^k[1 - F(x)]^{n-k}.$$

5.3 抽样分布

在统计推断中, 离不开由样本构造的统计量, 统计量对样本中的相关信息进行了集中, 统计量的分布描述了我们对这种信息的所有认识.

定义 5.5 抽样分布

设 $(X_1, X_2, \cdots, X_n)$ 为一个样本, 统计量 $T = T(X_1, X_2, \cdots, X_n)$ 的分布称为抽样分布 (sampling distribution).

注 需要注意的是区分样本分布和抽样分布的不同.

视频 扫描视频 19 的二维码观看关于抽样分布的讲解.

视频19 抽样分布

例 5.5 设 $\boldsymbol{X} = (X_1, X_2, \cdots, X_n)$ 为来自总体 $X \sim B(1, p)$ 的简单样本, 求 $T(\boldsymbol{X}) = \sum_{i=1}^{n} X_i$ 的抽样分布.

解 由二项分布的再生性易知 $T(\boldsymbol{X}) = \sum_{i=1}^{n} X_i \sim B(n, p)$. □

例 5.6 设 $\boldsymbol{X} = (X_1, X_2, \cdots, X_n)$ 为来自总体 $X \sim U(0, \theta)$ 的简单样本, 其中 $\theta > 0$ 为参数. 求统计量 $T(\boldsymbol{X}) = \max_{1 \leqslant i \leqslant n} X_i = X_{(n)}$ 的抽样分布.

解 类似于例 3.26 知, $F_T(t) = (F(t))^n$, 其中 F 为总体分布函数. 因此易知 T 的分布函数为

$$F_T(t) = \frac{t^n}{\theta^n} I_{(0,\theta)}(t),$$

概率密度函数为

$$f_T(t) = \frac{n t^{n-1}}{\theta^n} I_{(0,\theta)}(t).$$ □

实验 扫描实验 13 的二维码进行抽样分布的模拟实验, 对不同总体选择统计量, 观察在不同样本量和抽样次数下的抽样分布形状. 观察统计量的值随样本量增加与相应总体特征值之间的关系.

实验13 抽样分布

5.3.1 样本均值和样本方差的分布

正态总体在统计推断中具有举足轻重的地位. 对正态总体中的参数进行推断时候, 常常需要用到样本均值和样本方差及其函数的分布. 例如在估计正态均值 μ 时, 会用到样本均值 $\overline{X}$, 要估计 $\overline{X}$ 与 μ 之间的误差, 就要知道 $\overline{X}$ 的分布. 当用样本方差构造区间来估计正态分布的方差范围时, 要知道样本方差的分布, 在方差未知时 (一般我们仅仅有一堆数据, 并假定了总体的类型, 不可能知道总体的均值和方差), 我们要检验正态总体的均值是否等于某个给定的数 μ_0, 要用到统计量 $\dfrac{\sqrt{n}(\overline{X} - \mu_0)}{S}$ 的分布等. 样本均值和样本方差的分布与如下“统计三大分布”有着密切的关系.

1. χ^2 分布

定义 5.6 χ^2 分布

设样本 $(X_1, X_2, \cdots, X_n)$ 为来自标准正态总体的一个简单随机样本, 称

$$X = X_1^2 + X_2^2 + \cdots + X_n^2$$

服从自由度为 n 的 χ^2 分布, 记为 $X \sim \chi_n^2$. ♣

由数学归纳法与独立随机变量和的概率密度函数公式可以求得 χ_n^2 分布的概率密度函数为

$$k_n(x) = \frac{1}{\Gamma(n/2)2^{n/2}} \mathrm{e}^{-x/2} x^{(n-2)/2} I_{(0,\infty)}(x). \tag{5.9}$$

实验 扫描实验 14 的二维码进行 χ^2 分布模拟实验, 观察不同自由度下分布的形状.

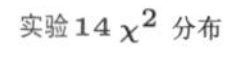

χ^2 分布的概率密度函数的支撑集 (使概率密度函数值取值为正的集合) 为 $(0, \infty)$, 从图 5.2 可见当自由度 $n = 1, 2$ 时曲线单调下降趋于 0. 当 $n \geqslant 3$ 时曲线有单峰, 从 0 开始先单调上升, 在一定位置达到峰值, 然后单调下降趋于 0.

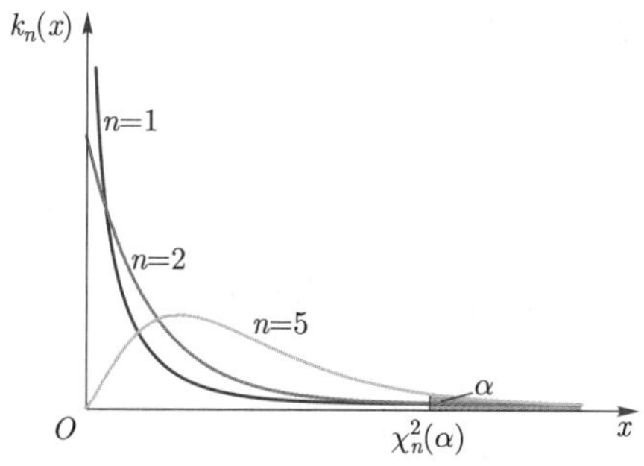

图 5.2 χ^2 分布概率密度函数和分位数

若 $X \sim \chi_n^2$, 记 $P(X > c) = \alpha$, 则 $c = \chi_n^2(\alpha)$ 称为自由度为 n 的 χ_n^2 分布的上 α 分位数 (如图 5.2 所示). 当 α 和 n 给定时, 可查表求出 $\chi_n^2(\alpha)$ 之值, 例如 $\chi_{10}^2(0.01) = 23.209$, $\chi_6^2(0.05) = 12.592$ 等.

性质 χ^2 分布具有下列性质:

(1) 若 $X \sim \chi_n^2$, 则容易算得 $E(X) = n, \mathrm{Var}(X) = 2n$.

(2) 若 $X \sim \chi_m^2, Y \sim \chi_n^2$, 且 X, Y 独立, 则 $Z = X + Y \sim \chi_{m+n}^2$.

注 若记 $Ga(\alpha, \lambda)$ 为具有如下概率密度函数的概率分布:

$$p(x; \alpha, \lambda) = \begin{cases} \dfrac{\lambda^\alpha}{\Gamma(\alpha)} x^{\alpha-1} \mathrm{e}^{-\lambda x}, & x > 0, \\ 0, & x \leqslant 0, \end{cases}$$

其中 $\Gamma(\alpha)$ 函数的定义见 (4.15) 式, 则自由度为 n 的 χ^2 分布与 Γ 分布的关系为 $\xi=\sum\limits_{i=1}^{n} X_i^2\sim Ga(n/2,1/2)$. 也可以利用这一关系给出 χ^2 分布的定义, 即若随机变量 ξ 的概率密度函数为 $Ga(n/2,1/2)$, 则称 ξ 为服从自由度为 n 的 χ^2 分布. 另一方面, 若 $Y\sim Ga(\alpha,\lambda)$, 则 $Y=2\lambda X\sim\chi^2_{2n}$.

2. t 分布

t 分布是英国统计学家戈塞特在 1907 年以 Student 笔名首次发表的. 它是数理统计学中最重要的分布之一, 在统计推断中发挥着重要作用.

定义 5.7　t 分布

设 $X\sim N(0,1), Y\sim\chi^2_n$, 且 X,Y 相互独立, 称

$$T=\frac{X}{\sqrt{Y/n}}$$

服从自由度为 n 的 t 分布, 记为 $T\sim t_n$. ♣

用独立随机变量商的概率密度函数公式可以求得 t_n 分布的概率密度函数为

$$f_n(t)=\frac{\Gamma((n+1)/2)}{\sqrt{n\pi}\Gamma(n/2)}\left(1+\frac{t^2}{n}\right)^{-(n+1)/2},\quad t\in\mathbb{R}. \tag{5.10}$$

性质 t 分布具有下列性质:

(1) 当 $n=1$ 时, t_1 分布就是柯西分布, 此时概率密度函数为

$$f_1(t)=\frac{1}{\pi(1+t^2)},\quad t\in\mathbb{R}.$$

(2) 若 $T\sim t_n$, 则当 $n\geqslant 2$ 时, 由对称性可得 $E(T)=0$; 当 $n\geqslant 3$ 时, $\mathrm{Var}(T)=\dfrac{n}{n-2}$.

(3) 当 $n\to\infty$ 时, t_n 分布的概率密度函数趋于标准正态分布概率密度函数, 即 $\lim\limits_{n\to\infty} f_n(t)=\varphi(t)$.

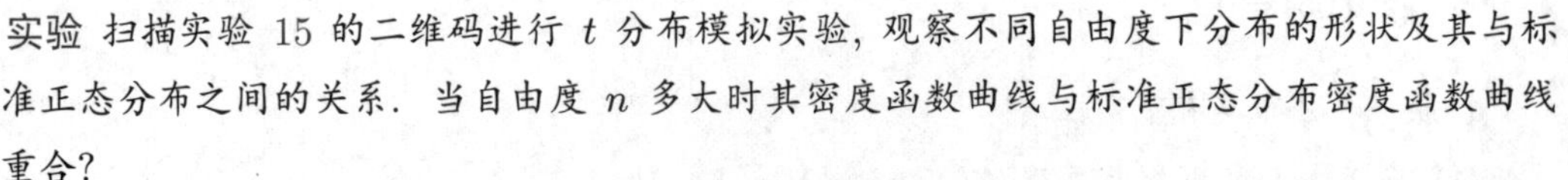

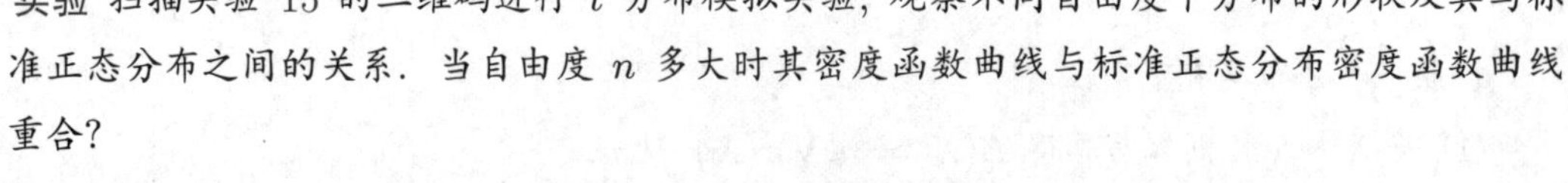

实验　扫描实验 15 的二维码进行 t 分布模拟实验, 观察不同自由度下分布的形状及其与标准正态分布之间的关系. 当自由度 n 多大时其密度函数曲线与标准正态分布密度函数曲线重合?

实验15 t 分布

图 5.3 给出了 t 分布的密度函数形状. t_n 的概率密度函数曲线与标准正态分布 $N(0,1)$ 的概率密度函数曲线很相似, 它们都关于原点对称, 单峰偶函数, 在 $t=0$ 处达到极大. 但 t_n 的峰值低于标准正态分布的峰值, t_n 的两侧尾部要比标准正态分布的两侧尾部粗一些.

若 $T\sim t_n$, 记 $P(T>c)=\alpha$, 则 $c=t_n(\alpha)$ 称为自由度为 n 的 t 分布的上 α 分位数. 当 α 和 n 给定时, $t_n(\alpha)$ 可查表求出, 例如 $t_{12}(0.05)=1.782\ 3$, $t_9(0.025)=2.262\ 2$ 等.

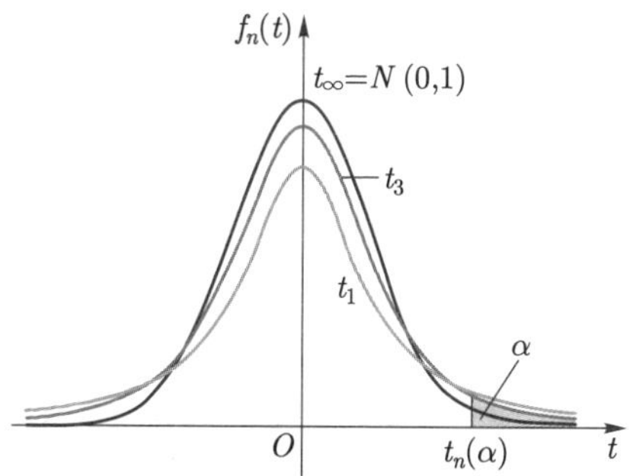

图 5.3 t 分布概率密度函数和分位数

3. F 分布

F 分布在方差分析中有重要应用. 该统计量来自用样本方差的比值来估计两个独立总体方差的比值.

定义 5.8 F 分布

设 $X \sim \chi^2_m, Y \sim \chi^2_n$, 且 X, Y 相互独立, 称

$$F = \frac{X/m}{Y/n}$$

服从自由度为 m, n 的 F 分布, 记为 $F \sim F_{m,n}$. ♣

用独立随机变量商的概率密度函数公式可以求得 $F_{m,n}$ 分布的概率密度函数为

$$f_{m,n}(x) = m^{m/2}n^{n/2}\frac{\Gamma((m+n)/2)}{\Gamma(m/2)\Gamma(n/2)}x^{m/2-1}(mx+n)^{-(m+n)/2}I_{(0,\infty)}(x). \tag{5.11}$$

注意 $F_{m,n}$ 分布的自由度 m 和 n 是有顺序的, 当 $m \neq n$ 时, 若将自由度 m 和 n 的顺序互换一下, 得到的是两个不同的 F 分布. 从图 5.4 可见对给定 $m = 10$, n 取不同值时 $f_{m,n}(x)$ 的形状, 我们看到曲线是偏态的, n 越小偏态越严重.

实验 扫描实验 16 的二维码进行 F 分布模拟实验, 观察不同自由度下分布的形状.

实验 16 F 分布

若 $F \sim F_{m,n}$, 记 $P(F > c) = \alpha$, 则 $c = F_{m,n}(\alpha)$ 称为 F 分布的上 α 分位数 (如图 5.5 所示). 当 m, n 和 α 给定时, 可查表求出 $F_{m,n}(\alpha)$ 之值, 例如 $F_{4,10}(0.05) = 3.48$, $F_{10,15}(0.01) = 3.80$ 等. 这在区间估计和假设检验问题中常常用到.

性质 F 分布具有下列性质:

(1) 若 $Z \sim F_{m,n}$, 则 $1/Z \sim F_{n,m}$;

(2) 若 $T \sim t_n$, 则 $T^2 \sim F_{1,n}$;

(3) $F_{m,n}(1-\alpha) = 1/F_{n,m}(\alpha)$.

以上性质中 (1) 和 (2) 是显然的, (3) 的证明不难. 尤其性质 (3) 在应用中会常常用到. 因为当 α 为较小的数, 如 $\alpha = 0.05$ 或 $\alpha = 0.01$, 且当 m, n 给定时, 从已有的 F 分布表上查不

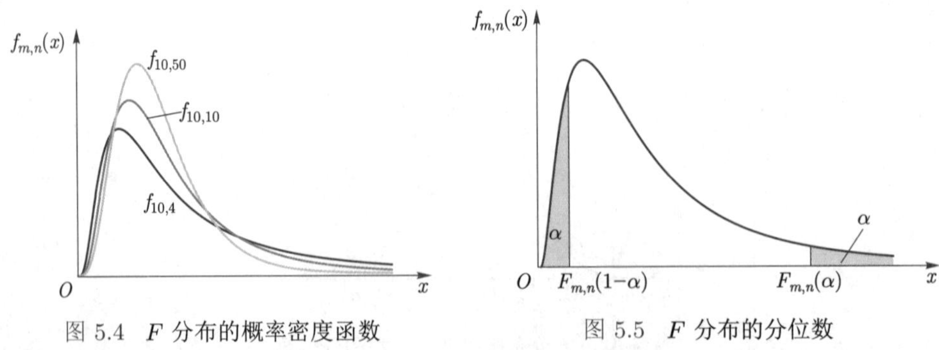

图 5.4　F 分布的概率密度函数　　　图 5.5　F 分布的分位数

到 $F_{m,n}(1-0.05)$ 和 $F_{m,n}(1-0.01)$ 之值, 但它们的值可利用性质 (3) 求得, 因为 $F_{n,m}(0.05)$ 和 $F_{n,m}(0.01)$ 是可查 F 分布表求出.

通常人们把 χ^2 分布、t 分布、F 分布这三个分布合称为"统计三大分布", 主要是它们在统计学中有广泛应用. 利用三大分布定义, 对于正态总体下的样本均值和样本方差的分布, 我们有如下结论.

定理 5.1

设随机变量 $X_1, X_2, \cdots, X_n$ i.i.d. $\sim N(\mu, \sigma^2)$, $c_1, c_2, \cdots, c_n$ 是不全为零的常数, 则有

(1) 独立的正态随机变量线性组合服从正态分布, 即

$$T = \sum_{k=1}^{n} c_k X_k \sim N\left(\mu \sum_{k=1}^{n} c_k, \sigma^2 \sum_{k=1}^{n} c_k^2\right)$$

特别, 当 $c_1 = c_2 = \cdots = c_n = \dfrac{1}{n}$, 即 $T = \dfrac{1}{n}\sum_{i=1}^{n} X_i = \overline{X}$ 为样本均值时, 有

$$\overline{X} \sim N\left(\mu, \frac{\sigma^2}{n}\right);$$

(2) $S^2 = \dfrac{1}{n-1}\sum_{i=1}^{n}(X_i - \overline{X})^2$ 为样本方差, 则

$$\frac{(n-1)S^2}{\sigma^2} \sim \chi^2_{n-1};$$

(3) $\overline{X}$ 和 S^2 相互独立;

(4) 进而,

$$\frac{\sqrt{n}(\overline{X} - \mu)}{S} \sim t_{n-1}.$$

♡

证 (1) 对独立的正态随机变量的线性组合, 由正态分布的再生性易证其分布仍为正态分布.

(2) 记 $\boldsymbol{X}=(X_1,X_2,\cdots,X_n)^{\mathrm{T}}$, 利用多元正态分布联合概率密度函数的矩阵表示形式, 并且注意到样本方差可以等价表示为 $(n-1)S^2=\boldsymbol{X}^{\mathrm{T}}\boldsymbol{X}-n\overline{X}^2$, 取正交矩阵

$$\boldsymbol{A}=\begin{pmatrix} \dfrac{1}{\sqrt{n}} & \dfrac{1}{\sqrt{n}} & \cdots & \dfrac{1}{\sqrt{n}} \\ a_{21} & a_{22} & \cdots & a_{2n} \\ \vdots & \vdots & & \vdots \\ a_{n1} & a_{n2} & \cdots & a_{nn} \end{pmatrix}$$

这一正交矩阵的存在性由施密特 (Schmidt) 正交化方法保证. 作正交变换 $\boldsymbol{Y}=\boldsymbol{A}\boldsymbol{X}$, 故有

$$Y_1=\frac{1}{\sqrt{n}}\sum_{i=1}^{n}X_i=\sqrt{n}\,\overline{X},$$

由正交变换保持向量长度不变可知

$$Y_1^2+Y_2^2+\cdots+Y_n^2=X_1^2+X_2^2+\cdots+X_n^2.$$

所以

$$(n-1)S^2=\sum_{i=1}^{n}(X_i-\overline{X})^2=\sum_{i=1}^{n}X_i^2-n\overline{X}^2=\sum_{i=1}^{n}Y_i^2-Y_1^2=\sum_{i=2}^{n}Y_i^2. \tag{5.12}$$

由多元正态分布联合概率密度函数和多元密度变换公式可知 $Y_i\sim N(\mu_i,\sigma^2)$, $i=2,3,\cdots,n$. 再由 $\boldsymbol{A}$ 的行向量正交性可知

$$\mu_i=\mu\sum_{k=1}^{n}a_{ik}=\sqrt{n}\mu\sum_{k=1}^{n}\frac{1}{\sqrt{n}}a_{ik}=0. \tag{5.13}$$

以及

$$\begin{aligned}\mathrm{Cov}(Y_i,Y_j)&=E[(Y_i-E(Y_i))(Y_j-E(Y_j))]=E\left[\sum_{k=1}^{n}a_{ik}(X_k-\mu)\sum_{l=1}^{n}a_{jl}(X_l-\mu)\right]\\&=\sum_{k=1}^{n}\sum_{l=1}^{n}a_{ik}a_{jl}E[(X_k-\mu)(X_l-\mu)]\\&=\sum_{k=1}^{n}\sum_{l=1}^{n}a_{ik}a_{jl}\delta_{kl}\sigma^2\\&=\sigma^2\sum_{k=1}^{n}a_{ik}a_{jk}=\begin{cases}\sigma^2, & i=j,\\ 0, & i\neq j.\end{cases}\end{aligned}$$

此处 $\delta_{kl}=1$, $k=l$; 否则为 0. 因此 $Y_2,Y_3,\cdots,Y_n$ i.i.d. $\sim N(0,\sigma^2)$. 故 $Y_i/\sigma\sim N(0,1)$, $i=2,3,\cdots,n$, 因此由 (5.12) 得

$$\frac{(n-1)S^2}{\sigma^2}=\sum_{i=2}^{n}(Y_i/\sigma)^2\sim\chi^2_{n-1}.$$

(3) 由上述 (2) 的证明中可知 $Y_1,Y_2,\cdots,Y_n$ 相互独立, S^2 只和 $Y_2,Y_3,\cdots,Y_n$ 有关, $\overline{X}$ 只和 Y_1 有关, 因此 $\overline{X}$ 和 S^2 独立.

(4) 由 (1)~(3) 结论和 t 分布定义立证. ■

下面几个推论在正态总体区间估计和假设检验问题中有着重要应用.

推论 5.1

设 $X_1, X_2, \cdots, X_m$ i.i.d. $\sim N(\mu_1, \sigma_1^2)$, $Y_1, Y_2, \cdots, Y_n$ i.i.d. $\sim N(\mu_2, \sigma_2^2)$, 且假定 $\sigma_1^2 = \sigma_2^2 = \sigma^2$, 样本 $X_1, X_2, \cdots, X_m$ 与 $Y_1, Y_2, \cdots, Y_n$ 相互独立, 则

$$T = \frac{(\overline{X} - \overline{Y}) - (\mu_1 - \mu_2)}{S_T}\sqrt{\frac{mn}{n+m}} \sim t_{n+m-2},$$

此处 $(n+m-2)S_T^2 = (m-1)S_X^2 + (n-1)S_Y^2$, 其中

$$S_X^2 = \frac{1}{m-1}\sum_{i=1}^{m}(X_i - \overline{X})^2, \quad S_Y^2 = \frac{1}{n-1}\sum_{j=1}^{n}(Y_j - \overline{Y})^2.$$

♡

证　由定理 5.1 可知 $\overline{X} \sim N(\mu_1, \sigma^2/m), \overline{Y} \sim N(\mu_2, \sigma^2/n)$, 故有 $\overline{X} - \overline{Y} \sim N\left(\mu_1 - \mu_2, \left(\frac{1}{m} + \frac{1}{n}\right)\sigma^2\right)$. 将其标准化得

$$\frac{(\overline{X} - \overline{Y}) - (\mu_1 - \mu_2)}{\sigma}\sqrt{\frac{mn}{m+n}} \sim N(0,1). \tag{5.14}$$

又 $(m-1)S_X^2/\sigma^2 \sim \chi_{m-1}^2$, $(n-1)S_Y^2/\sigma^2 \sim \chi_{n-1}^2$, 再利用 χ^2 分布的性质可知

$$\frac{(m-1)S_X^2 + (n-1)S_Y^2}{\sigma^2} \sim \chi_{n+m-2}^2. \tag{5.15}$$

再由 (5.14) 和 (5.15) 中 $(\overline{X}, \overline{Y})$ 与 (S_X^2, S_Y^2) 相互独立, 由定义可知

$$\begin{aligned} T &= \frac{(\overline{X} - \overline{Y}) - (\mu_1 - \mu_2)}{\sigma}\sqrt{\frac{mn}{n+m}} \Big/ \sqrt{\frac{(m-1)S_X^2 + (n-1)S_Y^2}{\sigma^2(n+m-2)}} \\ &= \frac{(\overline{X} - \overline{Y}) - (\mu_1 - \mu_2)}{S_T}\sqrt{\frac{nm}{n+m}} \sim t_{n+m-2}. \end{aligned}$$

■

推论 5.2

设 $X_1, X_2, \cdots, X_m$ i.i.d. $\sim N(\mu_1, \sigma_1^2)$, $Y_1, Y_2, \cdots, Y_n$ i.i.d. $\sim N(\mu_2, \sigma_2^2)$, 且合样本 $X_1, X_2, \cdots, X_m$ 与 $Y_1, Y_2, \cdots, Y_n$ 相互独立, 则

$$F = \frac{S_X^2}{S_Y^2} \cdot \frac{\sigma_2^2}{\sigma_1^2} \sim F_{m-1,n-1},$$

此处 S_X^2 和 S_Y^2 定义如推论 5.1 所述.

♡

证 由定理 5.1 可知 $(m-1)S_X^2/\sigma_1^2 \sim \chi_{m-1}^2$, $(n-1)S_Y^2/\sigma_2^2 \sim \chi_{n-1}^2$, 且二者独立, 由 F 分布的定义可知

$$F = \frac{\dfrac{1}{m-1}\dfrac{(m-1)S_X^2}{\sigma_1^2}}{\dfrac{1}{n-1}\dfrac{(n-1)S_Y^2}{\sigma_2^2}} = \frac{S_X^2}{S_Y^2} \cdot \frac{\sigma_2^2}{\sigma_1^2} \sim F_{m-1,n-1}.$$

证毕. ■

下列这一推论给出了指数分布随机变量的样本均值的分布与 χ^2 分布的关系. 这在指数分布总体的区间估计和假设检验问题中有重要应用.

推论 5.3

设 $X_1, X_2, \cdots, X_n$ i.i.d. 服从指数分布 $f(x,\lambda) = \lambda \mathrm{e}^{-\lambda x} I_{(0,\infty)}(x)$, 则有

$$2\lambda n\overline{X} = 2\lambda \sum_{i=1}^{n} X_i \sim \chi_{2n}^2.$$

♡

证 首先证明 $2\lambda X_1 \sim \chi_2^2$. 因为

$$F(y) = P(2\lambda X_1 < y) = P\left(X_1 < \frac{y}{2\lambda}\right) = \int_0^{\frac{y}{2\lambda}} \lambda \mathrm{e}^{-\lambda x} \mathrm{d}x,$$

所以

$$f(y) = F'(y) = \frac{1}{2}\mathrm{e}^{-\frac{y}{2}} I_{(0,\infty)}(y).$$

因此 $f(y)$ 即为自由度为 2 的 χ^2 分布的概率密度函数, 即 $2\lambda X_1 \sim \chi_2^2$. 再利用 χ^2 分布的性质 (3), $2\lambda X_i \sim \chi_2^2$, $i = 1, 2, \cdots, n$; 又它们相互独立, 故有 $2\lambda \sum\limits_{i=1}^{n} X_i \sim \chi_{2n}^2$. ■

5.4 扩展阅读 1: 民意调查

古人云“得民心者得天下”, 要得民心, 先要听民意. 在我国唐代时期, 就专门设立了“采风使”一职, 其主要任务就是到民间去采集民歌民谣, 以观地方吏治和民风, 可看出当时的执政者就知道关注社情民意关系重大. 近年来, 随着我国在推进治理体系和治理能力现代化以及民众对公平和公正的追责意识增强, 城市管理、社会发展乃至国家立法、政府决策、干部的选拔任用、官员的政绩考核评价等诸多方面的工作都不同程度地引入了民意调查程序. 现在, 越来越多的人也逐渐认知并参与这项社会活动.

民意调查是一种常见的社会调查, 通常用来了解社情民意, 即反映一定范围内的民众对某个或某些政治或社会问题的态度倾向. 它既可以作为社会科学工作者进行科学研究的一种重要手段, 又可以为政府进行合理决策提供参考. 民意调查属于抽样调查的一种, 需要运用科学

的调查与统计方法，如今在全球范围内的政治、经济和社会管理领域发挥着重要作用.

有一些人并不相信抽样调查，认为仅凭很少部分人就来推断某地区甚至全国的情况，这是天方夜谭，甚至可以人为地操纵调查结果. 统计学的理论可以证明，科学合理的抽样调查，其推断的结果是可靠的. 所谓的不可靠或者出现人为操纵的情形出现，只是因为没有真正地做到科学抽样，使得样本具有足够的代表性，而不是抽样调查这种方法有缺陷. 此外，在统计理论上我们还可以证明，抽样调查结果的可靠性不在于样本数量大不大 (当然也不能过少).

在抽样调查中，科学地进行样本抽样至关重要. 最近一个典型的例子就是 2016 年美国总统的选举，由民主党候选人希拉里 · 克林顿 (Hillary Clinton) 对阵共和党候选人唐纳德 · 特朗普 (Donald Trump). 几乎所有民意调查机构一边倒地预测希拉里将以不少优势获胜，然而结果让人大跌眼镜，以至于特朗普自己的智囊团都不敢相信. 共和党策略专家迈克 · 墨菲 (Mike Murphy) 甚至说: “Tonight, data died(今夜数据已死).” 为什么会出现这种情况？已经有不少的学者对该现象进行研究，众说纷纭，真实的原因仍有待挖掘. 但我们可以通过一个已有结果和答案的真实案例来进行说明.

在 1936 年的美国大选中，民主党候选人富兰克林 · 罗斯福 (Franklin Roosevelt) 对阵共和党候选人阿尔夫 · 兰登 (Alf Landon). 当时著名的主流杂志《文学摘要》(*The Literary Digest*) 为了预测谁会当选，大手笔地邮寄出 1 000 万封调查信，最终收回了 230 多万份. 这在统计历史上，能有这么大的样本量前所未有.《文学摘要》投入了如此之多的人力和物力，自然地就深信自己的统计结果，并预测兰登将以 57% 比 43% 的比例获胜. 然而，最后的结果却是罗斯福获得了将近 62% 比 38% 的压倒性优势从而胜选. 与之形成鲜明对照的是刚刚成立不久的盖洛普 (Gallup) 公司仅仅发出了 5 万份调查信就成功地预测罗斯福最终获胜. 这场预测导致了名声煊赫的《文学摘要》杂志社威信扫地，随即破产倒闭，却也让初出茅庐的盖洛普公司一举成名，逐渐成长为全球知名的民意测验和商业调查咨询公司.

为什么采用了更大的样本量的预测与实际结果却相差甚远？原来《文学摘要》的这 1 000 万调查对象是按照电话号码本和订户俱乐部会员名单选出的. 而在 1936 年的美国，正在从经济危机里复苏，能装得起电话的往往是较富裕阶层和持保守立场的共和党选民，而支持罗斯福的广大工人群体基本上被排除在调查范围之外，这样就在样本上造成了极大的偏差，从而导致预测结果南辕北辙. 与此同时，盖洛普公司科学地运用了分层随机抽样的方法，避免了样本来源集中于某一群体，从而更加客观地反映了全体选民的倾向.

比例估计与样本量

在民意调查中选取的样本具有代表性是非常重要的. 那么什么样的抽样方式能满足具有代表性的条件呢？其实，简单随机抽样和上面提及的分层随机抽样在样本量不太小的情形下都是合适的常见抽样方式. 下面以简单随机抽样为例，在理论上我们应该选取多大的样本量，这涉及比例估计和置信区间.

在实际情况中, 通常民意调查所面对的总体庞大, 即某范围内的民众人数 N 尽管有限但非常大, 我们可以将之近似为无限总体. 这就是说, 总体可被对应成一个 $0-1$ 分布, 具体分布律为

$$\begin{pmatrix} 0 & 1 \\ 1-p & p \end{pmatrix},$$

其中的参数 $p\,(0<p<1)$ 表示民众中对某个具体问题持有某个观点或看法的比例, 它客观存在但未知, 也就是我们的调查目标.

假设我们以简单随机抽样的方式, 得到了一组样本量为 n 的样本 (通常情况下 $n \ll N$), 其中表示支持的人数为 n_0. 那么, $p_0 = n_0/n$ 即为 p 的一个良好的点估计 (可以证明 p_0 既是 p 的一个矩估计, 又是它的一个最大似然估计, 第六章会给出点估计的定义). 我们可以通过置信区间 (第七章给出定义) 的方式来刻画估计误差. 由中心极限定理的知识可知, 当 n 比较大时, 变量

$$\frac{\sqrt{n}(p_0-p)}{\sqrt{p(1-p)}}$$

渐近服从标准正态分布, 从而在置信水平 $1-\alpha\,(0<\alpha<1)$ 下, 参数 p 的置信区间可以近似表示为

$$\left[p_0 - \frac{u_{\alpha/2}}{\sqrt{n}}\sqrt{p_0(1-p_0)},\ \ p_0 + \frac{u_{\alpha/2}}{\sqrt{n}}\sqrt{p_0(1-p_0)}\right],$$

其中 $u_{\alpha/2}$ 表示标准正态分布的上 $\alpha/2$ 分位数.

我们已经知道, p_0 只是 p 的一个估计, 并不意味着 p_0 刚好与 p 相等, 所以在实际民意调查中, 我们需要考虑误差 $d = |p_0 - p|$. 在给定误差边界不能超过某一个值 d_0 的条件下, 样本量

$$n \approx \frac{u_{\alpha/2}^2}{d_0^2} p_0(1-p_0).$$

特别地, 如果设定 $d_0 = 3\%$, 置信水平为 95%, 此时 $u_{0.025} = 1.96$, 在保守的情况下取 $p_0(1-p_0)$ 的最大值 $1/4$, 那么我们可以计算出所需样本量

$$n \approx \frac{1.96^2}{0.03^2} \times \frac{1}{4} \approx 1\,067.$$

这里值得注意的是, 样本量 n 只与置信水平、绝对误差有关, 而与民众的具体数量无关. 这就是说, 只要民意调查的范围达到一定的规模, 不论是一个县几十万人口, 还是一个国家数以亿计的选民, 样本量就大致上决定了调查结果的精度.

上述结果表明, 在民意调查中, 无论调查的具体范围有多大, 我们只需通过样本量的绝对大小就可以控制调查结果的精度, 特别在大型民意调查 (如国家层面) 中, 往往很小比例的样本量就能使调查结果达到很高的精度. 所以, 在实际的操作过程中, 调查公司所考虑的往

往不是如何去扩大调查面, 而是如何保证样本的代表性. 例如, 在简单随机抽样中如何保证每个在范围内的个体被抽中的可能性相同才是民意调查的侧重点, 这也是大型民意调查中的难点.

最后我们还要强调一下民意调查的时效性. 因为民意调查的内容主要是人的主观愿望、意见和态度, 而不是某种客观存在的社会事实, 所以通常情况下民意调查会具有时效性. 也就是说, 如果针对同一个问题, 选择不同的时间点进行民意调查, 结果可能会有所不同. 比如在 2004 年 3 月台湾地区领导人选举中, 普遍被认为发生在投票日前一天的枪击事件改变了很多人的投票倾向, 从而导致选举结果与之前进行过很多次的主流民意调查结果截然相反. 另外一个有名的例子是民众对“二战中哪一个国家对战胜德国起到了决定性作用”这一问题的看法. 法国民意测验机构在 1945 年 5 月, 1994 年 5 月和 2004 年 6 月分别对法国民众进行了抽样调查, 回答是美国的比例从 20% 上升到了 58%, 而回答是苏联的比例从 57% 下降到了 20%. 前三名国家具体结果如下:

	苏联	美国	英国
1945 年	57%	20%	12%
1994 年	25%	49%	16%
2004 年	20%	58%	16%

可见 60 年间, 对历史的认知发生了巨大的变化.

5.5　扩展阅读 2: 双盲对照试验

双盲对照试验是指在试验过程中, 测试者和被测试者都不知道被测试者所属的组别 (实验组或对照组), 旨在试验中消除参与者的有意识的或无意识的个人偏差. 这种试验方法可以防止研究结果被安慰剂效应 (placebo effect) 或观测者偏差 (observer bias) 影响. 被测试者被随机地分在实验组或对照组, 测试者也不知道被测试者是在实验组还是对照组. 一个双盲试验成功的例子如下.

1962 年, 美国医学会杂志发表了外科医生旺格斯汀 (O. H. Wangensteen) 发明的一种处理十二指肠溃疡的新方法, 叫做“胃冷冻”(gastric freezing) 技术: 患者被麻醉后, 把一个球放入胃中, 冷气通到球中, 大约把胃冷冻 1 h, 停止了患者的消化过程. 旺格斯汀医生在 24 个患者身上进行了试验, 结果他声称所有患者的十二指肠溃疡都被治愈了. 作为不需要进行外科手术的治疗方法, 受到了许多医生的热烈欢迎.

但是许多医生很怀疑旺格斯汀的技术, 部分原因是该试验没有做对照试验.1963 年美国杜克大学拉芬 (J. M. Ruffin) 组织了一个大规模的双盲随机对照试验来评估胃冷冻技术. 试验在 5 所不同的医院进行. 随机分配 160 个患者, 其中治疗组有 82 个患者, 对照组有 78 个患者. 对治疗组的患者用旺格斯汀提供的方法进行真正的胃冷冻手术, 对 78 个对照组的患者进行假的胃冷冻手术. 当然, 所谓假的胃冷冻是指在球内装了一个分流装置, 使冷却剂在胃冷冻之前返回机器. 表面上假的胃冷冻程序与真的冷冻程序完全一样. 试验在两年内完成. 拉芬分析了这些结果: 在治疗后的前 6 周内许多患者 (治疗组 47%, 对照组 39%) 有改善或症状消失, 但是随着时间的推移, 两组中的大多数患者复发, 有的患者的临床表现比原来症状更坏 (在第 24 个月, 对照组 39%, 治疗组 45%), 在两年观测的任一时间段内, 两组患者治愈率没有显著差异.

该研究结果最终表明, 在十二指肠溃疡的治疗中, 冷冻方法不比假冷冻方法的效果更好. 合理的解释是由早期研究者报告的痛苦减轻以及客观上的改善可能是该方法心理上的效果.

旺格斯汀的试验是不全面的, 它没有对照组, 所以该试验夸大了胃冷冻治疗方案的效果. 拉芬的试验设计是科学, 即双盲随机对照试验. 这个试验证明了胃冷冻治疗技术是毫无意义的.

本章总结

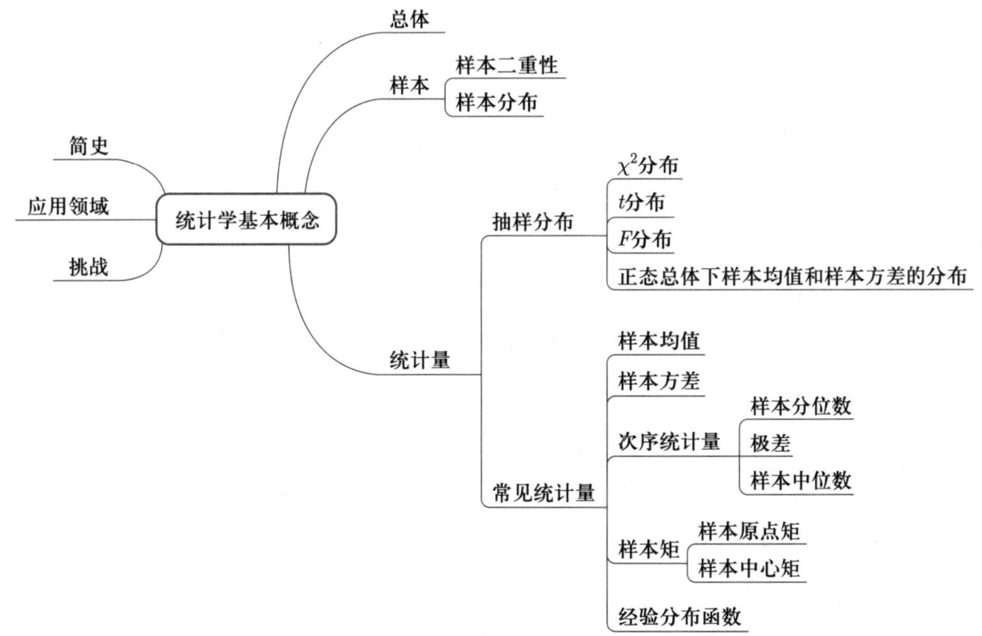

图 5.6　第五章知识点结构图

重点概念总结

- 统计总体是一个概率分布. 而样本有二重性, 从而统计量也有二重性. 在研究统计方法时我们视样本和统计量为随机向量或变量, 在抽样方案实施后样本和统计量视为一组数或一个数.
- 三个重要的统计量来自实际数据统计推断的需求, 不是凭空想象得出的. 所以我们要了解为什么会需要这些统计量, 关注它们在后面统计推断中的作用. 要学会熟练地查上分位数.
- 统计中的数据大部分来自抽样和试验. 为了能得出客观的结论, 在获取样本的时候一定要注意样本的代表性, 注意避免数据受到主观意识和客观环境的影响.

习　题

1. 如何理解“样本既可以视为是随机变量, 也可以是具体的数值”?
2. 设某人进行射击练习, 他独立射击 5 次, 结果分别为 8, 9, 7, 10 和 6 环, 则总体是什么? 样本是什么?
3. 从全班同学中随机选择 5 名同学, 则总体和样本分别指什么?
4. 调查 50 个人对某件事情是 (1) 否 (0) 支持, 假设每个人对该事情支持的可能性为 p, 各人之间相互独立, 则总体分布是什么? 若其中 10 个人的调查结果为 $x_1, x_2, \cdots, x_{10}$ (其中 x_i 只取 0 或 1), 则抽样分布是什么?
5. 测量一个物体的长度, 试写出总体及其分布, 并解释该总体的合理性.
6. 考虑某工厂生产的灯管寿命, 则总体又是什么? 解释你做法的合理性.
7. 一个总体有 N 个元素, 其指标分别为 $a_1 > a_2 > \cdots > a_N$, 指定自然数 $M < N$, $n < N$, 在 $(a_1, a_2, \cdots, a_M)$ 中不放回的随机抽出 m 个, 在 $(a_{M+1}, a_{M+2}, \cdots, a_N)$ 中不放回地随机抽出 $n - m$ 个. 写出所得样本的分布.
8. 假设总体 X 服从 $0-1$ 分布 $B(1, p)$, 其中 p 为未知参数, $(X_1, X_2, \cdots, X_5)$ 为从此总体中抽取的简单样本.

   (1) 写出样本空间和抽样分布;

   (2) 指出 $X_1 + X_2$, $\min\limits_{1\leqslant i\leqslant 5} X_i$, $X_5 + 2p$, $X_5 - E(X_1)$, $\dfrac{(X_5 - X_1)^2}{\mathrm{Var}(X_1)}$ 哪些是统计量, 哪些不是, 为什么?
9. 随机地取 7 只活塞环, 测得它们的直径为 (单位:mm)

$$74.001,\ 74.005,\ 74.003,\ 74.000,\ 73.908,\ 74.006,\ 74.002,$$

试求样本均值和样本标准差.

10. 设样本量为 10 的一个样本值为

$$0.4,\ 0.3,\ -0.3,\ -0.1,\ 1.7,\ 0.6,\ -0.1,\ 0.9,\ 2.6,\ 0.5,$$

试计算经验分布函数.

11. 设 $(X_1, X_2, \cdots, X_n)$ 为来自总体 $N(\mu, \sigma^2)$ 的简单随机样本, S^2 为样本方差, 试证明

(1) $\mathrm{Var}\left(S^2\right) = 2\sigma^4/(n-1)$;

(2) $E(S) = \dfrac{\sigma\sqrt{2}\Gamma(n/2)}{\sqrt{n-1}\Gamma[(n-1)/2]}$.

12. 设随机变量 $X \sim t_n$, 其中 $n > 1$, 求 $Y = 1/X^2$ 的分布.

13. 设 $(X_1, X_2, \cdots, X_n)$ 为来自总体 $N(0,1)$ 的简单随机样本, 证明

$$\frac{(n-1)X_1^2}{\sum\limits_{i=2}^{n} X_i^2} \sim F_{1,n-1}.$$

14. 设随机变量 X_1, X_2 相互独立同分布于标准正态分布, 求 $Y = \dfrac{(X_1 - X_2)^2}{(X_1 + X_2)^2}$ 的分布.

15. 设 X_1, X_2, X_3, X_4 是来自正态总体 $N(0, 2^2)$ 的简单随机样本, 令 $T = a(X_1 - 2X_2)^2 + b(3X_3 - 4X_4)^2$. 试求 a, b 使统计量 T 服从 χ^2 分布.

16. 设 $X_1, X_2, \cdots, X_9$ 为独立同分布的正态随机变量, 记

$$Y_1 = \frac{1}{6}(X_1 + X_2 + \cdots + X_6), \qquad Y_2 = \frac{1}{3}(X_7 + X_8 + X_9), \qquad S^2 = \frac{1}{2}\sum_{i=7}^{9}(X_i - Y_2)^2.$$

试求 $Z = \sqrt{2}(Y_1 - Y_2)/S$ 的分布.

17. 设 $X_1, X_2, \cdots, X_{15}$ 是独立同分布的随机变量, 服从正态分布 $N(0, 2^2)$. 试求

$$Y = \frac{X_1^2 + X_2^2 + \cdots + X_{10}^2}{2(X_{11}^2 + X_{12}^2 + \cdots + X_{15}^2)}$$

的分布.

18. 设 $X_1, X_2, \cdots, X_n$ 为从下列总体中抽取的简单样本:

(1) 正态总体 $N(\mu, \sigma^2)$;

(2) 参数为 λ 的泊松总体;

(3) 参数为 λ 的指数分布,

试求样本均值 $\overline{X}$ 的分布.

19. 设 $(X_1, X_2, \cdots, X_n)$ 是从 $0-1$ 分布 $B(1,p)$ 中抽取的简单样本, $0 < p < 1$, 记 $\overline{X}$ 为样本均值, 求 $S_n^2 = \sum\limits_{i=1}^{n}(X_i - \overline{X})^2/n$ 的期望.

20. 设 $(X_1, X_2, \cdots, X_n)$ 为来自正态总体 $N(\mu, \sigma^2)$ 的一个简单随机样本, $\overline{X}$ 和 S_n^2 分别表示样本均值和样本方差, 又设 $X_{n+1} \sim N(\mu, \sigma^2)$ 且与 $X_1, X_2, \cdots, X_n$ 独立, 试求统计量 $\sqrt{\dfrac{n}{n+1}}(X_{n+1} - \overline{X})\Big/ S_n$ 的分布.

21. 设 $(X_1, X_2, \cdots, X_m)$ 为来自正态总体 $N(\mu_1, \sigma^2)$ 的一个简单随机样本, $(Y_1, Y_2, \cdots, Y_n)$ 为来自正态总体 $N(\mu_2, \sigma^2)$ 的一个简单随机样本, 且 $(X_1, X_2, \cdots, X_m)$ 和$(Y_1, Y_2, \cdots, Y_n)$ 相互独立, $\overline{X}$ 和 $\overline{Y}$ 分别表示它们的样本均值, S_{1m}^2 和 S_{2n}^2 分别表示它们的样本方差, α 和 β 是两个给定的实数, 试求

$$T = \frac{\alpha(\overline{X} - \mu_1) + \beta(\overline{Y} - \mu_2)}{\sqrt{\dfrac{(m-1)S_{1m}^2 + (n-1)S_{2n}^2}{n+m-2}\left(\dfrac{\alpha^2}{m} + \dfrac{\beta^2}{n}\right)}}$$

的分布.

22. 设 $X_{(1)}, X_{(2)}, \cdots, X_{(n)}$ 为从均匀分布 $U(0,1)$ 中抽取的次序统计量.

(1) 样本量 n 为多大时, 才能使 $P(X_{(n)} \geqslant 0.99) \geqslant 0.95$?

(2) 求极差 $R_n = X_{(n)} - X_{(1)}$ 的期望.

第六章　参数点估计

学习目标

- ❑ 理解点估计的统计意义和原理
- ❑ 掌握矩估计和最大似然估计的方法
- ❑ 理解参数的点估计不唯一, 为了比较哪个估计量更好, 就要指定一些标准, 我们需要理解有哪些标准以及在这些标准下熟练掌握判断参数点估计量优劣的方法
- ❑ 了解估计量的大样本性质, 理解在大样本理论下估计量优良性的概念

6.1　参数点估计的概念

统计推断经常需要对研究总体的某个 (些) 参数做出一些特定的结论. 为此, 研究者需要从所研究的总体中抽取样本, 并基于样本对所研究的问题做出结论. 例如, 感兴趣的问题是某种电池的平均寿命 θ. 研究者随机抽查了 3 个此类电池并测得寿命 (单位: h) 分别为 $x_1=5, x_2=6.4, x_3=5.9$, 则样本平均值为 $\bar{x}=5.77$. 那么可以认为 5.77 是 θ 的一个非常合理的值, 是我们基于当前样本值对 θ 的一个“最好”的猜测. 一般地, 设有一个统计总体, 记为 $f(x;\theta_1,\theta_2,\cdots,\theta_k)$, 当总体分布为连续型分布时, f 为概率密度函数, 而当总体分布为离散型分布时, f 为概率质量函数, 我们统一约定 $f(x;\theta_1,\theta_2,\cdots,\theta_k)$ 为总体分布. 总体分布 f 中包含了 k 个未知参数 $\theta_1,\theta_2,\cdots,\theta_k$. 例如在正态总体 $N(\mu,\sigma^2)$ 中, 参数有两个: $\theta_1=\mu,\theta_2=\sigma^2$, 总体分布可写为

$$f(x;\theta_1,\theta_2)=(2\pi\theta_2)^{-1/2}\exp\left\{-\frac{1}{2\theta_2}(x-\theta_1)^2\right\}.$$

若总体为二项分布 $B(N,p)$, 则参数只有一个, $\theta=p$, 而总体分布为

$$f(x;\theta)=\binom{N}{x}\theta^x(1-\theta)^{N-x},\quad x=0,1,\cdots,N,$$

参数估计问题的一般提法是, 在有了从总体中抽取的样本 $\boldsymbol{X}=(X_1,X_2,\cdots,X_n)$ 后, 要用样本 $\boldsymbol{X}$ 对参数 $\theta_1,\theta_2,\cdots,\theta_k$ 进行估计, 当然也可以估计其中的一部分, 也可以估计参数 $\theta=(\theta_1,\theta_2,\cdots,\theta_k)$ 的函数 $g(\theta)=g(\theta_1,\theta_2,\cdots,\theta_k)$, 其中 g 已知. 例如, 为估计参数 θ_1, 我们需要构造适当的统计量 $\hat{\theta}_1(\boldsymbol{X})$. 当我们有了样本 $\boldsymbol{X}$ 的实现 $\boldsymbol{x}$ 后, 代入 $\hat{\theta}_1$ 中, 得到一个值 $\hat{\theta}_1(\boldsymbol{x})$ 作为 θ_1 的估计值. 为了这样特定目的而构造的统计量 $\hat{\theta}_1(\boldsymbol{X})$ 称为 θ_1 的估计量 (estimator), 而 $\hat{\theta}_1(\boldsymbol{x})$ 称为 θ_1 的估计值 (estimate). 由于未知参数 θ_1 是数轴上的一个点, 用 $\hat{\theta}_1$ 去估计 θ_1, 等于用一个点去估计另一个点, 所以这样的估计称为**点估计**.

例 6.1　对某种环氧树脂片的介电击穿电压 (单位: kV) 进行 20 次观测得到

24.46 25.61 26.25 26.42 26.66 27.15 27.31 27.54 27.74 27.94

27.98 28.04 28.28 28.49 28.50 28.87 29.11 29.13 29.50 30.88

有证据表明击穿电压值的分布服从均值为 μ 的正态分布. 讨论 μ 的估计问题.

解 由于正态分布是对称的, μ 也是该分布的中位数. 给定的观测值是样本 $X_1, X_2, \cdots, X_{20}$ 的实现, 则基于统计量和正态分布的特点, 直观上 μ 的估计量和估计值可以为

(1) 样本均值 $\overline{X}$ 作为估计量, 估计值为 $\overline{x} = \sum\limits_{i=1}^{20} x_i/20 = 555.86/20 = 27.793$.

(2) 样本中位数 m_n 作为估计量, 估计值为 $(27.94 + 27.98)/2 = 27.960$.

(3) 样本范围中心 $(X_{(n)} - X_{(1)})/2$ 作为估计量, 估计值为 $(24.46 + 30.88)/2 = 27.670$.

从这里可以看出, 对参数的估计有多种看来很合理的途径去考虑. □

点估计常用的构造方法有矩估计 (moment estimate) 和最大似然估计 (maximum likelihood estimate, 简写 MLE), 这些方法大多是基于某种直观上的考虑, 所以同一个参数可以有不同的估计方法去估计它, 这就产生了哪个估计更好的问题, 即估计量的优劣问题. 为了比较优劣, 就要制定估计量优劣的标准, 进而研究在某种标准下寻找最优估计量的问题, 这就是参数点估计的主要内容.

视频 扫描视频 20 的二维码观看关于点估计的讲解.

视频 20 点估计

6.2 矩估计法

矩估计法是 K. 皮尔逊引入的, 其想法很简单. 注意到连续型总体分布的 j 阶原点矩和中心矩分别为

$$\alpha_j = E(X^j) = \int_{-\infty}^{\infty} x^j f(x; \theta_1, \theta_2, \cdots, \theta_k)\mathrm{d}x,$$

$$\mu_j = E(X - \alpha_1)^j = \int_{-\infty}^{\infty} (x - \alpha_1)^j f(x; \theta_1, \theta_2, \cdots, \theta_k)\mathrm{d}x,$$

其中 f 是总体分布的概率密度函数; 离散型总体分布的 j 阶原点矩和中心矩分别为

$$\alpha_j = \sum_{i \geqslant 1} x_i^j f(x_i; \theta_1, \theta_2, \cdots, \theta_k),$$

$$\mu_j = \sum_{i \geqslant 1} (x_i - \alpha_1)^j f(x_i; \theta_1, \theta_2, \cdots, \theta_k),$$

其中 $f(x; \theta_1, \theta_2, \cdots, \theta_k)$ 是总体分布的概率质量函数. 这些矩依赖于参数 $\theta_1, \theta_2, \cdots, \theta_k$. 另一方面, 由大数定律, 样本矩依概率收敛到总体矩, 所以可以用样本矩来近似总体矩, 即

$$\alpha_j = \alpha_j(\theta_1, \theta_2, \cdots, \theta_k) \approx a_j = \frac{1}{n}\sum_{i=1}^{n} X_i^j,$$

$$\mu_j = \mu_j(\theta_1, \theta_2, \cdots, \theta_k) \approx m_j = \frac{1}{n}\sum_{i=1}^{n} (X_i - \overline{X})^j.$$

取 $j=1,2,\cdots,k$, 把上面的近似式改为等式, 选择适当的 k 个样本原点矩或样本中心矩, 可以得到由 k 个方程组成的方程组, 解这个方程组, 所得解记为 $\hat{\theta}_i(X_1,X_2,\cdots,X_n)$, $i=1,2,\cdots,k$, 则我们可以把 $\hat{\theta}_i$ 作为 θ_i 的估计. 这 k 个方程可以是原点矩, 也可以是中心矩, 或两者的混合. 若要估计的是 $g(\theta_1,\theta_2,\cdots,\theta_k)$, 则用 $\hat{g}(X_1,X_2,\cdots,X_n)=g(\hat{\theta}_1,\hat{\theta}_2,\cdots,\hat{\theta}_k)$ 去估计它. 这样得到的估计称为矩估计. 为了区别其他的估计量, 有时候记为 $\hat{\theta}_M$.

例 6.2 设 $(X_1,X_2,\cdots,X_n)$ 是从正态总体 $X\sim N(\mu,\sigma^2)$ 中抽取的一个样本, 用矩估计法估计 μ,σ^2.

解 由于 $E(X)=\mu,\mathrm{Var}(X)=\sigma^2$, 分别用一阶原点矩 $a_1=\overline{X}$ 和二阶中心矩 m_2 来估计, 即 $\hat{\mu}=\overline{X},\hat{\sigma}^2=m_2$. 在应用中, 一般我们用样本方差 S^2 来估计 σ^2, 即对 m_2 作了一点修正, 理由在后面给出. □

如果要估计 σ, 这是 σ^2 的函数, 当然可以用 $\sqrt{m_2}$ 来估计, 但是一般用 $S=\sqrt{S^2}$ 来估计, 或者还会作一点修正, 理由见下节.

注 由于估计量是统计量, 有二重性, 所以在理论研究中我们把估计量写成随机变量的形式, 常用英文大写字母表示, 以便研究估计量的概率性质. 在实际计算中, 估计量是一个数, 我们用英文小写来表示, 例如 $\bar{x},s^2$ 等.

例 6.3 设 $(X_1,X_2,\cdots,X_n)$ 是从指数分布总体 $X\sim Exp(\lambda)$ 中抽取的一个样本, 求矩估计量 $\hat{\lambda}_M$.

解 由于 $E(X)=\lambda^{-1}$, 所以用 $\overline{X}$ 代替 $E(X)$, 得到 $\hat{\lambda}_M=\overline{X}^{-1}$. □

例 6.4 设 $(X_1,X_2,\cdots,X_n)$ 是从均匀分布总体 $X\sim U(\theta_1,\theta_2)$ 中抽取的一个样本, 求 $\hat{\theta}_1,\hat{\theta}_2$.

解 由于 $E(X)=(\theta_1+\theta_2)/2,\mu_2=\mathrm{Var}(X)=(\theta_2-\theta_1)^2/12$, 用 $\overline{X}$ 代替 $E(X)$, S^2 代替 μ_2, 解方程组, 得

$$\hat{\theta}_1=\overline{X}-\sqrt{3}S,\quad \hat{\theta}_2=\overline{X}+\sqrt{3}S.$$ □

例 6.5 设 $(X_1,X_2,\cdots,X_n)$ 是从总体 $X\sim F$ 中抽取的一个样本, 求偏度系数 $\beta_1=\dfrac{\mu_3}{\mu_2^{3/2}}$, 峰度系数 $\beta_2=\dfrac{\mu_4}{\mu_2^2}$ 的矩估计.

解 由于偏度系数和峰度系数都是总体中心矩的函数, 所以可以用样本中心矩代替总体中心矩得到, 即样本偏度系数和样本峰度系数

$$\hat{\beta}_1=\frac{m_3}{m_2^{3/2}},\quad \hat{\beta}_2=\frac{m_4}{m_2^2}.$$ □

用类似的做法可以得到二项分布中 p 的矩估计为 $\hat{p}=\overline{X}$, 泊松分布中参数 λ 的矩估计为 $\hat{\lambda}=\overline{X}$.

例 6.6 设 $(X_1,X_2,\cdots,X_n)$ 是从正态总体 $X\sim N(\mu,\sigma^2)$ 中抽取的一个样本, 求概率

$P(X>3)$ 的矩估计.

解 由于

$$P(X>3)=1-\Phi\Big(\frac{3-\mu}{\sigma}\Big),$$

这是 μ,σ^2 的函数, 用 $\overline{X}$ 代替 μ, S 代替 σ, 得

$$\hat{P}(X>3)=1-\Phi\Big(\frac{3-\overline{X}}{S}\Big).$$

□

注 在矩估计中, 我们可以看到, 均值、方差等的矩估计不唯一, 例如泊松分布中的参数 λ 既是均值又是方差, 用 $\overline{X}$ 还是 S^2 来估计 λ? 这有一个估计量的优劣问题, 在合理的优劣准则下, 可以证明低阶矩优于高阶矩. 所以在矩估计中, 能用低阶矩的就尽量用低阶矩来估计参数. 另外, 矩估计方法需要总体相应的矩存在, 对一些不存在矩的问题 (例如下例 6.13 中的柯西分布) 就不适用了.

6.3 最大似然估计

另一个直观上用来估计参数的方法称为最大似然估计 (MLE), 先看一个例子 (费勒, 1964):

例 **6.7** 设鱼塘养了一塘鱼, 为了估计鱼的数量, 先一网打上 500 尾鱼, 在尾上涂以红色 (称其为红尾鱼), 然后放回鱼塘. 几天后, 再打上一网鱼, 在网中的 400 尾鱼中发现有 60 尾红尾鱼. 试估计该鱼塘中鱼的数量.

解 为了简化讨论, 我们假定两次捕捞都是随机的, 且两次捕捞期间鱼的数量没有变化. 设 N 为鱼塘中鱼的数量, k 为第二网中红尾鱼的数量, $p_k(N)$ 为第二网中恰有 k 尾红尾鱼的概率.

本问题中的样本空间 Ω 是从 N 尾鱼中任取 400 尾鱼的不同取法, 这是一个超几何分布, 故

$$p_k(N)=\frac{\dbinom{N-500}{400-k}\dbinom{500}{k}}{\dbinom{N}{400}}. \tag{6.1}$$

这个概率与鱼塘中鱼的总量 N 有关, 由于捕捞过两次, 所以鱼塘中至少有 840 尾鱼, 但是代入 (6.1) 式, 可以算得 $p_{60}(840)\approx \mathrm{e}^{-400}\approx 0$. 变化 N 时, 我们得到 N 和 $p_{60}(N)$ 的关系如图 6.1 所示. $p_{60}(N)$ 表示了不同 N 下观测到第二网中有 60 尾红尾鱼的概率. 因此, 我们既然观测到第二网中有 60 尾红尾鱼, 那么这个事件发生的概率 $p_{60}(N)$ 应该是在 N 变化时取比较大的概率值, 其中最大概率值看起来最有可能. 记使 $p_k(N)$ 达到最大值的那个 N 为 $\hat{N}$, 并称之为 N 的最大似然估计. 为了找出 $\hat{N}$, 考虑比值

$$\frac{p_k(N)}{p_k(N-1)}=\frac{(N-500)(N-400)}{(N-500-400+k)N}.$$

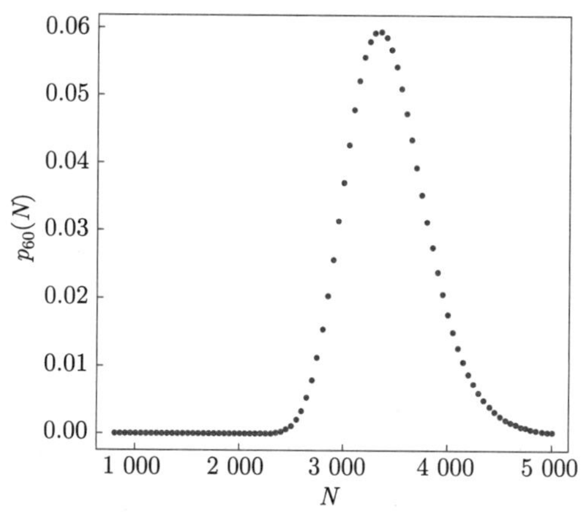

图 6.1 $p_{60}(N)$ 随 N 变化的取值

由简单的计算，当 $Nk < 500 \times 400$ 时，$\dfrac{p_k(N)}{p_k(N-1)} \geqslant 1$，当 $Nk > 500 \times 400$ 时，$\dfrac{p_k(N)}{p_k(N-1)} \leqslant 1$. 所以当 N 增大时，序列 $p_k(N)$ 先升后降，当 N 为小于 $500 \times 400/k$ 的最大整数时，它达到最大值. 在上面例中，$k = 60$，由此得 $\hat{N} = 3\ 333$. □

由此例启发，我们引入似然函数的定义.

定义 6.1 似然函数

设样本 $\boldsymbol{X} = (X_1, X_2, \cdots, X_n)$ 有联合概率密度函数或联合概率质量函数

$$f(\boldsymbol{x}; \theta) = f(\boldsymbol{x}; \theta_1, \theta_2, \cdots, \theta_k),$$

这里参数 $\theta = (\theta_1, \theta_2, \cdots, \theta_k) \in \Theta$，$\boldsymbol{x} = (x_1, x_2, \cdots, x_n)$ 为样本 $\boldsymbol{X}$ 的一个样本值. 当固定 $\boldsymbol{x}$ 时把 $f(\boldsymbol{x}; \theta)$ 看成为 θ 的函数，称为似然函数 (likelihood function)，常记为 $L(\theta; \boldsymbol{x})$ 或 $L(\theta)$. ♣

在离散型总体时，$L(\boldsymbol{x}; \theta)$ 就是在不同的参数值下样本取给定值 $\boldsymbol{x}$ 的概率；在连续型总体时 $L(\boldsymbol{x}; \theta)\mathrm{d}\boldsymbol{x}$ 就近似为在不同的参数值下样本取值在给定立方体 $(x_1, x_1 + \mathrm{d}x_1] \times \cdots \times (x_n, x_n + \mathrm{d}x_n]$ 中的概率.

对似然函数 $L(\theta; \boldsymbol{x})$ 可以理解为若 $L(\theta; \boldsymbol{y}) = f(\boldsymbol{y}; \theta) > L(\theta; \boldsymbol{x}) = f(\boldsymbol{x}; \theta)$，则在观测时出现点 $\boldsymbol{y}$ 的可能性要大一点 (此时固定参数 θ，因而似然函数表示了观测到样本值的机会大小)；反过来说，如果已观测到样本值 $\boldsymbol{x}$，$L(\theta; \boldsymbol{x})$ 作为 θ 的函数，θ 应使得 $L(\theta; \boldsymbol{x})$ 达到或接近最大值 (因为已经观测到样本值 $\boldsymbol{x}$). 推理的方式有点类似于贝叶斯公式中的推理：把样本值 $\boldsymbol{x}$ 看成结果而参数 θ 看成是导致这结果的原因. 现在有了结果，要反过来推算各种原因的概率. 这里 θ 有一定的值 (未知)，但不是随机变量，无概率可言，因此就用“似然”这个词.

从上面的分析导致如下的方法：用似然程度最大的那个点 $\theta^* = (\theta_1^*, \theta_2^*, \cdots, \theta_k^*)$，即满足

条件

$$L(\theta_1^*,\theta_2^*,\cdots,\theta_k^*;x_1,x_2,\cdots,x_n)=\max_{(\theta_1,\theta_2,\cdots,\theta_k)\in\Theta}L(\theta_1,\theta_2,\cdots,\theta_k;x_1,x_2,\cdots,x_n) \tag{6.2}$$

的 $(\theta_1^*,\theta_2^*,\cdots,\theta_k^*)$ 作为 $(\theta_1,\theta_2,\cdots,\theta_k)$ 的估计值, 这样的估计称为**最大似然估计**(maximum likelihood estimate, MLE). 若要估计 $(\theta_1,\theta_2,\cdots,\theta_k)$ 的函数 $g(\theta_1,\theta_2,\cdots,\theta_k)$, 则 $g(\theta_1^*,\theta_2^*,\cdots,\theta_k^*)$ 就是它的最大似然估计. 为了区别矩估计量, 有时候把最大似然估计量记为 $\hat{\theta}_L$.

若似然函数是严格单调的, 则似然函数的最大值在边界处达到, 从而得到最大似然估计, 例 6.10 就是代表. 若似然函数是光滑的, 且样本是简单随机样本, 则似然函数是 n 个因子 (各自分布) 的乘积, 为了避免乘积导致的计算烦琐, 可以先取自然对数, 化为 n 个式子的和, 然后求极值. 原因在于似然函数 $L(\theta)$ 达到最大当且仅当对数似然函数 $\ell(\theta)=\ln L(\theta)$ 达到最大. 现在问题化为多元函数求最值问题. 若 $\ell(\theta_1,\theta_2,\cdots,\theta_k)=\ln L(x_1,x_2,\cdots,x_n;\theta_1,\theta_2,\cdots,\theta_k)$ 关于 $(\theta_1,\theta_2,\cdots,\theta_k)$ 可微, 则可以通过求解下述似然方程先求驻点:

$$\frac{\partial\ell}{\partial\theta_i}=0,\quad i=1,2,\cdots,k. \tag{6.3}$$

若该方程组在 $(\theta_1,\theta_2,\cdots,\theta_k)$ 的定义域内有解, 则进一步验证是否为最大值点.

注 (1) 似然函数的最大值点可能会在边界上达到, 所以要和边界值作比较. 当似然函数不可导时, 要用定义来求出最大似然估计, 见下例 6.10.

(2) 与矩估计量一样, 最大似然估计量也是统计量, 也有二重性, 所以最大似然估计量 $\hat{\theta}_L(X_1,X_2,\cdots,X_n)$ 是统计量, 这方便于研究其概率性质; 最大似然估计值 $\hat{\theta}_L(x_1,x_2,\cdots,x_n)$ 是代入具体样本值后得到的具体数.

(3) 除了少数情形外, 似然估计的显式表示一般不存在, 此时需要使用数值优化方法 (例如牛顿算法、期望最大化方法等) 来求似然函数的最大值或者求解似然方程.

在下文中没有歧义的话, 我们用最大似然估计来统指参数的最大似然估计量或估计值.

实验　扫描实验 17 的二维码进行使用梯度算法求最大似然估计的模拟实验, 观察不同初始值下寻求到最大值点的过程.

实验 17 最大似然估计

例 **6.8** 设 $(x_1,x_2,\cdots,x_n)$ 是从正态总体 $N(\mu,\sigma^2)$ 中抽取的一个样本, 求 (μ,σ^2) 的最大似然估计.

解　似然函数为

$$L(\mu,\sigma^2)=\prod_{i=1}^n\left[(2\pi\sigma^2)^{-1/2}\exp\left\{-\frac{1}{2\sigma^2}(x_i-\mu)^2\right\}\right],$$

因此对数似然函数为

$$\ell(\mu,\sigma^2)=-\frac{n}{2}\ln(2\pi)-\frac{n}{2}\ln\sigma^2-\frac{1}{2\sigma^2}\sum_{i=1}^n(x_i-\mu)^2. \tag{6.4}$$

在 (6.4) 中对参数 μ,σ^2 求导 (这里 σ^2 整体是一个参数) 并令导数为 0, 得

$$\frac{\partial \ell}{\partial \mu}=\frac{1}{\sigma^2}\sum_{i=1}^{n}(x_i-\mu)=0,$$

$$\frac{\partial \ell}{\partial \sigma^2}=-\frac{n}{2\sigma^2}+\frac{1}{2\sigma^4}\sum_{i=1}^{n}(x_i-\mu)^2=0.$$

由第一式得 μ 的解为

$$\hat{\mu}_L=\frac{1}{n}\sum_{i=1}^{n}x_i=\overline{x},$$

代入第二式, 得

$$\hat{\sigma}_L^2=\frac{1}{n}\sum_{i=1}^{n}(x_i-\overline{x})^2=m_2.$$

由于 $\ell(\hat{\mu}_L,\hat{\sigma}_L^2)>\lim\limits_{\sigma^2\to\infty}\ell(\mu,\sigma^2)=-\infty$, 且 $\hat{\mu}_L,\hat{\sigma}_L^2$ 是唯一的极值点, 因此这组解使 (6.4) 达到最大, 即它们是 (μ,σ^2) 的最大似然估计. 这里 (μ,σ^2) 的最大似然估计和矩估计是相同的. 但要注意不是每个总体参数的矩估计和最大似然估计相同. □

例 6.9 设 $(x_1,x_2,\cdots,x_n)$ 是从指数分布总体 $Exp(\lambda)$ 中抽取的一个样本, 求最大似然估计 $\hat{\lambda}_L$.

解 在 $x_i>0,i=1,2,\cdots,n$ 时, 我们有

$$L(\lambda)=\prod_{i=1}^{n}(\lambda\mathrm{e}^{-\lambda x_i}),$$

$$\ell(\lambda)=n\ln\lambda-\lambda\sum_{i=1}^{n}x_i,$$

对 λ 求导并令导数为 0, 得

$$\frac{\partial \ell}{\partial \lambda}=\frac{n}{\lambda}-\sum_{i=1}^{n}x_i=0.$$

容易得到 λ 的最大似然估计为

$$\hat{\lambda}_L=n\Big/\sum_{i=1}^{n}x_i=1/\overline{x}.$$

与矩估计中用一阶矩来估计 λ 的矩估计相同 (可以用不同的矩来估计 λ). □

例 6.10 设 $(x_1,x_2,\cdots,x_n)$ 是从均匀分布总体 $U(0,\theta)$ 中抽取的一个样本, 求最大似然估计 $\hat{\theta}_L$.

解 均匀分布的概率密度函数为 $\theta^{-1}I_{[0,\theta]}(x)$, 所以似然函数为

$$L(\theta)=\prod_{i=1}^{n}\theta^{-1}I_{[0,\theta]}(x_i)=\theta^{-n}I_{[0,\theta]}(x_{(n)}),$$

对给定的 $(x_1,x_2,\cdots,x_n)$, L 作为 θ 的函数不是连续的. θ^{-n} 在区间 $[x_{(n)},\infty)$ 上严格单调

下降, 当 $\theta < x_{(n)}$ 时,$L = 0$, 所以最大值只能在 $\theta = x_{(n)}$ 处达到, 即 $\hat{\theta}_L = x_{(n)}$. 其中 $x_{(n)} = \max\limits_{1\leqslant i\leqslant n} x_i$. 注意本例中我们将概率密度函数的支撑记为示性函数 $I_{[0,\theta]}(x)$, 这样表示方便研究似然函数的单调性. 对于支撑包含参数的情况这是常用的表示方法. □

例6.11 设总体 X 服从 $[\theta-1/2,\theta+1/2]$ 上的均匀分布, $\theta>0$ 为参数, 求参数 θ 的最大似然估计.

解 易得似然函数为

$$L(\theta)=\prod_{j=1}^{n} I(\theta-1/2\leqslant x_j\leqslant\theta+1/2)=I(\theta-1/2\leqslant x_{(1)}\leqslant x_{(n)}\leqslant\theta+1/2).$$

于是对任何满足条件 $x_{(n)}-1/2\leqslant\theta\leqslant x_{(1)}+1/2$ 的 θ 都有

$$L(\theta)=1,$$

即似然函数 $L(\theta)$ 在 $\theta\in[x_{(n)}-1/2,x_{(1)}+1/2]$ 时取到最大值. 于是 θ 的最大似然估计为 $[x_{(n)}-1/2,x_{(1)}+1/2]$ 中任意点. 本例说明最大似然估计可以不唯一. □

例6.12 设 $(x_1,x_2,\cdots,x_n)$ 为来自均匀分布总体 $U(\theta-1/2,\theta+1/2)$ 的一个样本, 求最大似然估计 $\hat{p}_L$.

解 由二项分布总体样本的似然函数可得

$$L(p)=\prod_{i=1}^{n}\left[\binom{N}{x_i}p^{x_i}(1-p)^{N-x_i}\right],$$

$$\ell(p)=\sum_{i=1}^{n}\ln\binom{N}{x_i}+\sum_{i=1}^{n}x_i\ln p+\sum_{i=1}^{n}(N-x_i)\ln(1-p).$$

对 p 求导并令导数为 0, 得

$$\frac{\partial\ell}{\partial p}=\frac{1}{p}\sum_{i=1}^{n}x_i-(nN-\sum_{i=1}^{n}x_i)\frac{1}{1-p}=0.$$

解得

$$\hat{p}_L=\overline{x}/N.$$

容易验证其为最大值点. 该最大似然估计与矩估计也是相同的. □

例6.13 设总体分布为柯西分布, 其概率密度函数为

$$f(x;\theta)=\frac{1}{\pi[1+(x-\theta)^2]},$$

其中 θ 为参数. 设 $(x_1,x_2,\cdots,x_n)$ 为样本, 求参数的最大似然估计.

解 容易看出, 该分布的期望不存在, 所以 θ 没有矩估计, 考虑它的最大似然估计. 其样本的对数似然函数为

$$\ell(\theta)=\sum_{i=1}^{n}\ln\frac{1}{\pi[1+(x_i-\theta)^2]},$$

对 θ 求导并令导数为 0, 得

$$\frac{\partial \ell}{\partial \theta}=2\sum_{i=1}^{n}\frac{x_i-\theta}{1+(x_i-\theta)^2}=0.$$

当 n 较小时, 还能求它的根, 然后判断是否是最大值. 但是 n 较大时, 方程有许多根, 而且求根不易, 更不用说哪个是最大值了, 所以最大似然方法对柯西分布中的参数 θ 而言不是理想方法.

为估计参数 θ, 可以从参数 θ 是总体分布的中位数出发. 我们可以用样本中位数作为 θ 的估计. 样本中位数 m_n 定义为

$$m_n=\begin{cases} x_{\left(\frac{n+1}{2}\right)}, & n\text{为奇数},\\ \dfrac{1}{2}\left[x_{\left(\frac{n}{2}\right)}+x_{\left(\frac{n}{2}+1\right)}\right], & n\text{为偶数}. \end{cases}$$ □

当然, 对正态总体的参数 μ, 我们也可以用样本中位数来估计, 一般地, 对称中心都可以用样本中位数来估计. 从这可以看出, 对参数的估计有多种看来很合理的途径去考虑, 并无一成不变的方法, 虽然不同的估计有优劣之分, 但是这种优劣也是相对于一定的标准而言, 并无绝对价值.

最大似然估计法的思想源于高斯的误差理论, 1912 年费希尔在一篇论文中把它作为一个一般的方法提出了. 自 20 世纪 20 年代以来, 费希尔本人及许多统计学家对这一估计方法进行了大量研究. 相对来说, 在各种估计方法中最大似然估计法更为优良, 但在个别情况下得到的估计很不理想. 与矩估计法相比, 矩估计不需要总体分布的知识, 而最大似然估计要求总体分布形式已知但含有有限个未知参数. 若对总体分布毫无所知, 则最大似然估计法无法估计总体的均值和方差.

6.4 优良性准则

在上一节我们已经看到总体分布中的参数可以有多种看来合理的方法来估计它. 因此, 自然会提出其优劣性的比较问题. 例如对总体均值我们可以用样本均值来估计, 也可以构造样本的一个加权平均 $\sum\limits_{i=1}^{n}\omega_iX_i$ 来估计它, 其中 $\sum\limits_{i=1}^{n}\omega_i=1,\omega_i\geqslant 0$. 哪个更优良些? 设有两个估计量 $\hat{\theta}_1,\hat{\theta}_2$ 可以用来估计参数 θ, 一个自然的想法是看估计量和真参数的差 (或绝对值), 但是由于样本是随机变量, 在抽样实施之前不知道会抽到哪些个体, 所以就这个样本而言, 可能 $\hat{\theta}_1$ 优于 $\hat{\theta}_2$, 但是对另一个样本很可能 $\hat{\theta}_2$ 优于 $\hat{\theta}_1$, 所以不能基于个别样本的表现来比较估计量, 要从整体性能来考量. 所谓“整体性能”有两个含义, 一是指估计量的某个特性, 具有这个特性就是优良的, 下文的“无偏性”就属于此类. 其二是指估计量的某种具体的数量指标, 两个估计量, 指标小者为优, 如下文的“均方误差”.

应当注意的是这种比较是相对的, 具有某种特性就一定优良? 例如就上面提到的无偏性

$\hat{\theta}_1$ 优于 $\hat{\theta}_2$, 但是 $\mathrm{Var}(\hat{\theta}_1) > \mathrm{Var}(\hat{\theta}_2)$. 方差是衡量波动程度的, 无偏性是衡量偏差的, 一个偏差很小但是波动很大的估计量不一定是一个优良的估计. 所以不要把优良性准则绝对化.

由于要从整体性能上比较两个估计量的优劣, 所以下面讨论中的样本视为随机向量 $(X_1, X_2, \cdots, X_n)$.

视频 扫描视频 21 的二维码观看关于点估计优良性准则的讲解.

视频 21 优良性准则

6.4.1 点估计的无偏性

设总体分布函数为 $F(x;\theta_1,\theta_2,\cdots,\theta_k)$, 其中参数 $\theta=(\theta_1,\theta_2,\cdots,\theta_k)\in\Theta\subset\mathbb{R}^k$, $(X_1, X_2,\cdots,X_n)$ 是从该总体中抽取的一个样本. 要估计 $g(\theta_1,\theta_2,\cdots,\theta_k)$, 其中 g 为一个已知函数.

定义 6.2　偏差与无偏性

设 $\hat{g}(X_1,X_2,\cdots,X_n)$ 是 $g(\theta_1,\theta_2,\cdots,\theta_k)$ 的一个估计量, 称

$$E_\theta(\hat{g}(X_1,X_2,\cdots,X_n))-g(\theta_1,\theta_2,\cdots,\theta_k)$$

为估计量 $\hat{g}$ 的偏差. 若对任一可能的 $(\theta_1,\theta_2,\cdots,\theta_k)\in\Theta$, 都有

$$E_{\theta_1,\theta_2,\cdots,\theta_k}(\hat{g}(X_1,X_2,\cdots,X_n))=g(\theta_1,\theta_2,\cdots,\theta_k), \tag{6.5}$$

则称 $\hat{g}$ 是 $g(\theta_1,\theta_2,\cdots,\theta_k)$ 的一个无偏估计量. ♣

注 由无偏性定义,

(1) 记号 E_θ 和 $E_{\theta_1,\theta_2,\cdots,\theta_k}$ 是指期望在给定参数 $\theta=(\theta_1,\theta_2,\cdots,\theta_k)$ 下计算的, 也就是在这组参数对应的分布 $F(x;\theta_1,\theta_2,\cdots,\theta_k)$ 下计算期望. 但是我们对参数空间 Θ 上的所有分布没有偏好, 每一个分布都有可能是产生当前样本的真实分布. 因此参数 θ 可以在定义域 Θ 中流动, 无偏性要求在任何一个参数下的期望值都是 $g(\theta_1,\theta_2,\cdots,\theta_k)$. 也就是说, 在每个可能的"真实"分布下估计量的期望值都是被估参数.

(2) 无偏性就是没有系统误差. 每次观测后得到 $g(\theta)\equiv g(\theta_1,\theta_2,\cdots,\theta_k)$ 的一个估计值, 可能比 g 大, 也可能比 g 小, 但是把这些正负误差在概率上平均起来, 其值为 0. 系统误差是指试验时独有的偏差, 不能通过多次测量消除. 例如体检人群在测量血压时, 由于体检时人群都会有点紧张, 所以在测量时会倾向于给出比平时血压高一些的值, 这个称为系统误差. 如果在平时测量血压, 由于操作或其他随机原因, 可能会给出高一点或低一点的值, 称为随机误差, 其均值为 0. 无偏性就是要求血压仪要调整好, 被测量者心态调整好, 没有系统误差. 而随机误差总是存在的, 所以无偏估计不是每次都给出正确无误的估计.

(3) 设独立重复 N 次观测, 得到样本 $\boldsymbol{X}_j=(X_1^{(j)},X_2^{(j)},\cdots,X_n^{(j)})$ 和 N 个估计 $\hat{g}(\boldsymbol{X}_j)$, $j=1,2,\cdots,N$. 根据强大数定律, $\dfrac{1}{N}\sum\limits_{j=1}^{N}\hat{g}(\boldsymbol{X}_j)$ 几乎在每个样本点上收敛于 $E(\hat{g}(\boldsymbol{X}))$. 无偏

性指出，当 N 充分大后，其估计的平均值以概率 1 收敛于 g.

例6.14 设总体分布的期望为 μ，由样本可以构造两个估计量：$\hat{\theta}_1=\overline{X},\hat{\theta}_2=\sum\limits_{i=1}^{n}\omega_iX_i$，其中 $\omega_i(i=1,2,\cdots,n)$ 为一组权（非负，和为 1）。问两个估计量是否为无偏估计？

解 由

$$E(\hat{\theta}_1)=E(\overline{X})=\mu,$$
$$E(\hat{\theta}_2)=E\left(\sum_{i=1}^{n}\omega_iX_i\right)=E\left(\sum_{i=1}^{n}\omega_i\mu\right)=\mu,$$

两个估计量都是无偏估计，所以无偏估计不是唯一的。当然就会想到这两个无偏估计哪个更优的问题。这是下面要讨论的问题。 □

从上面的例子中可以看出，无论总体是什么分布，只要期望存在，$\sum\limits_{i=1}^{n}\omega_iX_i$ 都是期望的无偏估计。例如正态总体的 μ，二项分布总体的 np，泊松分布总体的参数 λ，指数分布总体的 λ^{-1}，均匀分布总体 $U(0,\theta)$ 的 $\theta/2$ 等，都可以用 $\sum\limits_{i=1}^{n}\omega_iX_i$ 来估计，其中估计的特例是 $\omega_i=1/n,i=1,2,\cdots,n$，即样本均值。后面会看到样本均值在某种合理的标准下是最优的。

例6.15 设总体分布的方差为 σ^2，证明样本方差是 σ^2 的无偏估计。

证 注意到

$$\mathrm{Var}(\overline{X})=E(\overline{X}-\mu)^2=\frac{\sigma^2}{n},$$

由于

$$\begin{aligned}\sum_{i=1}^{n}(X_i-\overline{X})^2&=\sum_{i=1}^{n}[(X_i-\mu)-(\overline{X}-\mu)]^2\\&=\sum_{i=1}^{n}(X_i-\mu)^2+\sum_{i=1}^{n}(\overline{X}-\mu)^2-2\sum_{i=1}^{n}[(X_i-\mu)(\overline{X}-\mu)]\\&=\sum_{i=1}^{n}(X_i-\mu)^2+n(\overline{X}-\mu)^2-2(\overline{X}-\mu)\sum_{i=1}^{n}(X_i-\mu),\end{aligned}$$

两边取期望，再注意到样本方差等于 σ^2/n，我们有

$$\begin{aligned}E\left(\sum_{i=1}^{n}(X_i-\overline{X})^2\right)&=E\left(\sum_{i=1}^{n}(X_i-\mu)^2\right)+nE(\overline{X}-\mu)^2-2nE(\overline{X}-\mu)^2\\&=n\sigma^2+n\cdot\frac{\sigma^2}{n}-2n\cdot\frac{\sigma^2}{n}=(n-1)\sigma^2.\end{aligned}$$

所以，

$$E(S^2)=E\Big(\frac{1}{n-1}\sum_{i=1}^{n}(X_i-\overline{X})^2\Big)=\sigma^2.$$ ■

上式说明矩估计 (以及最大似然估计) m_2 不是 σ^2 的无偏估计. 它系统偏小, 需要修正, 即要乘系数 $n/(n-1)$ 才能得到无偏估计 S^2. 一般而言, 二阶以上的样本矩估计都不是总体矩的无偏估计, 都要作修正, 但是样本高阶矩的修正不是一件简单的事, 所以从无偏性的标准看, 矩估计有时候不是一个很好的估计. 不过矩估计方便, 不需要知道总体的分布, 所以在实际中经常使用.

注 (1) 这里要注意到样本方差中, 从表面看分子 $\sum_{i=1}^{n}(X_i-\overline{X})^2$ 是 n 个变量的平方和, 但是这 n 个变量并不独立. 容易看出 $\sum_{i=1}^{n}(X_i-\overline{X})=0$, 即这 n 个变量是线性相关的, 真正能独立变化的变量只有 $n-1$ 个. 我们称独立变量的个数为自由度, 所以在样本方差中的分母是自由度. 为什么会减少呢? 可以这样解释: 本来我们有 n 个独立变化的变量 $X_1,X_2,\cdots,X_n$, 但是由于 μ 不知道, 用 $\overline{X}$ 去估计它, 等于加了一个约束, 即减少了一个变量. 所以 $\sum_{i=1}^{n}(X_i-\overline{X})^2$ 中只有 $n-1$ 个独立变化的变量了.

(2) 由矩估计方法我们用样本标准差 S 来估计总体标准差 σ, 这也不是无偏估计. 因为

$$\sigma^2=E(S^2)=\operatorname{Var}(S)+[E(S)]^2\geqslant[E(S)]^2,$$

所以 $E(S)\leqslant\sigma$, 即系统偏小, 需要修正. 对正态分布而言, 用 χ^2 分布可以得到修正系数

$$c_n=\sqrt{\frac{n-1}{2}}\Gamma\left(\frac{n-1}{2}\right)\Big/\Gamma\left(\frac{n}{2}\right).$$

例 6.16 设总体分布服从 $U(0,\theta)$, 证明 θ 的最大似然估计 $\hat{\theta}_L=X_{(n)}$ 不是 θ 的无偏估计.

证 设 $X_{(n)}$ 的概率密度函数为 $f(x)$, 由例 5.6 知

$$f(x)=\frac{nx^{n-1}}{\theta^n}I_{(0,\theta)}(x),$$

$$E(\hat{\theta}_L)=E(X_{(n)})=\int_0^\theta\frac{nx^n}{\theta^n}\mathrm{d}x=\frac{n}{n+1}\theta.$$

由此看出 $\hat{\theta}_L=X_{(n)}$ 系统偏小, 作修正为 $\frac{n+1}{n}X_{(n)}$, 则其为 θ 的无偏估计. ■

注 设 $\hat{\theta}(X_1,X_2,\cdots,X_n)$ 是 θ 的一个点估计, 如果

$$\lim_{n\to\infty}E(\hat{\theta}(X_1,X_2,\cdots,X_n))=\theta,\quad\forall\,\theta\in\varTheta,$$

则称 $\hat{\theta}(X_1,X_2,\cdots,X_n)$ 是 θ 的一个渐近无偏估计.

由上面讨论易知, 样本矩是总体矩的渐近无偏估计.

例 6.17 设样本 $X\sim B(N,p)$, N 已知而 p 未知. 令 $g(p)=1/p$, 则参数 $g(p)$ 的无偏估计不存在.

证 采用反证法: 若不然, $g(p)$ 有无偏估计 $\hat{g}(X)$. 由于 X 只取 $0,1,\cdots,N$ 这些值, 令 $\hat{g}(X)$ 的取值用 $\hat{g}(i)=a_i(i=0,1,\cdots,N)$ 表示. 由 $\hat{g}(X)$ 的无偏性, 应有

$$E_p(\hat{g}(X))=\sum_{i=0}^{N}a_i\binom{N}{i}p^i(1-p)^{N-i}=\frac{1}{p},\quad 0<p<1.$$

于是有

$$\sum_{i=0}^{N}a_i\binom{N}{i}p^{i+1}(1-p)^{N-i}-1=0,\quad 0<p<1.$$

但上式左端是 p 的 $N+1$ 次多项式, 它最多在 $(0,1)$ 区间有 $N+1$ 个实根, 可无偏性要求对 $(0,1)$ 中的任一实数 p 上式都成立. 这个矛盾说明 $g(p)=1/p$ 的无偏估计不存在. ∎

此例说明无偏估计不总是存在的.

6.4.2 最小方差无偏估计

从前一小节可以看到, 一个参数的无偏估计往往不止一个, 我们希望能从这些无偏估计中找一个最优的. 这有两个问题, 一是优良性标准, 二是在已定标准下, 如何找到最优的估计. 如何找到最优估计的内容已超出本课程范围, 所以我们主要讨论在给定优良性标准下的一些内容.

关于优良性标准, 直观上我们希望一个优良的估计量 $\hat{\theta}$ 偏差要小, 波动也不能太大. 在此要求下的标准可以用 $\mathrm{MSE}_\theta(\hat{\theta})=E_\theta(\hat{\theta}(X_1,X_2,\cdots,X_n)-\theta)^2$ 来衡量, 其值越小越好. 这个标准称为均方误差 (误差平方的平均), 它兼顾了偏差和波动. 当然, 也可用平均绝对误差

$$\mathrm{MAD}_\theta(\hat{\theta})=E_\theta\left(\left|\hat{\theta}(X_1,X_2,\cdots,X_n)-\theta\right|\right)$$

作为标准, 但是正如在方差那里相同的考虑, 即平均绝对误差在计算上不易处理, 而平方能展开, 数学上便于处理, 所以在实际应用时均方误差用得较多. 由于总体分布类 $\{F(x,\theta),\theta\in\Theta\}$ 中的每个分布都可能是生成样本的"真实"总体分布, 因此一个最优估计应该在每个参数 θ 对应的总体分布下均方误差都是最小的, 也就是说在参数空间 Θ 上一致最优. 但这种估计通常不存在, 原因在于可能的估计太宽泛了. 从直观上想, 在一个大的估计量的类中找一致最优的估计不存在, 那就把估计量的类缩小, 就有可能存在一致最优的估计量.

注意均方误差

$$\mathrm{MSE}_\theta(\hat{\theta})=\mathrm{Var}_\theta(\hat{\theta})+[E_\theta(\hat{\theta})-\theta]^2,$$

即均方误差由两部分组成, 第一部分是波动, 第二部分是偏差. 如果是无偏估计, 则第二部分为 0, 此时

$$\mathrm{MSE}_\theta(\hat{\theta})=\mathrm{Var}_\theta(\hat{\theta}).$$

这说明如果仅在无偏估计中比较, 并采用均方误差准则, 那么两个无偏估计的比较就是看谁的方差小.

定义 6.3　有效性

设 $\hat{\theta}_1, \hat{\theta}_2$ 都是总体参数 θ 的无偏估计, 方差存在, 若

$$\mathrm{Var}_\theta(\hat{\theta}_1) \leqslant \mathrm{Var}_\theta(\hat{\theta}_2), \quad \forall \theta \in \Theta \tag{6.6}$$

且至少存在一个 θ, 使上式不等号成立, 则称 $\hat{\theta}_1$ 比 $\hat{\theta}_2$ 更有效. ♣

例 6.18 设总体分布的均值为 μ, 方差为 σ^2. 现在用 $\hat{\theta}_1 = \overline{X}$ 和 $\hat{\theta}_2 = \sum\limits_{i=1}^n \omega_i X_i$ 来估计 μ, 其中 $\sum\limits_{i=1}^n \omega_i = 1, \omega_i \geqslant 0$, 哪个更有效?

解 由计算独立随机变量和的方差公式可以得到

$$\mathrm{Var}(\overline{X}) = \frac{\sigma^2}{n}, \quad \mathrm{Var}\Big(\sum_{i=1}^n \omega_i X_i\Big) = \Big(\sum_{i=1}^n \omega_i^2\Big)\sigma^2,$$

由于算术平均值的平方不超过平方的平均值, 即

$$\frac{1}{n}\sum_{i=1}^n \omega_i^2 \geqslant \Big(\frac{1}{n}\sum_{i=1}^n \omega_i\Big)^2 = \frac{1}{n^2},$$

从而

$$\mathrm{Var}\Big(\sum_{i=1}^n \omega_i X_i\Big) \geqslant \mathrm{Var}(\overline{X}),$$

即算术平均比加权平均更有效. 其实, 我们都会想到用算术平均, 因为抽到的每个个体是平等的, 不可能第 i 个数据比第 j 个数据重要, 所以等权是合理的, 加权平均等于说加大权的数据更重要. 其次, 上面的不等式也告诉我们算术平均的方差最小. □

例 6.19 设总体分布服从 $U(0, \theta)$, 试比较 θ 的矩估计 $\hat{\theta}_M = 2\overline{X}$ 和修正的最大似然估计 $\hat{\theta}_L = \dfrac{n+1}{n} X_{(n)}$ 的有效性.

解 由前面例题, 对 $(0, \theta)$ 上的均匀分布, 有

$$\begin{aligned}
&E(\hat{\theta}_M) = 2E(\overline{X}) = \theta, \quad \mathrm{Var}(\hat{\theta}_M) = 4\frac{\theta^2}{12n} = \frac{\theta^2}{3n}, \\
&E(\hat{\theta}_L) = \frac{n+1}{n} E(X_{(n)}) = \theta, \\
&E(X_{(n)}^2) = \int_0^\theta x^2 \frac{n x^{n-1}}{\theta^n} \mathrm{d}x = \frac{n}{n+2}\theta^2,
\end{aligned}$$

所以 $\hat{\theta}_L$ 的方差为

$$\begin{aligned}\mathrm{Var}(\hat{\theta}_L) &= \left(\frac{n+1}{n}\right)^2 E(X_{(n)}^2) - [E(\hat{\theta}_L)]^2 \\ &= \frac{(n+1)^2}{n^2}\frac{n}{n+2}\theta^2 - \theta^2 = \frac{1}{n(n+2)}\theta^2.\end{aligned}$$

当 $n > 1$ 时, $n(n+2) > 3n$ 对一切 θ 都成立, 所以 $\hat{\theta}_L$ 比 $\hat{\theta}_M$ 更有效. □

例 **6.20** 设总体分布 $X \sim P(\lambda)$, 由于 $E(X) = \lambda, \mathrm{Var}(X) = \lambda$, 所以可以用样本均值 $\hat{\theta}_1 = \overline{X}$ 和样本方差 $\hat{\theta}_2 = S^2$ 来估计参数 λ. 哪个更有效一点?

解 容易知道, $\mathrm{Var}(\overline{X}) = \lambda/n$. 利用 $E(X-\lambda)^4 = 2\lambda^2 + \lambda$, 通过较为复杂的计算, 可以得到 $\mathrm{Var}(S^2) = \dfrac{2\lambda^2+\lambda}{n-1} + o(1/n)$, 所以 $\mathrm{Var}(\overline{X}) < \mathrm{Var}(S^2)$. 即用样本二阶矩来估计均值, 它的方差要比样本一阶矩大一点, 所以通常在矩估计中, 尽量使用低阶矩. □

例 **6.21** 设从总体

X	0	1	2	3
P	$\theta/2$	θ	$3\theta/2$	$1-3\theta$

抽取的一个简单样本 $X_1, X_2, \cdots, X_{10}$ 的样本值为 $(0,3,1,1,0,2,2,2,3,2)$,
(1) 求 θ 的矩估计量 $\hat{\theta}_M$ 和最大似然估计量 $\hat{\theta}_L$, 并求出估计值;
(2) 上述估计量是否为无偏的? 若不是, 请作修正;
(3) 比较修正后的两个估计量, 指出那个更有效.

解 (1) 显然 $0 < \theta < 1/3$, 由 $E(X) = 3 - 5\theta$, 因此矩估计为 $\hat{\theta}_M = (3 - \overline{X})/5$, 其中 $\overline{X} = (X_1 + X_2 + \cdots + X_{10})/10$, 代入样本值得估计值 $\hat{\theta}_M = 0.28$. 再由似然函数

$$L(\theta) = \prod_{i=1}^{10} P(X_i = x_i) = \left(\frac{\theta}{2}\right)^{n_0} \theta^{n_1} \left(\frac{3\theta}{2}\right)^{n_2} (1-3\theta)^{n_3} \propto \theta^{10-n_3}(1-3\theta)^{n_3},$$

其中 $n_k = \displaystyle\sum_{i=1}^{10} I(X_i = k), k = 0,1,2,3$. 最大化似然函数即得到最大似然估计 $\hat{\theta}_L = (10 - n_3)/30$, 代入样本值得到最大似然估计值为 $\hat{\theta}_L = 4/15 \approx 0.27$.

(2) 由于

$$E(\hat{\theta}_M) = \frac{3 - E(\overline{X})}{5} = \theta, \quad E(\hat{\theta}_L) = \frac{10 - E(n_3)}{30} = \theta,$$

这里注意 $n_3 \sim B(10, 1-3\theta)$. 因此两个估计均为无偏估计.

(3) 由于

$$\mathrm{Var}(\hat{\theta}_M) = \frac{\mathrm{Var}(\overline{X})}{25} = \frac{\mathrm{Var}(X)}{250} = \frac{\theta(2-5\theta)}{50},$$

而

$$\mathrm{Var}(\hat{\theta}_L) = \frac{\mathrm{Var}(n_3)}{900} = \frac{\theta(1-3\theta)}{30}.$$

显然 $\dfrac{\theta(2-5\theta)}{50} > \dfrac{\theta(1-3\theta)}{30}$, 因此 $\hat{\theta}_L$ 比 $\hat{\theta}_M$ 有效. □

由有效性定义, 我们自然地想到是否存在这样一个无偏估计, 它在所有无偏估计中具有最小的方差? 这样的估计是否存在? 如果存在, 如何找到它? 这个问题的详细讨论超出本课程范围, 下面仅作一点简单的讨论.

定义 6.4 最小方差无偏估计

设 $\hat{\theta}$ 是 $g(\theta)$ 的一个无偏估计, 若对 $g(\theta)$ 的任一无偏估计 $\hat{\theta}_1$, 都有

$$\mathrm{Var}_\theta(\hat{\theta}) \leqslant \mathrm{Var}_\theta(\hat{\theta}_1), \quad \forall \theta \in \Theta,$$

则称 $\hat{\theta}$ 是 $g(\theta)$ 的一个最小方差无偏估计(minimum variance unbiased estimate, 简称 MVUE) ♣

6.4.3 克拉默–拉奥方差下界

上一小节讨论了两个无偏估计的优劣性问题. 也提到了最小方差无偏估计, 即在 θ 的所有无偏估计中方差最小的那个估计. 问题是如何寻找? 1945—1946 年克拉默 (Harald Cramér, 1893—1985) 和拉奥独立得到了无偏估计量的方差下界. 从几何的观点看, 简单来说就是直角三角形的斜边长的平方大于等于直角边长的平方. 为此, 我们引入一个内积线性空间: 设 $\boldsymbol{X} = (X_1, X_2, \cdots, X_n)$ 是从具有概率密度函数 $f(x,\theta), \theta \in \Theta \subset \mathbb{R}$ 的总体中抽取的一个简单样本. 对任意给定的 $\theta \in \Theta$, 令

$$\mathcal{L}_{2,\theta}(\boldsymbol{X}) = \{h(\boldsymbol{X}) : h\text{为任意可测函数}, E_\theta(h^2(\boldsymbol{X})) < \infty\},$$

并对任意的 $Z, Y \in \mathcal{L}_{2,\theta}(\boldsymbol{X})$, 定义内积为 $\langle Z, Y\rangle = \mathrm{Cov}_\theta(Z, Y)$. 则容易验证 $\mathcal{L}_{2,\theta}(\boldsymbol{X})$ 是内积线性空间. 在内积线性空间中, 元素 b 在元素 a 上的投影为 $\langle b,a\rangle\|a\|^{-2}a$, 长度平方为 $\langle b,a\rangle^2\|a\|^{-2}$, 显然斜边长的平方大于等于直角边长的平方, 即 $\|b\|^2 \geqslant \langle b,a\rangle^2\|a\|^{-2}$, 其中 $\|a\|^2 = \langle a,a\rangle$. 在我们上面定义的内积线性空间中, 内积是协方差, 元素长度平方是随机变量的方差.

记 $\hat{g}(\boldsymbol{X})$ 为待估参数 $g(\theta)$ 的任一方差有限的无偏估计, 则显然有 $\hat{g}(\boldsymbol{X}) \in \mathcal{L}_{2,\theta}$.

令

$$S(\boldsymbol{X},\theta) = \frac{\partial \ln f(\boldsymbol{X}|\theta)}{\partial\theta} = \sum_{i=1}^{n} \frac{\partial \ln f(X_i;\theta)}{\partial\theta},$$

其中 $f(\boldsymbol{x}|\theta)=\prod_{i=1}^{n} f(x_i;\theta)$ 为样本的联合概率密度函数. 容易验证在一些正则性 (指对一切可能的 $\theta\in\Theta$, $\{x: f(x,\theta)>0\}$ 与 θ 无关, 对 θ 求导与积分号可交换, 涉及的函数可导和存在等) 条件下, 有

$$E_\theta(S(\boldsymbol{X},\theta))=0,$$

$$\mathrm{Var}_\theta(S(\boldsymbol{X},\theta))=n\int_{-\infty}^{\infty}\left[\frac{\partial f(x;\theta)}{\partial\theta}\bigg/ f(x;\theta)\right]^2 f(x;\theta)\mathrm{d}x\equiv nI(\theta)<\infty,$$

因此 $S(\boldsymbol{X},\theta)\in\mathcal{L}_{2,\theta}$. 从而

$$\begin{aligned}\langle\hat{g}(\boldsymbol{X}),S(\boldsymbol{X},\theta)\rangle&=\mathrm{Cov}_\theta(\hat{g}(\boldsymbol{X}),S(\boldsymbol{X},\theta))=E(\hat{g}(\boldsymbol{X})S(\boldsymbol{X},\theta))\\&=\int\hat{g}(\boldsymbol{x})\frac{\partial\ln f(\boldsymbol{x}|\theta)}{\partial\theta}f(\boldsymbol{x}|\theta)\mathrm{d}\boldsymbol{x}\\&=\frac{\partial}{\partial\theta}\int\hat{g}(\boldsymbol{x})f(\boldsymbol{x}|\theta)\mathrm{d}\boldsymbol{x}=g'(\theta).\end{aligned}$$

在内积线性空间 $\mathcal{L}_{2,\theta}$ 中, $\hat{g}(\boldsymbol{X})$ 在 $S(\boldsymbol{X},\theta)$ 上的投影

$$\begin{aligned}\hat{E}(\hat{g}|S(\boldsymbol{X},\theta))&=\langle\hat{g}(\boldsymbol{X}),S(\boldsymbol{X},\theta)\rangle\|S(\boldsymbol{X},\theta)\|^{-2}S(\boldsymbol{X},\theta)\\&=\mathrm{Cov}_\theta(\hat{g}(\boldsymbol{X}),S(\boldsymbol{X},\theta))[\mathrm{Var}(S(\boldsymbol{X},\theta))]^{-1}S(\boldsymbol{X},\theta)\\&=g'(\theta)[nI(\theta)]^{-1}S(\boldsymbol{X},\theta),\end{aligned}\tag{6.7}$$

所以根据直角三角形斜边的平方大于直角边的平方 (如图 6.2 所示), 有

$$\|\hat{g}(\boldsymbol{X})-g(\theta)\|^2\geqslant\|\hat{E}(\hat{g}|S(\boldsymbol{X},\theta))\|^2.$$

等号成立表示 $\hat{g}(\boldsymbol{X})-g(\theta)$ 与 $\hat{E}(\hat{g}|S(\boldsymbol{X},\theta))$ 重合. 因此

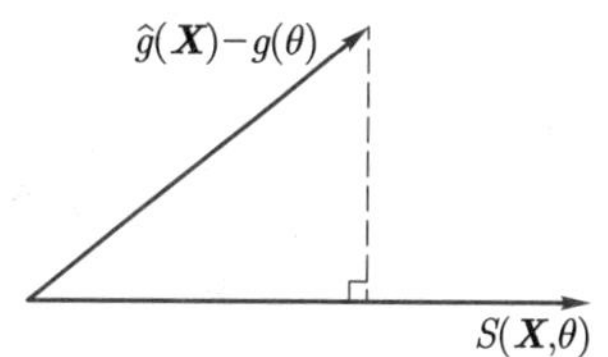

图 6.2 克拉默–拉奥方差下界

命题 6.1 克拉默–拉奥方差下界

对 $g(\theta)$ 的任一无偏估计 $\hat{g}(\boldsymbol{X})$, 在正则条件下有

$$\mathrm{Var}_\theta(\hat{g}(\boldsymbol{X}))\geqslant(g'(\theta))^2[nI(\theta)]^{-1}.\tag{6.8}$$

这就是克拉默–拉奥方差下界. ♠

利用第四章协方差性质 (4)(b) 中的柯西–施瓦茨不等式 $[\mathrm{Cov}(X,Y)]^2\leqslant\mathrm{Var}(X)\mathrm{Var}(Y)$, 可知

$$[\mathrm{Cov}(\hat{g}(\boldsymbol{X}),S(\boldsymbol{X},\theta))]^2\leqslant\mathrm{Var}(S(\boldsymbol{X},\theta))\mathrm{Var}(\hat{g}(\boldsymbol{X})),$$

移项就直接得到克拉默–拉奥方差下界. 我们这里用投影的推导给出了一个直观的几何解释.

注 在克拉默–拉奥方差下界中,

(1) 由 (6.7) 式, $g(\theta)$ 的任一无偏估计 $\hat{g}(\boldsymbol{X})$ 在 $S(\boldsymbol{X},\theta)$ 上的投影是相同的, 因此任一无偏估计的长度平方 (即方差) 都大于等于投影长度的平方 $(g'(\theta))^2[nI(\theta)]^{-1}$. 而这个下界不一定能达到. 若达到了克拉默–拉奥方差下界, 则 $g(\boldsymbol{X})$ 一定是 MVUE.

(2) $I(\theta)=E\left(\dfrac{\partial\ln f(X;\theta)}{\partial\theta}\right)^2$ 称为费希尔信息函数, 它表达了样本量为 1 的样本中关于参数 θ 信息量的大小, 而 $nI(\theta)$ 则表示了样本量为 n 的样本中关于 θ 信息量的大小. 从这可以看出, $I(\theta)$ 越大, 方差下界越小, 意味参数 θ 越容易被估计准确, 样本量 n 越大, 参数被准确估计的概率越大.

(3) 一个无偏估计量能否达到克拉默–拉奥方差下界必须满足一定的条件, 这点不是本课程的重点, 所以略去了正则性条件的验证. 由第一点注意可知, 一般不容易达到.

(4) 若参数为 $(\theta_1,\theta_2,\cdots,\theta_k)$, 即参数为向量, 则由 (6.7) 式也可以推出相关的公式.

例 6.22 设 $(X_1,X_2,\cdots,X_n)$ 是从总体 $N(\mu,\sigma^2)$ 中抽取的一个样本, 其中 σ^2 已知. 对 μ 作点估计.

解 这里概率密度函数为

$$f(x;\mu)=(\sqrt{2\pi}\sigma)^{-1}\exp\Big\{-\frac{1}{2\sigma^2}(x-\mu)^2\Big\},$$

所以

$$\begin{aligned}I(\mu)&=(\sqrt{2\pi}\sigma)^{-1}\int_{-\infty}^{\infty}\frac{1}{\sigma^4}(x-\mu)^2\exp\Big\{-\frac{1}{2\sigma^2}(x-\mu)^2\Big\}\mathrm{d}x\\&=\frac{1}{\sigma^4}\sigma^2=\frac{1}{\sigma^2}.\end{aligned}$$

由克拉默–拉奥方差下界不等式, 任一 μ 的无偏估计量的方差不能小于 σ^2/n, 而 $\overline{X}$ 是 μ 的无偏估计, 方差恰为 σ^2/n, 故 $\overline{X}$ 是 μ 的 MVUE.

当 σ^2 未知时 $\overline{X}$ 仍是 μ 的无偏估计. 也可类似算出当 μ 已知时, $n^{-1}\sum\limits_{i=1}^{n}(X_i-\mu)^2$ 是 σ^2 的 MVUE. □

例 6.23 设总体服从指数分布 $Exp(\lambda)$, 问 λ^{-1} 的无偏估计 $\overline{X}$ 是否为 MVUE?

解 指数分布的信息函数 $I(\lambda)$ 为

$$I(\lambda)=\int_0^{\infty}\left(x-\frac{1}{\lambda}\right)^2\lambda\mathrm{e}^{-\lambda x}\mathrm{d}x=\lambda^{-2},$$

这里 $g(\lambda)=\lambda^{-1}, g'(\lambda)=\lambda^{-2}$, 所以样本量为 n 的克拉默–拉奥方差下界为

$$\frac{[g'(\lambda)]^2}{nI(\lambda)}=\frac{1}{n\lambda^2},$$

而 $\operatorname{Var}(\overline{X})=\dfrac{1}{n\lambda^2}$, 所以无偏估计 $\operatorname{Var}(\overline{X})$ 是总体期望 λ^{-1} 的 MVUE. □

例 6.24 设总体分布服从 $U(0,\theta)$, 前面已经给出矩估计 $2\overline{X}$ 和修正的最大似然估计 $\dfrac{n+1}{n}X_{(n)}$, 它们都是无偏估计, 但是

$$\operatorname{Var}\left(\frac{n+1}{n}X_{(n)}\right)<\operatorname{Var}(2\overline{X}).$$

那么 $\dfrac{n+1}{n}X_{(n)}$ 是否为 MVUE? 由于似然函数 $L(x,\theta)$ 不是 θ 的连续函数, 在 $\theta=x$ 处有间断, 所以导数在 $\theta=x$ 处不存在, 无法用克拉默–拉奥方差下界来判断. 可以证明 $\dfrac{n+1}{n}X_{(n)}$ 是 MVUE, 但是证明超出本课程范围了.

例 6.25 设 $X_1,X_2,\cdots,X_n$ 为来自二项分布 $B(N,p)$ 的一组简单样本, 问 p 的无偏估计 $\overline{X}/N$ 是否为 MVUE?

解 二项分布 $B(N,p)$ 的概率质量函数为

$$f(x,p)=\binom{N}{x}p^x(1-p)^{N-x},\quad x=0,1,\cdots,N.$$

所以

$$\ln f(X;p)=\ln\binom{N}{X}+X\ln p+(N-X)\ln(1-p),$$

$$\begin{aligned}I(p)&=E\left(\frac{\partial\ln f}{\partial p}\right)^2=E\left(\frac{X}{p}-\frac{N-X}{1-p}\right)^2\\&=E\left(\frac{X-Np}{p(1-p)}\right)^2=\frac{Np(1-p)}{p^2(1-p)^2}=\frac{N}{p(1-p)},\end{aligned}$$

$$\operatorname{Var}\left(\frac{\overline{X}}{N}\right)=\frac{1}{N^2}\operatorname{Var}(\overline{X})=\frac{1}{N^2}\frac{Np(1-p)}{n}=\frac{p(1-p)}{nN},$$

即 p 的无偏估计 $\overline{X}/N$ 的方差达到了克拉默–拉奥方差下界, 所以 $\overline{X}/N$ 是 p 的 MVUE. 当 $N=1$ 时, 即用频率来估计概率, 频率是概率 p 的 MVUE. □

6.5 点估计量的大样本理论

当样本量 $n\to\infty$ 时点估计量的性质称为大样本性质. 大样本性质只有在样本量趋于无穷时才有意义. 与此同时, **估计量在样本量固定时的性质称为小样本性质**. 所以大样本性质和小样本性质的差别不在于样本量的多少, 而在于讨论其性质时样本量是固定的还是趋于无穷的 (动态的).

关于估计量或一般统计量的大样本性质的讨论构成了数理统计学的一个非常重要的部分，称为大样本统计理论. 近几十年来得到了很大的发展，成为第二次世界大战后数理统计快速发展的特点之一. 有些统计分支，如非参数统计，其中大样本理论占据了主导地位 (陈希孺 等, 1988). 我们在这里仅仅提出估计量的相合性和渐近正态性的定义，这两点也是估计量优良性的一种准则，具体就不展开了.

在讨论估计量的大样本性质中，相合性是一个重要的基础准则.

定义 6.5　相合性

设 $\hat{\theta}(X_1, X_2, \cdots, X_n)$ 是参数 θ 的一个点估计，若当样本量 $n \to \infty$ 时有

$$\hat{\theta}(X_1, X_2, \cdots, X_n) \xrightarrow{P} \theta, \tag{6.9}$$

则称 $\hat{\theta}(X_1, X_2, \cdots, X_n)$ 是 θ 的一个 (弱) 相合估计量 (consistent estimator). ♣

由于 θ 一般都是未知的，因此在定义 6.5 中，依概率收敛要对一切可能的参数 θ 都成立. 直观上，相合性就是当样本量趋于无穷时，估计量依概率收敛于参数 θ，即只能在 θ 附近作越来越小的摆动，这称为相合性，也称为一致性.

相合性是对一个估计量的基本要求. 若一个估计量没有相合性，则无论样本量多大，我们也不能把未知参数估计到任意精度. 这种估计量显然是不可取的.

例**6.26** 证明 $m_2 = \dfrac{1}{n}\sum\limits_{i=1}^{n}(X_i - \overline{X})^2$ 是总体方差 σ^2 的相合估计.

证 由大数定律，当 $n \to \infty$ 时，

$$m_2 = \frac{1}{n}\sum_{i=1}^{n} X_i^2 - \overline{X}^2 \xrightarrow{P} E(X^2) - [E(X)]^2 = \sigma^2. \qquad \blacksquare$$

例**6.27**(例 6.10 续) 设总体分布服从 $U(0, \theta)$，证明 θ 的最大似然估计 $\hat{\theta}_L = X_{(n)}$ 是 θ 的相合估计.

证 由于对 $\varepsilon > 0$ 有

$$P(|\hat{\theta}_L - \theta| > \varepsilon) = \int_0^{\theta-\varepsilon} \frac{nt^{n-1}}{\theta^n}\mathrm{d}t = \left(1 - \frac{\varepsilon}{\theta}\right)^n \to 0, \quad n \to \infty.$$

因此 $\hat{\theta}_L$ 为 θ 的相合估计. ■

可以证明，矩估计是总体矩的相合估计. 一般而言，最大似然估计也是待估参数的相合估计.

点估计的大样本性质中另一个重要的准则是其分布极限的特点，称为渐近正态性.

定义 6.6 渐近正态性

设 $\hat{\theta}(X_1, X_2, \cdots, X_n)$ 是参数 θ 的一个点估计, 设它的方差存在, 记

$$\mathrm{Var}_\theta(\hat{\theta}(X_1, X_2, \cdots, X_n)) = \sigma_n^2(\theta),$$

若当样本量 $n \to \infty$ 时有

$$\lim_{n\to\infty} P\left(\frac{\hat{\theta}(X_1, X_2, \cdots, X_n) - \theta}{\sigma_n(\theta)} \leqslant x\right) = \varPhi(x), \quad \forall\, x \in \mathbb{R}, \tag{6.10}$$

则称估计量 $\hat{\theta}(X_1, X_2, \cdots, X_n)$ 有渐近正态性. ♣

根据依分布收敛的定义, 渐近正态性定义 6.6 也常常记为

$$(\hat{\theta}(X_1, X_2, \cdots, X_n) - \theta)/\sigma_n(\theta) \xrightarrow{\mathcal{L}} N(0, 1).$$

估计量 $\hat{\theta}(X_1, X_2, \cdots, X_n)$ 是否具有渐近正态性是其优良性的一个重要标志, 因为一般而言 $\hat{\theta}$ 的分布很难得到, 而我们在作统计推断 (区间估计和假设检验) 时要以估计量的分布为基础. 渐近正态性提供了估计量 $\hat{\theta}$ 的一个近似分布, 利用它我们才能完成相关的统计推断.

在一般条件下, 矩估计和最大似然估计都有渐近正态性, 例如总体均值 μ 的点估计 $\overline{X}_n$, 由林德伯格–莱维中心极限定理, 我们有

$$\sqrt{n}(\overline{X}_n - \mu)/\sigma \xrightarrow{\mathcal{L}} N(0, 1).$$

例 6.28 设 $X_1, X_2, \cdots, X_n$ 为来自总体 F 的一组简单随机样本, 设总体 F 期望和方差分别为 μ 和 σ^2. 则易知样本均值 $\overline{X}$ 和样本方差 S_n^2 分别为 μ 和 σ^2 的相合估计, 且有

$$\sqrt{n}(\overline{X}_n - \mu)/S_n \xrightarrow{\mathcal{L}} N(0, 1).$$

对于参数函数 $g(\theta)$ 估计量的相合性和渐近正态性也可以作类似的考虑 (陈希孺等, 1998).

6.6 扩展阅读: 德军坦克问题

在二战时期, 首先出现在意大利的德军五号坦克 (豹式坦克) 因其速度快, 装备有 75 mm L70 长管战车炮, 对盟军造成了很大的损失. 美军的谢尔曼坦克对阵德军的三号和四号坦克表现不俗, 但不敌德军五号坦克, 需要多辆谢尔曼坦克才能击败一辆德军五号坦克. 就在诺曼底登陆不久前, 有消息称德军有大量的五号坦克. 为了确定这种说法的真实性, 盟军需要估计德军生产该五号坦克的数量. 具体有两种不同的做法: 第一种是使用传统的情报窃取, 第二种是使用统计学的方法来进行估计. 盟军最初通过间谍、解码和逼供等传统手段收集信息, 得出

的结论是从 1940 年 6 月到 1942 年 9 月每月生产 1 400 辆坦克. 但这个数字显然与事实不符, 因为在长达 8 个月的斯大林格勒战役中轴心国使用了 1 200 辆坦克, 也就是说 1 400 的数字高得离谱. 最终盟军找到了关键线索: 序列号. 盟军发现每辆被俘坦克上都有一个独一无二的序列号. 通过仔细观察, 他们发现从这些序列号可以推算出坦克的生产量. 这些序列号主要是变速箱的号码. 假设坦克是按从 1 到 N 顺序生产的, 那么如何使用统计方法估算坦克总数呢?

统计估计方法

在这个问题中, 我们观测到 k 辆坦克. 直观上可以使用观测到的最大序列号 m 来估计 N. 这是因为在 N 辆坦克中随机抽查 k 辆, 记观测到最大序列号为 $X_{(k)}$, 则 $\{X_{(k)}=m\}$ 的概率为

$$P(X_{(k)}=m)=\binom{m-1}{k-1}\Big/\binom{N}{k}.$$

给定总数 N 和样本量 k, 则

$$E(X_{(k)})=\mu=\sum_{m=k}^{N} m\binom{m-1}{k-1}\Big/\binom{N}{k}=\frac{k(N+1)}{k+1}.$$

因此, 可以得到

$$N=\mu(1+k^{-1})-1.$$

于是由矩估计方法可知 N 的矩估计量为

$$\hat{N}=X_{(k)}(1+k^{-1})-1=m(1+k^{-1})-1.$$

可以证明, $\hat{N}$ 是 N 的最小方差无偏估计, 其方差为

$$\mathrm{Var}(\hat{N})=(1+k^{-1})^2\mathrm{Var}(X_{(k)})=\frac{1}{k}\frac{(N-k)(N+1)}{k+2}\approx\frac{N^2}{k^2},\quad k\ll N.$$

从而标准差约为 N/k.

模拟研究

统计方法得到的估计量有多好呢? 我们通过蒙特卡罗随机模拟来说明. 考虑 N 从 100 到 10^6, 我们随机观测到 $k=20$ 个数, 分别计算样本最大值 m, 估计值 $\hat{N}$ 和估计的偏差等量. 最后通过图示来展示结果. 重复此过程 50 次. 从图 6.3 可以看出, 预测值和真实值非常好地匹配在对角线附近. 那么残差是如何波动的呢? 很明显, 在图 6.4 中, 残差随着 N 的增大而扩大. 注意到方差约为 N/k, 在上面的模拟研究中, 我们固定了 k, 而增加 N, 因此随着 N 增大, 自然方差越来越大, 相应地残差的波动也越来越大.

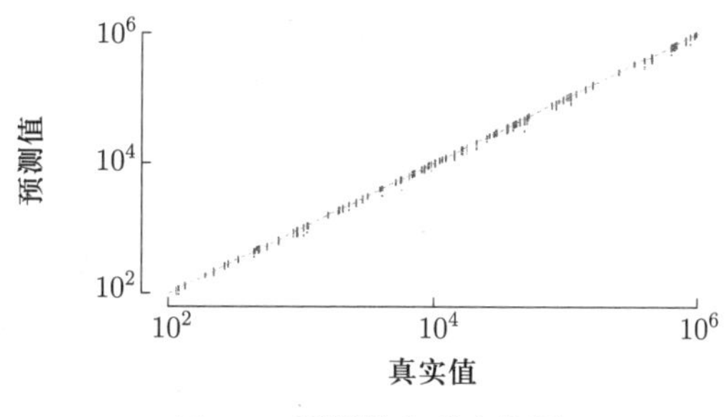

图 6.3　预测值和真实值图

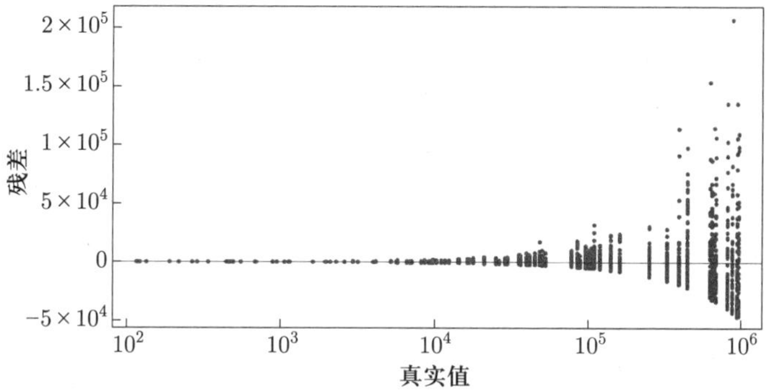

图 6.4　残差图

实验　扫描实验 18 的二维码进行德军坦克问题的模拟实验，观察不同样本最大值下预测值与真实值的关系.

实验 18　德军坦克问题

从这个例子中，我们可以看出统计方法非常有效地解决了这个棘手的问题. 使用统计方法来确定德军坦克的生产速度，得出的结论是：1940 年夏天到 1942 年秋天，德军每月生产 246 辆坦克. 而根据战后德军的内部数据，德军实际产量为 245 辆，只比估算值少一辆！那么本例中，如果使用最大似然估计法，那么会怎么样呢？

本章总结

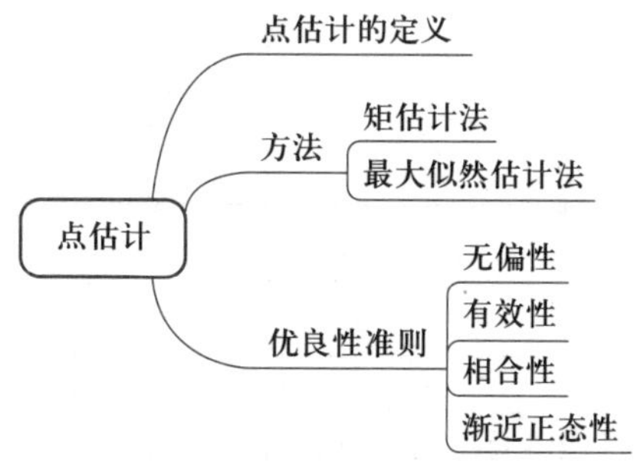

图 6.5　第六章知识点结构图

重点概念总结

- 统计推断有两大类, 一类是估计, 另一类是假设检验. 估计分为点估计和区间估计. 本章介绍了点估计的两种最常见的方法. 点估计涉及总体矩, 而最大似然估计涉及总体的密度函数.
- 参数函数 $g(\theta_1,\theta_2,\cdots,\theta_k)$ 的点估计为 $g(\hat{\theta}_1,\hat{\theta}_2,\cdots,\hat{\theta}_k)$, 其中 $\hat{\theta}_j$ 为参数 θ_j 的矩估计或最大似然估计. 所以求参数函数的点估计, 关键是得出参数本身的点估计.
- 估计量的无偏性是指估计量没有系统偏差, 并不是说构造的估计量的值就一定等于参数本身.
- 估计量的有效性是指两个无偏估计的方差哪个更小些, 而最小方差无偏估计是在参数空间内每个参数 θ 下该无偏估计比其他不同任意无偏估计的方差要小 (而且至少在 θ 的一个给定值上严格不等号成立).
- 克拉默–拉奥方差下界是在一系列条件下估计量才能达到的方差, 一般情况下无偏估计量的方差要高于这个值.
- 估计量的相合性和渐近正态性这类大样本性质是统计中关注的一种重要性质, 由于涉及的知识要求超出本书范围, 本书中没有进一步讨论, 并不是这两个性质不重要.

习 题

1. 设总体 X 的概率分布如下:

X	0	1	2	3
P	θ^2	$2\theta(1-\theta)$	θ^2	$1-2\theta$

其中 $0<\theta<1/2$ 为未知参数. 现从此总体中抽出一样本量为 100 的简单随机样本, 其中 0 出现了 10 次, 1 出现了 53 次, 2 出现了 16 次, 3 出现了 21 次. 试求 θ 的矩估计.

2. 设总体 X 的概率分布如下:

X	1	2	3
P	p_1	p_2	$1-p_1-p_2$

其中 $0<p_1,p_2<1$ 为未知参数. 现从此总体中抽出一样本量为 n 的简单随机样本, 其中 1 出现了 n_1 次, 2 出现了 n_2 次, 3 出现了 n_3 次. 试求 p 的矩估计.

3. 设 $(X_1, X_2, \cdots, X_n)$ 是总体 X 的一个简单随机样本, 试求总体 X 在具有下列概率质量函数时参数 θ 的矩估计:

(1) $p(x;\theta) = 1/\theta, \quad x = 0, 1, 2, \cdots, \theta - 1$, 其中 θ (正整数) 是未知参数;

(2) $p(x;\theta) = \dbinom{m}{x}\theta^x(1-\theta)^{m-x}, \quad x = 0, 1, \cdots, m;$

(3) $p(x;\theta) = (x-1)\theta^2(1-\theta)^{x-2}, \quad x = 2, 3, \cdots, 0 < \theta < 1;$

(4) $p(x;\theta) = -\theta^x/(x\ln(1-\theta)), \quad x = 1, 2, \cdots, 0 < \theta < 1;$

(5) $p(x;\theta) = \theta^x \mathrm{e}^{-\theta}/x!, \quad x = 0, 1, 2, \cdots.$

4. 设 $(X_1, X_2, \cdots, X_n)$ 是总体 X 的一个简单随机样本, 试求总体 X 在具有下列概率密度函数时参数 θ 的矩估计:

(1) $f(x;\theta) = \begin{cases} 2(\theta - x)/\theta^2, & 0 < x < \theta, \\ 0, & \text{其他}; \end{cases}$

(2) $f(x;\theta) = \begin{cases} (\theta+1)x^\theta, & 0 < x < 1, \theta > 0, \\ 0, & \text{其他}; \end{cases}$

(3) $f(x;\theta) = \begin{cases} \sqrt{\theta}x^{\sqrt{\theta}-1}, & 0 < x < 1, \theta > 0, \\ 0, & \text{其他}; \end{cases}$

(4) $f(x;\theta) = \begin{cases} \theta\, c^\theta/x^{(\theta+1)}, & x > c\ (c > 0 \text{ 已知}), \theta > 1, \\ 0, & \text{其他}; \end{cases}$

(5) $f(x;\theta) = \begin{cases} 6x(\theta - x)/\theta^3, & 0 < x < \theta, \\ 0, & \text{其他}; \end{cases}$

(6) $f(x;\theta) = \begin{cases} \theta^2 x^{-3}\mathrm{e}^{-\theta/x}, & x > 0,\ \theta > 0, \\ 0, & \text{其他}. \end{cases}$

5. 总体 X 的概率密度函数为

$$f(x) = \begin{cases} \dfrac{4x^2}{\theta^3\sqrt{\pi}}\mathrm{e}^{-x^2/\theta^2}, & x \geqslant 0, \\ 0, & \text{其他}. \end{cases}$$

设 $(X_1, X_2, \cdots, X_n)$ 是来自总体 X 的简单随机样本.

(1) 求 θ 的矩估计量 $\hat{\theta}$;

(2) 求 $\hat{\theta}$ 的方差.

6. 设 $Y = \mathrm{e}^X$, 其中 $X \sim N(\mu, \sigma^2)$, 求 $E(Y)$ 和 $\mathrm{Var}(Y)$ 的矩估计.

7. 设 $(X_1, X_2, \cdots, X_n)$ 是来自正态总体 $N(0, \sigma^2)$ 的样本, 求 σ 的矩估计:

(1) 利用 $E(|X_1|)=\sqrt{\dfrac{2}{\pi}}\sigma$;　(2) 利用 $\sigma=\sqrt{\operatorname{Var}(X_1)}$.

8. 总体 X 的概率密度函数为

$$f(x)=\begin{cases}\dfrac{1}{2\theta}, & 0<x<\theta,\\ \dfrac{1}{2(1-\theta)}, & \theta\leqslant x<1,\\ 0, & \text{其他}.\end{cases}$$

$(X_1,X_2,\cdots,X_n)$ 是来自总体 X 的简单随机样本, $\overline{X}$ 为样本平均值.

(1) 求 θ 的矩估计量 $\hat{\theta}$;

(2) 判断 $4\overline{X}^2$ 是否为 θ^2 的无偏估计量, 并说明理由.

9. 假设如第 2 题, 并假定 $p_2=2p_1=2p$. 记 p 的矩估计为 $\hat{p}$, 现定义

$$\hat{p}_1=\frac{n_1}{n},\ \ \hat{p}_2=\frac{n_2}{2n},\ \ \hat{p}_3=\frac{1}{3}\Big(1-\frac{n_3}{n}\Big).$$

试验证它们的无偏性并确定何者的方差最小.

10. 设总体 X 的概率分布为

X	1	2	3
P	$1-\theta$	$\theta-\theta^2$	θ^2

其中 $\theta\in(0,1)$ 未知, 以 N_i 表示来自总体 X 的简单随机样本 (样本量为 n) 中等于 i 的个数 $(i=1,2,3)$, 试求常数 a_1,a_2,a_3, 使得 $T=\sum\limits_{i=1}^{3}a_iN_i$ 为 θ 的无偏估计量, 并求 T 的方差.

11. 设 $(X_1,X_2,\cdots,X_n)$ 是来自总体 X 的样本, 总体 X 的概率密度函数为

$$f(x;\theta)=\begin{cases}1, & \theta-1/2\leqslant x\leqslant\theta+1/2,\\ 0, & \text{其他},\end{cases}\qquad -\infty<\theta<\infty.$$

试问样本均值 $\overline{X}$ 及 $\max\limits_{1\leqslant i\leqslant n}X_i$ 是否都是 θ 的无偏估计? 若不是则将其修正为无偏估计. 问修正后的无偏估计何者更有效?

12. 设 X_1,X_2,X_3 是来自均匀分布总体 $U(0,\theta)$ 的样本, $\theta>0$ 为参数. 试证 $\dfrac{4}{3}\max\limits_{1\leqslant i\leqslant 3}X_i$ 及 $4\min\limits_{1\leqslant i\leqslant 3}X_i$ 都是 θ 的无偏估计量, 哪个更有效?

13.* 设 $(X_1,X_2,\cdots,X_n)$ 是来自总体 $U(0,\theta)$ 的一个样本. 证明:

(1) $\hat{\theta}_1 = \max\{X_1, X_2, \cdots, X_n\} + \min\{X_1, X_2, \cdots, X_n\}$ 是 θ 的一个无偏估计;

(2) 对适当选取的常数 C_n, $\hat{\theta}_2 = C_n \min\{X_1, X_2, \cdots, X_n\}$ 是 θ 的一个无偏估计;

(3) 计算 $\hat{\theta}_2$ 的方差, 并与 $\hat{\theta}_3 = \overline{X}, \hat{\theta}_4 = \dfrac{n+1}{n}\max\{X_1, X_2, \cdots, X_n\}$ 的方差作比较.

14.* 设 $(X_1, X_2, \cdots, X_n)$ 是来自总体 $N(\mu, \sigma^2)$ 的样本, 已知 $\hat{\theta}_1 = \dfrac{1}{n-1}\sum\limits_{i=1}^{n}(X_i - \overline{X})^2$ 为 σ^2 的无偏估计. 证明 $\hat{\theta}_2 = \dfrac{n-1}{n+1}\hat{\theta}_1$ 虽然不是 σ^2 的无偏估计, 但是 $\hat{\theta}_2$ 的均方误差较小, 即 $E(\hat{\theta}_2 - \sigma^2)^2 < E(\hat{\theta}_1 - \sigma^2)^2$. 这说明无偏估计不一定是最好的选择.

15.* 设 $(X_1, X_2, \cdots, X_n)$ 是来自总体 $F(x;\theta)$ 的样本, 估计量 $T(X_1, X_2, \cdots, X_n)$ 是参数函数 $q(\theta)$ 的无偏估计. 假设 $T \sim N(q(\theta), \sigma_T^2)$, 证明:

$$E(|T(X_1, X_2, \cdots, X_n) - q(\theta)|) = \sqrt{\frac{2}{\pi}}\sigma_T.$$

16. 设从均值为 μ, 方差为 σ^2 的总体中, 分别抽取样本量为 n_1, n_2, n_3 的三组独立简单随机样本. $\overline{X}_1, \overline{X}_2$ 和 $\overline{X}_3$ 分别是三组样本的均值.

(1) 证明: 对任意的常数 a, b, c 满足 $a+b+c=1$, 则 $a\overline{X}_1 + b\overline{X}_2 + c\overline{X}_3$ 是 μ 的无偏估计;

(2) 求 a, b, c 使得 $\mathrm{Var}(a\overline{X}_1 + b\overline{X}_2 + c\overline{X}_3)$ 达到最小.

17. 设 $X_1, X_2, \cdots, X_n$ 为抽自均匀分布 $U(0, \theta)$ 的样本.

(1) 选取适当的参数 a_n, b_n, c_n, 使得 $\hat{\theta}_1 = a_n\overline{X}$, $\hat{\theta}_2 = b_n \min\{X_1, X_2, \cdots, X_n\}$ 和 $\hat{\theta}_3 = c_n \max\{X_1, X_2, \cdots, X_n\}$ 都是 θ 的无偏估计;

(2) 比较 $\hat{\theta}_i$ $(i = 1, 2, 3)$ 哪个更有效.

18. 指数分布总体 $X \sim Exp(\theta^{-1})$, $(X_1, X_2, \cdots, X_n)$ 为简单随机样本.

(1) 选取适当的常数 a_n, b_n, 使得 $\hat{\theta}_1 = a_n\overline{X}$ 和 $\hat{\theta}_2 = b_n \min\{X_1, X_2, \cdots, X_n\}$ 都是 θ 的无偏估计;

(2) 比较 $\hat{\theta}_i (i = 1, 2)$ 哪个更有效.

19. 设从均值为 μ, 方差为 σ^2 的总体中分别抽取容量为 n_1, n_2 的两个独立样本, $\overline{X}_1, \overline{X}_2$ 分别是两样本的均值. 试证明对于任意常数 a, $Y = a\overline{X}_1 + (1-a)\,\overline{X}_2$ 是 μ 的无偏估计, 并确定常数 a 使 Y 的方差达到最小.

20. 设有 k 台仪器, 第 i 台仪器测量的标准差为 $\sigma_i, i = 1, 2, \cdots, k$. 用这些仪器独立地对某一物理量 θ 各测一次, 分别得到 $X_1, X_2, \cdots, X_k$. 设仪器都没有系统误差, 即 $E(X_i) = \theta$, $i = 1, 2, \cdots, k$. 问 $a_1, a_2, \cdots, a_k$ 应取何值才能使 $\hat{\theta} = \sum\limits_{i=1}^{k} a_i X_i$ 估计 θ 时, $\hat{\theta}$ 是无偏的, 并且 $\mathrm{Var}(\hat{\theta})$ 最小?

21. 设总体 X 的概率密度函数为

$$f(x;\theta)=\begin{cases}3x^2/\theta^3, & 0<x<\theta,\\ 0, & \text{其他},\end{cases}$$

其中 $\theta\in(0,\infty)$ 为未知参数, X_1,X_2,X_3 为总体 X 的简单随机抽样, 令 $T=\max\{X_1,X_2,X_3\}$.

(1) 求 T 的概率密度函数;

(2) 确定 a, 使得 aT 为 θ 的无偏估计.

22. 设$(X_1,X_2,\cdots,X_n)$是来自总体X的一个简单随机样本, $E(X)=\mu,\mathrm{Var}(X)=\sigma^2$.

(1) 确定常数 c, 使得 $c\sum\limits_{i=1}^{n-1}(X_{i+1}-X_i)^2$ 为 σ^2 的无偏估计;

(2) 记 $\overline{X}$, S^2 分别是样本均值和样本方差, 确定常数 c, 使得 $\overline{X}^2-cS^2$ 是 μ^2 的无偏估计.

23. 设 $(X_1,X_2,\cdots,X_n)$ 为来自总体 X 的简单随机样本, 总体 X 的概率密度函数为

$$f(x;\theta)=\begin{cases}\mathrm{e}^{-(x-\theta)}, & x\geqslant\theta,\\ 0, & x<\theta.\end{cases}$$

(1) 选取适当的参数 a_n,b_n, 使得 $\hat{\theta}_1=\overline{X}+a_n$ 和 $\hat{\theta}_2=\min\{X_1,X_2,\cdots,X_n\}+b_n$ 都是 θ 的无偏估计;

(2) 比较 $\hat{\theta}_i(i=1,2)$ 哪个更有效.

24. 试求第 1 题参数的最大似然估计.

25. 试求第 3 题各情形下参数的最大似然估计.

26. 试求第 4 题各情形下参数的最大似然估计.

27. (1) 设 $(X_1,X_2,\cdots,X_n)$ 是来自总体 X 的一个样本, 且 X 服从参数为 λ 的泊松分布. 求 $P(X=0)$ 的最大似然估计;

(2) 数据

r	0	1	2	3	4	5	$\geqslant 6$
s	44	42	21	9	4	2	0

统计了某铁路局 122 个扳道员五年内由于操作失误引起的严重事故情况, 其中 r 表示一扳道员五年内引起严重事故的次数, s 表示扳道员人数. 假设扳道员由于操作失误在五年内所引起的严重事故的次数服从泊松分布. 求一扳道员在五年内未引起严重事故的概率 p 的最大似然估计.

28. 设电话总机在某一段时间内接到呼叫的次数服从泊松分布. 观察 1 min 内接到的呼叫次数, 设共观察了 40 次, 得如下数据:

接到的呼叫次数	0	1	2	3	4	5	$\geqslant 6$
观察到的次数	5	10	12	8	3	2	0

试求泊松分布参数 λ 的最大似然估计.

29. 设总体 $X \sim U(\theta, \theta+|\theta|), \theta \in \Theta$, $(X_1, X_2, \cdots, X_n)$ 是从总体中抽取的一个简单随机样本,

(1) 设 $\Theta=(-\infty, 0)$, 求 θ 的矩估计和最大似然估计;

(2) 设 $\Theta=(0, \infty)$, 求 θ 的矩估计和最大似然估计.

30. 设 $(X_1, X_2, \cdots, X_n)$ 是来自总体 X 的一个简单样本, 总体 X 的概率密度函数为

$$f(x; a, b)=c \exp \{-(a+b x)^2\}, \quad b>0, a \in \mathbb{R}$$

其中 c 为规范化常数, 求 c 的值并求参数 a, b 的 MLE.

31. 设总体 X 的概率密度函数为

$$f(x; \mu, \sigma^2)=\frac{1}{\sqrt{2 \pi} \sigma^2}(x-\mu)^2 \exp \left\{-\frac{1}{2 \sigma^2}(x-\mu)^2\right\},$$

求参数 μ, σ^2 的矩估计, 写出求 MLE 的方程.

32. 设总体 $X \sim Exp(-\lambda x), \lambda>0$, 求 $P(\lambda<X \leqslant 2 \lambda)$ 的矩估计和最大似然估计.

33. 设总体 $X \sim B(1, p)$, 求 $p(1-p)^2$ 的矩估计和 MLE.

34.* 某电子元件寿命服从指数分布, 其概率密度函数为

$$f(x)=\begin{cases}\lambda^{-1} \mathrm{e}^{-x / \lambda}, & 0<x<\infty, \\ 0, & x \leqslant 0.\end{cases}$$

从这批产品中抽取 n 个作寿命试验, 规定到第 r 个 $(0<r \leqslant n)$ 电子元件失效时就停止试验. 这样获得前 r 个次序统计量 $X_{(1)} \leqslant X_{(2)} \leqslant \cdots \leqslant X_{(r)}$ 和 n 个电子元件总试验时间 $T=\sum_{i=1}^{r} X_{(i)}+(n-r) X_{(r)}$.

(1) 证明: $2T/\lambda$ 服从自由度为 $2r$ 的 χ^2 分布, 即 $2T/\lambda \sim \chi_{2r}^2$.

(2) 求 λ 的矩估计.

35. 人体中某个基因的形态有三种, 分别是 AA, Aa, aa, 每个人的基因型只可能为这三种形态之一. 设总体中该基因的基因型分布律如下:

基因型	AA	Aa	aa
概率	θ^2	$2\theta(1-\theta)$	$(1-\theta)^2$

其中 $\theta > 0$ 为未知参数. 现从总体中随机抽取 n 个人, 其中 n_1 个人具有基因型 AA, n_2 个人具有基因型 Aa, n_3 个人具有基因型 aa. 试求 θ 的最大似然估计.

36. 设从均匀分布总体 $U(\theta_1, \theta_2)$ 中抽取一组简单样本 $(X_1, X_2, \cdots, X_n)$, 试求未知参数 θ_1, θ_2 的最大似然估计.

37. 设 $(X_1, X_2, \cdots, X_n)$ 是来自正态总体 $N(\mu, \sigma^2)$ 的简单随机样本, 其中 $-\infty < \mu < \infty$, $\sigma^2 > 0$ 为未知参数. 求 $\theta = P(X \geqslant 2)$ 的 MLE.

38. 设总体 X 的概率密度函数为

$$f(x;\theta) = \begin{cases} \theta, & 0 < x < 1, \\ 1-\theta, & 1 \leqslant x < 2, \\ 0, & \text{其他}. \end{cases}$$

其中 $0 < \theta < 1$ 为未知参数. 现从该总体中抽取一组简单随机样本 $(X_1, X_2, \cdots, X_n)$, 求 θ 的 MLE.

39. 设总体 X 的分布函数为

$$F(x;\theta) = \begin{cases} 1 - \mathrm{e}^{-x^2/\theta}, & x \geqslant 0, \\ 0, & \text{其他}, \end{cases}$$

其中 θ 为未知参数且大于零, $(X_1, X_2, \cdots, X_n)$ 为来自总体 X 的简单随机样本.
(1) 求 $E(X), E(X^2)$;
(2) 求 θ 的最大似然估计量 $\hat{\theta}$;
(3) 是否存在实数 a, 使得 $\hat{\theta} \xrightarrow{P} a$

40. 设总体的数学期望为 μ, $(X_1, X_2, \cdots, X_n)$ 是来自总体 X 的样本. 假设 $a_1, a_2, \cdots, a_n$ 是任意常数, 且 $\sum\limits_{i=1}^{n} a_i \neq 0$. 验证 $\sum\limits_{i=1}^{n} a_i X_i \Big/ \sum\limits_{i=1}^{n} a_i$ 是 μ 的无偏估计量.

41. 设 $(X_1, X_2, \cdots, X_n)$ 是来自均匀分布总体 $U(\theta, c\theta)$ 的简单随机样本, 其中 $c > 1$ 为常数, $\theta > 0$ 为未知参数.
(1) 试求 θ 的最大似然估计;
(2) 试求 θ 的矩估计, 并验证其是否具有无偏性.

42. 设 $(X_1, X_2, \cdots, X_n)$ 为从几何分布

$$P(X = k) = p(1-p)^{k-1}, \quad k = 0, 1, 2, \cdots, \quad 0 < p < 1$$

中抽取的简单随机样本, 分别求出 p^{-1} 和 p^{-2} 的无偏估计.

43. 一袋中有 N 个均匀硬币, 其中 θ 个是普通的硬币, 其余 $N-\theta$ 个两面都是正面. 现从袋中随机摸出一个把它连掷两次, 记下结果, 但是不看它属于哪种硬币, 又把它放回袋中, 如此重复 n 次. 如果掷出 $0,1,2$ 次正面的次数分别是 n_0,n_1,n_2 次 $(n_0+n_1+n_2=n)$, 试分别用矩估计法和最大似然法这两种方法估计袋中普通硬币数 θ.

44. 设 $(X_1,X_2,\cdots,X_n)$ 是从总体 X 中抽取的简单随机样本, 已知 X 的概率密度函数为

$$f(x)=\begin{cases}\sigma^{-1}\mathrm{e}^{-(x-\theta)/\sigma}, & x>\theta,\\ 0, & \text{其他},\end{cases}$$

其中 $\sigma>0$ 为一已知常数, 而 θ 是未知参数

(1) 试求 θ 的矩估计 $\hat\theta_1$ 和最大似然估计 $\hat\theta_2$;

(2) 验证 $\hat\theta_1$, $\hat\theta_2$ 的无偏性. 如果不是无偏的话, 你是否可以将其修正得到 θ 的无偏估计 $\tilde\theta_1$, $\tilde\theta_2$?

(3) 比较 $\tilde\theta_1$ 与 $\tilde\theta_2$ 何者为优 (即方差较小).

45. 若 $Y=\mathrm{e}^X$, 而 $X\sim N(\mu,\sigma^2)$, 则随机变量 Y 的分布称为对数正态分布. 设 $(Y_1,Y_2,\cdots,Y_n)$ 是从总体 Y 中抽取的简单随机样本, 求 μ 和 σ^2 的矩估计和最大似然估计.

46. 设总体 X 的概率密度函数为 $(2\sigma)^{-1}\exp\{-|x-a|/\sigma\}$, 其中 $\sigma>0$ 和 a 为未知参数. 设 $(X_1,X_2,\cdots,X_n)$ 为来自此总体的简单随机样本, 求 a 和 σ 的矩估计和最大似然估计.

47. 设总体 X 服从韦布尔分布, 概率密度函数为

$$f(x,\lambda)=\begin{cases}\lambda\alpha\, x^{\alpha-1}\mathrm{e}^{-\lambda x^\alpha}, & x>0,\\ 0, & \text{其他},\end{cases}\qquad \lambda>0,\ \alpha>0.$$

设 $(X_1,X_2,\cdots,X_n)$ 为从此总体中抽取的简单样本. 若 α 已知, 求 λ 的矩估计和最大似然估计.

48. 设 $(X_1,X_2,\cdots,X_n)$ 为从总体 X 中抽取的随机样本, X 服从均匀分布 $U(\theta-1/2,\theta+1/2)$, 求 θ 的最大似然估计.

49. 设 $(X_1,X_2,\cdots,X_n)$ 是来自均匀分布 $U(\theta,2\theta)$ 的简单随机样本, 其中 $0<\theta<\infty$, 求 θ 的最大似然估计, 它是 θ 的无偏估计吗? 如果不是, 试对它略作修正得到 θ 的一个无偏估计.

50. 设 $(X_1,X_2,\cdots,X_m)$ 和 $(Y_1,Y_2,\cdots,Y_n)$ 是分别来自总体 $N(\mu_1,\sigma^2)$ 和 $N(\mu_2,\sigma^2)$ 的两组独立样本, 求 μ_1,μ_2 和 σ^2 的最大似然估计.

51. 设 $(X_1,X_2,\cdots,X_m)$ 和 $(Y_1,Y_2,\cdots,Y_n)$ 是分别来自总体 $N(\mu,\sigma^2)$ 和 $N(\mu,2\sigma^2)$ 的两组独立样本, 求 μ 和 σ^2 的最大似然估计.

52. 设 $(X_1, X_2, \cdots, X_n)$ 为来自指数分布总体

$$f(x, \theta) = \mathrm{e}^{-(x-\mu)}, \quad x \geqslant \mu, -\infty < \mu < \infty$$

的简单样本.

(1) 试求 μ 的最大似然估计 $\hat{\mu}^*$, $\hat{\mu}^*$ 是 μ 的无偏估计吗? 如果不是, 试对它作修正得到 μ 的无偏估计 $\hat{\mu}^{**}$;

(2) 试求 μ 的矩估计 $\hat{\mu}$, 并证明它是 μ 的无偏估计;

(3) 试问 $\hat{\mu}^{**}$ 和 $\hat{\mu}$ 哪一个有效?

53. 设 $(X_1, X_2, \cdots, X_n)$ 为来自均匀分布总体 $U(0, \theta)$ 的一个简单随机样本, 求 θ 的最大似然估计 $\hat{\theta}_n$, 证明 $\hat{\theta}_n$ 是 θ 的相合估计.

54. 设 $(X_1, X_2, \cdots, X_n)$ 为来自指数分布总体 $Exp(\lambda)$ 的一个简单随机样本, 已知 $\overline{X}$ 为 $1/\lambda$ 的无偏估计. 问 $1/\overline{X}$ 是否为 λ 的无偏估计?

55. 设 $(X_1, X_2, \cdots, X_n)$ 是来自均匀分布总体 $U(\theta_1, \theta_2)$ 的简单随机样本. 试求 θ_1 和 θ_2 的最大似然估计 $\hat{\theta}_1$ 和 $\hat{\theta}_2$;

56. 设从总体

X	-1	0	1
P	$(1-\theta)/2$	θ	$(1-\theta)/2$

中抽取的一个简单样本 $X_1, X_2, \cdots, X_{10}$ 的观测值为 $(0, 0, -1, -1, 0, 1, 0, 1, 1, 0)$,

(1) 求 θ 的矩估计量 $\hat{\theta}_M$ 和最大似然估计量 $\hat{\theta}_L$, 并求出估计值;

(2) 上述估计量是否为无偏的? 若不是, 请作修正;

(3) 比较修正后的两个估计量, 指出那个更有效.

57. 设 $(X_1, X_2, \cdots, X_n)$ 为来自均匀分布总体 $U(0, \theta)$ 的简单随机样本. 证明下述断言: $\hat{\theta} = \max\{X_1, X_2, \cdots, X_n\}$ 为 θ 的相合估计但不是无偏估计.

58. 设 $\hat{\theta}_n$ 是参数 θ 的无偏估计, 其中 n 为样本量. 方差 $\mathrm{Var}(\hat{\theta}_n) > 0$ 且 $\lim\limits_{n\to\infty} \mathrm{Var}(\hat{\theta}_n) = 0$. 证明: $\hat{\theta}_n^2$ 是 θ^2 的相合估计但不是无偏估计.

59. 设 $(X_1, X_2, \cdots, X_n)$ 为来自均匀分布总体 $U(\theta-1, \theta+1)$ 的简单随机样本. θ 的矩估计为 $\hat{\theta} = \overline{X}$. 证明: 当 $n \to \infty$ 时, $\sqrt{3n}(\hat{\theta} - \theta) \xrightarrow{\mathcal{L}} N(0, 1)$.

上式说明在一定条件下两者是等价的. 但是理论证明, 平均绝对误差估计比均方误差估计更稳健 (robustness), 即当实际模型与理论模型有点偏差或样本变化时, 由平均绝对误差模型得到的参数估计值不会变动很大.

60.* 设总体服从指数分布 $Exp(\lambda)$, 问 λ 的无偏估计是否为 MVUE?

61.* 设某个传染病患者的密接者有 200 人, 密接者被感染的概率为 3%, 如果每个密接者都做核酸检测, 需要做 200 次. 为了减少核酸检测的次数, 可以采用混检的方法, 即把若干人的被检样本混在一起做核酸检测. 先设把 200 人分为 20 组, 每组 10 人. 问平均而言, 最多需要做多少次核酸检测才能检出全部感染者? 方差为多少? 如果 5 人一组, 分为 20 组, 平均要做多少次检测? 你认为几人一组进行混检才能使检测次数最少? 试推广到一般情况.

第七章 区间估计

学习目标

- ❑ 理解置信区间的概念, 特别要注意到置信区间是随机的, 而参数是一个非随机的未知常数
- ❑ 理解置信水平和精度是一对矛盾, 我们是在满足一定的置信系数下寻找精度最高的置信区间
- ❑ 掌握用枢轴变量方法求置信区间
- ❑ 掌握正态总体时求置信上限和下限的方法
- ❑ 理解在大样本情形下求置信区间的方法

7.1 基本概念

如前所述, 点估计是用一个点 (即一个数) 去估计未知参数, 但是有一个缺点, 即无法估计它与真实参数之间的误差有多大, 所以自然想到能否把未知参数估计在一个区间内. 例如, 把一个大一新生的年龄估计在 $17 \sim 19$ 岁, 中午食堂吃饭的费用在 $6 \sim 15$ 元等. 所以区间估计是一种常见的估计形式, 其优点是把可能的误差用醒目的形式标出来了, 即给出了参数的可能值, 从而为决策提供了充分的依据.

例 7.1 1956 年, 美国医学会杂志刊登了一个研究可的松 (一种皮质类固醇激素) 治疗急性脑卒中的临床试验结果, 这是第一次采用现代对照 (未随机化) 临床试验方法来研究急性脑卒中医学治疗效果. 该研究将临床诊断为急性脑卒中的 36 名患者 (当时还没有脑部图像扫描检查技术) 根据病情分别给予可的松或安慰剂进行治疗. 结果如下表 7.1 所示:

表 7.1 可的松治疗急性脑卒中试验: 死亡效应

	可的松 ($n=17$)	安慰剂 ($n=19$)	相对风险 (95% 置信区间)
死亡	13(76.5%)	10(52.6%)	1.45 ($[0.88, 2.40]$)

作者宣称尽管拟合优度检验表明两组死亡率没有统计显著差异 (见第九章例 9.9), 但点估计表明可的松可能对治疗急性脑卒中没有明显优势. 那么是不是可的松对治疗急性脑卒中无益? 我们在表 7.1 中第三列计算了相对风险 (可的松组死亡率除以安慰剂组死亡率) 的估计值及其区间估计. 相对风险的点估计为 1.45, 表明相对安慰剂组, 可的松使得死亡风险上升了 45% (这正是直观上作出可的松无益的猜测的依据). 但是注意到 95% 的置信区间 (一种区间

估计方法) 比较宽, 包括了可的松使得死亡风险降低 12%, 或者使得死亡风险上升 140%. 因此可的松对治疗急性脑卒中无益的结论可能过于武断了. 区间估计使得我们可以估计可能的效应并判断它们是否有价值. 实际上, 临床医生并没有完全放弃皮质类固醇药物治疗急性脑卒中. 到 2009 年, 已经有 24 个临床试验作了进一步的研究. 总的来说, 皮质类固醇药物对治疗急性脑卒中是有益的!

区间估计在不同的统计观点下有不同的形式, 本章我们要介绍的是最常见的频率学派观点下的区间估计, 其余还有贝叶斯学派观点下的贝叶斯可信区间估计和费希尔的信念区间 (fiducial interval) 估计等. 频率学派下的区间估计是由统计学家奈曼在 1937 年建立的, 逐渐获得科学研究和应用领域的广泛认可. 到 19 世纪 80 年代末, 学术期刊已经要求论文必须给出置信区间. 置信区间的理论很直观, 为了书写简单起见, 我们仅讨论一个一维参数, 且要估计的就是参数本身. 如果总体分布包含 k 个参数 $(\theta_1,\theta_2,\cdots,\theta_k)$, 而要估计它们的函数 $g(\theta_1,\theta_2,\cdots,\theta_k)$, 基本概念与估计一个一维参数并无不同.

设 $(X_1,X_2,\cdots,X_n)$ 是从总体 $F_\theta,\theta\in\Theta\subset\mathbb{R}$ 中抽取的一个简单随机样本, 所谓 θ 的区间估计, 就是寻找两个统计量 $\hat{\theta}_1(X_1,X_2,\cdots,X_n)<\hat{\theta}_2(X_1,X_2,\cdots,X_n)$, 构造区间 $[\hat{\theta}_1,\hat{\theta}_2]$, 在获得样本后, 把 θ 估计在区间 $[\hat{\theta}_1,\hat{\theta}_2]$ 中. 由于统计量是随机变量, 因此所构造的区间能否包含参数 θ? 这里有个概率问题, 我们希望

(1) **可靠度要尽可能高**, 即概率

$$P_\theta\Big(\hat{\theta}_1(X_1,X_2,\cdots,X_n)\leqslant\theta\leqslant\hat{\theta}_2(X_1,X_2,\cdots,X_n)\Big)$$

要尽可能大, 这意味着我们做出这个推断的可靠程度. 这里 P_θ 指在给定参数 θ 下计算概率.

(2) **估计的精度要尽可能高**. 由于区间 $[\hat{\theta}_1,\hat{\theta}_2]$ 为随机区间, 因此精度可以用平均区间长度 $E_\theta(\hat{\theta}_2-\hat{\theta}_1)$ 来度量, 就是要求区间长度尽可能小.

但是可靠度和精度是一对矛盾, 可靠度越高则区间越宽而精度就越低, 反之亦然. 例如你把大一新生的年龄估计在 $[16,19]$, 另一个估计在 $[17,18]$, 则第二个区间估计的精度比第一个要高, 但是容易估错, 即可靠度低; 第一个虽然精度没有第二个高, 但是可靠性比第一个要高, 即出错的概率比第二个要低一点. 如何来协调这对矛盾? 区间估计的理论和方法就是研究在已有样本的条件下怎样找到更好的估计方法, 以尽量提高二者. 奈曼提出并被广泛接受的原则是先保证可靠度, 在此基础上尽量提高精度. 为此引入如下定义:

定义 7.1 置信区间和置信系数

设 $(X_1,X_2,\cdots,X_n)$ 是从总体中抽取的一个简单随机样本, $\theta\in\Theta\subset\mathbb{R}$ 为未知参数. $\hat{\theta}_1(X_1,X_2,\cdots,X_n)<\hat{\theta}_2(X_1,X_2,\cdots,X_n)$ 为两个统计量, 给定一个小的正数 $\alpha\in(0,1)$, 若

$$P_\theta(\hat{\theta}_1(X_1,X_2,\cdots,X_n)\leqslant\theta\leqslant\hat{\theta}_2(X_1,X_2,\cdots,X_n))=1-\alpha,\quad \forall\theta\in\Theta, \tag{7.1}$$

则称区间 $[\hat{\theta}_1,\hat{\theta}_2]$ 为参数 θ 的置信区间 (confidence interval) 估计, 置信系数为 $1-\alpha$. ♣

视频 扫描视频 22 的二维码观看关于置信区间的讲解.

视频 22 置信区间

置信区间仅强调一个区间估计的可靠性要达到指定的要求. 在实际中, 达到指定置信系数的置信区间可能有多个, 因此先寻找满足可靠性要求的区间, 然后再在满足要求的区间中寻找精度最高的区间. 此外, 还要在最好的区间与计算方便性之间进行权衡. 如果有一个理论上精度最高的置信区间, 但是没有显式表达, 需要进行数值求解, 那么为了应用的方便性, 人们常常选择一个容易计算有显式表达但精度不是最高的置信区间.

注 在置信区间定义 7.1 中,

(1) θ 是一个未知的常数, 但不是随机变量, 所以它没有随机性, 谈不上它落在置信区间的概率是多小. 由于统计量是随机变量, 所以可以讨论按我们的规则构造的区间估计有多大的概率包含未知参数 θ. 置信系数大体上可以这样理解: 设 $\alpha = 0.05$, 若从总体中抽取了一个样本, 就可以根据统计量构造一个置信区间, 则独立抽取 100 次样本, 就可以构造了 100 个置信区间. 在这 100 个置信区间中, 大约有 95 个能覆盖未知参数 θ, 而有 5 个区间不能覆盖 θ. 对于由具体一组样本值计算得到的具体区间, 例如上文中的 [16,19], 这种具体数值组成的区间要么包含 θ, 要么不包含 θ, 没有概率而言.

(2) 定义中的 α 习惯上取 $0.01, 0.05, 0.1$ 等, 即我们在前面定义小概率用的小正数.

(3) 有时候我们无法证明 (7.1) 式对一切 θ 都恰好等于 $1-\alpha$, 但知道不会小于 $1-\alpha$, 我们称 $1-\alpha$ 为 $[\hat{\theta}_1, \hat{\theta}_2]$ 的置信水平. 如果按照这一说法, 置信水平不唯一. 因为若 β 为置信水平, 则小于 β 的正数都是置信水平. 置信系数是置信水平中的最大者. 在使用中, 人们往往不加区别.

(4) 在置信区间的理论和方法的讨论中, 我们视样本为一组随机变量, 在处理数据时, 把样本视为一组数. 下面我们给出具体的置信区间时, 把样本视为一组数, 所以用小写字母.

实验 扫描实验 19 的二维码进行置信区间模拟实验, 观察不同样本量下覆盖率的变化. 解释置信区间和置信系数的含义.

实验 19 置信系数与覆盖率

区间估计的理论就是在保证置信系数 $1-\alpha$ 下, 去寻找有优良精度的区间估计, 这里仅从直观出发构造置信区间. 我们先回顾一下下分位数和上分位数的定义:

设总体分布为 F, 其中 F 连续. 称 w_α 为总体 F 的上 α 分位数, 是指

$$F(w_\alpha) = 1-\alpha.$$

等价地, 总体 F 的下 α 分位数定义为

$$F(v_\alpha) = \alpha.$$

根据定义, 下 α 分位数就是上 $1-\alpha$ 分位数, 所以 $v_\alpha = w_{1-\alpha}$. 注意到本教材用的是上分位数, 而有的教材用的是下分位数. 上分位数的几何意义就是总体概率密度函数曲线与 x 轴从这点到无穷所夹的面积 (如图 7.1 所示).

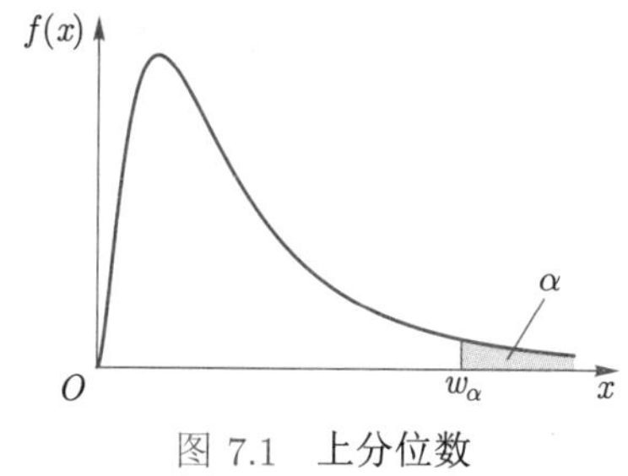

图 7.1 上分位数

7.2 枢轴变量法

如何找到一个置信区间估计? 直观上未知参数 θ 在优良的点估计附近, 所以区间估计应该以这个优良的点估计为中心, 向左和向右扩展一点. 例如对正态总体 $N(\mu,\sigma^2)$, 其中 σ^2 已知, 如何求 μ 的区间估计? 由于 $\overline{X}$ 是 μ 的优良点估计 (MVUE), 所以置信区间以 $\overline{X}$ 为中心向两边延伸. 注意到

$$\sqrt{n}(\overline{X}-\mu)/\sigma \sim N(0,1),$$

而正态密度函数有对称性, 所以一个合理的置信区间应该有形式 $[\overline{X}-d,\overline{X}+d]$, 其中 d 是适当的常数, 称为误差界限 (margin of error). 换言之, 在指定置信系数下, 这种形式的置信区间长度最短. 如果要求置信系数为 $1-\alpha$, 就要求

$$\begin{aligned}
&P_\mu(\overline{X}-d \leqslant \mu \leqslant \overline{X}+d)=1-\alpha \\
\Leftrightarrow\ &P_\mu\left(\left|\frac{\sqrt{n}(\overline{X}-\mu)}{\sigma}\right| \leqslant \frac{\sqrt{n}d}{\sigma}\right)=1-\alpha \\
\Leftrightarrow\ &\varPhi\left(\frac{\sqrt{n}d}{\sigma}\right)=1-\frac{\alpha}{2}.
\end{aligned} \tag{7.2}$$

根据标准正态分布上 α 分位数定义, u_α 为满足方程

$$\varPhi(x)=1-\alpha$$

的解. 在标准正态密度函数图形上就是曲线与 x 轴从点 u_α 到 ∞ 之间的面积 (如图 7.2 所示).

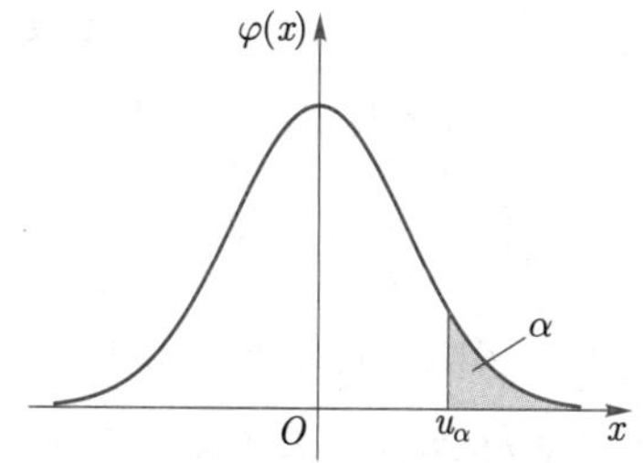

图 7.2 标准正态分布的上 α 分位数

对一些特定的 α, 从附表 1 中可以查出 u_α 的值, 例如, $u_{0.05}=1.645, u_{0.025}=1.96$ 等. 由 (7.2) 知 d 满足

$$\frac{\sqrt{n}d}{\sigma}=u_{\alpha/2},$$

即误差界限

$$d=\frac{\sigma}{\sqrt{n}}u_{\alpha/2}.$$

所以 μ 的置信系数为 $1-\alpha$ 的置信区间为

$$\left[\overline{x}-\frac{\sigma}{\sqrt{n}}u_{\alpha/2}, \overline{x}+\frac{\sigma}{\sqrt{n}}u_{\alpha/2}\right]\equiv\overline{x}\pm\frac{\sigma}{\sqrt{n}}u_{\alpha/2}. \tag{7.3}$$

由该例可以总结出一种找区间估计的一般方法, 称为**枢轴变量法**. 方法如下：设感兴趣的参数为 θ.

(1) 找一个 θ 的良好点估计 $T(\boldsymbol{X})$, 一般为 θ 的最大似然估计.

(2) 构造一个函数 $S(T,U,\theta)$, 称为枢轴变量, 其中 $U=U(\boldsymbol{X})$ 为统计量, 使得它的分布 F 已知, 注意枢轴变量仅是 T,θ 的函数, 不能包含其他未知参数.

(3) 枢轴变量必须满足如下条件：$\forall a<b$, 不等式 $a\leqslant S(T,U,\theta)\leqslant b$ 能改写为等价形式 $A\leqslant\theta\leqslant B$, 其中 A,B 只能与 $T(\boldsymbol{X}),a,b$ 有关, 与 θ 无关.

(4) 取分布 F 的上 $\alpha/2$ 分位数 $w_{\alpha/2}$ 和上 $1-\alpha/2$ 分位数 $w_{1-\alpha/2}$, 由分位数定义, 有

$$P(w_{1-\alpha/2}\leqslant S(T,U,\theta)\leqslant w_{\alpha/2})=1-\alpha.$$

根据第 (3) 步, 不等式 $w_{1-\alpha/2}\leqslant S(T,g(\theta))\leqslant w_{\alpha/2}$ 可以改写为 $A\leqslant\theta\leqslant B$ 的形式, 其中 A,B 是统计量. 由置信区间的定义, $[A,B]$ 就是 θ 的置信系数为 $1-\alpha$ 的置信区间.

例 7.2　设 $x=(x_1,x_2,\cdots,x_n)$ 是从正态总体 $N(\mu,\sigma^2)$ 中抽取的一个样本, 参数 μ,σ^2 未知, 求 μ 的置信系数为 $1-\alpha$ 的置信区间.

解　根据枢轴变量法, $\overline{X}$ 是 μ 的 MVUE, 由于 σ^2 未知, 所以 $\sqrt{n}(\overline{X}-\mu)/\sigma$ 不是枢轴变量. 直观上, σ^2 未知时用样本方差 S^2 代替, 但是 $\sqrt{n}(\overline{X}-\mu)/S$ 不是正态分布了, 而是 t_{n-1} 分布, 这里显出 t 分布的重要性！t_{n-1} 分布与参数无关, 完全已知, 所以 $\sqrt{n}(\overline{X}-\mu)/S$ 是枢轴变量, 它满足上面的第 (3) 步要求, 记 t_{n-1} 的上 α 分位数为 $t_{n-1}(\alpha)$, 注意到 t 分布概率密度函数是对称的, 所以容易得到 μ 的置信系数为 $1-\alpha$ 的置信区间为

$$\overline{x}\pm\frac{s}{\sqrt{n}}t_{n-1}(\alpha/2)\equiv[\overline{x}-\frac{s}{\sqrt{n}}t_{n-1}(\alpha/2),\overline{x}+\frac{s}{\sqrt{n}}t_{n-1}(\alpha/2)].$$ □

例 7.3 设某小区的某单元 20 户居民每月煤气和水电的消费服从正态分布 $N(\mu,\sigma^2)$, 本月的平均消费为 160 元, 样本标准差为 20 元, 求居民平均付款额 μ 的置信系数为 95% 的置信区间.

解 本题中总体方差未知, 因此枢轴变量为 $\sqrt{n}(\overline{X}-\mu)/S$. 把数据 $\bar{x}=160, s=20$ 代入例 7.2 均值的区间估计公式, 知

$$\begin{aligned}\mu \in \overline{x} \pm \frac{s}{\sqrt{n}} t_{n-1}(\alpha/2) &= 160 \pm \frac{20}{\sqrt{20}} t_{19}(0.025)\\ &= 160 \pm \frac{20}{\sqrt{20}} \times 2.093\,0 = [150.64, 169.36].\end{aligned}$$

□

注 [150.64, 169.36] 是个具体的区间, μ 是个未知常数, 该区间是否包含了 μ, 只有两个答案: "是" 或 "不是", 没有概率可言. 说这是一个置信系数为 95% 的置信区间, 不是说 μ 有 95% 的概率落在这个区间内, 而是说按上面设定的方法由样本产生的随机区间, 有 95% 的概率包含 μ. 一旦算出具体的区间, 就不能说有 95% 的机会了.

由上面公式知, 在给定置信系数下, 标准差越大, 精度越低; 样本量越大, 精度越高, 与我们的常识吻合. 同时也看出, α 越小 (即置信系数越高), 标准正态和 t 分布的上分位数越大, 故精度越低, 即置信系数和精度是一对矛盾. 当样本量 n 很大时, 由中心极限定理, 不论总体是什么分布, 只要二阶矩存在, 则 $\sqrt{n}(\overline{X}-\mu)/\hat{\sigma}$ 近似服从标准正态分布, 这里 $\hat{\sigma}$ 为总体标准差的相合估计. 所以关于总体均值 μ 的置信系数近似为 $1-\alpha$ 的置信区间为

$$\mu \in \overline{x} \pm \frac{\hat{\sigma}}{\sqrt{n}} u_{\alpha/2}.$$

把上面结论总结一下, **正态总体均值 μ 的置信区间**为 $\bar{x} \pm d$, 其中误差界限

$$d=\begin{cases}\dfrac{\sigma}{\sqrt{n}} u_{\alpha/2}, & \sigma^2\text{已知},\\ \dfrac{s}{\sqrt{n}} t_{n-1}(\alpha/2), & \sigma^2\text{未知},\\ \dfrac{\hat{\sigma}}{\sqrt{n}} u_{\alpha/2}, & n>30, \sigma^2\text{未知, 总体不必为正态}.\end{cases} \tag{7.4}$$

有时候对区间估计的精度是有要求的, 甚至是在试验之前就提出此要求, 因此相应的样本量就要事先确定下来. 我们以下例说明如何确定样本量.

例 7.4 假设国庆期间大学生的娱乐支出服从正态分布 $N(\mu, \sigma^2)$. 如果希望以 90% 的置信系数将平均娱乐支出估计在 100 元以内 (即误差界限为 100 元), 试在下述情形下计算至少要调查多少位大学生: (1) $\sigma=200$ 元; (2) 根据经验, 大学生娱乐支出在 100~1 700 元.

解 (1) 由于 σ^2 已知, 我们已经知道 μ 的置信系数为 $1-\alpha$ 置信区间为 $\overline{X} \pm \dfrac{\sigma}{\sqrt{n}} u_{\alpha/2}$, 因此误差界限为 $u_{\alpha/2}\dfrac{\sigma}{\sqrt{n}}$. 从而由

$$u_{\alpha/2}\frac{\sigma}{\sqrt{n}} \leqslant 100$$

得到

$$n \geqslant \left(\frac{u_{\alpha/2}\sigma}{100}\right)^2 = \left(\frac{1.645 \times 200}{100}\right)^2 \approx 10.82,$$

即为达到要求至少需要调查 11 位大学生.

(2) 由于 σ^2 未知, 因此需要估计 σ^2. 注意此时在试验前, 还没有观测到样本, 因此也不能使用样本方差进行估计. 由题意, 经验表明大学生娱乐支出在 100~1 700 元. 也就是说, 我们可以认为 2% 的大学生支出不超过 100 元, 98% 的大学生支出不超过 1 700 元. 类似于例 4.16 , 98% 分位数与 2% 分位数之差约为 4σ, 因此标准差的一个粗糙估计可取为

$$\hat{\sigma} = \frac{\text{样本 } 98\% \text{ 分位数与 } 2\% \text{ 分位数之差}}{4} = \frac{1\ 700 - 100}{4} = 400.$$

从而样本量

$$n \geqslant \left(\frac{u_{\alpha/2}\hat{\sigma}}{100}\right)^2 = \left(\frac{1.645 \times 400}{100}\right)^2 \approx 43.30,$$

即为达到要求至少需要调查 44 位大学生. 这里体现了利用已知信息的统计思想. □

例 7.5 考虑均值方差都未知时正态总体方差 σ^2 的置信区间估计.

解 方差 σ^2 的优良点估计为样本方差 S^2. 枢轴变量为 $\dfrac{(n-1)S^2}{\sigma^2}$, 它服从自由度为 $n-1$ 的 χ^2 分布. 由枢轴变量方法的第 (4) 条, 知

$$P(\chi^2_{n-1}(1-\alpha/2) \leqslant (n-1)S^2/\sigma^2 \leqslant \chi^2_{n-1}(\alpha/2)) = 1-\alpha,$$

所以方差 σ^2 的置信系数为 $1-\alpha$ 的置信区间为

$$\sigma^2 \in [(n-1)s^2/\chi^2_{n-1}(\alpha/2), (n-1)s^2/\chi^2_{n-1}(1-\alpha/2)].$$

大家一定注意到这里不是以 s^2 为对称中心的区间, 因为枢轴变量服从 χ^2_{n-1} 分布, 其概率密度函数不是对称的. 寻找精度最高的置信区间需要通过数值优化方法, 这导致应用上的不方便, 因此对这种情形, 习惯上仍然类似于对称分布的做法, 即两边各取 $\alpha/2$ 概率. □

例 7.6 设有两个独立正态总体, 分别服从 $N(\mu_1, \sigma_1^2)$ 和 $N(\mu_2, \sigma_2^2)$, 其中 σ_1^2, σ_2^2 都已知. 求均值差 $\mu_2 - \mu_1$ 的置信系数为 $1-\alpha$ 的置信区间. 如果 σ_1^2, σ_2^2 都未知时如何给出置信区间?

解 这种情况在实际中经常发生, 例如为了比较两条生产线产量有无差异, 主要看生产线的平均产量. 若 $\mu_2 > \mu_1$, 则认为 A 线比 B 线产量高. 试验可以这样设计: 在 A 生产线抽取 m 个班次, B 线抽取 n 个班次. 我们就是要从这两个样本来构造 $\mu_2 - \mu_1$ 的一个置信区间, 如果 0 在置信区间内, 说明现有数据不足以表明两条生产线的产量有差异, 如果 0 在置信区间外, 说明两者产量有差异. 设 A 生产线的平均产量为 $\overline{X}$, B 生产线的平均产量为 $\overline{Y}$, 则 $\overline{X} \sim N(\mu_1, \sigma_1^2/m)$ 以及 $\overline{Y} \sim N(\mu_2, \sigma_2^2/n)$, 由于两者独立, 所以

$$\overline{Y} - \overline{X} \sim N\left(\mu_2 - \mu_1, \frac{\sigma_1^2}{m} + \frac{\sigma_2^2}{n}\right).$$

故可得枢轴变量及其分布为

$$\frac{(\overline{Y}-\overline{X})-(\mu_2-\mu_1)}{\sqrt{\dfrac{\sigma_1^2}{m}+\dfrac{\sigma_2^2}{n}}}\sim N(0,1), \tag{7.5}$$

从而均值差 $\mu_2-\mu_1$ 的置信系数为 $1-\alpha$ 的置信区间为

$$\mu_2-\mu_1\in(\overline{y}-\overline{x})\pm\sqrt{\frac{\sigma_1^2}{m}+\frac{\sigma_2^2}{n}}u_{\alpha/2}.$$

当然方差已知的场合很少发生, 大部分场合都是方差未知. 若 $m,n>30$, 则可以用中心极限定理得到 $\mu_2-\mu_1$ 的置信系数近似为 $1-\alpha$ 的置信区间, 大家可以自己写一下. 当样本量都较小时, 我们需要加一个条件 $\sigma_1^2=\sigma_2^2\equiv\sigma^2$, 此时可以用两个样本方差 S_1^2,S_2^2 分别估计 σ^2. 如果只用一个样本, 另一个样本不用, 直观上浪费了信息, 后面会看到确实是这样. 所以我们可以把两个样本合在一起估计同一个 σ^2. 由上知 $(m-1)S_1^2+(n-1)S_2^2$ 可以估计 $m+n-2$ 个 σ^2, 从而 $\dfrac{(m-1)S_1^2+(n-1)S_2^2}{m+n-2}$ 可以估计 σ^2. 因为 χ^2 分布有可加性, 所以

$$\frac{(m-1)S_1^2+(n-1)S_2^2}{\sigma^2}\sim\chi^2_{m+n-2}.$$

记

$$S_T^2=\frac{(m-1)S_1^2+(n-1)S_2^2}{m+n-2},$$

可以验证

$$\sqrt{\frac{mn}{m+n}}\frac{(\overline{Y}-\overline{X})-(\mu_2-\mu_1)}{S_T}\sim t_{m+n-2}.$$

容易看出上式满足枢轴变量的条件, 按第 (4) 步, 可以得到 $\mu_2-\mu_1$ 的置信系数为 $1-\alpha$ 的置信区间为

$$\mu_2-\mu_1\in\overline{y}-\overline{x}\pm\sqrt{\frac{m+n}{mn}}s_Tt_{m+n-2}(\alpha/2).$$

查附表 2, 对给定的 α, 上分位数 $t_n(\alpha)$ 随着自由度 n 的增加而减少, 即为自由度的减函数. 而置信区间的精度与上分位数成正比, 所以用两个样本合起来估计公共方差, 能增加自由度, 从而提高精度, 这与直观吻合.

在本例中, 设 $m=5,n=7$, 也假定两条生产线产量的方差相同. 由在两条生产线上抽取的两个样本计算得到 $\overline{x}=62,\overline{y}=48,s_1^2=25,s_2^2=16$, 取 $\alpha=0.1$, 查附表得 $t_{5+7-2}(0.1/2)=t_{10}(0.05)=1.812\,5$, 由合样本估计的总体样本标准差为

$$s_T=\sqrt{\frac{(5-1)\times25+(7-1)\times16}{5+7-2}}=4.427\,2,$$

故 $\mu_2-\mu_1$ 的置信系数为 90% 的置信区间为

$$\mu_2-\mu_1 \in 48-62 \pm \sqrt{\frac{5+7}{5\times 7}}\times 4.427\,2\times t_{10}(0.05)$$

$$=-14\pm\sqrt{\frac{12}{35}}\times 4.427\,2\times 1.812\,5=-14\pm 4.70=[-18.7,-9.3]. \qquad \square$$

对上面得到的置信区间, 你能作出什么结论?

上面所述称为**两个正态总体均值差的区间估计**. 可以看出, 两个正态总体均值差的置信区间也可以写成 $\overline{y}-\overline{x}\pm d$ 的形式, 不妨大家作为一个习题写出 d 来.

在实际问题中, 两个总体方差相等的假定往往只是近似成立, 当方差之比在 1 附近时, 用上面方差相等条件下作出的置信区间的置信系数与真实的置信系数之间的误差不大. 若方差相差较大, 则只能在方差不等条件下构造 $\mu_2-\mu_1$ 的置信区间. 当方差不全已知且不相等时, 一个自然的枢轴变量就是在 (7.5) 中将未知的方差用它们对应的样本方差代替, 但是枢轴变量的分布无法得出, 这就是著名的贝伦斯–费希尔问题 (Behrens-Fisher problem), 可以得到近似解 (韦来生, 2020).

下面考虑**两个正态总体方差比的区间估计**问题. 设总体 $X\sim N(\mu_1,\sigma_1^2)$, $Y\sim N(\mu_2,\sigma_2^2)$, 分别从两个总体中抽取了一个样本 $(x_1,x_2,\cdots,x_m)$ 和 $(y_1,y_2,\ldots,y_n)$, 均值未知, 要作方差比 σ_1^2/σ_2^2 的区间估计. 记 S_1^2 和 S_2^2 为总体 X,Y 的样本方差. 由 F 分布的定义,

$$\frac{S_1^2/\sigma_1^2}{S_2^2/\sigma_2^2}\sim F_{m-1,n-1},$$

即上式为方差比 σ_1^2/σ_2^2 的一个枢轴变量, 按枢轴变量法第 (4) 步, 比值 σ_1^2/σ_2^2 的置信系数为 $1-\alpha$ 的置信区间为

$$\sigma_1^2/\sigma_2^2\in[(s_1^2/s_2^2)F_{n-1,m-1}(1-\alpha/2),(s_1^2/s_2^2)F_{n-1,m-1}(\alpha/2)].$$

注 对离散型总体, 枢轴变量法不易使用, 因为满足步骤 (1)~(4) 的枢轴变量一般不存在. 实际中一般使用下节介绍的大样本方法构造置信区间.

7.3 大样本方法

从上面的讨论知道, 构造置信区间的关键是要知道枢轴变量的分布. 大样本方法就是利用极限定理, 特别是中心极限定理, 来建立枢轴变量 $S(T(\boldsymbol{X}),U(\boldsymbol{X}),\theta)$, 使 $S(T(\boldsymbol{X}),U(\boldsymbol{X}),\theta)$ 的分布与 θ 无关, 这是有一定难度的. 我们主要讨论构造比例 p 的置信区间, 因为比例 p 在抽样调查等方面经常使用. 构造其他离散总体参数的置信区间可以类似进行. 由于总体均值的优良点估计是 $\overline{X}$, 所以可以讨论利用中心极限定理来建立一般总体均值的区间估计.

7.3.1 比例 p 的区间估计

设事件 A 在每次试验中发生的概率为 p, 作 n 次独立试验, 以 Y_n 记事件 A 发生的次数, 求 p 的 $1-\alpha$ 置信区间. 当 n 充分大时, 由中心极限定理, 近似有

$$\frac{Y_n - np}{\sqrt{np(1-p)}} \sim N(0,1), \tag{7.6}$$

所以

$$\frac{Y_n - np}{\sqrt{np(1-p)}}$$

可以作为构造 p 的置信区间估计的枢轴变量. 由 (7.6) 得

$$P_p\Big(-u_{\alpha/2} \leqslant \frac{Y_n - np}{\sqrt{np(1-p)}} \leqslant u_{\alpha/2}\Big) \approx 1-\alpha,$$

解二次不等式

$$-u_{\alpha/2} \leqslant \frac{y_n - np}{\sqrt{np(1-p)}} \leqslant u_{\alpha/2},$$

得

$$p \in \frac{\hat{p} + \dfrac{u_{\alpha/2}^2}{2n}}{1 + \dfrac{u_{\alpha/2}^2}{n}} \pm u_{\alpha/2}\frac{\sqrt{\dfrac{\hat{p}(1-\hat{p})}{n} + \dfrac{u_{\alpha/2}^2}{4n^2}}}{1 + \dfrac{u_{\alpha/2}^2}{n}}, \tag{7.7}$$

其中 $\hat{p} = y_n/n$. 称此置信区间为**得分区间** (score interval).

视频23 比例 p 的区间估计

视频 扫描视频 23 的二维码观看关于比例 p 的区间估计的讲解.

实验 扫描实验 20 的二维码进行比例 p 的置信区间模拟实验, 观察不同参数下覆盖率的变化情况.

实验20 比例 p 的置信区间

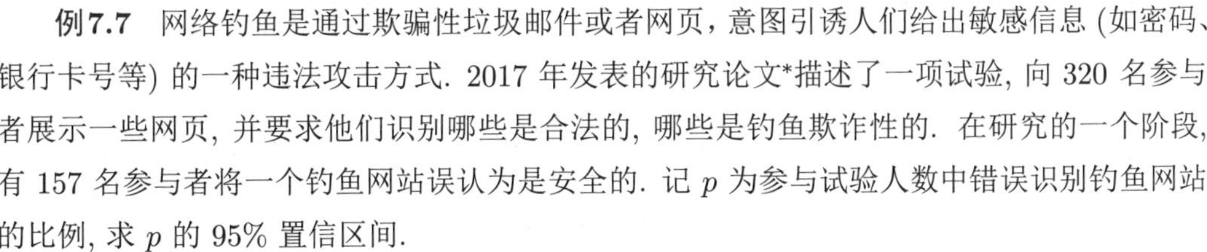

例7.7 网络钓鱼是通过欺骗性垃圾邮件或者网页, 意图引诱人们给出敏感信息 (如密码、银行卡号等) 的一种违法攻击方式. 2017 年发表的研究论文*描述了一项试验, 向 320 名参与者展示一些网页, 并要求他们识别哪些是合法的, 哪些是钓鱼欺诈性的. 在研究的一个阶段, 有 157 名参与者将一个钓鱼网站误认为是安全的. 记 p 为参与试验人数中错误识别钓鱼网站的比例, 求 p 的 95% 置信区间.

*XIONG A P, PROCTOR R W, YANG W N, et al., 2017. Is domain highlighting actually helpful in identifying phishing Web pages? Human Factors, 59(4):640-660.

解 显然 p 的点估计为 $\hat{p}=157/320=0.491$, 根据 (7.7) 知 p 的一个近似 95% 置信区间为

$$\begin{aligned}&\frac{\dfrac{0.491+1.96^2}{2\times 320}}{\dfrac{1+1.96^2}{320}}\pm 1.96\times\frac{\sqrt{\dfrac{0.491\times 0.509}{320}+\dfrac{1.96^2}{4\times 320^2}}}{\dfrac{1+1.96^2}{320}}\\&=0.491\pm 0.054=(0.437,0.545).\end{aligned}$$

因此, 在 95% 置信系数下, 我们得出在试验设置下有 43.7%~54.5% 的参与者不能识别该钓鱼网站. □

该研究的观点是参与者通过检查浏览器地址栏里网站的域名地址能够有助于识别钓鱼网站. 上述研究中, 参与者没有检查该网站域名地址. 在另一试验阶段, 向参与者展示了另一个网页及其域名地址, 此时有 31.6% 的参与者未能识别出该钓鱼网页. 使用 (7.7), 我们在 95% 置信系数下, 得出在试验设置下有 26.7%~36.8% 的参与者不能识别该钓鱼网站.

注 由于构造的置信区间 (7.7) 是基于枢轴变量的极限分布, 因此其近似程度既依赖于 n 的大小, 也依赖于 p 的值.

(1) 区间 (7.7) 是 p 的一个近似置信系数为 $1-\alpha$ 的置信区间, n 太小时置信区间过长, 精度不够, 故没有多大的实际意义, 一般当 $n>100$ 时使用.

(2) 在实际中还经常使用一个更简单的公式: 当 n 很大时, $u_{\alpha/2}^2/n$ 可以忽略, 因此得到

$$p\in\hat{p}\pm u_{\alpha/2}\sqrt{\frac{\hat{p}(1-\hat{p})}{n}}. \tag{7.8}$$

这是以 $\hat{p}$ 为对称中心的置信区间, 称为瓦尔德置信区间, 其效果肯定比公式 (7.7) 要差. 它经过了二次近似, 对 n 的要求更高了, 一般要求 $n\hat{p}>10$ 和 $n(1-\hat{p})>10$ 成立, 所以 n 太小时最好不要用. 在一个研究† 中对比了几种不同置信区间的实际覆盖率和名义覆盖率差别.

(3) 当 $\pi=p\times 100\%$ 时我们一般称为百分数, π 的置信区间估计只要在公式 (7.7) 中用 π 代替 p, 用 $100-\pi$ 代替 $1-p$ 即可.

在得分区间 (7.7) 下, 如果要求区间的宽度为 w (误差界限为 $w/2$), 即

$$2u_{\alpha/2}\frac{\sqrt{\dfrac{\hat{p}(1-\hat{p})}{n}+\dfrac{u_{\alpha/2}^2}{4n^2}}}{1+\dfrac{u_{\alpha/2}^2}{n}}=w,$$

我们得到样本量 n 应满足

†SCHILLING M F, DOI J A, 2014. A coverage probability approach to finding an optimal binomial confidence procedure. The Amer. Stat., 68(3):133-145.

$$n=\frac{u_{\alpha/2}^2\left[2\hat{p}\hat{q}-w^2+\sqrt{(2\hat{p}\hat{q})^2+(1-4\hat{p}\hat{q})w^2}\right]}{w^2}, \tag{7.9}$$

其中 $\hat{q}=1-\hat{p}$. 忽略分子中含有 w 的项, 取

$$n=\frac{4u_{\alpha/2}^2\hat{p}\hat{q}}{w^2}, \tag{7.10}$$

即当瓦尔德置信区间宽度为 w 时得到的样本量要求. 这两个确定样本量的方法都包含了 $\hat{p}$, 因此需要在试验后利用样本得到. 这导致无法在试验前就确定好样本量 n. 若试验者基于其他试验可以给出一个先验估计 p_0, 则可以使用 p_0 代替 $\hat{p}$ 来确定样本量 n. 另外一种常见作法是采用保守法, 即注意到这两个式子右边都是在 $\hat{p}=0.5$ 处达到最大, 因此若在计算时使用 $\hat{p}\hat{q}=0.5\times0.5=0.25$, 则置信区间的宽对所有 $0<p<1$ 至多为 w, 从而定出一个保守的样本量 n.

例 7.8 如果要求例 7.7 中的 95% 置信区间的宽度至多为 $w=0.08$, 使用保守作法确定样本量 n.

解 利用 (7.9) 知在 $\hat{p}=0.5$ 时有

$$\begin{aligned}n&=\frac{u_{\alpha/2}^2\left[2\times0.25-w^2+\sqrt{(2\times0.25)^2+(1-4\times0.25)w^2}\right]}{w^2}\\&=\frac{u_{\alpha/2}^2\left(0.5-w^2+\sqrt{0.5^2}\right)}{w^2}=\frac{u_{\alpha/2}^2\left(1-w^2\right)}{w^2}\\&=1.96^2\times\frac{1-0.08^2}{0.08^2}\approx596.4.\end{aligned}$$

例 7.7 中 95% 置信区间宽度为 0.108. 若要求区间宽度至多为 0.08, 则 n 至少为 597. 基于瓦尔德置信区间时, 利用 (7.10) 得到 n 至少为 601. □

7.3.2 一般总体均值 μ 的置信区间

设 $(X_1,X_2,\cdots,X_n)$ 是从总体 X 中抽取的一个简单随机样本, $E(X)=\mu$ 为感兴趣参数. 注意这里我们并不要求知道总体 X 的分布形式. 若 $E(X^2)<\infty$, 根据大数定律, 样本标准差 S 是 σ 的一个相合估计. 再由中心极限定理, 近似有

$$\frac{\sqrt{n}(\overline{X}-\mu)}{S}\sim N(0,1), \tag{7.11}$$

所以 (7.11) 可以作为 μ 的枢轴变量. 不难得出, μ 的置信系数近似为 $1-\alpha$ 的置信区间为

$$\mu\in\overline{x}\pm\frac{s}{\sqrt{n}}u_{\alpha/2},$$

由于用了中心极限定理, 所以它的置信系数只是近似为 $1-\alpha$, 近似程度不仅与样本量 n 有关, 也与总体的分布有关.

例 7.9 设 $x_1,x_2,\cdots,x_n$ 是从泊松分布总体 $P(\lambda)$ 中抽取的一个简单随机样本, 求 λ 的

区间估计.

解 在泊松分布总体中, $E(X)=\lambda, \mathrm{Var}(\overline{X})=\lambda/n$. 由中心极限定理, 近似有

$$\sqrt{n}(\overline{X}-\lambda)/\sqrt{\lambda}\sim N(0,1),$$

所以 $\sqrt{n}(\overline{X}-\lambda)/\sqrt{\lambda}$ 可以作为枢轴变量. 仿前例做法, 得置信区间为

$$-u_{\alpha/2}\leqslant\sqrt{\frac{n}{\lambda}}(\overline{x}-\lambda)\leqslant u_{\alpha/2}$$
$$\Leftrightarrow\ n(\overline{x}-\lambda)^2\leqslant\lambda u_{\alpha/2}^2,$$

解这个二次不等式, 得

$$\lambda\in\overline{x}+\frac{u_{\alpha/2}^2}{2n}\pm u_{\alpha/2}\sqrt{\frac{\overline{x}}{n}+\frac{u_{\alpha/2}^2}{4n^2}}. \tag{7.12}$$

另一方面, 由于 $E(S^2)=\lambda$, 故当 n 充分大时近似地有

$$\frac{\sqrt{n}(\overline{X}-\lambda)}{S}\sim N(0,1),$$

因此 $\sqrt{n}(\overline{X}-\lambda)/S$ 也可以作为枢轴变量 (即瓦尔德置信区间), 由此得

$$\lambda\in\overline{x}\pm\frac{s}{\sqrt{n}}u_{\alpha/2}. \tag{7.13}$$

取 $n=20,\alpha=0.05$, 在一组样本下有 $\overline{x}=2.6, s=1.635$, 由 (7.12) 和 (7.13) 分别得到

$$\lambda\in[1.98,3.41],$$
$$\lambda\in[1.88,3.32].$$

因此, 在 $n=20$ 下, 两个区间相差不多. □

例 7.10 设 $x_1,x_2,\cdots,x_n$ 是从指数分布总体 $Exp(\lambda)$ 中抽取的一个简单随机样本, 求均值 $\theta=\lambda^{-1}$ 的 $1-\alpha$ 置信区间.

解 可以用随机变量独立和的公式以及数学归纳法得到 $2\lambda(X_1+X_2+\cdots+X_n)\sim\chi_{2n}^2$, 从而 $2n\lambda\overline{X}$ 可以作为枢轴变量, 因此得到 λ^{-1} 的 $1-\alpha$ 置信区间为

$$\theta=\lambda^{-1}\in\Big[\frac{2n\overline{x}}{\chi_{2n}^2(\alpha/2)},\frac{2n\overline{x}}{\chi_{2n}^2(1-\alpha/2)}\Big]. \tag{7.14}$$

另一方面, $E(X)=\theta, \mathrm{Var}(X)=\theta^2$. 当 n 充分大时, 由中心极限定理, 近似地有

$$\frac{\sqrt{n}(\overline{X}-\theta)}{\theta}\sim N(0,1),$$

故 $\sqrt{n}(\overline{X}-\theta)/\theta$ 可以作为枢轴变量, 由此得

$$\lambda^{-1}\in\Big[\frac{\sqrt{n}\overline{x}}{\sqrt{n}+u_{\alpha/2}},\frac{\sqrt{n}\overline{x}}{\sqrt{n}-u_{\alpha/2}}\Big]. \tag{7.15}$$

取 $n=20,\alpha=0.05,\bar{x}=5$, 由 (7.14) 和 (7.15) 分别得到

$$\lambda^{-1}\in[3.370,8.186],$$

$$\lambda^{-1} \in [3.476, 8.901].$$

由上看出, 即使在 $n=20$ 下, 用中心极限定理得出的置信区间与精确分布 χ^2_{40} 得到的区间相差不多. □

7.4 自助法置信区间

如果总体分布不是正态分布且样本量比较小, 如何构建总体均值的置信区间? 如何构建总体其他参数, 比如总体中位数和总体 90% 分位数, 偏度系数和峰度系数等的置信区间? 统计学家布拉德利・埃夫隆 (Bradley Efron, 1938—) 在 20 世纪 70 年代末提出的自助法 (bootstrap method) 在统计理论没有得出置信区间公式的情况下, 仅仅通过使用已有的样本数据而不对总体的分布做任何假设 (比如传统方法中的正态分布假设), 来计算统计量分布的分位数等, 进而给出置信区间. 这种方法用大量的计算来代替理论, 现在许多统计软件包 (包括 SAS、R、JMP Pro 和 Minitab 等) 都实现了自助法的各种应用. 本节我们简单介绍这种方法在构建置信区间中的应用.

前面我们介绍的统计推断方法都是在给定一组样本量为 n 的样本下, 通过利用某个 (些) 特定统计量的抽样分布来进行. 所谓抽样分布就是统计量的分布, 或者等价地说, 当我们假想地从总体中抽取所有可能的样本量为 n 的随机样本时此统计量值呈现出的分布. 图 7.3(a) 是样本均值的抽样分布一个例子. 相反地, 自助法考虑的是如果我们从当前已有样本值中重复抽取会怎么样. 例如, 从某个总体中得到一组样本量为 15 的样本, 感兴趣的是对总体均值推断. 样本均值 $\overline{X}$ 作为推断时的统计量, 其**自助分布** (bootstrap distribution, 即基于自助版本统计量的经验分布) 就是从当前样本值中重复地随机抽取相同样本量为 15 的样本 (即从样本中重抽样) 而得到的所有可能值 $\overline{X}$ 的分布. 显然, 每次重复抽取必须是从当前样本值中有放回地抽取, 否则我们会得到相同的值 $\overline{X}$. 图 7.3(b) 展示了自助法抽样过程.

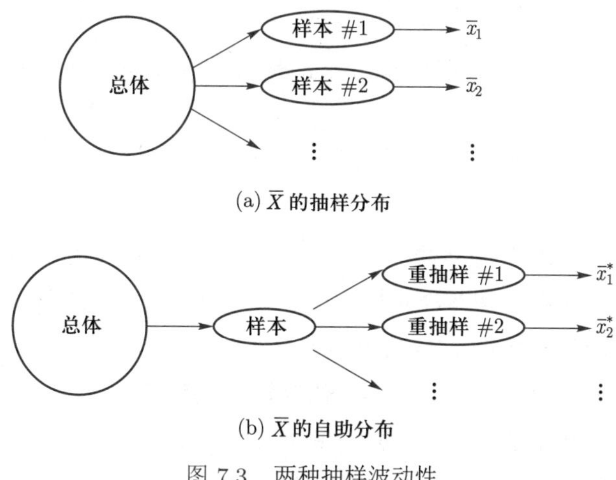

图 7.3 两种抽样波动性

自助法将手头的样本当成了总体，因为样本在某种意义上代表了我们对潜在总体的所有认识. 再次说明, 自助法的优势就在于其能用于没有理论 (如 CLT) 或不作分布性 (如正态性) 假设的场合. 标准自助法的步骤如下:

假设我们在当前样本值 $x_1, x_2, \cdots, x_n$ 下想得到统计量 $\hat{\theta}$ 的自助分布, 则

(1) 从 $x_1, x_2, \cdots, x_n$ 中有放回地抽取一组样本量同样为 n 的样本, 记为 $x_1^*, x_2^*, \cdots, x_n^*$, 称为一个自助样本.

(2) 基于自助样本 $x_1^*, x_2^*, \cdots, x_n^*$ 计算统计量 $\hat{\theta}$ 的值, 称为 $\hat{\theta}$ 的一个自助版本.

(3) 重复上述 (1)~(2) 步足够多次, 比如 B 次, 得到 B 个自助版本 $\hat{\theta}_1^*, \hat{\theta}_2^*, \cdots, \hat{\theta}_B^*$, 它们被用来近似统计量 $\hat{\theta}$ 的自助分布, 也就是说视自助版本为 $\hat{\theta}$ 的同分布复制.

这里我们说“近似”是因为我们仅重复抽样 B 次, 统计量 $\hat{\theta}$ 的自助分布应是其所有可能自助样本下值的分布. 可以证明, 当样本量为 n 时, 所有可能的自助样本有 $\dbinom{2n-1}{n-1}$ 个. 即便对 $n=15$, 其自助样本数目也超过了 7 700 万. 自助样本的数目会随着 n 的增加而快速增加. 在实际中, 一般常取 $B=1\ 000$.

设 $\hat{\theta}$ 为参数 θ 的一个良好点估计. 为了构造 θ 的 $1-\alpha$ 置信区间, 直观上, 可以以 $\hat{\theta}-\theta$ 为枢轴变量, 我们寻求 L 和 U 使得

$$P(L \leqslant \hat{\theta}-\theta \leqslant U)=1-\alpha.$$

由于 $\hat{\theta}-\theta$ 可以由 $\hat{\theta}^*-\hat{\theta}$ 来近似, 因此其分布可以由自助版本 $\hat{\theta}_1^*-\hat{\theta}, \hat{\theta}_2^*-\hat{\theta}, \cdots, \hat{\theta}_B^*-\hat{\theta}$ 的经验分布来近似. 从而 L 和 U 分别近似为 $\hat{\theta}^*_{([(B+1)\alpha/2])}-\hat{\theta}$ 和 $\hat{\theta}^*_{([(B+1)(1-\alpha/2)])}-\hat{\theta}$, 代入即得. 这种方法称为基本自助置信区间.

定义 7.2 基本自助置信区间

设感兴趣参数 θ 的点估计为 $\hat{\theta}$, 记其 B 个自助版本统计量 $\hat{\theta}_1^*, \hat{\theta}_2^*, \cdots, \hat{\theta}_B^*$ 的样本 $\alpha/2$ 和 $1-\alpha/2$ 分位数分别为 $\hat{\theta}^*_{([(B+1)\alpha/2])}$ 和 $\hat{\theta}^*_{([(B+1)(1-\alpha/2)])}$, 称

$$\left[2\hat{\theta}-\hat{\theta}^*_{([(B+1)(1-\alpha/2)])}, 2\hat{\theta}-\hat{\theta}^*_{([(B+1)\alpha/2])}\right]$$

为 θ 的 $1-\alpha$ 基本自助置信区间 (the basic bootstrap confidence interval). ♣

例 7.11 为了了解某种成分的平均含量百分比, 对随机抽查的 30 个样品测量该成分的含量百分比得到

22.8 16.4 13.7 16.9 30.0 16.0 14.1 15.1 14.2 18.2 22.9 27.7 16.5 16.2 40.2

19.1 13.6 19.0 20.3 19.8 18.3 15.5 15.8 19.1 11.6 18.5 16.1 17.0 12.1 19.3

试求该成分平均含量百分比的 95% 置信区间.

解 这里考虑使用样本均值构建总体均值的置信区间, 但是总体分布未知且样本量 $n=30$ 比较小. 图 7.4(a) 展示了样本的直方图, 由此可以看出总体分布不像是正态分布. 进一步得到样本均值 $\bar{x}=18.53$, 我们使用 $B=1\ 000$ 个自助版本样本均值 $\bar{x}^*$, 其 2.5% 和 97.5% 分

位数分别为 16.76 和 20.62. 图 7.4(b) 展示了它们的直方图, 可以看出样本均值的自助抽样分布有一点右偏, 即偏离正态分布. 使用基本自助置信区间方法, 可以得到总体均值的 95% 置信区间为

$$[2\times 18.53-20.62, 2\times 18.53-16.76]=[16.44, 20.30].$$

□

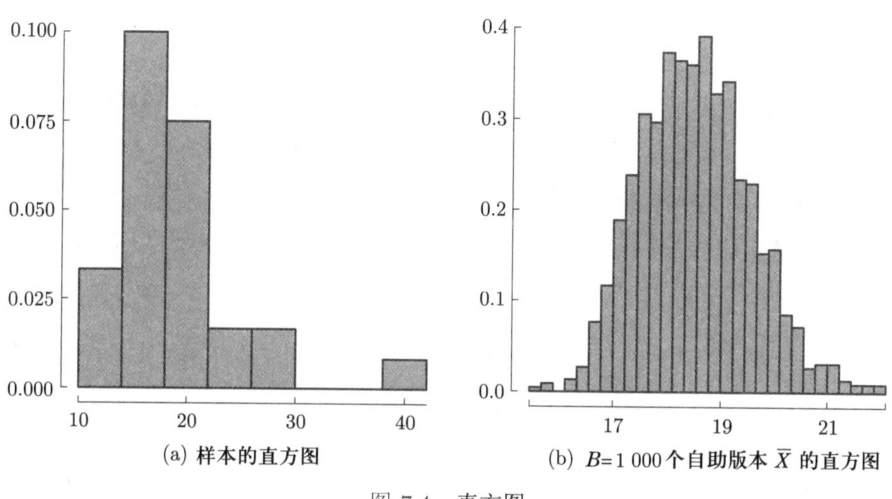

图 7.4　直方图

我们已经知道, 对 θ 的 (渐近) 无偏估计 $\hat{\theta}$, 若其标准差 $se(\hat{\theta})$ 能够得到, 且枢轴变量

$$T=\frac{\hat{\theta}-\theta}{se(\hat{\theta})}$$

的 (渐近) 分布已知, 则可以使用 T 来构建 θ 的置信区间. 例如对正态总体均值 θ, 当 $\hat{\theta}=\overline{X}$ 时我们已经知道 T 的分布为 t 分布 (方差未知) 或者正态分布 (方差已知). 当总体分布未知时, 需要对 $se(\hat{\theta})$ 进行估计. 自助 t 置信区间方法使用 $\hat{\theta}$ 的自助版本 $\hat{\theta}_1^*,\hat{\theta}_2^*,\cdots,\hat{\theta}_B^*$ 的样本标准差对 $se(\hat{\theta})$ 进行估计:

$$\hat{se}_B(\hat{\theta})=\sqrt{\frac{1}{B-1}\sum_{b=1}^{B}(\hat{\theta}_b^*-\overline{\hat{\theta}^*})^2}, \tag{7.16}$$

其中 $\overline{\hat{\theta}^*}=\sum_b \hat{\theta}_b^*/B$. 然后构建一个 “$T$ 类型” 的变量

$$T^*=\frac{\hat{\theta}-\hat{\theta}}{\hat{se}_B(\hat{\theta})},$$

通过再使用自助法计算出 T^* 的样本分位数 $t_{\alpha/2}^*$ 和 $t_{1-\alpha/2}^*$, 从而得到自助 t 置信区间.

定义 7.3　自助 t 置信区间

称

$$[\hat{\theta} - t^*_{1-\alpha/2}\hat{se}_B(\hat{\theta}), \hat{\theta} - t^*_{\alpha/2}\hat{se}_B(\hat{\theta})]$$

为 θ 的 $1-\alpha$ 自助 t 置信区间 (the bootstrap t confidence interval). ♣

记样本值为 $x = (x_1, x_2, \cdots, x_n)$, 自助 t 置信区间的算法如下:

(1) 由样本值得到 $\hat{\theta}$.

(2) 对每个再抽样:

(a) 从 x 中有放回的抽样得到第 b 个再抽样样本 $x^{(b)} = (x_1^{(b)}, x_2^{(b)}, \cdots, x_n^{(b)})$, $b = 1, 2, \cdots, B$.

(b) 由第 b 个再抽样样本计算 $\hat{\theta}^*_b$.

(c) 计算 $\hat{\theta}^*_b$ 的标准差估计 $\hat{se}(\hat{\theta}^*_b)$ (即对每个再抽样样本 $x^{(b)}$, 生成 R 个自助版本 $\tilde{\theta}^*_1, \tilde{\theta}^*_2, \cdots, \tilde{\theta}^*_R$, 使用自助法估计标准差):

$$\hat{se}_R(\hat{\theta}^*_b) = \sqrt{\frac{1}{R-1}\sum_{k=1}^{R}(\tilde{\theta}^*_k - \overline{\tilde{\theta}^*})^2}, \tag{7.17}$$

其中 $\overline{\tilde{\theta}^*} = \sum_b \tilde{\theta}^*_b / R$. 注意此步嵌套使用了自助法.

(d) 计算第 b 个重复下的 “T 类型” 的统计量 $t^{(b)} = \dfrac{\hat{\theta}^*_b - \hat{\theta}}{\hat{se}_R(\hat{\theta}^*_b)}$.

(3) 重复样本 $t^{(1)}, t^{(2)}, \cdots, t^{(B)}$ 的分布作为推断分布, 找出样本分位数 $t^*_{\alpha/2}$ 和 $t^*_{1-\alpha/2}$.

(4) 计算 $\hat{se}_B(\hat{\theta})$, 即自助版本 $\{\hat{\theta}^*_b\}$ 的样本标准差 (7.16) 式.

(5) 计算置信区间 $[\hat{\theta} - t^*_{1-\alpha/2}\hat{se}(\hat{\theta}), \hat{\theta} - t^*_{\alpha/2}\hat{se}_B(\hat{\theta})]$.

自助 t 置信区间的一个缺点是要再次使用自助方法得到标准差的估计 $\hat{se}(\hat{\theta}^*_b)$. 这是在再抽样里面嵌套再抽样. 若 $B = 1\ 000$, $R = 1\ 000$, 则自助 t 区间方法需要比别的方法 1 000 倍的时间.

例 7.12 对例 7.11 使用自助 t 置信区间方法求中位数的 95% 置信区间.

解 总体中位数 θ 的自然估计为样本中位数 $\hat{\theta} = 16.95$. 使用自助 t 置信区间方法, 选择 $B = 1\ 000$, $R = 1\ 000$ 得到 95% 置信区间为 [14.38, 18.54]. □

自助法构建置信区间的常用方法还包括标准正态自助置信区间 (the standard normal bootstrap confidence interval)、百分位数自助置信区间 (the percentile bootstrap confidence interval) 和偏差校正和加速的 (bias-corrected and accelerated, BCa) 自助置信区间. 详细介绍可以参考文献‡.

‡DICICCIO T D, EFRON B, 1996. Bootstrap confidence intervals. Statist. Sci., 11 (3): 189-228.

直观上, 在有了统计量 $\hat{\theta}$ 的 B 个自助版本 $\hat{\theta}_1^*, \hat{\theta}_2^*, \cdots, \hat{\theta}_B^*$ 后, 我们可以对 $\hat{\theta}$ 的所有分布特征进行估计. 比如 $P(\hat{\theta} > 0) \approx \dfrac{1}{B}\sum_b I(\hat{\theta}_b^* > 0)$, 偏差的估计 $\overline{\hat{\theta}^*} - \hat{\theta}$ 等.

7.5 置信限

在实际问题中, 有时候我们只对参数 θ 一侧的界限感兴趣, 例如对空气质量指数, 我们仅关心颗粒物的上限是否小于 50 μg/m^3 (空气质量优), 即要求找出这样的一个统计量 $\bar{\theta}$, 使得 $\theta \leqslant \bar{\theta}$ 的概率很大, $\bar{\theta}$ 就称为 θ 的置信上限. 另一种只对参数 θ 的下限感兴趣, 例如对于小区推出的某项惠民措施, 我们仅关心支持该措施业主的百分率下限, 即要求找出这样的一个统计量 $\underline{\theta}$, 使得 $\theta \geqslant \underline{\theta}$ 的概率很大, $\underline{\theta}$ 就称为 θ 的置信下限. 为行文简单, 以一个参数为例, 下面给出它们的定义.

定义 7.4

设$(X_1, X_2, \cdots, X_n)$是从总体$F(x,\theta)$中抽取的一个简单随机样本,$\bar{\theta}=\bar{\theta}(X_1,X_2,\cdots,X_n)$, $\underline{\theta} = \underline{\theta}(X_1, X_2, \cdots, X_n)$ 为两个统计量.

(1) 若对 θ 的一切可取的值, 有

$$P_\theta(\bar{\theta}(X_1, X_2, \cdots, X_n) \geqslant \theta) = 1 - \alpha, \tag{7.18}$$

则称 $\bar{\theta}$ 为 θ 的一个置信系数为 $1-\alpha$ 的置信上限;

(2) 若对 θ 的一切可取的值, 有

$$P_\theta(\underline{\theta}(X_1, X_2, \cdots, X_n) \leqslant \theta) = 1 - \alpha, \tag{7.19}$$

则称 $\underline{\theta}$ 为 θ 的一个置信系数为 $1-\alpha$ 的置信下限. ♣

把 (7.18) 和 (7.19) 和区间估计的置信系数定义作一比较, 发现置信上限和置信下限无非是一种特殊的置信区间, 其一端为 ∞ 或 $-\infty$, 因此前面求区间估计的方法, 可以平行移到此处. 例如, 求正态总体 $N(\mu, \sigma^2)$ 的均值 μ 的置信上限, 当 σ^2 已知时, $\sqrt{n}(\overline{X} - \mu)/\sigma$ 是枢轴变量, 分布为标准正态分布, 故

$$\begin{aligned} & P(\sqrt{n}(\overline{X} - \mu)/\sigma \geqslant -u_\alpha) = 1 - \alpha \\ \Rightarrow \quad & P\left(\overline{X} + \tfrac{\sigma}{\sqrt{n}} u_\alpha \geqslant \mu\right) = 1 - \alpha. \end{aligned} \tag{7.20}$$

把 (7.20) 与 (7.18) 作比较, 即知 $\bar{x} + \dfrac{\sigma}{\sqrt{n}} u_\alpha$ 为 μ 的置信系数为 $1-\alpha$ 的置信上限.

同理, 参数 μ 的置信系数为 $1-\alpha$ 的置信下限为 $\bar{x} - \dfrac{\sigma}{\sqrt{n}} u_\alpha$. 从这看出, 由于只要考虑区间的一个端点, 所以与置信区间比较, 就是把 $u_{\alpha/2}$ 换成了 u_α, 其余不变. 当 σ^2 未知时, 枢轴变量由标准正态分布转化为 t 分布, 可以得到参数 μ 的置信系数为 $1-\alpha$ 的置信上限和置信下限

分别为 $\overline{x}\pm\dfrac{s}{\sqrt{n}}t_{n-1}(\alpha)$. 正态总体中 σ^2 的置信上限和置信下限分别为 $(n-1)s^2/\chi^2_{n-1}(1-\alpha)$ 和 $(n-1)s^2/\chi^2_{n-1}(\alpha)$. 其余总体参数的置信上限和置信下限可以类推.

例 7.13 设某地区 12 个测量点测得某时刻空气质量指数 (air quality index, AQI) (单位: μg/m^3) 为

$$29,\ 37,\ 47,\ 57,\ 53,\ 60,\ 54,\ 51,\ 46,\ 44,\ 33,\ 32.$$

设空气质量指数服从正态分布, 求该时刻空气质量指数的 90% 的置信上限. 能否说该时刻的空气为优? (空气质量指数在 50 μg/m^3 以下为优.)

解　通过计算易得 $\overline{x}=45.25, s=10.393\ 3$, 由于当方差未知时均值的枢轴变量为 t 分布, 所以由上面的讨论可得 90% 的置信上限为

$$\begin{aligned}45.25+\frac{10.393\ 3}{\sqrt{12}}t_{11}(0.10)&=45.25+\frac{10.393\ 3}{\sqrt{12}}\times 1.363\ 4\\&=45.25+4.090\ 6=49.340\ 6.\end{aligned}$$

由于置信上限 $49.340\ 6<50$, 我们有 90% 的把握说该地该时刻空气质量为优. □

类似置信区间的构造过程, 对非正态总体, 在样本量较大时候可以使用大样本方法寻求置信限, 而当样本量比较小时候可以使用自助法寻求置信限. 这里不再赘述了.

7.6　扩展阅读:“足球赛会杀人”的真假

足球赛会杀人? 真的假的? 一篇文章§的作者宣称一场足球赛对国家的死亡率有着明显影响. 他们的依据是 1996 年 6 月 17 日到 6 月 27 日荷兰全国心肌梗死或中风的死亡人数图 (如图 7.5 所示).

1996 年 6 月 8 日到 30 日在英格兰举办欧洲足球锦标赛, 荷兰队提前进入四分之一决赛, 要与法国队在 6 月 22 日进行比赛. 比赛是 0-0 平局, 在加时赛中法国队靠罚球获得胜利. 根据荷兰广播协会的统计, 大约有 980 万人观看了比赛, 约占全国 1 550 万人口的 60%. 如图 7.5(a) 所示, 在 6 月 22 日, 45 岁以上男性因为各种原因而死亡的人数增加了 (173 例, 而前后 5 天平均为 150.1 例), 而在女性中则降低了 (146 例, 而前后 5 天平均 164.1 例). 作者注意考察了因为心肌梗死或中风而死亡的人数数据. 如图 7.5(b) 所示, 在比赛日 6 月 22 日, 男性死亡 41 例, 而平均为 27.2 例, 比赛日后死亡人数最低为 21 例. 对女性来说, 因为心肌梗死或中风而死亡的人数在比赛日及前后没有明显差别 (38 例, 而平均 34.1 例). 与 1995 年和 1997 年同期数据相比也没有显著差异. 对图 7.5 中 6 月 22 日死亡率的明显上升现象, 他们解释其原因为观看 22 日荷兰队和法国队的足球比赛而导致的过度饮酒和精神压力 (荷兰

§WITTE D R, BOTS M L, HOES A W, et al., 2000. Cardiovascular mortality in Dutch men during 1996 European football championship: longitudinal population study. BMJ(Clinical research ed.), 321(7276): 1552-1554.

队输了）的综合作用. 图 7.5 中中间的水平虚线是 6 月 22 日之前五天和之后五天的死亡人数的平均值, 而上下两条水平线表示 95% 置信区间. 1996 年 6 月 22 日的死亡率超出了 95% 置信区间, 作者以此来支持他们的发现.

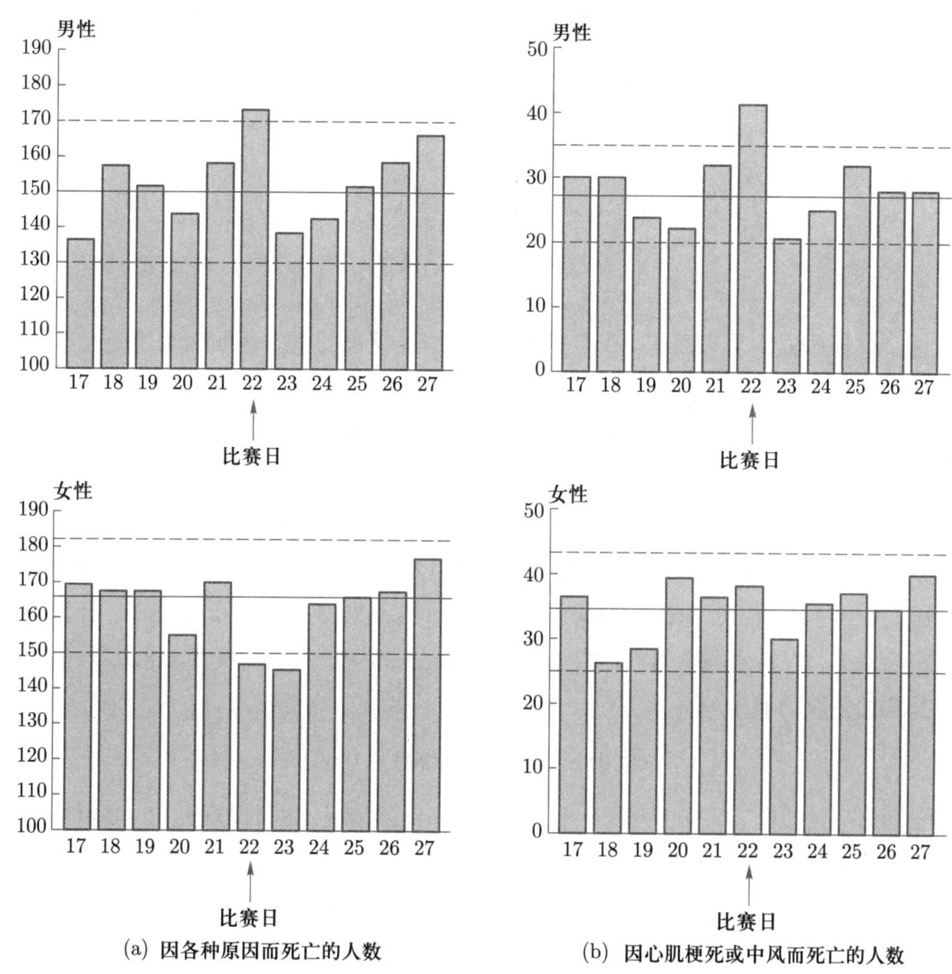

(a) 因各种原因而死亡的人数　　(b) 因心肌梗死或中风而死亡的人数

图 7.5　荷兰全国 45 岁以上的男性和女性死亡的人数
(注：水平线表示 6 月 22 日之前五天和之后五天死亡人数的平均值及其 95% 置信区间)

记 p 表示每天的人口死亡率, $\hat{p}$ 表示其估计, $sd(\hat{p})$ 表示估计的标准差. 根据中心极限定理, 一个渐近的 95% 置信区间为

$$[\hat{p}-u_{0.025}sd(\hat{p}),\hat{p}-u_{0.025}sd(\hat{p})],$$

其中 $u_{0.025}=1.96$ 为标准正态分布的上 0.025 分位数. 对一个二项分布 $B(N,p)$ 进行模拟 $(N=1\ 000,p=0.05)$, 计算 100 次置信区间并绘制结果如图 7.6 所示. 可以看出, 在 100 次重复中, 有 7 次所得置信区间没有包含真值 $p=0.05$, 实际的覆盖率为 93%, 和名义的置信系数 95% 是比较靠近的.

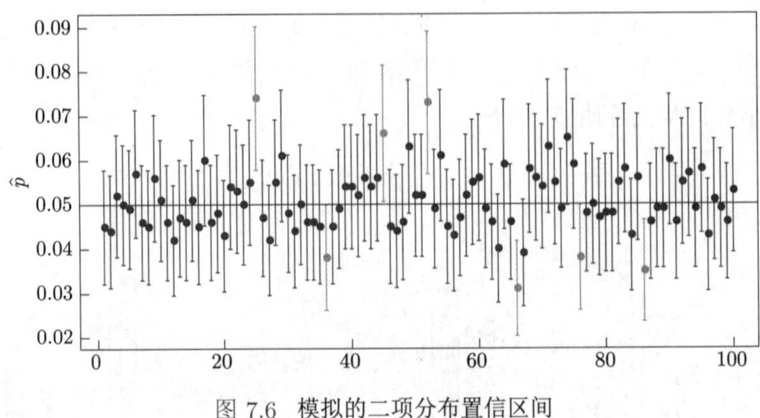

图 7.6　模拟的二项分布置信区间

从这个模拟研究中可以看出，在有了样本值后，计算出的置信区间表示的是在重复使用情况下实际的覆盖率会靠近名义的置信水平. 单独一次试验计算的置信区间要么包含参数值，要么不包含参数值. 因此，解释置信区间时候要非常谨慎. 论文作者的结论仅仅基于一场比赛的情况，因此自然的疑问就是，为什么不考虑使用概率模型？刻画不同时间的死亡人数数据，一个自然合理的概率模型就是泊松模型. 一旦建立该模型后，我们就可以计算出现图 7.5 那样的情况的概率. 论文提供了 6 月 17 日到 27 日因为心肌梗死或中风而死亡的男性人数，在 6 月 22 日死亡的有 41 人，每天的平均死亡人数为 $(10 \times 27.2 + 41)/11 \approx 28$ 人，计算可得一天死亡人数大于 41 人的概率为 0.008，而死亡人数在 21~34 人的概率为 0.820，从而出现如图 7.5 那样的情况的概率为

$$p = 0.820^5 \times 0.008 \times 0.820^5 = 0.001\,1.$$

因此大约每隔 $1/0.001\,1 = 909$ 天就会出现图 7.5 那样的情况. 这样出现图 7.5 那样情况看起来并不是非常意外，看起来更像是一个巧合.

本章总结

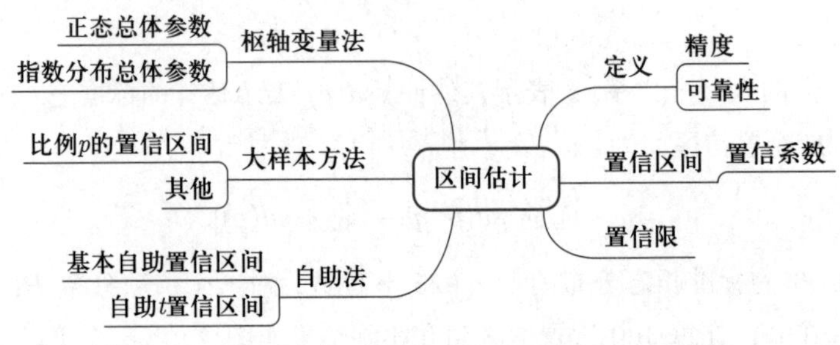

图 7.7　第七章知识点结构图

重点概念总结

- 点估计不能看出它与真实参数之间的误差，所以在点估计的基础上引入区间估计，即把参数估计在一个区间内. 由此引出区间估计的精度和置信系数两个概念.
- 区间估计在不同的统计观点下有不同的形式，各有自己的优缺点，本书介绍的区间估计是在频率学派观点下得出的.
- 枢轴变量法是区间估计中常用的一种手段，不过得出枢轴变量要满足不少条件，所以不是通用的方法，但是对涉及正态总体而言，这是最直观的方法.
- 置信系数和精度是一对矛盾，我们是在满足一定的置信系数下寻找精度最高的置信区间. 在这一过程中，一定要具体情况具体分析，不要盲目追求高精度.
- 置信限仅考虑把参数估计在一个半直线内，此时我们最关心的问题是在一定的置信系数下参数的上限或下限，这在实际问题中经常会遇到.

习　题

1. 为试验某种胶水的胶合能力, 做了 10 次试验, 把两块胶合在一起的木板断开的力 (单位: N) 分别为

$$561, 459, 534, 601, 476, 516, 522, 490, 480, 550.$$

求胶合后断开木板的平均用力, 在正态假定下求置信系数为 90% 的置信区间.

2. 令 $(X_1, X_2, \cdots, X_{10})$ 是从 $N(\mu, 4)$ 中抽取的简单随机样本, 假设样本均值 $\overline{X} = 48$, 求 μ 的 95% 置信区间.

3. 在某一商学院毕业的某届硕士生中随机抽取了 40 位, 调查得知他们的平均起薪是 8 000 元, 样本标准差是 900 元, 求这一届毕业生平均起薪的 95% 置信区间.

4. 随机从一批钉子中抽取 9 枚, 测得其长度 (单位: cm) 为

$$2.15, 2.13, 2.10, 2.14, 2.15, 2.16, 2.12, 2.11, 2.13.$$

假设钉子长度服从正态分布, 分别在下列两种情况下, 求出总体均值的 90% 置信区间:

(1) $\sigma = 0.01$;　　(2) σ 未知.

5. 从某一小学的一年级学生中随机选了 9 名男生和 9 名女生, 测量他们的身高 (单位: cm) 如下, 假设身高服从正态分布:

男孩	126	131	120	125	116	126	117	130	117
女孩	122	123	124	125	125	118	120	120	114

(1) 求这所小学一年级学生平均身高的 95% 置信区间;

(2) 求这所小学一年级男孩平均身高的 95% 置信区间;

(3) 求这所小学一年级女孩平均身高的 95% 置信区间.

6. 设 $(X_1, X_2, \cdots, X_n)$ 为来自正态总体 $N(3, 5^2)$ 的简单随机样本. 若要求其样本均值位于区间 $(1, 5)$ 的概率不小于 0.95, 问样本容量 n 至少应取多大?

7. 设一个测量仪器的误差 X 服从正态分布 $N(0, \sigma^2)$, 其标准差 $\sigma = 10$. 若测量仪器无系统误差, 问至少重复测量几次, 才能以 99% 的把握保证平均误差的绝对值小于 2?

8. 假设 $(0.4, 2.5, 1.8, 0.7)$ 是来自总体 X 的简单随机样本. 已知 $Y = \ln X$ 服从正态 $N(\mu, 1)$.

(1) 求 X 的数学期望 $a = E(X)$;

(2) 求 μ 的 95% 和 90% 置信区间;

(3) 求 a 的 95% 和 90% 置信区间.

9. 一个无线通信公司, 考虑改变按分钟收费为包月不限时间. 公司预计新的策略会增加顾客每个月的通话时间. 为了验证这个结论, 公司随机抽取了 900 个包月客户, 其一个月平均使用时间是 220 min, 样本标准差是 90 min. 同时也随机抽取了 800 个按流量收费的客户, 其一个月平均使用时间和标准差分别为 160 min 和 80 min, 假设使用时间服从正态分布.

(1) 求包月客户平均使用时间的 95% 置信区间;

(2) 求按流量收费的客户平均使用时间的 95% 置信区间.

10. 试求第 9 题中,

(1) 包月客户使用时间方差的 95% 置信区间;

(2) 按流量收费的客户使用时间方差的 95% 置信区间.

11. 一家企业更换了领导, 采取了新的经营策略. 随机选取公司 11 种商品, 更换经营策略前后一个季度的销量 (单位: 万元) 如下, 假设销量服从正态分布:

前	69.3	38.0	131.4	123.1	127.3	57.7	95.7	89.4	93.8	102.0	73.3
后	72.5	33.5	132.1	129.8	121.2	54.0	104.6	92.6	119.4	84.7	85.1

(1) 求更换经营策略前平均销量的 95% 置信区间;

(2) 求更换经营策略后平均销量的 95% 置信区间;

(3) 求更换经营策略前后平均销量差异的 95% 置信区间.

12. 试求第 11 题中,

(1) 更换经营策略前销量方差的 95% 置信区间;

(2) 更换经营策略后销量方差的 95% 置信区间;

(3) 更换经营策略前后销量差方差的 95% 置信区间.

13. 设 $(1.7,4,2.3,3.2)$ 是从正态总体 $N(2.5,\sigma^2)$ 中抽取的随机样本, 求 σ^2 的 95% 置信区间.

14. 设 $(X_1,X_2,\cdots,X_9)$ 是从正态总体 $N(\mu,\sigma^2)$ 中抽取的随机样本, 假设样本均值 $\overline{X}=48$, 样本方差 $S^2=64$.

(1) 求 μ 的 95% 置信区间;

(2) 求 σ^2 的 95% 置信区间.

15. 某金属的密度测量值 (单位: $\mathrm{g/cm^3}$) 服从正态分布 $N(\mu,\sigma^2)$, 如果观测 25 次, 算得样本均值为 3.2, 样本标准差为 0.031.

(1) 求该金属密度 μ 均值的 95% 置信区间;

(2) 求该金属密度 σ 标准差的 95% 置信区间.

16. 一批零件的长度 $X\sim N(\mu,\sigma^2)$, 从这批零件中随机抽取 10 件, 测得长度 (单位: mm) 分别为

$$49.5, 50.4, 49.7, 51.1, 49.4, 49.7, 50.8, 49.9, 50.3, 50.0.$$

在下列两种情况下求这批零件长度总体方差 σ^2 的 95% 置信区间:

(1) $\mu=50$ mm;　　(2) μ 未知.

17. 假设用机器包装精盐的质量服从正态分布 $N(\mu,\sigma^2)$. 现从生产线上随机抽取 10 袋, 测得其质量 (单位: g) 为

$$501.5, 500.7, 492.0, 504.7, 483.0, 512.8, 504.0, 490.3, 486.0, 520.0.$$

试在下列两种情况下分别求总体方差的 95% 和 90% 置信区间:

(1) $\mu=500$ g;　　(2) μ 未知.

18. 随机抽取 16 发子弹做试验, 测得子弹速度的样本标准差为 $S=12$, 假设子弹速度服从正态分布 $N(\mu,\sigma^2)$, 分别求 σ 和 σ^2 的 95% 置信区间.

19. 设 $(X_1,X_2,\cdots,X_n)$ 为来自均匀分布总体 $U(0,\theta)$ 的简单随机样本. 对任给的 $\alpha\in(0,1)$, 求常数 c_n, 使得 $[\max\{X_1,X_2,\cdots,X_n\}, c_n\max\{X_1,X_2,\cdots,X_n\}]$ 为 θ 的 $1-\alpha$ 置信区间.

20. 设 $(X_1,X_2,\cdots,X_n)$ 为来自指数分布总体 $Exp(\lambda)$ 的简单随机样本. 对任给的 $\alpha\in(0,1)$,

(1) 证明 $\sum\limits_{i=1}^{n}2\lambda X_i$ 服从 χ^2_{2n} 分布;

(2) 求 λ 的 $1-\alpha$ 置信区间.

21. 在一次出租车涨价的听证会上, 当有关方阐述了涨价的理由后, 记者在场外随机采访了 50 位居民, 询问他们对涨价的态度. 其中有 34 人认为物价涨了, 出租车费用上涨合理, 有 16 人反对涨价. 试对赞成涨价的居民百分数作 90% 置信区间.

22. 从一批产品中随机抽取 120 件来检验次品率, 结果发现有 9 件次品.
(1) 求这批产品次品率 p 的点估计和 95% 置信区间,
(2) 试求次品率 p 的 95% 置信上限.

23. 由于互联网的迅速发展, 网上购物已被大家接受. 某调查公司对 200 人的网购消费进行了调查, 发现 145 人线上消费占消费者消费总额的 75% 以上, 172 人线上消费占消费者消费总额的 60% 以上.
(1) 求线上消费占消费者消费总额的 75% 以上比例的 95% 置信区间,
(2) 求线上消费占消费者消费总额的 60% $\sim$ 75% 比例的 95% 置信区间.

24. 某大学招生就业办公室称该校的就业率至少为 90%, 先从该校随机抽查 105 人, 发现其中有 85 人就业. 问该校招生就业办公室的说法正确吗? ($\alpha=0.05$ 及 $\alpha=0.1$)

25. 假设顾客到一商场有 p 的概率购买商品, 现随机抽取了 500 个顾客, 其中 15 个购买了商品. 求 p 的 95% 和 90% 置信区间.

26. 假设某一生产线上商品的次品率为 p , 现随机抽取了 1 000 个商品, 其中 5 个为次品. 求 p 的 95% 置信区间.

27. 假设湖中有 N 尾鱼 (N 很大), 现钓出 r 尾鱼, 做上标记后放回湖中. 一段时间后, 再钓出 s 尾鱼 (设 s 远大于 r), 结果其中有 t 尾鱼标有记号 (s,t 已知).
(1) 若 r,N 未知, 求 r/N 的 $1-\alpha$ 置信区间;
(2) 若只有 N 未知, 求 N 的 $1-\alpha$ 置信区间.

28. 设 $(X_1,X_2,\cdots,X_n)$, 为来自均匀分布 $U(\theta,0)$ 的简单样本. 对任给的 $\alpha\in(0,1)$, 采用 θ 的最大似然估计, 构造 θ 的一个置信系数为 $1-\alpha$ 的置信下限和置信上限.

29. 设一农作物的单位面积产量服从正态分布 $N(80,\sigma^2)$, 其标准差 $\sigma=5$, 问至少需要几块试验田, 才能有 99% 的把握保证这些试验田的单位面积平均产量大于 75?

30. 试求 3 题中, 这一届毕业生平均起薪的 95% 置信下限.

31. 求第 4 题中, 分别在下列两种情况下, 这批钉子总体标准差的 95% 置信上限:
(1) $\mu=2.12$; (2) μ 未知.

32. 求第 5 题中,
(1) 这所小学一年级学生平均身高的 95% 置信下限;
(2) 这所小学一年级男孩平均身高的 95% 置信下限;
(3) 这所小学一年级女孩平均身高的 95% 置信下限.

33. 为研究某种轮胎的磨损情况, 随机选取了 9 个轮胎, 每个轮胎行驶到磨坏为止. 记录所行驶的路程 (单位: km) 如下：

$$42\ 350, 40\ 297, 43\ 176, 41\ 010, 42\ 657, 44\ 210, 41\ 879, 39\ 678, 43\ 520.$$

假设这些数据服从正态分布, 求这种轮胎平均行驶路程的 95% 置信下限.

34. 为了了解一批灯泡的使用寿命, 共测试了 16 个灯泡的寿命, 得到寿命的均值为 1 600 h, 样本标准差为 15 h . 假设寿命服从正态分布 $N(\mu, \sigma^2)$.

(1) 求 μ 的 95% 置信下限;

(2) 求 σ^2 的 95% 置信上限.

第八章 假设检验

学习目标

- ❑ 理解和掌握假设检验的概念和统计意义
- ❑ 理解原假设和备择假设、接受域和拒绝域、功效函数和检验水平、两类错误等基本概念
- ❑ 能根据实际情况来设立原假设和备择假设
- ❑ 掌握在正态总体下均值和均值差、方差和方差比的假设检验方法
- ❑ 掌握比例 p 的小样本检验方法
- ❑ 掌握似然比检验方法
- ❑ 理解 p 值的含义
- ❑ 理解区间估计和假设检验之间的关系

8.1 问题的提法和基本概念

8.1.1 例子和问题提法

假设检验 (hypothesis test) 的概念在第 5 章统计推断中提到过, 在这里我们通过几个例子来给出假设检验问题提法的形式, 然后在此基础上引进有关假设检验的一些基本概念.

例 8.1 按质量标准要求, 合格的棉布单位长度瑕疵点不超过 2 个. 从一批棉布中随机抽检 10 包棉布, 得到棉布单位长度平均瑕疵点为 3 个. 据此数据回答这批棉布质量是否符合质量要求.

解 我们用统计学的语言表述问题:

(1) 总体: 感兴趣的是这批棉布单位长度瑕疵点数, 记为 X, 其分布为 F (即统计总体). 这是一个取非负整数值的随机变量, 因此可以自然地假设总体分布为泊松分布 $P(\lambda)$, 但是参数 λ 未知 (注意其他分布也是可能的, 所以这一假设的合理性需要论证, 下面我们先承认其合理性).

(2) 样本: 记 $(X_1, X_2, \cdots, X_{10})$ 为从该总体中抽取的简单随机样本, 即抽取的 10 包棉布中每包棉布单位长度瑕疵点数.

(3) 统计量: 已知 $\overline{X} = \dfrac{1}{10}\sum\limits_{i=1}^{10} X_i = 3$.

(4) 有一个判断命题，要通过样本来判断参数 (这里就是总体期望) $E(X)=\lambda\leqslant 2$ 是否成立. 把参数空间 $(0,\infty)$ 分为两部分: $H_0=\{\lambda:\lambda\leqslant 2\}$, 另一部分是 $H_1=\{\lambda:\lambda>2\}$. 当 $\lambda\in H_0$ 时命题成立，当 $\lambda\in H_1$ 时命题不成立.

(5) 我们的任务是根据已获得的样本 $(X_1,X_2,\cdots,X_{10})$ 的样本值来判断命题 $\lambda\in H_0$ 是否成立. 其合理性是样本中含有参数 λ 的信息.

此时，问题该如何解决呢? 回想我们在证明数学命题是否成立时常使用的反证法: 假设命题的对立面成立，然后根据已知条件进行演绎推理，在某个地方就会得到和已知的结论、定理或公理相矛盾的结果. 问题出在我们的假设前提错误，从而证明了该命题. 对我们现在考虑的问题而言，若采用反证法的思想，则选择一个假设，比如 H_0(或 H_1, 以何者为反证假设前提需要考量) 成立，在此前提和给定的统计模型下，寻求与已知事实矛盾的结果. 假设 H_0 描述了统计总体 F 的特点，其成立进而影响了样本的概率性质. 由于 $\overline{X}$ 为参数 λ 的无偏估计，因此在抽检得到的 $\overline{X}$ 值比较大时，直观上就有理由怀疑假设 $H_0:\lambda\leqslant 2$ 成立的合理性. 那么 $\overline{X}=3$ 是比较大了吗? 看一个人长得高不高，就需要看比他高的人多不多，而不是看与他一样高的人有多少. 具体地，由于

$$P_\lambda(\overline{X}\geqslant 3)=P_\lambda\Big(\sum_{i=1}^{10}X_i\geqslant 30\Big)=\sum_{k=30}^{\infty}\frac{(10\lambda)^k}{k!}\mathrm{e}^{-10\lambda}$$

随 λ 单调增加，因此当 $H_0:\lambda\leqslant 2$ 成立时有

$$P_\lambda(\overline{X}\geqslant 3)\leqslant P_{\lambda=2}(\overline{X}\geqslant 3)=\sum_{k=30}^{\infty}\frac{20^k}{k!}\mathrm{e}^{-20}\approx 0.022.$$

这说明若 H_0 成立，则事件 $\{\overline{X}\geqslant 3\}$ 是一个小概率事件! 小概率原理告诉我们小概率事件在一次试验中一般不会发生. 但事实是此事件已经发生了，因为样本已经观测到了. 这与小概率原理矛盾，那么问题很可能出在假设前提“H_0 成立”是错误的，因此有理由怀疑 H_0 是不成立的 (即反证了 H_1 可能是成立的).

在上述统计推断过程中，我们使用了反证法的思想，但是这种反证法与证明纯数学命题时使用的反证法不同，并不是形式逻辑中的绝对的矛盾，而是采用了“小概率原理”，因此这是一种具有概率性质的反证法，并不像纯数学的命题，要么绝对正确，要么绝对错误. 所以无论作出关于假设前提成立或者不成立的结论，都有发生错误的可能. □

此例说明了推断有关总体分布参数假设的一般思路，其中还有一些具体问题尚待进一步说明，例如如何确定假设? 选择何种统计量? 如何控制推断结果的错误大小等. **对统计总体 (即总体分布) 的性质所作的假设称为统计假设. 使用样本对所作出的统计假设进行检查的方法和过程称为假设检验**. 如果总体分布的类型是已知的，如上面是泊松分布，要检验的假设是有关总体参数的某个取值范围，就称为**参数假设检验**问题. 如果总体分布类型完全未知，就不再是参数问题了，比如假设总体分布是泊松分布，我们称之为**非参数假设检验**问题. 下面我们

介绍统计假设检验中常用的概念和名词.

8.1.2 假设检验中的几个基本概念

一个假设检验问题需要使用原假设、备择 (对立) 假设、检验统计量、拒绝域、两类错误等术语进行描述. 下面我们分别介绍这些术语的概念.

1. 原假设和备择假设

在统计学中, 我们把关于总体分布的某个特征的假设命题称为一个“假设”或“统计假设”, 例如假设总体分布为正态分布, 假设总体分布为二项分布等, 或者假设二项分布总体中成功概率 $p \leqslant 0.5$ 等. 称之为“假设”就是这个命题是否成立还需要通过样本来检验. 一般我们把认为是正确的命题称为原假设 (null hypothesis), 记为 H_0, “原”就是原来就有的结论或事实, 例如上面例子中企业生产的棉布, 长期以来的实际产品的单位长度平均瑕疵点数不超过 2. 要确认的是当前生产的质量是否还是保持原有水平. 换言之, 将错误拒绝会带来很大后果的事情作为原假设. 例如, 司法上的无罪推断, 即将嫌疑人无罪作为原假设, 这样做极大地有利于保护公民的利益. 又如对新药的批准, 显然使用药品的患者是应该受保护的对象, 这时应该设定一个有利于患者的命题作为原假设, 这个命题就是“新药不比安慰剂 (或已有同类药品) 效果好”, 以尽量避免患者用无效甚至有副作用的新药.

视频 *扫描视频 24 的二维码观看关于原假设和备择假设的讲解.*

视频 24 原假设和备择假设

由于原假设不一定成立, 一个自然的问题是当原假设不成立时你准备接受什么结论, 这在事前也要明确规定好. 这个假设称为备择假设 (alternative hypothesis), 记为 H_1 或 H_a, 就是拒绝原假设后可供选择的假设.

例 8.2 在一条食盐生产线上, 已经调好每袋食盐的质量是 350 g, 由于长期生产, 机器包装的每袋食盐质量可能发生变化. 我们随机从生产线上抽取 12 袋进行检查, 要从中得出生产线工作是否正常. 在这个问题中, 由于是早已调好每袋 350 g, 所以正常生产时每袋质量可以假定服从正态分布 $N(350,\sigma^2)$, 其中 σ^2 可以设定好, 也可能会随时间而变化. 我们的重点是看均值有无变化, 所以原假设就是 $H_0: \mu = 350$. 如果根据样本发现原假设 H_0 不成立, 每袋食盐质量可能在 350 g 上下波动, 因此备择假设为 H_1: $\mu \neq 350$. 另一种可能这个企业是良心企业, 每袋只会倾向于多一点, 不会少于 350 g, 这时的备择假设就是每袋是否多了, 即 H_1: $\mu > 350$. 当然也有另一种可能, 即只少不多. 这时检验的备择假设就是 H_1: $\mu < 350$.

原假设也称为零假设, 即没有变化, 这可以从上面叙述的食盐生产线例子中看出, 我们要观测这条生产线工作是否正常, 就是看经过一定时间后生产线上每袋食盐的平均质量 μ 是否还是原定质量 $\mu_0 = 350$. 备择假设有时也称为“对立假设”, 就是与原假设对立的意思. 这个词既可以指全体, 也可以指一个或一些特殊情况. 例如棉布检验中, 对立假设可以是全体

$\lambda > 2$, 也可以是 $\lambda = 3$ 或 $3 \leqslant \lambda \leqslant 5$. 一般地, 记 Θ_0 和 Θ_1 是参数空间 $\Theta \subseteq \mathbb{R}^k$ 的两个不交非空子集, 一个统计假设常表示为

$$H_0 : \theta \in \Theta_0 \leftrightarrow H_1 : \theta \in \Theta_1, \tag{8.1}$$

其中 $\Theta_0 \cup \Theta_1 \subseteq \Theta$.

2. 简单假设和复合假设

不论是原假设还是备择假设, 其中的假设只有一个参数值, 就称为简单假设, 否则称为复合假设. 例如, H_0: $\mu = 350$, 其中参数 μ 只能取一个值, 所以是简单假设, 而 H_1: $\mu \neq 350$ 中, 参数 μ 可以取不止一个值, 所以是复合假设. 如果记感兴趣的参数为 $\theta \in \Theta \subseteq \mathbb{R}$, 则常见关于 θ 的假设形式有

(1) $H_0 : \theta = \theta_0 \leftrightarrow H_1 : \theta = \theta_1$; (8.2)

(2) $H_0 : \theta = \theta_0 \leftrightarrow H_1 : \theta \neq \theta_0$; (8.3)

(3) $H_0 : \theta \leqslant \theta_0 \leftrightarrow H_1 : \theta > \theta_0$ 或 $H_0 : \theta = \theta_0 \leftrightarrow H_1 : \theta > \theta_0$; (8.4)

(4) $H_0 : \theta \geqslant \theta_0 \leftrightarrow H_1 : \theta < \theta_0$ 或 $H_0 : \theta = \theta_0 \leftrightarrow H_1 : \theta < \theta_0$, (8.5)

其中 θ_0 为给定的常数. 假设 (1) 也称为两点假设, (2) 称为双侧假设或双边假设 (two-sided hypothesis), (3) 和 (4) 称为单侧假设或单边假设 (one-sided hypothesis).

3. 检验统计量、接受域、拒绝域和临界值

在检验一个假设时用到的统计量称为检验统计量. 例如在棉布质量检验中 $\overline{X}$ 就是检验统计量. 使原假设得到接受的样本所在区域 A, 称为该检验的接受域, 而使原假设被拒绝的样本所在区域 D, 称为拒绝域(或否定域). 记样本为 $\boldsymbol{X} = (X_1, X_2, \cdots, X_n)$, 则接受域 $A = \{(X_1, X_2, \cdots, X_n) \in A\}$ 和拒绝域 $D = \{(X_1, X_2, \cdots, X_n) \in D\}$ 都是 $\mathbb{R}^n$ 中的一个区域, 但是在常见的假设检验中接受域和拒绝域通常可以简化为检验统计量 $T(\boldsymbol{X})$ 所处的区域. 例如棉布质量检验中接受域 $A = \{\overline{X} \leqslant C\}$, 而拒绝域为 $D = \{\overline{X} > C\}$. 由于 A, D 互补, 知道其中一个就能知道另一个. 所以在处理假设检验问题时只要指出其中之一即可.

上述检验中, 常数 C 处于一种特殊的位置, 检验统计量 $\overline{X}$ 越过 C, 结论就由接受变为拒绝, 这个 C 称为临界值. 也可能有不止一个临界值, 如在检验食盐生产线是否正常工作时, 假设为 H_0: $\mu = 350 \leftrightarrow H_1$: $\mu \neq 350$, 一个合理的检验法则是选取 $C_1 < C_2$, 当 $C_1 \leqslant \overline{X} \leqslant C_2$ 时接受原假设. 此时 C_1, C_2 都是临界值. 上述这些决策也可以用函数

$$\Psi(X_1, X_2, \cdots, X_n) = \begin{cases} 1, & (X_1, X_2, \cdots, X_n) \in D, \\ 0, & (X_1, X_2, \cdots, X_n) \in A \end{cases} \tag{8.6}$$

来表示, 称 Ψ 为对 H_0 和 H_1 的一个检验函数 (法则). $\Psi=1$ 表示拒绝 (否定)H_0, $\Psi=0$ 表示不能拒绝 H_0(或接受 H_0). 后面我们再进一步讨论用检验 Ψ 进行决策时的严谨表述.

8.1.3 功效函数

对于同一个原假设, 可以有不同的检验方法, 哪一种更好一点? 这就有一个标准问题. 为此引入功效函数 (power function) 的概念, 这是假设检验中最重要的概念之一.

定义 8.1 功效函数

设总体为 $F(x,\theta)$, 其中 $\theta=(\theta_1,\theta_2,\cdots,\theta_k)\in\Theta\subseteq\mathbb{R}^k$ 为参数, H_0 是关于参数 θ 的一个原假设, 设 Ψ 是根据样本 $(X_1,X_2,\cdots,X_n)$ 对假设 (8.1) 所作的一个检验, 则称

$$\beta_\Psi(\theta)=P_\theta(\text{在检验 }\Psi\text{ 下 }H_0\text{ 被否定}) \tag{8.7}$$

为检验 Ψ 的功效函数. ♣

由定义知功效函数是参数 θ 的函数. 当真实参数 θ^* 属于 H_0 时, 我们希望 $\beta_\Psi(\theta^*)$ 尽量小, 即原假设成立时, 我们不希望拒绝它. 反之, 若 θ^* 属于备择假设 H_1, 则我们希望 $\beta_\Psi(\theta^*)$ 尽量大, 即原假设不成立时, 我们希望拒绝它. 对于原假设的两个检验 Ψ_1,Ψ_2, 哪一个更好地符合这个要求, 哪一个就更好. 自然地, 若真实的参数 θ^* 属于备择假设 H_1 时, 我们希望检验 Ψ 拒绝 H_0 的能力越强越好, 而当 θ^* 属于假设 H_0 时, 我们希望检验 Ψ 拒绝 H_0 的能力越小越好. 这种拒绝 H_0 的能力即称为功效. 为此, 我们引入下述概念.

定义 8.2 检验水平

设 Ψ 是假设 (8.1) 的一个检验, $\beta_\Psi(\theta)$ 为其功效函数, α 为常数, $0\leqslant\alpha\leqslant1$. 若

$$\beta_\Psi(\theta)\leqslant\alpha,\quad\forall\,\theta\in H_0, \tag{8.8}$$

则称 Ψ 为 H_0 的一个水平 α 的检验, 或者说, 检验 Ψ 的水平为 α(或检验 Ψ 有水平 α). ♣

由定义知, 若 α 为 Ψ 的水平而 $\alpha_1>\alpha$, 则 α_1 也是检验的水平, 即水平不唯一. 为了克服这点不方便之处, 通常只要有可能就选择最小可能的水平作为检验的水平. 不少教科书中就直接定义为满足 (8.8) 的最小的 α. 但有时我们只知道 (8.8) 成立, 而无法证明 α 已达到最小, 因此也不好称呼 α 是 Ψ 的水平. 本书我们把满足 (8.8) 的 α 就称为 Ψ 的水平, 但是我们尽量找最小的. 显然, 检验的水平是检验 Ψ 错误拒绝 H_0 所允许的最大概率.

8.1.4 两类错误

使用 (8.6) 所定义的检验函数 Ψ 对假设 (8.1) 进行检验时, 由于我们是根据样本作检验的, 而样本有随机性, 所以 Ψ 必犯以下两类错误之一 (表 8.1):

(1) 当 H_0 成立时, 但是检验法则 Ψ 拒绝了 H_0, 这称为检验 Ψ 犯了第一类错误, 也称"弃真错误", 其概率记为 $\alpha_{1\Psi}(\theta)$, 简记为 α.

(2) 当 H_0 不成立时, 但是检验法则 Ψ 没有拒绝 H_0, 这称为检验 Ψ 犯了第二类错误, 也称"存伪错误", 其概率记为 $\alpha_{2\Psi}(\theta)$.

表 8.1 两类错误

决策	事实	
	H_0 成立	H_1 成立
不拒绝 H_0	正确	第二类错误
拒绝 H_0	第一类错误	正确

根据接受域 A 和拒绝域 D 的定义, 我们只能犯两种错误之一. 这两种错误与功效函数有如下关系:

$$\alpha_{1\Psi}(\theta) = \begin{cases} \beta_\Psi(\theta), & \theta \in H_0, \\ 0, & \theta \in H_1, \end{cases} \tag{8.9}$$

$$\alpha_{2\Psi}(\theta) = \begin{cases} 0, & \theta \in H_0, \\ 1-\beta_\Psi(\theta), & \theta \in H_1. \end{cases} \tag{8.10}$$

在检验一个假设 H_0 (或 H_1) 时, 我们希望犯两类错误的概率都尽量小, 但是由 (8.9) 和 (8.10), 这是不可能的. 对给定的样本, 在选择检验 Ψ 时, 要使其在 H_0 上尽量小而在 H_1 上尽量大, 这是两个矛盾的要求. 正如在区间估计中, 可靠度与精度的矛盾一样, 要减少犯第一类错误的概率, 必然会增加犯第二类错误的概率, 反之亦然. 好比在制定刑法量刑标准时, 如果要尽可能地保护好人, 那么就要把条件尽量定得有利于保护好人, 但此时必然会增加放过坏人的机会. 因此有个谁优先的问题. 奈曼提出先保证犯第一类错误的概率不超过某个给定的很小的数 α, 在此基础上使犯第二类错误的概率尽量小. 如果仅仅考虑控制犯第一类错误的概率, 而不涉及犯第二类错误概率所得到的检验, 我们称为显著性检验 (significance test).

注 (1) 定义 8.2 中检验的水平就是用这个检验时犯第一类错误的概率, 我们把检验中犯第一类错误的概率控制在 $(0,\alpha]$ 内, α 也称为显著性水平. 通常将 α 取为 0.1, 0.05, 0.01 等较小的数, 具体取值视实际需要而定, 有时候要求 α 很小, 比如在涉及数十万个基因标记的基因关联分析中, 单个位点检验的 α 一般是 10^{-7} 这样的量级.

(2) 显著性检验方法仅控制检验犯第一类错误的概率, 也就是说, 当 H_0 成立时不轻易拒绝 H_0, 如果拒绝了 H_0, 那么这一决策错误的概率不超过 α. 这表明原假设 H_0 和备择假设 H_1 的地位不相同, 原假设 H_0"被保护"了. 如果一个检验的结论是拒绝 H_0, 那么这一断言犯错的概率不超过 α; 但是如果检验的结论是接受 H_0, 此时可能会犯第二类错误, 而犯第二类错误的概率并没有控制. 用接受原假设 H_0 作为结论是没有保障的, 因此更恰当的结论应该是不能拒绝原假设 H_0.

例 8.3 某饮料厂在自动流水线上罐装饮料. 在正常生产情况下, 每瓶饮料的容量 (单位: mL) X 服从正态分布 $N(500, 10^2)$ (由以往的经验得知). 经过一段时间之后, 有人觉得每瓶饮料的平均容量减小为 490 ml, 于是抽取了 9 瓶样品, 称得它们的平均值为 $\overline{x} = 492$ mL. 能否在显著性水平 0.05 下认为饮料的平均容量确实减少到 490 mL?

解 记 μ 为均值, 根据题设需要考虑的假设为

$$H_0 : \mu = 500 \leftrightarrow H_1 : \mu = 490.$$

因为 $\overline{X}$ 为 μ 的无偏估计, 其应靠近 μ 的值, 因此基于统计量 $\overline{X}$, 我们采用标准化过的检验统计量 (减均值再除以标准差)

$$T = \frac{\sqrt{n}(\overline{X} - 500)}{10}.$$

当 H_1 成立时, T 的值倾向于小, 因此检验的拒绝域取形如 $\{T < \tau\}$, 其中 τ 为待定常数. 下面我们用控制犯第一类错误的概率等于 α 来确定 τ, 即

$$P(T < \tau | \mu = 500) = \alpha.$$

由于 $H_0 : \mu = 500$ 成立时 T 服从标准正态分布, 易知上面关于 τ 的方程的解为 $\tau = -u_\alpha$, 其中 u_α 表示标准正态分布的上 α 分位数, 即检验的拒绝域为

$$\{T < -u_\alpha\}.$$

现在取显著性水平为 $\alpha = 0.05$, 则临界值 $u_{0.05} \approx 1.645$. 另一方面, 样本均值 $\overline{x} = 492$ ml, 样本量 $n = 9$, 故检验统计量 T 的观测值等于 -2.4, 小于临界值 -1.645, 即样本落在拒绝域中, 从而可以在显著性水平 0.05 下拒绝原假设, 认为饮料的平均容量确实减少为 490 mL. □

注 所谓显著性检验是指原假设在水平 α 下被拒绝时, 检验统计量 T 达到了显著性, 即其值如此显著, 以至可以拒绝原假设, 故这一检验称为显著性检验. 显著性检验常常用于有关某种效应或差异是否存在这样那样的问题, 且我们主观上是希望这种效应是存在的. 因此显著性检验可以简单理解为希望原假设被拒绝的那种检验. “显著” (significant) 在统计上并不是重要, 而是代表光是靠机遇不容易发生.

此例说明了显著性检验方法可以从直观出发来构造合理的检验法则. 设定显著性水平为 α, 则对关于参数的假设 (8.2) $\sim$ (8.5), 显著性检验方法的一般步骤如下:

第 1 步: 求出未知参数 θ 的一个较优的点估计 $\hat{\theta} = \hat{\theta}(X_1, X_2, \cdots, X_n)$, 如最大似然估计.

第 2 步: 以 $\hat{\theta}$ 为基础, 寻找一个检验统计量

$$T = T(\hat{\theta}, \theta_0),$$

使得当 $\theta = \theta_0$ 时, T 的分布已知 (如 $N(0,1), t_n, F_{m,n}$) , 从而容易通过查表或计算得到这个分布的分位数, 用以作为检验的临界值.

第 3 步: 以检验统计量 T 为基础, 根据备择假设 H_1 的实际意义, 寻找适当形状的拒绝域 (它是关于 T 的一个或两个不等式, 其中包含一个或两个临界值).

第 4 步: 当原假设成立时, 犯第一类错误的概率小于或等于给定的显著性水平 α, 这给出一个关于临界值的方程, 解出临界值, 它 (们) 等于 T 在 $\theta=\theta_0$ 的分布的分位数, 这样即确定了检验的拒绝域.

第 5 步: 若给出样本值, 则可算出检验统计量的值. 若落在拒绝域中, 则可拒绝原假设, 否则不能拒绝原假设.

第 6 步: 根据具体问题和给定的显著性水平 α 解释拒绝原假设或不能拒绝原假设.

8.2 正态总体参数检验

正态总体是最重要的总体之一, 对其参数的假设检验问题进行讨论是应用中的常见和重要问题, 其方法对其他总体参数的检验问题也具有启示作用. 本节我们分别对单个正态总体的有关参数的假设检验问题, 以及两个正态总体的有关参数间的假设检验问题进行讨论.

视频 扫描视频 25 的二维码观看关于正态总体参数检验问题的讲解.

视频 25 正态总体参数的检验

8.2.1 单个正态总体均值的检验

关于单个正态总体均值 μ 的假设检验问题, 也称为一样本均值检验问题, 在应用中常见的假设形式有如下几种:

(1) $H_0:\ \mu \geqslant \mu_0 \leftrightarrow H_1:\ \mu<\mu_0$;

(2) $H_0':\ \mu \leqslant \mu_0 \leftrightarrow H_1':\ \mu>\mu_0$;

(3) $H_0'':\ \mu=\mu_0 \leftrightarrow H_1'':\ \mu \neq \mu_0$,

其中 μ_0 为给定的常数. 第一个检验问题称为左侧检验, 第二个称为右侧检验, 前两个均为单侧检验; 第三个检验称为双侧检验. 这样称呼的原因在于它们各自的拒绝域形式为相应的单侧区间或双侧区间. 下面我们详细讨论.

设 $(X_1, X_2, \cdots, X_n)$ 是从该正态总体 $N(\mu, \sigma^2)$ 中抽取的一个简单样本, 对均值 μ 的假设检验问题 (1) $\sim$ (3), 其显著性检验方法依赖方差 σ^2 是否已知, 我们下面对这两种情形分别讨论.

1. σ^2 已知的情形

由于 μ 的优良点估计为 $\overline{X}$, 根据大数定律, n 很大时 $\overline{X}$ 与 μ 差别不大, 所以若在假设检验问题 (1) 中备择假设成立, 则 $\overline{X}$ 应该比 μ_0 小, 故 $\overline{X}$ 越小, 直观上看来与备择假设 H_1 越吻合也就是越倾向于拒绝原假设 H_0; 反之, 则倾向于支持原假设.

由于 σ 已知, 我们采用 $\overline{X}$ 的标准化量, 其不改变不等式方向但方便于后续计算, 由此直观上一个合理的检验是

$$\Psi\text{: 当 } Z=\frac{\sqrt{n}(\overline{X}-\mu_0)}{\sigma}<C \text{ 时拒绝原假设 } H_0\text{, 否则不能拒绝 } H_0.$$

其拒绝域如图 8.1:

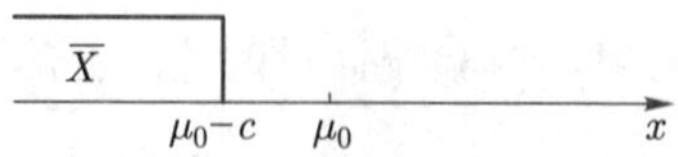

$\overline{X}$ μ_0-c μ_0 x

图 8.1 检验 Ψ 的拒绝域

要确定常数 C, 使检验 Ψ 有给定的水平 α. 为此考虑 Ψ 的功效函数 $\beta_\Psi(\mu)$, 按定义 8.1,

$$\begin{aligned}\beta_\Psi(\mu)&=P_\mu(Z<C)\\&=P_\mu\left(\frac{\sqrt{n}(\overline{X}-\mu)}{\sigma}<C+\frac{\sqrt{n}(\mu_0-\mu)}{\sigma}\right).\end{aligned}$$

当 σ^2 已知时, $\dfrac{\sqrt{n}(\overline{X}-\mu)}{\sigma}\sim N(0,1)$, 所以

$$\beta_\Psi(\mu)=\varPhi\left(C+\frac{\sqrt{n}(\mu_0-\mu)}{\sigma}\right), \tag{8.11}$$

由于 $C+\dfrac{\sqrt{n}(\mu_0-\mu)}{\sigma}$ 是 μ 的严格单调减函数, 故 $\beta_\Psi(\mu)$ 也是 μ 的严格单调减函数, 因此要对一切 $\mu\geqslant\mu_0$ 都有 $\beta_\Psi(\mu)\leqslant\alpha$, 只要 $\beta_\Psi(\mu_0)=\alpha$ 即可. 由标准正态分布的上 α 分位数的定义, 应取 C 满足

$$C=u_{1-\alpha}=-u_\alpha, \tag{8.12}$$

把 (8.12) 代入 (8.11) 得到 Ψ 的功效函数为

$$\beta_\Psi(\mu)=\varPhi\left(\frac{\sqrt{n}(\mu_0-\mu)}{\sigma}-u_\alpha\right). \tag{8.13}$$

一个好的检验应该在控制犯第一类错误下犯第二类错误的概率越小越好, 在这就是当 $\mu<\mu_0$ (备择假设 H_1) 时, $\beta_\Psi(\mu)$ 越大越好. 由公式 (8.13) 可知:

(1) 与备择假设中参数 μ 的关系: μ 越小, $\beta_\Psi(\mu)$ 越大. 直观解释就是 μ 越小, 离原假设就越远, 越容易和原假设分辨开, 我们就越不容易把 H_1 中的 μ 当成是原假设. 即犯第二类错误的概率会越小. 当然, 如果 $\mu\in H_1$, 但是很接近 μ_0, 这时就容易把这个 μ 认为是原假设, 即犯第二类错误的概率会很大. 从功效函数也可以看到这点: 当 $\mu<\mu_0$ 但很接近 μ_0 时, 功效函数 $\beta_\Psi(\mu)\approx\alpha$, 而 α 一般很小, 所以犯第二类错误的概率 $1-\beta_\Psi(\mu)\approx1-\alpha$ 很接近 1.

(2) 与总体方差 σ^2 的关系: 设 $\mu\in H_1$, σ^2 越大, 功效函数 $\beta_\Psi(\mu)$ 越小. 直观解释就是波动越大, 参数 μ,μ_0 之间的差别被淹没在误差中了, 不易区分开, 所以犯第二类错误的概率就越大. 反之 σ^2 越小, 越容易检查出 μ,μ_0 之间的差别.

(3) 与检验水平 α 的关系: α 越大, 则 u_α 越小, 从而功效函数 $\beta_\Psi(\mu)$ 就越大. 这个解释

是 α 越大, 表示能容许犯第一类的错误概率增大, 这时作为补偿, 犯第二类错误的概率应该有所降低, 即 $\beta_\Psi(\mu)$ 应该增大. 这里可以看到两个错误概率的矛盾关系. 大家也可以从司法条文的松紧关系来理解这点.

(4) 检验函数与枢轴变量的关系: 在检验中, 由公式 (8.13) 我们用到 $\dfrac{\sqrt{n}(\overline{X}-\mu_0)}{\sigma} \sim N(0,1)$, 当 μ_0 不固定作为参数时, 这是关于 μ_0 的枢轴变量; 当固定为 μ_0 时, 这就是一个统计量, 可以用于关于均值的检验.

实验 21 正态均值检验的功效函数

实验 扫描实验 21 的二维码进行正态均值检验的功效函数模拟实验, 观察不同参数和显著性水平下功效函数曲线, 样本均值的分布曲线以及两者之间的关系.

如果一个检验在控制犯第一类错误不超过 α 时还被要求犯第二类错误的概率要小于指定的数 $\beta>0$, 这等价于

$$\beta_\Psi(\mu) \geqslant 1-\beta, \quad \forall \mu<\mu_0, \tag{8.14}$$

由上述第一点, 当 $\mu \in H_1$ 但接近 μ_0 时, 在固定样本量 n 时 (8.14) 的要求不可能达到. 所以我们只能放松要求: μ 离原假设远一点, 即要求对某个指定的 $\mu_1<\mu_0$, 有

$$\beta_\Psi(\mu) \geqslant 1-\beta, \quad \forall \mu \leqslant \mu_1.$$

由于 $\beta_\Psi(\mu)$ 是 μ 的减函数, 故上式等价于

$$\beta_\Psi(\mu_1) \geqslant 1-\beta, \tag{8.15}$$

由公式 (8.13) 得

$$\Phi\left(\frac{\sqrt{n}(\mu_0-\mu_1)}{\sigma}-u_\alpha\right) \geqslant 1-\beta. \tag{8.16}$$

要使 (8.16) 成立, 可变的就是样本量 n, 不难得出

$$n \geqslant \sigma^2 \frac{(u_\alpha+u_\beta)^2}{(\mu_0-\mu_1)^2}, \tag{8.17}$$

即样本量要达到一定的要求.

关于一个检验在控制犯第一类错误不超过 α 时还被要求犯第二类错误的概率要小于指定的数 $\beta>0$ 的问题, 在实际的企业产品的检验中经常使用. 国家标准 (GB) 就是根据控制两类错误的概率分别对供货方和验收方制定相应的标准.

对检验问题 (2), 仿照上述方法, 可以得到基于 Z 的检验是

$$\Psi'\text{: 当 } Z>u_\alpha \text{ 时拒绝 } H_0', \text{否则不能拒绝 } H_0'.$$

其拒绝域如图 8.2:

图 8.2 检验 Ψ' 的拒绝域

此检验的水平为 α, 功效函数为

$$\beta_{\Psi'}(\mu)=1-\Phi\left(\frac{\sqrt{n}(\mu_0-\mu)}{\sigma}+u_\alpha\right). \tag{8.18}$$

对检验问题 (3), 直观上一个合理的检验为

$$\Psi'' : \text{当 } |Z|>C \text{ 时拒绝 } H_0'', \text{否则不能拒绝 } H_0''.$$

其拒绝域如图 8.3:

$\overline{X}$　$\overline{X}$

μ_0-c　μ_0　μ_0+c　x

图 8.3　检验 Ψ'' 的拒绝域

要确定常数 C, 使检验 Ψ'' 有给定的水平 α, 这等价于

$$\begin{aligned}1-\alpha&=P_{\mu_0}(|Z|\leqslant C)=\Phi(C)-\Phi(-C)=2\Phi(C)-1\\&\Rightarrow \Phi(C)=1-\frac{\alpha}{2}\\&\Rightarrow C=u_{\alpha/2}.\end{aligned}$$

上述检验中确定临界值均使用标准正态分布, 因此称它们为 (一样本) Z 检验. 我们比较详细地讨论是因为模型足够简单, 有助于对一些重要概念的理解. 至于方差已知的场合一般在实际中是很少遇到的.

注 容易看出检验问题

$$H_0:\mu=\mu_0\leftrightarrow H_1:\mu<\mu_0$$

的检验函数与检验问题

$$H_0:\mu\geqslant\mu_0\leftrightarrow H_1:\mu<\mu_0$$

的检验函数是一样的, 都是在 $\dfrac{\sqrt{n}(\overline{X}-\mu)}{\sigma}<-u_\alpha$ 时拒绝 H_0, 因为它们的检验水平都是 α. 所以我们没有单独拿出来讨论. 在实际检验中, 根据实际问题设立假设检验为 $H_0:\mu=\mu_0\leftrightarrow H_1:\mu<\mu_0$ 还是 $H_0:\mu\geqslant\mu_0\leftrightarrow H_1:\mu<\mu_0$. 类似地, 假设检验问题 $H_0:\mu=\mu_0\leftrightarrow H_1:\mu>\mu_0$ 的检验函数与 $H_0:\mu\leqslant\mu_0\leftrightarrow H_1:\mu>\mu_0$ 的检验函数是一样的, 且都是在 $\dfrac{\sqrt{n}(\overline{X}-\mu)}{\sigma}>u_\alpha$ 时拒绝 H_0.

实验 22 一样本 Z 检验

此外, 我们还发现双侧检验中的常数 C 与区间估计中的 C 是一样的. 单侧检验中的 C 就是置信上限 (或置信下限), 大家可以想一想原因何在?

实验 扫描实验 22 的二维码进行一样本 Z 检验的模拟实验, 观察不同样本值和显著性水平下的拒绝域情况.

例 8.4 随机地从一批铁钉中抽取 16 枚, 测得它们的长度 (单位: cm) 如下:

3.17 3.02 3.24 3.03 3.16 3.16 3.06 2.95 3.06 3.09 2.91 3.09 2.93 2.89 3.04 3.06

已知铁钉长度服从标准差为 0.1 的正态分布, 在显著性水平 $\alpha = 0.01$ 下, 能否认为这批铁钉的平均长度为 3 cm? 如显著性水平为 $\alpha = 0.05$ 呢?

解 这是正态总体在方差已知时关于均值 μ 的假设检验问题,

$$H_0 : \mu = 3 \leftrightarrow H_1 : \mu \neq 3.$$

取检验统计量为 $Z = \dfrac{\sqrt{n}(\overline{X} - 3)}{0.1}$, 检验的拒绝域为 $|Z| > u_{\alpha/2}$. 由样本算得检验统计量的值为 $z = 2.15$, 如显著性水平为 0.01, 则临界值为 $u_{0.005} \approx 2.58$, 与检验统计量的值比较发现不能拒绝原假设, 即不能推翻铁钉平均长度为 3 cm 的假设; 而如果显著性水平为 0.05 时, 临界值为 $u_{0.025} = 1.96$, 此时可以拒绝原假设, 认为铁钉平均长度不等于 3 cm. 这个例子说明结论可能跟显著性水平的选择有关: 显著性水平越小, 原假设被保护得越好从而更不容易被拒绝. □

2. σ^2 未知情形

此时 $\overline{X}$ 仍然可以用来直观上确定三类检验问题的拒绝域方向. 但是由于 σ^2 未知, 直接使用标准化量 Z 会导致最后的检验函数包含 σ 而不能使用. 注意到样本方差 S^2 是 σ^2 的良好估计, 因此在将 $\overline{X}$ 标准化的过程中用样本方差 S^2 代替总体方差 σ^2, 得检验统计量

$$T = \frac{\sqrt{n}(\overline{X} - \mu_0)}{S}.$$

它不改变拒绝域 (图 8.1∼ 图 8.3) 的方向. 而且注意到在正态总体下, 当 $\mu = \mu_0$ 时, $T \sim t_{n-1}$, 因此能够计算出临界值. 于是三类检验问题中的检验分别如下.

对检验问题 (1), 检验为

$$\varPsi : \text{当} T < -t_{n-1}(\alpha) \text{时, 拒绝} H_0, \text{否则不能拒绝} H_0,$$

其功效函数

$$\begin{aligned} \beta_{\varPsi}(\mu, \sigma) &= P_{\mu,\sigma}(T < -t_{n-1}(\alpha)) \\ &= P_{\mu,\sigma}\left(\frac{\sqrt{n}(\overline{X} - \mu)}{S} < \frac{\sqrt{n}(\mu_0 - \mu)}{S} - t_{n-1}(\alpha)\right) \end{aligned}$$

是 $\delta = \dfrac{(\mu - \mu_0)}{S}$ 的单调减函数, 且当 $\delta = 0$ 时其值为 α, 从而当 $\mu \geqslant \mu_0$, 即 $\mu \in H_0$ 时, 犯第一类错误的概率 $\beta_{\varPsi}(\mu, \sigma) \leqslant \beta_{\varPsi}(\mu_0, \sigma) = \alpha$, 这说明检验 $\varPsi$ 有水平 α.

类似地, 对检验问题 (2), 检验为

$$\varPsi' : \text{当} T > t_{n-1}(\alpha) \text{时拒绝} H_0', \text{否则不能拒绝} H_0'.$$

对检验问题 (3), 检验为

$$\varPsi'' : \text{当} |T| > t_{n-1}(\alpha/2) \text{时拒绝} H_0'', \text{否则不能拒绝} H_0''.$$

这三类检验称为一样本 t 检验, 是应用中最重要和最常见的检验.

实验 扫描实验 23 的二维码进行一样本 t 检验的模拟实验, 观察不同样本值和显著性水平下的拒绝域情况.

实验 23 一样本 t 检验

例8.5 (例 8.4 续) 设方差未知, 则在显著性水平 0.01 和 0.05 下能否认为铁钉平均长度为 3 cm?

解 这是正态总体在方差未知时关于均值 μ 的假设检验问题,

$$H_0: \mu = 3 \leftrightarrow H_1: \mu \neq 3.$$

取检验统计量为 $T = \dfrac{\sqrt{n}(\overline{X}-3)}{S}$, 检验的拒绝域为 $|T| > t_{n-1}(\alpha/2)$. 由样本算得检验统计量的值为 $t = 2.16$, 与显著性水平 0.01 对应临界值 $t_{15}(0.005) \approx 2.95$ 比较, 不能拒绝原假设; 而与显著性水平 0.05 对应临界值 $t_{15}(0.025) \approx 2.13$ 比较, 可以拒绝原假设. 即在显著性水平 0.01 下不能拒绝铁钉平均长度为 3 cm 的假定, 但在显著性水平 0.05 下可以认为铁钉平均长度不等于 3 cm, 此结论与方差已知情形一致. □

当样本量 n 充分大时, 由大数定律和中心极限定理, 上面三类方差未知的检验中可以把 $t_{n-1}(\alpha)$ 或 $t_{n-1}(\alpha/2)$ 分别用 $u_\alpha, u_{\alpha/2}$ 代替. 而且, 此时的总体分布不必是正态分布. 这种情况与区间估计的三种场合是一致的.

在实际问题中, 关键的问题是如何设定原假设和备择假设. 显著性检验方法是现在大家公认的检验, 它仅控制犯第一类错误的概率. 由于设定的犯第一类错误的概率上限 α 很小, 即在原假设成立的条件下根据样本在检验 Ψ 下拒绝原假设是小概率事件, 所以原假设和备择假设的地位是不平等的. 我们是站在保护原假设的立场上, 即没有足够的证据, 我们不会拒绝原假设 H_0. 反过来说, 如果我们拒绝原假设, 就说明我们有充分的证据说明原假设不成立. 什么叫“充分”? 不同的问题, 不同的场合要具体问题具体分析, 不是一成不变的, 即有人的因素在检验问题中起作用. 所以同样的一批数据, 在不同的检验水平、不同的立场下可以得到原假设成立的结论, 也可以得出拒绝原假设的结论.

根据以上分析, 我们给出设立原假设和备择假设的两条原则:

(1) 把已有的经过考验的结论或事实作为原假设 H_0;

(2) 把你希望得到的结论放在备择假设 H_1, 希望能通过拒绝原假设得到你的结论.

这两条是不矛盾的. 第一条是从保护原假设来考虑, 所以接受原假设不一定是原假设一定成立, 只不过是“没有充分的证据说明原假设不对”, 这也是我们使用“拒绝原假设或不能拒绝原假设”作为检验结论的原因. 第二条的依据是我们怀疑原假设不成立, 如果在充分保护原假设的情况下还是拒绝了原假设, 那么我们就有充分的理由说明原假设 H_0 不成立, 即有充分的理由说明备择假设 H_1 成立.

由于原假设和备择假设处在不平等的地位, 所以正确设立原假设和备择假设是非常重要的问题. 例如在我国的司法实践中, 原先是“疑罪从有”, 即原假设是被公安机关抓进去的人就是罪犯, 假定某个犯罪嫌疑人被抓进去就把他视为罪犯, 只有完整的证据链能证明他没有时间、不在现场等证据后才能认定不是罪犯; 现在的司法实践的原假设是“疑罪从无”, 即被抓进去的人是犯罪嫌疑人, 不是罪犯, 只有完整的证据链能证明他确实犯了罪, 才能给他定罪, 说他是罪犯.

下面看几个例子.

例 8.6 某超市食品经理从以往营业中认为顾客每次购买熟食的平均消费为 26.5 元. 设消费额服从正态分布, 随机抽查了 25 人, 得知顾客每次购买熟食的平均消费为 24.2 元, 样本标准差为 6.3 元,

(1) 分别在 $\alpha = 0.1$ 和 $\alpha = 0.05$ 显著性水平下, 问该超市食品经理的结论是否正确?

(2) 如果随机抽查人数为 60 人, 在显著性水平 $\alpha = 0.01$ 下, 问该超市食品经理的结论是否正确?

解 (1) 这是关于正态总体中均值的检验, 由于方差未知, 所以是 t 检验. 问题是问“超市食品经理的结论是否正确”, 一般超市经理的话是应该相信的, 所以把相信经理的话放在原假设. 又问“是否正确”, 这是一个双侧检验. 所以具体检验步骤如下:

(i) 设立原假设和备择假设, 本问题为

$$H_0 : \mu = 26.5 \leftrightarrow H_1 : \mu \neq 26.5.$$

(ii) 已有数据 $n = 25, \mu_0 = 26.5, \overline{x} = 24.2, s = 6.3$.

(iii) 选择检验统计量 $T = \dfrac{\sqrt{n}|\overline{X} - \mu_0|}{S}$, 查表 $t_{24}(0.1/2) = t_{24}(0.05) = 1.710\,9, t_{24}(0.025) = 2.063\,9$, 代入数据计算得

$$t = \frac{\sqrt{25}|24.2 - 26.5|}{6.3} = 1.825\,4.$$

(iv) 与 t 分布上 α 分位数比较, 得出结论: 由于 $1.710\,9 < 1.825\,4 < 2.063\,9$, 所以在显著性水平 $\alpha = 0.1$ 下拒绝 H_0, 在 $\alpha = 0.05$ 下不能拒绝 H_0.

(v) 解释结论: 我们有 90% 的把握说明超市经理的结论已经不对了, 但是数据不足以有 95% 的把握说明经理的结论不正确, 根据保护原假设的原则, 我们不能拒绝H_0.

(2) 当 $n = 60$ 时, 由大样本理论, 检验统计量 $T = \dfrac{\sqrt{n}(\overline{X} - \mu_0)}{S}$ 近似服从标准正态分布, 计算得 $u_{0.005} = 2.575\,8$, 由于

$$t = \frac{\sqrt{60}|24.2 - 26.5|}{6.3} = 2.827\,9 > 2.575\,8,$$

拒绝 H_0, 即我们有 99% 的把握说明超市经理的结论不正确. □

从本例中可以看出虽然数据相同, 但是在不同的显著性水平下, 结论是不一样的. 第二, 随着样本量的增加, 证据越来越充分, 所以说话的底气也越来越足. 在只有 25 人时, 我们还不

能以 95% 的底气说超市经理的话不正确, 但是当样本量为 60 时, 我们有“充分”的底气说明经理的结论不正确, 这里“充分”的底气是 99%. 在 (1) 中人数为 25 人时, “充分”的底气是 90%.

例 8.7 产品说明书称普通 6 号尼龙钓鱼绳平均拉力不小于 12 kg. 现在随机抽查了 16 根, 测到平均拉力为 11.8 kg, 标准差为 0.4 kg. 分别在显著性水平 $\alpha = 0.10$ 和 $\alpha = 0.05$ 下检验产品是否与说明书相同. (设尼龙钓鱼绳拉力服从正态分布.)

解 由题意, 一般情况下我们相信产品说明书, 所以把“普通 6 号尼龙钓鱼绳平均拉力不小于 12 kg”放在原假设 H_0, 这是一种思路. 另一种是我们发现样本均值为 11.8, 比说明书上的拉力要小, 所以怀疑产品不合格, 为此我们把这个想法放在备择假设中, 希望通过拒绝原假设来得到我们的结论, 因为拒绝原假设要有充分的证据, 如果数据支持拒绝原假设, 说明我们的结论成立是有充分根据的. 从这也可以看出设立假设检验的两条原则是不矛盾的.

(i) 本题中, 原假设和备择假设为 $H_0: \mu \geqslant 12 \leftrightarrow H_1: \mu < 12$.

(ii) 已知数据 $n = 16, \mu_0 = 12, \overline{x} = 11.8, s = 0.4, \alpha = 0.1, 0.05$.

(iii) 检验统计量 $T = \dfrac{\sqrt{n}(\overline{X} - \mu_0)}{S}$, 查表 $t_{15}(0.1) = 1.340\ 6, t_{15}(0.05) = 1.753\ 1$. 代入数据计算得

$$t = \frac{\sqrt{16}(11.8 - 12)}{0.4} = -2.0.$$

(iv) 比较: $t = -2.0 < -1.753\ 1 < -1.340\ 6$, 在两个显著性水平下都拒绝 H_0.

(v) 解释结论: 我们有 95% 的把握说明产品与说明书不吻合, 即不合格. □

这是一个单侧检验, 在 α 的两个显著性水平上都拒绝了原假设 H_0, 但是这两个拒绝的把握程度是不相同的, 在现有的数据下, 我们可以有 95% 的把握说明产品不合格. 但是能否以 99% 的把握来拒绝 H_0 呢? 这要算过才知道. 查表得 $t_{15}(0.01) = 2.602\ 5$, 由于 $t = -2.0 > -2.602\ 5$, 不能拒绝原假设, 即在目前数据下, 没有 99% 的把握说明产品是不合格品.

例 8.8 设某地区 12 个测量点测得某时刻空气质量指数 AQI (单位: $\mu g/m^3$) 为

$$29,\ 37,\ 47,\ 57,\ 53,\ 60,\ 54,\ 51,\ 46,\ 44,\ 33,\ 32.$$

设 AQI 服从正态分布, 在显著性水平 $\alpha = 0.1$ 和 $\alpha = 0.05$ 下检验该地区空气是否为优? (AQI 不超过 50 为优.)

解 首先我们可以算得 $\overline{x} = 45.25$, 比空气质量优的最低标准 50 要低, 如果该时刻该地区的空气质量时好时坏, 看到现在的空气质量指数为优, 所以希望数据分析能支持这一观点, 为此, 把 $\mu < 50$ 放在备择假设.

(i) 这是一个单侧检验问题, $H_0: \mu \geqslant 50 \leftrightarrow H_1: \mu < 50$.

(ii) $n = 12, \mu_0 = 50, \alpha = 0.1, 0.05$, 由数据可算得 $\overline{x} = 45.25, s = 10.393\ 3$.

(iii) 检验统计量为 $T = \dfrac{\sqrt{n}(\overline{X} - \mu_0)}{S}$, 查表 $t_{11}(0.1) = 1.363\ 4, t_{11}(0.05) = 1.795\ 9$, 代入

数据得

$$t = \frac{\sqrt{12}(45.25-50)}{10.393\ 3} = -1.583\ 2$$

(iv) 比较: 因为 $-1.363\ 4 > t = -1.583\ 2 > -1.795\ 9$, 所以在 $\alpha = 0.1$ 时拒绝 H_0, 在 $\alpha = 0.05$ 时不能拒绝 H_0.

(v) 解释结论: 根据数据, 我们有 90% 的把握说明该地区天气质量为优, 但是数据不足以有 95% 的把握说明天气质量为优. 到底天气质量优是以 $\alpha = 0.1$ 还是 $\alpha = 0.05$ 来报告, 这要事前规定好, 比如事前告知报告的可信程度为 90%. □

大家想一想, 如果我们把 $\mu \leqslant 50$ 放在原假设 H_0, 那么会有什么结论?

8.2.2 两个正态总体均值差的检验

在应用中常常需要比较两个总体分布的均值, 例如比较两个班的平均成绩差异, 某种减肥方法前后的体重差异等. 根据样本抽样方式的不同, 这类问题一般可以分为成组比较和成对比较两种类型.

1. 成组比较

设 $(X_1, X_2, \cdots, X_m)$ 是从正态总体 $N(\mu_1, \sigma^2)$ 中抽取的一个简单样本, $(Y_1, Y_2, \cdots, Y_n)$ 是从正态总体 $N(\mu_2, \sigma^2)$ 中抽取的一个简单样本, 且两组样本相互独立, 其中总体均值 μ_1, μ_2 未知, 两个独立总体有相同的方差 σ^2, σ^2 可以已知, 也可以未知. 这一类问题在实际中是最常发生的. 例如, 要知道一种新药是否比已有药的疗效高, 可以安排一部分患者使用已有的药, 另一部分患者使用新药, 然后检验两组患者之间的平均疗效是否相同, 或者一种药比另一种药的疗效要高. 从统计学的角度看, 就是如下的检验问题: 设 δ 是给定的常数, 考虑

(1) $H_0 : \mu_1 - \mu_2 \geqslant \delta \leftrightarrow H_1 : \mu_1 - \mu_2 < \delta$;

(2) $H_0' : \mu_1 - \mu_2 \leqslant \delta \leftrightarrow H_1' : \mu_1 - \mu_2 > \delta$;

(3) $H_0'' : \mu_1 - \mu_2 = \delta \leftrightarrow H_1'' : \mu_1 - \mu_2 \neq \delta$.

在应用中常见的情况是 σ^2 未知, $\delta = 0$. 这样设计的试验下的检验问题称为成组比较问题或者两样本均值检验问题.

所有概念和方法上的讨论与单个正态总体均值的检验没有本质差异. 由点估计和区间估计的理论和方法知, $\overline{X} - \overline{Y}$ 是 $\mu_1 - \mu_2$ 的优良点估计, 由于两个总体方差相等, 当 σ^2 已知时, 故取检验统计量为

$$Z = \frac{\overline{X} - \overline{Y} - \delta}{\sigma\sqrt{\dfrac{1}{m} + \dfrac{1}{n}}}. \tag{8.19}$$

由 (8.19), 类似于单个正态总体均值的检验推导过程, 结合在 $\mu_1 - \mu_2 = \delta$ 时 $Z \sim N(0,1)$, 可

得检验问题 (1)∼ (3) 的水平 α 的检验分别为

$$g: 当 Z < -u_\alpha 时拒绝 H_0, 否则不能拒绝 H_0; \tag{8.20}$$

$$g': 当 Z > u_\alpha 时拒绝 H_0', 否则不能拒绝 H_0'; \tag{8.21}$$

$$g'': 当 |Z| > u_{\alpha/2} 时拒绝 H_0'', 否则不能拒绝 H_0''. \tag{8.22}$$

如果 σ^2 未知, 可以用总体 X 和 Y 的样本一起来估计它. 在区间估计中已得到一个优良点估计为

$$S_T = \sqrt{\frac{(m-1)S_1^2 + (n-1)S_2^2}{m+n-2}},$$

其中 S_1^2, S_2^2 分别为总体 X 和 Y 的样本方差. 用 S_T 代替 (8.19) 中的 σ, 得检验统计量

$$T = \sqrt{\frac{mn}{m+n}}\frac{\overline{X} - \overline{Y} - \delta}{S_T}. \tag{8.23}$$

注意在 $\mu_1 - \mu_2 = \delta$ 时 $T \sim t_{m+n-2}$, 由此得到检验问题 (1)∼(3) 的水平 α 的检验分别为

$$h: 当 T < -t_{m+n-2}(\alpha) 时拒绝 H_0, 否则不能拒绝 H_0; \tag{8.24}$$

$$h': 当 T > t_{m+n-2}(\alpha) 时拒绝 H_0', 否则不能拒绝 H_0'; \tag{8.25}$$

实验 24 两样本 t 检验

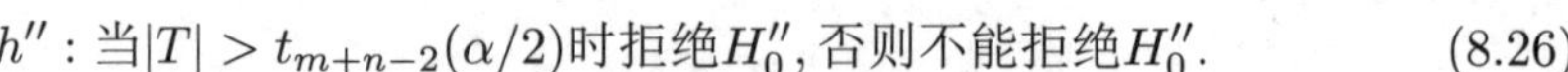

$$h'': 当 |T| > t_{m+n-2}(\alpha/2) 时拒绝 H_0'', 否则不能拒绝 H_0''. \tag{8.26}$$

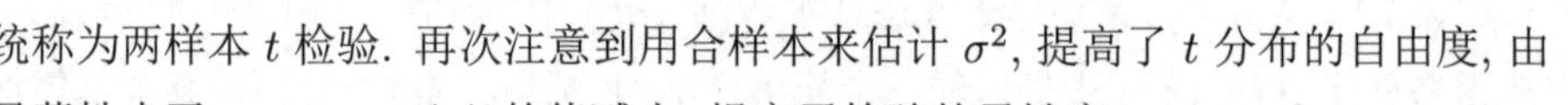

这三个检验统称为两样本 t 检验. 再次注意到用合样本来估计 σ^2, 提高了 t 分布的自由度, 由此对同样的显著性水平 α, $t_{m+n-2}(\alpha)$ 的值减小, 提高了检验的灵敏度.

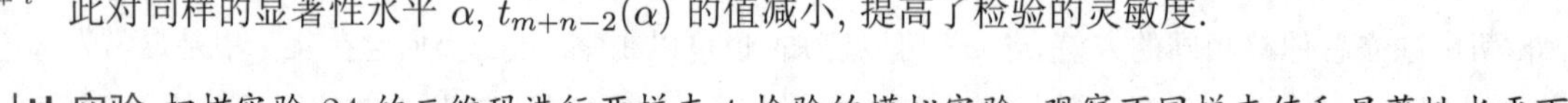

实验 扫描实验 24 的二维码进行两样本 t 检验的模拟实验, 观察不同样本值和显著性水平下的拒绝域情况.

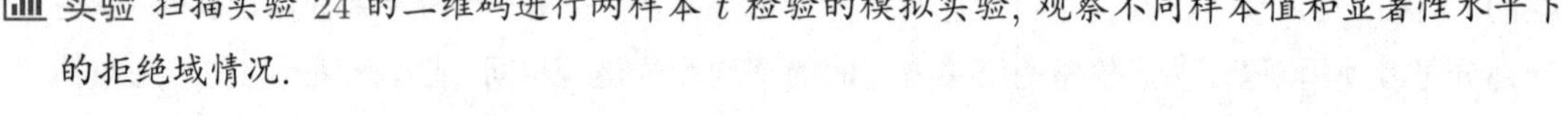

注 在上述检验中, 当方差未知时要求两个总体分布的方差要相同, 不然无法用 t 检验. 这在实际中不易做到, 这是为了迁就问题的简单化而对实用背景有所损失的例子. 所幸的是: 只要两个方差之比与 1 相差不大, 按方差相等来作检验, 经验表明使用 t 检验的效果是可以令人满意的.

若样本量 m, n 充分大, 则不必要求方差相等, 由大数定律和中心极限定理知, 当 $\mu_1 - \mu_2 = \delta$ 时统计量

$$Z = \left(\frac{S_1^2}{m} + \frac{S_2^2}{n}\right)^{-1/2} (\overline{X} - \overline{Y} - \delta) \overset{近似}{\sim} N(0,1),$$

所以可以把 Z 作为检验统计量, 对三种假设构造相应的检验. 此时由于基于极限分布 $N(0,1)$ 来计算临界值, 因此所得检验的水平只能是在渐近意义下才能达到.

例 8.9 某企业巡查两条生产线 A 和 B 的生产情况, 假设两条生产线相互独立, 两条生产线下每包产品质量均服从正态分布且方差相同. 现在分别从生产线 A 和 B 中随机抽取 17

包和 10 包检查每包的质量 (单位: g). 数据如下:

$$\text{A}: \quad m=17, \quad \overline{x}=498, \quad s_1=20;$$
$$\text{B}: \quad n=10, \quad \overline{y}=507, \quad s_2=16.$$

取 $\alpha=0.05$, 问两条生产线下每包的平均质量有无差异?

解 由题意知这是成组比较问题, 方差相同且未知. 问“有无差异”, 所以是一个双侧检验问题如下:

(i) $H_0: \mu_1-\mu_2=0 \leftrightarrow H_1: \mu_1-\mu_2\neq 0$.

(ii) 在 H_0 成立时, 检验统计量 $T=\sqrt{\dfrac{mn}{m+n}}\dfrac{\overline{X}-\overline{Y}}{S_T}\sim t_{m+n-2}$. 假设 (i) 的水平 α 检验的拒绝域为 $|T|>t_{m+n-2}(\alpha/2)$.

(iii)
$$s_T=\sqrt{\frac{(17-1)\times 20^2+(10-1)\times 16^2}{17+10-2}}=18.659\ 0.$$

查表 $t_{17+10-2}(0.05/2)=t_{25}(0.025)=2.059\ 5$, 代入数据, 检验统计量 T 的值为

$$|t|=\sqrt{\frac{17\times 10}{17+10}}\left|\frac{498-507-0}{18.659\ 0}\right|=1.210\ 3.$$

(iv) 比较: 由于 $|t|=1.210\ 3<2.059\ 5$, 所以不能拒绝 H_0.

(v) 解释结论: 在显著性水平 $\alpha=0.05$ 下没有证据表明这两条生产线的每包平均质量有差异. □

例8.10 设甲、乙两矿煤的含灰率 (单位: %) 服从正态分布, 为检验这两矿煤的含灰率有无差异, 从甲矿抽取 40 个样本, 得 $\overline{x}=24.3, s_1=2$, 从乙矿抽取 50 个样本, 得 $\overline{y}=26, s_2=3.5$. 问甲矿煤的含灰率是否比乙矿低? 如果是低, 能否说甲矿煤的含灰率是否比乙矿低 1%?

解 本题是问“甲矿煤的含灰率是否比乙矿低”, 所以是单侧检验. 由于从数据看, 甲矿要低一点, 根据第二条原则, 把我们想要的放在备择假设 H_1, 原假设 H_0 根据具体情况给出, 我们把原假设设定为甲、乙两矿的含灰率相同. 另外, 这里没有给出显著性水平, 一般而言, 如果没有给出, 就按 $\alpha=0.05$ 来处理. 设甲矿煤的含灰率服从 $N(\mu_1,\sigma_1^2)$, 乙矿煤的含灰率服从 $N(\mu_2,\sigma_2^2)$. 检验问题如下:

(i) $H_0: \mu_1=\mu_2 \leftrightarrow H_1: \mu_1<\mu_2$.

(ii) 检验统计量: 由于 $m=40, n=50$, 可以用大样本方法. 此时 $u_{0.05}=1.645$, 当 H_0 成立时, 检验统计量

$$Z=\left(\frac{S_1^2}{m}+\frac{S_2^2}{n}\right)^{-1/2}(\overline{X}-\overline{Y})\overset{\text{近似}}{\sim}N(0,1),$$

所以一个渐近水平 α 检验为

$$\text{当 } Z<-u_\alpha \text{ 时拒绝 } H_0, \text{否则不能拒绝 } H_0.$$

(iii) 代入数据并比较: $z=-2.894<-1.645=-u_{0.05}$, 所以拒绝原假设 H_0. 从而在显著性水平 0.05 下可以认为甲矿煤的含灰率比乙矿低.

若问甲矿煤的含灰率是否比乙矿低 1%, 则检验问题为

$$H_0: \mu_1 - \mu_2 \geqslant -1 \leftrightarrow H_1: \mu_1 - \mu_2 < -1.$$

其渐近水平 α 检验为

$$\text{当 } Z = \left(\frac{S_1^2}{m} + \frac{S_2^2}{n}\right)^{-1/2} (\overline{X} - \overline{Y} + 1) < -u_\alpha \text{ 时拒绝 } H_0\text{, 否则不能拒绝 } H_0.$$

代入数据并比较: $z = -1.192 > -1.645$, 所以不能拒绝 H_0.

(v) 解释结论: 我们有 95% 的把握说明甲矿煤的含灰率比乙矿低, 但是没有 95% 的把握说明甲矿煤的含灰率比乙矿低 1%.

思考一下, 我们能以 95% 的把握说明甲矿煤的含灰率比乙矿低多少? □

例 8.11 设学生 A, B 的各门成绩服从正态分布, 学生 A, B 的成绩有相同的方差. 现观测到本学期学生 A, B 的几门专业基础课成绩如下:

$$\begin{array}{lccccc} \text{A}: & 86 & 92 & 85 & 78 & 88 \\ \text{B}: & 94 & 80 & 85 & 76 & \end{array}$$

能否根据这些数据判断哪个学生的成绩更好一点?

解 若使用假设检验方法处理此问题, 则结果取决于原假设的提法. 而这需要考虑问题的背景. 例如, 前几个学期 B 同学的成绩一直优于 A 同学, 现在想验证目前状况如何. 设 A, B 同学的成绩分别服从 $N(\mu_1, \sigma^2), N(\mu_2, \sigma^2)$. 这时可以取假设为

$$H_0: \mu_1 \leqslant \mu_2 \leftrightarrow H_1: \mu_1 > \mu_2,$$

这种取法, 配之较小的检验水平 α, 保证了必须要有充分的证据才能拒绝原假设, 即改变对现状的看法. 由(8.23), 代入数据, $\delta = 0, \overline{x} - \overline{y} = 85.8 - 83.75 = 2.05, s_T = 6.386\ 9$, 所以检验统计量 T 的值为

$$t = \sqrt{\frac{5 \times 4}{5 + 4}} \times \frac{2.05}{6.386\ 9} = 0.478\ 5.$$

自由度为 7, 查表得 $t_7(0.05) = 1.894\ 6$, 由于 $t = 0.478\ 5 < 1.894\ 6 = t_7(0.05)$, 从而不能拒绝原假设 H_0, 即虽然本学期 A 同学的平均分高于 B 同学, 但可能是随机因素造成的, 还没有充分的证据证明现状改变了, 所以维持 B 同学的成绩优于 A 同学的结论. 若我们一开始就采用假设 $H_0: \mu_1 \geqslant \mu_2 \leftrightarrow H_1: \mu_1 < \mu_2$, 则由于拒绝域的临界值一定小于 0, 而 $\overline{x} - \overline{y} > 0$, 必然是不可能拒绝 H_0. 我们的立场是保护原假设, 所以设立这种原假设的前提是 A 同学的成绩优于 B 同学, 检验后显示现在情况没有改变. 最后, 若我们站在中立的立场, 即不知道哪个同学的成绩更优秀一点, 则合适的假设是

$$H_0: \mu_1 = \mu_2 \leftrightarrow H_1: \mu_1 \neq \mu_2,$$

用上面数据检验仍是不能拒绝原假设, 即没有充分的证据说明谁的成绩更好一点.

这类问题, 可以用两个总体均值差的区间估计来处理, 大家不妨自己做一下. □

注 (1) 以上讨论了在不同的原假设下都不能拒绝原假设这件事, 说明作假设检验时, 如

何设立原假设和备择假设是个非常重要的问题, 设立的前提是要对背景有一定的了解.

(2) 此例再次说明接受原假设是个很模糊的概念, 只能说没有充分的证据说明原假设不对, 即不是说原假设一定正确, 但是在保护原假设的原则下认可了原假设. 就好比在两人交往中, 原假设是"我爱你", 备择假设是"我不爱你", 如果接受原假设, 说明没有足够的证据说明"我爱你"不成立, 但是并不表示"我爱你", 完全可能是我对你感觉不错, 但不一定到了"我爱你"的程度.

(3) 上面的例子中之所以会出现在不同的原假设下都不能拒绝原假设这件事, 一个重要的方面是样本量不够, 再一个原因是选择的显著性水平 α 太小. 显著性水平太小就意味着要有更充分的证据才能拒绝原假设. 所以在实际检验中, 一定要合理地选取显著性水平和保持一定的样本量, 才能得到满意的结论.

2. 成对比较

在上述两样本正态总体的假设检验中, 要求两个样本是独立的, 但是没有要求样本量相等. 有一类试验中数据是成对出现的, 所以称为成对比较.

样本 $\{(X_1,Y_1),(X_2,Y_2),\cdots,(X_n,Y_n)\}$ 满足

- 数据对之间通常可以认为是独立的;
- 数据对内部的两个样本值通常不独立.

当感兴趣的是数据集 A 和数据集 B 的均值有无差异的检验问题时, 通常是先对数据对内部的样本取差, 构造一个虚构总体 $Z=Y-X$ 及样本 $Z_1=X_1-Y_1, Z_2=X_2-Y_2,\cdots,Z_n=X_n-Y_n$, 考虑如下假设检验问题:

(1) $H_0:\mu_z=C \leftrightarrow H_1:\mu_z\neq C$;

(2) $H_0':\mu_z\geqslant C \leftrightarrow H_1':\mu_z<C$;

(3) $H_0'':\mu_z\leqslant C \leftrightarrow H_1'':\mu_z>C$,

其中 μ_z 为虚构总体 Z 的均值, 常数 $C=0$ 是最常见的. 若数据是连续数据时候, 可以假设 Z 服从正态分布, 则相应的假设检验转为一样本正态检验问题. 在大样本场合, 由中心极限定理构造标准正态检验统计量也能得到上面三种检验问题的渐近水平 α 检验的拒绝域. 这类问题的检验统称为成对 t 检验.

实验 扫描实验 25 的二维码进行成对 t 检验的模拟实验, 观察不同样本值和显著性水平下的拒绝域情况.

实验 25 成对 t 检验

例 8.12 为了比较 A, B 两种玉米品种哪个更适合在某地区种植, 可以选择 n 块地, 再将每一块地分为两部分, 然后随机选择一块种植玉米 A, 另一块种植玉米 B, 这两部分土地在土质、阳光、水、肥力等诸方面的外部条件都完全相同 (至少基本相同), 待收获后, 计算两个品种 A 与 B 的单位产量之差, 得到样本 $Z_1,Z_2,\cdots,Z_n$. 由于每对数据外部条件基本相同, 所以

它们的差反映了两个品种之间的差异. 可以用这个样本对两种玉米品种的平均单位产量的差异进行检验, 其本质已经是一样本均值的检验问题了.

例 8.13 为了比较 A, B 两种啤酒哪种更适合青年人, 可以让一群青年每人喝两种不同品牌的啤酒 (先喝 A 还是 B 是随机的), 然后打分 (比如 1~10 分, 分值越高表示越喜欢), 记第 k 个青年给啤酒 A, B 的打分分别为 $X_k, Y_k, k=1,2,\cdots,n$, 则 $Z_k=Y_k-X_k$ 反映了青年对两种啤酒的喜欢程度. 由问题背景, $Z_1,Z_2,\cdots,Z_n$ 可以认为是相互独立同分布的. 若可以假设虚构总体 Z 服从正态分布 $N(\mu_z,\sigma^2)$, 则上述三类假设检验问题的检验过程就是单个正态总体在方差未知时均值的检验过程, 即为 t 检验.

例 8.14* 1978 年在《科学》上发表的论文[†]报告了一个有趣的成对比较试验的结果. 把呈现不同表情的一些人脸的照片, 从中剖分为左右两半, 并分别作出左边和右边的合成图, 其中左边合成图是把原来脸的左边与它的镜像拼合而成, 类似地拼成右边合成图. 然后制成幻灯片显示给若干专家, 请他们把表情的强度按 1~ 7 打分. 为了说明问题, 设有 8 位专家打分, 对每张合成图取 8 人的平均分, 假设 10 个人脸左右合成图打分的数据如下:

左边合成图	右边合成图	$z_k=$ 左 − 右
3.625	3.375	0.25
4.875	4.750	0.125
5.250	5.125	0.125
6.125	6.250	-0.125
4.125	3.750	0.375
5.875	5.125	0.75
5.250	4.875	0.375
6.625	6.250	0.375
6.250	5.875	0.375
6.375	6.250	0.125

取 $\alpha=0.005$, 能否说明人的表情更显著地表现在左脸上?

解 试验满足成对比较检验的条件, 记第 k 张人脸的左边合成图与右边合成图专家打分之差为 z_k, 设打分之差服从正态分布 $N(\mu_z,\sigma^2)$. 由题意, 原假设和备择假设为

$$H_0: \mu_z=0 \leftrightarrow H_1: \mu_z>0.$$

检验统计量为 $T=\sqrt{n}\overline{Z}/S$, 查表有 $t_9(0.005)=3.249\ 8$, 计算得 $\overline{z}=0.275, s=0.234\ 2$, 代入

*本案例改编自《统计思想》(福尔克斯, 1987).

†SACKEIM H A, GUR R C, SAUCY M C, 1978. Emotions are expressed more intensely on the left side of the face. Science, 202(4366): 434-436.

得检验统计量 T 的值为

$$t = \sqrt{10} \times 0.275/0.234\ 2 = 3.713\ 2 > t_9(0.005) = 3.249\ 8.$$

因此拒绝 H_0, 即我们有 99.5% 的把握说明人的表情更多地表现在左脸. □

注 成组比较与成对比较的试验设计理念是不相同的, 成组比较的设计理念是指定一种处理 (如吃 A 药) 实施于某些随机选择出来的试验单元 (如随机选择的一些患者), 而将另一种处理 (如吃 B 药) 实施于另外的试验单元 (如另一批患者), 两个样本的样本量可以不一样, 试验结果给出两个样本的观测, 分析用的模型常常是方差相同但均值可能不同的两个正态总体的独立随机样本; 成对比较的设计理念是指定两种处理 (如吃 A 药和 B 药) 在包含一对试验单元的单元内随机实施, 这意味着两种处理的外部条件基本相同, 它们的差反映了两种处理效果的差别, 所以我们对这 n 个差进行统计推断, 在小样本情况下, 一般假设一对试验结果的差来自正态总体.

8.2.3 正态总体方差的检验

本节我们讨论单个正态总体方差的检验和两个正态总体方差比的检验. 关于方差的检验问题在应用中也是常见的, 比如仪器或一个测量方法的精度 (指其内在的误差, 不是指由于没有调整而产生的偏离, 如压力计有 0.5 级、2.5 级等, 表示允许误差占压力表量程的百分比) 是否达到某种界限、产品质量的波动程度、两个不同投资的风险差异等问题.

先考虑单个正态总体方差的检验. 设 $(X_1, X_2, \cdots, X_n)$ 是来自正态总体 $N(\mu, \sigma^2)$ 的一个样本. 其中 σ^2 未知, μ 可以已知, 也可以未知. 我们主要讨论关于 μ 未知下 σ^2 的检验问题. μ 已知的场合较少, 此场合下方差的检验推导过程类似于 μ 未知场合, 大家自行给出. 设 σ_0^2 为给定的常数, 考虑如下检验问题:

(1) $H_0: \sigma^2 \geqslant \sigma_0^2 \leftrightarrow H_1: \sigma^2 < \sigma_0^2$;

(2) $H_0': \sigma^2 \leqslant \sigma_0^2 \leftrightarrow H_1': \sigma^2 > \sigma_0^2$;

(3) $H_0'': \sigma^2 = \sigma_0^2 \leftrightarrow H_1'': \sigma^2 \neq \sigma_0^2$.

先考虑检验问题 (1), 取 σ^2 的优良点估计, 即样本方差

$$S^2 = \frac{1}{n-1}\sum_{i=1}^{n}(X_i - \overline{X})^2,$$

由大数定律, 当 n 充分大时, S^2 与总体方差 σ^2 相差不多. 若原假设成立, 则比值 S^2/σ_0^2 不能比 1 小太多, 所以一个直观上合理的检验为

$$\phi: 当\chi^2 = \frac{(n-1)S^2}{\sigma_0^2} < C时拒绝H_0, 否则不能拒绝H_0. \tag{8.27}$$

为确定常数 C, 就要计算犯第一类错误的概率 α, 即 $\sigma^2 \in H_0$ 时的功效函数. 注意在正态总体下 $(n-1)S^2/\sigma^2 \sim \chi_{n-1}^2$, 当 $\sigma^2 \in H_0$ 时,

$$P(\chi^2 < C|\sigma^2 \in H_0) = P\left(\frac{(n-1)S^2}{\sigma^2} < \frac{C\sigma_0^2}{\sigma^2}|\sigma^2 \in H_0\right) = F\left(\frac{C\sigma_0^2}{\sigma^2}\right),$$

其中 F 为 χ^2_{n-1} 的分布函数. 注意到上式与冗余参数 μ 无关, 且是关于 σ^2 的单调减函数, 所以为了对一切原假设 H_0 中的 σ^2, 检验 (8.27) 犯第一类错误的概率都不大于 α, 只要找 C, 使得 $F(C\sigma_0^2/\sigma_0^2) = F(C) = \alpha$ 即可. 由此得 $C = \chi^2_{n-1}(1-\alpha)$. 即检验 (8.27) 为

$$\phi: 当\ \chi^2 < \chi^2_{n-1}(1-\alpha)时拒绝H_0, 否则不能拒绝H_0. \tag{8.28}$$

用同一个检验统计量讨论检验问题 (2) 和 (3), 不难得到第二个和第三个假设的检验分别为

$$\begin{aligned} &\phi': 当\ \chi^2 > \chi^2_{n-1}(\alpha)时拒绝H_0', 否则不能拒绝H_0'; \\ &\phi'': 当\ \chi^2 < \chi^2_{n-1}(1-\alpha/2)\ 或\ \chi^2 > \chi^2_{n-1}(\alpha/2)时拒绝H_0'', \\ &\qquad 否则不能拒绝H_0''. \end{aligned} \tag{8.29}$$

检验中 χ^2_{n-1} 的上 α 分位数可以在附表中查到.

注 上述检验犯第二类错误的概率较大. 为看出这点, 设样本量 $n = 51, \alpha = 0.05$,

$$\chi^2_{50}(0.025) = 71.420\ 2, \quad \chi^2_{50}(0.05) = 67.504\ 8, \quad \chi^2_{50}(0.975) = 32.360\ 0.$$

在显著性水平 $\alpha = 0.05$ 时, 检验 ϕ' 要求在 $50S^2/\sigma_0^2 > 67.504\ 8$ 时拒绝 $H_0': \sigma^2 \leqslant \sigma_0^2$ 这一假设, 就是说, 方差估计值 S^2 大约为 $1.35\sigma_0^2$ 时仍不能拒绝假设 $H_0': \sigma^2 \leqslant \sigma_0^2$. 如果是双侧检验, 差距更大, 它在

$$32.360\ 0 \leqslant 50S^2/\sigma_0^2 \leqslant 71.420\ 5$$

时不能拒绝 $\sigma^2 = \sigma_0^2$. 上述区间的上、下界比值约为 2.21 倍. 这说明像 $n = 51$ 这么大的样本量, 方差检验仍不甚理想, 即许多远离 σ_0^2 的值仍被接受为等于 σ_0^2, 就是说犯第二类错误的概率会很大.

注意到作 σ^2 置信区间时用到的枢轴变量为 $(n-1)S^2/\sigma^2$, 当 $\sigma^2 = \sigma_0^2$ 时转化为这里的检验函数. 联想到正态总体均值的检验所用的检验统计量也是由相应的枢轴变量转化而来, 所以假设检验和区间估计有天然的联系.

实验 扫描实验 26 的二维码进行正态方差检验的模拟实验, 观察不同样本值和显著性水平下的拒绝域情况.

实验 **26** 正态方差检验

例 8.15 (例 8.4 续) 在显著性水平 0.1 下能否认为铁钉的标准差大于 0.1 cm?

解 这是正态总体在均值未知时关于方差 σ^2 的假设检验问题,

$$H_0: \sigma^2 \leqslant 0.1^2 \leftrightarrow H_1: \sigma^2 > 0.1^2.$$

检验统计量的值为 $\chi^2 = (n-1)s^2/0.1^2 = 14.897\ 5$, 与显著性水平 0.1 对应临界值 $\chi^2_{15}(0.1) \approx$

22.307 比较, 不能拒绝原假设, 即在显著性水平 0.1 下不能认为铁钉的标准差不超过 0.1 已经不成立. □

再考虑两个正态总体方差比的检验. 设 $(X_1, X_2, \cdots, X_m)$, $(Y_1, Y_2, \cdots, Y_n)$ 分别是从正态总体 $N(\mu_1, \sigma_1^2)$ 和 $N(\mu_2, \sigma_2^2)$ 中抽取的简单样本, 且两组样本之间相互独立. 考虑如下的检验问题:

(1) $H_0: \sigma_1^2/\sigma_2^2 \geqslant b \leftrightarrow H_1: \sigma_1^2/\sigma_2^2 < b$;

(2) $H_0': \sigma_1^2/\sigma_2^2 \leqslant b \leftrightarrow H_1': \sigma_1^2/\sigma_2^2 > b$;

(3) $H_0'': \sigma_1^2/\sigma_2^2 = b \leftrightarrow H_1'': \sigma_1^2/\sigma_2^2 \neq b$,

其中 b 为给定的常数, 常见的情况是 $b = 1$, 即两个方差相等. 第二个检验问题可以转化为第一个检验问题, 只需把 σ_1^2 和 σ_2^2 互换一下, 所以只需考虑第一和第三个检验问题.

记 S_1^2 和 S_2^2 分别为样本 $(X_1, X_2, \cdots, X_m)$ 和 $(Y_1, Y_2, \cdots, Y_n)$ 的样本方差, 基于上述理由, 由方差比转化而来的检验统计量为

$$F = S_1^2/(bS_2^2)$$

容易得到相应检验分别为

$$\begin{aligned}
&\varphi: \text{当 } F < F_{m-1,n-1}(1-\alpha) \text{时拒绝} H_0, \text{否则不能拒绝} H_0, \\
&\varphi': \text{当 } F > F_{m-1,n-1}(\alpha) \text{时拒绝} H_0', \text{否则不能拒绝} H_0', \\
&\varphi'': \text{当 } F < F_{m-1,n-1}(1-\alpha/2) \text{ 或者 } F > F_{m-1,n-1}(\alpha/2) \text{时拒绝} H_0'', \\
&\qquad \text{否则不能拒绝} H_0''.
\end{aligned} \tag{8.30}$$

这三个检验统称为 F 检验. 在查表时注意利用 $F_{m-1,n-1}(1-\alpha) = (F_{n-1,m-1}(\alpha))^{-1}$.

例 8.16 (例 8.9 续) 试在显著性水平 0.05 下检验两条生产线的每包产品质量的方差是否相同.

解 考虑的检验问题为

$$H_0: \sigma_1^2 = \sigma_2^2 \leftrightarrow H_1: \sigma_1^2 \neq \sigma_2^2.$$

代入数据, 检验统计量的值为 $F = s_1^2/s_2^2 = 1.562\,5$, 与水平 0.05 对应的临界值 $F_{16,9}(0.975) = 0.328$ 和 $F_{16,9}(0.025) = 3.744$ 比较得出不能拒绝原假设的结论. □

8.3 比例 p 的检验

设 $(X_1, X_2, \cdots, X_n)$ 是 $0-1$ 分布总体 $B(1,p)$ 的一个样本. 关于 p 的常见假设有三种:

(1) $H_0: p \leqslant p_0 \leftrightarrow H_1: p > p_0$;

(2) $H_0': p \geqslant p_0 \leftrightarrow H_1': p < p_0$;

(3) $H_0'': p = p_0 \leftrightarrow H_1'': p \neq p_0$,

其中 p_0 为 (0,1) 内已知常数.

先考虑假设 (1). 由于 p 的良好估计为样本均值 $\overline{X}$, 因此直观上看, 一个显然的检验为

$$\psi: 当\overline{X} > C时拒绝H_0, 否则不能拒绝H_0. \tag{8.31}$$

注意到此时 $X=\sum\limits_{i=1}^{n}X_i \sim B(n,p)$, 因此上述检验可以等价表示为

$$\psi: 当X > C时拒绝H_0, 否则不能拒绝H_0. \tag{8.32}$$

这样利用 X 的分布来确定常数 C 更方便. 记 X 的分布函数为 $F_p(x)$, 由于 X 只能取整数值, 故 C 可限制为取整数, 对给定的 α, 此检验的功效函数为

$$\begin{aligned}\beta_\psi(p) &= P(X>C)=1-P(X\leqslant C)\\&=1-\sum_{i=0}^{C}\binom{n}{i}p^i(1-p)^{n-i}=1-F_p(C).\end{aligned}$$

由于上式关于 p 为严格增函数, 故只需取 C, 使得

$$\beta_\psi(p_0)=1-\sum_{i=0}^{C}\binom{n}{i}p_0^i(1-p_0)^{n-i}=1-F_{p_0}(C)=\alpha, \tag{8.33}$$

则对一切 $p\leqslant p_0$, 即 $p\in H_0$, $\beta_\psi(p)\leqslant\alpha$ 成立. 但是不一定能取到 C, 使得 (8.33) 成立. 较常见的是存在 C_0, 使得

$$F_{p_0}(C_0)=\sum_{i=0}^{C_0}\binom{n}{i}p_0^i(1-p_0)^{n-i}<1-\alpha<\sum_{i=0}^{C_0+1}\binom{n}{i}p_0^i(1-p_0)^{n-i}=F_{p_0}(C_0+1),$$

于是可以得到不同的检验

$$\psi_1: 当X > C_0时拒绝H_0; 否则不能拒绝H_0.$$

以及

$$\psi_2: 当X > C_0+1时拒绝H_0; 否则不能拒绝H_0.$$

检验 ψ_1 的水平超过 α, 检验 ψ_2 的水平又达不到 α. 这时, 一个经常采用的随机化检验是

ψ_3: 当$X\leqslant C_0$时不拒绝H_0;

当$X > C_0+1$时拒绝H_0;

当$X = C_0+1$时, 从 $[0,1]$ 中任取一个随机数 U, 若

$$U>\frac{1-\alpha-F_{p_0}(C_0)}{F_{p_0}(C_0+1)-F_{p_0}(C_0)},$$

则拒绝原假设 H_0, 否则不能拒绝 H_0.

可以验证, 此时检验的水平恰好为 α. 在所有涉及离散型分布的检验中, 如要坚持约定的水平, 往往得通过这样的随机化. 但这种做法, 一则累赘; 二则对实用工作者而言往往觉得不自然. 因此除非确有必要, 实用上不大采用.

类似地对假设 (2), 可以得到一个检验为

$$\psi': 当X < C时拒绝H_0', 否则不能拒绝\ H_0',$$

其中 C 由

$$F_{p_0}(C-1)=\sum_{i=0}^{C-1}\binom{n}{i}p_0^i(1-p_0)^{n-i}=\alpha$$

确定.

对假设 (3), 可以得到一个检验为

$$\psi'': 当C_1 \leqslant X \leqslant C_2时不拒绝H_0'', 否则就拒绝H_0'',$$

其中 C_1, C_2 由

$$\sum_{i=0}^{C_1-1}\binom{n}{i}p_0^i(1-p_0)^{n-i}+\sum_{i=C_2+1}^{n}\binom{n}{i}p_0^i(1-p_0)^{n-i}=\alpha$$

确定. 常常令

$$F_{p_0}(C_1-1)=\sum_{i=0}^{C_1-1}\binom{n}{i}p_0^i(1-p_0)^{n-i}=\alpha/2,$$

$$1-F_{p_0}(C_2)=\sum_{i=C_2+1}^{n}\binom{n}{i}p_0^i(1-p_0)^{n-i}=\alpha/2$$

以确定 C_1 和 C_2.

在确定检验 ψ' 和 ψ'' 中常数的时候, 类似在确定检验 ψ 中常数时遇到的问题, 一般不恰好存在满足要求的整数. 此时要么允许犯第一类错误的概率超过或者低于指定的水平, 要么采用随机化检验方法.

实验 扫描实验 27 的二维码进行比例 p 检验的模拟实验, 观察不同样本值和显著性水平下的拒绝域情况.

实验27 比例 p 检验

例 8.17 一工厂向零售商供货, 零售商要求废品率不超过 $p=0.05$. 经双方同意, 制定抽样方案: 每批 (假定批量很大) 随机抽取 $n=24$ 件, 检查其中废品个数 X, 当 $X \leqslant C$ 时, 商店不拒收该批产品, 否则就拒收. 试确定 C. 约定检验水平为 $\alpha=0.05$.

解 这是假设 (1) 的检验问题. 按(8.33) 式, 要找 C 使

$$F_{0.05}(C)=0.95.$$

计算得到

$$F_{0.05}(2)=0.884, \quad F_{0.05}(3)=0.970.$$

因此, 如果取 $C=2$, 此时检验水平为 0.116, 即允许犯第一类错误的概率比约定的 0.05 高, 因此对零售商有利; 取 $C=3$, 此时检验水平为 0.03, 即犯第一类错误的概率比约定的 0.05 低,

则对工厂有利.

照数字看, 0.97 与 0.95 距离较近, 似乎取 $C=3$ 比较合理. 但如果零售商不同意, 一定要坚持 0.95 这个数, 则只好采用随机化检验 ψ_3:

(i) 当 $X \leqslant 2$ 时不拒收产品, 当 $X \geqslant 4$ 时拒收.

(ii) 若 $X=3$, 则按一定的概率不拒收. 不拒收的概率为

$$\frac{1-\alpha-F_{0.05}(2)}{F_{0.05}(3)-F_{0.05}(2)}=\frac{0.95-0.884}{0.97-0.884}=0.767.$$

可以这样设想: 在一个含白球 767 个, 红球 233 个的袋子里随机摸出一个球, 如果是白球, 产品通过, 否则就拒收. 读者可以验证此时检验 ψ_3 的水平恰为 α. □

例 8.18 (符号检验) 在例 8.13 的成对比较问题中, 我们假设了每个人的打分差服从正态分布, 然后使用一样本 t 检验去检验原假设"H_0 : A, B 两种啤酒无差别". 这个做法的问题在于: 各人在差距如何以分数反映上尺度可能不一, 同是感觉上这一点差距, 有人觉得用 5 分的相差就可以了, 而有人可能愿意用 15 分. 这不仅会破坏正态性, 也会使方差加大而降低检验的功效. 因此, 一种想法就是抛弃打分差的数值大小, 而仅使用打分差的符号, 这样就得到了符号检验. 如果记 m 为打分有差异的人数, X 为 m 个非零差异分数中正的分数的个数, 则 $X \sim B(m,p)$, 其中 p 为偏好 A 啤酒的比例. 从而检验原假设"H_0 : A, B 两种啤酒无差别"这一问题就相当于关于比例 p 的假设 $H_0: p=1/2$ 的检验问题. 我们在下一章 9.3 节详细讨论符号检验方法.

若样本量 n 比较大 (一般大于 30), 则根据中心极限定理对方程(8.33)有

$$\begin{aligned}1-\alpha=F_{p_0}(C)&=P_{p_0}\Big(\frac{X-np_0}{\sqrt{np_0(1-p_0)}}\leqslant\frac{C-np_0}{\sqrt{np_0(1-p_0)}}\Big)\\&\approx\Phi\Big(\frac{C-np_0}{\sqrt{np_0(1-p_0)}}\Big).\end{aligned}\tag{8.34}$$

因此得到

$$C\approx np_0+u_\alpha\sqrt{np_0(1-p_0)},$$

此时得到检验 ψ 为

$$\psi: 当\frac{X-np_0}{\sqrt{np_0(1-p_0)}}>u_\alpha 时拒绝 H_0, 否则不能拒绝 H_0.\tag{8.35}$$

此检验的水平近似为 α. 类似可得假设 (2) 和 (3) 的渐近水平 α 检验分别为

$$\psi': 当\frac{X-np_0}{\sqrt{np_0(1-p_0)}}<-u_\alpha 时拒绝 H_0', 否则不能拒绝 H_0'.\tag{8.36}$$

和

$$\psi'': 当\Big|\frac{X-np_0}{\sqrt{np_0(1-p_0)}}\Big|>u_{\alpha/2} 时拒绝 H_0'', 否则不能拒绝 H_0''.\tag{8.37}$$

也就是说, 当样本量较大时候, 关于比例 p 的检验问题 (1)~ (3) 可以视为是单正态总体下方

差已知时关于均值的相应检验. 这种方法可以方便地推广到关于两个比例差异的检验问题中, 其对应了两样本均值检验问题.

例 8.19 一审计员声称某公司发票 10% 不正规, 为检验之, 随机抽取 100 张, 其中 15 张不正规, 设 $\alpha = 0.05$, 问审计员结论是否正确?

解 这是关于比例的检验问题, 记 π 为该公司发票不正规的比例, n 为随机抽取的发票数, 由中心极限定理, $\dfrac{\sqrt{n}(\hat{\pi}-\pi)}{\sqrt{\pi(1-\pi)}}$ 近似服从标准正态分布, 其中 $\hat{\pi}$ 为最大似然估计, 当然我们要相信审计员, 所以把他说的结论作为原假设. 根据上面的假设检验步骤,

(i) 设立假设: $H_0: \pi = 0.1 \leftrightarrow H_1: \pi \neq 0.1$.

(ii) 已有数据: $n = 100, \pi = 0.1, \hat{\pi} = \dfrac{15}{100} = 0.15, \alpha = 0.05$.

(iii) 选择检验统计量: $Z = \dfrac{\sqrt{n}(\hat{\pi}-\pi)}{\sqrt{\pi(1-\pi)}}$ 近似服从标准正态分布, 由标准正态分布的上分位数 $u_{0.05/2} = 1.96$, 代入数据得

$$z = \frac{\sqrt{100}(0.15-0.1)}{\sqrt{10(1-0.1)}} = 1.666\ 7$$

(iv) 比较: 由于 $|z| = 1.666\ 7 < 1.96$, 故不能拒绝 H_0.

(v) 解释结论: 表面看, 不正规发票已超出 15%, 但是对于比例而言, 样本量 100 还是少了一点, 不足以有 95% 的把握拒绝原假设. 若把显著性水平换为 $\alpha = 0.1$, 即容许犯第一类错误的概率增加一点, 则由于 $u_{0.1/2} = u_{0.05} = 1.645$, 此时 $z = 1.666\ 7 > 1.645$, 拒绝 H_0, 即我们有 90% 的把握说明审计员的结论不对. □

本例说明显著性水平要量力而定, 具体情况具体分析. 不是 α 越小越好, 只要能说清楚问题即可.

例 8.20[‡] 1954 年, 美国进行了一次大规模的群众性试验以确定脊髓灰质炎疫苗的效果. 迈耶 (Meier) 在 1972 年的书中给出一个良好的叙述, 说明统计在脊髓灰质炎疫苗现场试验中所扮演的角色. 该次研究中一部分的试验设计是让 20 万儿童接种脊髓灰质炎疫苗, 另外 20 万儿童接种一种对照液 (一种在外表上很像脊髓灰质炎疫苗的"糖水"). 两组儿童的小儿麻痹症的感染率如下: 接种脊髓灰质炎疫苗的有 82 人感染了小儿麻痹症, 接种对照液的有 162 人感染此症. 设接种对照液后感染了小儿麻痹症的感染率为 p_1, 接种脊髓灰质炎疫苗后的感染率为 p_2, 我们可以进行如下的假设:

$$H_0: p_1 = p_2 \leftrightarrow H_1: p_1 > p_2,$$

由于样本量非常大, 可以用中心极限定理得到检验统计量

$$Z = \left[\frac{\hat{p}_1(1-\hat{p}_1)+\hat{p}_2(1-\hat{p}_2)}{n}\right]^{-1/2} (\hat{p}_1 - \hat{p}_2) \overset{\text{近似}}{\sim} N(0,1).$$

[‡] 本案例来自《统计思想》(福尔克斯, 1987).

代入数据, 记 $n = 2 \times 10^5$, 得检验的拒绝域为

$$n(\hat{p}_1 - \hat{p}_2) > u_\alpha \left[\frac{162(n-162)+82(n-82)}{n}\right]^{1/2} \approx u_\alpha\sqrt{244},$$

取 $\alpha = 0.005$, 计算得 $u_{0.005} = 2.575\ 8$, 由于

$$n(\hat{p}_1 - \hat{p}_2) = 162 - 82 = 80 > 2.575\ 8 \times \sqrt{244} = 40.235\ 3,$$

拒绝 H_0, 即我们有 99.5% 的把握说明儿童接种脊髓灰质炎疫苗能减少小儿麻痹症的感染率. 事实上, 取 $\alpha = 0.000\ 1$, 可以算得 $u_{0.0001} = 3.719\ 0$,

$$n(\hat{p}_1 - \hat{p}_2) = 162 - 82 = 80 > 3.719\ 0 \times \sqrt{244} = 58.092\ 6,$$

拒绝 H_0, 即我们有 99.99% 的把握说儿童接种疫苗能减少小儿麻痹症的感染率.

实验　扫描右边实验 28 的二维码进行两样本比例检验的模拟实验, 观察不同样本值和显著性水平下的拒绝域情况.

实验 28　两样本比例检验

8.4　似然比检验

前面我们讨论了单参数的假设检验问题, 本节我们介绍一种自然直观的且可以用于多参数假设的检验方法, 即似然比检验方法 (likelihood ratio test, 简称 LRT). 似然比检验是奈曼和皮尔逊在 1928 年提出的构造假设检验的一般方法. 它在假设检验中的地位, 相当于最大似然估计在点估计中的地位. 它可视为费希尔的最大似然原理在假设检验问题中的体现. 由这种方法构造出来的检验, 一般来说有比较良好的性质, 前几节提到的不少重要检验都是似然比检验. 这个方法的一个重要优点就是适用面广.

考虑假设检验问题

$$H_0: \theta \in \Theta_0 \leftrightarrow H_1: \theta \in \Theta_1 = \Theta \backslash \Theta_0, \tag{8.38}$$

其中 Θ_0 为参数空间 Θ 的非空真子集. 记样本 $\boldsymbol{X}$ 有联合密度函数或联合概率质量函数 $f(\boldsymbol{x};\theta)$, 其为 θ 的连续函数. 根据似然函数的意义, 若 $f(\boldsymbol{x},\theta_1) < f(\boldsymbol{x},\theta_2)$, 则我们认为真参数为 θ_2 的"似然性"较其为 θ_1 的"似然性"大, 即观测的样本 $\boldsymbol{X}$ 由 θ_2 解释更好一些. 由于假设检验在"$\theta \in \Theta_0$ 与 $\theta \in \Theta_1$"这二者中选其一, 我们自然考虑以下两个量:

$$L_{\Theta_0}(\boldsymbol{x}) = \sup_{\theta\in\Theta_0} f(\boldsymbol{x},\theta),$$
$$L_{\Theta_1}(\boldsymbol{x}) = \sup_{\theta\in\Theta_1} f(\boldsymbol{x},\theta).$$

考虑其比值 $L_{\Theta_1}(\boldsymbol{x})/L_{\Theta_0}(\boldsymbol{x})$, 若此比值较大, 则说明观测的样本 $\boldsymbol{X}$ 由 Θ_1 内的某个 θ 解释得更好, 因而我们倾向于拒绝假设 $H_0: \theta \in \Theta_0$. 反之, 若此比值较小, 则我们倾向于不拒绝假设 $H_0: \theta \in \Theta_0$.

若记 $LR(\boldsymbol{x}) = L_{\Theta}(\boldsymbol{x})/L_{\Theta_0}(\boldsymbol{x})$, 其中 $L_{\Theta}(\boldsymbol{x}) = \sup\limits_{\theta\in\Theta} f(\boldsymbol{x},\theta)$, 则有

$$LR(\boldsymbol{x}) = \frac{\max\{L_{\Theta_0}(\boldsymbol{x}), L_{\Theta_1}(\boldsymbol{x})\}}{L_{\Theta_0}(\boldsymbol{x})} = \max\left\{\frac{L_{\Theta_1}(\boldsymbol{x})}{L_{\Theta_0}(\boldsymbol{x})}, 1\right\}.$$

因此, $LR(\boldsymbol{x})$ 与比值 $L_{\Theta_1}(\boldsymbol{x})/L_{\Theta_0}(\boldsymbol{x})$ 同增或同减, 我们可以用 $LR(\boldsymbol{x})$ 代替比值 $L_{\Theta_1}(\boldsymbol{x})/L_{\Theta_0}(\boldsymbol{x})$, 这样做的好处是 $L_{\Theta}(\boldsymbol{x})$ 的计算比 $L_{\Theta_1}(\boldsymbol{x})$ 要容易, 理论性质的推导更方便. 因此得到如下定义.

定义 8.3 似然比检验

设样本 $\boldsymbol{X}$ 有联合密度函数或联合概率质量函数 $f(\mathbf{x};\theta)$, $\theta\in\Theta\subseteq\mathbb{R}^k$, 称统计量

$$LR(\boldsymbol{x}) = \sup_{\theta\in\Theta} f(\boldsymbol{x};\theta)\Big/\sup_{\theta\in\Theta_0} f(\boldsymbol{x};\theta)$$

为检验问题(8.38)的似然比. 而由下式定义的检验

$$\phi: \text{当 } LR(\boldsymbol{x}) > c \text{ 时拒绝原假设 } H_0, \text{否则不能拒绝 } H_0$$

称为检验 (8.38) 的一个似然比检验, 其中常数 c 可通过控制检验的水平来确定. ♣

例 8.21 设样本 $(X_1, X_2, \cdots, X_n)$ 来自总体 $N(\theta,\sigma^2)$, σ^2 未知. 求假设检验问题 $H_0: \theta=\theta_0 \leftrightarrow H_1: \theta\neq\theta_0$ 的一个水平 α 似然比检验.

解 样本 $(X_1, X_2, \cdots, X_n)$ 的似然函数为

$$f(x_1, x_2, \cdots, x_n; \theta, \sigma^2) = (\sqrt{2\pi}\sigma)^{-n}\exp\left\{-\frac{1}{2\sigma^2}\sum_{i=1}^n (x_i-\theta)^2\right\},$$

考虑到

$$\min_{-\infty<\theta<\infty}\sum_{i=1}^n (x_i-\theta)^2 = \sum_{i=1}^n (x_i-\overline{x})^2 = (n-1)s^2,$$

$$\max_{0<\sigma<\infty}\sigma^{-n}\mathrm{e}^{-A/\sigma^2} = \left(\frac{n}{2A}\right)^{n/2}\mathrm{e}^{-n/2}\quad (A>0),$$

计算得到似然比为

$$\begin{aligned} LR(x_1, x_2, \cdots, x_n) &= \left[\sum_{i=1}^n (x_i-\overline{x})^2\Big/\sum_{i=1}^n (x_i-\theta_0)^2\right]^{n/2} \\ &= \left[1+n\left(|\overline{x}-\theta_0|\Big/\sqrt{\sum_{i=1}^n (x_i-\overline{x})^2}\right)^2\right]^{-n/2} \\ &= \left[1+\frac{1}{n-1}\left(|\sqrt{n}(\overline{x}-\theta_0)/s|\right)^2\right]^{-n/2}. \end{aligned}$$

由此知似然比检验为

$$\phi: \text{当 } \left|\frac{\sqrt{n}(\overline{X}-\theta_0)}{S}\right| > c \text{ 时拒绝 } H_0, \text{否则不能拒绝 } H_0.$$

为确定常数 c, 由于在 H_0 成立时, 统计量

$$T = \frac{\sqrt{n}(\overline{X} - \theta_0)}{S} \sim t_{n-1},$$

因此给定检验水平 α, 易得一个水平 α 的检验为

$$\phi:\ \text{当}|T| > t_{\alpha/2}(n-1)\ \text{时拒绝原假设}\ H_0, \text{否则不拒绝}\ H_0.$$

这和我们前面推导的结果是一样的. □

例 8.22 设 $\boldsymbol{X} = (X_1, X_2, \cdots, X_n)$ 为自均匀分布总体 $U(0,\theta)$ 中抽取的随机样本, 求检验问题

$$H_0:\ \theta \leqslant \theta_0 \leftrightarrow H_1:\ \theta > \theta_0 \tag{8.39}$$

水平 α 似然比检验. 此处 α 和 θ_0 给定.

解 此时样本空间 $\Theta = (0,\theta), \Theta_0 = (0,\theta_0)$. 似然函数为

$$f(\boldsymbol{x},\theta) = \theta^{-n} I_{(0,\theta)}(x_{(n)}),$$

故

$$L_{\Theta}(\boldsymbol{x}) = \sup_{\theta \in \Theta} f(\boldsymbol{x},\theta) = (x_{(n)})^{-n}$$

和

$$L_{\Theta_0}(\boldsymbol{x}) = \sup_{\theta \in \Theta_0} f(\boldsymbol{x},\theta) = (x_{(n)})^{-n} I_{(0,\theta_0)}(x_{(n)}),$$

因此有

$$LR(\boldsymbol{x}) = \begin{cases} 1, & x_{(n)} \leqslant \theta_0, \\ \infty, & x_{(n)} > \theta_0. \end{cases}$$

由似然比检验的拒绝域 $\{LR(\boldsymbol{x}) > c\}$ 知检验的拒绝域为

$$D = \{\boldsymbol{X}:\ X_{(n)} > c\}$$

由于 $T = X_{(n)}$ 的概率密度函数为

$$f(t) = nt^{n-1}\theta^{-n} I_{(0,\theta)}(t),$$

故检验的功效函数为

$$\begin{aligned} \beta_\varphi(\theta) = P(X_{(n)} > c) &= \int_c^\theta \frac{nt^{n-1}}{\theta^n}\mathrm{d}t \\ &= \frac{1}{\theta^n}(\theta^n - c^n) \\ &= 1 - \left(\frac{c}{\theta}\right)^n. \end{aligned}$$

它是 θ 的单调增函数, 故要求

$$\beta_\varphi(\theta) \leqslant \alpha, \quad \forall \theta \leqslant \theta_0,$$

只需要 $\beta_\varphi(\theta_0)=\alpha$, 即得 $c=\theta_0\sqrt[n]{1-\alpha}$. 因此以 D 为拒绝域的检验水平为 α. 故

$$\varphi: \text{当 } X_{(n)}>\theta_0\sqrt[n]{1-\alpha}\text{时拒绝 } H_0, \text{否则不能拒绝 } H_0$$

为检验问题 (8.39) 的水平 α 检验. □

例 8.23 设样本 $\boldsymbol{X}=(X_1,X_2,\cdots,X_n)$ 来自指数分布总体, 其概率密度函数为

$$f(x,\theta)=\frac{1}{2}\exp\{-(x-\theta)/2\},\quad x\geqslant\theta,\quad -\infty<\theta<\infty,$$

求检验问题

$$H_0:\ \theta=\theta_0\leftrightarrow H_1:\ \theta\neq\theta_0 \tag{8.40}$$

水平 α 似然比检验. 此处 α 和 θ_0 给定.

解 此时参数空间和 H_0 对应的参数空间的子集分别为

$$\Theta=\{\theta:\ -\infty<\theta<\infty\},\qquad \Theta_0=\{\theta:\ \theta=\theta_0\}$$

似然函数为

$$f(\boldsymbol{x},\theta)=\frac{1}{2^n}\exp\Big\{-\frac{1}{2}\Big(\sum_{i=1}^n x_i-n\theta\Big)\Big\}I_{[\theta,\infty)}(x_{(1)}),$$

其中 $x_{(1)}=\min\{x_1,x_2,\cdots,x_n\}$. 似然函数在 Θ 和 Θ_0 上的最大值分别为

$$L_\Theta(\boldsymbol{x})=\frac{1}{2^n}\exp\Big\{-\frac{1}{2}\Big(\sum_{i=1}^n x_i-nx_{(1)}\Big)\Big\},$$

$$L_{\Theta_0}(\boldsymbol{x})=\frac{1}{2^n}\exp\Big\{-\frac{1}{2}\Big(\sum_{i=1}^n x_i-n\theta_0\Big)\Big\}I_{[\theta_0,\infty)}(x_{(1)}),$$

似然比

$$LR(\boldsymbol{x})=L_\Theta(\boldsymbol{x})/L_{\Theta_0}(\boldsymbol{x})=\begin{cases}\infty, & x_{(1)}<\theta_0,\\ \exp\Big\{n(x_{(1)}-\theta_0)/2\Big\}, & x_{(1)}\geqslant\theta_0.\end{cases}$$

当 $X_{(1)}<\theta_0$ 时, 似然比值为 ∞, 故应拒绝 H_0; 当 $X_{(1)}>\theta_0$ 时, 利用似然比的单调性可得检验

$$\varphi: \text{当 } X_{(1)}<\theta_0 \text{ 或 } X_{(1)}>c \text{ 时拒绝 } H_0, \text{否则不能拒绝 } H_0.$$

令 $T(\boldsymbol{X})=X_{(1)}$, 易知 T 的概率密度函数为

$$g(t,\theta)=\frac{n}{2}\,\mathrm{e}^{-n(t-\theta)/2}I_{[\theta,\infty)}(t),$$

因此有

$$\alpha=P(X_{(1)}>c|H_0)=\int_c^\infty g(t,\theta_0)\mathrm{d}t=\mathrm{e}^{-n(c-\theta_0)/2}.$$

两边取对数得方程

$$-n(c-\theta_0)/2=\ln\alpha.$$

解方程得 $c = \theta_0 - \dfrac{2}{n}\ln\alpha$. 因此得到水平 α 检验为

$$\varphi: \text{当 } X_{(1)} < \theta_0 \text{ 或 } X_{(1)} > \theta_0 - \frac{2}{n}\ln\alpha \text{ 时拒绝 } H_0, \text{否则不能拒绝 } H_0.$$

□

在上述例子中, 为了确定似然比检验中的待定常数, 需要找出似然比或者似然比依赖的统计量的精确分布. 但在许多情况下, 似然比有很多复杂的形状, 其精确分布无法求得. 1938 年, 威尔克斯 (Samuel S. Wilks, 1906—1964) 证明了: 若 $X_1, X_2, \cdots, X_n$ 是简单随机样本, 在原假设成立之下, 当 $n \to \infty$ 时, 似然比有一个简单的极限分布. 利用此极限分布可确定定义 8.3 中 c 的近似值.

威尔克斯定理的确切陈述需要一大堆关于总体概率分布的假定, 其证明也很复杂. 我们略去这些陈述, 只强调其中一个至关重要之点, 即要求参数空间 Θ 的维数要高于原假设空间 Θ_0 的维数. 如样本 $X_1, X_2, \cdots, X_n$ i.i.d. $\sim N(\mu, \sigma^2)$, $H_0: \mu = \mu_0 \leftrightarrow H_1: \mu \neq \mu_0$, 则 $\Theta = \{\theta = (\mu, \sigma^2): -\infty < \mu < \infty,\ \sigma^2 > 0\}$ 是 $\mathbb{R}^2$ 中的上半平面, Θ 的维数是 2; 而 $\Theta_0 = \{\theta = (\mu, \sigma^2): \mu = \mu_0,\ \sigma^2 > 0\}$, 它是 Θ 中的一条直线, 其维数为 1. 因此此例中 Θ 的维数高于 Θ_0 的维数. 又如, 球体是三维集, 空间的一个点是零维集. 明确了这一点, 威尔克斯的定理可表达为

定理 8.1 似然比的极限分布

设 Θ 的维数为 k, Θ_0 的维数为 s, 若 $k - s = t > 0$, 则对检验问题 (8.38) 在原假设 H_0 成立之下, 当样本量 $n \to \infty$ 时, 有

$$P(2\ln LR(\boldsymbol{X}) \leqslant x) \ \to\ F_{\chi_t^2}(x), \quad \forall\, x \in \mathbb{R},$$

记为 $2\ln LR(\boldsymbol{X}) \xrightarrow{\mathscr{L}} \chi_t^2$.

♡

定理的详细陈述及证明可参看陈希孺 (1981)第 326 页. 还有一点需要明确: 原假设 Θ_0 中可以包含不止一个点, 这时定理 8.1 的含义是: 不论真参数落在 Θ_0 中何处, $2\ln LR(\boldsymbol{X})$ 的极限分布总是自由度为 t 的 χ^2 分布.

例 8.24 设样本 $X_{i1}, X_{i2}, \cdots, X_{in_i}$ i.i.d. $\sim N(\mu_i, \sigma_i^2)$, $1 \leqslant i \leqslant m$, 且全部样本相互独立. 求假设

$$H_0:\ \sigma_1^2 = \sigma_2^2 = \cdots = \sigma_m^2 \leftrightarrow H_1:\ \sigma_1^2 = \sigma_2^2 = \cdots = \sigma_m^2 \text{ 不完全相同}$$

的渐近水平 α 似然比检验.

解 记

$$S_i^2 = \frac{1}{n_i}\sum_{j=1}^{n_i}(X_{ij} - \overline{X}_i)^2, \quad \overline{X}_i = \frac{1}{n_i}\sum_{j=1}^{n_i} X_{ij}.$$

$$S^2 = \frac{1}{n}\sum_{i=1}^{m} n_i S_i^2, \quad n = \sum_{i=1}^{m} n_i$$

则不难算出

$$LR = S^n \Big/ \left(\prod_{i=1}^m S_i^{n_i}\right).$$

而

$$Y_n \equiv 2\ln(LR) = n\ln S^2 - \sum_{i=1}^m n_i \ln S_i^2.$$

记 k 为参数空间 Θ 的维数, r 为 H_0 成立时参数空间子集 Θ_0 的维数. 根据定理 8.1, 当 H_0 成立时, 且 $\min\{n_1, n_2, \cdots, n_m\} \to \infty$ 时, 有

$$Y_n \xrightarrow{\mathscr{L}} \chi^2_{k-r} = \chi^2_{m-1},$$

此处 $k - r = 2m - (m+1) = m - 1$. 由此得到渐近水平 α 似然比检验的拒绝域为

$$D = \{(\boldsymbol{X}_1, \boldsymbol{X}_2, \cdots, \boldsymbol{X}_m) : Y_n > \chi^2_{m-1}(\alpha)\}.$$

□

8.5 p 值

前面我们介绍的检验法则都是定出临界值 (分布的分位数), 然后比较由样本得到的检验统计量的值和临界值的大小关系, 来决定是否拒绝原假设. 但是有时候我们需要强调 (比较) 由一组样本得到的结果比由另一组样本得到结果证据更强烈, 比如对正态总体均值的假设检验 $H_0: \mu = 2 \leftrightarrow H_1: \mu > 2$, 方差 $\sigma^2 = 1$ 已知. 由样本 X_1, X_2, X_3, X_4 的一组值得到 $\overline{x} = 3.0$, 由该样本另一组值得到 $\overline{x} = 3.75$. 根据前面讨论过的检验法则, 水平 0.05 检验的临界值为 1.645, 那么这两组样本值得到的结果都是拒绝原假设, 但是前面使用临界值的检验法则不能反映出第二组样本值拒绝原假设比第一组样本值拒绝原假设的强烈程度. 直观上, 检验统计量值 $\overline{x}$ 越大拒绝原假设的倾向就越大. 那么怎么说明 $\overline{x}$ 值比较大了呢? 这就要看相对比例, 即取值比 $\overline{x}$ 值还要大的所有可能取值的机会大小. 好比说, 一个人个子高不高, 要看比他个子高的人的比例有多大. 为此, 费希尔提出 p 值的概念:

$$p\text{ 值} = P(\text{得到当前样本下检验统计量的值或更极端值}|\text{原假设下}).$$

比如在这个例子里, p 值 $=P(T \geqslant t_{\text{obs}}|H_0) = 1 - \Phi(t_{\text{obs}})$, 其中检验统计量 $T = \sqrt{n}(\overline{X} - 2)/\sigma$, 而对第一组样本有 $t_{\text{obs}} = \sqrt{4}(\overline{x} - 2)/1 = 2$, 对第二组样本有 $t_{\text{obs}} = 3.5$. 从而对第一组样本值得到其 p 值为 0.022; 而对第二组样本值其 p 值为 2.3×10^{-4}. 显然对第二组样本值, 其 p 值更接近 0, 其意义表示当原假设成立时, 我们得到统计量 T 取 3.5 或者更极端的值的概率只有 2.3×10^{-4}. 而在第一组样本值之下, 这个概率有 0.022, 虽然也较小, 相比于第二组样本值下的 p 值, 仍然大很多. 所以第二组样本值拒绝原假设的程度要强烈得多 (见图 8.4).

取检验的水平为 α, 当一个检验法则的 p 值不超过 α 时, 检验统计量 T 的值落在了拒绝域内, 我们即拒绝原假设; 反之, 则没有足够的证据拒绝原假设. 这样即得到一个水平 α 检验法则:

p 值 $= P(\text{得到和当前样本下检验统计量 } T \text{ 之值一样或更极端值}|\text{原假设下})$,

ϕ: 当 p 值 $< \alpha$ 时, 拒绝原假设 H_0.

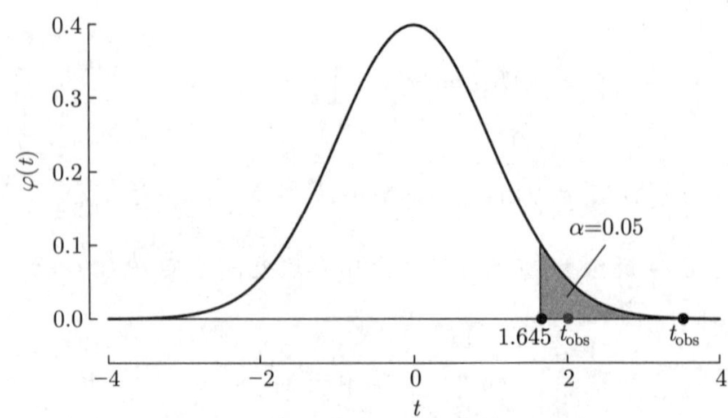

图 8.4 水平 0.05 检验的阈值, 以及两个不同检验统计量值 $t_{\text{obs}} = 2$ 和 $t_{\text{obs}} = 3.5$

p 值表示了在当前样本值下观测到的显著性水平. p 值越接近 0, 拒绝原假设的证据就越充分; 反之, p 值越接近 1, 不能拒绝原假设的证据就越充分.

容易得出对假设 $H_0 : \mu = 2 \leftrightarrow H_1 : \mu < 2$ 的 p 值定义为 $P(T \leqslant t_{\text{obs}}|H_0) = \Phi(t_{\text{obs}})$. 而对假设 $H_0 : \mu = 2 \leftrightarrow H_1 : \mu \neq 2$ 的 p 值定义为 $P(|T| \geqslant |t_{\text{obs}}||H_0) = 2 - 2\Phi(t_{\text{obs}})$. 注意这里原假设均为一个点 $\mu = \mu_0$. 当原假设为复合假设 $H_0 : \mu \leqslant \mu_0$ 或 $H_0 : \mu \geqslant \mu_0$ 时, 由于 $\mu = \mu_0$ 是原假设空间中最保守的一点, 定义 p 值时候只需在该点处讨论即可 (此时概率达到最大).

在检验统计量 T 在原假设下的分布难以得到时候, 应用中常用自助法计算 p 值, 即**在原假设下使用自助法**得到检验统计量 T 的 B 个自助版本 $T_1^*, T_2^*, \cdots, T_B^*$ 值, 则 p 值 $=P(T \geqslant t_{\text{obs}}|H_0)$ 可以近似为

$$p \text{ 值} \approx \frac{1}{B}\sum_{b=1}^{B} I(T_b^* \geqslant t_{\text{obs}}).$$

例 8.25 废弃电池破损后会释放出金属成分, 进而随着雨水对周围环境造成重金属污染. 一项研究随机调查了具有丢弃破损 AAA 电池的 $n = 51$ 个地点, 测得其中土壤中锌含量 (单位: g) 分别为

1.942.061.881.962.252.262.341.962.222.152.032.001.911.82
1.962.132.202.012.121.982.311.971.952.091.972.022.111.91
1.971.912.292.222.012.232.181.952.012.042.222.272.142.18
1.981.891.842.192.072.092.072.141.70

试问可否得出总体平均锌含量超过 2.0 g 的结论?

解 考虑的假设为 $H_0 : \mu = 2 \leftrightarrow H_1 : \mu > 2$. 计算得到样本平均锌含量为 $\overline{x} = 2.06$ g, 样本标准差为 $s = 0.142$ g. 若正态分布假设成立, 则使用一样本 t 检验方法知检验统计量的值为

$$t = \frac{\sqrt{n}(\overline{x} - 2)}{s} = \frac{\sqrt{51}(2.06 - 2)}{0.142} = 3.02,$$

自由度为 $n-1=50$ 的 t 分布的上 5% 分位数为 1.68, 因此拒绝原假设. 此时

$$p\text{ 值}=P_{\mu=2}\left(\frac{\sqrt{n}(\overline{X}-2)}{S}\geqslant 3.02\right)=0.002\ 0.$$

如果不假设正态性, 那么我们使用自助法来近似 p 值. 在原假设 $\mu=2$ 下, 我们对样本做变换 $\tilde{x}=x-\overline{x}+2$, 即使得均值恰好为 2. 然后对变换后的样本 $\tilde{x}$, 计算检验统计量的自助版本值 $T^*=\dfrac{\sqrt{n}(\overline{x^*}-2)}{s^*}$(这里 $\overline{x^*}$ 和 s^* 分别为自助样本下的样本均值和样本标准差), 取 $B=1\ 000$ 得到

$$p\text{ 值}\approx\frac{1}{1\ 000}\sum_{b=1}^{1\ 000}I(T_b^*\geqslant 3.02)\approx 0.002\ 5.$$

其与一样本 t 检验的 p 值比较接近. 事实上, 通过直方图等方式可以看出样本近似服从于正态分布. □

注 需要指出的是, 一个检验具有统计显著性并不意味着也具有实际应用显著性. 一个很小的 p 值有可能是原假设不成立和较大样本量共同作用的结果, 其表示原假设不成立具有统计显著性, 但是从应用角度来说, 可能意义不大. 例如设总体 $X\sim N(\mu,100)$, 考虑假设

$$H_0:\mu=100\leftrightarrow H_a:\mu>100,$$

若真实的 $\mu=101$ 轻微偏离原假设所带来的代价不高, 则当观测到 $\overline{x}=101$ 时我们并不希望强烈拒绝原假设, 但是当样本量 n 增加时, 我们可以看到检验的 p 值 $1-\Phi\left(\dfrac{\sqrt{n}(\overline{x}-100)}{10}\right)$ 和水平 0.01 检验犯第二类错误的概率 $\beta(101)=\Phi\left(-\dfrac{\sqrt{n}}{10}+2.326\right)$ 随样本量而变化 (表 8.2). 因此当样本量比较大时, 对检验的显著性进行解释时需要慎重, 因为检验能够检测出任何轻微的偏离原假设, 而这种偏离在应用中可能是可以接受的.

表 8.2 检验 p 值和水平 0.01 检验犯第二类错误的概率 $\beta(101)$ 随样本量变化情况

n	p 值	$\beta(101)$
25	0.308 5	0.966 1
100	0.158 7	0.907 6
400	0.022 8	0.627 8
900	0.001 3	0.250 2
1 600	0.000 031 7	0.047 1
2 500	0.000 000 287	0.003 7
10 000	7.69×10^{-24}	8.34×10^{-15}

置信区间和假设检验之间的关系

置信区间和假设检验之间有着明显的联系, 我们首先考虑置信区间和双侧检验之间的关系. 设 $X_1,X_2,\cdots,X_n$ 为从总体 $F(x;\theta),\theta\in\Theta$ 中抽取的样本, 参数 θ 的 $1-\alpha$ 置信区间为

$[\underline{\theta}, \overline{\theta}]$, 即

$$P_\theta(\underline{\theta} \leqslant \theta \leqslant \overline{\theta}) \geqslant 1-\alpha,\ \theta \in \Theta,$$

其中 P_θ 表示在 θ 对应的分布下计算概率. 而对假设 $H_0: \theta=\theta_0 \leftrightarrow H_1: \theta \neq \theta_0$, 在原假设下, 有

$$P_{\theta_0}(\underline{\theta} \leqslant \theta_0 \leqslant \overline{\theta}) \geqslant 1-\alpha,$$

等价于

$$P_{\theta_0}(\theta_0 > \overline{\theta}) + P_{\theta_0}(\theta_0 < \underline{\theta}) \leqslant \alpha.$$

按显著性检验的定义, 即得其检验为

$$\phi: \text{当 } \underline{\theta} > \theta_0 \text{ 或者 } \overline{\theta} < \theta_0 \text{ 时拒绝} H_0, \text{否则不能拒绝} H_0.$$

反过来讲, 如果假设 $H_0: \theta=\theta_0 \leftrightarrow H_1: \theta \neq \theta_0$ 的检验的接受域有形式

$$\underline{\theta}(x_1, x_2, \cdots, x_n) \leqslant \theta_0 \leqslant \overline{\theta}(x_1, x_2, \cdots, x_n),$$

即有

$$P_{\theta_0}(\underline{\theta} \leqslant \theta_0 \leqslant \overline{\theta}) \geqslant 1-\alpha.$$

由 θ_0 的任意性, 知对任意的 θ, 有

$$P_\theta(\underline{\theta} \leqslant \theta \leqslant \overline{\theta}) \geqslant 1-\alpha.$$

因此, 为求出参数 θ 的 $1-\alpha$ 置信区间, 我们可以先找出 θ 的双侧假设 $H_0: \theta=\theta_0 \leftrightarrow H_1: \theta \neq \theta_0$ 的检验, 则其接受域就是参数 θ 的 $1-\alpha$ 置信区间. 反过来, 为求假设 $H_0: \theta=\theta_0 \leftrightarrow H_1: \theta \neq \theta_0$ 的检验, 我们可以先求出参数 θ 的 $1-\alpha$ 置信区间, 其补集就是该假设的拒绝域.

类似地, 置信系数为 $1-\alpha$ 的单侧置信区间 $[\underline{\theta}, \infty)$ (或者 $(-\infty, \overline{\theta}]$) 与显著性水平为 α 的右 (或者左) 侧检验问题 $H_0: \theta \leqslant \theta_0 \leftrightarrow H_1: \theta > \theta_0$ (或者 $H_0: \theta \geqslant \theta_0 \leftrightarrow H_1: \theta < \theta_0$), 也有类似的对应关系.

8.6 扩展阅读: 多重假设检验

假设检验是统计推断中的一个重要领域. 我们常依据检验统计量的 p 值对一个假设进行检验. 但是在一些背景下, 常常需要对多个假设同时进行检验. 例如在生物统计中为了考察某种药物的治疗效果, 分别测量服药组和对照组两组人的基因表达水平, 测量的基因位点往往高达几十万个. 研究者需要考察两组人群在每个基因位点上的差异, 进而推断两组人群的基因表达差异. 也就是说, 需要通过同时考察几十万个关于基因位点差异的假设, 来对治疗效果差异的假设进行推断. 这类问题称为多重假设检验问题或者多重比较问题. 在多重假设检验问题中, 一个检验的显著性水平或犯第一类错误的概率不再表示所有检验综合在一起时候的显著性水平或犯第一类错误的概率. 多重假设检验是一类综合校正多个假设下错误率的方法.

对多个假设, 可否使用同一检验过程对每个假设进行检验, 就像检验一个假设? 假设我们对 $m=100$ 个假设进行检验, 每个假设的检验水平为 1%. 若这些假设之间是相互独立的,

则至少发生一次错误拒绝的概率高达 $1-(1-0.01)^{100}=1-0.366=63.4\%$. 举个实际的例子, 假如有一种诊断艾滋病的试剂, 试验验证其准确性为 99%(每 100 次诊断就有一次假阳性). 对于一个人来说 (单个假设), 这种准确性足够了. 但对于医院来说 (多重假设), 这种准确性却远远不够, 因为每诊断 10 000 个人, 就会有 100 个非艾滋病患者被误诊为艾滋病. 这显然是不能接受的. 所以, 对于多重检验, 如果不进行任何控制, 那么犯第一类错误的概率便会随着假设的个数增加而快速增加. 因此需要一种新方法, 可以准确地定义我们想要控制的东西.

总 I 型错误率

对一组原假设, 至少错误拒绝一个原假设的概率称为总 I 型错误率 (the family-wise error rate, FWER). 为了使得总 I 型错误率不超过 α, 我们可以采用邦费罗尼 (Bonferroni) 校正方法:

拒绝第 i 个零假设, 如果其 p 值满足 $p_i \leqslant \alpha/m, i=1,\cdots,m$.

文献中也提出了其他一些控制 FWER 的方法, 但是当要检验的假设个数 m 很大时, 单个假设的检验水平 α/m 会非常小, 导致原假设被拒绝的个数非常少. 因此, 这种控制总 I 型错误率的方法非常保守. 而且当检验数千个或数万个假设时, 绝大多数的拒绝是正确的情况下, 我们还会在意会有少数错误的拒绝吗?

错误发现率

我们希望有一种新的准则, 不像总 I 型错误率那么严格, 能够很好地控制错误拒绝个数. 这样的要求直观上是自然地, 当考虑多重假设检验时, 只要绝大多数拒绝是正确的, 那么我们或许可以允许出现少数错误拒绝. 为此, 记 R 为拒绝的总数目, V 为错误拒绝的原假设数目, 我们希望 V/R (错误发现比例) 很小. 由于 R 已知但 V 不能直接得到, 因此不能直接控制错误发现比例. 本杰明尼–霍赫伯格 (Benjamini-Hochberg) 过程*(BH(q)) 控制错误发现比例的期望, 称为错误发现率 (false discovery rate, FDR):

$$FDR = E\left(\frac{V}{R}\Big| R>0\right), \quad P(R>0)<q,$$

其中 q 为允许的 (最大) 错误发现率上界 (显然有 $q \leqslant \alpha$ 成立). BH(q) 过程如下:

(1) 将每个假设检验的 p 值从小到大排序 $p_{(1)} \leqslant p_{(2)} \leqslant \cdots \leqslant p_{(m)}$;

(2) 选择 $R=\max\{i: p_{(i)} \leqslant \dfrac{i}{m}q, i=1,2,\cdots,m\}$;

(3) 拒绝 p 值小于 $p_{(R)}$ 的假设.

由构建过程可以看出, 此过程恰好拒绝 R 个原假设, 并且

$$p_{(R)} < \frac{R\alpha}{m} \Rightarrow \frac{mp_{(R)}}{R} < q.$$

记 $m_0 \leqslant m$ 为真实的原假设个数, $X_i = I\left(p_i \leqslant p_{(R)}\right)$ 表示第 i 原假设是否被拒绝. 由于在

*Benjamini Y, Hochberg Y, 1995. Controlling the false discovery rate: A practical and powerful approach to multiple testing. Journal of the Royal Statistical Society: Series B, 57(1): 289-300.

原假设下 $p_i \sim U(0,1), X_i \sim B\left(1, p_{(R)}\right)$. 在各假设之间相互独立的假设下, $V = \sum_{i=1}^{m_0} X_i \sim B\left(m_0, p_{(R)}\right)$. 因此由定义有

$$FDR = \frac{1}{R}E(V) = \frac{m_0 p_{(R)}}{R} \leqslant \frac{m p_{(R)}}{R} < q.$$

需要注意的是, 上述 BH(q) 过程仅在各假设之间相互独立时候能够控制 FDR; 并且当 $m_0 = m$ 时, 即所有原假设都是真时,

$$FDR = E\left(\frac{V}{R}\right) = P(V \geqslant 1) = FWER,$$

这是由于此时事件 $\{V \geqslant 1\}$ 与 $\{V/R = 1\}$ 等价. 当 $m_0 < m$ 时, $FWER \geqslant FDR$, 所以任何控制 FWER 的过程同时也控制了 FDR.

在软件中应用 BH(q) 过程是非常容易的, 例如在软件 R 中,

```
set.seed(10)
alp<-0.05
pvals <- runif(10, 0, 1)
corrected_pvals <- p.adjust(pvals, method ='BH')
corrected_pvals<alp
```

上例中, 我们从均匀分布中随机生成 10 个 p 值, 函数 p.adjust 提供了 8 种 p 值校正方法, BH 方法校正后的 p 值为原来值乘个数 m 除以排序 i, 因此对校正后的 p 值, 拒绝那些小于指定总 I 型错误率 α 所对应的假设.

尽管在多重假设检验问题中控制 FDR 非常流行, FDR 度量也不是没有缺点. 由于我们不能除零, 若我们没有拒绝任何假设, 则 $V = 0$. 因此, 只要一个检验方法不拒绝任何假设, 其 FDR 总是可以被控制. 当然 FWER 也存在同样的问题. 文献中也提出了一些与 FDR 度量相关但不存在该问题的检验方法, 但是一般都难以计算.

本章总结

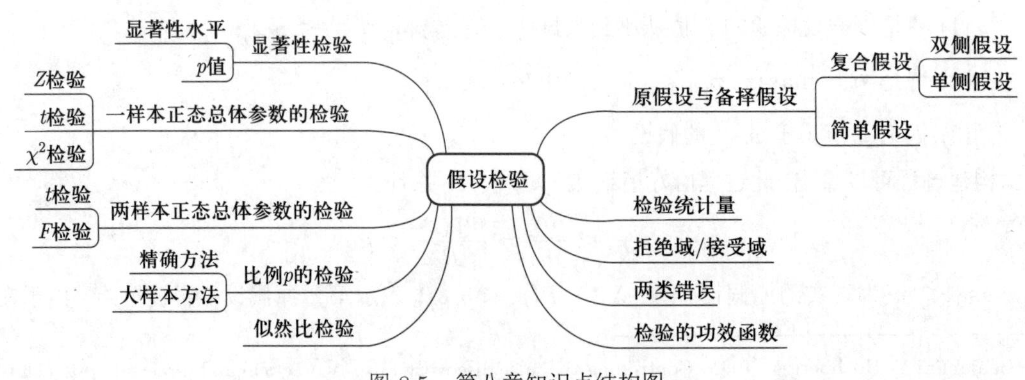

图 8.5 第八章知识点结构图

重点概念总结

- 假设检验是统计推断的重要组成部分，本章介绍的是参数假设检验的一些基本概念，以及在正态总体假定下有关参数的假设检验问题.
- 假设检验问题中的一个难点是如何设立原假设和备择假设，这要具体问题具体分析. 根据假设检验中保护原假设的原则，我们提出了两种方法，即把久经考验的事实放在原假设，把你希望得到的结论放在备择假设. 这两条是不矛盾的. 确定了原假设 (或备择假设)，也就确定了备择假设 (或原假设).
- 假设检验是二选一的问题，即只有接受和拒绝原假设两种选择. 且接受还是拒绝原假设与我们设定的显著性水平有关，同时无论是接受原假设还是拒绝原假设都有可能出错，这就是考虑犯两类错误的概率的原因.
- 拒绝和接受原假设是在一定的显著性水平下作出的结论，所以在不同的水平下可以得出不同的结论，完全可能在低水平下拒绝原假设，而在高水平下接受原假设. 所以在实际情况下要保持公认的水平，不必追求太小的水平.
- 在显著性检验中，由于没有涉及犯第二类错误的概率，所以接受原假设是一个模糊的结论，该结论就是没有充分的理由能推翻原假设，作为二选一的假设检验，只能接受原假设，故接受原假设不表明原假设一定正确，仅仅是无法拒绝原假设. 而拒绝原假设是说在保护原假设的原则下我们还是有充分的证据 (这里充分是指有 $(1-\alpha)\times 100\%$ 的置信水平) 说明原假设不成立. 在这个意义上我们可以说拒绝原假设是有充分根据的，所以我们往往把需要的结论放在备择假设，希望通过拒绝原假设来比较明确地得到所需结论.
- 根据具体情况来确定是单侧检验还是双侧检验.
- 成组比较和成对比较是两种不同的试验设计方法，所以检验统计量也不同. 在现实中要根据具体情况来确定用哪种方法.
- p 值能够衡量当前样本数据对原假设的支持强度.

习　题

1. 假设 $(X_1, X_2, \cdots, X_{16})$ 是正态分布 $N(\mu, 0.16)$ 的一个简单随机样本. 考虑假设

$$H_0: \mu = 0.5 \leftrightarrow H_1: \mu > 0.5\ ,$$

显著性水平为 0.05.

(1) 检验的拒绝域是什么?

(2) 当 $\mu=0.65$ 时犯第二类错误的概率是多少?

2. 产品检验时, 原假设 H_0 : 产品合格. 为了减少次品混入正品的可能性, 在 n 固定的条件下, 显著性水平 α 应取大些还是小些, 为什么?

3. 假设 $(X_1,X_2,\cdots,X_{16})$ 是来自正态总体 $N(\mu,1)$ 的一个简单随机样本. 检验问题 H_0 : $\mu=0 \leftrightarrow H_1:\mu=1$, 样本均值为 $\overline{X}$, u_α 为标准正态分布的上 α 分位数, 现有 4 个拒绝域: $V_1=\{4|\overline{X}|\geqslant u_{0.05}\}$, $V_2=\{4|\overline{X}|\leqslant u_{0.45}\}$, $V_3=\{4\overline{X}\geqslant u_{0.10}\}$,$V_4=\{4\overline{X}\leqslant -u_{0.10}\}$.

(1) 这 4 个拒绝域中的犯第一类错误的概率分别是多少?

(2) 比较哪个拒绝域犯第二类错误的概率最小.

4. 假设随机变量 X 的概率密度函数为 $f(x)=(1+\theta)x^\theta, 0<x<1$, 现考虑假设检验问题

$$H_0:\theta=5 \leftrightarrow H_1:\theta=3.$$

拒绝域为 $\{X>1/2\}$. 试求该检验问题犯第一类和第二类错误的概率, 以及 $\theta=2$ 时的功效函数值.

5. 设样本 $X_1,X_2,\cdots,X_n$ 是来自参数为 λ 的泊松分布总体, 对检验问题

$$H_0:\lambda=\frac{1}{2} \ \leftrightarrow \ H_1:\lambda\neq\frac{1}{2},$$

取检验的拒绝域为 $\{(X_1,X_2,\cdots,X_n):\ \sum\limits_{i=1}^{10}X_i\leqslant 1$ 或 $\geqslant 12\}$.

(1) 求此检验在 $\lambda=0.25, 0.5, 1$ 时的功效函数值, 并求出该检验的水平;

(2) 求犯第一类错误的概率及在 $\lambda=0.25,\ 0.75$ 时犯第二类错误的概率.

6. 设总体为均匀分布 $U(0,\theta)$, $(X_1,X_2,\cdots,X_n)$ 是一组样本. 考虑检验问题

$$H_0:\theta\geqslant 3 \leftrightarrow H_1:\theta<3,$$

拒绝域取为 $W=\{X_{(n)}=\max\{X_1,X_2,\cdots,X_n\}\leqslant 2.5\}$,

(1) 求此检验的功效函数和显著性水平;

(2) 为使显著性水平达到 0.05 , 样本量 n 至少应取多大?

7. 令 $(X_1,X_2,\cdots,X_{10})$ 是从正态总体 $N(\mu,16)$ 中抽取的随机样本, 假设样本均值 $\overline{X}=4.8$. 在显著性水平 5% 下, 检验

(1) $H_0:\mu=7 \leftrightarrow H_1:\mu\neq 7$;

(2) $H_0':\mu\geqslant 7 \leftrightarrow H_1':\mu<7$;

(3) $H_0'':\mu\leqslant 2 \leftrightarrow H_1'':\mu>2$.

8. 为了检验一批灯泡是否合格, 即灯泡寿命的均值 $\mu>1\,550$ h, 共测试了 16 个灯泡的寿命, 得到寿命的平均为 1 600 h, 样本标准差为 $S=15$ h. 假设寿命服从正态分布, 在显著性水平 5% 下, 检验这批灯泡是否合格.

9. 2015 年全国人口调查中男女性别比例为 $\mu = 105.02$ (女 =100), 为检验这一比例, 随机抽取了 8 个省份的男女性别比例如下, 假设各省份的性别比服从正态分布,

北京	内蒙古	辽宁	安徽	河南	海南	重庆	宁夏
109.45	104.32	100.45	104.90	103.99	110.47	100.60	106.16

在显著性水平 5% 下, 检验 $H_0 : \mu = 105.02 \leftrightarrow H_1 : \mu \neq 105.02$.

10. 假设会考成绩服从正态分别, 在某市的一次高中数学会考中, 全市的平均分为 80 分, 标准差为 9 分. 某一高中 180 名学生平均分为 82 分, 该校历年来会考成绩高于全市成绩, 问此次会考该校是否仍然显著高于全市平均成绩 ($\alpha = 0.05$)?

11. 用传统工艺加工的某种水果罐头中每瓶维生素 C 的含量平均为 19 mg, 现采用一种新的加工工艺, 试图减少在加工过程中对维生素 C 的破坏. 抽查了 16 瓶罐头, 测得维生素 C 的含量 (单位: mg) 为

$$23,\ 20.5,\ 21,\ 20,\ 22.5,\ 19,\ 20,\ 23,\ 20.5,\ 18.8,\ 20,\ 19.5,\ 22,\ 18,\ 23,\ 22.$$

已知水果罐头中维生素 C 的含量服从正态分布. 在方差未知的情况下, 问新工艺下维生素 C 的含量是否比旧工艺有所提高 ($\alpha = 0.01$)?

12. 某机器制造出来的肥皂厚度为 5 cm. 今欲了解机器性能是否良好, 随机抽取 10 块肥皂为样本, 测得平均厚度为 5.3 cm, 标准差为 0.3 cm, 设肥皂厚度服从正态分布, 试分别在显著性水平 0.05, 0.01 下检验机器是否工作良好.

13. 令 $1.7, 4, 2.3, 3.2$ 是从 $N(2.5, \sigma^2)$ 中抽取的随机样本, 在显著性水平 5% 下, 检验 $H_0 : \sigma^2 = 1 \leftrightarrow H_1 : \sigma^2 \neq 1$.

14. 令 $(X_1, X_2, \cdots, X_9)$ 是从正态总体 $N(\mu, \sigma^2)$ 中抽取的随机样本, 假设样本均值 $\overline{X} = 48$, 样本方差 $\sigma^2 = 64$, 在显著性水平 5% 下, 检验

(1) $H_0 : \mu \leqslant 40 \leftrightarrow H_1 : \mu > 40$;

(2) $H_0' : \sigma^2 \geqslant 70 \leftrightarrow H_1' : \sigma^2 < 70$.

15. 某金属的密度测量值 (单位: $\mathrm{g/cm^3}$) 服从正态分布, 如果观测 25 次, 算得样本均值为 3.2, 样本标准差为 0.031, 在显著性水平 5% 下, 检验 $H_0 : \sigma = 0.02 \leftrightarrow H_1 : \sigma \neq 0.02$.

16. 某车间生产铜丝, 生产一向比较稳定. 今从产品中随机抽取 10 根检查其折断力, 得数据 (单位: N) 如下:

$$288.8,\ 294.7,\ 300.2,\ 286.6,\ 290.3,\ 280.1,\ 296.4,\ 295.4,\ 290.2,\ 289.2.$$

假设铜丝的折断力服从正态分布, 问是否可以相信该车间生产的铜丝的折断力的方差是 16 ($\alpha = 0.05$)?

17. 随机从一批钉子中抽取 9 枚, 测得其长度 (单位: cm) 为

$$2.15,\ 2.13,\ 2.10,\ 2.14,\ 2.15,\ 2.16,\ 2.12,\ 2.11,\ 2.13,$$

假设钉子长度服从正态分布, 分别在 (1) $\mu = 2.12$; (2) μ 未知两种情况下, 在显著性水平 5% 下检验 $H_0: \sigma \leqslant 0.01 \leftrightarrow H_1: \sigma > 0.01$.

18. 设 0.644, 0.672, 0.070, 0.176, 0.314, 0.295, 0.331, 0.001, 0.490 为来自均匀分布 $U(0, \theta)$ 的简单随机样本. 在显著性水平 0.05 下检验 $H_0: \theta = 1 \leftrightarrow H_1: \theta < 1$.

19. 设 0.455, 0.840, 0.653, 0.443, 0.026, 0.523, 0.284, 0.270, 0.720 为来自均匀分布 $U(\theta, 1)$ 的简单随机样本. 在显著性水平 0.05 下检验 $H_0: \theta = 0 \leftrightarrow H_1: \theta > 0$.

20. 设 0.213, 0.626, 1.091, 0.591, 1.083, 0.475, 0.315, 0.328, 4.151 为来自指数分布 $Exp(\lambda)$ 的简单随机样本. 在显著性水平 0.05 下检验 $H_0: \lambda = 1 \leftrightarrow H_1: \lambda > 1$.

21. 设 $(X_1, X_2, \cdots, X_n)$ 为来自正态总体 $N(\mu, 5^2)$ 的样本. 如果检验问题为 $H_0: \mu = 3 \leftrightarrow H_1: \mu \neq 3$, 在显著性水平 0.05 下拒绝域为 $\{|\overline{X} - 3| > 2\}$, 问样本量 n 至少应取多大?

22. 装配一个部件可以采用不同的方法, 现在关心的是哪一种方法的效率更高. 现在从两种不同的装配方法中各抽取 12 种产品, 记录各自的装配时间 (单位: min) 如下:

甲方法/min	30	34	34	35	34	28	34	26	31	31	38	26
乙方法/min	26	32	22	26	31	28	30	22	31	26	32	29

假设两总体为正态总体, 且方差相等, 问这两种方法的装配时间有无显著不同 (α=0.05)?

23. 为了了解烧伤患者在催眠下进行药物治疗是否比仅用药物治疗疗效更好, 韦克曼 (Wakeman) 和卡普兰 (Kaplan) 做了一个对照试验, 其中的一部分数据是把烧伤患者分成两组, 一组只用药物治疗, 另一组在催眠下进行药物治疗, 对每个患者记下允许的药物治疗的百分数. 假设有 4 人接受催眠下的药物治疗治疗, 5 人仅接受药物治疗, 数据如下:

仅药物治疗/%	85	92	76	81	66
催眠下药物治疗/%	26	46	37	51	

在正态假定下问两种治疗方案有无差异? ($\alpha = 0.05$)

以下习题, 如果没有给出数据分布, 那么都假定处理后的数据服从正态分布.

24. 为了了解冷藏牛排和新鲜牛排在烹饪后的口感哪个更受顾客欢迎, 一个 18 人的品尝专家小组对两种牛排进行了品尝, 给每人提供两种牛排 (品尝冷藏和新鲜牛排的先后次序是随机的), 然后按 5 分制打分, 记录如下:

专家编号	冷藏得分	新鲜得分	专家编号	冷藏得分	新鲜得分
1	4	3	10	5	4
2	4	2	11	3	2
3	5	2	12	4	2
4	4	4	13	3	3
5	5	3	14	4	3
6	3	1	15	4	2
7	5	1	16	2	2
8	5	2	17	3	1
9	5	3	18	4	3

问专家对冷藏牛排和新鲜牛排在烹饪后的口感是否有差异? ($\alpha = 0.05$)

25. 为比较 A, B 两种止痛药的效果, 用两种止痛药的平均止痛时间来衡量. 设有 10 个患者服用了止痛药 A, 另外 10 个患者服用了止痛药 B, 止痛时间 (单位: min) 如下:

A/min	25	16	20	30	46	22	83	26	34	26
B/min	32	44	46	28	36	48	53	76	58	42

问 A 止痛药的效果是否优于 B 止痛药的效果? (设止痛时间服从正态分布, 两种药止痛时间的方差相同, $\alpha = 0.05$)

26. 为了考察 A, B 两种制鞋材料的耐磨性, 用它们制作了 10 双鞋, 其中每双鞋的两只鞋分别用 A, B 两种材料制作 (左、右两只鞋随机地采用 A 或 B). 10 个男孩试穿这 10 双鞋之后的磨损情况如下 (数字代表磨损程度):

	1	2	3	4	5	6	7	8	9	10
A	13.2	8.2	10.9	14.3	10.7	6.6	9.5	10.8	8.8	13.3
B	14.0	8.8	11.2	14.2	11.8	6.4	9.8	11.3	9.3	13.6

问是否可以认为这两种材料的耐磨性无显著差异 (α=0.05)?

27. 用一种叫"混乱指标"的尺度去衡量工程师的英语文章的可理解性, 对混乱指标的打分越低表示可理解性越高. 分别随机选取 13 篇刊载在工程杂志上的论文, 以及 10 篇未出版的学术报告, 对它们的打分如下:

工程杂志上的论文 (数据 I)				未出版的学术报告 (数据 II)		
1.79	1.75	1.67	1.65	2.39	2.51	2.86
1.87	1.74	1.94		2.56	2.29	2.49
1.62	2.06	1.33		2.36	2.58	
1.96	1.69	1.70		2.62	2.41	

设数据 I, II 分别来自正态总体 $N(\mu_1,\sigma_1^2)$, $N(\mu_2,\sigma_2^2)$, μ_1, μ_2, σ_1^2, σ_2^2 均未知, 两样本独立.

(1) 试检验假设 $H_0:\sigma_1^2=\sigma_2^2$, $H_1:\sigma_1^2\neq\sigma_2^2$ (取 $\alpha=0.1$);

(2) 若能接受 H_0, 则接着检验假设 $H_0':\mu_1=\mu_2$, $H_1':\mu_1\neq\mu_2$ (取 $\alpha=0.1$).

28. 一个以减肥为主要目的的健美俱乐部声称, 参加其训练班至少可以使肥胖者体重平均减少 8 kg 以上. 为检验该宣传是否可信, 调查人员随机调查了 9 名参加者, 得到他们训练前后的体重数据 (单位: kg) 如下:

训练前/kg	104.5	94.0	104.7	96.4	91.6	90.9	92.0	99.9	109.7
训练后/kg	94.2	86.6	97.5	91.7	82.6	83.8	81.3	92.2	101.0

现假设训练前后人的体重服从正态分布. 问在显著性水平 0.05 下, 是否可以认为该俱乐部的宣传是可信的?

29. 在 28 题中, 如果训练前后的数据是对两组人测量的, 并假设训练前后人的体重服从方差相同的正态分布, 问在显著性水平 0.05 下, 是否可以认为该俱乐部的宣传是可信的?

30. 两种新的装配方法经过检验后装配时间的方差报告如下:

方法	样本容量	样本方差
A	$n_1=31$	$s_1^2=25$
B	$n_2=25$	$s_2^2=12$

取 $\alpha=0.10$, 检验 A 和 B 这两种装配方法的方差是否相等.

31. 为了解甲、乙两企业职工工资水平, 分别从两企业各随机抽取若干名职工调查, 得数据 (单位: 元) 如下:

甲公司/元	3 750	5 300	3 750	9 100	5 700	5 250	5 000	
乙公司/元	5 000	9 500	4 500	9 000	6 000	8 500	9 750	6 000

设两企业职工工资分别服从正态分布, 且总体独立且均值方差均未知. 试根据以上数据判断: 两企业职工工资的方差是否相等? 甲企业职工平均工资是否低于乙企业职工平均工资 (α=0.05)?

32. 某市场研究机构用 8 个人组成的样本来给某特定商品的潜在购买力打分. 样本中每个人都分别在看过该产品新的电视广告之前与之后打分. 潜在购买力的分值为 $0\sim10$ 分, 分值越高表示潜在购买力越高. 原假设为看广告后平均得分小于或等于看广告前的平均得分, 拒绝该假设就表明广告有宣传效果, 提高了平均潜在购买力. 给定显著性水平 $\alpha=0.05$, 用下列数据检验该假设, 并对广告给予评价.

个人	购买力得分		个人	购买力得分	
	之后	之前		之后	之前
1	6	5	5	3	5
2	6	4	6	9	8
3	7	7	7	7	5
4	4	3	8	6	6

33. 现有两台天平, 为比较它们的精度, 将一物体分别在两台天平上各称量 9 次, 得数据 (单位: g) 如下:

甲天平/g	19.96	19.97	20.06	19.96	20.06	20.01	20.01	19.98	19.98
乙天平/g	19.90	19.89	20.18	19.91	20.03	20.00	20.00	20.02	19.91

设两台天平的称量结果分别服从 $N(\mu_1,\sigma_1^2)$,$N(\mu_2,\sigma_2^2)$, 在显著性水平 0.05 下检验假设

$$H_0 : \sigma_1^2 \geqslant \sigma_2^2 \leftrightarrow H_1 : \sigma_1^2 < \sigma_2^2.$$

34. 设有 A 种药随机地给 8 个患者服用, 经过一固定的时间后, 测量患者身体细胞内药的浓度, 得数据

1.40　1.42　1.41　1.62　1.55　1.81　1.60　1.52

又有 B 种药给其他 6 个患者服用, 在同样固定时间后, 测量患者身体细胞内药的浓度, 得数据

1.76　1.41　1.87　1.49　1.67　1.81

设两种药在患者身体细胞内的浓度都服从正态分布, 试问 A 种药在患者身体细胞内的浓度的方差是否小于 B 种药在患者身体细胞内的浓度的方差 ($\alpha = 0.1$)?

35. 从甲、乙两处煤矿各随机抽取矿石 5 个和 4 个, 分析其含灰率 (单位: %) 得到数据如下:

甲矿/%	24.3	20.8	23.7	21.3	17.4
乙矿/%	18.2	16.9	20.2	16.7	

假设各煤矿含灰率都服从正态分布且方差相等, 问甲、乙两矿的含灰率有无显著差异 (α=0.05)?

36. 设总体 $X \sim N(\mu_1, 0.04)$, $Y \sim N(\mu_2, 0.09)$. 现从 X 中抽取的样本值为 2.10, 2.35, 2.39, 2.41, 2.44, 2.56; 从 Y 中抽取的样本值为 2.03, 2.28, 2.58, 2.71. 试检验 μ_1 和 μ_2 是否有显著差异 (α=0.05)?

37. 现有两批电子器件, 从中随机抽取若干进行检验, 测得样本的电阻 (单位: Ω) 如下:

A 批/Ω	0.140	0.138	0.143	0.142	0.144	0.137
B 批/Ω	0.135	0.140	0.142	0.136	0.138	0.140

假设这两批电子器件的电阻均服从正态分布, 试在显著性水平 0.05 下, 比较这两批电子器件的电阻有无差异.

38. 1861 年, 新奥尔良新月报刊登了 10 篇文章, 它们的签名是斯诺德格拉斯 (Quintus Curtius Snodgrass), 有些人怀疑它们实际上是马克·吐温写的. 为了调查这一点, 我们考虑在马克·吐温的 8 篇小品文以及签名为斯诺德格拉斯的这 10 篇小品文中由 3 个字母组成的单字的比例:

马克·吐温	0.225	0.262	0.217	0.240	0.230	0.229	0.235	0.217		
斯诺德格拉斯	0.209	0.205	0.196	0.210	0.202	0.207	0.224	0.223	0.220	0.201

设两组数据分别来自正态总体, 且两总体方差相等, 但参数均未知. 两样本相互独立. 问两位作家所写的小品文中包含由 3 个字母组成的单字的比例是否有显著的差异 (取 $\alpha = 0.05$)?

39. 2004 年, 有线电视和收音机超过广播电视、录像、音乐和报纸, 成为使用量最大的两个娱乐媒体. 研究者用 15 名志愿者组成一个样本, 搜集他们每周看有线电视的时间和听收音机的时间数据 (单位: h) 如下:

志愿者	有线电视/h	收音机/h	志愿者	有线电视/h	收音机/h
1	22	25	9	21	21
2	8	10	10	23	23
3	25	29	11	14	15
4	22	19	12	14	18
5	12	13	13	14	17
6	26	28	14	16	15
7	22	23	15	24	23
8	19	21			

(1) 在显著性水平 0.05 下, 检验有线电视和收音机使用量的总体均值之间是否有差异? 实际 p 值是多少?

(2) 每周花在看有线电视上的时间样本均值是多少? 每周花在听收音机上的时间的样本均值是多少? 哪个媒体具有较大的使用量?

40. 某报道提供了 2012 年几家著名公司的每股收益的数据. 在 2012 年之前, 财务分析家就预测了这些公司 2012 年的每股收益. 利用下面数据评论实际的和预测的每股收益的差异.

公司	实际每股收益/元	预计每股收益/元
A	1.29	0.38
B	2.01	2.31
C	2.59	3.43
D	1.60	1.78
E	1.84	2.18
F	2.72	2.19
G	1.51	1.71
H	2.28	2.18
I	0.77	1.55
J	1.81	1.74

(1) 若 $\alpha = 0.05$, 检验实际的和预测的每股平均收益之间是否存在差异? p 值是多少? 你的结论是什么?

(2) 两均值之差的点估计值是多少? 分析家是低估了还是高估了每股的收益?

(3) 对于 95% 的置信系数, (2) 中估计的边际误差是多少?

41. 某厂家生产豪华型与普通型两种家用电器. 由零售点抽样得到的销售价格如下:

零售点	价格/元		零售点	价格/元	
	豪华型	普通型		豪华型	普通型
1	390	270	5	400	300
2	390	280	6	390	340
3	450	350	7	350	290
4	380	300			

(1) 厂家建议的两种型号的零售价有 100 元的差价. 在显著性水平 $\alpha = 0.05$ 下, 检验两种型号的平均差价是否为 100 元.

(2) 两种型号平均差价的 95% 置信区间是多少?

42. 为比较新旧两种肥料对小麦产量的影响, 研究者选择了面积相等、土壤等条件相同的 12 块地, 分别在 6 块地上施用新旧两种肥料. 对于旧肥料, 得到的小麦产量是 17, 14, 18, 13, 19 和 15; 而新肥料下小麦产量是 16, 19, 20, 22, 18 和 19. 假设两种肥料下小麦产量分别服从正态分布, 且总体独立, 均值和方差均未知. 试根据以上数据判断:

(1) 两种肥料下小麦产量的方差是否相等 ($\alpha = 0.05$)?

(2) 新肥料下小麦平均产量是否显著地高于旧肥料下小麦平均产量 ($\alpha = 0.05$)?

43. 2000 年的全国人口普查表明某城市的 65 岁以上老年人所占的比例为 13.55%. 现在为

了调查人口的变动情况, 随机抽取 400 名居民, 发现其中有 57 人年龄在 65 岁以上. 试问该市现在老年人所占的比例较 2000 年普查时是否有变化 (α=0.05)?

44. 假设到一商场的顾客会以概率 p 购买商品, 商场随机抽取了 500 个顾客, 其中 15 个购买了商品. 在显著性水平 5% 下检验 $H_0: p = 0.02 \leftrightarrow H_1: p \neq 0.02$.

45. 某种产品以往的废品率为 6%, 采用某种技术革新后, 随机抽取 200 个产品进行检查, 其中 8 个废品, 即样本废品率 4% 相比以往有所降低, 取显著性水平为 $\alpha = 0.05$.

(1) 此问题的原假设和备择假设分别是什么?

(2) 犯第一类的错误的概率是多少?

(3) 样本的结果是否能支持备择假设.

46. 假设某一生产线上商品的次品率为 p , 现随机抽取了 1 000 个商品, 其中 5 个次品. 次品率低于 0.52% 即为合格, 在显著性水平 0.05 下判断这批产品是否合格.

47. 有些人相信, 化学家生女儿的机会比一般人大 (可能是由于化学家在实验室中暴露于某化学品之下影响了子女的性别). 美国华盛顿州卫生局在出生证明上列出了父母的职业. 1980—1990 年有 555 名新生婴儿的父亲是化学家, 而这些婴儿中有 273 名是女孩. 同时期华盛顿州出生的婴儿中有 48.8% 的女孩. 有无证据显示, 化学家生女儿的比例要高于全州的比例? (穆尔, 2003)

48. 2015 年末全国大陆总人口 137 462 万人, 出生率 12.07‰; 辽宁省人口 4 382 万人, 出生率 6.17‰; 吉林省人口 2 753 万人, 出生率 5.87‰; 黑龙江人口 3 812 万人, 出生率 6.00‰. 东北三省人口出生率是否显著小于全国人口出生率? 给出 p 值.

49. 某汽车协会的一项研究调查男性还是女性更有可能停车问路. 研究假设: 如果你和你的配偶正在行驶并且迷路, 你会停车问路吗? 由该协会的典型样本数据得到在 811 名女性中有 300 人说她们会停车问路, 同时在 750 名男性中有 255 人说他们会停车问路.

(1) 研究的假设是女性更有可能说她们会停车问路, 建立这个研究的原假设和备择假设.

(2) 表示她们会停车问路的女性的百分数是多少?

(3) 表示他们会停车问路的男性的百分数是多少?

(4) 在显著性水平 $\alpha = 0.05$ 下检验假设, p 值是多少? 你期待从这个研究中得到什么结论?

第九章　非参数假设检验

学习目标

- ❑ 理解皮尔逊 χ^2 统计量的概念
- ❑ 理解拟合优度值的概念
- ❑ 掌握用皮尔逊 χ^2 统计量作拟合优度检验和列联表中两个属性独立性的检验
- ❑ 掌握符号检验方法和适用范围, 掌握用样本秩和进行位置参数检验的威尔科克森 (Wilcoxon) 秩和检验
- ❑ 了解利用经验分布进行数据分布是否等于已知连续分布的科尔莫戈罗夫检验和两个连续分布是否相等的斯米尔诺夫检验

9.1　拟合优度检验

在上一章讨论的假设检验中, 我们假设总体分布的类型是已知的, 其中有些参数未知. 但是有时候我们对总体了解得太少, 无法给出总体分布的模型. 所以首先要判断样本是否来自某个已知类型的分布 (称为理论分布), 例如正态分布, 即要检验原假设 H_0 : 总体为正态分布. 这个理论分布不一定是总体的真实分布, 仅仅是一种假设, 需要用样本来“拟合”, 拟合得好, 才能够不拒绝原假设 H_0, 如果拟合不好, 我们就拒绝 H_0. 所以这类检验称为拟合优度检验 (goodness of fit test). 这里要检验的是样本所在的总体是不是已知的理论分布, 此时就不一定是有限多个参数的检验了, 所以称为非参数检验. 这一类检验用到的检验统计量一般近似服从 χ^2 分布, 由皮尔逊首先提出, 所以也称为皮尔逊 χ^2 检验.

9.1.1　理论分布完全已知且只取有限个值

假设一个以有限集 $\{a_1, a_2, \cdots, a_k\}$ 为值域的总体 X, 现从该总体中抽取一组样本量为 n 的简单样本, 其中有 n_i 次取值 a_i, $i = 1, 2, \cdots, k$. $n_1 + n_2 + \cdots + n_k = n$. 给定一个分布律 (理论分布) 为

$$P(X = a_i) = p_i, \quad i = 1, 2, \cdots, k,$$

其中 $p_1, p_2, \cdots, p_k$ 完全已知, 问总体 X 的分布律是否为此分布律?

可以把该问题表示为如下的检验问题:

$$H_0 : P(X = a_i) = p_i, \quad i = 1, 2, \cdots, k \leftrightarrow H_1 : \exists j \ \text{ s.t. } P(X = a_j) \neq p_j. \tag{9.1}$$

关于 (9.1) 式的检验. 先设想 n 充分大, 按大数定律, 应有 $n_i/n \approx p_i$, 即 $n_i \approx np_i$, 称 np_i 为 a_i 这个类的理论值或者期望值 (在假设的理论分布H_0下的期望值, expected value), 把 n_i 称为观测值 (Observed value). 可以列表如下：

类别	a_1	a_2	$\cdots$	a_i	$\cdots$	a_k
理论值(E)	np_1	np_2	$\cdots$	np_i	$\cdots$	np_k
观测值(O)	n_1	n_2	$\cdots$	n_i	$\cdots$	n_k
$E-O$	np_1-n_1	np_2-n_2	$\cdots$	np_i-n_i	$\cdots$	np_k-n_k

(9.2)

显然, 最后一行的值越小, 则 H_0 越像是正确的. 现在的问题是找一个统计量来衡量这种差异. 皮尔逊采用的统计量是

$$Z=\sum\frac{(O-E)^2}{E}=\sum_{i=1}^{k}\frac{(np_i-n_i)^2}{np_i}=\sum_{i=1}^{k}\frac{n_i^2}{np_i}-n, \tag{9.3}$$

在合适的条件下可以证明, 当 $n\to\infty$ 时, (9.3) 式的极限分布是自由度为 $k-1$ 的 χ^2 分布. 这就是 1900 年皮尔逊证明的:

定理 9.1　皮尔逊 χ^2 检验

如果原假设 H_0 成立, 那么当样本量 $n\to\infty$ 时, Z 的分布趋于自由度为 $k-1$ 的 χ^2 分布, 即 χ^2_{k-1}. ♡

证明的思路大体是这样的：由于 $n_i\sim B(n,p_i)$, 用泊松分布来逼近, 泊松分布的均值和方差都是 $\lambda\approx np_i$, 把 n_i 标准化, 平方后近似就是 (9.3) 式中的每一项, 每个都近似服从 χ^2_1 分布. 自由度为什么是 $k-1$? 因为 $p_1+p_2+\cdots+p_k=1$, 所以实际上只有 $k-1$ 个能自由变化的参数. 详细的证明已超出本课程范围. Z 称为拟合优度统计量.

视频 26　拟合优度检验

视频 扫描视频 26 的二维码观看关于拟合优度检验的讲解.

用这个定理可以对 H_0 进行检验. 显然, 当 $Z>C$ 时拒绝 H_0, $Z\leqslant C$ 时接受 H_0. C 的选取根据给定的水平 α, 若近似认为 Z 的分布为 χ^2_{k-1}, 则 $C=\chi^2_{k-1}(\alpha)$. 所以检验为

$$\varphi: \text{当}Z>\chi^2_{k-1}(\alpha)\text{时, 拒绝}H_0\text{, 否则不能拒绝}H_0. \tag{9.4}$$

这是一个二选一的解决方式, 在实用中, 有时采用一种更有弹性的看法, 它能提供更多的信息, 且解释了“拟合优度”这个名词.

假定根据一组数据算得 $Z=Z_0$, 我们提出这样的问题：如果原假设成立, 出现像 Z_0 这样大的差异或更大差异的概率有多大? 按定理 9.1, 记为 $p(Z_0)$, 近似为

$$p(Z_0)=P(Z\geqslant Z_0)=1-F_{\chi^2_{k-1}}(Z_0).$$

显然, 这个概率越大, 就说明在原假设成立时, 出现 Z_0 这样大的差异就越不奇怪, 从而就越使

人们相信原假设的正确性. 由此我们把 $p(Z_0)$ 解释为数据对理论分布的"拟合优度". 拟合优度越大, 就表示事件发生的概率与理论分布之间的吻合程度越高, 从而该理论分布就获得更有力的实验或观测的支持. 检验 (9.4) 不过是设立了一个门槛 α, 当拟合优度 $p(Z_0) < \alpha$ 时, 拒绝 H_0, 例如取 $\alpha = 0.05$, 则当 $p(Z_0) = 0.06$ 时接受 H_0, 当 $p(Z_0) = 0.86$ 时也接受 H_0, 但是接受的支持程度明显不同, 前者虽然勉强达到能接受原假设, 但是已经接近拒绝的边缘.

例 9.1 在一个三班制生产的工厂中, 本月出了 30 次事故, 其中早、中、晚班事故次数分别为 12, 6, 12. 问事故与班次是否有关?

解 假定事故与班次无关, 定义随机变量 X : $\{X = k\} = \{$第 k 班次出事故$\}$, 其中 $k = 1, 2, 3$ 分别表示早、中、晚班. 本问题可以提为如下的检验问题:

$$H_0 : P(X = k) = \frac{1}{3}, \quad k = 1, 2, 3 \leftrightarrow H_1 : \exists k \ \text{ s.t. } P(X = k) \neq \frac{1}{3}.$$

其中理论分布为取 1, 2, 3 的离散均匀分布.

算得 $np_i = 30 \times \dfrac{1}{3} = 10, i = 1, 2, 3$, 自由度 $k - 1 = 3 - 1 = 2$, 查附表 $\chi_2^2(0.05) = 5.991$,

$$Z = \frac{1}{10}\left[(10-12)^2 + (10-6)^2 + (10-12)^2\right] = 2.4 < 5.991, \quad \text{接受} H_0,$$

即没有充分的证据说明事故与班次有关. 由 χ^2 分布表, 可以算出此时的拟合优度

$$p(Z_0) = \int_{2.4}^{\infty} \frac{1}{2} \exp\left\{-\frac{x}{2}\right\} \mathrm{d}x \approx 0.301\ 2.$$

这说明即使事故与班次无关, 平均而言, 在 100 家企业中也有 30 家各班次的事故数在表面上的差异甚至比这里观测到的还要大, 因此, 表面上 $12 : 6 : 12$ 的差异并不奇怪.

没有统计思想的人容易倾向于低估随机性的影响, 在本例中, 由于数据只有 30 个, 还是太少了, 随机性的影响就比较大, 无法改变事故与班次无关的结论. 但是如果继续观察, 得到更多的数据, 比如为 $30 : 15 : 30$ 这样的数据, 此时容易算得 $Z_0 = 6 > 5.991$, 拒绝 H_0, 即此时有充分 (95%) 的证据说明事故与班次有关. 也可以算得此时的拟合优度 $p(6) = 0.049\ 8 < 0.05$, 数据与理论分布拟合很差, 即事故与班次有关. □

拟合优度描述了数据与理论分布吻合的程度, 根据这一点, 有人用这种统计方法来鉴定某种作品是否是赝品, 例如有人用于鉴别一段诗词是否为莎士比亚的作品 (见中译本《统计与真理》(劳, 2004)). 当然我们希望拟合优度越高越好. 但是在实际中, 试验结果受随机因素的影响, 数据不可能与理论分布吻合得非常高, 换句话说, 如果拟合优度太高, 要么是运气太好了, 要么就是在造假! 在《统计与真理》书中列出了一些造假的著名结果.

例 9.2 考虑一个骰子是否均匀问题. 设随机变量 X 取值 $1, 2, \cdots, 6$, 事件 $\{X = i\}$ 表示掷出 i 点. 如果骰子是均匀的, 相当于

$$H_0 : P(X = i) = \frac{1}{6}, \quad i = 1, 2, \cdots, 6,$$

设已作了 $n = 6 \times 10^{10}$ 次投掷, 设得到各点出现的次数分别为

$$\begin{aligned} &n_1 = 10^{10} - 10^6, \quad n_2 = 10^{10} + 1.5 \times 10^6, \quad n_3 = 10^{10} - 2 \times 10^6, \\ &n_4 = 10^{10} + 4 \times 10^6, \quad n_5 = 10^{10} - 3 \times 10^6, \quad n_6 = 10^{10} + 0.5 \times 10^6. \end{aligned} \tag{9.5}$$

能否认为骰子是均匀的?

解　如果骰子是均匀的, 那么理论值都是 $np_i = 10^{10}$. 容易算出这组数据的拟合优度统计量的值 $Z_0 = 3\ 250$, 自由度 $k - 1 = 6 - 1 = 5$, 由软件计算知 $\chi_5^2(0.001) = 20.515$, 由于 $Z_0 = 3\ 250 > 20.515$, 拒绝 H_0. 可以算得拟合优度 $p(Z_0) = 1 - 0.999\ 9\cdots$, 几乎为 0, 即数据极不支持骰子均匀这个假设.

实际上, 拿数据 (9.5) 作骰子是否均匀的检验, 每个点实际频率 n_i/n 与理论概率 1/6 的差都在 $\pm 10^{-4}$ 范围内, 从实用的观点看, 已经足够均匀了. 有这类很小的误差不影响实际的使用. 但是由于样本量非常大, 达到了“明察秋毫”的地步, 把这么小的误差都检测出来了, 但是实际意义不大. 本例说明假设检验结果的含义必须结合其他方面的考虑 (样本量, 估计值等), 才能得到更合理的解释. 统计上的显著性不等于实用上的重要性. 参见上一章 8.5 节的注释. □

例 9.3 孟德尔豌豆杂交实验. 纯黄和纯绿品种杂交, 因为黄色对绿色是显性的, 在孟德尔第一定律 (分离定律) 的假设下, 二代豌豆中应该有 75% 是黄色的, 25% 是绿色的. 在产生的 $n = 8\ 023$ 个二代豌豆中, 有 $n_1 = 6\ 022$ 个黄色, $n_2 = 2\ 001$ 个绿色. 我们的问题是检验这些这批数据是否支持孟德尔第一定律, 要检验的假设是

$$H_0: \quad p_1 = 0.75, \quad p_2 = 0.25.$$

解　在孟德尔第一定律 (H_0) 下, 黄色和绿色的个数期望值为

$$\mu_1 = np_1 = 8\ 023 \times 0.75 = 6\ 017.25, \ \mu_2 = np_2 = 8\ 023 \times 0.25 = 2\ 005.75$$

则皮尔逊 χ^2 统计量为

$$Z = \sum \frac{(O-E)^2}{E} = \frac{(6\ 022 - 6\ 017.25)^2}{6\ 017.25} + \frac{(2\ 001 - 2\ 005.75)^2}{2\ 005.75} \approx 0.015,$$

自由度为 1, 计算得 p 值为 0.902 5. 因此可以认为这些数据服从孟德尔第一定律. 费希尔分析了孟德尔的所有实验的数据, 发现其数据与理论值符合地太好, p 值为 0.999 93, 但这么好的拟合在一万次试验中才发生 7 次, 因而费希尔认为“数据与理论拟合地太好了而不像真实的.” □

9.1.2　理论分布类型已知但含有有限个未知参数

若总体 X 取有限个值 $\{a_1, a_2, \ldots, a_k\}$, 但分布中含有 r 个未知的参数 $\theta_1, \theta_2, \cdots, \theta_r$, 即原假设为

$$H_0': P(X = a_i) = p_i(\theta_1, \theta_2, \cdots, \theta_r), \quad i = 1, 2, \cdots, k, \tag{9.6}$$

其中 $a_i, i=1,2,\cdots,k$ 都已知, 且 $a_1,a_2,\cdots,a_k$ 两两不同, $p_i>0, i=1,2,\cdots,k$. 且依赖于 r 个未知的参数 $\theta_1,\theta_2,\cdots,\theta_r$, $r<k-1$.

记样本为 $(X_1,X_2,\cdots,X_n)$, 在原假设 H_0' (见 (9.6) 式) 下, 参数 $\theta_1,\theta_2,\cdots,\theta_r$ 的最大似然估计为 $\hat{\theta}_1,\hat{\theta}_2,\cdots,\hat{\theta}_r$, 从而 p_i 的最大似然估计为 $\hat{p}_i=p(\hat{\theta}_1,\hat{\theta}_2,\cdots,\hat{\theta}_r), i=1,2,\cdots,k$. 用 n_i 表示样本中取 a_i 的个数 $(i=1,2,\cdots,k)$, 则构建统计量

$$Z=\sum\frac{(O-\hat{E})^2}{\hat{E}}=\sum_{i=1}^{k}\frac{(n_i-n\hat{p}_i)^2}{n\hat{p}_i}=\sum_{i=1}^{k}\frac{n_i^2}{n\hat{p}_i}-n. \tag{9.7}$$

我们有如下的结论 (Fisher, 1924)*:

定理 9.2

在一定的条件下, 若原假设 H_0' 成立, 则当 $n\to\infty$ 时, Z 的分布趋于自由度为 $k-r-1$ 的 χ^2 分布, 即 χ^2_{k-r-1}. ♡

因此, 此时一个检验为

$$\phi':\text{当}Z>\chi^2_{k-r-1}(\alpha)\text{时, 拒绝}H_0',\text{否则不能拒绝}H_0'.$$

例 9.4 从某人群中随机抽取 100 个人, 抽取他们的血液并测定某基因位点处的基因型. 假设该位点只有两个等位基因 A 和 a, 这 100 个基因型中 AA, Aa 和 aa 的个数分别为 30, 40, 30, 能否在 0.05 的水平下认为该群体在此位点处达到哈迪–温伯格 (Hardy-Weinberg) 平衡态?

解 取原假设为

$$H_0:\text{哈迪–温伯格平衡态成立.}$$

设人群中等位基因 A 的频率为 p, 则该人群在此位点处达到哈迪–温伯格平衡态指的是在人群中 3 个基因型的频率分别为 $P(\mathrm{AA})=p^2$, $P(\mathrm{Aa})=2p(1-p)$ 和 $P(\mathrm{aa})=(1-p)^2$, 即原假设可等价地写成

$$H_0: P(\mathrm{AA})=p^2, P(\mathrm{Aa})=2p(1-p), P(\mathrm{aa})=(1-p)^2.$$

在 H_0 下, 3 个基因型的理论频数为 $100\times\hat{p}^2$, $100\times2\times\hat{p}^2(1-\hat{p})$ 和 $100\times(1-\hat{p})^2$, 其中 $\hat{p}$ 等于估计的等位基因频率 0.5, 代入 χ^2 统计量表达式, 得统计量的值等于 4. 该统计量的值大于自由度为 $3-1-1=1$ (恰好一个自由参数被估计) 的 χ^2 分布上 0.05 分位数 3.84, 故可在 0.05 的水平下认为未达到哈迪–温伯格平衡态. p 值为 $0.045\,6<0.05$, 以比较弱的力度拒绝了原假设. □

*Fisher, Ronald A. The Conditions Under Which χ^2 Measures the Discrepancey Between Observation and Hypothesis [J]. Journal of the Royal Statistical Society, 1924, 87(3):442-450.

当总体 X 取无穷多个值, 但其分布中仅含有有限个未知参数. 此时原假设可以表示为

$$H_0'': X \sim F_\theta(x), x \in \mathbb{R}, \tag{9.8}$$

其中 $\theta = (\theta_1, \theta_2, \cdots, \theta_r)$ 为未知参数, 它们在一定区域内变化. 例如假设理论分布为 $N(\mu, \sigma^2)$, 但是参数 μ, σ^2 是未知的. 我们可以将总体的取值切为 k 段, 记切分出的区间为

$$(x_0, x_1], (x_1, x_2], (x_2, x_3], \cdots, (x_{k-2}, x_{k-1}], (x_{k-1}, x_k),$$

其中 $x_0 = -\infty, x_k = \infty$, 则定义离散型随机变量

$$Y = a_i, \quad x_{i-1} < X \leqslant x_i, i = 1, 2, \cdots, k.$$

则当原假设 H_0'' 成立时, 随机变量 Y 的分布为

$$P(Y = a_i) = p_i(\theta_1, \theta_2, \cdots, \theta_r), \quad i = 1, 2, \ldots, k. \tag{9.9}$$

其中 $p_i(\theta_1, \theta_2, \cdots, \theta_r) = F_\theta(x_i) - F_\theta(x_{i-1})$. 所以, 如果拒绝了假设的理论分布 (9.9), 那么有理由拒绝原假设 H_0''. 也就是说, 我们将检验假设 H_0'' 的问题转换为检验理论分布 (9.9) 对应的假设 H_0'(见 (9.6) 式) 的问题.

注 此时检验方法的结论显然依赖于对总体 X 取值域的切分方法. 一种经验法则认为划分的区间应使理论频数 np_i 不小于 5 为宜. 否则, 将相邻两个子区间合并, 以满足上述要求. 原因是理论频数出现在检验统计量 χ^2 的分母中, 其值太小容易使统计量的值增大, 容易误判为拒绝原假设. 另一点要注意的是划分点 $x_1, x_2, \cdots, x_{k-1}$ 必须不依赖于样本. 就是说不能根据样本 $X_1, X_2, \cdots, X_n$ 的位置去选择它们, 而必须事先定好, 只有这样定理 9.2 的结论才有效.

例 9.5 在一高速路的收费站记录了 106 min 内在每 1 min 内到达收费站的车辆数量. 数据如下表 9.1, 若用 X 表示每 1 min 内到达收费站的车辆数量, 试问 X 是否服从某个泊松分布?

表 9.1　1 min 内达到的车辆数

X	出现的次数	X	出现的次数	X	出现的次数
0	0	7	12	14	4
1	0	8	8	15	5
2	1	9	9	16	4
3	3	10	13	17	0
4	5	11	10	18	1
5	7	12	5		n=106
6	13	13	6		

解 依题设, 即要检验假设

$$H_0: P(X = x) = \frac{\lambda^x}{x!}\mathrm{e}^{-\lambda}, \quad x = 0, 1, \cdots,$$

由最大似然估计方法，知 $\hat{\lambda} = \overline{x} = 9.09$. 代入到上述分布里，并计算表 9.2 中取每一个 x_i 的概率，如

$$P(X=5)=0.058,$$
$$P(X<4)=0.052,$$

得到下表:

表 9.2 χ^2 计算表

区间	n_i	$\hat{p}_i$	$n\hat{p}_i$	$n_i^2/n\hat{p}_i$
$0 \leqslant x < 5$	9	0.052	5.51	14.70
$5 \leqslant x < 6$	7	0.058	6.15	7.97
$6 \leqslant x < 7$	13	0.088	9.33	18.11
$7 \leqslant x < 8$	12	0.115	12.19	11.81
$8 \leqslant x < 9$	8	0.131	13.89	4.61
$9 \leqslant x < 10$	9	0.132	13.99	5.79
$10 \leqslant x < 11$	13	0.120	12.72	13.29
$11 \leqslant x < 12$	10	0.099	10.49	9.53
$12 \leqslant x < 13$	5	0.075	7.95	3.14
$13 \leqslant x < 14$	6	0.054	5.72	6.29
$14 \leqslant x$	14	0.076	8.06	24 32
	106	1.0	106	119.56

因此由 (9.7) 式有

$$z=\sum_{i=1}^{k}\frac{n_i^2}{n\hat{p}_i}-n=119.56-106=13.56.$$

由 $\alpha=0.05$ 和 $k-r-1=9$, 所以 $\chi_9^2(0.05)=16.919$. 因此 $z<\chi_9^2(0.05)=16.919$. 所以不能拒绝原假设 H_0, 即认为每分钟到达收费站的车辆数量服从某个泊松分布. □

例 9.6 调查某企业 745 人的月收入状况如下：

每月收入/元	$\leqslant 1\,500$	$(1\,500, 2\,500]$	$(2\,500, 3\,500]$	$(3\,500, 5\,000]$	$(5\,000, 7\,500]$	$>7\,500$
人数	150	200	220	100	50	25

问该企业的月收入能否用正态分布来拟合? $(\alpha=0.05)$

解 设月收入服从正态分布 $N(\mu,\sigma^2)$, 其中 (μ,σ^2) 是未知参数. 我们应该用最大似然估计来估计这两个参数, 由于比较麻烦, 我们用矩估计来估计它们 (理论上, 用最大似然估计可以证明上面的定理, 但是如果用矩估计的话则无法证明, 不过实际中为简化计算起见, 常常用矩估计来代替最大似然估计). 对于这种分组数据, 一般用组中值来代替该组数据, 两头由经

验赋予一个适当的值作为该区间数据的取值. 这里我们用 750 元作为第一个区间收入代表, 最后一组用 10 000 元代表. 依据这些数据, 可以算得样本均值和样本标准差分别为

$$\overline{x}=2\,899.33,\quad s=1\,961.05.$$

用正态分布 $N(2\,899.33,1\,961.05^2)$ 可以计算收入处于每个区间中的概率 p_i, 由此得:

每月收入	$\leqslant 1\,500$	$(1\,500,2\,500]$	$(2\,500,3\,500]$	$(3\,500,5\,000]$	$(5\,000,7\,500]$	$>7\,500$
理论概率	0.237 7	0.181 6	0.201 0	0.237 6	0.132 6	0.009 5
理论频数	177.09	135.29	149.75	177.01	98.79	7.08
实际频数	150	200	220	100	50	25
np_i-n_i	27.09	−64.71	−70.25	77.01	48.79	−17.92

自由度为 $k-1-r=6-1-2=3$, 软件计算知 $\chi_3^2(0.001)=16.3$, 由此得

$$Z_0=\sum_{i=1}^{6}\frac{(np_i-n_i)^2}{np_i}=171.01>16.3,\quad \text{拒绝}H_0,$$

即我们有99.9%的把握说收入不能用正态分布来拟合. 如果计算拟合优度, 那么 $P(\chi_3^2>171.01)\approx o(10^{-83})$, 即基本上是 0, 即不符合正态分布. □

9.1.3 列联表检验

理论分布类型已知, 但有若干参数未知的检验常用于列联表 (contingency table) 检验.

列联表是一种按两个属性作双向分类的表. 例如一群人按吸烟和不吸烟 (属性 A) 和是否患肺癌 (属性 B) 分类, 目的是考察吸烟对患肺癌是否有影响. 若记属性 A 有 a 个不同水平, 属性 B 有 b 个不同水平, 将 n 个观测样本按照属性 A 和属性 B 所处的水平进行汇总, 得到表 9.3.

表 9.3　$a\times b$ 列联表

B	A						和
	1	2	$\cdots$	i	$\cdots$	a	
1	n_{11}	n_{21}	$\cdots$	n_{i1}	$\cdots$	n_{a1}	$n_{\cdot 1}$
2	n_{12}	n_{22}	$\cdots$	n_{i2}	$\cdots$	n_{a2}	$n_{\cdot 2}$
$\vdots$	$\vdots$	$\vdots$		$\vdots$		$\vdots$	$\vdots$
j	n_{1j}	n_{2j}	$\cdots$	n_{ij}	$\cdots$	n_{aj}	$n_{\cdot j}$
$\vdots$	$\vdots$	$\vdots$		$\vdots$		$\vdots$	$\vdots$
b	n_{1b}	n_{2b}	$\cdots$	n_{ib}	$\cdots$	n_{ab}	$n_{\cdot b}$
和	$n_{1\cdot}$	$n_{2\cdot}$	$\cdots$	$n_{i\cdot}$	$\cdots$	$n_{a\cdot}$	n

其中

$$n_{i\cdot} = \sum_{j=1}^{b} n_{ij}, \quad n_{\cdot j} = \sum_{i=1}^{a} n_{ij}$$

分别是属性 A 处于水平 i 和属性 B 处于水平 j 的个体数. 设

X: 属性 A 的水平, $X = 1, 2, \cdots, a$,

Y: 属性 B 的水平, $Y = 1, 2, \cdots, b$,

记

$$p_{ij} = P(X = i, Y = j) = P(\text{属性}A, B\text{分别处于水平}(i, j))$$

我们的目的是检验 A, B 两属性独立的假设 H_0, 如果 H_0 为真, 即随机变量 X, Y 独立, 应有

$$p_{ij} = P(X = i)P(Y = j) = p_{i\cdot}p_{\cdot j}, \quad i = 1, 2, \cdots, a, j = 1, 2, \cdots, b,$$

因此, H_0 成立, 等价于存在 $\{p_{i\cdot}\}, \{p_{\cdot j}\}$, 满足

$$\begin{aligned} &\sum_{i=1}^{a} p_{i\cdot} = 1 \quad p_{i\cdot} > 0, \\ &\sum_{j=1}^{b} p_{\cdot j} = 1 \quad p_{\cdot j} > 0, \end{aligned} \tag{9.10}$$

在这个模型中, 参数是 $p_{i\cdot}, p_{\cdot j}, i = 1, 2, \cdots, a, j = 1, 2, \cdots, b$, 总的独立参数的个数为 $r = (a-1) + (b-1) = a + b - 2$, 使用最大似然估计方法可以得出

$$\hat{p}_{i\cdot} = \frac{n_{i\cdot}}{n},$$

$$\hat{p}_{\cdot j} = \frac{n_{\cdot j}}{n},$$

这与直观上用频率 $n_{i\cdot}/n$ 来估计概率 $p_{i\cdot}$, 用频率 $n_{\cdot j}/n$ 来估计概率 $p_{\cdot j}$ 一致. 由此得到列联表中第 (i, j) 格的理论值估计为 $n_{i\cdot}n_{\cdot j}/n$, 因此统计量 Z 为

$$\begin{aligned} Z &= \sum_{i=1}^{a}\sum_{j=1}^{b} \frac{(n_{ij} - n_{i\cdot}n_{\cdot j}/n)^2}{n_{i\cdot}n_{\cdot j}/n} \\ &= \sum_{i=1}^{a}\sum_{j=1}^{b} \frac{(nn_{ij} - n_{i\cdot}n_{\cdot j})^2}{nn_{i\cdot}n_{\cdot j}}. \end{aligned} \tag{9.11}$$

当 $n \to \infty$ 时, Z 的渐近分布是自由度为 $k - 1 - r = ab - 1 - (a + b - 2) = (a-1)(b-1)$ 的 χ^2 分布, 即 $\chi^2_{(a-1)(b-1)}$.

例 9.7 为了了解吸烟是否与患肺癌有关, 在 6 000 人中做了调查, 数据如下:

	不吸烟	吸烟	$n_{i\cdot}$
无肺癌	3 397	2 585	5 982
患肺癌	3	15	18
$n_{\cdot j}$	3 400	2 600	6 000

问根据以上数据, 吸烟是否与患肺癌有关? ($\alpha = 0.001$)

解 原假设 H_0 : 吸烟与患肺癌无关. 分别定义随机变量 X 和 Y 如下:

$$\{X=0\},\{X=1\}\text{分别表示不吸烟和吸烟,}$$

$$\{Y=0\},\{Y=1\}\text{分别表示无肺癌和患肺癌,}$$

由 $n\hat{p}_{ij} = n_{i\cdot}n_{\cdot j}/n$, 我们可以得到列联表中 (i,j) 格中的理论值, 列于下表的括号中:

	不吸烟	吸烟	$n_{i\cdot}$
无肺癌	3 397(3 389.8)	2 585(2 592.2)	5 982
患肺癌	3(10.2)	15(7.8)	18
$n_{\cdot j}$	3 400	2 600	6 000

□

由此算出

$$Z = \frac{(3\,389.8 - 3\,397)^2}{3\,389.8} + \frac{(2\,592.2 - 2\,585)^2}{2\,592.2} + \frac{(10.2-3)^2}{10.2} + \frac{(7.8-15)^2}{7.8} \approx 11.763\,8 > \chi_1^2(0.001) = 10.827\,36, \quad \text{拒绝} H_0,$$

即我们有 99.9% 的把握说吸烟与患肺癌有关.

在生物统计中经常用到 2×2 列联表, 化简后此时统计量 Z 也可以写为

$$Z = \frac{n(n_{11}n_{22} - n_{12}n_{21})^2}{n_{1\cdot}n_{2\cdot}n_{\cdot 1}n_{\cdot 2}},$$

其在原假设为真时, 依分布收敛于自由度为 1 的 χ^2 分布.

例 9.8 据报道, 不同时代出生的人在请朋友吃饭时的人均消费是不同的, 大体上是 60 岁以上倾向于人均低一点的消费. 为了证实这一报道是否正确, 某机构作了如下一个关于请朋友吃饭人均消费的调查:

年龄段	人均消费/元					$n_{i\cdot}$
	[50,80)	[80,120)	[120,150)	[150,200)	⩾200	
(25,45]	11	26	35	20	9	101
(45,60]	21	35	50	30	5	141
>60	20	38	30	15	1	104
$n_{\cdot j}$	52	99	115	65	15	346

问报道的消息是否正确? ($\alpha = 0.05$)

解 记 H_0 : 不同时代出生的人在请朋友吃饭时的人均消费没有差异. 根据公式 $n\hat{p}_{ij} = n_{i\cdot}n_{\cdot j}/n$ 计算理论频数, 列于下表的括号中:

年龄段	人均消费/元					$n_{i\cdot}$
	[50, 80)	[80,120)	[120,150)	[150,200)	⩾200	
(25,45]	11(15.2)	26(28.9)	35(33.6)	20(19.0)	9(4.4)	101
(45,60]	21(21.2)	35(40.3)	50(46.9)	30(26.5)	5(6.1)	141
>60	20(15.6)	38(29.8)	30(34.6)	15(19.5)	1(4.5)	104
$n_{\cdot j}$	52	99	115	65	15	346

自由度 $(5-1)(3-1) = 8$, 查表 $\chi^2_8(0.05) = 15.507$, 由公式 (9.11), 计算得到 $Z_0 = 15.916 > 15.51$, 拒绝 H_0. 注意到理论频数在分母上, 其值过小时候容易造成误判. 由前面的注知, 理论频数不小于 5 为宜, 我们要合并不满足条件的列或行. 这里最后一列不满足要求, 所以与左边的列合并, 见下表:

年龄段	人均消费/元				$n_{i\cdot}$
	[50,80)	[80,120)	[120,150)	⩾ 150	
(25,45]	11(15.2)	26(28.9)	35(33.6)	29(23.4)	101
(45,60]	21(21.2)	35(40.3)	50(46.9)	35(32.6)	141
>60	20(15.6)	38(29.8)	30(34.6)	16(24.0)	104
$n_{\cdot j}$	52	99	115	80	346

此时自由度 $(4-1)(3-1) = 6$, 查表 $\chi^2_6(0.05) = 12.592$, 由公式 (9.11), 计算得到 $Z_0 = 10.765 < 12.592$, 不能拒绝 H_0. 即没有足够的证据说报道的结论成立. □

注 跟列联表有关的另一类重要的检验是齐一性检验, 即检验某一个属性 A 的各个水平对应的另一个属 B 的分布全部相同:

$$H_0 : P(B = j|A = 1) = P(B = j|A = 2) = \cdots = P(B = j|A = a), j = 1, 2 \cdots, b.$$

此时不同于前面讨论的 χ^2 检验中, 属性 A 的各个水平的频数 $n_{i\cdot}, i = 1, 2, \cdots, a$ 都是随机的 (试验前不知道取值), 在齐一性检验问题中, 它们在试验前就已经给定. 例如有三个工厂生产同一种产品, 产品分为一、二、三等品, 为了考察该工厂产品质量是否一致, 分别从这三个工厂中抽取了 100, 89 和 92 件产品, 并检验了每件产品的等级, 这里 $n_1 = 100, n_2 = 89, n_3 = 92$ 是在抽取前就已经已知的, 不同于列联表中随机的 $n_{i\cdot}, i = 1, 2, 3$. 对齐一性检验问题, 理论上可以证明, 所构造的检验统计量 Z 的极限分布仍是自由度为 $(a-1)(b-1)$ 的 χ^2 分布, 即视属性 A 为随机的, 所采用的检验方法跟独立性检验完全一样. 齐一性检验本质是把三个工厂产品的分布视为 3 个总体, 检验的假设是“这三个总体的分布一致 (齐一)”. 而列联表检验的是两个属性是否有关联.

例 9.9 (例 7.1 续)　需要根据试验数据判断两组死亡率是否有差异, 见如下可的松治疗急性脑卒中对照试验表:

	死亡	生存	合计
可的松	$13(n_{11})$	$4(n_{12})$	$17(n_{1\cdot})$
安慰剂	$10(n_{21})$	$9(n_{22})$	$19(n_{2\cdot})$
合计	$23(n_{\cdot 1})$	$13(n_{\cdot 2})$	$36(n)$

解　原假设为两组病人的死亡率没有差异. 计算知检验统计量 χ^2 的观测值为 1.297 6, 远远小于自由度为 1 的 χ^2 分布的上 0.05 分位数值 3.841, 故不能拒绝原假设. 相应地, p 值为 0.254 7, 因此在水平 0.05 下没有证据表明可的松治疗组和安慰剂治疗组的死亡率有显著差异. □

实验 29 拟合优度检验

实验　扫描实验 29 的二维码进行 χ^2 检验在拟合优度检验问题和列联表分析的模拟实验, 了解拟合优度检验的推断过程.

9.2　威尔科克森秩和检验

在处理两个正态总体均值的检验时, 常用的方法是 t 检验. 如果两个总体分布分别为 $F(x)$ 和 $F(x-\theta)$,(F 不一定是正态), 考虑检验问题:

$$H_0: \theta = 0 \leftrightarrow H_1: \theta > 0,$$

其中 θ 称为位置参数. 关于位置参数 θ 的检验, 在正态分布场合, 就是两个总体均值差的检验问题. 设我们从总体 X, Y 中分别抽取了样本 $(X_1, X_2, \cdots, X_{n_1})$ 和 $(Y_1, Y_2, \cdots, Y_{n_2})$.

非参数检验中一种常用的检验方法是先把数据按从小到大的顺序排序, 然后根据秩的大小来检验, 称为秩检验. 我们把两个样本合在一起, 样本量为 $n = n_1 + n_2$, 把这 n 个个体指标值按从小到大的顺序重新排为

$$Z_1 \leqslant Z_2 \leqslant \cdots \leqslant Z_n,$$

设 Y_j 在合样本中排在第 R_j, $j = 1, 2, \cdots, n_2$, 即 $Y_j = Z_{R_j}$, R_j 称为 Y_j 在合样本中的秩. 称

$$W_Y = \sum_{j=1}^{n_2} R_j$$

为 Y 样本在合样本中的秩和.

显然, 若 $\theta > 0$, 则表示平均而言, Y 样本中的值比 X 样本中的值大, 所以 Y 样本在排序后的合样本中的秩应该较大, 从而秩和 W_Y 较大. 直观上一个检验为

$$\text{当 } W_Y > c_\alpha \text{ 时拒绝} H_0, \text{否则不能拒绝} H_0.$$

其中 c_α 满足

$$c_\alpha = \inf\{c : P\{W_Y \geqslant c\} \leqslant \alpha\}.$$

有时为方便起见, 将 c_α 满足的条件简写为 $P\{W_Y \geqslant c_\alpha\} = \alpha$. 我们也可以把 X 样本的秩和 W_X 作为检验统计量, 则在 W_X 比较小时拒绝原假设. 此时检验的拒绝域为 $W_X \leqslant d_{1-\alpha}$, 其中 $d_{1-\alpha}$ 满足

$$d_{1-\alpha} = \sup\{d : P\{W_X \leqslant d\} \leqslant \alpha\},$$

或简写为 $P\{W_X \leqslant d_{1-\alpha}\} = \alpha$. 由于 $W_X + W_Y = 1 + 2 + \cdots + n = n(n+1)/2$, 所以这两个检验方法是等价的. 这个检验称为威尔科克森秩和检验 (Wilcoxon-Mann-Whitney test, 或 Mann-Whitney U-test).

对位置参数 θ 的左边检验

$$H_0' : \theta = 0 \leftrightarrow H_1' : \theta < 0,$$

同样取 Y 样本的秩和 W_Y 作为检验统计量. 此时检验的拒绝域为 $W_Y \leqslant c_{1-\alpha}$, 其中 $c_{1-\alpha}$ 满足

$$c_{1-\alpha} = \sup\{c : P\{W_Y \leqslant c\} \leqslant \alpha\}$$

或简写为 $P\{W_Y \leqslant c_{1-\alpha}\} = \alpha$. 如果用 X 样本的秩和 W_X 作为检验统计量, 那么检验的拒绝域为 $W_X \geqslant d_\alpha$, 其中 d_α 满足

$$d_\alpha = \inf\{d : P\{W_X \geqslant d\} \leqslant \alpha\},$$

或简写为 $P\{W_X \geqslant d_\alpha\} = \alpha$.

最后, 对位置参数 θ 的双侧检验

$$H_0'' : \theta = 0 \leftrightarrow H_1'' : \theta \neq 0,$$

同样取 Y 样本的秩和 W_Y 作为检验统计量. 由于 $\theta < 0$ 时, W_Y 倾向于比较小, 在 $\theta > 0$ 时, W_Y 倾向于比较大, 因此我们在 W_Y 比较小或比较大时拒绝原假设. 所以, 对给定的显著性水平 α, 该检验的拒绝域为 $W_Y \leqslant c_{1-\alpha/2}$ 或 $W_Y \geqslant c_{\alpha/2}$, 其中 $c_{1-\alpha/2}$ 和 $c_{\alpha/2}$ 分别满足

$$c_{1-\alpha/2} = \sup\left\{c : P\{W_Y \leqslant c\} \leqslant \frac{\alpha}{2}\right\},$$
$$c_{\alpha/2} = \inf\left\{c : P\{W_Y \geqslant c\} \leqslant \frac{\alpha}{2}\right\}.$$

当 $n_2 \leqslant n_1 \leqslant 20$ 时, 人们制作了威尔科克森秩和检验的临界值表 (附表 7 列出了不超过 10 时的临界值), 可以查该表获得检验的临界值. 需要注意的是表中的秩和是样本容量比较小

的那一组样本的秩和. 因此, 当两组样本的容量不等时, 应取容量小的那一组样本对应的秩和作为检验统计量. 附表 7 给出了显著性水平为 α 的左边临界值 $c_{1-\alpha}$. 由于当原假设 H_0 为真时, W_Y 的分布对称, 对称中心为 $n_2(n+1)/2$. 因此, 有了显著性水平为 α 的左边临界值 $c_{1-\alpha}$ 之后, 根据 W_Y 的对称性, 可以求得显著性水平为 α 的右边临界值

$$c_\alpha = n_2(n+1) - c_{1-\alpha}.$$

当 $n_2 \leqslant n_1, n_1 > 20$ 时, 我们可以利用 W_Y 的渐近分布近似计算威尔科克森秩和检验的显著性水平为 α 的临界值. 当样本量充分大时, 可以证明在 $\theta = 0$ 时有

$$\left[W_Y - \frac{n_2(n+1)}{2}\right] \bigg/ \sqrt{\frac{(n+1)n_1n_2}{12}} \quad \text{近似} \sim N(0,1),$$

利用该极限分布我们可以做大样本检验.

例 9.10 为观察两个连锁店的客流量是否有显著差异, 调查得到如下数据 (人数/天):

分店 1	235	260	286	197	225	246	250	221	267
分店 2	273	187	230	276	260	220			

试用秩和检验方法检验两个店的客流量是否有显著差异 ($\alpha = 0.05$)

解 问是否有差异, 这是一个双侧检验问题:

$$H_0: \theta = 0 \leftrightarrow H_1: \theta \neq 0,$$

先把所有数据按从小到大的顺序排列如下:

秩	人数	来自分店	秩	人数	来自分店	秩	人数	来自分店
1	187	2	6	230	2	10.5	260	2
2	197	1	7	235	1	12	267	1
3	220	2	8	246	1	13	273	2
4	221	1	9	250	1	14	276	2
5	225	1	10.5	260	1	15	286	1

分店 2 的样本秩和为 $1+3+6+10.5+13+14=47.5$(相同值的秩取它们秩的平均值作为它们的秩), 查威尔科克森秩和检验临界值表, 取 $\alpha = 0.05$, $(9,6)$ 对应的一对数为 31, 65, 由于 $31 < 47.5 < 65$, 因此不能拒绝 H_0, 即有 95% 的把握说没有证据表明两个分店的人流量有差异.

例 9.11 考虑某企业对员工两种培训方式有无区别, 把被培训的员工分为两组, 分别用不同的方式培训, 结果如下 (完成半成品件数/h):

甲方法	17	18	15	18	16	12	19	21	22	25	23	16	14	10	20
乙方法	18	20	16	14	13	12	11	16	17	20	15	14	14	13	12
	15	18	17	14	12	11									

问两种培训方式有无差异? ($\alpha = 0.01$ 和 $\alpha = 0.05$)

解 这是一个双侧检验问题,

$$H_0 : \theta = 0 \leftrightarrow H_1 : \theta \neq 0,$$

使用样本量小的甲方法作为 Y 样本, 这里 $n_1 = 21, n_2 = 15, n = n_1 + n_2$. 由于样本量较大 ($n_1 > 20$), 可以用大样本威尔科克森秩和统计量来检验. 把合样本从小到大重新排列, 可以计算得到 Y 样本秩和 $W_Y = 347.5$, 以及

$$\begin{aligned}
&\left|\left[W_Y - \frac{n_2(n+1)}{2}\right]\right| \Big/ \sqrt{\frac{(n+1)n_1n_2}{12}} \\
&= \left|347.5 - \frac{15(21+15+1)}{2}\right| \Big/ \sqrt{\frac{(21+15+1)\times 21 \times 15}{12}} \\
&= 2.246\ 1,
\end{aligned}$$

因为 $1.96 = u_{0.025} < 2.246\ 1 < u_{0.005} = 2.58$, 所以在水平 $\alpha = 0.05$ 下拒绝 H_0, 在水平 $\alpha = 0.01$ 下不能拒绝 H_0, 即我们有 95% 的把握说两种培训方式有差异, 但是没有 99% 的把握说两者有差异. □

9.3 符号检验

符号检验是根据一对数据差的正负号来检验两个总体位置参数之间是否有差异. 要处理的问题也可以说是一种成对比较问题, 例如在前几节讨论两个正态总体均值的成对比较问题. 可以用成对比较的前提是一对数据的差有一个明确的值, 第二是数据差构成的虚拟总体服从正态分布. 如果只能得到一对数据之间一个比另一个好或无法区别, 无法得到较为可靠的数值, 或者数据差不是正态分布, 就无法用 t 检验了. 本小节从另一个角度来考虑这类数据. 先用一个例子来说明问题.

有两种品牌的啤酒 A 和 B, 为了比较哪一种比较适合某种人群的年轻人, 随机选取了 n 个啤酒爱好者, 每个爱好者品尝啤酒 A 和 B 各一份, 先后顺序是随机的. 然后请他们打分或说出自己更喜爱哪一种啤酒. 这里每一位啤酒爱好者对两种啤酒的打分构成了一对可以比较的数据. 如果认为打分比较可靠, 那么可以用成对比较检验来处理 (当然 n 较小时要假定分数之差构成的虚拟总体为正态分布). 如果认为这样的打分不一定可靠 (例如分数可以打 1–10 分, 一种啤酒打了 5 分, 另一种打了 8 分, 其实自己也说不清为什么多 3 分而不是 4 分), 但

是能判断哪一种更适合自己. 设 S_i 表示第 i 个人对两种品牌啤酒的评价, 其中 S_i 是一个符号，表示

$$S_i = \begin{cases} +, & A\text{比}B\text{好} \\ -, & B\text{比}A\text{好}, \quad i = 1, 2, \cdots, n, \\ 0, & \text{都很好}, \end{cases} \tag{9.12}$$

则这些爱好者的品尝结果可以化为 n 个符号 $S_1, S_2, \cdots, S_n$. 如果这两种啤酒都适合年轻人, 那么可以设原假设为

$$H_0: \text{啤酒 } A \text{ 与 } B \text{ 都适合这个人群中的年轻人},$$

用这列符号 $S_1, S_2, \cdots, S_n$ 来检验 H_0 是否成立的检验称为符号检验. 具体做法为：令 m 是 $S_1, S_2, \cdots, S_n$ 中不为 0 的个数, S_m^+ 为 $S_1, S_2, \cdots, S_n$ 中“+”号个数. 当原假设 H_0 成立时, 即两种啤酒都适合该人群中的年轻人, 则每人都以相同的概率 1/2 取“+”号与“−”号, 因此 $S_m^+ \sim B(m, 1/2)$. 在原假设成立时, S_m^+ 应接近 $m/2$, 故可选取适当的常数 C, 使得

$$\text{当 } |S_m^+ - m/2| \leqslant C \text{ 时, 不能拒绝 } H_0, \text{否则拒绝 } H_0. \tag{9.13}$$

为确定常数 C, 对给定的检验水平 α, 要求出临界值 C, 使得

$$P(|S_m^+ - m/2| > C) \leqslant \alpha.$$

由于二项分布只能取有限个整值, 因此一般不能针对给定的检验水平 α 定出临界值, 使得该检验犯第一类错误的概率恰为 α, 故更常用的方法是计算 p 值.在 $X \sim B(m, 1/2)$ 时, p 值定义如下：

$$p = P(X \leqslant x') + P(X \geqslant m - x'),$$

其中 $x' = \min\{S_m^+, m - S_m^+\}$.

符号检验方法的优点在于一是没有任何分布的假定, 二是对数据值的精确度要求不高.

在品尝啤酒的例子中, 设 $n = 22, m = 20, S_m^+ = 14, x' = \min\{14, 20 - 14\} = 6$, 可以算得

$$p \text{ 值} = 2P(X \leqslant 6) = 2 \times 0.057\ 66 = 0.115\ 32.$$

注 (1) 威尔科克森秩和检验仅仅用了 Y 样本的秩, 而符号检验仅用了符号, 如果把两者有机结合就构成了威尔科克森符号秩和检验. 这里不再叙述了.

(2) 一般而言, 用样本秩的统计量来检验都是很直观和容易操作的. 在小样本场合, 用初等方法可以得到相应的概率, 从而得出临界值. 在大样本场合, 理论上的推导较为复杂.

9.4 其他非参数检验概述

有关总体分布的检验方法, 除了上述的拟合优度检验方法外, 还有其他的方法, 如科尔莫戈罗夫引入的科尔莫戈罗夫检验和苏联数学家斯米尔诺夫 (Nikolai Smirnov, 1900—1966) 引入的斯米尔诺夫检验, 两者合并简称为 K-S 检验; 还有关于正态假设检验等. 我们这里仅仅写出有关定理, 不再做进一步的讨论了.

9.4.1 科尔莫戈罗夫检验

设 $(X_1, X_2, \cdots, X_n)$ 是从总体 F 中抽取的一个样本, 由此构造的经验分布函数记为 $F_n(x)$ (见 (5.8) 式). 检验问题为

$$H_0 : F(x) = F_0(x),$$

其中 $F_0(x)$ 是一个完全已知的分布. 令检验统计量为

$$D_n = \sup_{-\infty<x<\infty} |F_n(x) - F_0(x)|.$$

由于经验分布函数 $F_n(x) \xrightarrow{P} F(x)$(对一切 x), 所以原假设成立时, $F_n(x) - F_0(x)$ 也很小, 从而 D_n 可以作为检验统计量. 特别地, 我们有

定理 9.3 科尔莫戈罗夫检验

如果理论分布 $F_0(x)$ 在 $\mathbb{R}$ 上连续, 那么在原假设 H_0 成立时有

$$\lim_{n\to\infty} P\left(D_n \leqslant \frac{x}{\sqrt{n}}\right) = K(x) = \begin{cases} \sum\limits_{k=-\infty}^{\infty} (-1)^k \exp\{-2k^2x^2\}, & x > 0, \\ 0, & x \leqslant 0. \end{cases} \tag{9.14}$$

♡

定义临界值 $D_{n,\alpha}$ 为满足下式的数:

$$P(D_n > D_{n,\alpha}|H_0) = \alpha, \tag{9.15}$$

由定理 9.3 知, 当 n 较大时, 可以近似决定检验的临界值 $D_{n,\alpha} = x_0/\sqrt{n}$, 其中 x_0 满足 $K(x_0) = 1 - \alpha$. 当 $D_n > D_{n,\alpha}$ 时, 拒绝 H_0. 这就是科尔莫戈罗夫检验.

皮尔逊 χ^2 检验与科尔莫戈罗夫检验的比较: 大体上可以这样说, 在总体 X 为一维且理论分布为完全已知的连续分布时, 科尔莫戈罗夫检验优于 χ^2 检验. 这是因为: (i) χ^2 统计量之值依赖于把 $(-\infty, \infty)$ 分为 k 个区间的具体分法, 包括 k 的选取和区间的位置, 而距离 D_n 则没有这个依赖性; (ii) 一般说来科尔莫戈罗夫检验鉴别力强. 也就是说, 在 F_0 不是总体 X 的分布时, 用科尔莫戈罗夫检验较容易发现.

另一方面, 皮尔逊 χ^2 检验也有它的优点: (i) 当总体 X 是多维时, 处理方法与一维一样, 极限分布的形式也与维数无关; (ii) 尤其重要的是, 对于理论分布包含未知参数时, χ^2 检验容

易处理, 但科尔莫戈罗夫检验处理起来很难.

9.4.2 斯米尔诺夫检验

斯米尔诺夫讨论了两个总体 X,Y 的连续分布 F_1,F_2 是否相同的问题. 即检验问题为

$$H_0: F_1(x) = F_2(x), -\infty < x < \infty, \tag{9.16}$$

设 $(X_1,X_2,\cdots,X_m)$ 和 $(Y_1,Y_2,\cdots,Y_n)$ 分别是从总体 X 和 Y 中抽取的样本, F_{1m} 和 F_{2n} 为对应的经验分布函数, 当原假设 H_0 成立时, F_1,F_2 对应的经验分布函数也应该比较接近, 定义如下两个统计量:

$$\begin{aligned} D_{mn}^+ &= \sup_{-\infty<x<\infty}(F_{1m}(x) - F_{2n}(x)), \\ D_{mn} &= \sup_{-\infty<x<\infty}|F_{1m}(x) - F_{2n}(x)|, \end{aligned}$$

斯米尔诺夫证明了下述结果:

定理 9.4　斯米尔诺夫检验

在原假设 (9.16) 成立的条件下, 有

$$\begin{aligned} \lim_{\substack{m\to\infty \\ n\to\infty}} P\left(\sqrt{\frac{mn}{m+n}} D_{mn}^+ \leqslant x\right) &= (1-\exp\{-2x^2\}) I_{(x>0)}, \\ \lim_{\substack{m\to\infty \\ n\to\infty}} P\left(\sqrt{\frac{mn}{m+n}} D_{mn} \leqslant x\right) &= K(x), \quad x \in \mathbb{R}, \end{aligned}$$

其中 $K(x)$ 与 (9.14) 式相同.

♡

对检验问题 (9.16), 取双侧检验统计量 D_{mn}, 当 $D_{mn} > D_{mn;\alpha}$ 时, 拒绝 H_0, 其中临界值

$$D_{mn;\alpha} = \sqrt{\frac{m+n}{mn}} x_0,$$

其中 x_0 满足 $K(x_0) = 1-\alpha$. 当检验问题为

$$H_0: F_1(x) \leqslant F_2(x) \leftrightarrow H_1: F_1(x) > F_2(x), -\infty < x < \infty$$

时, 取单侧检验统计量 D_{mn}^+, 则当 $D_{mn}^+ > D_{mn;\alpha}^+$ 时, 拒绝 H_0, 其中 $D_{mn;\alpha}^+$. 由定理 9.4 第一个结论和 α 易知为 $\sqrt{-(m+n)\ln\alpha/(2mn)}$.

以上两种检验对总体分布形式没有要求. 但在实际中经常会遇到总体是否为正态分布的问题, 由于以上两种检验不是针对正态分布的, 而是普适的, 所以检验的效率就不是很高 (没有利用原假设成立时分布有正态性). 针对正态分布可以构造检验功效较高的检验方法, 如基于次序统计量的夏皮洛–威尔克检验 (Shapiro-Wilk 检验, 适用于 $3 \leqslant n \leqslant 50$), 简称 SW 检验和 D 检验 (D'Agostino 检验, 适用于 $n > 50$), 下面的扩展阅读对此问题进行了简单介绍, 感兴趣的读者可以进一步参见有关的参考书.

9.5 扩展阅读: 正态性检验

很多统计模型里都有假定某个总体服从正态分布, 这主要有两个原因: 一是在实际问题中的大多数连续型总体的确服从或近似服从正态分布; 二是因为正态分布有许多良好的性质, 在理论上处理起来比较容易. 但是, 这种假定也会造成一些统计理论结果的滥用, 因为在实际应用中是否满足 "总体具有正态性" 这一前提往往被忽视了. 特别地, 当统计模型需要这一前提而实际总体根本就不满足正态假定时, 直接简单地套用理论结果就会造成一定的偏差, 甚至由此得到的统计结论实际上是无效的.

由上可知, 当应用统计学理论时, 如果统计模型中有正态假定, 那么一个应有的步骤就是利用观测数据检验相应总体是否服从正态分布, 这种检验也一般就称为正态性检验. 比如, 在很多统计模型里都要求随机误差具有正态性, 我们就需要对残差进行正态性检验. 正态性检验通常可表述为

$$H_0: \text{总体服从正态分布} \leftrightarrow H_1: \text{总体不服从正态分布}.$$

我们已经知道, 正态性检验可以通过区间分划的方式进行分组从而可以转化成离散型总体分布的拟合优度 χ^2 检验问题. 但由于区间分划的方式很难有一个统一的标准, 这种方法在实际中并不常用. 实际上, 基于正态分布在统计学中的重要性, 发展出来的正态性检验方法非常多, 下面我们来简要地介绍一下其中一些常见的方法. 这些方法通常可以归为两大类. 第一类是定性检验法, 通过图的方式直观判断; 第二类是定量检验法, 通过寻找合适的统计量来进行检验.

9.5.1 定性检验法

定性检验法的思想比较简单, 就是通过图示来比较样本和正态总体之间的差异来判断样本是否来自正态总体. 这种方法的优点是简单易行, 但缺点就是非常依赖人的主观判断. 这里的图主要指直方图、$Q-Q$ 图、$P-P$ 图、茎叶图和箱线图, 早期还有正态概率纸法, 我们主要介绍前两者.

1. 直方图

根据正态分布密度函数曲线为钟形的特点, 我们知道如果样本数据来自一正态总体且样本容量不太小的话, 那么它应该满足 "中间大, 两头小" 的特点, 从而其直方图应为单峰且对称. 根据此特征, 我们就可以通过直观的方式来做出判断. 如果直方图不是单峰的或者明显不够对称, 我们即不能认为是正态的. 在一些统计软件中, 还可以通过计算样本均值 $\overline{x}$ 和样本方差 s^2, 从而显示正态分布 $N(\overline{x}, s^2)$ 的密度函数图像. 这样我们还可以通过比较直方图的轮廓和该函数图像的吻合情况来进行直观判断, 即吻合得比较好则认为是正态的. 图 9.1 展示了 2011 年 169 名高尔夫球员的上球道率和收入的直方图和拟合的正态曲线.

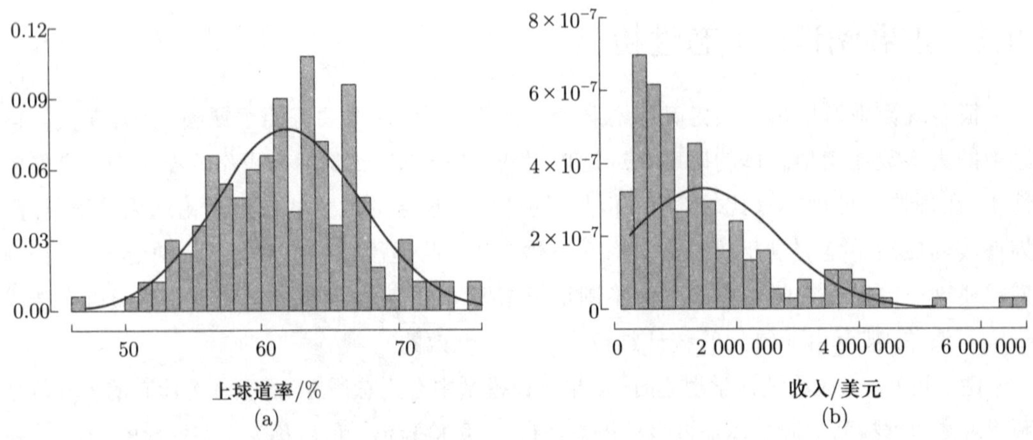

图 9.1　2011 年高尔夫球员的上球道率和收入数据直方图

从图上容易看出, 上球道率数据近似于服从正态分布，而收入数据呈现右偏形状，与正态分布密度函数形状差异明显.

2. $Q-Q$ 图

$Q-Q$ 图中的 Q 是指分位数 (Quantile), 其原理是: 如果样本数据来自一正态总体, 那么假定的正态总体 $N(\overline{x},s^2)$ 的分位数与样本数据的经验分位数会基本一致. $Q-Q$ 图实际上就是一个散点图, 其纵坐标为实际样本数据的分位数, 横坐标为假定正态总体的分位数. 如果假定正态总体的分位数和样本分位数基本一致, 那么图中所有的点应该都在一条直线上; 如果差别大, 就会偏离直线比较远. 因此, 从 $Q-Q$ 图判断正态性的原则就是: 如果图中的点大致呈一条从左下至右上的直线, 那么可以认为是正态的. 图 9.2 展示了上球道率和收入的 $Q-Q$ 图及其逐点置信区间.

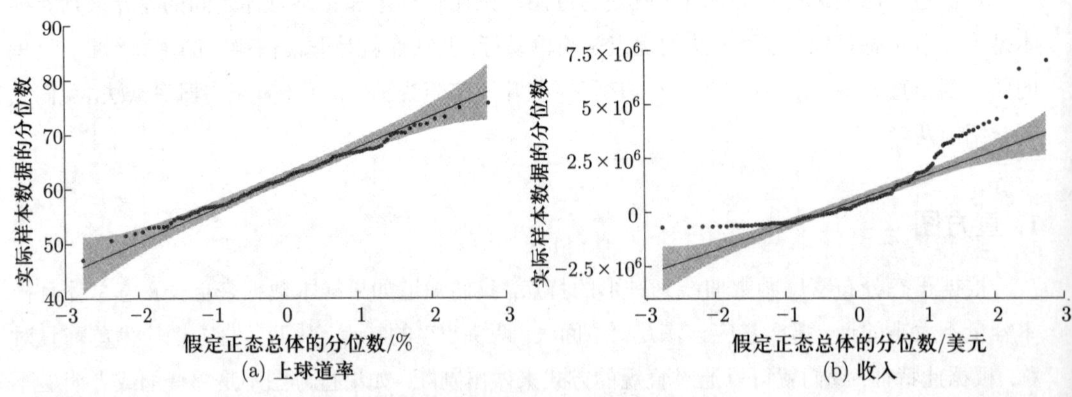

图 9.2　上球道率和收入数据 $Q-Q$ 图

显然，上球道率数据的经验分位数和正态分布的理论分位数较好的成直线关系，而收入数据的经验分位数和正态分布的理论分位数在两头偏离直线关系较远, 超出了逐点置信区间的范围.

9.5.2 定量检验法

在使用上述定性检验法时, 样本数据与正态分布吻合得很好或者非常不好时, 我们能很轻松地做出决定. 但有时也会遇上模棱两可的状况, 这时使用定量检验法来做出判断则显得更为合理.

定量检验法都是基于正态分布的性质来构造合适的统计量, 然后通过其在原假设 H_0 成立条件下的理论分布得出相应的拒绝域. 根据构造统计量的思想又可以分为两大类: 一类是基于峰度和偏度, 另一类是基于拟合优度.

1. 偏度和峰度

总体 X 的偏度和峰度即其标准化后的三阶和四阶中心矩, 若其存在, 则可分别表示为

$$\text{偏度 } \beta_1 = E\Big[\frac{X-E(X)}{\sqrt{\mathrm{Var}(X)}}\Big]^3; \quad \text{峰度 } \beta_2 = E\Big[\frac{X-E(X)}{\sqrt{\mathrm{Var}(X)}}\Big]^4.$$

直观上说, 偏度反映分布形状是否对称; 峰度则反映了分布形状是平坦还是尖峰. 容易证明, 正态分布的偏度为 0, 峰度为 3, 且与期望和方差无关. 这里也顺便指出, 在有些定义中, 峰度在上述基础上减去 3, 从而使得正态分布的峰度也为 0. 如果一个总体的偏度大于 0, 那么称其为右偏的 (或正偏的), 反之, 如果偏度小于 0, 那么称为左偏的 (或负偏的); 如果一个总体的峰度大于 3, 那么称其为尖的, 反之, 如果峰度小于 3, 那么称为平坦的. 这就是说, 通过偏度和峰度可以分别从左右和上下两个维度来判断总体分布是否为正态的.

设 $x_1, x_2, \cdots, x_n$ 为来自某总体 X 的一组简单随机样本, 且记其样本 k 阶中心矩为

$$m_k = \frac{1}{n}\sum_{i=1}^{n}(x_i - \overline{x})^k,$$

则这组样本的偏度和峰度分别为

$$\hat{\beta}_1 = \frac{m_3}{m_2^{3/2}} \quad \text{和} \quad \hat{\beta}_2 = \frac{m_4}{m_2^2}.$$

当总体 X 服从正态分布时, $\hat{\beta}_1$ 和 $\hat{\beta}_2$ 的值则应分别在 0 和 3 附近, 这为我们进行正态性检验提供了依据. 特别地, 在原假设 H_0 成立的条件下, 我们可以证明检验统计量

$$\sqrt{\frac{n}{6}}\hat{\beta}_1, \quad \sqrt{\frac{n}{24}}\Big(\hat{\beta}_2 - 3\Big)$$

的极限分布均为标准正态分布. 由此我们不难构造相应的拒绝域. 为了结合偏度和峰度两个维度, 我们还可以构造检验统计量

$$\hat{\beta} = \frac{n}{6}\Big[\hat{\beta}_1^2 + \frac{1}{4}(\hat{\beta}_2 - 3)^2\Big].$$

可以验证, 当样本容量 n 充分大时, $\hat{\beta}$ 渐近服从自由度为 2 的 χ^2 分布.

2. 拟合优度

目前大多数统计软件常用的定量正态性检验方法都属于拟合优度假设检验，基本思想都是通过构造统计量来衡量样本与正态总体之间的差异程度，但与引言中所提到的 χ^2 检验有所不同，主要有 Shapiro-Wilk (SW) 检验、Kolmogorov-Smirnov (KS) 检验和 Anderson-Darling (AD) 检验等方法.

SW 检验的思想基于次序统计量，需将样本按从小到大排列以构造统计量，

$$W = \frac{\left(\sum_{i=1}^{n} a_i x_{(i)}\right)^2}{\sum_{i=1}^{n} (x_i - \bar{x})^2},$$

其中系数 a_i 定义为

$$(a_1, a_2, \cdots, a_n) = \frac{\mathbf{m}^{\mathrm{T}} \boldsymbol{V}^{-1}}{\|\boldsymbol{V}^{-1} \boldsymbol{m}\|},$$

这里向量 $\boldsymbol{m} = (m_1, m_2, \cdots, m_n)^{\mathrm{T}}$ 为 n 个 i.i.d. 标准正态分布随机变量的次序统计量的期望，$\boldsymbol{V}$ 为它们的协方差矩阵. SW 检验的临界值通过蒙特卡洛模拟方法得到. SW 检验最初只用于样本容量在 $3 \sim 50$ 的情形，后来经过多次改进，才适用于样本容量为 5 000 以内的情形[†]，故可以说这种检验方法比较适合样本量比较小的情形. 研究表明，对样本量不超过 2 000 时[‡]，SW 检验具有比 KS 检验和 AD 检验更高的功效. 因此 SW 检验可作为首选正态性检验方法.

当样本容量比较大时，KS 检验和 AD 检验都比较适合. 他们的思想都基于样本的经验分布函数，通过该函数与目标正态分布函数 (即对应的期望和方差分别用样本均值和样本方差来代替) 之间的差异来构造检验统计量. 如果二者的差异比较小，那么说明样本数据的分布接近正态分布，从而可以认为其服从正态分布；如果差别比较大，那么说明样本数据可能不服从正态分布. 但一般情况下，AD 检验的功效比较大，从而比 KS 检验更容易检测出对正态总体的偏离. 此外，KS 检验和 AD 检验还可以适用于其他总体的检验 (如指数总体等).

对上球道率数据，SW 检验的 p 值为 0.938 4，表明支持正态分布的原假设证据强烈. 而对收入数据，p 值几乎为 0，表明强烈否定正态性假设. 类似可得到 AD 检验方法对上球道率数据正态性检验的 p 值为 0.809 4，收入数据的正态性检验 p 值小于 2.2×10^{-16}. 而 KS 检验方法对上球道率数据正态性检验的 p 值为 0.981，收入数据的正态性检验 p 值为 1.1×10^{-4}. 使用 R 软件计算得到:

[†] Rahman M M, Govidarajulu Z. A modification of the test of Shapiro and Wilk for normality. Journal of Applied Statistics, 1997, 24 (2): 219-236.

[‡] Royston P. Approximating the Shapiro-Wilk W-test for non-normality. Statistics and Computing, 1992, 2 (3): 117-119.

Shapiro-Wilk normality test

data: golf$DACC

W = 0.99605, p-value = 0.9384

Shapiro-Wilk normality test

data: golf$EARNINGS

W = 0.82415, p-value = 5.411e-13

除了以上正态性检验方法之外, 还有 Cramer-von Mises 检验、Lilliefors 检验、Ryan-Joiner 检验和 Shapiro-Francia 检验等, 这里就不再一一介绍了. 在应用中, 需要通过结合多种方法判断正态性假设的合理性.

实验 扫描实验 30 的二维码进行正态性评估的模拟实验, 对比不同数据评估正态性的图形工具和假设检验方法.

实验 30 正态性评估

本章总结

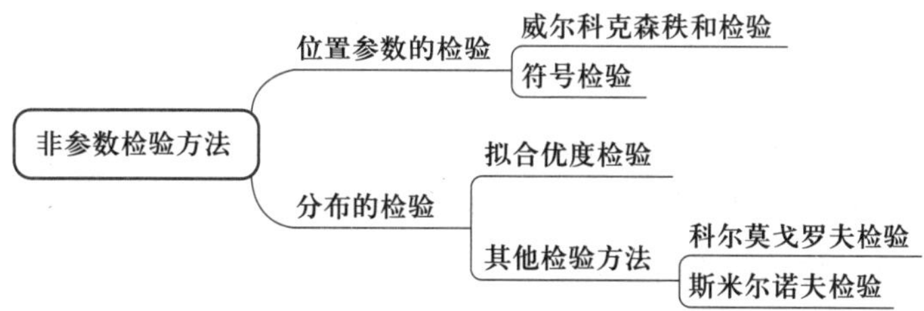

图 9.3 第九章知识点结构图

重点概念总结

- 非参数检验是统计中常用的检验方法, 这儿仅仅对最常见的皮尔逊 χ^2 检验、符号检验和威尔柯克逊秩和检验等几种方法进行了简单介绍, 也提到了金融中常用的 K-S 检验. 更多的非参数检验方法可以参见各种非参数检验的书和文献, 如《实用非参数统计》(CONOVER, 2006), 关于用样本秩进行统计推断可以参见《基于秩的统计推断》(海特曼斯波格, 1995).
- 关于齐一性检验, 只要注意到此时行和 n_i 不是随机的即可, 方法与列联表独立性检验没有区别. 此方法本质上是检验条件分布是否相同的问题, 在实际中有许多应用.
- 非参数检验的特点是理论很难, 但是应用非常方便.

习　题

1. 为检验吸烟与患慢性气管炎有无关系, 随机调查了 339 人, 其中 205 名吸烟者中有 43 人患慢性气管炎, 在 134 名不吸烟者中有 13 人患慢性气管炎. 问在显著水平 0.05 下数据是否支持"吸烟者患慢性气管炎的比例较高"这个结论?

2. 为确定某种肥料的效果, 取 1 000 株植物做试验. 在没有施肥的 100 株植物中, 有 53 株长势良好, 在已施肥的 900 株中, 则有 783 株长势良好. 问施肥的效果是否显著 (α=0.01)?

3. 一农场半年前在一鱼塘中按比例 20 : 15 : 40 : 25 投放了四种鱼: 鲑鱼、鲈鱼、竹夹鱼和鲇鱼的鱼苗, 现在在鱼塘里获得一个样本如下:

序号	1	2	3	4
种类	鲑鱼	鲈鱼	竹夹鱼	鲇鱼
数量/条	132	100	200	168

试取 $\alpha = 0.05$, 检验各类鱼数量的比例较半年前是否有显著的改变.

4. 对截至目前一共 44 位美国总统的星座进行分析, 发现天蝎座和水瓶座各有 5 人, 双子座和射手座各有 3 人, 处女座和白羊座各有 2 人, 而其余六个星座均有 4 人. 于是有人宣称有些星座擅长当美国总统, 而有些星座则不擅长. 结合你所学的知识, 说明该说法是否有统计学上的依据? (显著性水平取 $\alpha = 0.05$)

5. 某媒体用抽样调查来确定人们如何利用他们的空闲时间. 男性和女性都选择看电视为最普遍的活动. 调查结果如下表所示:

性别	样本容量	选择看电视人数
男性	800	248
女性	600	156

(1) 陈述一个假设, 该假设可用于检验选择看电视作为最普遍活动男性比率和女性比率之间的差异.

(2) 选择看电视作为最普遍活动的男性样本比率是多少? 相应的女性样本比率是多少?

(3) 进行假设检验并计算 p 值. 在显著性水平 $\alpha = 0.05$ 下, 你的结论如何?

(4) 总体比率之差的 95% 置信区间估计是什么?

6. 袋中装有 8 个球, 其中红球数未知. 在其中任取 3 个, 记录红球的个数 X, 然后放回. 再任取 3 个, 记录红球的个数, 然后放回. 如此重复进行 112 次, 得到结果如下:

X	0	1	2	3
出现次数	1	31	55	25

试在 $\alpha=0.05$ 水平下检验假设 H_0：红球的个数为 5.

7. 摩尔根的果蝇实验用来检验孟德尔第二定律 (自由组合定律) 是否成立. 在该定律成立的条件下, 果蝇眼睛的颜色 (红-A, 紫-a) 和翅膀的长度 (长-B, 短-b) 应该是独立遗传的, 即有 4 种组合 (AB, Ab, aB, ab) 应该是等可能的 (概率各为 0.25). 摩尔根观察到的 4 种组合的计数分别为 1 339, 151, 154, 1 195(总数 $n=2\ 839$). 试检验孟德尔第二定律是否成立.

8.* 研究小牛在出生后 60 天内第一次患肺炎并恢复后再次患肺炎的概率是否和初发一样. 共检查了 156 头小牛, 有 30 头患肺炎了 2 次, 63 头只患肺炎一次, 63 头一次也没患肺炎. 试问小牛两次患病的概率是否一致?

9. 为了研究蜗牛的种类是否与其生活的珊瑚礁种类有关, 选取了 3 种珊瑚礁作为检验样本, 记为 I, Ⅱ, Ⅲ, 记录下 A 和 B 两种蜗牛分别在 3 种珊瑚礁中生存的数目, 得到如下数据. 试问 A 和 B 两种蜗牛的分布是否在 3 种珊瑚礁中都是一样的 $(\alpha=0.05)$?

	I	Ⅱ	Ⅲ	合计
A	6	8	14	28
B	7	21	5	33
合计	13	29	19	61

10. 有甲、乙、丙三个工厂生产同一种产品. 产品分一, 二, 三三个等级 (分别代表高、中、低). 为考察各工厂产品质量是否一致, 从这三个工厂中分别随机抽出产品若干件, 每件鉴定其质量等级, 结果如下:

等级	工厂		
	甲	乙	丙
一	58	38	30
二	40	44	35
三	11	18	26

试在显著性水平 0.05 下检验假设: 各工厂产品质量一致. 若不一致, 试问哪个厂产品质量较优? 哪个厂的产品质量较劣? 请说明理由.

11. 某工厂为了了解白班和夜班生产的产品合格率是否有差异, 进行调查得到如下数据:

	合格	不合格
白班	232	19
夜班	54	18

试据此判断, 产品合格率是否与班次有关 ($\alpha=0.05$)?

12. 为了解男性和女性对三种类型的啤酒: 淡啤酒、普通啤酒和黑啤酒的偏好有没有差异, 分别调查了 180 位男性和 120 位女性的喜好, 得如下数据:

	淡啤酒	普通啤酒	黑啤酒
男性	49	31	100
女性	51	20	49

请问男性和女性对这三种类型的啤酒的偏好有显著差异吗 ($\alpha=0.05$)?

13. 检查一本书的 150 页, 记录各页中印刷错误的个数, 其结果为

错误的个数 f_i	0	1	2	3	4	5	6	$\geqslant 7$
含 f_i 个错误的页数	86	40	19	2	0	2	1	0

试在显著性水平 0.05 下检验假设 H_0 : 每页上的印刷错误个数服从泊松分布.

14. 下表给出了从某大学一年级学生中随机抽取的 200 个学生的某次数学考试成绩:

分数	[20,30]	(30,40]	(40,50]	(50,60]	(60,70]	(70,80]	(80,90]	(90,100]
学生数	5	15	30	51	60	23	10	6

试在显著性水平 0.05 下检验成绩是否服从正态分布 $N(60,15^2)$.

第十章　相关分析和回归分析

学习目标

- ❑ 理解相关系数的概念和它的应用
- ❑ 掌握在不同数据类型下求相关系数的方法
- ❑ 掌握求线性回归系数的最小二乘法，理解回归系数、截距和误差方差大小的统计意义，并能在实际问题中解释回归系数和截距的含义
- ❑ 理解当误差为不相关的正态随机变量条件下回归系数最小二乘估计的性质，并在具体问题中对回归系数作假设检验
- ❑ 掌握线性模型的预测
- ❑ 了解有关回归诊断的思想

在现实生活中，变量之间存在着某种关系. 一种是确定性的关系，如物理中的 $F = ma$，数学中边长为 a 的正方形面积 $S = a^2$；另一种是变量之间有关系但不是确定的，如一个人的身高和体重之间的关系. 一般而言，身材高的人体重也较重，但是会有身高体轻的人，也会有身材矮小但体重较重的人. 生活中商品的价格和销售量之间有关系但也不是确定的关系. 我们把这种关系称为相关关系. 如何研究这类相关关系？一种方法称为相关分析 (correlation analysis)，它致力于寻求一些数量指标，以刻画有关变量之间关系深浅的程度；另一种方法称为回归分析 (regression analysis)，它着重寻求变量之间近似的函数关系. 还有一种称为方差分析 (analysis of varince，简称 ANOVA)，它考虑一个或一些变量对某一特定变量的影响有无及大小，由于其方法是基于样本方差的分解，故得名. 本书仅对前两者进行简单讨论，后者可参见有关方差分析的著作.

回归分析是数理统计学的一个很大也很重要的分支，它主要研究如何运用统计方法 (及观测资料) 将这种相关关系 (近似地) 揭示出来，并利用它来进行估计、预测、控制或对生产和实践活动具有指导意义的分析，因此它是一个实用性很强的统计方法，同时其理论也非常丰富和深刻. 特别是其中的线性回归部分，是最基本也是应用最多的，理论也非常深刻和完备，因而成为回归分析的重要组成部分.

在本章中，我们将介绍相关分析和回归分析的一些基本概念，以及线性回归的一些基本方法.

10.1 相关分析

在许多场合下，我们经常需要研究一些事物之间的关系，如何从定量角度来研究就归结为某些变量之间关系的研究. 相关分析就是研究变量 X, Y 之间的相互关系，我们常常遇到的因果关系是其中一种，但绝对不是全部. 例如，调查发现某个人旅游和网购消费量之间有关系，一般多呈现正相关，但是这两者之间没有因果关系. 在美国持枪人数和枪杀事件数量也是正相关，但是也没有得出其中谁是因，谁是果. 如何研究变量之间的这种关系？在相关分析中，首先要定义什么是“相关”，然后研究变量之间相关的程度. “相关”的定义与变量的种类有关. 所以首先要对数据分类.

在大类上我们可以按其取值满足的运算性质把数据分为两大类：定性数据和定量数据.

1. **定性数据** (nominal data) 又称分类数据 (Categorical Data)，用数字表示人群或事物的类别属性，例如，调查人群中有企业员工、教师、公务员和医务人员，我们可以用 1,2,3,4 分别表示这 4 个不同的人群，这些数字没有大小关系，仅仅是某个人群的一个符号. 定性数据仅能计数.

2. **定量数据**，数据有量的概念，有大小之分别. 可以再细分为：

(1) 有序数据 (ordinal data)，它们之间有大小顺序，但是没有大多少的概念. 例如，服务满意度分为 5 档，最不满意为 1，最满意为 5，则 $5>4>3>2>1$，即数字越大，服务满意度越高，但是它们的差没有意义，不能由于 $5-4=1, 4-3=1$，就认为最满意与满意之间的差别等价于满意与一般之间的差别. 由此可知有序数据的均值和标准差都是没有意义的. 有序数据可以进行计数和比较大小.

(2) 间隔数据 (interval data)，数据之间不仅有大小顺序关系的差别，还可以用确切的数值反映两者之间在量方面的差别. 两个相邻间隔数据之差总是相同的，数值 0 在其中没有实际意义. 例如，温度数据是间隔数据，100 度和 90 度之间的差与 60 度和 50 度之间的差是一样的. 海拔高度也是间隔数据. 间隔数据可以计数，比较大小和加减运算.

(3) 比例数据 (ratio data)，这类数据就是我们平常讲的数据，它们有绝对的零点，即数值 0 有实际意义. 如身高、体重、产品直径、时间、距离等. 这是最高级别的数据，可以进行所有算术运算.

定量数据也可以按数据取值是否为离散和连续来划分，例如计数数据是离散数据，时间和距离等为连续数据. 通常，钱也按连续数据处理 (考虑到利率).

10.1.1 比例数据的相关系数

1. 皮尔逊相关系数

对变量 X, Y 观测到 n 对数据 $(x_1, y_1), (x_2, y_2), \cdots, (x_n, y_n)$，则变量 X, Y 的皮尔逊相关系数 r 定义为

$$r=\frac{n\sum_{i=1}^{n}x_iy_i-\sum_{i=1}^{n}x_i\sum_{i=1}^{n}y_i}{\sqrt{\left[n\sum_{i=1}^{n}x_i^2-\left(\sum_{i=1}^{n}x_i\right)^2\right]\left[n\sum_{i=1}^{n}y_i^2-\left(\sum_{i=1}^{n}y_i\right)^2\right]}}. \tag{10.1}$$

若记

$$S_{xx}=\sum_{i=1}^{n}(x_i-\overline{x})^2=\sum_{i=1}^{n}x_i^2-n\overline{x}^2, \tag{10.2}$$

$$S_{xy}=\sum_{i=1}^{n}(x_i-\overline{x})(y_i-\overline{y})=\sum_{i=1}^{n}x_iy_i-n\overline{x}\,\overline{y}, \tag{10.3}$$

$$S_{yy}=\sum_{i=1}^{n}(y_i-\overline{y})^2=\sum_{i=1}^{n}y_i^2-n\overline{y}^2, \tag{10.4}$$

则 r 可以写为

$$r=\frac{S_{xy}}{\sqrt{S_{xx}S_{yy}}}.$$

由定义, 皮尔逊相关系数即为 (5.6) 式定义的样本相关系数, 它没有量纲.

注 (1) 皮尔逊相关系数 r 的几何意义：如果把 $(x_1,x_2,\cdots,x_n)$ 和 $(y_1,y_2,\cdots,y_n)$ 视为 $\mathbb{R}^n$ 中的两个向量, 那么皮尔逊相关系数 r 就是这两个向量中心化后夹角的余弦. 所以 $|r|\leqslant 1$, r 能反映出两个向量线性相关的程度, 但是不能反映它们之间的非线性关系.

(2) 即使 X,Y 之间有因果关系, 但是 X,Y 之间的相关系数与 Y,X 之间的相关系数是一回事, 即它不能反映变量 X,Y 之间的因果关系.

(3) $r=0$ 表示线性不相关, 或称为两者垂直; $-1<r<0$ 称为负相关; $0<r<1$ 称为正相关; $|r|=1$ 表示两个变量之间有严格的线性关系.

(4) 如果把 X,Y 视为两个随机变量, 那么在第四章中我们知道 X,Y 之间的相关系数 ρ 是在函数空间 $\mathcal{L}$ 中 X,Y 夹角的余弦, 而 r 可以看作对应的样本相关系数 (即为 ρ 的估计), 它是欧氏空间 $\mathbb{R}^n$ 中两个中心化样本向量夹角的余弦.

实验 扫描实验 31 的二维码进行相关性分析的模拟实验，观察不同变量的散点图与相关系数.

实验 31 相关性分析

如果把这 n 个点标在坐标纸上, 称为散点图. 图 10.1 是两个变量 100 个观测点绘制的散点图. 皮尔逊相关系数 r 在每个子图标题上给出. 可以看出, $|r|$ 越大, X 和 Y 之间线性相关程度越高. 图 10.1 中 (a)、(d) 和 (e) 的数据看不出有明显线性关系，(b) 和 (c) 表现出明显正线性关系, (f) 和 (g) 表现出明显负线性关系. 而 (h) 则表现出抛物型曲线关系.

在图 10.1 中, 皮尔逊相关系数 r 表示这些数据的拟合直线与 x 轴夹角的余弦,$-1<r<0$ 表示两个变量呈负线性关系, $0<r<1$ 表示两个变量呈正线性关系, $r=0$ 表示没有两个变量线性关系. 根据 r 值的大小可以将两个变量 X,Y 线性相关的程度分为不同的等级 (表 10.1):

实际上, 图 10.1 (a) $\sim$ (g) 依次展示的是二元正态分布 $(X,Y)\sim N(0,0,1,1,\rho)$ 在相关系

数 $\rho = 0.2,\ 0.5,\ 0.95,\ 0,\ -0.2,\ -0.5,\ -0.95$ 时一组容量为 100 的随机样本散点图. 而 (h) 展示了当 $Y = \cos(X), X \sim N(0,1)$ 时一组容量为 100 的随机样本散点图. 此时, Y 与 X 之间具有严格的非线性函数关系, 但是皮尔逊相关系数未能度量出此关系. 因此, 皮尔逊线性相关系数并不能反映出两个变量的某种非线性的函数关系.

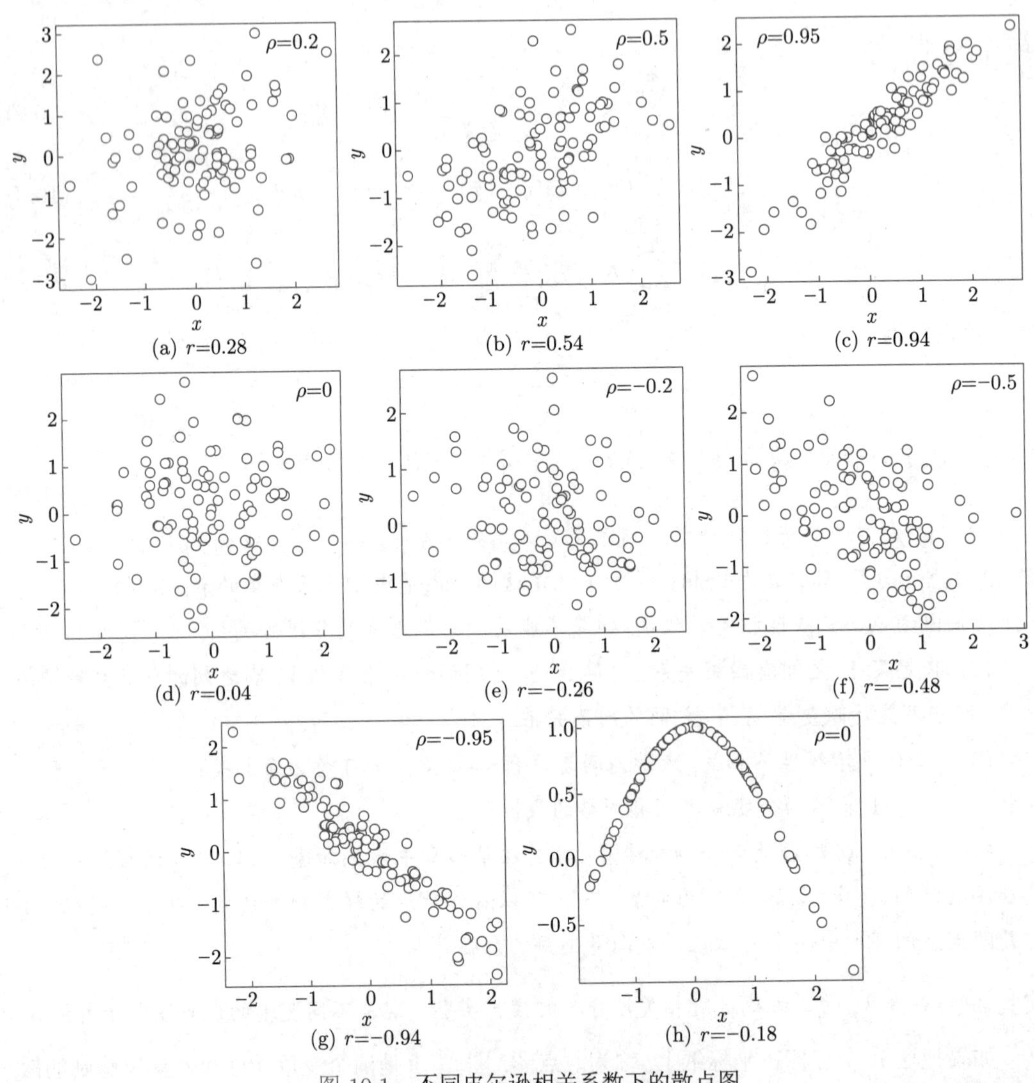

图 10.1　不同皮尔逊相关系数下的散点图

表 10.1　皮尔逊相关系数大小与线性相关程度

r	变量 X,Y 线性相关程度
$\|r\| < 0.3$	很弱, 或不 (线性) 相关
$0.3 \leqslant \|r\| < 0.5$	低度线性相关
$0.5 \leqslant \|r\| < 0.8$	中度线性相关
$0.8 \leqslant \|r\| < 1$	高度线性相关

在实际问题中, 一定要作散点图, 这样才能看出两个变量之间有无线性关系. 另外, 相关系数容易受个别极端值的影响, 所以在计算相关系数前要对数据作预处理.

例 **10.1** 某公司三年的季度销售额与广告费有如下数据 (单位: 万元):

年. 季度	1.1	1.2	1.3	1.4	2.1	2.2	2.3	2.4	3.1	3.2	3.3
销售额/万元	688	156	234	574	702	140	220	596	735	128	255
广告费/万元	35	24	24	35	38	26	26	40	40	26	26

求销售额与广告费之间的相关系数并作解释.

解 作销售额与广告费的散点图如图 10.2 所示. 由公式 (10.1), 可以算得两者之间的皮尔逊相关系数 $r = 0.946\ 8$, 即得到图 10.2 中虚线的斜率. 由此知:

(1) 销售额与广告费正相关, 即广告费越多, 则销售额也越大;

(2) 虽然销售额与广告费之间没有严格的线性关系, 但 $r = 0.948\ 6$ 表明两者高度相关. r^2 称为决定系数或者判定系数 (coefficient of determination), 它反映了由于相关关系, y 的变化可以用 x 的变化来解释的百分比, 这里 $r^2 \approx 0.899\ 8$, 故销售额变化中的约 90% 可以用广告费的变化来解释, 而其余的 10% 要用其他的变量变化来解释. □

2. 可以转换为线性关系的非线性相关的刻画

在许多场合, 两个变量之间没有线性关系, 但可能有某种近似的函数关系, 如图 10.3 所示, 数据大体在某条指数曲线附近. 如果对 y 的值取对数, 那么数据 $(x_i, \ln y_i), i = 1, 2, \cdots, n$ 会散落在某条直线附近, 即变量 $x, \ln y$ 可能有较强的线性关系, 由此可以算出它们的相关系数 r_0. 反之, 如果 $x, \ln y$ 有较强的线性关系 (即 $|r_0|$ 较大), 那么意味着 y 与 x 有较强的指数关系.

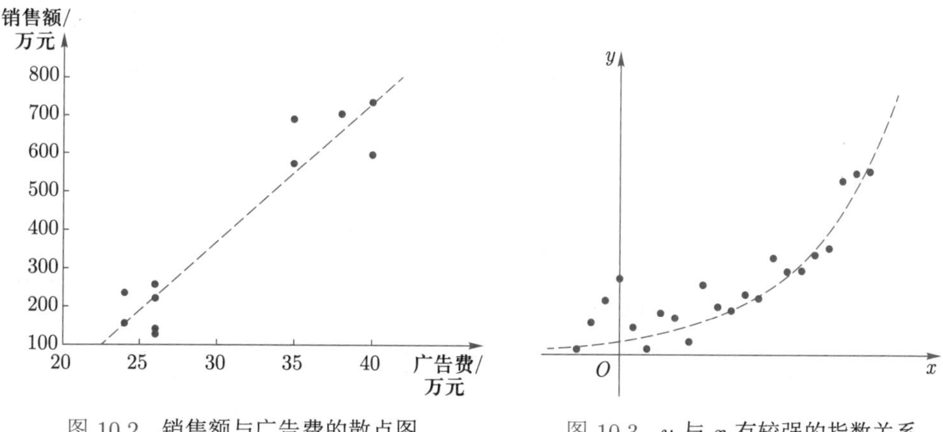

图 10.2 销售额与广告费的散点图

图 10.3 y 与 x 有较强的指数关系

例 **10.2** 某企业表面处理车间试验将含铬废水同电解污泥混合, 使之生成无毒溶液, 一定浓度的定量含铬废水只有同定量的电解污泥混合才能反应完全. 现在通过试验, 找出含铬废水与电解污泥用量之比值 y 对于含铬废水浓度 x(单位: g/L) 之间有如下关系, 数据如下:

序号	含铬废水浓度$x/(g\cdot L^{-1})$	$\ln x$	比值y	$\ln y$
1	3	0.477	310	2.491
2	5	0.699	200	2.301
3	10	1.0	100	2.000
4	30	1.477	49	1.690
5	40	1.602	40	1.602
6	50	1.699	32	1.505
7	60	1.778	28	1.447
8	80	1.903	23	1.362
9	100	2.0	16	1.204
10	120	2.079	14	1.146
11	160	2.204	10	1.000

对这批数据, 先作散点图, 由图 10.4(a) 知我们可以用幂函数 $y=cx^b$ 来拟合 y 与 x 的函数关系. 作变换 $u=\ln y, t=\ln x$,

$$u=\ln c+bt,$$

则变换后 u,t 有线性关系 (图 10.4(b)) 可以算出 t,u 的相关系数 $r_0=-0.996\ 7$, 这说明变换后的数据高度相关, 即原数据不是线性相关, 而是大体分布在幂函数曲线 $y=cx^d$ 附近.

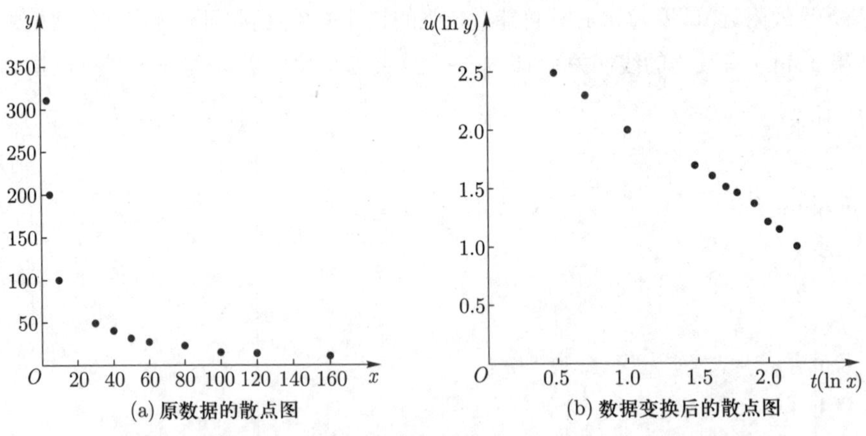

(a) 原数据的散点图　　(b) 数据变换后的散点图

图 10.4　含铬废水与电解污泥用量之比与含铬废水浓度的散点图

10.1.2 有序数据的相关系数: 肯德尔相关系数

对于有序数据, 我们不能用上述的皮尔逊相关系数, 因为有序数据的差是没有意义的. 有一种用秩来描述两个有序变量之间相关性的量, 称为肯德尔相关系数 (kendall-τ).

设变量 X, Y 为有序数据，分别取值为 $1, 2, \cdots, I$ 和 $1, 2, \cdots, J$. 由于相关系数的符号决定了一个变量随另一个变量变化的方向，所以我们可以考虑事件 $\{(X_1 - X_2)(Y_1 - Y_2) > 0\}$ 和 $\{(X_1 - X_2)(Y_1 - Y_2) < 0\}$. 事件 $\{(X_1 - X_2)(Y_1 - Y_2) > 0\}$ 表示变量 X 变大时 Y 也跟着变大，X 变小时 Y 也跟着变小，我们把这样的两对变量 $(X_1, Y_1), (X_2, Y_2)$ 称为同向对. 反之事件 $\{(X_1 - X_2)(Y_1 - Y_2) < 0\}$ 表示变量 Y 的变化方向与变量 X 变化方向相反，我们称 $(X_1, Y_1), (X_2, Y_2)$ 为异向对. 据此我们定义有序变量 X, Y 的相关系数 (肯德尔相关系数) 为

$$r_\tau(X, Y) = \binom{n}{2}^{-1} \sum_{i<j} \operatorname{sgn}[(X_i - X_j)(Y_i - Y_j)], \tag{10.5}$$

其中

$$\operatorname{sgn}(x) = \begin{cases} 1, & x > 0, \\ -1, & x < 0, \\ 0, & x = 0. \end{cases}$$

如果把变量 X, Y 视为分别取值 $1, 2, \cdots, I$ 和 $1, 2, \cdots, J$ 的随机变量，那么可以定义 X, Y 之间的相关系数

$$\rho_\tau(X, Y) = P((X_1 - X_2)(Y_1 - Y_2) > 0) - P((X_1 - X_2)(Y_1 - Y_2) < 0)$$

其中 $(X_1, Y_1), (X_2, Y_2)$ 相互独立. 此时肯德尔相关系数可以视为其样本相关系数.

肯德尔相关系数的分子就是同向对个数与异向对个数之差，分母为 n 对数据中任取 2 对的所有取法. 有时候这个比值太小，一个原因是不可区别的对较多 (即公式中为 0 的项)，所以分母上也可以考虑去掉这些项，即分母改为

$$\sum_{i<j} \left| \operatorname{sgn}[(X_i - X_j)(Y_i - Y_j)] \right|,$$

此为修正的肯德尔相关系数，有些地方称为集中系数.

例 10.3 在大学里班主任对学生是否关爱关系到全班学生的学业成绩. 为此，对班主任工作进行考核 (院系领导，同事和学生) 打分 (1—10，分越高，对班主任工作越认可)，然后按综合分数排序，记为 $x_1, x_2, \cdots, x_n$，同时计算他所带班级中要补考学生占全班学生的百分比，并按从小到大排序，记为 $y_1, y_2, \cdots, y_n$. 得到数据 $(x_i, y_i), i = 1, 2, \cdots, n$. 其中 $x_i, y_i = 1, 2, \cdots, n$. 设我们有如下数据：

班主任序x_i	1	2	3	4	5	6	7	8	9	10	11
不及格率序$y_i/\%$	9	5	10	6	11	8	3	1	7	4	2

试计算两者之间的肯德尔相关系数.

解 计算可得

$$\binom{11}{2} = 55,$$

$$\sum_{i<j} \operatorname{sgn}[(X_i - X_j)(Y_i - Y_j) > 0] = 16,$$

$$\sum_{i<j} \operatorname{sgn}[(X_i - X_j)(Y_i - Y_j) < 0] = 39$$

$$r_\tau(X, Y) = \frac{16 - 39}{55} = -0.418\,2$$

上述肯德尔相关系数 $= -0.418\,2$ 说明什么? 首先, 肯德尔相关系数是负数, 说明班主任越关爱学生, 不及格学生越少, 两者负相关; 其次, 0.418 2 表示有很强的相关性了. 因为肯德尔相关系数一般较小, 绝对值 0.3 以上就表示有很强的相关性了. □

注 (1) 由于比例数据的等级比有序数据高, 所以肯德尔相关系数也可以用来描述两个比例数据之间的相关性, 但是精度没有皮尔逊相关系数的高.

(2) 相关关系仅仅描述了两个变量之间有关系, 但是为什么会有这种关系? 是否是因果关系? 相关系数不能回答这些问题. 例如, 在前面提到, 某人旅游和网购消费量之间有正相关关系, 但是两者之间没有因果关系, 进一步的研究表明, 其实是与收入有关, 收入是潜变量, 收入高了, 旅游和网购自然会多一点. 有一项医学研究发现, 比起中等身高的女性, 个子较矮的女性心脏病发作更多一点, 而个子较高的女性心脏病更少一点. 但是如果要做出“较矮的女性心脏病发作的风险较高”这一结论, 那么我们首先要能够消除其他变量的影响, 如体重和运动习惯等. 所以注意到相关系数较大时, 还要考虑是否有其他变量在左右着两个量的变化, 不要轻易下结论. 一些有趣的例子可见《统计学的世界》(穆尔, 2003).

(3) 对相关系数的解释要根据具体问题给出. 首先看符号, 是正相关还是负相关, 其次看绝对值大小.

10.2 回归分析

10.2.1 一元线性回归模型

在现实生活中, 两个或多个变量之间存在着一些联系, 但是没有确切到可以严格决定的程度. 例如, 支出 Y 与收入 X 有关, 商品销售量 Y 与商品价格 X 有关, 玉米亩产量 Y 与播种量 X_1 和施肥量 X_2 有关, 等等.

通常我们把上面的 Y 称为因变量或预报量; X, X_1, X_2 等称为自变量或预报因子. 一般, 影响因变量的因素远远不止我们列出的自变量, 如在家庭支出和收入关系中, 影响因变量支出 Y 的因素不仅有收入, 还有家庭人口, 小孩教育, 家庭成员身体健康状况等, 这些因素, 有些能够控制, 有些不能控制, 因此所考虑的自变量仅在一定程度上影响了因变量的取值, 在我们的模型中把其余自变量的影响看作随机误差. 因此因变量总被认为是随机变量. 自变量可以是随机变量, 也可以是确定的量, 这取决于我们能否控制自变量的取值, 如果能控制, 那么可以把自变量视为确定的量. 在下面的讨论中, 我们把自变量作为确定的量, 没有随机性.

视频 扫描视频 27 的二维码观看关于回归分析的讲解.

视频 27 回归分析

设想因变量 Y 的值由两部分组成, 一部分由自变量 $x_1, x_2, \cdots, x_p$ 的影响所致, 可以表为 $x_1, x_2, \cdots, x_p$ 的函数 $f(x_1, x_2, \cdots, x_p)$, 另一部分是随机误差, 记为 e, 因此我们可以建立如下模型:

$$Y = f(x_1, x_2, \cdots, x_p) + e, \tag{10.6}$$

作为随机误差, 我们要求

$$E(e) = 0, \tag{10.7}$$

给定自变量 $(x_1, x_2, \cdots, x_p)$ 下, 因变量 Y 的均值为

$$E(Y|x_1, x_2, \cdots, x_p) = f(x_1, x_2, \cdots, x_p), \tag{10.8}$$

函数 $f(x_1, x_2, \cdots, x_p)$ 称为 Y 关于 $x_1, x_2, \cdots, x_p$ 的 (均值) 回归方程. 由于在实际生活中, 函数 $f(x_1, x_2, \cdots, x_p)$ 的形式一般是不知道的. 为了分析 Y 与自变量 $x_1, x_2, \cdots, x_p$ 的关系, 我们对函数 f 的形式要加限制. 其中函数 f 最简单的形式是自变量 $x_1, x_2, \cdots, x_p$ 的线性函数, 即

$$f(x_1, x_2, \cdots, x_p) = a + \beta_1 x_1 + \cdots + \beta_p x_p \equiv a + \beta' \boldsymbol{x}, \tag{10.9}$$

其中 $\beta = (\beta_1, \beta_2, \cdots, \beta_p)^{\mathrm{T}}, \boldsymbol{x} = (x_1, x_2, \cdots, x_p)^{\mathrm{T}}$.

首先讨论只有一个自变量的情况. 即

$$Y = a + \beta_1 x + e,$$

$$E(Y|x) = a + \beta_1 x.$$

此时 $y = a + \beta_1 x$ 称为 y 关于 x 的回归直线. 设在 x 的不全相同的观测点 $x_1, x_2, \cdots, x_n$ 作独立观测, 得到 Y 的 n 个观测值 $y_1, y_2, \cdots, y_n$, 记为 $(x_i, y_i), i = 1, 2, \cdots, n$, 我们的目的是从这 n 组数据中寻求回归直线.

作 $(x_i, y_i), i = 1, 2, \cdots, n$, 的散点图 (图 10.5), 如果 y 关于 x 的回归曲线是直线, 那么预测数据 $\{(y_i, x_i)\}$ 应围绕该直线上下波动. 即

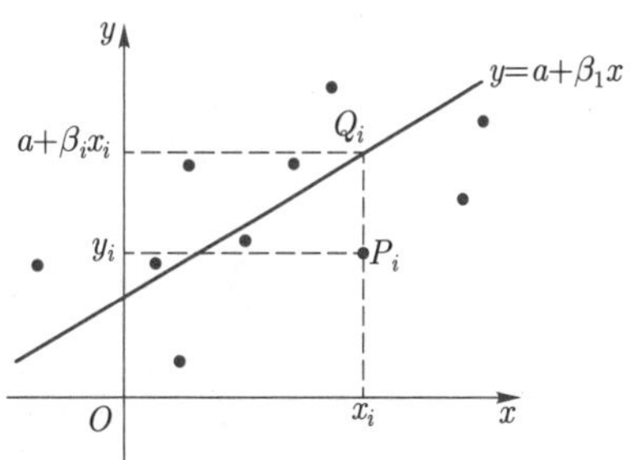

图 10.5 回归直线散点图

$$y_i = a + \beta_1 x_i + e_i, \quad i = 1, 2, \cdots, n, \tag{10.10}$$

其中 $E(e_i) = 0, i = 1, 2, \cdots, n$. 则我们需要从 n 组数据 $(x_i, y_i), i = 1, 2, \cdots, n$ 得出截距 a

和斜率 β_1 的估计. 由于自变量可能仅仅是影响因变量 Y 的一个因素, 为了看出自变量 x 对 Y 值的影响, 我们也需要估计误差 e 的方差.

让一条直线通过 n 个点 $P_i=(x_i,y_i), i=1,2,\cdots,n$, 一般是不可能的, 我们自然希望 y_i 与该直线上的点 $a+\beta_1x_i$(拟合值) 之间差距越小越好. 由图 10.5 看出这等价于 P_i 与回归直线上的点 $Q_i(x_i, a+\beta_1x_i)$ 之间的距离平方和最小（这也是当初提出最小二乘法的想法）, 即希望求得 a,β_1, 使得下式最小

$$g(a,\beta_1)=\min\sum_{i=1}^{n}(y_i-a-\beta_1x_i)^2 \tag{10.11}$$

实验 扫描实验 32 的二维码进行简单线性回归模拟实验, 观察不同截距和斜率下残差的变化.

实验 32 简单线性回归

用二元函数求极值的方法可以得到

$$\hat{\beta}_1=\frac{S_{xy}}{S_{xx}}, \tag{10.12}$$

$$\hat{a}=\overline{y}-\hat{\beta}_1\overline{x}. \tag{10.13}$$

其中 S_{xx}, S_{xy} 由 (10.2) 式和 (10.3) 式定义. 由此得到的估计量 $\hat{a},\hat{\beta}_1$ 称为 a,β_1 的最小二乘估计. 如果假设误差 $e_1,e_2,\cdots,e_n$ i.i.d. $\sim N(0,\sigma^2)$, 那么容易得出 $\hat{a},\hat{\beta}_1$ 为 a,β_1 的最大似然估计.

例10.4 研究一类家庭的月收入 x 与月支出 y 之间的关系, 随机调查了 12 个家庭, 数据如下 (单位：元):

x	1 200	980	1 000	940	1 350	1 150	1 500	1 200	1 300	1 460	1 050	1 250
y	1 000	850	900	850	1 150	880	1 040	950	1 030	1 100	850	1 000

求 x 与 y 的回归方程, 并加以解释.

解 作散点图 (图 10.6), 可以看出, 月收入和月支出呈现线性关系. 由公式 (10.2),(10.3),(10.12)(10.13) 可得

$$S_{xx}=\sum_{i=1}^{n}(x_i-\overline{x})^2=373\ 566.666\ 7,$$

$$S_{xy}=\sum_{i=1}^{n}(x_i-\overline{x})(y_i-\overline{y})=183\ 333.333\ 3,$$

$$\hat{\beta}_1=\frac{S_{xy}}{S_{xx}}=\frac{183\ 333.333\ 3}{373\ 566.666\ 7}=0.490\ 8,$$

$$\hat{a}=\overline{y}-\hat{\beta}_1=966.666\ 7-0.490\ 8\times 1\ 198.333\ 3=378.524\ 7.$$

所以回归方程为

$$y=378.524\ 7+0.490\ 8x.$$

□

如何解释这个回归方程?

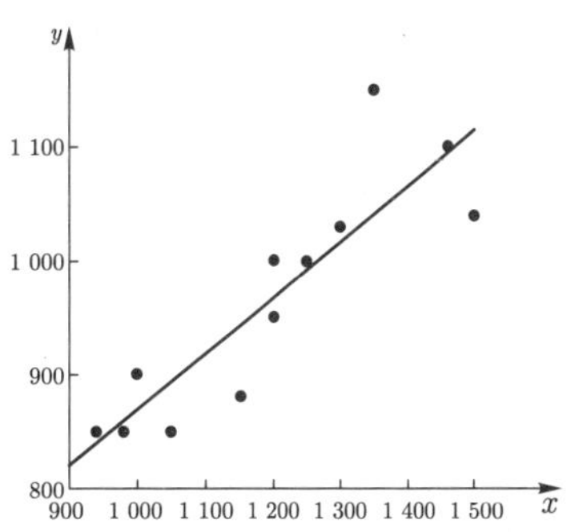

图 10.6　月收入与月支出的散点图

(1) 由图 10.6 知, 观测所得到数据在回归直线附近, 且 $0<\hat{\beta}_1<1$, 说明这些家庭都是量入为出的理性家庭.

(2) $\hat{\beta}_1=0.490\ 8$, 说明该家庭每多 (少) 收入 1 元钱, 用于支出就会增加 (减少)0.49 元. 由恩格尔系数 (一个家庭购买食品支出占总支出的比例) 知, 这类人群大体为温饱型的.

(3) 这里的截距 $\hat{a}=378.524\ 7\approx 378.52$ 元可以理解为维持一个家庭生活的最低要求. 要注意的是: 不是所有的截距都可以解释.

(4) 上述方程仅在一定的收入范围内成立, 例如, 第一有收入, 第二收入不高. 如果一个家庭的月收入超过 2 000 元就不一定能用本方程来解释收入支出的关系. 一般而言, 每个回归方程都只能在一定的范围内解释自变量和因变量之间的关系, 超过一定的范围解释是无效的.

(5) 可以算出自变量和因变量之间的相关系数 $r=0.880\ 4$, 这是高度相关, 说明月收入和月支出大体在回归直线附近. 决定系数 $r^2\approx 0.775\ 2$, 说明月支出的变化中的 77.5% 可以用自变量月收入来解释. 其他因变量的变化是由其他因素造成的.

(6) 在一定的范围内, 由回归方程可以预测. 例如, 设月收入 $x=1\ 800$(元), 由回归方程得 $y=378.524\ 7+0.490\ 8\times 1\ 800=1\ 261.96$(元). □

回归分析的方法和 “回归” 这个名称是英国生物学家、统计学家高尔顿在 1886 年左右提出来的. 大家都会注意到, 子女的身高与其父母的身高有关. 高尔顿以父母的平均身高 X 为自变量, 成年子代身高 Y 为因变量 (由于女子身高一般低于男子, 高尔顿经过计算把女子身高 ×1.08 折算为男子身高). 他观测了 205 对父母及他们 928 个成年子女的身高 (女儿身高也乘以 1.08), 结果发现 $(X,Y)\sim N(\mu_1,\mu_2,\sigma_1^2,\sigma_2^2,\rho)$, 其中

$$\mu_1=\mu_2=68.25(\text{英寸})=174(\text{厘米}),1\text{英寸}=2.54\text{厘米},\quad \sigma_2^2=2\sigma_1^2,\rho=0.45.$$

y 关于 x 的回归方程为

$$y-68.25=0.64(x-68.25),$$

因为自变量 X 是父母身高的平均, 所以父亲身高和调整后母亲身高的方差和子代身高的方差相同, 他们期望相同, 都服从相同的总体分布 (稳定性), 这是客观事实. 因为这里父代身高用的是父母的平均值，所以公式中父代身高的方差是子代方差的一半. 在此条件下, 父代身高比平均值高的, 子代身高也比平均值高, 但是平均而言, 只是父代身高与平均身高之差的 64%. 父代身高比平均值低的, 子代身高也比平均值低, 但是平均而言, 只是平均身高与父代身高之差的 64%. 两者都向平均身高靠拢, 这就是回归的意义.

10.2.2 回归系数最小二乘估计的几何意义

记

$$\boldsymbol{y}=(y_1,y_2,\cdots,y_n)^{\mathrm{T}}, \tag{10.14}$$

$$\mathbf{1}=(1,1,\cdots,1)^{\mathrm{T}}, \tag{10.15}$$

$$\boldsymbol{x}=(x_1,x_2,\cdots,x_n)^{\mathrm{T}}, \tag{10.16}$$

$$\boldsymbol{e}=(e_1,e_2,\cdots,e_n)^{\mathrm{T}}, \tag{10.17}$$

则 (10.10) 式可以写为如下的向量形式:

$$\boldsymbol{y}=a\mathbf{1}+\beta_1\boldsymbol{x}+\boldsymbol{e}=(\mathbf{1},\boldsymbol{x})\begin{pmatrix}a\\ \beta_1\end{pmatrix}+\boldsymbol{e}\equiv\boldsymbol{X}\eta+\boldsymbol{e}.$$

这里矩阵 $\boldsymbol{X}=(\mathbf{1},\boldsymbol{x})$, 向量 $\boldsymbol{\eta}=(a,\beta_1)^{\mathrm{T}}$.

两个 n 维向量 $\mathbf{1}$ 和 $\boldsymbol{x}$ 的一切线性组合生成了 $\mathbb{R}^n$ 的一个 2 维线性子空间, 记为 $\mathcal{S}_2$. 则 (10.11) 式可以改写为

$$g(a,\beta_1)=\min\sum_{i=1}^{n}(y_i-a-\beta_1x_i)^2=\min||\boldsymbol{y}-a\mathbf{1}-\beta_1\boldsymbol{x}||^2. \tag{10.18}$$

上式就是在子空间 $\mathcal{S}_2$ 中找一个向量, 使得 $\boldsymbol{y}-a\mathbf{1}-\beta_1\boldsymbol{x}$ 的模平方最小. 由线性代数知识, 这个向量就是 $\boldsymbol{y}$ 在子空间 $\mathcal{S}_2$ 上的投影. 如果向量 $\mathbf{1},\boldsymbol{x}$ 线性无关, 那么子空间 $\mathcal{S}_2$ 的投影阵为

$$\boldsymbol{X}(\boldsymbol{X}^{\mathrm{T}}\boldsymbol{X})^{-1}\boldsymbol{X}^{\mathrm{T}}.$$

所以 $\boldsymbol{y}$ 在 $\mathcal{S}_2$ 上的投影为

$$\boldsymbol{X}(\boldsymbol{X}^{\mathrm{T}}\boldsymbol{X})^{-1}\boldsymbol{X}^{\mathrm{T}}\boldsymbol{y}. \tag{10.19}$$

记

$$\hat{\boldsymbol{\eta}}=\begin{pmatrix}\hat{\eta}_1\\ \hat{\eta}_2\end{pmatrix}^{\mathrm{T}}=(\boldsymbol{X}^{\mathrm{T}}\boldsymbol{X})^{-1}\boldsymbol{X}^{\mathrm{T}}\boldsymbol{y},$$

则 y 在 $\mathcal{S}_2$ 上的投影为

$$\boldsymbol{X}(\boldsymbol{X}^{\mathrm{T}}\boldsymbol{X})^{-1}\boldsymbol{X}^{\mathrm{T}}\boldsymbol{y}=\hat{\eta}_1\mathbf{1}+\hat{\eta}_2\boldsymbol{x}\in\mathcal{S}_2.$$

计算二阶逆矩阵 $\left(\boldsymbol{X}^{\mathrm{T}}\boldsymbol{X}\right)^{-1}$ 即可得到与公式 (10.12) 相同的表达式, 即

$$\hat{\eta}_2=\frac{S_{xy}}{S_{xx}}=\hat{\beta}_1,\qquad \hat{\eta}_1=\overline{y}-\hat{\eta}_2\overline{x}=\hat{a},$$

由此知 $\hat{a},\hat{\beta}_1$ 分别是 y 投影 $\eta_1\mathbf{1}+\eta_2\boldsymbol{x}$ 的系数.

一般而言, 向量 $\mathbf{1},\boldsymbol{x}$ 不垂直, 所以只能写成 $(\boldsymbol{X}^{\mathrm{T}}\boldsymbol{X})^{-1}\boldsymbol{X}^{\mathrm{T}}\boldsymbol{y}$, 如果 $\mathcal{S}_2$ 中两个向量垂直, 那么 $\boldsymbol{y}$ 在 $\mathcal{S}_2$ 上的投影就等于 $\boldsymbol{y}$ 分别在这两个垂直向量上投影之和.

记 $\overline{x}=n^{-1}\sum\limits_{i=1}^{n}x_i$, 把模型 (10.10) 改写为

$$y_i = a + \beta_1 x_i + e_i = (a + \beta_1 \overline{x}) + \beta_1 (x_i - \overline{x}) + e_i, \quad i = 1, 2, \cdots, n,$$

并记

$$\beta_0 = a + \beta_1 \overline{x}, \quad \boldsymbol{\beta} = (\beta_0, \beta_1)^{\mathrm{T}}, \tag{10.20}$$

$$x_i^* = x_i - \overline{x}, \quad i = 1, 2, \cdots, n, \tag{10.21}$$

$$\boldsymbol{x}^* = (x_1^*, x_2^*, \cdots, x_n^*)^{\mathrm{T}}, \tag{10.22}$$

$$\boldsymbol{X}^* = (\boldsymbol{1}, \boldsymbol{x}^*), \tag{10.23}$$

注意, $\mathcal{S}_2$ 中的两个向量 $\boldsymbol{1}, \boldsymbol{x}^*$ 是相互垂直的. 记 $\overline{y} = n^{-1}\sum\limits_{i=1}^{n} y_i$, 则 $\boldsymbol{y}$ 在 $\boldsymbol{1}$ 和 $\boldsymbol{x}^*$ 上的投影分别为

$$\frac{1}{n}\boldsymbol{1}\boldsymbol{1}^{\mathrm{T}}\boldsymbol{y} = \overline{y}\boldsymbol{1} \equiv \hat{\beta}_0,$$

$$\boldsymbol{x}^*(\boldsymbol{x}^{*\mathrm{T}}\boldsymbol{x}^*)^{-\boldsymbol{1}}\boldsymbol{x}^{*\mathrm{T}}\boldsymbol{y} = \frac{S_{xy}}{S_{xx}}\boldsymbol{x}^* \equiv \hat{\beta}_1 \boldsymbol{x}^*.$$

所以 $\boldsymbol{y}$ 在 $\mathcal{S}_2$ 上的投影 (见图 10.7) 为

$$\hat{\beta}_0 \boldsymbol{1} + \hat{\beta}_1 \boldsymbol{x}^*,$$

$\hat{\beta}_0, \hat{\beta}_1$ 的几何意义是 $\boldsymbol{y}$ 的投影向量 $\hat{\beta}_0\boldsymbol{1} + \hat{\beta}_1\boldsymbol{x}^*$ 前的系数.

自变量 $x_i^* = x_i - \overline{x}$ 称为自变量的中心化, 好处是中心化后的自变量向量与常数向量 $\boldsymbol{1}$ 垂直, 从而 $\boldsymbol{y}$ 在 $\mathcal{S}_2$ 上的投影就是 $\boldsymbol{y}$ 在 $\boldsymbol{1}$ 上的投影和在 $\boldsymbol{x}^*$ 上的投影之和 (图 10.7), 从而直接得到回归系数 β_1 和 β_0 的估计. 再由关系式 $\beta_0 = a + \beta_1 \overline{x}$ 得到截距 a 的估计, 不用求逆矩阵了.

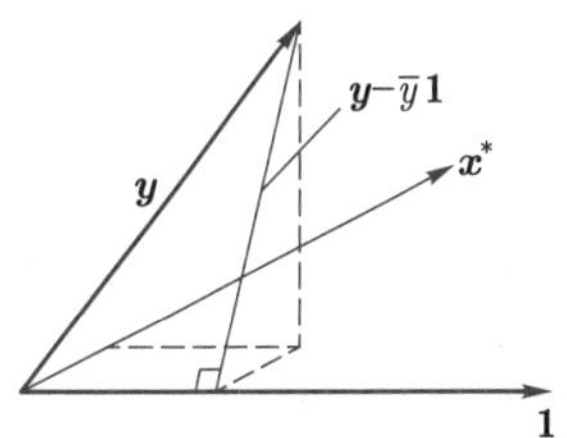

图 10.7 回归系数最小二乘估计的几何意义

10.2.3 误差方差的估计

在线性回归中, 另一个需要估计的是误差 e 的方差 σ^2 的估计. 在确定了回归直线后, 记

$$\hat{y}_i = \hat{\beta}_0 + \hat{\beta}_1 x_i^*, \quad i = 1, 2 \cdots, n, \tag{10.24}$$

$$\hat{\boldsymbol{y}} = (\hat{y}_1, \hat{y}_2, \cdots, \hat{y}_n)^{\mathrm{T}}. \tag{10.25}$$

则 $\hat{\boldsymbol{y}}$ 称为 $\boldsymbol{y}$ 的回归值, n 个观测点的误差构成的残差向量为

$$\begin{aligned}\hat{\mathbf{e}} &= (\hat{e}_1, \hat{e}_2, \cdots, \hat{e}_n)^{\mathrm{T}} \\ &= (y_1 - \hat{\beta}_0 - \hat{\beta}_1 x_1^*, y_2 - \hat{\beta}_0 - \hat{\beta}_1 x_2^*, \cdots, y_n - \hat{\beta}_0 - \hat{\beta}_1 x_n^*)^{\mathrm{T}} \\ &= \boldsymbol{y} - \hat{\boldsymbol{y}} = (I - X^*(X^{*\mathrm{T}}X^*)^{-1}X^{*\mathrm{T}})\boldsymbol{y}.\end{aligned}$$

容易验证 $\hat{\boldsymbol{e}} \perp (\mathbf{1},\boldsymbol{x}^*)$, 它是 $\boldsymbol{y}$ 与 $\boldsymbol{y}$ 在 $\mathcal{S}_2$ 上投影向量之差. $\boldsymbol{y},\hat{\boldsymbol{y}},\hat{\boldsymbol{e}}$ 构成 $\mathbb{R}^n$ 中的一个直角三角形, $\boldsymbol{y}$ 是斜边. 把 $\boldsymbol{y}$ 中心化, 则 $\boldsymbol{y}-\overline{y}\mathbf{1},\hat{\beta}_1\boldsymbol{x}^*,\hat{\boldsymbol{e}}$ 也构成 $\mathbb{R}^n$ 中的一个直角三角形, $\boldsymbol{y}-\overline{y}\mathbf{1}$ 是斜边. 由于在误差的估计中参数 a,β_1(等价于参数 β_0,β_1) 要用数据估计, 所以平方和

$$\hat{\boldsymbol{e}}^{\mathrm{T}}\hat{\boldsymbol{e}}=\sum_{i=1}^{n}(y_i-\hat{\beta}_0-\hat{\beta}_1x_i^*)^2$$

的自由度为 $n-2$, 故误差方差的估计为

$$\hat{\sigma}^2=\frac{1}{n-2}\sum_{i=1}^{n}\hat{e}_i^2=\frac{1}{n-2}\sum_{i=1}^{n}(y_i-\hat{\beta}_0-\hat{\beta}_1x_i^*)^2 \tag{10.26}$$

$$=\frac{1}{n-2}\boldsymbol{y}^{\mathrm{T}}(I-X^*(X^{*\mathrm{T}}X^*)^{-1}X^{*\mathrm{T}})\boldsymbol{y}. \tag{10.27}$$

称

$$TSS=S_{yy}=\sum_{i=1}^{n}(y_i-\overline{y})^2 \quad \text{为总平方和},$$

$$ESS=\sum_{i=1}^{n}(y_i-\hat{y}_i)^2 \quad \text{为残差平方和},$$

$$RSS=\sum_{i=1}^{n}(\hat{y}_i-\overline{y})^2 \quad \text{为回归平方和}.$$

则误差方差的估计 (10.26) 可以表示为 $\hat{\sigma}^2=\dfrac{ESS}{n-2}$. 由计算容易得到

$$TSS=RSS+ESS, \tag{10.28}$$

上式称为平方和分解公式. 几何上看, 就是三角形的斜边平方和等于两条直角边的平方和. 由此可得

$$1=\frac{RSS}{TSS}+\frac{ESS}{TSS}, \tag{10.29}$$

对于 n 对数据 $(x_i,y_i),i=1,2,\cdots,n$, 可以定义皮尔逊相关系数 $r=\dfrac{S_{xy}}{\sqrt{S_{xx}S_{yy}}}$, 在 x,y 之间有线性回归关系下, 通过计算可以得出

$$r^2=\frac{RSS}{TSS}=1-\frac{ESS}{TSS}, \tag{10.30}$$

r^2 为决定系数, 在计算机中记为 R^2. R^2 越大, 表示自变量解释因变量的能力越强. 注意到

$$s_y^2=\frac{1}{n-1}\sum_{i=1}^{n}(y_i-\overline{y})^2,$$

$$TSS=S_{yy}=(n-1)s_y^2,$$

所以 $\hat{\sigma}$ 有如下计算公式:

$$\hat{\sigma}=\sqrt{\frac{n-1}{n-2}(1-r^2)}\ s_y, \tag{10.31}$$

$\hat{\sigma}$ 用于回归方程作预测和回归系数的检验, 但是在计算机上没有明确的显示, 而 s_y, r 在计算机上都有显示, 通过上式可以得到 $\hat{\sigma}$ 的值.

10.2.4 回归系数最小二乘估计的性质

在回归方程 (10.10) 中, 通常我们对误差有如下两种假定:

(1) 高斯–马尔可夫 (Gauss-Markov) 假定:

(a) $E(e_i)=0,\quad i=1,2,\cdots,n;$

(b) $e_1,e_2,\cdots,e_n$不相关且$\mathrm{Var}(e_i)=\sigma^2, i=1,2,\cdots,n.$

(2) 正态假定: $e_1,e_2,\cdots,e_n$ 不相关且 $e_i\sim N(0,\sigma^2), i=1,2,\cdots,n.$

正态假定强于高斯–马尔可夫假定, 在讨论点估计性质时, 只要高斯–马尔可夫假定即可, 但是在讨论区间估计和假设检验时必须要有分布的假定.

定理 10.1 回归系数最小二乘估计的性质

在高斯–马尔可夫假定下,

(1) $E(\hat{\beta}_0)=\beta_0, E(\hat{\beta}_1)=\beta_1;$

(2) $\mathrm{Var}(\hat{\beta}_0)=\sigma^2/n, \mathrm{Var}(\hat{\beta}_1)=\sigma^2 S_{xx}^{-1};$

(3) $\hat{\beta}_0\perp\hat{\beta}_1$, 故 $\mathrm{Cov}(\hat{\beta}_0,\hat{\beta}_1)=0;$

(4) $E(\hat{\sigma}^2)=\sigma^2;$

(5) $(\hat{\beta}_0,\hat{\beta}_1)\perp\hat{e}.$

在正态假定下,

(6) $\hat{\beta}_0\sim N(\beta_0,\sigma^2/n),\quad \hat{\beta}_1\sim N(\beta_1,\sigma^2S_{xx}^{-1}),\quad (n-2)\hat{\sigma}^2\sim\sigma^2\chi^2_{n-2};$

(7) $\dfrac{\sqrt{S_{xx}}}{\hat{\sigma}}(\hat{\beta}_1-\beta_1)\sim t_{n-2},\ \dfrac{\hat{a}_0-a_0}{\hat{\sigma}\sqrt{\dfrac{1}{n}+\dfrac{\overline{x}^2}{S_{xx}}}}\sim t_{n-2}.$

♡

证 注意到 $\beta_0=a+\beta_1\overline{x}$, 及 $\sum\limits_{i=1}^{n}x_i^*=0, E(e_i)=0$, 所以

$$\begin{aligned}\hat{\beta}_0&=\overline{y}=\frac{1}{n}\sum_{i=1}^{n}(\beta_0+\beta_1x_i^*+e_i)\\&=\beta_0+\sum_{i=1}^{n}\frac{e_i}{n}=\beta_0+\overline{e},\end{aligned}$$

所以我们有

$$E(\hat{\beta}_0)=\beta_0+E\sum_{i=1}^{n}\frac{e_i}{n}=\beta_0,$$

$$\mathrm{Var}(\hat{\beta}_0)=\frac{n}{n^2}\sigma^2=\frac{\sigma^2}{n}.$$

以及

$$\begin{aligned}\hat{\beta}_1&=\frac{S_{xy}}{S_{xx}}=\frac{1}{S_{xx}}\sum_{i=1}^{n}x_i^*(y_i-\overline{y})\\&=\frac{1}{S_{xx}}\sum_{i=1}^{n}x_i^*y_i=\frac{1}{S_{xx}}\sum_{i=1}^{n}x_i^*(\beta_0+x_i^*\beta_1+e_i)\\&=\frac{1}{S_{xx}}\sum_{i=1}^{n}(x_i^{*2}\beta_1+x_i^*e_i)=\beta_1+\frac{1}{S_{xx}}\sum_{i=1}^{n}x_i^*e_i,\end{aligned}$$

所以

$$E(\hat{\beta}_1)=\beta_1+\frac{1}{S_{xx}}E\left(\sum_{i=1}^{n}x_i^*e_i\right)=\beta_1,$$

$$\mathrm{Var}(\hat{\beta}_1)=\mathrm{Var}\Big(\frac{1}{S_{xx}}\sum_{i=1}^{n}x_i^*e_i\Big)=\frac{1}{S_{xx}^2}S_{xx}\sigma^2=\frac{1}{S_{xx}}\sigma^2,$$

$$\begin{aligned}\mathrm{Cov}(\hat{\beta}_0,\hat{\beta}_1)&=\mathrm{Cov}\Big(\beta_0+\overline{e},\beta_1+\sum_{i=1}^{n}\frac{1}{S_{xx}}x_i^*e_i\Big)=\mathrm{Cov}\Big(\overline{e},\sum_{i=1}^{n}\frac{1}{S_{xx}}x_i^*e_i\Big)\\&=\sum_{i=1}^{n}\frac{1}{S_{xx}}E(\overline{e}x_i^*e_i)=\frac{\sigma^2}{n}\frac{1}{S_{xx}}\sum_{i=1}^{n}x_i^*=0.\end{aligned}$$

由于 $\hat{e}\perp\mathcal{S}_2$, 而向量 $\mathbf{1},\boldsymbol{x}^*\in\mathcal{S}_2$, 所以性质 (5) 成立.

当正态假定成立时, 第一个结论是显然的, 因为独立正态随机变量的线性组合仍是正态随机变量, 而均值和方差前面已给出. 第二个结论, 即 $\hat{\sigma}^2$ 是 σ^2 的无偏估计以及估计的分布, 见本章附录. 这里我们就承认这一结论. ■

由上面的定理, 由 $a=\beta_0-\beta_1\overline{x}$ 我们可以得到

$$\hat{a}=\hat{\beta}_0-\hat{\beta}_1\overline{x}=\overline{y}-\frac{S_{xy}}{S_{xx}}.$$

因为 $\hat{\beta}_0,\hat{\beta}_1$ 分别是 β_0,β_1 的无偏估计, 所以 $\hat{a}$ 也是 a 的无偏估计, 因为 $\hat{\beta}_0,\hat{\beta}_1$ 正交, 所以由 $\hat{a}=\hat{\beta}_0-\hat{\beta}_1\overline{x}$, 得

$$\mathrm{Var}(\hat{a})=\mathrm{Var}(\hat{\beta}_0)+\overline{x}^2\mathrm{Var}(\hat{\beta}_1)=\Big(\frac{1}{n}+\frac{\overline{x}^2}{S_{xx}}\Big)\sigma^2.$$

在正态假定下, $\hat{a}$ 是独立正态随机变量 $\hat{\beta}_0,\hat{\beta}_1$ 的线性组合, 所以仍为正态随机变量, 且有

$$\hat{a}\sim N\Big(a,\Big(\frac{1}{n}+\frac{\overline{x}^2}{S_{xx}}\Big)\sigma^2\Big).$$

由上可知, 在正态假定下, $\hat{\beta}_0,\hat{\beta}_1$ 与 $\hat{e}$ 独立, 所以与 $\hat{e}$ 的函数 $\hat{\sigma}^2$ 独立. 由 t 分布的定义, 性质 (7) 成立.

10.2.5 回归系数的检验和区间估计

在正态假定下, 回归系数 β_0, β_1 的最小二乘估计量的分布都是正态分布, 所以我们可以对它们进行检验和区间估计.

1. 回归系数 β_1 的检验和区间估计

在一元线性回归中, 最感兴趣的假设检验问题是

$$H_0 : \beta_1 = c \leftrightarrow H_1 : \beta_1 \neq c,$$

特别是 $c = 0$ 的情况. 因为若 $\beta_1 = 0$ 成立, 则自变量 x 对因变量 y 没有任何影响, 建立回归方程就没有意义了. 在误差服从独立正态分布的假定下, 由回归系数最小二乘估计性质 (7) 知

$$\frac{\sqrt{S_{xx}}}{\hat{\sigma}}(\hat{\beta}_1 - \beta_1) \sim t_{n-2},$$

当原假设成立时, 检验为

$$\varphi: \text{当 } |\hat{\beta}_1 - c| > \frac{1}{\sqrt{S_{xx}}}\hat{\sigma} t_{n-2}\left(\frac{\alpha}{2}\right) \text{时, 拒绝} H_0, \text{否则不能拒绝} H_0. \tag{10.32}$$

这个检验有水平 α, 对于单侧检验 $\beta_1 \geqslant c$ 或 $\beta_1 \leqslant c$ 的检验也可以类似作出.

对截距 a 或 β_0 的检验, 也可以从性质 (7) 出发类似地作出.

例 **10.5**(例 10.4 续) 检验原假设 $\beta_1 = 0$. 取 $\alpha = 0.1$, 可以算出

$$S_y = 102.72, \quad r = 0.880\ 4, \quad t_{10}(0.05) = 1.812\ 5, \tag{10.33}$$

$$\frac{1}{\sqrt{S_{xx}}} = 373\ 566.67^{-1/2} = 0.001\ 636, \tag{10.34}$$

$$\hat{\sigma} = \sqrt{\frac{12-1}{12-2}(1 - 0.880\ 4^2)} \times 102.72 = 51.09, \tag{10.35}$$

$$|\hat{\beta}_1 - 0| = 0.490\ 8 > 0.001\ 636 \times 51.09 \times 1.812\ 5 = 0.151\ 5, \tag{10.36}$$

故由 (10.32) 式, 拒绝 H_0, 即回归是有意义的.

也可以计算在原假设成立检验的 p 值. 计算得 $\dfrac{\sqrt{S_{xx}}}{\hat{\sigma}}\hat{\beta}_1 = 5.871\ 5$, 因为 $\mathrm{Var}(t_n) = \dfrac{n}{n-2}$, 由中心极限定理,

$$P(|t_{10}| > 5.871\ 5) = 2(1 - F_{t(10)}(5.871\ 5)) = 1.57 \times 10^{-4}.$$

根据回归系数最小二乘估计性质 (7), 可以作 $\hat{\beta}_1$ 的区间估计, 取 $\alpha = 0.1$, 得置信水平为 90% 的置信区间为

$$\beta_1 \in \left[\hat{\beta}_1 \pm \frac{1}{\sqrt{S_{xx}}}\hat{\sigma} t_{n-2}\left(\frac{\alpha}{2}\right)\right] = [0.490\ 8 \pm 0.151\ 5] = [0.339\ 3, 0.642\ 3].$$

2. 回归函数和因变量 Y 的预测

在求出回归方程后, 经常会遇到自变量 x 在某个未观测点上因变量 y 取值的点估计问题和因变量 y 平均值 $m(x) = a + \beta_1 x$ 的区间估计问题, 其中 $m(x)$ 称为回归函数. 关于回归函数 $m(x)$ 的点估计, 显然我们可以用 $\hat{y} = \hat{m}(x) = \hat{a} + \hat{\beta}_1 x$ 作为 $m(x)$ 的点估计. 由于 $\hat{a}, \hat{\beta}_1$ 分别为 a, β_1 的无偏估计, 故

$$\begin{aligned} E(\hat{a} + \hat{\beta}_1 x) &= a + \beta_1 x, \\ \operatorname{Var}(\hat{a} + \hat{\beta}_1 x) &= \operatorname{Var}\left(\hat{\beta}_0 + \hat{\beta}_1 (x - \overline{x})\right) \\ &= \Big(\frac{1}{n} + \frac{(x - \overline{x})^2}{S_{xx}}\Big)\sigma^2, \end{aligned}$$

用 $\hat{\sigma}^2$ 估计 σ^2, 并注意到 $\hat{y} \perp \hat{e}$, 在正态假定下,

$$\hat{y} = \hat{m}(x) \sim N\Big(a + \beta_1 x, \Big(\frac{1}{n} + \frac{(x - \overline{x})^2}{S_{xx}}\Big)\sigma^2\Big). \tag{10.37}$$

所以在未知观测点 x 上, 回归函数 $m(x)$ 的置信水平为 $(1 - \alpha) \times 100\%$ 的置信区间为

$$(a + \beta_1 x) \pm \hat{\sigma} t_{n-2}\left(\frac{\alpha}{2}\right)\sqrt{\frac{1}{n} + \frac{(x - \overline{x})^2}{S_{xx}}}. \tag{10.38}$$

由公式 (10.38) 知, 当未知观测点 $x = \overline{x}$ 时, 区间估计的精度最高, 未知观测点 x 离建立回归方程的数据中心 $\overline{x}$ 越远, 精度越差, 见图 10.8. 所以即使建立的回归方程比较理想, 预测在原数据范围内未知点上回归函数的值会较准, 但是距离原数据集中心 $\overline{x}$ 较远点上的预测精度会大大下降. 回归函数是因变量 y 的平均值 $E(y|x) = a + \beta_1 x$, 这是与 x 有关的参数, 但没有随机性. 如果要预测因变量 y 的值, 这是一个随机变量, 它的点估计只能是 $\hat{y} = \hat{m}(x) = \hat{a} + \hat{\beta}_1 x$, 设 e 是未知观测点因变量的误差, 它与原有数据的误差是相互独立的, 所以

$$E(\hat{y}) = E(\hat{a} + \hat{\beta}_1 x) = a + \beta_1 x = E(y), \tag{10.39}$$

$$\begin{aligned} E(y - \hat{y})^2 &= E\left[\mathrm{e} - (\hat{y} - E(\hat{y}))\right]^2 \\ &= \sigma^2 + \operatorname{Var}(\hat{y}) = \left(1 + \frac{1}{n} + \frac{(x - \overline{x})^2}{S_{xx}}\right)\sigma^2, \end{aligned} \tag{10.40}$$

在正态假定下

$$y \sim N\Big(a + \beta_1 x, \Big(1 + \frac{1}{n} + \frac{(x - \overline{x})^2}{S_{xx}}\Big)\sigma^2\Big).$$

所以 y 的置信水平为 $(1 - \alpha) \times 100\%$ 的置信区间为

$$(a + \beta_1 x) \pm \hat{\sigma} t_{n-2}\left(\frac{\alpha}{2}\right)\sqrt{1 + \frac{1}{n} + \frac{(x - \overline{x})^2}{S_{xx}}}. \tag{10.41}$$

与公式 (10.38) 相比, 方差多了一个因子 1, 这个 1 是大还是小? 设想一下, $n = 10$, 公式 (10.38) 的方差中有个因子为 0.1, 但是在公式 (10.41) 中这个因子为 1.1, 大了很多! 这点也

不难理解, 你要对某个特定对象 (如例中的某个特定家庭) 来预测因变量的值, 随机性太大了, 一般预测不准.

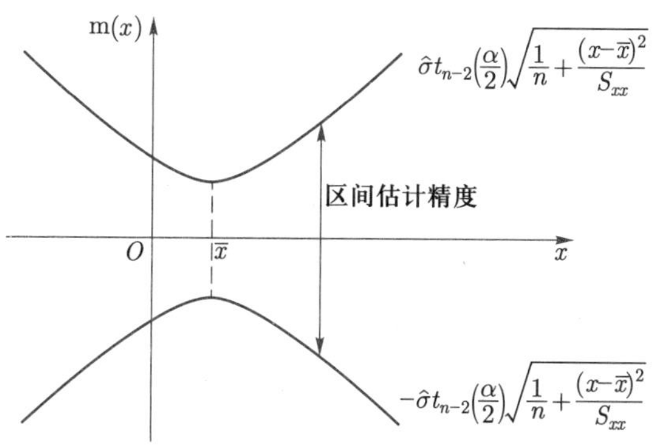

图 10.8 区间估计精度

例 **10.6** (例 10.4 续) 求回归函数 $m(x)$ 在 $x = 1\ 800$ 的置信水平为 90% 的置信区间. 可以算出 $\overline{x} = 1\ 198.33, S_{xx} = 373\ 566.67$, 所以置信区间为

$$\left[1\ 261.96 \pm 51.09 \times 1.812\ 5\sqrt{\frac{1}{12} + \frac{(1\ 800 - 1\ 198.33)^2}{373\ 566.67}}\right]$$

$$= [1261.96 \pm 95.00] = [1\ 166.96, 1\ 356.96].$$

回归函数得到的是收入为 1 800 元的这类家庭 (不是一个家庭) 的平均支出. 如果要计算某个收入为 1 800 元家庭的支出置信区间, 用公式 (10.41) 得到

$$\left[1\ 261.96 \pm 51.09 \times 1.812\ 5\sqrt{1 + \frac{1}{12} + \frac{(1\ 800 - 1\ 198.33)^2}{373\ 566.67}}\right]$$
$$= [1\ 261.96 \pm 132.66] = [1\ 129.30, 1\ 394.62].$$

估计的精度明显比回归函数的平均支出低不少.

10.2.6 可化为线性函数的非线性回归

变量 x 和 y 之间的关系仅有一部分能用线性关系来近似表达, 其余大量的是非线性关系. 在非线性关系中, 有一部分可以通过变量变换化为线性回归函数来描述.

例 **10.7** 在例 10.2 中我们对含铬废水浓度 x 和含铬废水用量与电解污泥用量之比 y 作变换 $t = \ln x, u = \ln y$, 发现 t, u 的散点图在一条直线附近, 两者之间的相关系数为 $r_0 = -0.996\ 7$, 取 $\alpha = 0.1$, 我们可以从变换后的数据得到线性回归方程和回归系数 β_1 的区间估计为

$$u = 2.884\ 3 - 0.826\ 3t,$$

$$R^2 = 0.993\ 3, S_{xx} = 3.293\ 1, r_0 = -0.996\ 7, t_9(0.05) = 1.833\ 1, s_y = 0.475\ 8,$$

$$\hat{\sigma}=\sqrt{\frac{11-1}{11-2}(1-r_0^2)s_y}=0.041,$$

$$\beta_1\in\left[-0.826\ 3\pm 0.041\times\frac{1}{\sqrt{3.293\ 1}}\times 1.833\ 1\right]$$

$$=[-0.826\ 3\pm 0.041\ 4]=[-0.784\ 9,-0.867\ 7].$$

由此知含铬废水浓度 x 和含铬废水用量与电解污泥用量之比 y 之间大体有个幂函数关系，且单调下降.

例 10.8 为检验 X 射线的杀菌作用，用 220 kV 的 X 射线来照射细菌，每次 6 min，记照射次数为 t，共照射了 15 次，每次照射后的细菌数 y 如下. 问 X 射线的杀菌效果如何?

t/min	1	2	3	4	5	6	7	8	9	10	11	12	13	14	15
y/kV	355	211	197	160	142	106	104	60	56	38	36	32	21	19	15

解　由散点图 10.9 看出，t 和 y 可以看作有指数关系或幂函数关系. 先设有指数关系 $y=\alpha\exp\{\beta_1 t\}$，这等价于 $u=\ln y=a+\beta_1 t$，由数据可以得到线性回归方程为

$$u=5.965\ 9-0.217\ 8t,$$

$$r_0=-0.994\ 1,\quad R^2=0.988\ 3,$$

R^2 很高，看来指数拟合不错. 回归函数是

$$y=389.903\ 8\exp\{-0.217\ 8t\},$$

如果认为是幂函数关系，那么 $u=\ln y, s=\ln t$ 应该是线性关系，数据拟合的线性回归方程为

$$u=6.408\ 0-1.174\ 6s,$$

$$r_0=-0.937\ 1,\quad R^2=0.878\ 1,$$

拟合也是相当不错的. 这里回归函数是 $y=606.690\ 6t^{-1.174\ 6}$，如何在这两个模型中选择一个? 在不同的标准下有不同的选择. 我们从拟合的角度出发，就看拟合之后哪个模型的残差平方和小就选哪个模型. 即观测 $Q=\sum_{i=1}^{n}(y_i-\hat{y}_i)^2$. 这等价于

$$R^2=1-\frac{\sum_{i=1}^{n}(y_i-\hat{y})^2}{\sum_{i=1}^{n}(y_i-\overline{y})^2}\tag{10.42}$$

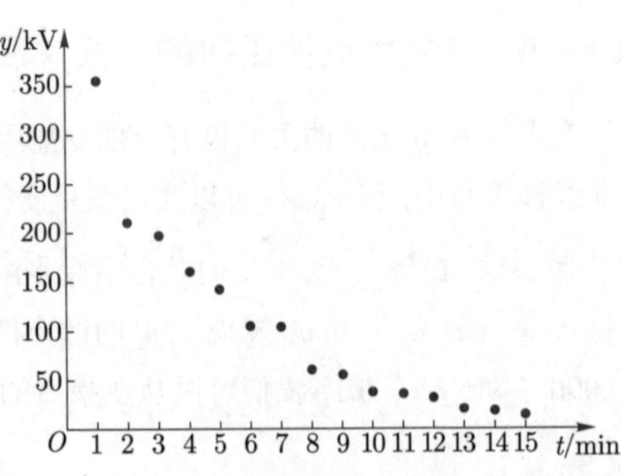

图 10.9　照射后的细菌数和照射次数的散点图

越大越好. 可以算出, 指数模型下, 有

$$Q_1 = 4\ 015, \quad \hat{\sigma}_1 = \sqrt{\frac{Q_1}{n-2}} = 17.575, \quad R_1^2 = 0.969,$$

在幂函数模型下, 有

$$Q_2 = 77\ 746, \quad \hat{\sigma}_2 = \sqrt{\frac{Q_2}{n-2}} = 77.333, \quad R_2^2 = 0.397,$$

所以在拟合残差平方和最小准则下, 指数模型回归函数比幂函数模型回归函数拟合得更好.

注 在回归分析中, 作回归关系的主要理由是研究一个变量 (因变量, 也称外生变量) 在另一个变量 (自变量, 也称内生变量) 变化时如何跟着变化, 但是在不同的场合、不同的目的下可以选取不同的自变量. 如考虑上海期货交易所的期铜价格与伦敦期铜价格的关系, 如果要研究上海期铜对伦敦期铜的影响, 那么上海期铜价格是自变量, 如果要研究伦敦期铜对上海期铜价格的影响, 那么伦敦期铜价格是自变量. 按不同自变量得出的线性回归方程是不一样的!

10.2.7 多元线性回归模型

在实际场合下, 更常见的是多元回归问题, 即自变量不是一个, 而是 p 个, 其中最简单的模型就是线性回归模型, 即

$$y = a_0 + \beta_1 x_1 + \beta_2 x_2 + \cdots + \beta_p x_p + e, \tag{10.43}$$

$$E(y|x_1, x_2, \cdots, x_p) = a_0 + \beta_1 x_1 + \beta_2 x_2 + \cdots + \beta_p x_p. \tag{10.44}$$

这个模型称为 p 元线性回归模型. 不要认为它简单、不能解决问题. 实际上这个模型是非常常见和非常有用的模型. 例如, 设 $y = f(x) + e$, 其中回归函数 $f(x)$ 是 p 阶可微函数, 对 $f(x)$ 作泰勒展开 (为书写方便起见, 仅在 0 点展开)

$$f(x) = a_0 + a_1 x + a_2 x^2 + \cdots + a_p x^p + o(x^p).$$

在一定的范围内多项式 $g(x) = a_0 + a_1 x + a_2 x^2 + \cdots + a_p x^p$ 可以很好地近似可微函数 $f(x)$, 令

$$x_1 = x, x_2 = x^2, \cdots, x_p = x^p,$$

忽略高阶项, 回归方程可以改写为

$$y = a_0 + a_1 x_1 + a_2 x_2 + \cdots + a_p x_p + e,$$

这是一个 p 元线性回归模型. 当 f 是多元可微函数时也可以作泰勒展开, 在一定的范围内用多元多项式来近似, 类似地也可以视为多元线性回归模型.

为了简单起见, 我们假设自变量是非随机的. (10.43) 式中 a_0 为常数项, 称为截距, β_i 称为 y 对 x_i 的回归系数, e 是均值为 0 的随机误差.

现对自变量 $(X_1,X_2,\cdots,X_p)$ 和因变量 Y 进行观察，第 i 次的观测值为 $(x_{i1},x_{i2},\cdots,x_{ip},y_i),i=1,2,\cdots,n$，随机误差为 e_i(不可观察)，则我们有

$$y_i=a_0+\beta_1x_{i1}+\beta_2x_{i2}+\cdots+\beta_px_{ip}+e_i,\quad i=1,2,\cdots,n,\tag{10.45}$$

这里设 $e_1,e_2,\cdots,e_n$ 满足高斯–马尔可夫假定，即互不相关，$E(e_i)=0,E(e_i^2)=\sigma^2,i=1,2,\cdots,n.$

记

$$\beta=(\beta_1,\beta_2,\cdots,\beta_p)^{\mathrm{T}},\tilde{\beta}=(a_0,\beta_1,\beta_2,\cdots,\beta_p)^{\mathrm{T}},$$

$$\boldsymbol{x}=(x_1,x_2,\cdots,x_p)^{\mathrm{T}},\quad \boldsymbol{e}=(e_1,e_2,\cdots,e_n)^{\mathrm{T}},$$

$$\boldsymbol{x}_i=(x_{1i},x_{2i},\cdots,x_{ni})^{\mathrm{T}},\quad i=1,2,\cdots,p,$$

$$\boldsymbol{X}=(\mathbf{1},x_1,x_2,\cdots,x_p),\quad \boldsymbol{y}=(y_1,y_2,\cdots,y_n)^{\mathrm{T}},$$

则 (10.45) 式可以改写为

$$\boldsymbol{y}=\boldsymbol{X}\tilde{\beta}+\boldsymbol{e}=a_0\mathbf{1}+\beta_1\boldsymbol{x}_1+\beta_2\boldsymbol{x}_2+\cdots+\beta_p\boldsymbol{x}_p+\boldsymbol{e},\tag{10.46}$$

其中 $\boldsymbol{X}$ 是 $n\times(p+1)$ 矩阵. 我们的目的是求 $a_0,\beta_1,\beta_2,\cdots,\beta_p$, 使得下式最小

$$\sum_{i=1}^{n}\left[y_i-(a_0+\beta_1x_{i1}+\beta_2x_{i2}+\cdots+\beta_px_{ip})\right]^2,$$

这等价于使得下式最小

$$\|\boldsymbol{y}-(a_0\mathbf{1}+\beta_1\boldsymbol{x}_1+\beta_2\boldsymbol{x}_2+\cdots+\beta_p\boldsymbol{x}_p)\|^2.\tag{10.47}$$

设 n 维向量 $\mathbf{1},\boldsymbol{x}_1,\boldsymbol{x}_2,\cdots,\boldsymbol{x}_p$ 线性无关，$\mathcal{S}_{p+1}$ 是由 $\mathbf{1},\boldsymbol{x}_1,\boldsymbol{x}_2,\cdots,\boldsymbol{x}_p$ 生成的 $\mathbb{R}^n$ 的子空间，则使 (10.47) 式成立，就是在子空间 $\mathcal{S}_{p+1}$ 中寻找向量 γ，使得 $\|\boldsymbol{y}-\gamma\|^2$ 最小. 由线性代数知识知，γ 就是 $\boldsymbol{y}$ 在 $\mathcal{S}_{p+1}$ 上的投影. 因为子空间 $\mathcal{S}_{p+1}$ 是由线性无关的向量 $\mathbf{1},\boldsymbol{x}_1,\boldsymbol{x}_2,\cdots,\boldsymbol{x}_p$ 生成，所以 $\mathcal{S}_{p+1}$ 的投影阵为 $\boldsymbol{X}(\boldsymbol{X}^{\mathrm{T}}\boldsymbol{X})^{-1}\boldsymbol{X}^{\mathrm{T}}$，故 $\boldsymbol{y}$ 在 $\mathcal{S}_{p+1}$ 上的投影为

$$\boldsymbol{X}(\boldsymbol{X}^{\mathrm{T}}\boldsymbol{X})^{-1}\boldsymbol{X}^{\mathrm{T}}\boldsymbol{y}=\boldsymbol{X}(\boldsymbol{X}^{\mathrm{T}}\boldsymbol{X})^{-1}\boldsymbol{X}^{\mathrm{T}}\boldsymbol{y},$$

设 $(\boldsymbol{X}^{\mathrm{T}}\boldsymbol{X})^{-1}\boldsymbol{X}^{\mathrm{T}}\boldsymbol{y}=(\gamma_0,\gamma_1,\ldots,\gamma_p)^{\mathrm{T}}$，则

$$\begin{aligned}\boldsymbol{X}(\boldsymbol{X}^{\mathrm{T}}\boldsymbol{X})^{-1}\boldsymbol{X}^{\mathrm{T}}\boldsymbol{y}&=(1,\boldsymbol{x}_1,\boldsymbol{x}_2,\cdots,\boldsymbol{x}_p)(\gamma_0,\gamma_1,\ldots,\gamma_p)^{\mathrm{T}}\\&=\gamma_0\mathbf{1}+\gamma_1\boldsymbol{x}_1+\gamma_2\boldsymbol{x}_2+\cdots+\gamma_p\boldsymbol{x}_p.\end{aligned}$$

即

$$\hat{a}_0=\gamma_0,\hat{\beta}_i=\gamma_i,\quad i=1,2,\cdots,p.$$

由此知 $\boldsymbol{y}$ 的投影是 $\mathbf{1},\boldsymbol{x}_1,\boldsymbol{x}_2,\cdots,\boldsymbol{x}_p$ 的线性组合，而 $\hat{a}_0,\hat{\beta}_1,\hat{\beta}_2,\cdots,\hat{\beta}_p$ 分别为向量 $\mathbf{1},\boldsymbol{x}_1,\boldsymbol{x}_2,\cdots,$

前的系数. 把这 $p+1$ 个系数写成向量形式, 为

$$\hat{\hat{\beta}}=(\boldsymbol{X}^{\mathrm{T}}\boldsymbol{X})^{-1}\boldsymbol{X}^{\mathrm{T}}\boldsymbol{y}, \tag{10.48}$$

公式 (10.48) 的缺点是截距和回归系数不能分开估计, 主要是向量 $\mathbf{1}$ 和向量 $\boldsymbol{x}_1,\boldsymbol{x}_2,\cdots,\boldsymbol{x}_p$ 不垂直. 为此, 在向量 $\boldsymbol{x}_i$ 上都减去它在 $\mathbf{1}$ 上的投影 $\dfrac{1}{n}\mathbf{1}\mathbf{1}^{\mathrm{T}}\boldsymbol{x}_i$ (即自变量的中心化), 得

$$\begin{aligned}\boldsymbol{x}_i^*&=\boldsymbol{x}_i-\frac{1}{n}\mathbf{1}\mathbf{1}^{\mathrm{T}}\boldsymbol{x}_i\\&=\Big(I-\frac{1}{n}\mathbf{1}\mathbf{1}^{\mathrm{T}}\Big)\boldsymbol{x}_i,\quad i=1,2,\cdots,p,\end{aligned}$$

记

$$\begin{aligned}&\overline{x}_i=\frac{1}{n}\sum_{j=1}^{n}x_{ji},\quad x_{ji}^*=x_{ji}-\overline{x}_i,\quad i=1,2,\cdots,p,\quad j=1,2,\cdots,n,\\&\overline{\boldsymbol{x}}=(\overline{x}_1,\overline{x}_2,\cdots,\overline{x}_p)^{\mathrm{T}},\\&\boldsymbol{x}_i^*=\boldsymbol{x}_i-\overline{x}_i\mathbf{1}=(x_{1i}^*,x_{2i}^*,\cdots,x_{ni}^*)^{\mathrm{T}},\quad i=1,2,\cdots,p,\\&\boldsymbol{X}^*=(\boldsymbol{x}_1^*,\boldsymbol{x}_2^*,\cdots,\boldsymbol{x}_p^*)_{n\times p},\end{aligned}$$

模型 (10.46) 可以改写为

$$\begin{aligned}\boldsymbol{y}&=(a_0+\beta_1\overline{x}_1+\beta_2\overline{x}_2+\cdots+\beta_p\overline{x}_p)\mathbf{1}+\beta_1\boldsymbol{x}_1^*+\beta_2\boldsymbol{x}_2^*+\cdots+\beta_p\boldsymbol{x}_p^*+\boldsymbol{e}\\&\equiv\beta_0\mathbf{1}+\boldsymbol{X}^*\beta+\boldsymbol{e},\end{aligned} \tag{10.49}$$

子空间 $\mathcal{S}_{p+1}$ 也可以由 $\mathbf{1},\boldsymbol{x}_1^*,\boldsymbol{x}_2^*,\cdots,\boldsymbol{x}_p^*$ 生成, 注意到 $\mathbf{1}\perp\boldsymbol{x}_i^*,i=1,2,\cdots,p$, 所以 $\boldsymbol{y}$ 在 $\mathcal{S}_{p+1}$ 上的投影等于它在 $\mathbf{1}$ 和由 $\boldsymbol{x}_i^*,i=1,2,\cdots,p$ 生成的子空间 $\mathcal{S}_p$ 上投影的和, $\boldsymbol{y}$ 在 $\mathbf{1}$ 上的投影为 $\overline{y}\mathbf{1}$, 它在 $\mathcal{S}_p$ 上的投影为

$$\boldsymbol{X}^*(\boldsymbol{X}^{*\mathrm{T}}\boldsymbol{X}^*)^{-1}\boldsymbol{X}^{*\mathrm{T}}\boldsymbol{y}, \tag{10.50}$$

所以我们得到

$$\hat{\beta}_0=\overline{y}, \tag{10.51}$$

$$\hat{\beta}=(\hat{\beta}_1,\hat{\beta}_2,\cdots,\hat{\beta}_p)^{\mathrm{T}}=(\boldsymbol{X}^{*\mathrm{T}}\boldsymbol{X}^*)^{-1}\boldsymbol{X}^{*\mathrm{T}}\boldsymbol{y}. \tag{10.52}$$

例 10.9 设某公司产品在 10 个小城镇的销售量 y(万件) 与城镇人口总量 x_1(单位: 万人) 及平均每户总收入 x_2(单位: 万元) 的数据如下:

y/万件	1.6	1.2	2.3	1.4	0.9	1.7	2.8	1.9	3.1	2.7
x_1/万人	24	33	38	28	24	37	30	25	40	44
x_2/万元	14	9	19	11	8	13	12	16	17	18

试求销售量 y 与城镇人口总量 x_1 及平均每户总收入 x_2 的线性回归方程.

解 设线性回归模型为

$$y = a + \beta_1 x_1 + \beta_2 x_2 + e,$$

则

$$\begin{aligned}
&\overline{x}_1 = 32.3, \quad \overline{x}_2 = 13.7,\\
&(\boldsymbol{X}^{*\mathrm{T}}\boldsymbol{X}^*) = \begin{pmatrix} 466.1 & 142.9 \\ 142.9 & 128.1 \end{pmatrix},\\
&\boldsymbol{X}^{*\mathrm{T}}\boldsymbol{y} = (30.32, 18.38)^{\mathrm{T}},\\
&(\hat{\beta}_1, \hat{\beta}_2)^{\mathrm{T}} = (\boldsymbol{X}^{*\mathrm{T}}\boldsymbol{X}^*)^{-1}\boldsymbol{X}^{*\mathrm{T}}\boldsymbol{y} = (0.032\,0, 0.107\,8)^{\mathrm{T}},\\
&\overline{y} = 1.96,\\
&\hat{a} = \overline{y} - \hat{\beta}_1\overline{x}_1 - \hat{\beta}_2\overline{x}_2\\
&\quad = 1.96 - 0.032\,0 \times 32.3 - 0.107\,8 \times 13.7 = -0.550\,5,
\end{aligned}$$

即二元线性回归方程为

$$y = -0.550\,5 + 0.032\,0 x_1 + 0.107\,8 x_2,$$

当 $x_1 = 47, x_2 = 18$ 时,

$$\hat{m}(x_1, x_2) = -0.550\,5 + 0.032\,0 \times 47 + 0.107\,8 \times 18 = 2.893\,9.$$

为作回归函数 $\hat{m}(x_1, x_2)$ 的区间估计, 当然要假定误差是独立正态的. 可以算出总平方和

$$TSS = S_{yy} = \sum_{i=1}^{n}(y_i - \overline{y})^2 = 4.884,$$

回归平方和 $RSS = \sum_{i=1}^{n}(\hat{y}_i - \overline{y})^2$ 为

$$\begin{aligned}
RSS &= \boldsymbol{y}^{\mathrm{T}}\boldsymbol{X}^*(\boldsymbol{X}^{*\mathrm{T}}\boldsymbol{X}^*)^{-1}\boldsymbol{X}^{*\mathrm{T}}\boldsymbol{y} = (30.32, 18.38)\begin{pmatrix} 466.1 & 142.9 \\ 142.9 & 128.1 \end{pmatrix}^{-1}\begin{pmatrix} 30.32 \\ 18.38 \end{pmatrix}\\
&= (30.32, 18.38)\begin{pmatrix} 0.032\,0 \\ 0.107\,8 \end{pmatrix} = 2.951\,6,
\end{aligned}$$

同一元线性回归模型, 多元线性回归模型也有平方和分解公式, $TSS = RSS + ESS$, 见 (10.28) 式. 所以残差平方和为

$$ESS = \sum_{i=1}^{n}\hat{e}_i^2 = \sum_{i=1}^{n}(y_i - \hat{y}_i)^2 = 4.884 - 2.951\,6 = 1.932\,4,$$

误差标准差的估计为

$$\hat{\sigma} = \sqrt{\frac{1}{10-3}\sum_{i=1}^{n}(y_i - \hat{y}_i)^2} = 0.525\ 4.$$

□

类似于一元线性回归, 回归系数有如下性质:

定理 10.2　多元回归系数最小二乘估计的性质

在高斯–马尔可夫假定下,

(1) $E(\hat{\beta}_0) = \beta_0, E(\hat{\beta}_i) = \beta_i, \quad i = 1, 2, \cdots, p$;

(2) $\mathrm{Var}(\hat{\beta}_0) = \sigma^2/n, \mathrm{Var}(\hat{\beta}) = \sigma^2 \boldsymbol{S}_{xx}^{-1}$;

(3) $\hat{\beta}_0 \perp \hat{\beta}_i, i = 1, 2, \cdots, p$, 故 $\mathrm{Cov}(\hat{\beta}_0, \hat{\beta}_i) = 0, i = 1, 2, \cdots, p$;

(4) $E(\hat{\sigma}^2) = \sigma^2$;

(5) $(\hat{\beta}_0, \hat{\beta}_1, \cdots, \hat{\beta}_p) \perp \hat{e}$.

在正态假定下,

(6) $\hat{\beta}_0 \sim N\left(\beta_0, \sigma^2/n\right), \quad \hat{\beta} \sim N_p(\beta, \sigma^2 \boldsymbol{S}_{xx}^{-1})$.

若记 $d(i)$ 为方阵 $\boldsymbol{S}_{xx}^{-1}$ 的对角线 (ii) 元, 则

$$\hat{\beta}_i \sim N_p(\beta_i, d(i)\sigma^2), i = 1, 2, \cdots, p. \qquad (n-p-1)\hat{\sigma}^2 \sim \sigma^2 \chi^2_{n-p-1};$$

(7) $\dfrac{1}{\hat{\sigma}\sqrt{d(i)}}(\hat{\beta}_i - \beta_i) \sim t_{n-p-1}, i = 1, 2, \cdots, p$,

$$\left(\frac{1}{n} + \overline{\boldsymbol{x}}^{\mathrm{T}} \boldsymbol{S}_{xx}^{-1} \overline{\boldsymbol{x}}\right)^{-1/2} \hat{\sigma}^{-1}(\hat{a}_0 - a_0) \sim t_{n-p-1};$$

(8) $\hat{m}(\boldsymbol{x}) \sim N(m(\boldsymbol{x}), \left(\dfrac{1}{n} + (\boldsymbol{x} - \overline{\boldsymbol{x}})^{\mathrm{T}} \boldsymbol{S}_{xx}^{-1} (\boldsymbol{x} - \overline{\boldsymbol{x}})\right)\sigma^2)$,

$$m(\boldsymbol{x}) \in [\hat{m}(\boldsymbol{x}) \pm \hat{\sigma} t_{n-p-1}\left(\frac{\alpha}{2}\right)\sqrt{\frac{1}{n} + (\boldsymbol{x} - \overline{\boldsymbol{x}})^{\mathrm{T}} \boldsymbol{S}_{xx}^{-1} (\boldsymbol{x} - \overline{\boldsymbol{x}})}].$$

♡

定理的证明可见本章附录.

例 10.10 (例 10.9 续)　对人口总量 $x_1 = 47$(万人), 户均收入 $x_2 = 18$(万元) 的城市的销售量作预测. ($\alpha = 0.1$)

解　由定理 10.2 的性质 (8), 类似于一元回归函数的区间估计, $\hat{m}(x_1, x_2)$ 是回归函数 $m(x_1, x_2)$ 的无偏估计, 其方差为

$$\mathrm{Var}(\hat{m}(x_1, x_2)) = \left(\frac{1}{n} + (\boldsymbol{x} - \overline{\boldsymbol{x}})^{\mathrm{T}} \boldsymbol{S}_{xx}^{-1} (\boldsymbol{x} - \overline{\boldsymbol{x}})\right)\sigma^2.$$

可以算出, 上式方差为 $(0.1+1.383\ 7)\sigma^2 = 1.483\ 7\sigma^2$, 所以 $\hat{m}(47,18) \sim N(5.81, 1.483\ 7\sigma^2)$. 用残差估计 σ^2, 得

$$\begin{aligned} m(47,18) \in & [\hat{m}(47,18) \pm \hat{\sigma} t_{10-3} \times 0.05\sqrt{1.483\ 7}] \\ = & [5.81 \pm 2.014\ 26 \times 1.894\ 6 \times 1.218\ 1]. \\ = & [5.81 \pm 4.65] = [1.16, 10.46]. \end{aligned}$$

这是一个很宽的区间, 主要是样本量太少了, 估计不可能精确. 在这种情况下, 应该增加样本量才能作出较好的估计. □

由定理 10.2, 在正态假定下, 我们可以对多元线性回归的截距和回归系数作假设检验和区间估计, 也可以对回归函数 $m(x_1, x_2, \cdots, x_p)$ 以及 y 在未知观测点 $(x_1, x_2, \cdots, x_p)$ 上的取值进行预测, 这些都是一元线性回归类似问题的平行推广, 我们不再赘述. 重要的是要能够在计算机上用适当的软件来求出线性回归方程.

除此以外, 多元线性模型与一元线性模型分析不同的还有：在固定一部分自变量情况下对其余变量进行相关分析 (称为偏相关分析, 这里的“偏” (partial) 是部分的意思), 线性模型适宜性评价等内容. 这些内容参看回归分析等教材 (王松桂 等, 2004).

在大多数情况下, 随着自变量个数的增加, 是否能减少模型的方差而增加预测精度? 一般而言, 在大多数情况下, 这是正确的. 现在一个明显的问题是：如果两个自变量比一个自变量能给出更好的结果, 岂不是可以用三个, 四个或更多的自变量? 但是变量多了, 它们之间很可能有很强的相关性, 从而 $(\boldsymbol{X}^{\mathrm{T}}\boldsymbol{X})^{-1}$ 可能不存在, 其次增加的自变量是否能解释因变量? 这要具体问题具体分析, 这类问题称为自变量的选择, 在当今大数据时代更是大家关注的问题.

10.3 多元回归中自变量的选择和模型诊断简述

10.3.1 变量选择的准则和方法

建立多元线性回归方程后, 首先要检查回归方程是否有效. 有效反映在两个方面, 一是自变量对因变量的影响是否可用自变量的线性组合来表达, 即回归是线性的还是非线性的. 统计上称为回归模型的非线性性检验, 这部分内容超出本教材范围, 故不再多叙. 二是指因变量能否用选定的这些变量的线性组合来表达. 关于这点我们可以对回归是否有效进行检验, 即可以通过残差平方和来检验. 由于 $\boldsymbol{y}^* \equiv \boldsymbol{y} - \overline{y}\mathbf{1} = (\boldsymbol{y} - \hat{\boldsymbol{y}}) + (\hat{\boldsymbol{y}} - \overline{y}\mathbf{1})$, 由本章附表 4 可知

$$\hat{\boldsymbol{y}}^{*\mathrm{T}}\hat{\boldsymbol{y}}^* \equiv (\hat{\boldsymbol{y}} - \overline{y}\mathbf{1})^{\mathrm{T}}(\hat{\boldsymbol{y}} - \overline{y}\mathbf{1}) = \boldsymbol{y}^{\mathrm{T}}\boldsymbol{X}^*(\boldsymbol{X}^{*\mathrm{T}}\boldsymbol{X}^*)^{-1}\boldsymbol{X}^{*\mathrm{T}}\boldsymbol{y},$$

称为回归平方和, 记为 RSS, 注意到 $\boldsymbol{y}^*$ 和 $\hat{\boldsymbol{y}}^*,\hat{\boldsymbol{e}}$ 构成直角三角形, 直角三角形两直角边平方和等于斜边的平方, 所以要求残差平方和越小越好, 等价于回归平方和越大越好. 记

$$R^2=\frac{RSS}{TSS}=\frac{\hat{\boldsymbol{y}}^{*\mathrm{T}}\hat{\boldsymbol{y}}^*}{\boldsymbol{y}^{*\mathrm{T}}\boldsymbol{y}^*}=1-\frac{ESS}{TSS}.$$

R 称为复相关系数. R^2 反映了回归的效果, R 是向量 $\boldsymbol{y}^*$ 与 $\mathcal{S}_p$ 上投影 $\hat{\boldsymbol{y}}^*$ 夹角的余弦. $R^2=1$ 说明 $\boldsymbol{y}^*$ 在 $\mathcal{S}_p$ 上, 即因变量是自变量 $x_1,x_2,\cdots,x_p$ 的严格线性函数. $R^2=0$ 说明 $\boldsymbol{y}^*\perp S_p$, 在正态假定下, 因变量与自变量独立, 当然没有任何关系可言. 所以 R^2 的大小反映了线性回归好坏的程度.

另一种方法是在正态假定下作回归方程的显著性检验, 即要检验 $H_0:\beta_1=0,\beta_2=0,\cdots,\beta_p=0$. 由于在正态假定下 $\hat{\boldsymbol{y}}^*\perp\hat{\boldsymbol{e}}$ 等价于 $\hat{\boldsymbol{y}}^*,\hat{\boldsymbol{e}}$ 相互独立, 由本章附录知回归平方和 $\hat{\boldsymbol{y}}^{*\mathrm{T}}\hat{\boldsymbol{y}}^*$ 和残差平方和 $\hat{\boldsymbol{e}}^{\mathrm{T}}\hat{\boldsymbol{e}}$ 的分布分别为

$$\hat{\boldsymbol{y}}^{*\mathrm{T}}\hat{\boldsymbol{y}}^*\sim\sigma^2\chi^2_p,$$
$$\hat{\boldsymbol{e}}^{\mathrm{T}}\hat{\boldsymbol{e}}\sim\sigma^2\chi^2_{n-p-1},$$

所以

$$F=\frac{RSS/p}{ESS/(n-p-1)}=\frac{\hat{\boldsymbol{y}}^{*\mathrm{T}}\hat{\boldsymbol{y}}^*/p}{\hat{\boldsymbol{e}}^{\mathrm{T}}\hat{\boldsymbol{e}}/(n-p-1)}\sim F_{p,n-p-1},$$

如果原假设 H_0 成立, 那么回归平方和为 0, 所以当 $F>F_{p,n-p-1}(\alpha)$ 时拒绝 H_0, 即因变量与自变量之间有线性关系.

注 当然我们也可以把原假设提为部分回归系数为 0, 或一些回归系数的线性组合为 0 这样的线性假设, 但是这需要较多的矩阵知识, 不在这里讨论了.

在建立线性回归模型时, 通常我们是根据对问题本身的专业理论和相关经验, 把认为能影响因变量的变量引入模型, 其结果可能是一部分变量对因变量有影响, 另一部分变量对因变量的影响甚微. 但是自变量多了不是好事, 不仅在建模时计算量大, 而且估计和预测的精度也会有所下降. 因此对进入模型的自变量要进行筛选, 剔除对因变量影响不大的自变量, 即抓主要矛盾. 这称为自变量的选择, 我们称包含 p 个自变量的模型为全模型, 剔除一些自变量后的模型称为选模型. 是否要剔除, 主要依据是自变量 x_j 在回归中的贡献, 贡献用 $\boldsymbol{y}^*$ 在 $\boldsymbol{x}_j$ 上投影长度的平方占回归平方和的比重来衡量. 如果要剔除 $p-k$ 个变量, 留下 k 个变量, 比如说, 留下 $\boldsymbol{x}_1,\boldsymbol{x}_2,\cdots,\boldsymbol{x}_k$, 就看 $\boldsymbol{y}^*$ 在剔除变量生成的线性子空间的投影占回归平方和的比重. 当然也可以从残差平方和来考虑.

剔除自变量的准则, 大多数是从残差平方和出发建立的. 为以下行文方便, 记剔除 $p-k$ 个自变量后的选模型的回归平方和为 RSS_k, 残差平方和为 ESS_k. 仍以 TSS,RSS, ESS 记全模型的总平方和, 回归平方和及残差平方和. 以选模型残差平方和为基础时, 由于在全模型时 ESS 是最小的, 如果剔除一个或若干个自变量, 选模型中的残差平方和一定比全模型大, 所以不能仅仅以残差平方和最小为标准, 还要根据模型中自变量的个数对残差平方和进

行"惩罚"，常用的准则有：

(1) RMS_k (修正的残差平方和准则)　记

$$RMS_k = \frac{ESS_k}{n-k}, k = 1, 2, \cdots, p,$$

选择 k, 使上式最小 (包括在 p 个变量中如何选出 k 个变量), 则使上式最小的 k 个变量就是我们要选择的变量.

(2) C_p 准则 (马洛斯 (C. L. Mallows) 在 1964 年提出)　从预测观点出发, 令下式的 C_p 最小,

$$C_p = \frac{ESS_k}{TSS} - (n - 2k).$$

(3) AIC 准则 (日本统计学家赤池弘次于 1974 年基于最大似然原理提出的一般模型选择准则 (Akaike information criterion))　取 k, 使得下式的值最小：

$$AIC = n \ln \left(\frac{ESS_k}{n} \right) + 2k.$$

(4) BIC 准则 (施瓦茨 (G. E. Schwarz) 于 1978 年提出的一般模型选择准则 (Bayesian information criterion))　取 k, 使得下式的值最小：

$$BIC = n \ln \left(\frac{ESS_k}{n} \right) + k \ln(n).$$

这些方法都能在一般的包含回归的统计软件包中找到. 如 R 软件包, SPSS, MATLAB 等. 进一步的讨论可见 (王松桂 等, 2004) 和 (陈希孺 等, 1987).

在计算机上进行变量选择时, 无论用哪一种准则都需要对不同的自变量子集进行比较, 都需要计算 RSS_k 和 ESS_k. 所以计算量是非常大的. 要计算所有可能变量子集的回归平方和及残差平方和, 软件中已有许多方法. 常用的方法有如下几种：

(1) 最优子集回归法　计算一切可能子集回归来寻找最优子集, 常用的是扫描运算 (sweep operator) 或高斯消去法.

(2) 逐步回归法　其基本思想是把自变量一个个地引入, 引入变量的条件是该变量在回归平方和中的贡献经检验是显著的. 引入以后, 对已入选模型的变量逐个进行检验, 把经过检验不显著的变量剔除, 以保证选模型中的自变量都是显著的. 该程序到不再能引入变量为止. 这是目前应用最普遍的方法

(3) 向前选择法　计算的思路是把变量一个个地加入回归模型, 加入的原则是该变量在回归平方和中的贡献经检验是最显著的. 其缺点是进入模型后的变量不能剔除了.

(4) 向后选择法　计算思路是先计算全模型, 然后一个个地剔除变量, 剔除的原则是该变量在回归平方和中的贡献不显著. 其缺点是剔除后的变量不能再次进入回归模型.

10.3.2 回归诊断

在前几节讨论线性回归模型时, 我们对误差作了高斯–马尔可夫假定, 如果要作检验, 还需要正态假定. 但是误差是否是等方差? 是否两两正交? 当我们有了数据 $(x_{i1}, x_{i2}, \cdots, x_{ip}, y_i)$, $i = 1, 2, \cdots, n$ 后, 就可以考察这批数据是否满足高斯–马尔可夫假定, 这当然要从残差估计 $\hat{e}_1, \hat{e}_2, \cdots, \hat{e}_n$ 出发来分析. 这就是回归诊断中首先要检验的问题.

一般而言, 如果在残差估计 $\hat{e}_1, \hat{e}_2, \cdots, \hat{e}_n$ 的散点图 (纵坐标为残差估计 $\hat{e}_i$ 或修正的残差估计, 横坐标为任一其他量, 例如可以是因变量 y_i) 中, 如果散点没有趋势, 或没有特殊的函数形状, 大体分布在以 x 轴为中心的两条水平线之间, 那么说明回归是有效的.

回归诊断要研究的另一个问题是探查对统计推断 (估计和预测) 有较大影响的数据. 在回归分析中, 我们仅仅选取了 n 组数据, 而因变量还有随机性. 所以建立的线性回归是否稳定, 能否作预测是需要进行研究的. 我们希望每组数据 $(x_{i1}, x_{i2}, \ldots, x_{ip}, y_i)$ 对回归系数有一定的影响, 但是不希望影响太大, 这样得到的经验回归方程具有一定的稳定性. 不然, 如果个别数据对估计有非常大的影响, 在剔除这种数据后得到的回归方程与已有的回归方程有很大差别时, 我们就有理由怀疑所建立的回归方程不能真正描述因变量和各自变量之间客观存在的相依关系, 所以在作回归分析时, 要考察每组数据对参数估计的影响大小, 称为影响分析.

此外, 在实际中一般可能有少量数据不符合模型的假定, 这类数据称为异常点. 在回归分析中, 如何识别、判断和检验异常点也是回归诊断的主要内容.

这里讨论的问题在实际建模时都必须考虑, 但是线性模型包含的内容太多, 不能在本教材中详细讨论, 我们仅仅在这里提示大家, 光是建立线性模型是不够的, 还需要考虑众多的问题. 进一步学习可以参阅线性模型的相关教材 (王松桂 等, 2004), (陈希孺 等, 1987).

实验 扫描实验 33 的二维码进行多重线性回归分析的模拟实验, 按照每个步骤了解回归分析的过程.

实验 33 多重线性回归分析

10.4 扩展阅读: 相关与因果

雄鸡一唱天下白、名师出高徒、水落石出、熟能生巧等, 这些俗语描述的是相关性还是因果性? 迈尔–舍恩伯格 (Viktor Mayer-Schönberger) 在《大数据时代》一书里指出, 大数据时代只需探究相关关系无须追究因果关系. 一个经典的例子就是沃尔玛百货有限公司发现每当飓风来临时候, 一种草莓馅饼干的销量就会大增. 这是为什么呢? 没人知道. 但是有这个相关信息就够了, 当天气预报说飓风要来时, 就给草莓馅饼干多备货, 没有必要分析为什么. 然而周涛则在《为数据而生》一书中说, 放弃对因果关系的追寻就是人类的自我堕落, 相关性分析是寻找因果关系的利器. 统计教科书里也反复强调 “相关性并不意味着因果性”. 那么, 相关性意味着什么呢? 而什么又意味着因果性呢? 为了搞清楚这些问题, 我们首先要了解, 什么是因果关系.

顾名思义, “因果关系”就是原因和结果的关系. 今天, 因果关系已经有着非常明确的定义. 通常来说, 原因是能引起一定现象的现象, 结果是被一定现象引起的现象. 因果联系的特征就是, 原因在先, 结果在后, 前者的出现导致后者的出现. 费希尔在 1923 年研究肥料对农作物生长的影响时, 他意识到直接对比两块使用不同肥料试验田的产量来说明那种肥料更好是不可行的. 原因在于根本没有光照、灌溉、酸碱度等条件完全相同的两块田. 这些条件（称为干扰因素）都影响产量, 需要想办法控制. 最后他创造性地提出随机实验来控制干扰因素, 即把很多块土地随机地分成两组, 一组用第一种肥料, 另外一组用第二种肥料. 由于随机分配, 因此这些干扰因素在两个组里的分布强度应该是大致相同的. 只要实验的样本量足够大, 随机分成的两组之间就不会有本质的差异（统计意义上的相同, 即同分布）. 这一设想, 能够排除干扰因素. 不但如此, 费希尔还能用 p 值来估算随机实验得出结论的不确定性大小. 这种随机化实验的思想, 发展成双盲控制实验方法. 所谓“双盲”, 就是实验的操作者和实验的被试者都不知道实验内容和目的, 用于平衡干扰因素. 例如有一种新药, 少数患者服用后非常有效果, 那么我们是不是可以认为新药的疗效非常好, 让其他所有患者都服用这种药呢? 答案显然是不能, 我们需要通过双盲控制实验来确定新药确实比安慰剂 (比如葡萄糖) 有更大的效用. 在双盲控制实验下, 医务工作者和患者都不知道使用的药是哪种, 因此对照组和服药组除了药物不同而其他条件可以认为是“相同”的. 从而新药呈现出来的效果可以被认为是新药效用的真实体现, 是疗效好这一“果”的“因”. 双盲控制实验是甄别因果关系的金标准.

相关性是因果关系的前提, 但是不等于因果关系. 要证明两个相关的事件存在因果关系, 还必须找到作用机理, 解释因是如何导致果的. 例如吸烟与肺癌发病率的相关关系极为显著(历史上人们已经注意到, 随着吸烟人数增多, 肺癌发病率也增加, 而随着吸烟人数的减少, 肺癌发病率也下降）, 但是很难证明吸烟与肺癌之间的因果关系. 理论上, 可以通过实验来证明它们之间的因果关系, 但是由于伦理的存在, 实际上是无法实施的（没有人能够人为地让实验组吸烟来看他们是否会得肺癌）. 因此, 总还是有人否认吸烟能导致肺癌, 试图把二者之间的联系怪罪到某个混杂变量, 例如空气污染、遗传因素等. 尽管动物试验中已经证实烟草烟雾中有几十种致癌物, 烟草公司更是以“相关性不能证明因果关系”为由为自己辩护. 直到 1996 年, 一次实验中发现烟草焦油中的一种致癌物——苯并芘被肺上皮细胞吸收后, 能引起细胞中一个叫 p53 基因的三个位置发生突变, 而大部分的肺癌都与该基因这三个位置的突变有关. 这个实验结果发表后, 烟草公司才不好再否认吸烟与肺癌的因果关系.

如果两个变量之间不相关, 那么它们之间一般也没有因果关系. 一种例外情况是存在另外一个变量, 它是这两个变量的“因”, 因此促使了这两个变量之间存在相关, 但这两个变量之间并没有直接的因果关系. 两个变量之间存在相关性时, 它们之间的因果关系并不清楚. 要证明两个相关的事件存在因果关系, 还必须找到作用机理, 解释因是如何导致果的. 因此, “雄鸡一唱天下白”和“名师出高徒”是相关关系, 而“水落石出”是因果关系, “水落”是“石出”的“因”，“石出”是因为常年“水落”而导致的“果”.

图灵奖得主、贝叶斯网络之父珀尔 (Judea Pearl, 1936—) 认为因果关系是比大数据更基本的东西, 因果模型是比数据更真实的逻辑, 真正掌握因果思维比掌握大量的数据更有意义, 才能建立真正的智能机器.

10.5 附录

本节我们简要回顾一下有关线性代数知识, 并对回归系数的性质进行证明.

(1) 线性子空间

设 $\boldsymbol{x}_i \in \mathbb{R}^n, i=1,2,\cdots,p, \mathcal{S}_p$ 是由 $\boldsymbol{x}_1, \boldsymbol{x}_2, \cdots, \boldsymbol{x}_p$ 生成的线性子空间, 即

$$\forall\ \boldsymbol{x} \in \mathcal{S}_p,\ \exists \text{实数}\ a_1, a_2, \ldots, a_p,\ \text{s.t.}\ \boldsymbol{x} = \sum_{i=1}^{p} a_i \boldsymbol{x}_i,$$

(2) 投影矩阵：若方阵 $\boldsymbol{A}^{\mathrm{T}} = \boldsymbol{A}, \boldsymbol{A}^2 = \boldsymbol{A}$, 则 $\boldsymbol{A}$ 称为投影矩阵. 投影矩阵有如下性质：

(a) $\boldsymbol{A}$ 的特征根只能是 0 或 1.

证 因为 $\boldsymbol{A}^{\mathrm{T}} = \boldsymbol{A}$, 所以 $\boldsymbol{A}$ 的特征根为实数, 设 λ 和 $\boldsymbol{x}$ 为 $\boldsymbol{A}$ 的特征根和对应的非 0 特征向量, 一方面,

$$\boldsymbol{A}^2\boldsymbol{x} = \boldsymbol{A}(\boldsymbol{A}\boldsymbol{x}) = \boldsymbol{A}(\lambda\boldsymbol{x}) = \lambda^2\boldsymbol{x},$$

另一方面, 由

$$\boldsymbol{A}^2 = \boldsymbol{A}, \boldsymbol{A}^2\boldsymbol{x} = \boldsymbol{A}\boldsymbol{x} = \lambda\boldsymbol{x},$$

所以我们有 $\lambda^2 = \lambda$, 从而 $\lambda = 0$ 或 1. ■

(b) 设投影矩阵 $\boldsymbol{A}$ 的特征根为 $\lambda_1, \lambda_2, \cdots, \lambda_n$,由线性代数知识得 $\sum\limits_{i=1}^{n} \lambda_i = \sum\limits_{i=1}^{n} a_{ii} = \operatorname{tr}(\boldsymbol{A})$. 而投影矩阵特征根只能是 1 或 0, 所以 $\operatorname{tr}(\boldsymbol{A})$ 等于 $\boldsymbol{A}$ 中非 0 特征根的个数, 即 $\boldsymbol{A}$ 的维数.

(3) 对矩阵 $\boldsymbol{A}_{m\times n}, \boldsymbol{B}_{n\times m}$, 有 $\operatorname{tr}(\boldsymbol{A}\boldsymbol{B}) = \operatorname{tr}(\boldsymbol{B}\boldsymbol{A})$.

证 记 $\boldsymbol{A} = (a_{ik})$ 和 $\boldsymbol{B} = (b_{ki})$, 直接计算有

$$\operatorname{tr}(\boldsymbol{A}\boldsymbol{B}) = \sum_{i=1}^{m}\sum_{k=1}^{n} a_{ik}b_{ki},$$

$$\operatorname{tr}(\boldsymbol{B}\boldsymbol{A}) = \sum_{k=1}^{n}\sum_{i=1}^{m} b_{ki}a_{ik} = \sum_{i=1}^{m}\sum_{k=1}^{n} a_{ik}b_{ki} = \operatorname{tr}(\boldsymbol{A}\boldsymbol{B}).$$

■

(4) 若 $\mathcal{S}_k$ 是由线性无关的向量 $\boldsymbol{x}_1, \boldsymbol{x}_2, \cdots, \boldsymbol{x}_k$ 生成的子空间, 记 $\boldsymbol{X} = (\boldsymbol{x}_1, \boldsymbol{x}_2, \cdots, \boldsymbol{x}_k)_{n\times k}$, 则 $\boldsymbol{P} = \boldsymbol{X}(\boldsymbol{X}^{\mathrm{T}}\boldsymbol{X})^{-1}\boldsymbol{X}^{\mathrm{T}}$ 和 $\boldsymbol{I} - \boldsymbol{P}$ 都是投影矩阵, 这点由投影矩阵的定义很容易验证.

设 $\boldsymbol{y}\in\mathbb{R}^n$, 则 $\boldsymbol{y}$ 在 $\mathcal{S}_k$ 上的投影为

$$\hat{\boldsymbol{y}}=\boldsymbol{X}(\boldsymbol{X}^{\mathrm{T}}\boldsymbol{X})^{-1}\boldsymbol{X}^{\mathrm{T}}\boldsymbol{y}.$$

证 要证明 $\hat{\boldsymbol{y}}$ 是投影, 只能证明 $\hat{\boldsymbol{y}}$ 这个向量在 $\mathcal{S}_k$ 中, 且 $\hat{\boldsymbol{y}}\perp\boldsymbol{y}-\hat{\boldsymbol{y}}$. 记 $p\times 1$ 列向量 $(\boldsymbol{X}^{\mathrm{T}}\boldsymbol{X})^{-1}\boldsymbol{X}^{\mathrm{T}}\boldsymbol{y}=(b_1,b_2,\cdots,b_k)^{\mathrm{T}}$, 则

$$\begin{aligned}\hat{\boldsymbol{y}}&=\boldsymbol{X}(\boldsymbol{X}^{\mathrm{T}}\boldsymbol{X})^{-1}\boldsymbol{X}^{\mathrm{T}}\boldsymbol{y}=\boldsymbol{X}(b_1,b_2,\cdots,b_k)^{\mathrm{T}}\\&=(\boldsymbol{x}_1,\boldsymbol{x}_2,\cdots,\boldsymbol{x}_k)(b_1,b_2,\cdots,b_k)^{\mathrm{T}}=b_1\boldsymbol{x}_1+b_2\boldsymbol{x}_2+\cdots+b_k\boldsymbol{x}_k,\end{aligned}$$

即 $\hat{\boldsymbol{y}}$ 是 $\boldsymbol{x}_1,\boldsymbol{x}_2,\cdots,\boldsymbol{x}_k$ 的线性组合, 所以 $\hat{\boldsymbol{y}}\in\mathcal{S}_k$, 其次,

$$(\boldsymbol{y}-\hat{\boldsymbol{y}})^{\mathrm{T}}\hat{\boldsymbol{y}}=\boldsymbol{y}^{\mathrm{T}}(\boldsymbol{I}-\boldsymbol{X}(\boldsymbol{X}^{\mathrm{T}}\boldsymbol{X})^{-1}\boldsymbol{X}^{\mathrm{T}})\boldsymbol{X}(\boldsymbol{X}^{\mathrm{T}}\boldsymbol{X})^{-1}\boldsymbol{X}^{\mathrm{T}}\boldsymbol{y},$$
$$\boldsymbol{y}^{\mathrm{T}}(\boldsymbol{X}(\boldsymbol{X}^{\mathrm{T}}\boldsymbol{X})^{-1}\boldsymbol{X}^{\mathrm{T}}-\boldsymbol{X}(\boldsymbol{X}^{\mathrm{T}}\boldsymbol{X})^{-1}\boldsymbol{X}^{\mathrm{T}})\boldsymbol{y}=0,$$

即 $\hat{\boldsymbol{y}}\perp\boldsymbol{y}-\hat{\boldsymbol{y}}$, 所以 $\hat{\boldsymbol{y}}$ 是投影. ■

(5) 若 $\boldsymbol{A}^{\mathrm{T}}=\boldsymbol{A},\boldsymbol{A}\geqslant 0,\lambda_1,\lambda_2,\cdots,\lambda_n$ 为 $\boldsymbol{A}$ 的特征根, 则存在正交矩阵 $\boldsymbol{Q}=(\boldsymbol{u}_1,\boldsymbol{u}_2,\cdots,\boldsymbol{u}_n)$, 使得 $\boldsymbol{A}=\sum\limits_{i=1}^{n}\lambda_i\boldsymbol{u}_i\boldsymbol{u}_i^{\mathrm{T}}$, 其中 $\boldsymbol{u}_1,\boldsymbol{u}_2,\cdots,\boldsymbol{u}_n$ 为相互正交的单位特征向量.

证 因为 $\boldsymbol{A}^{\mathrm{T}}=\boldsymbol{A}$, 所以存在正交矩阵 $\boldsymbol{Q}=(\boldsymbol{u}_1,\boldsymbol{u}_2,\cdots,\boldsymbol{u}_n)$, 使得

$$\begin{aligned}\boldsymbol{Q}^{\mathrm{T}}\boldsymbol{A}\boldsymbol{Q}&=\mathrm{diag}(\lambda_1,\lambda_2,\cdots,\lambda_n),\\\boldsymbol{A}&=\boldsymbol{Q}\begin{pmatrix}\lambda_1&&\\&\ddots&\\&&\lambda_n\end{pmatrix}\boldsymbol{Q}=(\boldsymbol{u}_1,\boldsymbol{u}_2,\cdots,\boldsymbol{u}_n)\begin{pmatrix}\lambda_1&&\\&\ddots&\\&&\lambda_n\end{pmatrix}\begin{pmatrix}\boldsymbol{u}_1^{\mathrm{T}}\\\vdots\\\boldsymbol{u}_n^{\mathrm{T}}\end{pmatrix}\\&=\sum_{i=1}^{n}\lambda_i\boldsymbol{u}_i\boldsymbol{u}_i^{\mathrm{T}}.\end{aligned}$$

■

(6) 在多元线性回归中, 记 $\hat{\boldsymbol{y}}=\boldsymbol{X}(\boldsymbol{X}^{\mathrm{T}}\boldsymbol{X})^{-1}\boldsymbol{X}^{\mathrm{T}}\boldsymbol{y}$, 其中 $\boldsymbol{X}$ 为 $n\times(p+1)$ 列满秩矩阵, 称 $\hat{\boldsymbol{e}}=\boldsymbol{y}-\hat{\boldsymbol{y}}$ 为残差向量. 由于

$$\begin{aligned}\hat{\boldsymbol{e}}&=\boldsymbol{y}-\hat{\boldsymbol{y}}=(\boldsymbol{I}-\boldsymbol{X}(\boldsymbol{X}^{\mathrm{T}}\boldsymbol{X})^{-1}\boldsymbol{X}^{\mathrm{T}})\boldsymbol{y}\\&=(\boldsymbol{I}-\boldsymbol{X}(\boldsymbol{X}^{\mathrm{T}}\boldsymbol{X})^{-1}\boldsymbol{X}^{\mathrm{T}})(\boldsymbol{X}\tilde{\beta}+\boldsymbol{e})=(\boldsymbol{I}-\boldsymbol{X}(\boldsymbol{X}^{\mathrm{T}}\boldsymbol{X})^{-1}\boldsymbol{X}^{\mathrm{T}})\boldsymbol{e}.\end{aligned}$$

由前述第 5 点, 残差平方和 $\hat{\boldsymbol{e}}^{\mathrm{T}}\hat{\boldsymbol{e}}$ 为

$$\hat{\boldsymbol{e}}^{\mathrm{T}}\hat{\boldsymbol{e}}=\boldsymbol{e}^{\mathrm{T}}(\boldsymbol{I}-\boldsymbol{X}(\boldsymbol{X}^{\mathrm{T}}\boldsymbol{X})^{-1}\boldsymbol{X}^{\mathrm{T}})\boldsymbol{e}=\sum_{i=1}^{n-p-1}\boldsymbol{e}_i^{\mathrm{T}}\boldsymbol{p}_i\boldsymbol{p}_i^{\mathrm{T}}\boldsymbol{e}_i=\sum_{i=1}^{n-p-1}(\boldsymbol{p}_i^{\mathrm{T}}\boldsymbol{e}_i)^2,$$

其中 $\boldsymbol{p}_1,\boldsymbol{p}_2,\cdots,\boldsymbol{p}_{n-p-1}$ 是 $\boldsymbol{I}-\boldsymbol{X}(\boldsymbol{X}^{\mathrm{T}}\boldsymbol{X})^{-1}\boldsymbol{X}^{\mathrm{T}}$ 的相互正交的单位特征向量.

(7) 设 $\boldsymbol{p}_i,i=1,2,\cdots,n-p-1$ 相互正交的单位特征向量, $e_i\sim N(0,\sigma^2)$, $e_1,e_2,\cdots,e_n$ 相

互独立, 则

$$u_i = \boldsymbol{p}_i^{\mathrm{T}} \boldsymbol{e} = \sum_{j=1}^{n} p_{ij} e_j \sim N(0, \sigma^2), \quad \text{且} u_1, u_2, \cdots, u_{n-p-1} \text{相互独立}.$$

证 因为 u_i 是独立正态随机变量的线性组合, 所以 u_i 仍是正态分布, 易见, $E(u_i) = 0$, 当 $i \neq j$ 时, 由于 $\boldsymbol{p}_i \perp \boldsymbol{p}_j$, 故

$$\begin{aligned} E(u_i u_j) &= E \sum_{k=1}^{n} p_{ik} e_k \sum_{\ell=1}^{n} p_{j\ell} e_\ell \\ &= \sum_{k=1}^{n} \sum_{\ell=1}^{n} p_{ik} p_{j\ell} E(e_k e_\ell) = \sum_{k=1}^{n} p_{ik} p_{jk} \sigma^2 = 0, \\ \mathrm{Var}(u_i) &= \sum_{k=1}^{n} p_{ik}^2 \mathrm{Var}(e_i) = \sum_{k=1}^{n} p_{ik}^2 \sigma^2 = \sigma^2. \end{aligned}$$

由此知残差平方和的分布为

$$\sum_{i=1}^{n} (\boldsymbol{y}_i - \hat{\boldsymbol{y}}_i)^2 = \sum_{i=1}^{n-p-1} u_i^2 \sim \sigma^2 \chi_{n-p-1}^2.$$

■

(8) 若 $X_{ij}, i = 1, 2, \cdots, n; j = 1, 2, \ldots, p$ 为随机变量, 称 $\boldsymbol{X}_{n\times p} = (X_{ij})$ 为随机矩阵, 设 $\boldsymbol{A}_{m\times n}, \boldsymbol{B}_{p\times s}$ 为两个常数矩阵, 定义 $E(\boldsymbol{X}) = (E(X_{ij}))_{n\times p}$, 把 $\boldsymbol{AXB}$ 展开再取期望, 可以得到 $E(\boldsymbol{AXB}) = \boldsymbol{A}(E(\boldsymbol{X}))\boldsymbol{B}$, 特别, 当 $\boldsymbol{x}, \boldsymbol{y}$ 为随机向量时, 称

$$\mathrm{Var}(\boldsymbol{x}) = E(\boldsymbol{x} - E(\boldsymbol{x}))(\boldsymbol{x} - E(\boldsymbol{x}))^{\mathrm{T}}$$

为随机向量 $\boldsymbol{x}$ 的协方差矩阵. 称

$$\mathrm{Cov}(\boldsymbol{x}, \boldsymbol{y}) = E(\boldsymbol{x} - E(\boldsymbol{x}))(\boldsymbol{y} - E(\boldsymbol{y}))^{\mathrm{T}}$$

为随机向量 $\boldsymbol{x}, \boldsymbol{y}$ 的协方差矩阵. 由此可得 $\mathrm{Var}(\boldsymbol{Ax}) = \boldsymbol{A}\mathrm{Var}(\boldsymbol{x})\boldsymbol{A}^{\mathrm{T}}$. 在自变量中心化过的多元线性回归中, 由

$$\boldsymbol{y} = \beta_0 \mathbf{1} + \boldsymbol{X}^* \beta + \boldsymbol{e}$$

得到 β_0 和 β 的最小二乘估计为

$$\begin{aligned} \hat{\beta}_0 &= \overline{\boldsymbol{y}} = \beta_0 + \overline{\boldsymbol{e}}, \quad \overline{\boldsymbol{e}} = \mathbf{1}^{\mathrm{T}} \boldsymbol{e} / \mathbf{n}, \\ \hat{\beta} &= (\boldsymbol{X}^{*\mathrm{T}} \boldsymbol{X}^*)^{-1} \boldsymbol{X}^{*\mathrm{T}} \boldsymbol{y} = \beta + (\boldsymbol{X}^{*\mathrm{T}} \boldsymbol{X}^*)^{-1} \boldsymbol{X}^{*\mathrm{T}} \boldsymbol{e}. \end{aligned}$$

由上述运算规则, 得

$$\begin{aligned} & E(\hat{\beta}_0) = \beta_0 + E(\overline{\boldsymbol{e}}) = \beta_0, \qquad E(\hat{\beta}) = E[\beta + (\boldsymbol{X}^{*\mathrm{T}} \boldsymbol{X}^*)^{-1} \boldsymbol{X}^{*\mathrm{T}} \boldsymbol{e}] = \beta, \\ & \mathrm{Cov}(\hat{\beta}_0, \hat{\beta}) = 0, \\ & \mathrm{Var}(\hat{\beta}_0) = \mathrm{Var}(\overline{\boldsymbol{e}}) = \frac{\sigma^2}{n}, \end{aligned}$$

$$\mathrm{Var}(\hat{\beta}) = \mathrm{Var}[(\boldsymbol{X}^{*\mathrm{T}}\boldsymbol{X}^*)^{-1}\boldsymbol{X}^{*\mathrm{T}}\boldsymbol{e}] = (\boldsymbol{X}^{*\mathrm{T}}\boldsymbol{X}^*)^{-1}\sigma^2 \equiv \boldsymbol{S}_{xx}^{-1}\sigma^2.$$

在误差为独立 0 均值正态分布的假定下, $\hat{\beta}_0 \sim N\left(\beta_0, \dfrac{\sigma^2}{n}\right)$, 而参数向量的估计 $\hat{\beta}$ 称为均值向量为 β, 协方差矩阵为 $\boldsymbol{S}_{xx}^{-1}\sigma^2$ 的 p 元正态分布. 记为 $\hat{\beta} \sim N_p(\beta, \boldsymbol{S}_{xx}^{-1}\sigma^2)$. 从表达式看出 $\hat{\beta}_0$ 与向量 $\hat{\beta}$ 独立, 但是 $\hat{\beta}_i, \hat{\beta}_j$ 一般是不独立的. 由于 $a = \beta_0 + \overline{x}^{\mathrm{T}}\beta$, 故

$$\begin{aligned} \hat{a} &= \hat{\beta}_0 + \overline{\boldsymbol{x}}^{\mathrm{T}}\hat{\beta}, \\ E(\hat{a}) &= \beta_0 + \overline{\boldsymbol{x}}^{\mathrm{T}}\beta, \qquad \mathrm{Var}(\hat{a}) = \frac{\sigma^2}{n} + \overline{\boldsymbol{x}}^{\mathrm{T}}\boldsymbol{S}_{xx}^{-1}\overline{\boldsymbol{x}}. \end{aligned}$$

因为 $\hat{a}$ 是独立正态随机变量的线性组合, 所以也是正态分布, 均值和方差如上所示.

对回归函数 $m(\boldsymbol{x})$ 的估计 $\hat{m}(\boldsymbol{x}) = \hat{a} + \boldsymbol{x}^{\mathrm{T}}\hat{\beta} = \hat{\beta}_0 + (\boldsymbol{x} - \overline{\boldsymbol{x}})^{\mathrm{T}}\hat{\beta}$, 可以算出

$$\begin{aligned} E[\hat{m}(\boldsymbol{x})] &= \beta_0 + (\boldsymbol{x} - \hat{\boldsymbol{x}})^{\mathrm{T}}\beta = a + \boldsymbol{x}^{\mathrm{T}}\beta = m(\boldsymbol{x}), \\ \mathrm{Var}[\hat{m}(\boldsymbol{x})] &= \mathrm{Var}(\hat{\beta}_0) + \mathrm{Var}[(\boldsymbol{x} - \overline{\boldsymbol{x}})^{\mathrm{T}}\hat{\beta}] \\ &= \frac{1}{n}\sigma^2 + (\boldsymbol{x} - \overline{\boldsymbol{x}})^{\mathrm{T}}\mathrm{Var}(\hat{\beta})(\boldsymbol{x} - \overline{\boldsymbol{x}}) \\ &= \left[\frac{1}{n} + (\boldsymbol{x} - \overline{\boldsymbol{x}})^{\mathrm{T}}\boldsymbol{S}_{xx}^{-1}(\boldsymbol{x} - \overline{\boldsymbol{x}})\right]\sigma^2. \end{aligned}$$

在正态假定下, 回归函数的估计量 $\hat{m}(\boldsymbol{x})$ 也是正态分布, 均值和方差如上, 由于 $\hat{\boldsymbol{e}} \perp (\hat{\beta}_0, \hat{\beta})$, 所以 $m(\boldsymbol{x})$ 的区间估计为

$$m(\boldsymbol{x}) \in \left[\hat{m}(\boldsymbol{x}) \pm \hat{\sigma} t_{n-p-1}\left(\frac{\alpha}{2}\right)\sqrt{\frac{1}{n} + (\boldsymbol{x} - \overline{\boldsymbol{x}})^{\mathrm{T}}\boldsymbol{S}_{xx}^{-1}(\boldsymbol{x} - \overline{\boldsymbol{x}})\sigma^2}\right].$$

本章总结

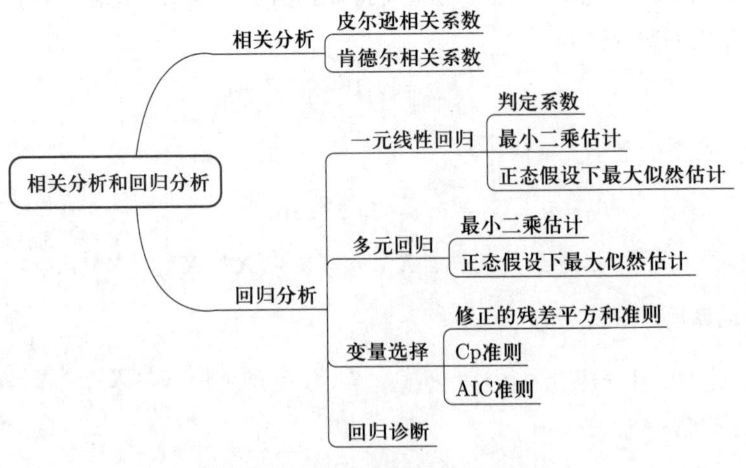

图 10.10 第十章知识点结构图

重点概念总结

- 相关分析是统计学中非常重要的内容，现在大数据分析的一个主要内容就是分析两种属性之间的相关性. 因果关系和相关关系是两个不同的概念，两者既有联系，又有区别.
- 数据类型不同，分析两组数据之间相关关系的统计方法也不同. 在实际应用中一定要根据数据类型，选择相应的分析方法，不然很容易误用统计.
- 线性回归分析是统计中用得最多的一种方法，书中用最小二乘获得回归系数的估计，其本质是因变量向量在设计矩阵上的线性投影. 多元线性回归系数的最小二乘估计也是投影，不过要涉及一些矩阵知识，所以有一定的难度. 在实际应用中，还有其他方法来获得回归系数的估计，也有非线性回归. 这些方法已超出本书范围，有兴趣的读者可以参考有关文献.
- 我们的目的不仅仅是建立线性模型，还要对回归系数、截距和模型方差进行统计分析，阐述它们的具体含义.
- 建立线性回归模型的目的是在自变量的一定范围内对因变量作预测. 在原有 n 个数据的均值附近，预测效果较好，如果在原有数据外部时，预测效果不一定理想. 要清楚地认识到，即使建立的模型与已有数据吻合得相当好，也只能在一定范围内作预测，自变量超过一定的范围，模型是否成立都是一个问题，更不用说预测了.
- 本章讨论的回归模型是在非常强的条件下得到的，如误差为正态分布的，同分布，不相关，自变量非随机等. 如果放宽这些条件，对数据建立线性回归模型并进行统计分析，就是计量经济学中的一部分内容了.
- 回归诊断是建模中一项很重要的内容，但已超出本书范围. 对回归诊断感兴趣的读者可以在回归分析的书中找到相关方法和结论，本书不再进一步介绍了.

习　题

1. 始祖鸟有像鸟类一样的羽毛，但是也有像爬虫类的牙齿及长而多骨的尾巴. 在已知的 5 个仍保有股骨 (一种腿骨) 和肱骨 (上臂的骨头) 的化石标本中，有如下资料:

股骨/cm	38	56	59	64	74
肱骨/cm	41	63	70	72	84

求股骨长度和肱骨长度之间的相关系数并作解释.

2. 每升汽油可供汽车跑的公里数在速度增加时会先升后降. 假设这种相关系数相当规则，我们有如下数据:

速度/($\mathrm{km \cdot h^{-1}}$)	20	30	40	50	60
汽油里程/($\mathrm{km \cdot L^{-1}}$)	8.3	10	10.7	10	8.3

作速度和汽油里程的散点图, 求它们之间的相关系数并作解释.

3. 在有关增重、节食和运动的研究中, 新陈代谢率是一个很重要的指标, 它表示身体消耗能量的速率. 下表列出参加一项节食研究的 12 位女性和 7 位男性的瘦体重 (lean body mass, 简记为 LBM) 及新陈代谢率. 这里瘦体重单位是 kg, 是一个人除去脂肪后的体重. 新陈代谢率是以每 24 h 消耗的热量 (单位: cal, 1 cal=4.186 J) 来计算. 研究者认为瘦体重对新陈代谢率有重要影响. 我们有如下的数据:

参与者	性别	体重/kg	新陈代谢率/cal	参与者	性别	体重/kg	新陈代谢率/cal
1	男	62.0	1 792	11	女	40.3	1 189
2	男	62.9	1 666	12	女	33.1	913
3	女	36.1	995	13	男	51.9	1 460
4	女	54.6	1 425	14	女	42.4	1 124
5	女	48.5	1 396	15	女	34.5	1 052
6	女	42.0	1 418	16	女	51.1	1 347
7	男	47.4	1 362	17	女	41.2	1 204
8	女	50.6	1 502	18	男	51.9	1 867
9	女	42.0	1 256	19	男	46.9	1 439
10	男	48.7	1 614				

(1) 针对女性参与者作散点图, 求相关系数并作解释;

(2) 针对男性参与者作散点图, 求相关系数并作解释;

(3) 求全体 19 个参与者瘦体重和新陈代谢率之间的相关系数. 从中你能得出什么结论? 男女是否有别?

4. 教育学家对 21 个儿童测量了他们的智商, 数据如下, 其中 x 为儿童的年龄 (以月为单位), Y 为服从正态分布的智商指标:

序号	x	Y	序号	x	Y	序号	x	Y
1	15	95	8	11	100	15	11	102
2	26	71	9	8	104	16	10	100
3	10	83	10	20	94	17	12	105
4	9	91	11	7	113	18	42	57
5	15	102	12	9	96	19	17	121
6	20	87	13	10	83	20	11	86
7	18	93	14	11	84	21	10	100

试建立年龄与智商的线性关系, 该线性关系是否成立 ($\alpha = 0.05$)?

5. 如下表数据是退火温度 x (单位: °C) 对黄铜延性 Y (单位: %) 效应的试验结果, Y 是以延长度计算的.

$x/°\text{C}$	300	400	500	600	700	800
$Y/\%$	40	50	55	60	67	70

画出散点图并求 Y 对 x 的线性回归方程.

6. 有研究表明, 适量饮用葡萄酒可以预防心脏病. 下面资料是 19 个国家一年人均葡萄酒消耗量 x (单位: L) 以及一年中每 10 万死亡人数中因心脏病死亡的人数 y 的数据:

国家	x/L	y	国家	x/L	y
澳大利亚	2.5	211	意大利	7.9	107
奥地利	3.9	167	荷兰	1.8	167
比利时	2.9	131	新西兰	1.9	266
加拿大	2.4	191	挪威	0.8	227
丹麦	2.9	220	西班牙	6.5	86
芬兰	0.8	297	瑞典	1.6	207
法国	9.1	71	瑞士	5.8	115
冰岛	0.8	211	英国	1.3	285
爱尔兰	0.7	300	美国	1.2	199
德国	2.7	172			

试求:

(1) x, y 之间的相关系数, 如何解释该相关系数?

(2) 作 y 和 x 之间的线性回归;

(3) 如果某国每人年均葡萄酒消耗量为 3.2 L, 作该国每 10 万死亡人数中因心脏病死亡人数的区间估计 ($\alpha = 0.05$).

7. 蟋蟀用一个翅膀在另一个翅膀上快速地滑动, 从而发出叽叽喳喳的声音. 生物学家知道发声的频率 x (单位: Hz) 与气温 Y (单位: °C) 具有线性关系. 下面列出了 15 对声音频率与气温间的对应关系的观察结果:

x_i/Hz	20.0	16.0	19.8	18.4	17.1	15.5	14.7	17.1
$Y_i/°\text{C}$	31.4	22.0	34.1	29.1	27.0	24.0	20.9	27.8
x_i/Hz	15.4	16.2	15.0	17.2	16.0	17.0	14.4	
$Y_i/°\text{C}$	20.8	28.5	26.4	28.1	27.0	28.6	24.6	

试求 Y 关于 x 的线性回归方程.

8. 根据数据 $(x_i, y_i), i = 1, 2, \cdots, n$, 我们可以作 y 关于 x 的线性回归 $y = \hat{a} + \hat{\beta}_1 x$, 也可以计算 X, Y 之间的皮尔逊相关系数 r. 试:

(1) 用几何观点证明 $\sqrt{1-r^2}/r = \hat{\beta}_1, r = \dfrac{S_{xx}}{S_{yy}}\hat{\beta}_1$;

(2) 在正态假定下, 关于总体相关系数 ρ 的检验问题 $H_0: \rho = 0 \leftrightarrow H_1: \rho \neq 0$ 中的检验函数 $\sqrt{1-r^2}/r$ 在原假设成立时服从正态分布.

9. 哈勃定律是 20 世纪最惊人的科学发现之一, 它说明宇宙正在膨胀, 各星系正以巨大的速度彼此分离. 设 v 是一个星系相对于另一个星系的速度, d 为两星系之间的距离, 则哈勃定律为

$$v = Hd,$$

其中 H 为哈勃常数. 下面列出了哈勃 1929 年论文里 14 个星团距太阳系的距离 (百万秒差距, 1 秒差距 = 3.26 光年) 和退行速度 (千英里/秒, 带有符号, 1 千英里/秒 $=1.609\times10^3$ 千米/秒):

星团名	退行距离/(千英里·秒$^{-1}$)	距离 / 百万秒差距
6 822	−130	0.214
598	−70	0.263
221	−185	0.275
224	−220	0.275
5 457	200	0.450
4 736	290	0.500
4 449	200	0.630
4 214	300	0.800
3 627	650	0.900
1 068	920	1.000
5 055	450	1.100
4 258	500	1.400
4 151	960	1.700
4 382	500	2.000

试求:

(1) 退行速度与距离之间的回归直线;

(2) R^2;

(3) 假设误差服从正态分布, 对假设 $H_0: H = 0 \leftrightarrow H_1: H \neq 0$ 作假设检验 ($\alpha = 0.05$).

10. 可靠性越高的轿车价格越贵? 某媒体评估了 15 部高档轿车. 可靠性的评估采用 5 分制: 差 (1), 一般 (2), 好 (3), 很好 (4) 和优秀 (5). 15 部高档轿车的价格和可靠性的评估结果如下所示:

品牌和型号	可靠性	价格/美元	品牌和型号	可靠性	价格/美元
A	4	33 150	I	4	34 390
B	3	40 570	J	5	33 845
C	5	35 105	K	3	36 910
D	5	35 174	L	4	34 695
E	1	42 230	M	1	37 995
F	3	38 225	N	3	36 995
G	2	37 605	O	3	33 890
H	1	37 695			

(1) 以可靠性评估分数为自变量, 建立这些数据的散点图;

(2) 建立最小二乘估计的回归方程;

(3) 根据你的分析, 你是否认为可靠性越高的轿车, 它的价格越贵? 请做出解释;

(4) 如果一辆高档轿车的可靠性评估分是 3, 估计该车的价格.

11. 某公司进行一项工资情况的调查, 并且把调查资料的摘要登载在其网站上. 根据 2008 年 10 月 1 日的工资数据, 该公司报告, 销售经理的平均年薪为 142 111 元, 包括年平均奖金 15 432 元在内. 假设由 10 名销售经理组成一个样本, 他们年薪和奖金的统计数据如下:

销售经理	年薪/万元	奖金/万元	销售经理	年薪/万元	奖金/万元
1	13.5	1.2	6	17.6	2.4
2	11.5	1.4	7	9.8	7
3	14.6	1.6	8	13.6	1.7
4	16.7	1.9	9	16.3	1.8
5	16.5	2.2	10	11.9	1.1

试求:

(1) 以工资为自变量, 画出这些数据的散点图;

(2) 根据散点图. 在年薪和奖金之间显示出什么关系?

(3) 利用最小二乘法, 求出估计的回归方程;

(4) 对估计的回归方程的斜率作出解释;

(5) 如果某销售副经理的年薪是 12 万元, 预测他的奖金.

12. 一家企业对产品的销售情况与家庭收入进行了调查, 设 y 为某地区该产品的人均购买量 (单位: 元), x 表示家庭收入 (单位: 元). 调查结果如下:

序号	x/元	y/元	序号	x/元	y/元	序号	x/元	y/元
1	6 790	7.9	19	7 450	7.7	37	7 700	17.4
2	2 920	4.4	20	4 350	13.9	38	7 240	41.0
3	10 120	5.6	21	5 400	5.6	39	8 080	39.4
4	4 930	7.9	22	8 740	15.6	40	7 900	9.6
5	5 820	27	23	15 430	52.8	41	7 830	32.9
6	11 560	36.4	24	10 290	6.4	42	4 060	4.4
7	9 970	47.3	25	7 100	40.0	43	12 420	32.4
8	21 890	95	26	14 340	3.1	44	6 580	21.4
9	10 970	53.4	27	8 370	42	45	17 460	57.1
10	20 780	68.5	28	12 550	26.3	46	4 680	6.4
11	18 180	58.4	29	17 480	48.8	47	11 140	19.0
12	17 000	52.1	30	13 810	34.8	48	4 130	5.1
13	7 470	32.5	31	14 280	75.8	49	17 870	83.3
14	20 300	44.3	32	17 770	49.9	50	35 600	149.4
15	16 430	31.6	33	3 700	5.9	51	14 950	51.1
16	4 140	5.5	34	23 160	81.9	52	22 210	38.5
17	3 540	1.7	35	11 300	47.9	53	15 260	39 3
18	12 760	18.8	36	4 630	5.1			

(1) 作 y 关于 x 的线性回归;

(2) 设 $y = a + \beta_1 x + \beta_2 x^2 + e$, 求 a, β_1, β_2 的最小二乘估计, 并求 R^2;

(3) 你认为上述两个模型哪个能较好地拟合数据和进行预测? 说明理由.

13. 为研究 GDP (国内生产总值) x_1 和 CPI (居民消费价格指数) x_2 对社会消费品零售总额 y 的影响, 在国家统计局网站查到如下数据:

年份	消费品零售总额/亿元	GDP/亿元	CPI/%
2021	440 823.0	1 143 669.7	100.9
2020	391 980.6	1 013 567.0	102.5
2019	408 017.2	986 515.2	102.9
2018	377 783.1	919 281.1	102.1
2017	347 326.7	832 035.9	101.6
2016	315 806.2	746 395.1	102.0
2015	286 587.8	688 858.2	101.4
2014	259 487.3	643 563.1	102.0
2013	232 252.6	592 963.2	102.6
2012	205 517.3	538 580.0	102.6
2011	179 803.8	487 940.2	105.4
2010	152 083.1	412 119.3	103.3
2009	128 331.3	348 517.7	99.3
2008	110 994.6	319 244.6	105.9
2007	90 638.4	270 092.3	104.8
2006	76 827.2	219 438.5	101.5
2005	66 491.7	187 318.9	101.8
2004	58 004.1	161 840.2	103.9
2003	51 303.9	137 422.0	101.2
2002	47 124.6	121 717.4	99.2

其中 CPI= 当年消费额/基年消费额 ×100%. 用最小二乘求出线性回归 $\ln y = a + \beta_1 \ln x_1 + \beta_2 \ln x_2$, 计算 R^2, 解释该线性回归是否有效?

14. 以 x 与 Y 分别表示人的脚长 (单位: in) 与手长 (单位: in), 下面列出了 15 名女子的脚的长度 x 与手的长度 Y 的样本值 (1 in = 2.54 cm):

x	9.00	8.50	9.25	9.75	9.00	10.00	9.50	9.00
Y	6.50	6.25	7.25	7.00	6.75	7.00	6.50	7.00
x	9.25	9.50	9.25	10.00	10.00	9.75	9.50	
Y	7.00	7.00	7.00	7.50	7.25	7.25	7.25	

试求:

(1) Y 关于 x 的线性回归方程 $\hat{y} = \hat{a} + \hat{b}x$;

(2) 求 b 的置信水平为 0.95 的置信区间.

15. 某媒体对于超过 100HD 高清晰度电视机提供了广泛的测试和评级. 对于每一种型号的高清晰度电视机, 主要根据画面质量进行测试并给出一个总分. 一般情况下, 较高的总分意味着较好的性能. 下面是 10 台不同品牌同一尺寸的电视机的价格和总分的数据:

品牌	价格/元	总分	品牌	价格/元	总分
A	2 800	62	F	2 000	39
B	2 800	53	G	4 000	66
C	2 700	44	H	3 000	55
D	3 500	50	I	2 500	34
E	3 300	54	J	3 000	39

试求:

(1) 以价格为自变量, 电视机总分的估计的回归方程.

(2) 计算 r^2. 估计的回归方程能否为这些数据提供一个好的拟合?

(3) 若某台该尺寸电视机的价格是 3 200 元, 估计该台电视机的总分.

16. 某杂志检测了 10 种不同型号供徒步旅行者使用的登山靴. 如下数据是被检测的每一种型号的登山靴的支撑力和价格的统计资料. 支撑力用 $1 \sim 5$ 的等级分来测量, 等级分 1 表示一般水平的支撑力, 等级分 5 表示最好的支撑力.

厂家	等级分	价格/元	厂家	等级分	价格/元
A	2	1 200	F	5	1 890
B	3	1 250	G	5	1 900
C	3	1 300	H	4	1 950
D	3	1 350	I	4	2 000
E	3	1 500	J	5	2 200

(1) 利用表中数据建立估计的回归方程, 使该方程能在支撑力的等级分已知时, 用来估计登山靴的价格;

(2) 在 $\alpha = 0.05$ 的显著性水平下, 确定支撑力的等级分和登山靴的价格是否相关;

(3) 在支撑力的等级分已知时, 利用在 (1) 中建立的估计的回归方程来估计登山靴的价格, 你觉得合适吗?

(4) 对于支撑力的等级分为 4 的登山靴, 估计它的价格.

17. 某餐厅的广告费支出和收入的数据如下:

单位: 万元

广告费	1	2	4	6	10	14	20
收入	19	32	44	40	52	53	54

(1) 设 x 表示广告费支出, y 表示收入. 利用最小二乘法, 求出一条近似这两个变量之间关系的直线;

(2) 在 $\alpha = 0.05$ 的显著性水平下, 检验收入和广告费支出是否相关;

(3) 为准备绘制 $y - \hat{y}$ 关于 $\hat{y}$ 的残差图, 利用 (1) 中的结果, 先求出 $\hat{y}$ 的值;

(4) 从残差分析中你能得出什么结论? 你是应用这个模型呢? 还是寻找一个更好的模型?

18. 存股证 (X) 是某交易所代理一家外国公司股份的证书, 这家外国公司在其本国的银行里持有一定数量的保证金. 下面列出了 10 家可能有新的存股证 (X) 的外国公司的价格收益比 (P/E) 和股权收益率 (ROE) 的数据.

公司	ROE	P/E	公司	ROE	P/E
A	6.43	36.88	F	46.23	95.59
B	13.49	27.03	G	28.9	54.85
C	14.04	10.83	H	54.01	189.21
D	20.67	5.15	I	28.02	75.86
E	22.74	13.35	J	27.04	13.17

(1) 假设 $x = ROE$, $y = P/E$, 利用计算机软件包求出关于 x 和 y 的估计的回归方程.

(2) 绘出标准化残差关于自变量 x 的残差图.

(3) 根据残差图, 你觉得关于误差项和模型形式的假定合理吗?

19. 下面是 10 个主要啤酒品牌的广告费和销售量的数据:

啤酒品牌	广告费/万元	装运量/万桶	啤酒品牌	广告费/万元	装运量/万桶
A	120	36.3	F	0.1	7.1
B	68.7	20.7	G	21.5	5.6
C	100.1	15.9	H	1.4	4.4
D	76.6	13.2	I	5.3	4.3
E	8.7	8.1	J	1.7	4.3

(1) 求出这些数据的估计的回归方程.

(2) 应用残差分析查明是否存在任何异常值和 (或) 有影响的观测值. 简短概括一下你的发现和结论.

20. 某大学的一名市场营销学教授感兴趣的问题是, 在一门课程中学生用在学习上的时间和所取得的总学分之间的关系. 搜集了 10 名学生攻读最后一个学期课程的有关数据如下:

用时/h	总学分	用时/h	总学分
45	40	65	50
30	35	90	90
90	75	80	80
60	65	55	45
105	90	75	65

(1) 求出表明学生取得的总学分是如何依赖用在学习上的时间的估计的回归方程.

(2) 在 $\alpha = 0.05$ 的显著性水平下, 检验模型的显著性.

(3) 如果某同学用在学习上的时间是 95 h , 预测他的总学分.

(4) 求出该同学总学分的一个置信水平为 95% 的预测区间.

21. 在钢线碳含量对于电阻的效应的研究中, 得到如下数据:

碳含量 x /%	0.10	0.30	0.40	0.55	0.70	0.80	0.95
20°C 时电阻 $y/\mu\Omega$	15	18	19	21	22.6	23.8	26

(1) 画出散点图.

(2) 求线性回归方程 $\hat{y} = \hat{a} + \hat{b}x$.

(3) 求随机误差 ε 的方差 σ^2 的无偏估计.

(4) 检验假设 $H_0 : b = 0,\ H_1 : b \neq 0$.

(5) 若回归效果显著, 求 b 的置信水平为 0.95 的置信区间.

(6) 求 $x = 0.50$ 处 $\mu(x) = a + bx$ 的置信水平为 0.95 的置信区间.

(7) 求 $x = 0.50$ 处观察值 Y 的置信水平为 0.95 的预测区间.

22. 某公共服务委员会发表的某年度国家服务报告报道了雇员对工作满意程度的评估情况. 其中的一个调查问题是要求雇员选择 5 个最重要的工作场所因素 (从各种因素的清单中), 即他们对自己的工作满意程度影响最大的 5 个因素. 受访者被要求用 5 个因素来表明满意程度. 下面的数据给出了雇员选择的前 5 个因素所占的百分比, 以及用雇员在他们目前工作的工作场所对选择的前 5 个因素是“非常满意”或“满意”所占的百分比来度量相应的满意度评价.

工作场所因素	前 5 个因素占比/%	满意度评价/%
适当的工作量	30	49
创新的机会	38	64
为社会做贡献	40	67
职责明确	40	69
工作时间灵活	55	86
良好的同事关系	60	85
工作趣味性	48	74
职业发展机会	33	43
提升个人能力	46	66
发挥个人特长	50	70
个人努力的肯定	42	53
薪资	47	62
实现个人价值	42	69

(1) 用前 5 个因素 (%) 为横轴, 满意度评价 (%) 为纵轴, 画出这些数据的散点图.
(2) 根据在 (1) 中做出的散点图, 在这两个变量之间显出什么关系?
(3) 求出估计的回归方程, 试问这个方程能在前 5 个因素 (%) 已知时, 用来对满意度评价 (%) 作出预测吗?
(4) 在 $\alpha = 0.05$ 的显著性水平下, 检验这两个变量之间关系的显著性.
(5) 估计的回归方程对观测数据的拟合好吗? 请做出解释.
(6) 样本相关系数是多少?

23. 槲寄生是一种寄生在大树上部树枝上的寄生植物. 它喜欢寄生在树龄较短的大树上. 下面给出在一定条件下完成的试验中采集的数据:

树的树龄 x/年	3	4	9	15	40
每株大树上槲寄生的株数 y	28 33 22	10 36 24	15 22 10	6 14 9	1 1

(1) 作出 (x_i, y_i) 的散点图.
(2) 令 $z_i = \ln y_i$, 作出 (x_i, z_i) 的散点图.
(3) 以模型 $Y = a\exp(bx)\varepsilon$, $\ln\varepsilon \sim N(0, \sigma^2)$ 拟合数据, 其中 a, b, σ^2 与 x 无关. 试求曲线回归方程 $\hat{y} = \hat{a}\exp(\hat{b}x)$.

24. 一种合金在不同浓度的某种添加剂下, 各做三次抗压强度试验, 得数据如下:

浓度 x	10.0	15.0	20.0	25.0	30.0
抗压强度 y	25.2 27.3 28.7	29.8 31.1 27.8	31.2 32.6 29.7	31.7 30.1 32.3	29.4 30.8 32.8

(1) 作散点图.
(2) 以模型 $Y = b_0 + b_1x + b_2x^2 + \varepsilon, \varepsilon \sim N(0, \sigma^2)$ 拟合数据, 其中 b_0, b_1, b_2, σ^2 与 x 无关. 求回归方程 $\hat{y} = \hat{b}_0 + \hat{b}_1x + \hat{b}_2x^2$.

25. 某种化工产品的得率 Y 与反应温度 x_1 、反应时间 x_2 及某反应物浓度 x_3 有关. 今得试验结果如下, 其中 x_1, x_2, x_3 均以编码形式表达 (即用 -1 和 1 表示两种不同的值):

x_1/°C	−1	−1	−1	−1	1	1	1	1
x_2/°C	−1	−1	1	1	−1	−1	1	1
x_3/°C	−1	1	−1	1	−1	1	−1	1
Y/%	7.6	10.3	9.2	10.2	8.4	11.1	9.8	12.6

(1) 设 $\mu(x_1, x_2, x_3) = b_0 + b_1x_1 + b_2x_2 + b_3x_3$, 求 Y 的多元线性回归方程.

(2) 若认为反应时间不影响得率, 即认为

$$\mu(x_1, x_2, x_3) = \beta_0 + \beta_1x_1 + \beta_3x_3,$$

求 Y 的多元线性回归方程.

索　引

$0-1$ 分布 48
AIC 准则 368
BIC 准则 368
C_p 准则 368
F 分布 195
F 检验 289
k 阶矩 141
k 阶原点矩 141
k 阶中心矩 141
n 维随机变量 91
n 元正态分布 97
p 值 299
RMS_k 368
t 分布 194
Z 检验 276
β 分布 172
$\mathit{\Gamma}$ 分布 108
Γ 函数 141
χ^2 分布 193
百分位数 134
贝叶斯公式 27
备择假设 268
比例 p 的区间估计 249
比例数据 342
必然事件 6
边缘 (际) 分布 95
边缘概率密度函数 96
标准化随机变量 137
标准正态分布密度函数 70
伯努利大数定律 157
伯努利试验 50
泊松分布 55
不尽相异元素的排列 11
不可能事件 6
不相容事件 8
超几何分布 49
成对 t 检验 285
成对比较 285
成组比较 281
乘法公式 22
乘法原理 10
尺度参数 70
抽样分布 192
次序统计量 190
大数定律 156
大样本性质 225
得分区间 249
德摩根对偶法则 9
第二类错误 271
第一类错误 271
棣莫弗–拉普拉斯中心极限定理 161
点估计 207
定量数据 342
定性数据 342
对立事件 8
对数似然函数 212
对数正态分布 133
多维随机变量 88
多项分布 91
多元线性回归模型 361
多组组合 11
二项分布 50

二元正态分布 93
方差和标准差 136
费希尔信息函数 224
分布函数 60
分布律 48
分布退化 73
峰度系数 142
符号检验 330
负二项分布 53
负偏 141
负相关 146
复合假设 269
复相关系数 367
概率 1
概率密度函数 64
概率质量函数 48
高斯–马尔可夫假定 355
高斯消去法 368
功效函数 270
估计量 207
估计值 207
古典概型 10
盒子模型 11
回归方程 349
回归诊断 369
回归直线 349
回归值 353
基本事件 3
基本自助置信区间 254
极差 191
集中系数 347
几何概型 14
加法原理 10
间隔数据 342
检验水平 270
检验统计量 269
简单假设 269
渐近正态性 227
接受域 269
经验分布函数 191
矩估计 209
拒绝域 269
决定系数 345
均方误差 219
均匀分布 67
柯西分布 110
科尔莫戈罗夫检验 331
克拉默–拉奥方差下界 223
肯德尔相关系数 346
拉普拉斯分布 108
离散均匀分布 49
离散型随机变量 48
联合分布函数 89
联合概率密度函数 92
联合概率质量函数 90
两个正态总体方差比的区间估计 248
两个正态总体均值差的区间估计 248
两样本 t 检验 282
两样本均值检验 281
林德伯格–莱维中心极限定理 159
列联表 322
临界值 269
马尔可夫不等式 140
蒙提霍尔问题 38
内四分位距 134
拟合优度检验 315
拟合优度统计量 316
皮尔逊 χ^2 检验 315
皮尔逊相关系数 190
偏差 216

偏度系数 142
频率 15
频数 15
平方和分解公式 354
平均绝对偏差 135
强大数定律 157
切比雪夫不等式 140
区间估计 241
全概率公式 24
瑞利分布 172
三门问题 38
散点图 343
扫描运算 368
上 α 分位数 242
示性函数 49
似然比检验 295
似然函数 211
事件 A 发生 6
事件的差 7
事件的和 6
事件的积 7
事件独立 29
事件同时发生 7
枢轴变量 244
枢轴变量法 244
数学期望 124
斯米尔诺夫检验 332
随机变量的分布 47
随机变量相互独立 102
随机事件 3
随机试验 3
随机现象 3
条件概率 19
条件概率密度函数 99
条件期望的平滑公式 131
条件数学期望 130
同向对 347
统计量 189
瓦尔德置信区间 250
完备事件群 24
威尔科克森秩和检验 327
韦布尔分布 69
位置参数 70
无记忆性 68
无偏估计量 216
误差界限 243
下 α 分位数 242
显著性水平 271
线性不相关 146
相关系数 146
相合估计 226
相合性 226
向后选择法 368
向前选择法 368
小概率事件 14
小概率原理 14
小样本性质 225
协方差 144
修正的肯德尔相关系数 347
样本 185
样本方差 189
样本峰度系数 190
样本矩 189
样本均值 189
样本空间 3
样本偏度系数 190
样本相关系数 190
样本原点矩 189
样本中位数 190
样本中心矩 189

一般总体均值 μ 的置信区间 251
一样本 t 检验 278
一样本均值检验 273
一致性 226
依分布收敛 157
依概率收敛 155
异向对 347
因变量 348
影响分析 369
有效性 220
有序数据 342
原假设 268
正偏 141
正态分布 70
正态假定 355
正态总体方差 σ^2 的置信区间 246
正态总体均值 μ 的置信区间 245
正相关 146
指数分布 68
秩 326
秩和 326
置信区间 241
置信上限 257
置信水平 242
置信系数 241
置信下限 257
众数 132
中位数 132
中心极限定理 155
逐步回归法 368
主观概率 15
自变量 348
自助 t 置信区间 256
自助法置信区间 253
自助分布 253
总体 184
总体分布 207
最大似然估计 212
最小二乘估计 350
最小方差无偏估计 222
最优子集回归法 368

附　　表

附表 1　标准正态分布表

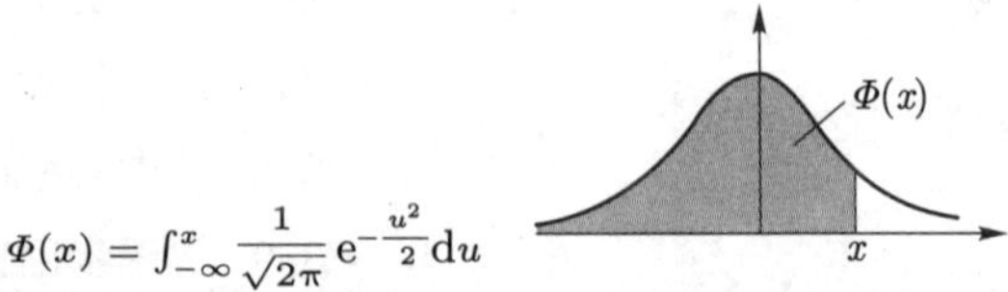

$$\Phi(x)=\int_{-\infty}^{x}\frac{1}{\sqrt{2\pi}}\mathrm{e}^{-\frac{u^2}{2}}\mathrm{d}u$$

x	0	1	2	3	4	5	6	7	8	9
0.0	0.500 0	0.504 0	0.508 0	0.512 0	0.516 0	0.519 9	0.523 9	0.527 9	0.531 9	0.535 9
0.1	0.539 8	0.543 8	0.547 8	0.551 7	0.555 7	0.559 6	0.563 6	0.567 5	0.571 4	0.575 3
0.2	0.579 3	0.583 2	0.587 1	0.591 0	0.594 8	0.598 7	0.602 6	0.606 4	0.610 3	0.614 1
0.3	0.617 9	0.621 7	0.625 5	0.629 3	0.633 1	0.636 8	0.640 6	0.644 3	0.648 0	0.651 7
0.4	0.655 4	0.659 1	0.662 8	0.666 4	0.670 0	0.673 6	0.677 2	0.680 8	0.684 4	0.687 9
0.5	0.691 5	0.695 0	0.698 5	0.701 9	0.705 4	0.708 8	0.712 3	0.715 7	0.719 0	0.722 4
0.6	0.725 7	0.729 1	0.732 4	0.735 7	0.738 9	0.742 2	0.745 4	0.748 6	0.751 7	0.754 9
0.7	0.758 0	0.761 1	0.764 2	0.767 3	0.770 3	0.773 4	0.776 4	0.779 4	0.782 3	0.785 2
0.8	0.788 1	0.791 0	0.793 9	0.796 7	0.799 5	0.802 3	0.805 1	0.807 8	0.810 6	0.813 3
0.9	0.815 9	0.818 6	0.821 2	0.823 8	0.826 4	0.828 9	0.831 5	0.834 0	0.836 5	0.838 9
1.0	0.841 3	0.843 8	0.846 1	0.848 5	0.850 8	0.853 1	0.855 4	0.857 7	0.859 9	0.862 1
1.1	0.864 3	0.866 5	0.868 6	0.870 8	0.872 9	0.874 9	0.877 0	0.879 0	0.881 0	0.883 0
1.2	0.884 9	0.886 9	0.888 8	0.890 7	0.892 5	0.894 4	0.896 2	0.898 0	0.899 7	0.901 5
1.3	0.903 2	0.904 9	0.906 6	0.908 2	0.909 9	0.911 5	0.913 1	0.914 7	0.916 2	0.917 7
1.4	0.919 2	0.920 7	0.922 2	0.923 6	0.925 1	0.926 5	0.927 8	0.929 2	0.930 6	0.931 9
1.5	0.933 2	0.934 5	0.935 7	0.937 0	0.938 2	0.939 4	0.940 6	0.941 8	0.943 0	0.944 1
1.6	0.945 2	0.946 3	0.947 4	0.948 4	0.949 5	0.950 5	0.951 5	0.952 5	0.953 5	0.954 5
1.7	0.955 4	0.956 4	0.957 3	0.958 2	0.959 1	0.959 9	0.960 8	0.961 6	0.962 5	0.963 3
1.8	0.964 1	0.964 8	0.965 6	0.966 4	0.967 1	0.967 8	0.968 6	0.969 3	0.970 0	0.970 6
1.9	0.971 3	0.971 9	0.972 6	0.973 2	0.973 8	0.974 4	0.975 0	0.975 6	0.976 2	0.976 7
2.0	0.977 2	0.977 8	0.978 3	0.978 8	0.979 3	0.979 8	0.980 3	0.980 8	0.981 2	0.981 7
2.1	0.982 1	0.982 6	0.983 0	0.983 4	0.983 8	0.984 2	0.984 6	0.985 0	0.985 4	0.985 7
2.2	0.986 1	0.986 4	0.986 8	0.987 1	0.987 4	0.987 8	0.988 1	0.988 4	0.988 7	0.989 0
2.3	0.989 3	0.989 6	0.989 8	0.990 1	0.990 4	0.990 6	0.990 9	0.991 1	0.991 3	0.991 6
2.4	0.991 8	0.992 0	0.992 2	0.992 5	0.992 7	0.992 9	0.993 1	0.993 2	0.993 4	0.993 6
2.5	0.993 8	0.994 0	0.994 1	0.994 3	0.994 5	0.994 6	0.994 8	0.994 9	0.995 1	0.995 2
2.6	0.995 3	0.995 5	0.995 6	0.995 7	0.995 9	0.996 0	0.996 1	0.996 2	0.996 3	0.996 4
2.7	0.996 5	0.996 6	0.996 7	0.996 8	0.996 9	0.997 0	0.997 1	0.997 2	0.997 3	0.997 4
2.8	0.997 4	0.997 5	0.997 6	0.997 7	0.997 7	0.997 8	0.997 9	0.997 9	0.998 0	0.998 1
2.9	0.998 1	0.998 2	0.998 2	0.998 3	0.998 4	0.998 4	0.998 5	0.998 5	0.998 6	0.998 6
3.	0.998 7	0.999 0	0.999 3	0.999 5	0.999 7	0.999 8	0.999 8	0.999 9	0.999 9	1.000 0

注：表中末行为函数值 $\Phi(3.0), \Phi(3.1), \cdots, \Phi(3.9)$.

附表 2　t 分布表

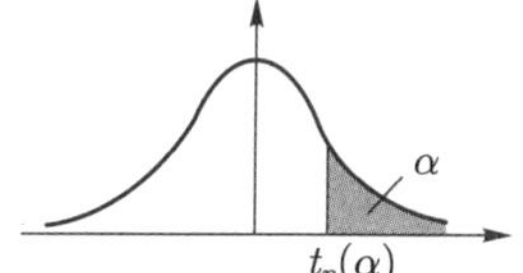

$$P(t_n > t_n(\alpha)) = \alpha$$

n	α					
	0.25	0.10	0.05	0.025	0.01	0.005
1	1.000 0	3.077 7	6.313 8	12.706 2	31.820 7	63.657 4
2	0.816 5	1.885 6	2.920 0	4.302 7	6.964 6	9.924 8
3	0.764 9	1.637 7	2.353 4	3.182 4	4.540 7	5.840 9
4	0.740 7	1.533 2	2.131 8	2.776 4	3.746 9	4.604 1
5	0.726 7	1.475 9	2.015 0	2.570 6	3.364 9	4.032 2
6	0.717 6	1.439 8	1.943 2	2.446 9	3.142 7	3.707 4
7	0.711 1	1.414 9	1.894 6	2.364 6	2.998 0	3.499 5
8	0.706 4	1.396 8	1.859 5	2.306 0	2.896 5	3.355 4
9	0.702 7	1.383 0	1.833 1	2.262 2	2.821 4	3.249 8
10	0.699 8	1.372 2	1.812 5	2.228 1	2.763 8	3.169 3
11	0.697 4	1.363 4	1.795 9	2.201 0	2.718 1	3.105 8
12	0.695 5	1.356 2	1.782 3	2.178 8	2.681 0	3.054 5
13	0.693 8	1.350 2	1.770 9	2.160 4	2.650 3	3.012 3
14	0.692 4	1.345 0	1.761 3	2.144 8	2.624 5	2.976 8
15	0.691 2	1.340 6	1.753 1	2.131 5	2.602 5	2.946 7
16	0.690 1	1.336 8	1.745 9	2.119 9	2.583 5	2.920 8
17	0.689 2	1.333 4	1.739 6	2.109 8	2.566 9	2.898 2
18	0.688 4	1.330 4	1.734 1	2.100 9	2.552 4	2.878 4
19	0.687 6	1.327 7	1.729 1	2.093 0	2.539 5	2.860 9
20	0.687 0	1.325 3	1.724 7	2.086 0	2.528 0	2.845 3
21	0.686 4	1.323 2	1.720 7	2.079 6	2.517 7	2.831 4
22	0.685 8	1.321 2	1.717 1	2.073 9	2.508 3	2.818 8
23	0.685 3	1.319 5	1.713 9	2.068 7	2.499 9	2.807 3
24	0.684 8	1.317 8	1.710 9	2.063 9	2.492 2	2.796 9
25	0.684 4	1.316 3	1.708 1	2.059 5	2.485 1	2.787 4
26	0.684 0	1.315 0	1.705 6	2.055 5	2.478 6	2.778 7
27	0.683 7	1.313 7	1.703 3	2.051 8	2.472 7	2.770 7
28	0.683 4	1.312 5	1.701 1	2.048 4	2.467 1	2.763 3
29	0.683 0	1.311 4	1.699 1	2.045 2	2.462 0	2.756 4
30	0.682 8	1.310 4	1.697 3	2.042 3	2.457 3	2.750 0
40	0.681	1.303	1.684	2.021	2.423	2.704
60	0.679	1.296	1.671	2.000	2.390	2.660
120	0.677	1.289	1.658	1.980	2.358	2.617
∞	0.674	1.282	1.654	1.960	2.326	2.576

附表 3 χ^2 分布表

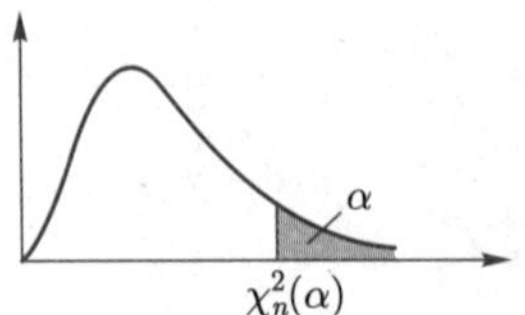

$$P(\chi_n^2 > \chi_n^2(\alpha)) = \alpha$$

n	α					
	0.995	0.99	0.975	0.95	0.90	0.75
1			0.001	0.004	0.016	0.102
2	0.010	0.020	0.051	0.103	0.211	0.575
3	0.072	0.115	0.216	0.352	0.584	1.213
4	0.207	0.297	0.484	0.711	1.064	1.923
5	0.412	0.554	0.831	1.145	1.610	2.675
6	0.676	0.872	1.237	1.635	2.204	3.455
7	0.989	1.239	1.690	2.167	2.833	4.255
8	1.344	1.646	2.180	2.733	3.490	5.071
9	1.735	2.088	2.700	3.325	4.168	5.899
10	2.156	2.558	3.247	3.940	4.865	6.737
11	2.603	3.053	3.816	4.575	5.578	7.584
12	3.074	3.571	4.404	5.226	6.304	8.438
13	3.565	4.107	5.009	5.892	7.042	9.299
14	4.075	4.660	5.629	6.571	7.790	10.165
15	4.601	5.229	6.262	7.261	8.547	11.037
16	5.142	5.812	6.908	7.962	9.312	11.912
17	5.697	6.408	7.564	9.672	10.085	12.792
18	6.265	7.015	8.231	9.390	10.865	13.675
19	6.844	7.633	8.907	10.117	11.651	14.562
20	7.434	8.260	9.591	10.851	12.443	15.452
21	8.034	8.897	10.283	11.591	13.240	16.344
22	8.643	9.542	10.982	12.338	14.042	17.240
23	9.260	10.196	11.689	13.091	14.848	18.137
24	9.886	10.856	12.401	13.848	15.659	19.037
25	10.520	11.524	13.120	14.611	16.473	19.939
26	11.160	12.198	13.844	15.379	17.292	20.843
27	11.808	12.879	14.573	16.151	18.114	21.749
28	12.461	13.565	15.308	16.928	18.939	22.657
29	13.121	14.257	16.047	17.708	19.768	23.567
30	13.787	14.954	16.791	18.493	20.599	24.478
35	17.192	18.509	20.569	22.465	24.797	29.054
40	20.707	22.164	24.433	26.509	29.051	33.660
45	24.311	25.901	28.366	30.612	33.350	38.291

续表

n	α						
	0.50	0.25	0.10	0.05	0.025	0.01	0.005
1	0.455	1.323	2.706	3.841	5.024	6.635	7.879
2	1.386	2.773	4.605	5.991	7.378	9.210	10.597
3	2.366	4.108	6.251	7.815	9.348	11.345	12.838
4	3.357	5.385	7.779	9.488	11.143	13.277	14.860
5	4.351	6.626	9.236	11.071	12.833	15.086	16.750
6	5.348	7.841	10.645	12.592	14.449	16.812	18.548
7	6.346	9.037	12.017	14.067	16.013	18.475	20.278
8	7.344	10.219	13.362	15.507	17.535	20.090	21.955
9	8.343	11.389	14.684	16.919	19.023	21.666	23.589
10	9.342	12.549	15.987	18.307	20.483	23.209	25.188
11	10.341	13.701	17.275	19.675	21.920	24.725	26.757
12	11.340	14.845	18.549	21.026	23.337	26.217	28.299
13	12.340	15.984	19.812	22.362	24.736	27.688	29.819
14	13.339	17.117	21.064	23.685	26.119	29.141	31.319
15	14.339	18.245	22.307	24.996	27.488	30.578	32.801
16	15.338	19.369	23.542	26.296	28.845	32.000	34.267
17	16.338	20.489	24.769	27.587	30.191	33.409	35.718
18	17.338	21.605	25.989	28.869	31.526	34.805	37.156
19	18.338	22.718	27.204	30.144	32.852	36.191	38.582
20	19.337	23.828	28.412	31.410	34.170	37.566	39.997
21	20.337	24.935	29.615	32.671	35.479	38.932	41.401
22	21.337	26.039	30.813	33.924	36.781	40.289	42.796
23	22.337	27.141	32.007	35.172	38.076	41.638	44.181
24	23.337	28.241	33.196	36.415	39.364	42.980	45.559
25	24.337	29.339	34.382	37.652	40.646	44.314	46.928
26	25.336	30.435	35.563	38.885	41.923	45.642	48.290
27	26.336	31.528	36.741	40.113	43.194	46.963	49.645
28	27.336	32.620	37.916	41.337	44.461	48.278	50.993
29	28.336	33.711	39.087	42.557	45.722	49.588	52.336
30	29.336	34.800	40.256	43.773	46.979	50.892	53.672
35	34.336	40.223	46.059	49.802	53.203	57.342	60.275
40	39.335	45.616	51.805	55.758	59.342	63.691	66.766
45	44.335	50.985	57.505	61.656	65.410	69.957	73.166

附表 4 F 分布表

$F_{m,n}(\alpha)$

α

$$P\left(F_{m,n} > F_{m,n}(\alpha)\right) = \alpha$$

$\alpha = 0.10$

n	m=1	2	3	4	5	6	7	8	9	10	12	15	20	24	30	40	60	120	∞
1	39.86	49.50	53.59	55.83	57.24	58.20	58.91	59.44	59.86	60.19	60.71	61.22	61.74	62.00	62.26	62.53	62.79	63.06	63.33
2	8.53	9.00	9.16	9.24	9.29	9.33	9.35	9.37	9.38	9.39	9.41	9.42	9.44	9.45	9.46	9.47	9.47	9.48	9.49
3	5.54	5.46	5.39	5.34	5.31	5.28	5.27	5.25	5.24	5.23	5.22	5.20	5.18	5.18	5.17	5.16	5.15	5.14	5.13
4	4.54	4.32	4.19	4.11	4.05	4.01	3.98	3.95	3.94	3.92	3.90	3.87	3.84	3.83	3.82	3.80	3.79	3.78	4.76
5	4.06	3.78	3.62	3.52	3.45	3.40	3.37	3.34	3.32	3.30	3.27	3.24	3.21	3.19	3.17	3.16	3.14	3.12	3.10
6	3.78	3.46	3.29	3.18	3.11	3.05	3.01	2.98	2.96	2.94	2.90	2.87	2.84	2.82	2.80	2.78	2.76	2.74	2.72
7	3.59	3.26	3.07	2.96	2.88	2.83	2.78	2.75	2.72	2.70	2.67	2.63	2.59	2.58	2.56	2.54	2.51	2.49	2.47
8	3.46	3.11	2.92	2.81	2.73	2.67	2.62	2.59	2.56	2.54	2.50	2.46	2.42	2.40	2.38	2.36	2.34	2.32	2.29
9	3.36	3.01	2.81	2.69	2.61	2.55	2.51	2.47	2.44	2.42	2.38	2.34	2.30	2.28	2.25	2.23	2.21	2.18	2.16
10	3.29	2.92	2.73	2.61	2.52	2.46	2.41	2.38	2.35	2.32	2.28	2.24	2.20	2.18	2.16	2.13	2.11	2.08	2.06
11	3.23	2.86	2.66	2.54	2.45	2.39	2.34	2.30	2.27	2.25	2.21	2.17	2.12	2.10	2.08	2.05	2.03	2.00	1.97
12	3.18	2.81	2.61	2.48	2.39	2.33	2.28	2.24	2.21	2.19	2.15	2.10	2.06	2.04	2.01	1.99	1.96	1.93	1.90
13	3.14	2.76	2.56	2.43	2.35	2.28	2.23	2.20	2.16	2.14	2.10	2.05	2.01	1.98	1.96	1.93	1.90	1.88	1.85
14	3.10	2.73	2.52	2.39	2.31	2.24	2.19	2.15	2.12	2.10	2.05	2.01	1.96	1.94	1.91	1.89	1.86	1.83	1.80
15	3.07	2.70	2.49	2.36	2.27	2.21	2.16	2.12	2.09	2.06	2.02	1.97	1.92	1.90	1.87	1.85	1.82	1.79	1.76
16	3.05	2.67	2.46	2.33	2.24	2.18	2.13	2.09	2.06	2.03	1.99	1.94	1.89	1.87	1.84	1.81	1.78	1.75	1.72
17	3.03	2.64	2.44	2.31	2.22	2.15	2.10	2.06	2.03	2.00	1.96	1.91	1.86	1.84	1.81	1.78	1.75	1.72	1.69
18	3.01	2.62	2.42	2.29	2.20	2.13	2.08	2.04	2.00	1.98	1.93	1.89	1.84	1.81	1.78	1.75	1.72	1.69	1.66
19	2.99	2.61	2.40	2.27	2.18	2.11	2.06	2.02	1.98	1.96	1.91	1.86	1.81	1.79	1.76	1.73	1.70	1.67	1.63
20	2.97	2.59	2.38	2.25	2.16	2.09	2.04	2.00	1.96	1.94	1.89	1.84	1.79	1.77	1.74	1.71	1.68	1.64	1.61

续表

$\alpha=0.10$

n	m																		
	1	2	3	4	5	6	7	8	9	10	12	15	20	24	30	40	60	120	∞
21	2.96	2.57	2.36	2.23	2.14	2.08	2.02	1.98	1.95	1.92	1.87	1.83	1.78	1.75	1.72	1.69	1.66	1.62	1.59
22	2.95	2.56	2.35	2.22	2.13	2.06	2.01	1.97	1.93	1.90	1.86	1.81	1.76	1.73	1.70	1.67	1.64	1.60	1.57
23	2.94	2.55	2.34	2.21	2.11	2.05	1.99	1.95	1.92	1.89	1.84	1.80	1.74	1.72	1.69	1.66	1.62	1.59	1.55
24	2.93	2.54	2.33	2.19	2.10	2.04	1.98	1.94	1.91	1.88	1.83	1.78	1.73	1.70	1.67	1.64	1.61	1.57	1.53
25	2.92	2.53	2.32	2.18	2.09	2.02	1.97	1.93	1.89	1.87	1.82	1.77	1.72	1.69	1.66	1.63	1.59	1.56	1.52
26	2.91	2.52	2.31	2.17	2.08	2.01	1.96	1.92	1.88	1.86	1.81	1.76	1.71	1.68	1.65	1.61	1.58	1.54	1.50
27	2.90	2.51	2.30	2.17	2.07	2.00	1.95	1.91	1.87	1.85	1.80	1.75	1.70	1.67	1.64	1.60	1.57	1.53	1.49
28	2.89	2.50	2.29	2.16	2.06	2.00	1.94	1.90	1.87	1.84	1.79	1.74	1.69	1.66	1.63	1.59	1.56	1.52	1.48
29	2.89	2.50	2.28	2.15	2.06	1.99	1.93	1.89	1.86	1.83	1.78	1.73	1.68	1.65	1.62	1.58	1.55	1.51	1.47
30	2.88	2.49	2.28	2.14	2.05	1.98	1.93	1.88	1.85	1.82	1.77	1.72	1.67	1.64	1.61	1.57	1.54	1.50	1.46
40	2.84	2.44	2.23	2.09	2.00	1.93	1.87	1.83	1.79	1.76	1.71	1.66	1.61	1.57	1.54	1.51	1.47	1.42	1.38
60	2.79	2.39	2.18	2.04	1.95	1.87	1.82	1.77	1.74	1.71	1.66	1.60	1.54	1.51	1.48	1.44	1.40	1.35	1.29
120	2.75	2.35	2.13	1.99	1.90	1.82	1.77	1.72	1.68	1.65	1.60	1.55	1.48	1.45	1.41	1.37	1.32	1.26	1.19
∞	2.71	2.30	2.08	1.94	1.85	1.77	1.72	1.67	1.63	1.60	1.55	1.49	1.42	1.38	1.34	1.30	1.24	1.17	1.00

$\alpha=0.05$

n	m																		
	1	2	3	4	5	6	7	8	9	10	12	15	20	24	30	40	60	120	∞
1	161.4	199.5	215.7	224.6	230.2	234.0	236.8	238.9	240.5	241.9	243.9	245.9	248.0	249.1	250.1	251.1	252.2	253.3	254.3
2	18.51	19.00	19.16	19.25	19.30	19.33	19.35	19.37	19.38	19.40	19.41	19.43	19.45	19.45	19.46	19.47	19.48	19.49	19.50
3	10.13	9.55	9.28	9.12	9.01	8.94	8.89	8.85	8.81	8.79	8.74	8.70	8.66	8.64	8.62	8.59	8.57	8.55	8.53
4	7.71	6.94	6.59	6.39	6.26	6.16	6.09	6.04	6.00	5.96	5.91	5.86	5.80	5.77	5.75	5.72	5.69	5.66	5.63
5	6.61	5.79	5.41	5.19	5.05	4.95	4.88	4.82	4.77	4.74	4.68	4.62	4.56	4.53	4.50	4.46	4.43	4.40	4.36
6	5.99	5.14	4.76	4.53	4.39	4.28	4.21	4.15	4.10	4.06	4.00	3.94	3.87	3.84	3.81	3.77	3.74	3.70	3.67
7	5.59	4.74	4.35	4.12	3.97	3.87	3.79	3.73	3.68	3.64	3.57	3.51	3.44	3.41	3.38	3.34	3.30	3.27	3.23
8	5.32	4.46	4.07	3.84	3.69	3.58	3.50	3.44	3.39	3.35	3.28	3.22	3.15	3.12	3.08	3.04	3.01	2.97	2.93

续表

n	$\alpha=0.05$																		
	m																		
	1	2	3	4	5	6	7	8	9	10	12	15	20	24	30	40	60	120	∞
9	5.12	4.26	3.86	3.63	3.48	3.37	3.29	3.23	3.18	3.14	3.07	3.01	2.94	2.90	2.86	2.83	2.79	2.75	2.71
10	4.96	4.10	3.71	3.48	3.33	3.22	3.14	3.07	3.02	2.98	2.91	2.85	2.77	2.74	2.70	2.66	2.62	2.58	2.54
11	4.84	3.98	3.59	3.36	3.20	3.09	3.01	2.95	2.90	2.85	2.79	2.72	2.65	2.61	2.57	2.53	2.49	2.45	2.40
12	4.75	3.89	3.49	3.26	3.11	3.00	2.91	2.85	2.80	2.75	2.69	2.62	2.54	2.51	2.47	2.43	2.38	2.34	2.30
13	4.67	3.81	3.41	3.18	3.03	2.92	2.83	2.77	2.71	2.67	2.60	2.53	2.46	2.42	2.38	2.34	2.30	2.25	2.21
14	4.60	3.74	3.34	3.11	2.96	2.85	2.76	2.70	2.65	2.60	2.53	2.46	2.39	2.35	2.31	2.27	2.22	2.18	2.13
15	4.54	3.68	3.29	3.06	2.90	2.79	2.71	2.64	2.59	2.54	2.48	2.40	2.33	2.29	2.25	2.20	2.16	2.11	2.07
16	4.49	3.63	3.24	3.01	2.85	2.74	2.66	2.59	2.54	2.49	2.42	2.35	2.28	2.24	2.19	2.15	2.11	2.06	2.01
17	4.45	3.59	3.20	2.96	2.81	2.70	2.61	2.55	2.49	2.45	2.38	2.31	2.23	2.19	2.15	2.10	2.06	2.01	1.96
18	4.41	3.55	3.16	2.93	2.77	2.66	2.58	2.51	2.46	2.41	2.34	2.27	2.19	2.15	2.11	2.06	2.02	1.97	1.92
19	4.38	3.52	3.13	2.90	2.74	2.63	2.54	2.48	2.42	2.38	2.31	2.23	2.16	2.11	2.07	2.03	1.98	1.93	1.88
20	4.35	3.49	3.10	2.87	2.71	2.60	2.51	2.45	2.39	2.35	2.28	2.20	2.12	2.08	2.04	1.99	1.95	1.90	1.84
21	4.32	3.47	3.07	2.84	2.68	2.57	2.49	2.42	2.37	2.32	2.25	2.18	2.10	2.05	2.01	1.96	1.92	1.87	1.81
22	4.30	3.44	3.05	2.82	2.66	2.55	2.46	2.40	2.34	2.30	2.23	2.15	2.07	2.03	1.98	1.94	1.89	1.84	1.78
23	4.28	3.42	3.03	2.80	2.64	2.53	2.44	2.37	2.32	2.27	2.20	2.13	2.05	2.01	1.96	1.91	1.86	1.81	1.76
24	4.26	3.40	3.01	2.78	2.62	2.51	2.42	2.36	2.30	2.25	2.18	2.11	2.03	1.98	1.94	1.89	1.84	1.79	1.73
25	4.24	3.39	2.99	2.76	2.60	2.49	2.40	2.34	2.28	2.24	2.16	2.09	2.01	1.96	1.92	1.87	1.82	1.77	1.71
26	4.23	3.37	2.98	2.74	2.59	2.47	2.39	2.32	2.27	2.22	2.15	2.07	1.99	1.95	1.90	1.85	1.80	1.75	1.69
27	4.21	3.35	2.96	2.73	2.57	2.46	2.37	2.31	2.25	2.20	2.13	2.06	1.97	1.93	1.88	1.84	1.79	1.73	1.67
28	4.20	3.34	2.95	2.71	2.56	2.45	2.36	2.29	2.24	2.19	2.12	2.04	1.96	1.91	1.87	1.82	1.77	1.71	1.65
29	4.18	3.33	2.93	2.70	2.55	2.43	2.35	2.28	2.22	2.18	2.10	2.03	1.94	1.90	1.85	1.81	1.75	1.70	1.64
30	4.17	3.32	2.92	2.69	2.53	2.42	2.33	2.27	2.21	2.16	2.09	2.01	1.93	1.89	1.84	1.79	1.74	1.68	1.62
40	4.08	3.23	2.84	2.61	2.45	2.34	2.25	2.18	2.12	2.08	2.00	1.92	1.84	1.79	1.74	1.69	1.64	1.58	1.51
60	4.00	3.15	2.76	2.53	2.37	2.25	2.17	2.10	2.04	1.99	1.92	1.84	1.75	1.70	1.65	1.59	1.53	1.47	1.39
120	3.92	3.07	2.68	2.45	2.29	2.17	2.09	2.02	1.96	1.91	1.83	1.75	1.66	1.61	1.55	1.50	1.43	1.35	1.25
∞	3.84	3.00	2.60	2.37	2.21	2.10	2.01	1.94	1.88	1.83	1.75	1.67	1.57	1.52	1.46	1.39	1.32	1.22	1.00

续表

n	$\alpha = 0.025$																		
	m																		
	1	2	3	4	5	6	7	8	9	10	12	15	20	24	30	40	60	120	∞
1	647.8	799.5	864.2	899.6	921.8	937.1	948.2	956.7	963.3	968.6	976.7	984.9	993.1	997.2	1 001	1 006	1 010	1 014	1 018
2	38.51	39.00	39.17	39.25	39.30	39.33	39.36	39.37	39.39	39.40	39.41	39.43	39.45	39.46	39.46	39.47	39.48	39.49	39.50
3	17.44	16.04	15.44	15.10	14.88	14.73	14.62	14.54	14.47	14.42	14.34	14.25	14.17	14.12	14.08	14.04	13.99	13.95	13.90
4	12.22	10.65	9.98	9.60	9.36	9.20	9.07	8.98	8.90	8.84	8.75	8.66	8.56	8.51	8.46	8.41	8.36	8.31	8.26
5	10.01	8.43	7.76	7.39	7.15	6.98	6.85	6.76	6.68	6.62	6.52	6.43	6.33	6.28	6.23	6.18	6.12	6.07	6.02
6	8.81	7.26	6.60	6.23	5.99	5.82	5.70	5.60	5.52	5.46	5.37	5.27	5.17	5.12	5.07	5.01	4.96	4.90	4.85
7	8.07	6.54	5.89	5.52	5.29	5.12	4.99	4.90	4.82	4.76	4.67	4.57	4.47	4.42	4.36	4.31	4.25	4.20	4.14
8	7.57	6.06	5.42	5.05	4.82	4.65	4.53	4.43	4.36	4.30	4.20	4.10	4.00	3.95	3.89	3.84	3.78	3.73	3.67
9	7.21	5.71	5.08	4.72	4.48	4.23	4.20	4.10	4.03	3.96	3.87	3.77	3.67	3.61	3.56	3.51	3.45	3.39	3.33
10	6.94	5.46	4.83	4.47	4.24	4.07	3.95	3.85	3.78	3.72	3.62	3.52	3.42	3.37	3.31	3.26	3.20	3.14	3.08
11	6.72	5.26	4.63	4.28	4.04	3.88	3.76	3.66	3.59	3.53	3.43	3.33	3.23	3.17	3.12	3.06	3.00	2.94	2.88
12	6.55	5.10	4.47	4.12	3.89	3.73	3.61	3.51	3.44	3.37	3.28	3.18	3.07	3.02	2.96	2.91	2.85	2.79	2.72
13	6.41	4.97	4.35	4.00	3.77	3.60	3.48	3.39	3.31	3.25	3.15	3.05	2.95	2.89	2.84	2.78	2.72	2.66	2.60
14	6.30	4.86	4.24	3.89	3.66	3.50	3.38	3.29	3.21	3.15	3.05	2.95	2.84	2.79	2.73	2.67	2.61	2.55	2.49
15	6.20	4.77	4.15	3.80	3.58	3.41	3.29	3.20	3.12	3.06	2.96	2.86	2.76	2.70	2.64	2.59	2.52	2.46	2.40
16	6.12	4.69	4.08	3.73	3.50	3.34	3.22	3.12	3.05	2.99	2.89	2.79	2.68	2.63	2.57	2.51	2.45	2.38	2.32
17	6.04	4.62	4.01	3.66	3.44	3.28	3.16	3.06	2.98	2.92	2.82	2.72	2.62	2.56	2.50	2.44	2.38	2.32	2.25
18	5.98	4.56	3.95	3.61	3.38	3.22	3.10	3.01	2.93	2.87	2.77	2.67	2.56	2.50	2.44	2.38	2.32	2.26	2.19
19	5.92	4.51	3.90	3.56	3.33	3.17	3.05	2.96	2.88	2.82	2.72	2.62	2.51	2.45	2.39	2.33	2.27	2.20	2.13
20	5.87	4.46	3.86	3.51	3.29	3.13	3.01	2.91	2.84	2.77	2.68	2.57	2.46	2.41	2.35	2.29	2.22	2.16	2.09
21	5.83	4.42	3.82	3.48	3.25	3.09	2.97	2.87	2.80	2.73	2.64	2.53	2.42	2.37	2.31	2.25	2.18	2.11	2.04
22	5.79	4.38	3.78	3.44	3.22	3.05	2.93	2.84	2.76	2.70	2.60	2.50	2.39	2.33	2.27	2.21	2.14	2.08	2.00
23	5.75	4.35	3.75	3.41	3.18	3.02	2.90	2.81	2.73	2.67	2.57	2.47	2.36	2.30	2.24	2.18	2.11	2.04	1.97
24	5.72	4.32	3.72	3.38	3.15	2.99	2.87	2.78	2.70	2.64	2.54	2.44	2.33	2.27	2.21	2.15	2.08	2.01	1.94
25	5.69	4.29	3.69	3.35	3.13	2.97	2.85	2.75	2.68	2.61	2.51	2.41	2.30	2.24	2.18	2.12	2.05	1.98	1.91

续表

$\alpha = 0.025$

n	m																		
	1	2	3	4	5	6	7	8	9	10	12	15	20	24	30	40	60	120	∞
26	5.66	4.27	3.67	3.33	3.10	2.94	2.82	2.73	2.65	2.59	2.49	2.39	2.28	2.22	2.16	2.09	2.03	1.95	1.88
27	5.63	4.24	3.65	3.31	3.08	2.92	2.80	2.71	2.63	2.57	2.47	2.36	2.25	2.19	2.13	2.07	2.00	1.93	1.85
28	5.61	4.22	3.63	3.29	3.06	2.90	2.78	2.69	2.61	2.55	2.45	2.34	2.23	2.17	2.11	2.05	1.98	1.91	1.83
29	5.59	4.20	3.61	3.27	3.04	2.88	2.76	2.67	2.59	2.53	2.43	2.32	2.21	2.15	2.09	2.03	1.96	1.89	1.81
30	5.57	4.18	3.59	3.25	3.03	2.87	2.75	2.65	2.57	2.51	2.41	2.31	2.20	2.14	2.07	2.01	1.94	1.87	1.79
40	5.42	4.05	3.46	3.13	2.90	2.74	2.62	2.53	2.45	2.39	2.29	2.18	2.07	2.01	1.94	1.88	1.80	1.72	1.64
60	5.29	3.93	3.34	3.01	2.79	2.63	2.51	2.41	2.33	2.27	2.17	2.06	1.94	1.88	1.82	1.74	1.67	1.58	1.48
120	5.15	3.80	3.23	2.89	2.67	2.52	2.39	2.30	2.22	2.16	2.05	1.94	1.82	1.76	1.69	1.61	1.53	1.43	1.31
∞	5.02	3.69	3.12	2.79	2.57	2.41	2.29	2.19	2.11	2.05	1.94	1.83	1.71	1.64	1.57	1.48	1.39	1.27	1.00

$\alpha = 0.01$

n	m																		
	1	2	3	4	5	6	7	8	9	10	12	15	20	24	30	40	60	120	∞
1	4 052	4 999.5	5 403	5 625	5 764	5 859	5 928	5 982	6 022	6 056	6 106	6 157	6 209	6 235	6 261	6 287	6 313	6 339	6 366
2	98.50	99.00	99.17	99.25	99.30	99.33	99.36	99.37	99.39	99.40	99.42	99.43	99.45	99.46	99.47	99.47	99.48	99.49	99.50
3	34.12	30.82	29.46	28.71	28.24	27.91	27.67	27.49	27.35	27.23	27.05	26.87	26.69	26.60	26.50	26.41	26.32	26.22	26.13
4	21.20	18.00	16.69	15.98	15.52	15.21	14.98	14.80	14.66	14.55	14.37	14.20	14.02	13.93	13.84	13.75	13.65	13.56	13.46
5	16.26	13.27	12.06	11.39	10.97	10.67	10.46	10.29	10.16	10.05	9.89	9.72	9.55	9.47	9.38	9.29	9.20	9.11	9.02
6	13.75	10.92	9.78	9.15	8.75	8.47	8.26	8.10	7.98	7.87	7.72	7.56	7.40	7.31	7.23	7.14	7.06	6.97	6.88
7	12.25	9.55	8.45	7.85	7.46	7.19	6.99	6.84	6.72	6.62	6.47	6.31	6.16	6.07	5.99	5.91	5.82	5.74	5.65
8	11.26	8.65	7.59	7.01	6.63	6.37	6.18	6.03	5.91	5.81	5.67	5.52	5.36	5.28	5.20	5.12	5.03	4.95	4.86
9	10.56	8.02	6.99	6.42	6.06	5.80	5.61	5.47	5.35	5.26	5.11	4.96	4.81	4.73	4.65	4.57	4.48	4.40	4.31
10	10.04	7.56	6.55	5.99	5.64	5.39	5.20	5.06	4.94	4.85	4.71	4.56	4.41	4.33	4.25	4.17	4.08	4.00	3.91
11	9.65	7.21	6.22	5.67	5.32	5.07	4.89	4.74	4.63	4.54	4.40	4.25	4.10	4.02	3.94	3.86	3.78	3.69	3.60
12	9.33	6.93	5.95	5.41	5.06	4.82	4.64	4.50	4.39	4.30	4.16	4.01	3.86	3.78	3.70	3.62	3.54	3.45	3.36
13	9.07	6.70	5.74	5.21	4.86	4.62	4.44	4.30	4.19	4.10	3.96	3.82	3.66	3.59	3.51	3.43	3.34	3.25	3.17

续表

n	$\alpha=0.01$																		
	m																		
	1	2	3	4	5	6	7	8	9	10	12	15	20	24	30	40	60	120	∞
14	8.86	6.51	5.56	5.04	4.69	4.46	4.28	4.14	4.03	3.94	3.80	3.66	3.51	3.43	3.35	3.27	3.18	3.09	3.00
15	8.68	6.36	5.42	4.89	4.56	4.32	4.14	4.00	3.89	3.80	3.67	3.52	3.37	3.29	3.21	3.13	3.05	2.96	2.87
16	8.53	6.23	5.29	4.77	4.44	4.20	4.03	3.89	3.78	3.69	3.55	3.41	3.26	3.18	3.10	3.02	2.93	2.84	2.75
17	8.40	6.11	5.18	4.67	4.34	4.10	3.93	3.79	3.68	3.59	3.46	3.31	3.16	3.08	3.00	2.92	2.83	2.75	2.65
18	8.29	6.01	5.09	4.58	4.25	4.01	3.84	3.71	3.60	3.51	3.37	3.23	3.08	3.00	2.92	2.84	2.75	2.66	2.57
19	8.18	5.93	5.01	4.50	4.17	3.94	3.77	3.63	3.52	3.43	3.30	3.15	3.00	2.92	2.84	2.76	2.67	2.58	2.49
20	8.10	5.85	4.94	4.43	4.10	3.87	3.70	3.56	3.46	3.37	3.23	3.09	2.94	2.86	2.78	2.69	2.61	2.52	2.42
21	8.02	5.78	4.87	4.37	4.04	3.81	3.64	3.51	3.40	3.31	3.17	3.03	2.88	2.80	2.72	2.64	2.55	2.46	2.36
22	7.95	5.72	4.82	4.31	3.99	3.76	3.59	3.45	3.35	3.26	3.12	2.98	2.83	2.75	2.67	2.58	2.50	2.40	2.31
23	7.88	5.66	4.76	4.26	3.94	3.71	3.54	3.41	3.30	3.21	3.07	2.93	2.78	2.70	2.62	2.54	2.45	2.35	2.26
24	7.82	5.61	4.72	4.22	3.90	3.67	3.50	3.36	3.26	3.17	3.03	2.89	2.74	2.66	2.58	2.49	2.40	2.31	2.21
25	7.77	5.57	4.68	4.18	3.85	3.63	3.46	3.32	3.22	3.13	2.99	2.85	2.70	2.62	2.54	2.45	2.36	2.27	2.17
26	7.72	5.53	4.64	4.14	3.82	3.59	3.42	3.29	3.18	3.09	2.96	2.81	2.66	2.58	2.50	2.42	2.33	2.23	2.13
27	7.68	5.49	4.60	4.11	3.78	3.56	3.39	3.26	3.15	3.06	2.93	2.78	2.63	2.55	2.47	2.38	2.29	2.20	2.10
28	7.64	5.45	4.57	4.07	3.75	3.53	3.36	3.23	3.12	3.03	2.90	2.75	2.60	2.52	2.44	2.35	2.26	2.17	2.06
29	7.60	5.42	4.54	4.04	3.73	3.50	3.33	3.20	3.09	3.00	2.87	2.73	2.57	2.49	2.41	2.33	2.23	2.14	2.03
30	7.56	5.39	4.51	4.02	3.70	3.47	3.30	3.17	3.07	2.98	2.84	2.70	2.55	2.47	2.39	2.30	2.21	2.11	2.01
40	7.31	5.18	4.31	3.83	3.51	3.29	3.12	2.99	2.89	2.80	2.66	2.52	2.37	2.29	2.20	2.11	2.02	1.92	1.80
60	7.08	4.98	4.13	3.65	3.34	3.12	2.95	2.82	2.72	2.63	2.50	2.35	2.20	2.12	2.03	1.94	1.84	1.73	1.60
120	6.85	4.79	3.95	3.48	3.17	2.96	2.79	2.66	2.56	2.47	2.34	2.19	2.03	1.95	1.86	1.76	1.66	1.53	1.38
∞	6.63	4.61	3.78	3.32	3.02	2.80	2.64	2.51	2.41	2.32	2.18	2.04	1.88	1.79	1.70	1.59	1.47	1.32	1.00

续表

n	α = 0.005																		
	m																		
	1	2	3	4	5	6	7	8	9	10	12	15	20	24	30	40	60	120	∞
1	16 211	20 000	21 615	22 500	23 056	23 437	23 715	23 925	24 091	24 224	24 426	24 630	24 836	24 940	25 044	25 148	25 253	25 359	25 465
2	198.5	199.0	199.2	199.2	199.3	199.3	199.4	199.4	199.4	199.4	199.4	199.4	199.4	199.5	199.5	199.5	199.5	199.5	199.5
3	55.55	49.80	47.47	46.19	45.39	44.84	44.43	44.13	43.88	43.69	43.39	43.08	42.78	42.62	42.47	42.31	42.15	41.99	41.83
4	31.33	26.28	24.26	23.15	22.46	21.97	21.62	21.35	21.14	20.97	20.70	20.44	20.17	20.03	19.89	19.75	19.61	19.47	19.32
5	22.78	18.31	16.53	15.56	14.94	14.51	14.20	13.96	13.77	13.62	13.38	13.15	12.90	12.78	12.66	12.53	12.40	12.27	12.14
6	18.63	14.54	12.92	12.03	11.46	11.07	10.79	10.57	10.39	10.25	10.03	9.81	9.59	9.47	9.36	9.24	9.12	9.00	8.88
7	16.24	12.40	10.88	10.05	9.52	9.16	8.89	8.68	8.51	8.38	8.18	7.97	7.75	7.65	7.53	7.42	7.31	7.19	7.08
8	14.69	11.04	9.60	8.81	8.30	7.95	7.69	7.50	7.34	7.21	7.01	6.81	6.61	6.50	6.40	6.29	6.18	6.06	5.95
9	13.61	10.11	8.72	7.96	7.47	7.13	6.88	6.69	6.54	6.42	6.23	6.03	5.83	5.73	5.62	5.52	5.41	5.30	5.19
10	12.83	9.43	8.08	7.34	6.87	6.54	6.30	6.12	5.97	5.85	5.66	5.47	5.27	5.17	5.07	4.97	4.86	4.75	4.64
11	12.23	8.91	7.60	6.88	6.42	6.10	5.86	5.68	5.54	5.42	5.24	5.05	4.86	4.76	4.65	4.55	4.44	4.34	4.23
12	11.75	8.51	7.23	6.52	6.07	5.76	5.52	5.35	5.20	5.09	4.91	4.72	4.53	4.43	4.33	4.23	4.12	4.01	3.90
13	11.37	8.19	6.93	6.23	5.79	5.48	5.25	5.08	4.94	4.82	4.64	4.46	4.27	4.17	4.07	3.97	3.87	3.76	3.65
14	11.06	7.92	6.68	6.00	5.56	5.26	5.03	4.86	4.72	4.60	4.43	4.25	4.06	3.96	3.86	3.76	3.66	3.55	3.44
15	10.80	7.70	6.48	5.80	5.37	5.07	4.85	4.67	4.54	4.42	4.25	4.07	3.88	3.79	3.69	3.58	3.48	3.37	3.26
16	10.58	7.51	6.30	5.64	5.21	4.91	4.69	4.52	4.38	4.27	4.10	3.92	3.73	3.64	3.54	3.44	3.33	3.22	3.11
17	10.38	7.35	6.16	5.50	5.07	4.78	4.56	4.39	4.25	4.14	3.97	3.79	3.61	3.51	3.41	3.31	3.21	3.10	2.98
18	10.22	7.21	6.03	5.37	4.96	4.66	4.44	4.28	4.14	4.03	3.86	3.68	3.50	3.40	3.30	3.20	3.10	2.99	2.87
19	10.07	7.09	5.92	5.27	4.85	4.56	4.34	4.18	4.04	3.93	3.76	3.59	3.40	3.31	3.21	3.11	3.00	2.89	2.78
20	9.94	6.99	5.82	5.17	4.76	4.47	4.26	4.09	3.96	3.85	3.68	3.50	3.32	3.22	3.12	3.02	2.92	2.81	2.69
21	9.83	6.89	5.73	5.09	4.68	4.39	4.18	4.01	3.88	3.77	3.60	3.43	3.24	3.15	3.05	2.95	2.84	2.73	2.61
22	9.73	6.81	5.65	5.02	4.61	4.32	4.11	3.94	3.81	3.70	3.54	3.36	3.18	3.08	2.98	2.88	2.77	2.66	2.55
23	9.63	6.73	5.58	4.95	4.54	4.26	4.05	3.88	3.75	3.64	3.47	3.30	3.12	3.02	2.92	2.82	2.71	2.60	2.48
24	9.55	6.66	5.52	4.89	4.49	4.20	3.99	3.83	3.69	3.59	3.42	3.25	3.06	2.97	2.87	2.77	2.66	2.55	2.43
25	9.48	6.60	5.46	4.84	4.43	4.15	3.94	3.78	3.64	3.54	3.37	3.20	3.01	2.92	2.82	2.72	2.61	2.50	2.38

续表

$\alpha = 0.005$

n	m																		
	1	2	3	4	5	6	7	8	9	10	12	15	20	24	30	40	60	120	∞
26	9.41	6.54	5.41	4.79	4.38	4.10	3.89	3.73	3.60	3.49	3.33	3.15	2.97	2.87	2.77	2.67	2.56	2.45	2.33
27	9.34	6.49	5.36	4.74	4.34	4.06	3.85	3.69	3.56	3.45	3.28	3.11	2.93	2.83	2.73	2.63	2.52	2.41	2.29
28	9.28	6.44	5.32	4.70	4.30	4.02	3.81	3.65	3.52	3.41	3.25	3.07	2.89	2.79	2.69	2.59	2.48	2.37	2.25
29	9.23	6.40	5.28	4.66	4.26	3.98	3.77	3.61	3.48	3.38	3.21	3.04	2.86	2.76	2.66	2.56	2.45	2.33	2.21
30	9.18	6.35	5.24	4.62	4.23	3.95	3.74	3.58	3.45	3.34	3.18	3.01	2.82	2.73	2.63	2.52	2.42	2.30	2.18
40	8.83	6.07	4.98	4.37	3.99	3.71	3.51	3.35	3.22	3.12	2.95	2.78	2.60	2.50	2.40	2.30	2.18	2.06	1.93
60	8.49	5.79	4.73	4.14	3.76	3.49	3.29	3.13	3.01	2.90	2.74	2.57	2.39	2.29	2.19	2.08	1.96	1.83	1.69
120	8.18	5.54	4.50	3.92	3.55	3.28	3.09	2.93	2.81	2.71	2.54	2.37	2.19	2.09	1.98	1.87	1.75	1.61	1.43
∞	7.88	5.30	4.28	3.72	3.35	3.09	2.90	2.74	2.62	2.52	2.36	2.19	2.00	1.90	1.79	1.67	1.53	1.36	1.00

$\alpha = 0.001$

n	m																		
	1	2	3	4	5	6	7	8	9	10	12	15	20	24	30	40	60	120	∞
1	4 053†	5 000†	5 404†	5 625†	5 764†	5 859†	5 929†	5 981†	6 023†	6 056†	6 107†	6 158†	6 209†	6 235†	6 261†	6 287†	6 313†	6 340†	6 366†
2	998.5	999.0	999.2	999.2	999.3	999.3	999.4	999.4	999.4	999.4	999.4	999.4	999.4	999.5	999.5	999.5	999.5	999.5	999.5
3	167.0	148.5	141.1	137.1	134.6	132.8	131.6	130.6	129.9	129.2	128.3	127.4	126.4	125.9	125.4	125.0	124.5	124.0	123.5
4	74.14	61.25	56.18	53.44	51.71	50.53	49.66	49.00	48.47	48.05	47.41	46.76	46.10	45.77	45.43	45.09	44.75	44.40	44.05
5	47.18	37.12	33.20	31.09	27.75	28.84	28.16	27.64	27.24	26.92	26.42	25.91	25.39	25.14	24.87	24.60	24.33	24.06	23.79
6	35.51	27.00	23.70	21.92	20.81	20.03	19.46	19.03	18.69	18.41	17.99	17.56	17.12	16.89	16.67	16.44	16.21	15.99	15.75
7	29.25	21.69	18.77	17.19	16.21	15.52	15.02	14.63	14.33	14.08	13.71	13.32	12.93	12.73	12.53	12.33	12.12	11.91	11.70
8	25.42	18.49	15.83	14.39	13.49	12.86	12.40	12.04	11.77	11.54	11.19	10.84	10.48	10.30	10.11	9.92	9.73	9.53	9.33
9	22.86	16.39	13.90	12.56	11.71	11.13	10.70	10.37	10.11	9.89	9.57	9.24	8.90	8.72	8.55	8.37	8.19	8.00	7.81
10	21.04	14.91	12.55	11.28	10.48	9.92	9.52	9.20	8.96	8.75	8.45	8.13	7.80	7.64	7.47	7.30	7.12	6.94	6.76
11	19.69	13.81	11.56	10.35	9.58	9.05	8.66	8.35	8.12	7.92	7.63	7.32	7.01	6.85	6.68	6.52	6.35	6.17	6.00
12	18.64	12.97	10.80	9.63	8.89	8.38	8.00	7.71	7.48	7.29	7.00	6.71	6.40	6.25	6.09	5.93	5.76	5.59	5.42
13	17.81	12.31	10.21	9.07	8.35	7.86	7.49	7.21	6.98	6.80	6.52	6.23	5.93	5.78	5.63	5.47	5.30	5.14	4.97

续表

n	$\alpha=0.001$																		
	m																		
	1	2	3	4	5	6	7	8	9	10	12	15	20	24	30	40	60	120	∞
14	17.14	11.78	9.73	8.62	7.92	7.43	7.08	6.80	6.58	6.40	6.13	5.85	5.56	5.41	5.25	5.10	4.94	4.77	4.60
15	16.59	11.34	9.34	8.25	7.57	7.09	6.74	6.47	6.26	6.08	5.81	5.54	5.25	5.10	4.95	4.80	4.64	4.47	4.31
16	16.12	10.97	9.00	7.94	7.27	6.81	6.46	6.19	5.98	5.81	5.55	5.27	4.99	4.85	4.70	4.54	4.39	4.23	4.06
17	15.72	10.66	8.73	7.68	7.02	7.56	6.22	5.96	5.75	5.58	5.32	5.05	4.78	4.63	4.48	4.33	4.18	4.02	3.85
18	15.38	10.39	8.49	7.46	6.81	6.35	6.02	5.76	5.56	5.39	5.13	4.87	4.59	4.45	4.30	4.15	4.00	3.84	3.67
19	15.08	10.16	8.28	7.26	6.62	6.18	5.85	5.59	5.39	5.22	4.97	4.70	4.43	4.29	4.14	3.99	3.84	3.68	3.51
20	14.82	9.95	8.10	7.10	6.46	6.02	5.69	5.44	5.24	5.08	4.82	4.56	4.29	4.15	4.00	3.86	3.70	3.54	3.38
21	14.59	9.77	7.94	6.95	6.32	5.88	5.56	5.31	5.11	4.95	4.70	4.44	4.17	4.03	3.88	3.74	3.58	3.42	3.26
22	14.38	9.61	7.80	6.81	6.19	5.76	5.44	5.19	4.99	4.83	4.58	4.33	4.06	3.92	3.78	3.63	3.48	3.32	3.15
23	14.19	9.47	7.67	6.69	6.08	5.65	5.33	5.09	4.89	4.73	4.48	4.23	3.96	3.82	3.68	3.53	3.38	3.22	3.05
24	14.03	9.34	7.55	6.59	5.98	5.55	5.23	4.99	4.80	4.64	4.39	4.14	3.87	3.74	3.59	3.45	3.29	3.14	2.97
25	13.88	9.22	7.45	6.49	5.88	5.46	5.15	4.91	4.71	4.56	4.31	4.06	3.79	3.66	3.52	3.37	3.22	3.06	2.89
26	13.74	9.12	7.36	6.41	5.80	5.38	5.07	4.83	4.64	4.48	4.24	3.99	3.72	3.59	3.44	3.30	3.15	2.99	2.82
27	13.61	9.02	7.27	6.33	5.73	5.31	5.00	4.76	4.57	4.41	4.17	3.92	3.66	3.52	3.38	3.23	3.08	2.92	2.75
28	13.50	8.93	7.19	6.25	5.66	5.24	4.93	4.69	4.50	4.35	4.11	3.86	3.60	3.46	3.32	3.18	3.02	2.86	2.69
29	13.39	8.85	7.12	6.19	5.59	5.18	4.87	4.64	4.45	4.29	4.05	3.80	3.54	3.41	3.27	3.12	2.97	2.81	2.64
30	13.29	8.77	7.05	6.12	5.53	5.12	4.82	4.58	4.39	4.24	4.00	3.75	3.49	3.36	3.22	3.07	2.92	2.76	2.59
40	12.61	8.25	6.60	5.70	5.13	4.73	4.44	4.21	4.02	3.87	3.64	3.40	3.15	3.01	2.87	2.73	2.57	2.41	2.23
60	11.97	7.76	6.17	5.31	4.76	4.37	4.09	3.87	3.69	3.54	3.31	3.08	2.83	2.69	2.55	2.41	2.25	2.08	1.89
120	11.38	7.32	5.79	4.95	4.42	4.04	3.77	3.55	3.38	3.24	3.02	2.78	2.53	2.40	2.26	2.11	1.95	1.76	1.54
∞	10.83	6.91	5.42	4.62	4.10	3.74	3.47	3.27	3.10	2.96	2.74	2.51	2.27	2.13	1.99	1.84	1.66	1.45	1.00

† 表示要将此数乘以 100.

附表 5 泊松分布表

$$P(X \geqslant x) = \sum_{k=x}^{\infty} \frac{\lambda^k e^{-\lambda}}{k!}$$

x	$\lambda=0.2$	$\lambda=0.3$	$\lambda=0.4$	$\lambda=0.5$	$\lambda=0.6$	$\lambda=0.7$
0	1.000 000 0	1.000 000 0	1.000 000 0	1.000 000	1.000 000	1.000 000
1	0.181 269 2	0.259 181 8	0.329 680 0	0.393 469	0.451 188	0.503 415
2	0.017 523 1	0.036 936 3	0.061 551 9	0.090 204	0.121 901	0.155 805
3	0.001 148 5	0.003 599 5	0.007 926 3	0.014 388	0.023 115	0.034 142
4	0.000 056 8	0.000 265 8	0.000 776 3	0.001 752	0.003 358	0.005 753
5	0.000 002 3	0.000 015 8	0.000 061 2	0.000 172	0.000 394	0.000 786
6	0.000 000 1	0.000 000 8	0.000 004 0	0.000 014	0.000 039	0.000 090
7			0.000 000 2	0.000 001	0.000 003	0.000 009
8						0.000 001

x	$\lambda=0.8$	$\lambda=0.9$	$\lambda=1.0$	$\lambda=1.2$	$\lambda=1.5$	$\lambda=2.0$
0	1.000 000	1.000 000	1.000 000	1.000 000	1.000 000	1.000 000
1	0.550 671	0.593 430	0.632 121	0.698 806	0.776 870	0.864 665
2	0.191 208	0.227 518	0.264 241	0.337 373	0.442 175	0.593 994
3	0.047 423	0.062 857	0.080 301	0.120 513	0.191 153	0.323 324
4	0.009 080	0.013 459	0.018 988	0.033 769	0.065 642	0.142 877
5	0.001 411	0.002 344	0.003 660	0.007 746	0.018 576	0.052 653
6	0.000 184	0.000 343	0.000 594	0.001 500	0.004 456	0.016 564
7	0.000 021	0.000 043	0.000 083	0.000 251	0.000 926	0.004 534
8	0.000 002	0.000 005	0.000 010	0.000 037	0.000 170	0.001 097
9			0.000 001	0.000 005	0.000 028	0.000 237
10				0.000 001	0.000 004	0.000 046
11					0.000 001	0.000 008
12						0.000 001

x	$\lambda=2.5$	$\lambda=3.0$	$\lambda=3.5$	$\lambda=4.0$	$\lambda=4.5$	$\lambda=5.0$
0	1.000 000	1.000 000	1.000 000	1.000 000	1.000 000	1.000 000
1	0.917 915	0.950 213	0.969 803	0.981 684	0.988 891	0.993 262
2	0.712 703	0.800 852	0.864 112	0.908 422	0.938 901	0.959 572
3	0.456 187	0.576 810	0.679 153	0.761 897	0.826 422	0.875 348
4	0.242 424	0.352 768	0.463 367	0.566 530	0.657 704	0.734 974
5	0.108 822	0.184 737	0.274 555	0.371 163	0.467 896	0.559 507
6	0.042 021	0.083 918	0.142 386	0.214 870	0.297 070	0.384 039
7	0.014 187	0.033 509	0.065 288	0.110 674	0.168 949	0.237 817
8	0.004 247	0.011 905	0.026 739	0.051 134	0.086 586	0.133 372
9	0.001 140	0.003 803	0.009 874	0.021 363	0.040 257	0.068 094
10	0.000 277	0.001 102	0.003 315	0.008 132	0.017 093	0.031 828
11	0.000 062	0.000 292	0.001 019	0.002 840	0.006 669	0.013 695
12	0.000 013	0.000 071	0.000 289	0.000 915	0.002 404	0.005 453
13	0.000 002	0.000 016	0.000 076	0.000 274	0.000 805	0.002 019
14		0.000 003	0.000 019	0.000 076	0.000 252	0.000 698
15		0.000 001	0.000 004	0.000 020	0.000 074	0.000 226
16			0.000 001	0.000 005	0.000 020	0.000 069
17				0.000 001	0.000 005	0.000 020
18					0.000 001	0.000 005
19						0.000 001

附表 6　符号检验临界值表

本表列出了满足 $P(n+\geqslant c)\leqslant\alpha$ 的临界值

n	α			n	α		
	0.01	0.05	0.1		0.01	0.05	0.1
5				28	21	19	18
6			6	29	22	20	19
7		7	6	30	22	20	20
8	8	7	7	31	23	21	20
9	9	8	7	32	24	22	21
10	10	9	8	33	24	22	21
11	10	9	9	34	25	23	22
12	11	10	9	35	25	23	22
13	12	10	10	36	26	24	23
14	12	11	10	37	26	24	23
15	13	12	11	38	27	25	24
16	14	12	12	39	28	26	24
17	14	13	12	40	28	26	25
18	15	13	13	41	29	27	26
19	15	14	13	42	29	27	26
20	16	15	14	43	30	28	27
21	17	15	14	44	31	28	27
22	17	16	15	45	31	29	28
23	18	16	16	46	32	30	28
24	19	17	16	47	32	30	29
25	19	18	17	48	33	31	29
26	20	18	17	49	34	31	30
27	20	19	18	50	34	32	31

附表 7　秩和检验临界值表

$P(W \geqslant c_\alpha)=\alpha$

n_2	α	n_1							
		3	4	5	6	7	8	9	10
2	0.05	–	–	13	15	17	18	20	22
	0.025	–	–	–	–	–	19	21	23
3	0.05	15	18	20	22	25	27	29	32
	0.025	–	–	21	23	26	28	31	33
	0.01	–	–	–	–	27	30	32	35
	0.005	–	–	–	–	–	–	33	36
4	0.05	–	25	28	31	34	37	44	43
	0.025	–	26	29	32	35	38	46	45
	0.01	–	–	30	33	37	40	47	47
	0.005	–	–	–	34	38	41	49	48
5	0.05	–	–	36	40	44	47	51	54
	0.025	–	–	38	42	45	49	53	57
	0.01	–	–	39	43	47	51	55	59
	0.005	–	–	40	44	49	53	57	61
6	0.05	–	–	–	50	55	59	63	67
	0.025	–	–	–	52	57	61	65	70
	0.01	–	–	–	54	59	63	68	73
	0.005	–	–	–	55	60	65	70	75
7	0.05	–	–	–	–	66	71	76	81
	0.025	–	–	–	–	69	74	79	84
	0.01	–	–	–	–	71	77	82	87
	0.005	–	–	–	–	73	78	84	89
8	0.05	–	–	–	–	–	85	90	109
	0.025	–	–	–	–	–	87	93	109
	0.01	–	–	–	–	–	91	97	113
	0.005	–	–	–	–	–	93	99	115
9	0.05	–	–	–	–	–	–	105	111
	0.025	–	–	–	–	–	–	109	115
	0.01	–	–	–	–	–	–	112	119
	0.005	–	–	–	–	–	–	115	122
10	0.05	–	–	–	–	–	–	–	128
	0.025	–	–	–	–	–	–	–	132
	0.01	–	–	–	–	–	–	–	136
	0.005	–	–	–	–	–	–	–	139

注 : (1) 有两个样本，威尔科克森秩和检验临界值表中的秩和 W 是容量比较小的那一个样本的秩和 . 用 n_2 表示容量比较小的那一个样本的样本容量，用 n_1 表示容量比较大的那一个样本的样本容量 . (2) 令 $c_\alpha=n_2(n+1)-c_{1-\alpha}$, 其中 $n=n_1+n_2$, 则 $P(W \geqslant c_\alpha)=\alpha$.

参 考 文 献

CHUNG K L, 2001. A course in probability theory[M]. 3rd. San Diego: Academic Press.

CONOVER W J, 2006. 实用非参数统计: 第 3 版 [M]. 崔恒健, 译. 北京: 人民邮电出版社.

LINDSAY B, KETTENRING J, SIEGMUND D, 2005. 统计学: 二十一世纪的挑战和机遇 (I) [J]. 缪柏其, 译. 数理统计与管理, (3)118-126.

陈希孺, 1981. 数理统计引论 [M]. 北京: 科学出版社.

陈希孺, 2000. 机会的数学 [M]. 北京: 清华大学出版社.

陈希孺, 2002. 数理统计学简史 [M]. 长沙: 湖南教育出版社.

陈希孺, 2009. 概率论与数理统计 [M]. 合肥: 中国科学技术大学出版社.

陈希孺, 倪国熙, 1988. 数理统计学教程 [M]. 上海: 上海科学技术出版社.

陈希孺, 王松桂, 1987. 近代回归分析——原理方法及应用 [M]. 合肥: 安徽教育出版社.

费勒, 1964. 概率论及其应用: 上册 [M]. 胡迪鹤, 林向清, 译. 北京: 科学出版社.

福尔克斯, 1987. 统计思想 [M]. 魏宗舒, 吕乃刚, 译. 上海: 上海翻译出版公司.

海特曼斯波格, 1995. 基于秩的统计推断 [M]. 杨永信, 译. 长春: 东北师范大学出版社.

劳, 2004. 统计与真理: 怎样运用偶然性 [M]. 李竹渝, 石坚, 译. 北京: 科学出版社.

穆尔, 2003. 统计学的世界: 第 5 版 [M]. 郑惟厚, 译. 北京: 中信出版社.

苏淳, 冯群强, 2020. 概率论 [M].3 版. 北京: 科学出版社.

王松桂, 史建红, 尹素菊, 等, 2004. 线性模型引论 [M]. 北京: 科学出版社.

韦来生, 2015. 数理统计 [M]. 2 版. 北京: 科学出版社.

张颢, 2018. 概率论 [M]. 北京: 高等教育出版社.

读者意见反馈

为收集对教材的意见建议，进一步完善教材编写并做好服务工作，读者可将对本教材的意见建议通过如下渠道反馈至我社。

咨询电话　400-810-0598

反馈邮箱　hepsci@pub.hep.cn

通信地址　北京市朝阳区惠新东街4号富盛大厦1座
　　　　　高等教育出版社理科事业部

邮政编码　100029